만점왕 수학 플러스

자기주도학습 체크리스트

✓ 선생님의 친절한 강의로 여러분의 예습 · 복습을 도와 드릴게요.
✓ 강의를 듣는 데에는 30분이면 충분합니다.
✓ 공부를 마친 후에 확인란에 체크하면서 스스로를 칭찬해 주세요.

날짜	강의명		확인
	강		
	강		
	강		
	강		
	강		
	강		
	강		
	강		
	강		
	강		
	강		
	강		
	강		
	강		
	강		
	강		
	강		
	강		
	강		
	강		
	강		
	강		

날짜	강의명		확인
	강		
	강		
	강		
	강		
	강		
	강		
	강		
	강		
	강		
	강		
	강		
	강		
	강		
	강		
	강		
	강		
	강		
	강		
	강		
	강		
	강		
	강		

자기주도학습 체크리스트로 공부의 기쁨이 차곡차곡 쌓일 것입니다.

KB214073

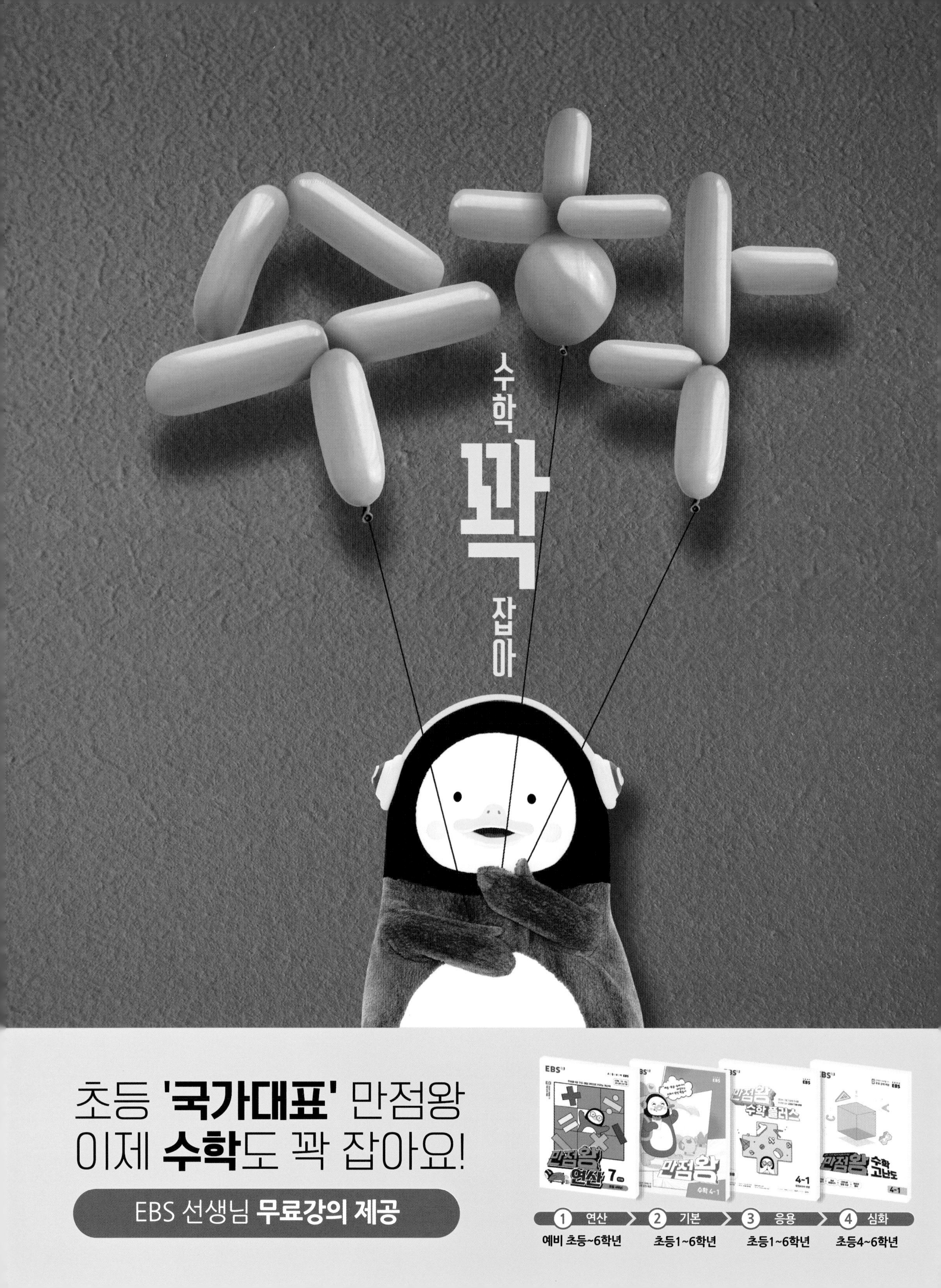

수학

수학 꽉 잡아

초등 **'국가대표'** 만점왕
이제 **수학**도 꽉 잡아요!

EBS 선생님 **무료강의 제공**

초|등|부|터
EBS

만점왕 수학 플러스

교과서 기본과 응용 문제를
한 번에 잡는 **교과서 기본+응용**

BOOK 1
본책

4-1

BOOK 1
본책

BOOK 1 본책으로 교과서에 담긴 **학습 개념과 기본+응용 문제**를 꼼꼼하게 공부하세요.

단원 평가가 2회 들어 있어
내 실력을 확인해 볼 수 있답니다.

정답과 풀이는 EBS 초등사이트(primary.ebs.co.kr)에서 다운로드 받으실 수 있습니다.

교재 내용 문의	교재 내용 문의는 EBS 초등사이트 (primary.ebs.co.kr)의 교재 Q&A 서비스를 활용하시기 바랍니다.
교재 정오표 공지	발행 이후 발견된 정오 사항을 EBS 초등사이트 정오표 코너에서 알려 드립니다. 교과/교재 ▶ 교재 ▶ 교재 선택 ▶ 정오표
교재 정정 신청	공지된 정오 내용 외에 발견된 정오 사항이 있다면 EBS 초등사이트를 통해 알려 주세요. 교과/교재 ▶ 교재 ▶ 교재 선택 ▶ 교재 Q&A

교과서 기본과 응용 문제를
한 번에 잡는 **교과서 기본+응용**

BOOK 1

본책

4-1

구성과 특징

BOOK 1 본책

1 단원 도입

단원을 시작할 때 주어진 그림과 글을 읽으면 공부할 내용에 대해 흥미를 갖게 됩니다.

2 교과서 개념 다지기

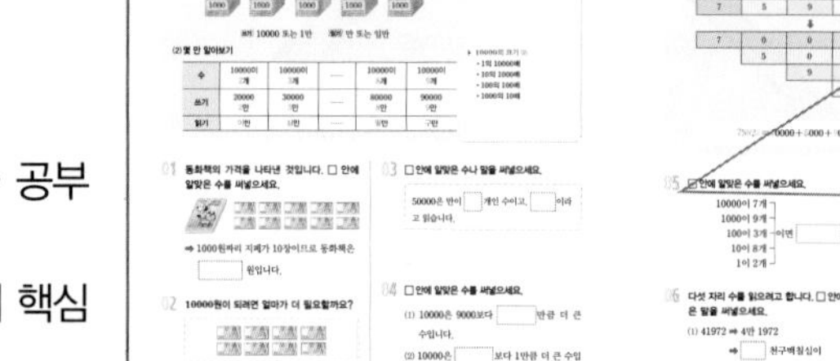

10000이 7개
1000이 9개
100이 3개 이면
10이 8개
1이 2개
06 다섯 자리 수를 읽으려고 합니다. 은 말을 써넣으세요.
(1) 41972 ➡ 4만 1972

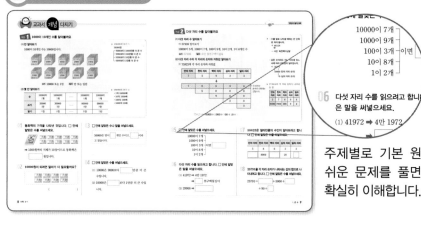

주제별로 교과서 개념을 공부하는 단계입니다.
다양한 예와 그림을 통해 핵심 개념을 쉽게 익힙니다.

주제별로 기본 원리 수준의 쉬운 문제를 풀면서 개념을 확실히 이해합니다.

3 교과서 넘어 보기

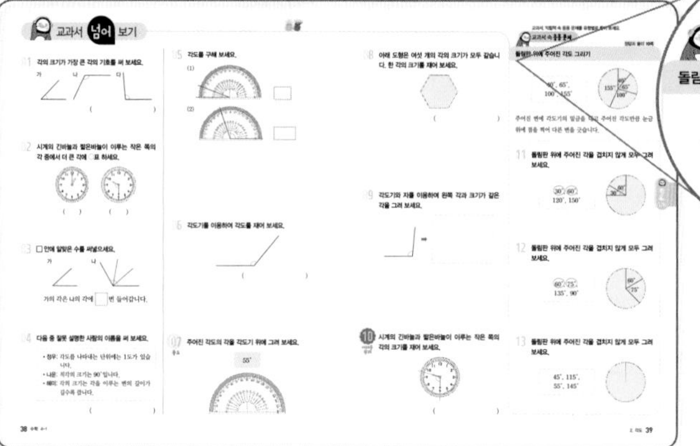

교과서와 익힘책의 기본+응용 문제를 풀면서 수학의 기본기를 다지고 문제해결력을 키웁니다.

★교과서 속 응용 문제
교과서와 익힘책 속 응용 수준의 문제를 유형별로 정리하여 풀어 봅니다.

④ 응용력 높이기

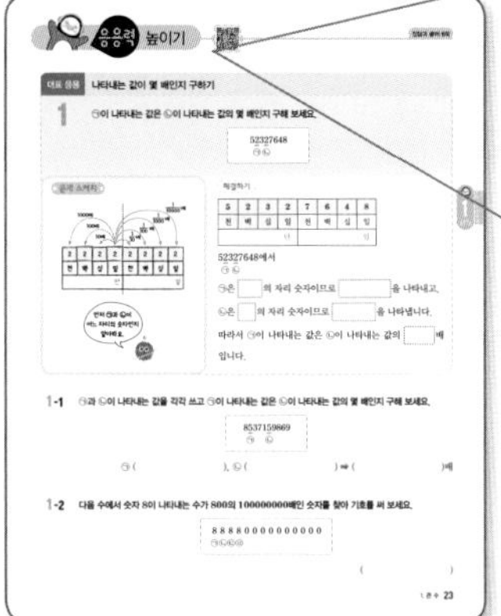

단원별 대표 응용 문제와 쌍둥이 문제를 풀어 보며 실력을 완성합니다.

★QR 코드 활용

제공된 QR 코드를 스마트폰에 인식시키면 EBS 선생님의 문제 풀이 동영상을 무료로 학습할 수 있습니다.

⑤ 단원 평가 LEVEL1, LEVEL2

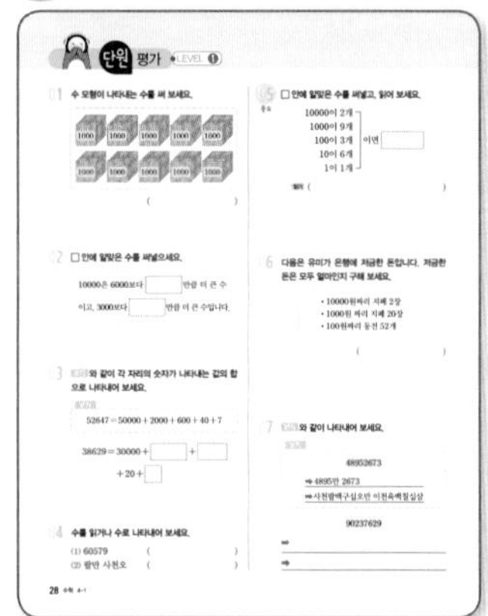

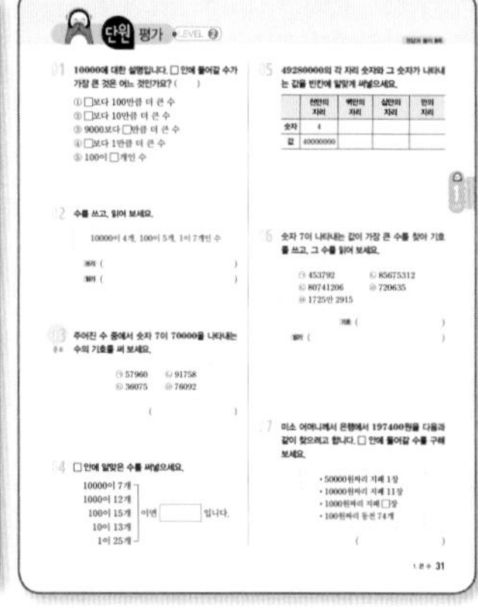

학교 단원 평가에 대비하여 단원에서 공부한 내용을 마무리하는 문제를 풀어 봅니다. 틀린 문제, 실수했던 문제는 반드시 개념을 다시 확인합니다.

BOOK 2 복습책

❶ 기본 문제 복습 ❷ 응용 문제 복습

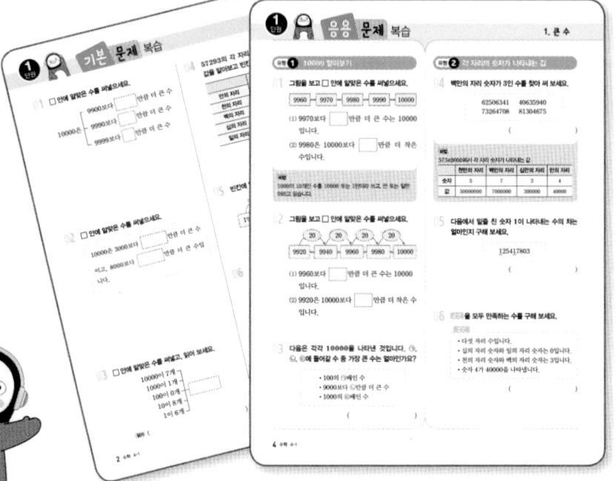

기본 문제를 통해 학습한 내용을 복습하고, 응용 문제를 통해 다양한 유형을 연습합니다.

❸ 서술형 수행 평가

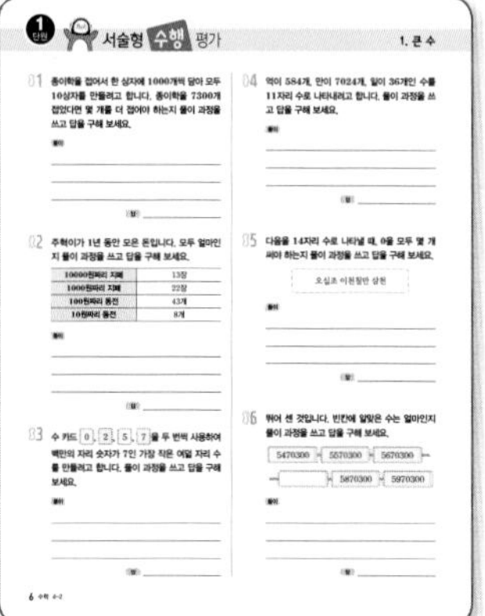

서술형 문제를 심층적으로 연습함으로써 강화되는 서술형 수행 평가에 대비합니다.

❹ 단원 평가

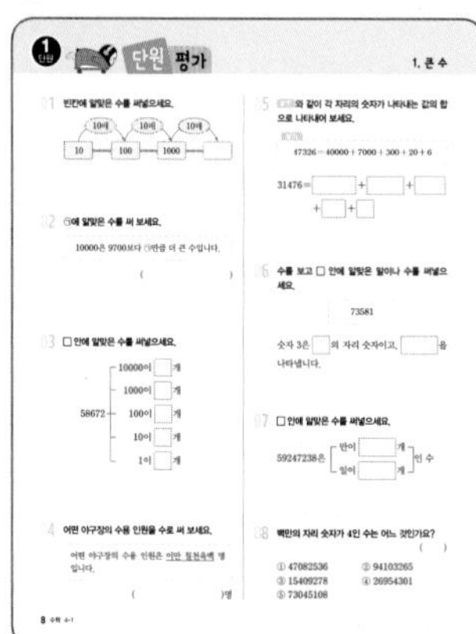

시험 직전에 단원 평가를 풀어 보면서 학교 시험에 철저히 대비합니다.

만점왕 수학 플러스로 기본과 응용을 모두 잡는 공부 비법

만점왕 수학 플러스를 효과적으로 공부하려면?

교재 200% 활용하기

각 단원이 시작될 때마다 나와 있는 **단원 진도 체크**를 참고하여 공부하면 보다 효과적으로 수학 실력을 쑥쑥 올릴 수 있어요!

응용력 높이기 에서 단원별 난이도 높은 대표 응용 문제를 문제 스케치 를 보면서 문제 해결의 포인트를 찾아보세요. 어려운 문제에 이미지 해법을 활용하면 문제를 훨씬 쉽게 해결할 수 있을 거예요!

교재로 혼자 공부했는데, 잘 모르는 부분이 있나요? 만점왕 수학 플러스 강의가 있으니 걱정 마세요!

QR 코드 강의 또는 인터넷(TV) 강의로 공부하기

응용력 높이기 코너의 QR 코드를 스마트폰에 인식시키면 EBS 선생님의 문제 풀이 동영상을 무료로 학습할 수 있어요. 만점왕 수학 플러스 전체 강의는 TV를 통해 시청하거나 EBS 초등 사이트를 통해 언제 어디서든 이용할 수 있습니다.

• 방송 시간 : EBS 홈페이지 편성표 참조
• EBS 초등 사이트 : http://primary.ebs.co.kr

BOOK 1

차례

태양과 지구의 거리는 약 150000000 km이고, 지구에서 토성까지의 거리는 약 1500000000 km예요. 그렇다면 태양에서 토성까지의 거리는 태양에서 지구까지의 거리보다 몇 배나 더 멀리 있는 것일까요? 이번 1단원에서는 다섯 자리 이상의 수를 쓰고 읽기, 자릿값의 원리를 이해하기, 큰 수 단위에서의 뛰어 세기와 수의 크기 비교하기를 배울 거예요.

1 큰 수

단원 학습 목표

1. 10000을 이해하고 쓰고 읽을 수 있습니다.
2. 다섯 자리 수를 이해하고 쓰고 읽을 수 있습니다.
3. 십만, 백만, 천만 단위의 수를 쓰고 읽을 수 있습니다.
4. 억부터 천조 단위까지의 수를 이해하고 쓰고 읽을 수 있습니다.
5. 큰 수 단위의 뛰어 세기를 할 수 있습니다.
6. 큰 수의 크기를 비교할 수 있습니다.

단원 진도 체크

학습일		학습 내용	진도 체크
1일째	월 일	개념 1 10000이 10개인 수를 알아볼까요 개념 2 다섯 자리 수를 알아볼까요 개념 3 십만, 백만, 천만의 각 자리의 숫자와 자릿값을 알아볼까요	✓
2일째	월 일	교과서 넘어 보기 + 교과서 속 응용 문제	✓
3일째	월 일	개념 4 억은 얼마나 큰 수일까요 개념 5 조는 얼마나 큰 수일까요 개념 6 뛰어 세기를 해 볼까요 개념 7 수의 크기를 비교해 볼까요	✓
4일째	월 일	교과서 넘어 보기 + 교과서 속 응용 문제	✓
5일째	월 일	응용 1 나타내는 값이 몇 배인지 구하기 응용 2 수 카드를 사용하여 조건에 맞는 수 만들기 응용 3 설명에 알맞은 수 구하기	✓
6일째	월 일	응용 4 수직선에서 알맞은 수 구하기 응용 5 □ 안에 들어갈 수 있는 수 구하기	✓
7일째	월 일	단원 평가 LEVEL ❶	✓
8일째	월 일	단원 평가 LEVEL ❷	✓

이 단원을 진도 체크에 맞춰 8일 동안 학습해 보세요.
해당 부분을 공부하고 나서 ✓표를 하세요.

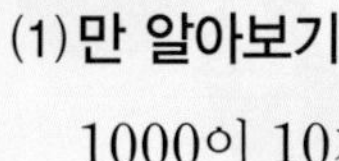

교과서 개념 다지기

개념 1 1000이 10개인 수를 알아볼까요

(1) 만 알아보기

1000이 10개인 수는 10000입니다.

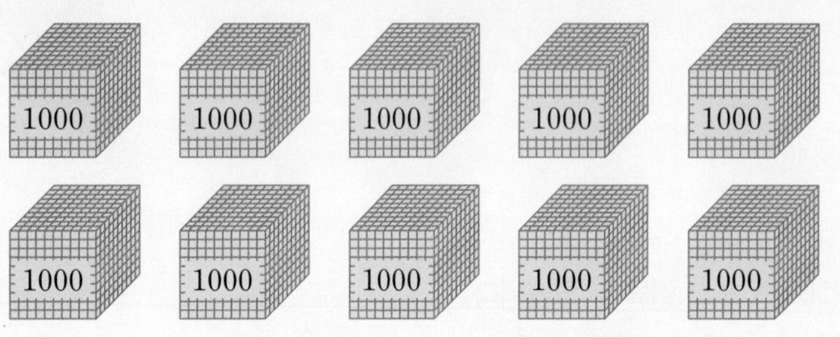

쓰기 10000 또는 1만 읽기 만 또는 일만

(2) 몇 만 알아보기

수	10000이 2개	10000이 3개	……	10000이 8개	10000이 9개
쓰기	20000 2만	30000 3만	……	80000 8만	90000 9만
읽기	이만	삼만	……	팔만	구만

▸ **10000의 크기** (1)

10000은
- 9000보다 1000만큼 더 큰 수
- 9900보다 100만큼 더 큰 수
- 9990보다 10만큼 더 큰 수
- 9999보다 1만큼 더 큰 수

▸ **10000의 크기** (2)
- 1의 10000배
- 10의 1000배
- 100의 100배
- 1000의 10배

01 동화책의 가격을 나타낸 것입니다. □ 안에 알맞은 수를 써넣으세요.

➡ 1000원짜리 지폐가 10장이므로 동화책은 □ 원입니다.

02 10000원이 되려면 얼마가 더 필요할까요?

( )

03 □ 안에 알맞은 수나 말을 써넣으세요.

50000은 만이 □ 개인 수이고, □ 이라고 읽습니다.

04 □ 안에 알맞은 수를 써넣으세요.

(1) 10000은 9000보다 □ 만큼 더 큰 수입니다.

(2) 10000은 □ 보다 1만큼 더 큰 수입니다.

개념 2 다섯 자리 수를 알아볼까요

(1) 다섯 자리 수 알아보기

예 57926 알아보기

10000이 5개, 1000이 7개, 100이 9개, 10이 2개, 1이 6개인 수

쓰기 57926　읽기 오만 칠천구백이십육

(2) 다섯 자리 수의 각 자리의 숫자와 자릿값 알아보기

예 75923의 각 자리 숫자와 자릿값

만의 자리	천의 자리	백의 자리	십의 자리	일의 자리
7	5	9	2	3

⬇

7	0	0	0	0
	5	0	0	0
		9	0	0
			2	0
				3

→ 각 자리의 숫자가 나타내는 값입니다.

75923=70000+5000+900+20+3

▸ • 수를 말로 나타낼 때에는 만 단위로 띄어 씁니다.

예 4|6128 (만)

→ 사만ˇ육천백이십팔

• 같은 숫자라도 어느 자리에 있느냐에 따라 자릿값이 달라집니다.

예 56257

↓ 50000 (만의 자리 숫자)

↓ 50 (십의 자리 숫자)

▸ **27604의 각 자리 숫자가 나타내는 값**

만의 자리	천의 자리	백의 자리	십의 자리	일의 자리
2	7	6	0	4
20000	7000	600	0	4

05 □ 안에 알맞은 수를 써넣으세요.

06 다섯 자리 수를 읽으려고 합니다. □ 안에 알맞은 말을 써넣으세요.

(1) 41972 ➡ 4만 1972

➡ □ 천구백칠십이

(2) 29906 ➡ □

07 58623은 얼마만큼의 수인지 알아보려고 합니다. □ 안에 알맞은 수를 써넣으세요.

만의 자리	천의 자리	백의 자리	십의 자리	일의 자리
5	8	6	2	3
□	8000	□	20	□

08 25791을 각 자리 숫자가 나타내는 값의 합으로 나타내려고 합니다. □ 안에 알맞은 수를 써넣으세요.

25791=□+5000+□

+90+□

개념 3 십만, 백만, 천만의 각 자리의 숫자와 자릿값을 알아볼까요

(1) 십만, 백만, 천만 알아보기

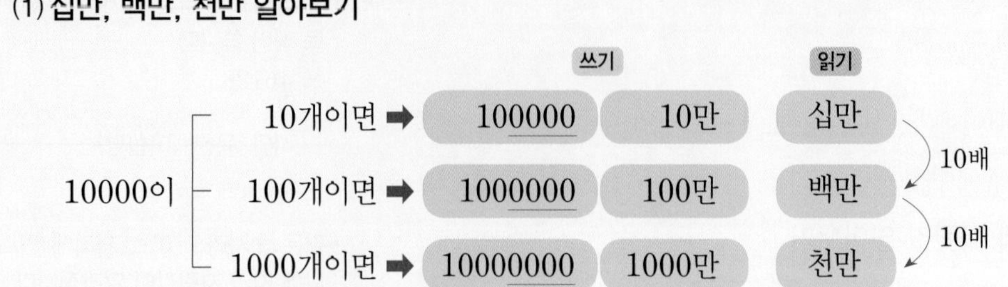

(2) 십만, 백만, 천만의 자릿값 알아보기

6	2	8	7	0	0	0	0
천	백	십	일	천	백	십	일
			만				일

10000이 6287개이면 62870000 또는 6287만이라 쓰고, 육천이백팔십칠만이라고 읽습니다.

$$62870000=60000000+2000000+800000+70000$$

▶ 만, 십만, 백만, 천만 사이의 관계

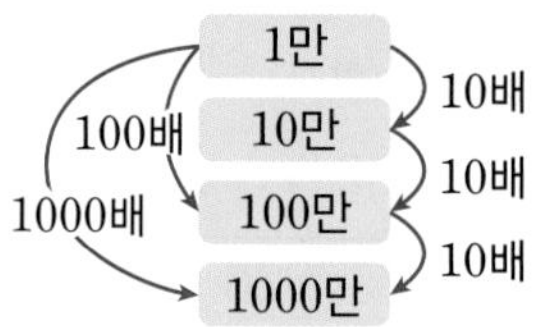

▶ 큰 수 읽기
일의 자리에서부터 네 자리씩 끊어서 왼쪽부터 차례로 읽습니다.
예 3167|5002
→ 삼천백육십칠만∨오천이

▶ 62870000의 각 자리 숫자와 그 숫자가 나타내는 값

천만	백만	십만	만	천	백	십	일
6	2	8	7	0	0	0	0
6	0	0	0	0	0	0	0
	2	0	0	0	0	0	0
		8	0	0	0	0	0
			7	0	0	0	0

09 □ 안에 알맞은 수를 써넣으세요.

(1) 10000원짜리 지폐가 10장이면 □ 원입니다.

(2) 10000원짜리 지폐가 100장이면 □ 원입니다.

10 같은 수끼리 이어 보세요.

10000이 10개인 수 •	• 100만
10000이 100개인 수 •	• 100000
10000이 1000개인 수 •	• 천만

11 53710000의 각 자리 숫자와 그 숫자가 나타내는 값을 표에 바르게 써넣으세요.

	숫자	나타내는 값
천만의 자리	5	
백만의 자리		3000000
십만의 자리	7	
만의 자리		

12 34280000을 각 자리의 숫자가 나타내는 값으로 나타내려고 합니다. □ 안에 알맞은 수를 써넣으세요.

34280000 = □ + 4000000 + □ + 80000

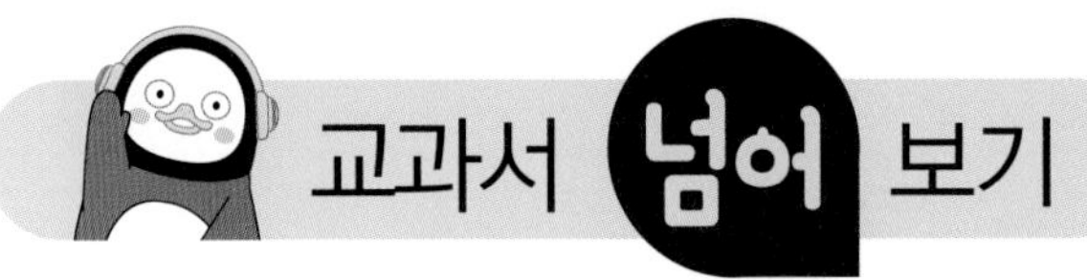

정답과 풀이 2쪽

01 **10000원이 되려면 각각의 돈이 얼마만큼 필요한지 □ 안에 알맞은 수를 써넣으세요.**

(1)   장

(2)  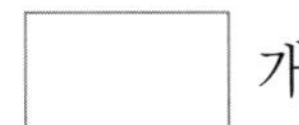 개

02 **규칙에 따라 빈칸에 알맞은 수를 써넣으세요.**

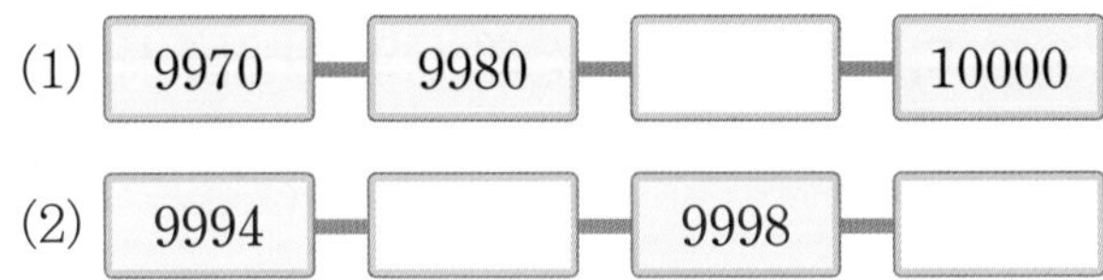

03 **수직선을 보고 □ 안에 알맞은 수를 써넣으세요.**

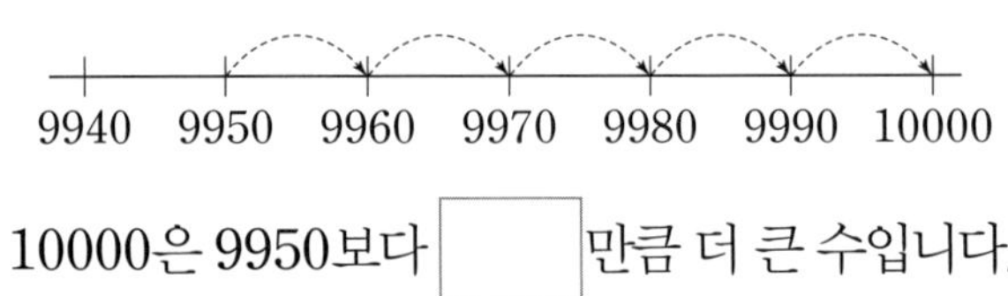

10000은 9950보다 □만큼 더 큰 수입니다.

04 **돈은 얼마인지 □ 안에 알맞은 수를 써넣으세요.**

10000원짜리 지폐가 4장이면

 원입니다.

05 **그림을 보고 □ 안에 알맞은 수를 써넣으세요.**

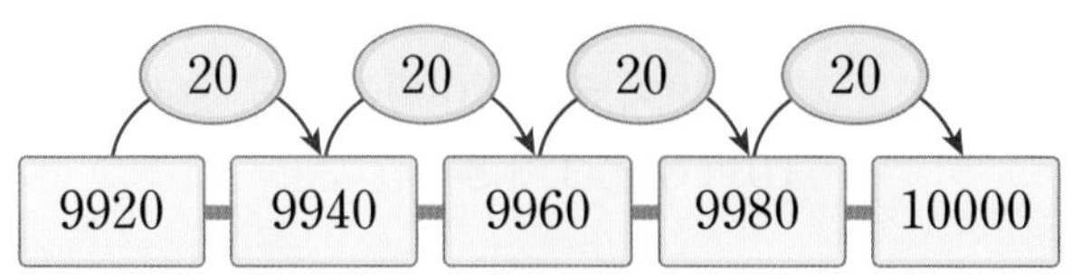

(1) 9940보다 □만큼 더 큰 수는 10000입니다.

(2) 9960은 10000보다 □만큼 더 작은 수입니다.

1 단원

06 **경민이는 주말 농장에서 수확한 방울토마토 10000개를 100개씩 상자에 나누어 담았습니다. 방울토마토를 담은 상자는 모두 몇 상자인지 써 보세요.**

□ 상자

중요

대화를 읽고 □ 안에 알맞은 수를 써넣으세요.

가은: 나는 2000원을 가지고 있어.
서준: 나는 5000원!
준우: 나는 □원!
가은: 우리가 가지고 있는 돈을 모두 합하면 10000원이야.

08 □ 안에 알맞은 수를 써넣으세요.

10000이 5개, 1000이 9개, 100이 4개,
10이 3개, 1이 8개인 수

만의 자리	천의 자리	백의 자리	십의 자리	일의 자리
□	□	4	□	8

09 빈칸에 알맞은 수나 말을 써넣으세요.

82362	팔만 이천삼백육십이
	칠만 사천육백구십삼
30547	
	이만 구천삼십오

10 보기 와 같이 각 자리 숫자가 나타내는 값의 합으로 나타내어 보세요.

보기

42597=40000+2000+500+90+7

68274=□+□+□
+□+□

11 수를 보고 물음에 답하세요.

72835

(1) 숫자 2가 나타내는 값은 얼마인가요?
( )

(2) 숫자 7이 나타내는 값은 얼마인가요?
( )

12 다음은 지호가 동생의 생일 선물을 사기 위해 모은 돈입니다. 돈은 모두 얼마인지 써 보세요.
중요

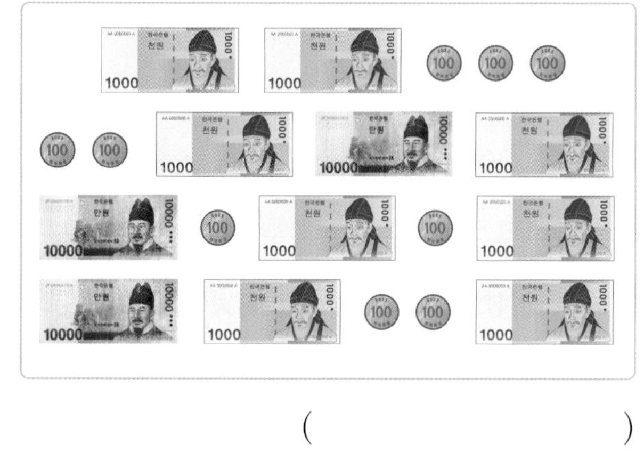

( )

13 수 카드를 한 번씩만 사용하여 가장 작은 다섯 자리 수를 만들고 읽어 보세요.

2 4 0 7 3

쓰기 ( )

읽기 ( )

14 알맞은 것끼리 선으로 이어 보세요.

1만의 10배 •	• 100만
10000이 100개인 수 •	• 1000만
100만의 10배인 수 •	• 10만

15 49830000을 표로 나타낸 것입니다. □ 안에 알맞은 수를 써넣으세요.

4	□	8	□	0	0	0	0
천	백	십	일	천	백	십	일
			만				일

49830000=□+9000000
+□+30000

16 중요 숫자 5가 나타내는 값을 써 보세요.

92567204 (㉠: 5)　53832617 (㉡: 5)

	나타내는 값
㉠	
㉡	

17 □ 안에 알맞은 수를 써넣으세요.

54027749는 만이 □개,
일이 □개인 수입니다.

18 다음 중 백만의 자리 숫자가 6인 수에 ○표 하세요.

2637901	46005298	61107234
( )	( )	( )

19 설명하는 수가 얼마인지 써 보세요.

1000만이 5개, 100만이 12개,
10만이 4개, 만이 9개인 수

( )

20 어려운 문제 수 카드를 모두 한 번씩만 사용하여 가장 큰 수를 만들어 쓰고 읽어 보세요.

0 1 3 4 5 6 7 9

쓰기 ( )

읽기 ( )

교과서, 익힘책 속 응용 문제를 유형별로 풀어 보세요.

교과서 속 **응용 문제**

정답과 풀이 2쪽

돈의 총합 구하기

예 10000원짜리 지폐 2장, 1000원짜리 지폐 5장, 100원짜리 동전 3개, 10원짜리 동전 7개, 1원짜리 동전 4개는 모두 얼마인지 구해 보세요.

➡ 20000＋5000＋300＋70＋4＝25374(원)

21 지윤이는 10000원짜리 지폐 3장, 1000원짜리 지폐 14장, 100원짜리 동전 15개, 10원짜리 동전 7개를 가지고 있습니다. 지윤이가 가지고 있는 돈은 모두 얼마인지 구해 보세요.

(　　　　　　　　)

22 성민이는 10000원짜리 지폐 7장, 1000원짜리 지폐 6장, 100원짜리 동전 13개, 10원짜리 동전 14개를 가지고 있습니다. 성민이가 가지고 있는 돈은 모두 얼마인지 구해 보세요.

(　　　　　　　　)

23 어느 문구점에 다음과 같이 색종이가 있습니다. 색종이는 모두 몇 장인지 구해 보세요.

10000장짜리 2상자, 1000장짜리 28상자, 500장짜리 5묶음, 100장짜리 36묶음, 10장짜리 24묶음

(　　　　　　　　)

가장 큰 수, 가장 작은 수 만들기

[5], [1], [2], [8], [7]의 수 카드를 한 번씩 사용하여 다섯 자리 수 만들기

① 천의 자리 숫자가 8인 가장 큰 수 만들기

➡ 78521: 천의 자리에 숫자 8을 놓고 가장 높은 자리부터 큰 수를 차례로 놓습니다.

② 천의 자리 숫자가 8인 가장 작은 수 만들기

➡ 18257: 천의 자리에 숫자 8을 놓고 가장 높은 자리부터 작은 수를 차례로 놓습니다.

24 다음 수 카드를 한 번씩 사용하여 만들 수 있는 여섯 자리 수 중 만의 자리 숫자가 9인 가장 큰 수를 만들어 보세요.

[9] [5] [6] [2] [1] [7]

(　　　　　　　　)

25 다음 수 카드를 한 번씩 사용하여 만들 수 있는 여섯 자리 수 중 천의 자리 숫자가 3인 가장 작은 수를 만들어 보세요.

[0] [9] [6] [2] [1] [3]

(　　　　　　　　)

26 다음 수 카드를 한 번씩 모두 사용하여 만들 수 있는 수 중 백의 자리 숫자가 8이고 십만의 자리 숫자가 3인 가장 작은 수를 만들어 보세요.

[3] [1] [0] [5] [9] [8] [6]

(　　　　　　　　)

정답과 풀이 4쪽

개념 4 억은 얼마나 큰 수일까요

(1) 억 알아보기

- 1000만이 10개인 수

쓰기 100000000 또는 1억　　읽기 억 또는 일억

(2) 1억이 ■개인 수

예 1억이 5836개인 수 → 583600000000

쓰기 583600000000 또는 5836억　읽기 오천팔백삼십육억

• 583600000000의 각 자리의 숫자가 나타내는 값

5	8	3	6	0	0	0	0	0	0	0	0
천	백	십	일	천	백	십	일	천	백	십	일
			억				만				일

583600000000＝500000000000＋80000000000

＋3000000000＋600000000

▶ 십억, 백억, 천억

1억이 10개인 수	1000000000 10억(또는 십억)
1억이 100개인 수	10000000000 100억(또는 백억)
1억이 1000개인 수	100000000000 1000억(또는 천억)

▶ 억 단위의 수 읽기

일의 자리에서부터 네 자리씩 끊은 다음 왼쪽부터 차례로 읽습니다.

예 2912|3524|9972
　　억　만　일

→이천구백십이억∨삼천오백이십사만∨구천구백칠십이

▶ 583600000000의 각 자리 숫자와 그 숫자가 나타내는 값

	숫자	나타내는 값
천억의 자리	5	500000000000
백억의 자리	8	80000000000
십억의 자리	3	3000000000
억의 자리	6	600000000

1 단원

01 □ 안에 알맞은 수를 써넣으세요.

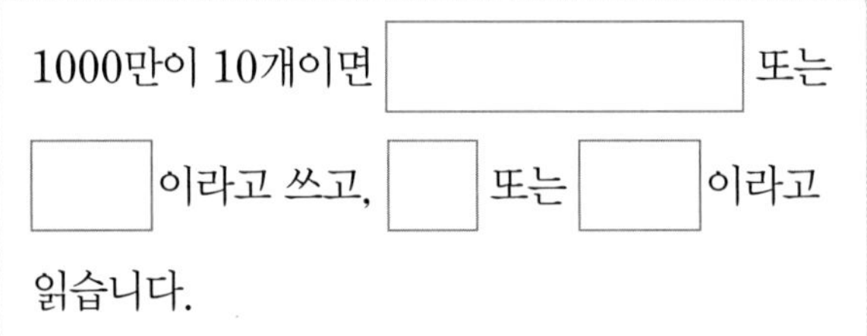

02 빈칸에 알맞은 수를 써넣으세요.

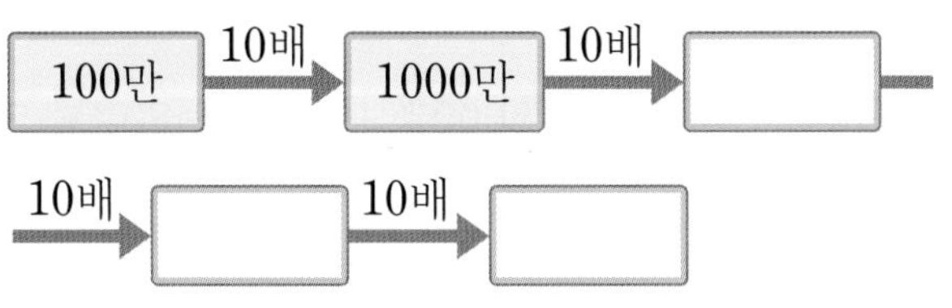

03 다음을 수로 써 보세요.

(1) 삼천구백오십칠억

(　　　　　　　　)

(2) 이천백삼십구억 사천삼백칠십팔만

(　　　　　　　　)

04 보기 와 같이 나타내어 보세요.

65434650000 ➡ (　　　　　　　　)

(1) 조 알아보기

— 1000억이 10개인 수

쓰기 1000000000000 또는 1조 **읽기** 조 또는 일조

1억 —10배→ 10억 —10배→ 100억 —10배→ 1000억 —10배→ 1조

(2) 1조가 ■개인 수

• 1조가 7216개인 수 → 7216000000000000

쓰기 7216000000000000 또는 7216조 **읽기** 칠천이백십육조

• 7216000000000000의 각 자리의 숫자가 나타내는 값

7	2	1	6	0	0	0	0	0	0	0	0	0	0	0	0
천	백	십	일	천	백	십	일	천	백	십	일	천	백	십	일
			조				억				만				일

7216000000000000=7000000000000000+200000000000000
+10000000000000+6000000000000

▸ 십조, 백조, 천조

1조가 10개인 수	10000000000000 10조(또는 십조)
1조가 100개인 수	100000000000000 100조(또는 백조)
1조가 1000개인 수	1000000000000000 1000조(또는 천조)

▸ 조 단위의 수 읽기

일의 자리에서부터 네 자리씩 끊은 다음 왼쪽부터 차례로 읽습니다.

예 3568|9112|4563|2017
조 억 만 일

→ 삼천오백육십팔조∨구천백십이억∨사천오백육십삼만∨이천십칠

▸ **7216000000000000 자릿값**

	숫자	수
천조의 자리	7	7000000000000000
백조의 자리	2	200000000000000
십조의 자리	1	10000000000000
조의 자리	6	6000000000000

05 □ 안에 알맞은 수를 써넣으세요.

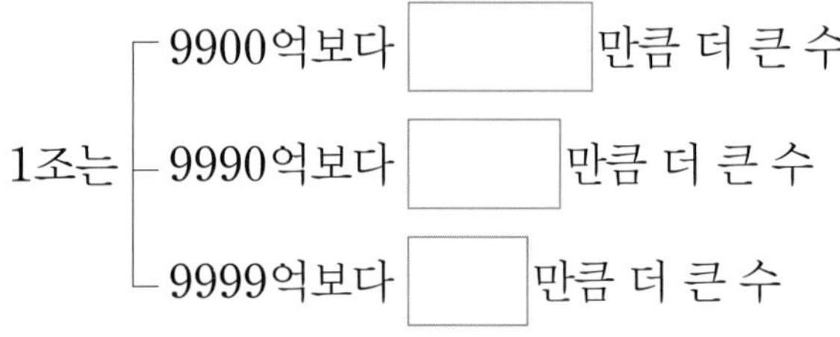

06 □ 안에 알맞은 수를 써넣으세요.

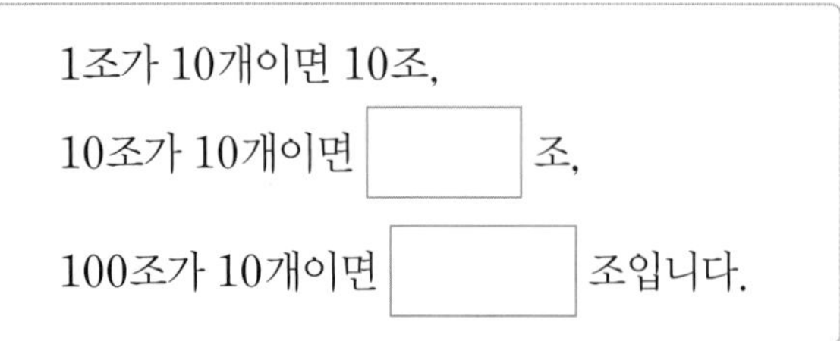

1조가 10개이면 10조,
10조가 10개이면 □ 조,
100조가 10개이면 □ 조입니다.

07 표의 빈칸에 알맞은 수를 써넣고 읽어 보세요.

9267453800000000

								0	0	0	0	0	0	0	0
천	백	십	일	천	백	십	일	천	백	십	일	천	백	십	일
			조				억				만				일

읽기 ( )

08 **보기** 와 같이 나타내어 보세요.

보기

5285조=5000조+200조+80조+5조

9367조=( )

개념 6 뛰어 세기를 해 볼까요

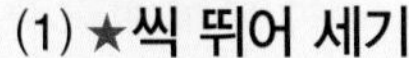

(1) ★씩 뛰어 세기

— ★의 자리 수가 1씩 커집니다.

• 10000씩 뛰어 세기

➡ 만의 자리 수가 1씩 커집니다.

• 100억씩 뛰어 세기

➡ 백억의 자리 수가 1씩 커집니다.

(2) 10배씩 뛰어서 세기

— 수의 끝자리 뒤에 0이 1개씩 붙습니다.

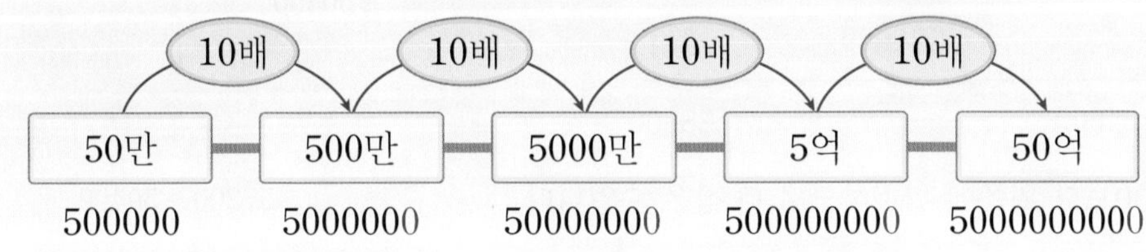

▶ 뛰어 셀 때, 1씩 변하는 자리 숫자가 9이면 바로 윗자리 수까지 함께 생각하여 1 커지게 됩니다.
예 100억씩 뛰어 셀 때
700억—800억—900억—1000억

▶ 뛰어 센 규칙을 찾을 때는 어느 자리의 수가 얼마씩 커지는지 알아봅니다.
→ ★의 자리 수가 1씩 커지면 ★씩 뛰어서 센 것입니다.

09 10000씩 뛰어서 세어 보세요.

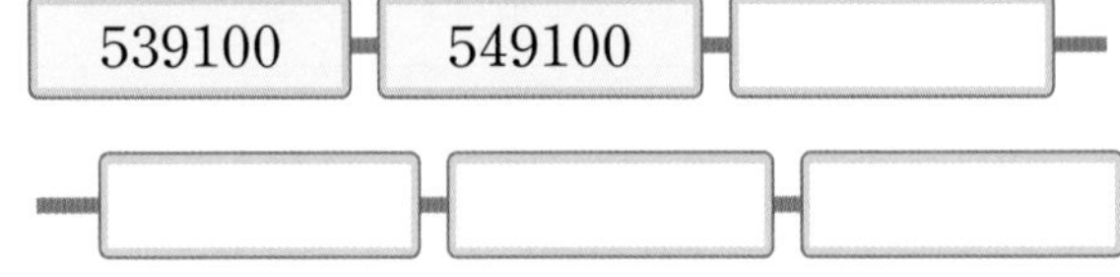

10 1000만씩 뛰어서 세어 보세요.

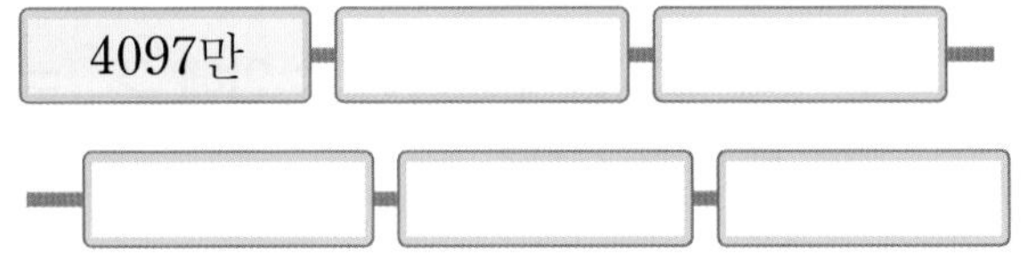

11 얼마만큼씩 뛰어 세었는지 알아보려고 합니다. □ 안에 알맞은 말이나 수를 써넣으세요.

(1)
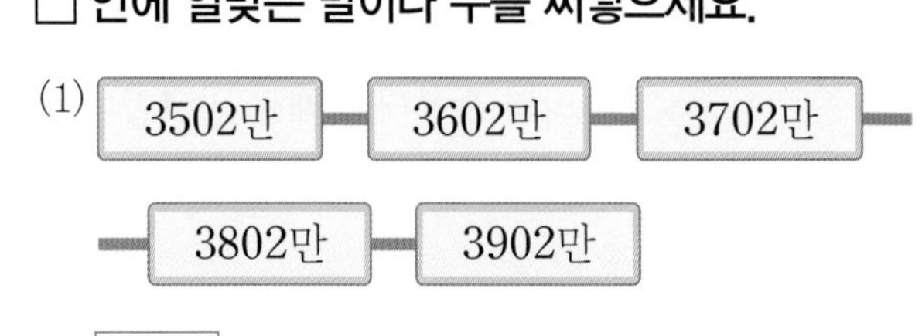

□의 자리 수가 1씩 커지므로

□씩 뛰어 세었습니다.

(2)
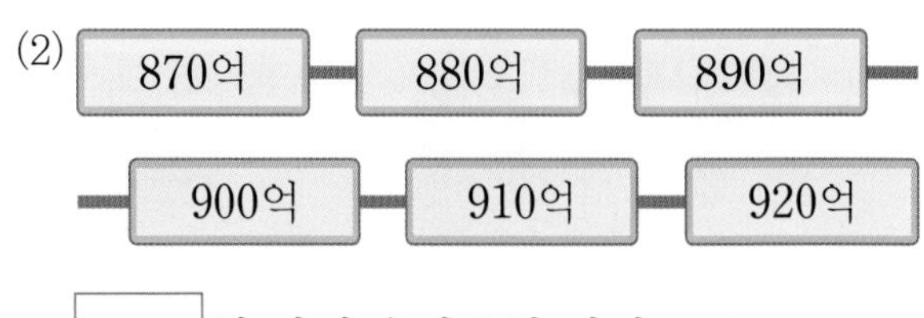

□의 자리 수가 1씩 커지므로

□씩 뛰어 세었습니다.

개념 7 수의 크기를 비교해 볼까요

(1) 자릿수를 이용하여 수의 크기 비교하기

• 먼저 자릿수가 같은지 다른지 알아봅니다.

① 자릿수가 다른 수의 크기 비교 — 자릿수가 많은 쪽이 큰 수입니다.

예 14019783 > 9879542
(8자리 수) (7자리 수)

② 자릿수가 같은 수의 크기 비교 — 높은 자리부터 차례로 비교하여 높은 자리 수가 큰 쪽이 더 큰 수입니다.

예 51669984 < 51830924
6 < 8

(2) 수직선을 이용하여 수의 크기 비교하기

• 수직선에서는 오른쪽에 위치한 수가 왼쪽에 위치한 수보다 큽니다.

예 723000과 726000의 비교

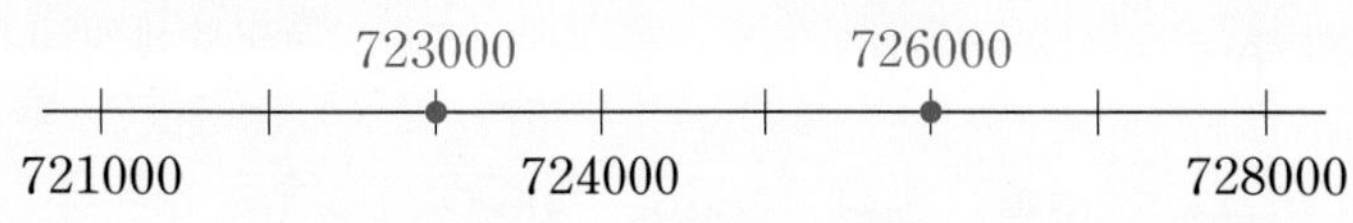

➡ 수직선에서 723000이 726000보다 왼쪽에 위치하므로 더 작은 수입니다.

▶ 두 수의 자릿수가 같을 때에는 가장 높은 자리 수부터 차례로 비교하여 처음으로 다른 숫자가 나오면 그 자리의 숫자를 비교하여 전체 수의 크기를 비교합니다.

▶ 자리 수를 서로 다른 색으로 표현하여 비교합니다.

• 57300

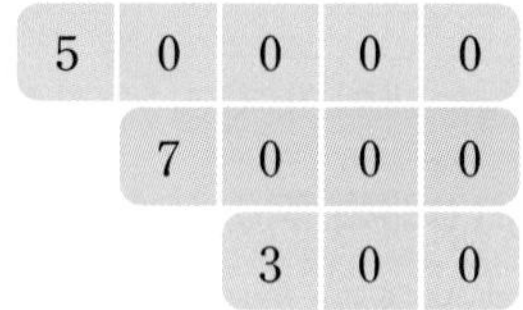

• 50400

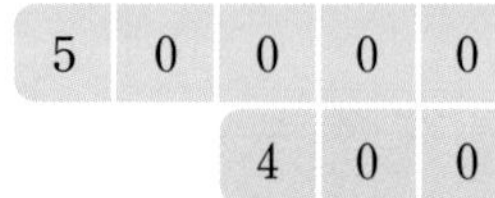

57300 > 50400

12 두 수의 크기를 비교하려고 합니다. □ 안에 비교하는 순서대로 기호를 써넣으세요.

㉠ 높은 자리의 수부터 차례로 비교합니다.
㉡ 두 수의 자릿수를 비교합니다.

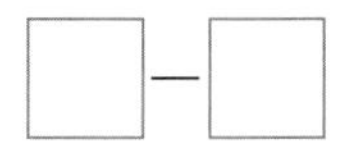

13 두 수의 크기를 비교하여 ○ 안에 >, =, <를 알맞게 써넣으세요.

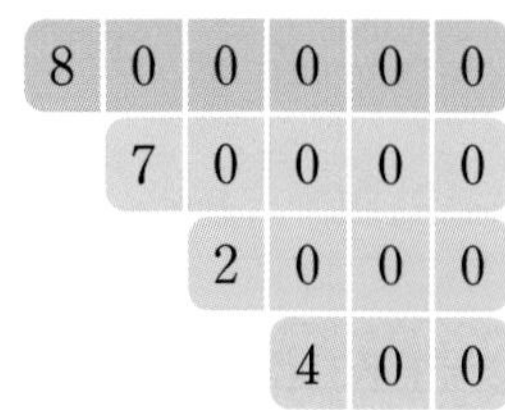

8 0 0 0 0 0
2 0 0 0 0
9 0 0 0
7 0 0

872400 ○ 829700

14 수직선을 보고 두 수의 크기를 비교하여 ○ 안에 >, =, <를 알맞게 써넣으세요.

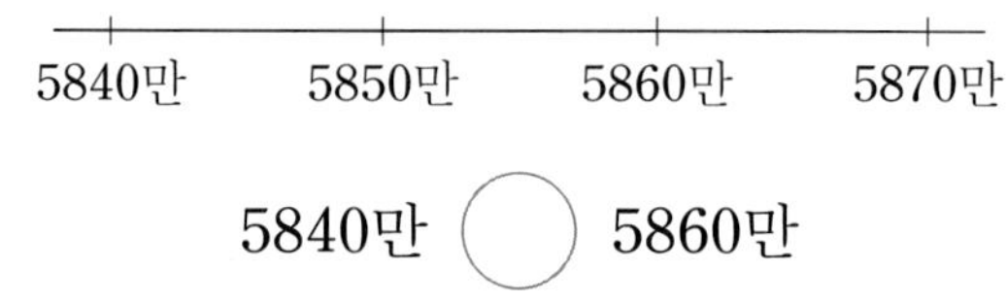

5840만 ○ 5860만

15 두 수의 크기를 비교하여 ○ 안에 >, =, <를 알맞게 써넣으세요.

(1) 625400 ○ 1102400

(2) 99억 99만 ○ 99억 101만

27 □ 안에 알맞은 수를 써넣으세요.

(1) 100만 원짜리 수표가 100장이면

[ ] 원입니다.

(2) 1000만 원 짜리 수표가 10장이면

[ ] 원입니다.

28 중요 다음과 같이 수를 쓰고, 읽어 보세요.

654372985200
➡ 6543억 7298만 5200
➡ 육천오백사십삼억 칠천이백구십팔만 오천이백

259437692651

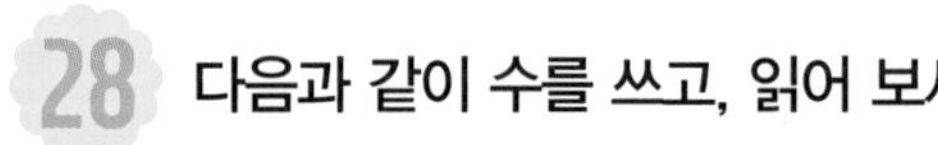

➡ [ ]

29 어느 회사의 연도별 운동화 생산량을 나타낸 표입니다. 빈칸에 알맞게 써넣으세요.

년도	운동화 생산량(켤레)		
2018	9억 8500만	985000000	구억 팔천오백만
2019	12억 7000만		십이억 칠천만
2020	20억 400만		

30 다음을 수로 써 보세요.

삼백오십육억 구백만

(   )

31 1억에 대한 설명 중 틀린 것을 찾아 기호를 써 보세요.

㉠ 만의 10000배인 수입니다.
㉡ 99999999보다 1만큼 더 큰 수입니다.
㉢ 10만이 10000개인 수입니다.
㉣ 9000만보다 1000만만큼 더 큰 수입니다.

(   )

32 빈칸에 알맞은 수를 써넣으세요.

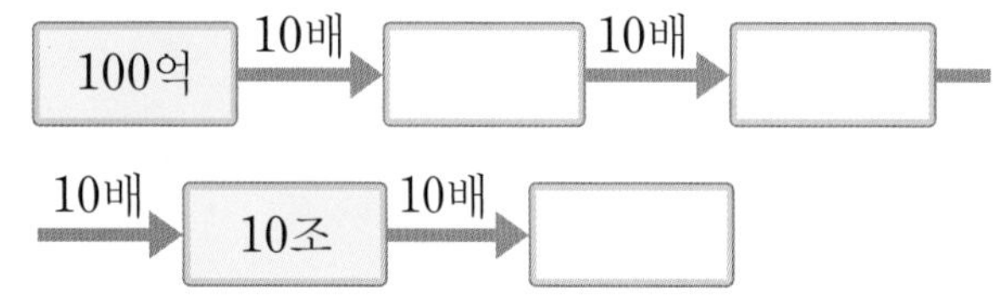

33 수로 나타내고 읽어 보세요.

조가 901개이고 억이 809개인 수

쓰기 (   )

읽기 (   )

34 보기 와 같이 나타내어 보세요.

보기

342조 5496억 2315만 8946
➡ 342549623158946

12조 7654억 3465만
➡ (　　　　　　　　　　)

35 다음 수에서 숫자 9가 나타내는 값이 <u>다른</u> 것의 기호를 써 보세요.
중요

㉠ 579523674001
㉡ 29522054678
㉢ 12349657857651
㉣ 5461790045123467

(　　　　　　　　　　)

36 수 카드를 모두 한 번씩만 사용하여 가장 작은 열 자리 수를 만들고 읽어 보세요.

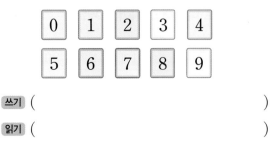

0　1　2　3　4
5　6　7　8　9

쓰기 (　　　　　　　　　　)
읽기 (　　　　　　　　　　)

37 100000씩 뛰어 세어 보세요.

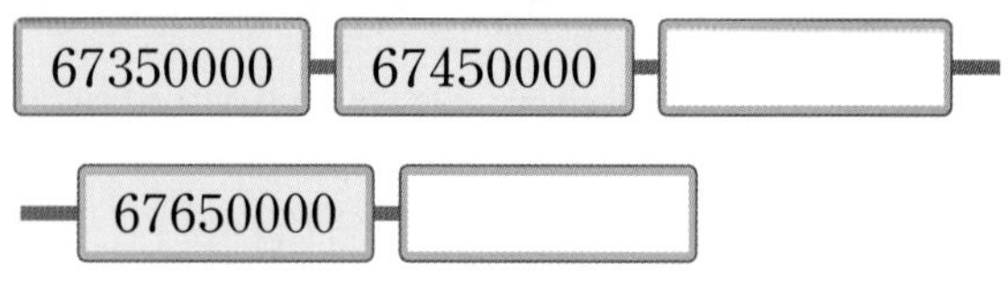

38 뛰어 세기를 하여 빈칸에 알맞은 수를 써넣으세요.

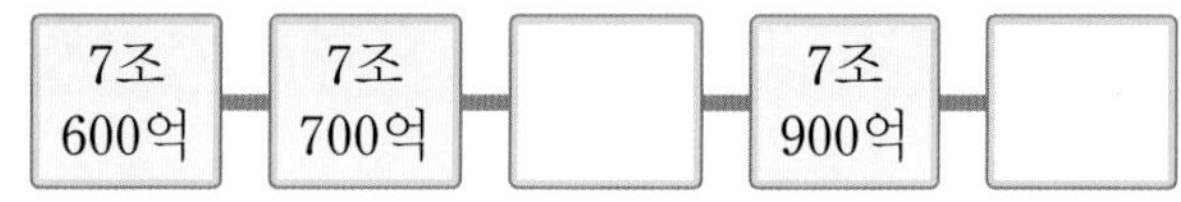

39 뛰어 세기를 하였습니다. 얼마씩 뛰어 세었는지 써 보세요.

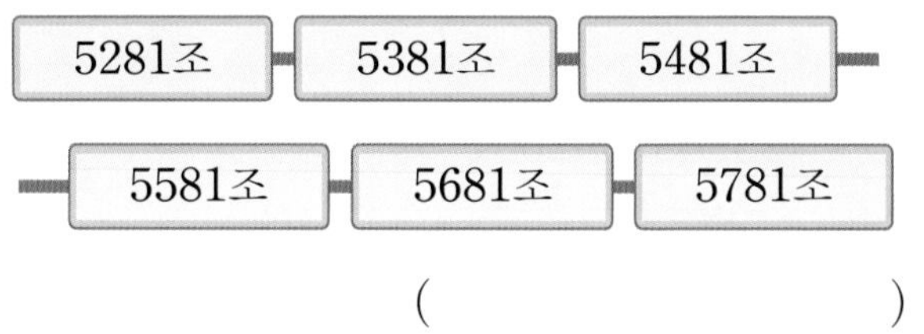

(　　　　　　　　　　)

40 규칙에 따라 빈칸에 알맞은 수를 써넣으세요.

		3억 3457만		3억 3657만
		4억 3457만		
5억 3257만	5억 3357만	5억 3457만		5억 3657만
6억 3257만			6억 3557만	

41 어느 회사의 올해 매출액이 7530억이었습니다. 매년 1000억 원씩 매출이 더 올라간다면 3년 후 이 회사의 매출액은 얼마인지 구해 보세요.

(　　　　　　　　)

42 중요 ㉠과 ㉡이 나타내는 수를 수직선에 나타내고 크기를 비교해 보세요.

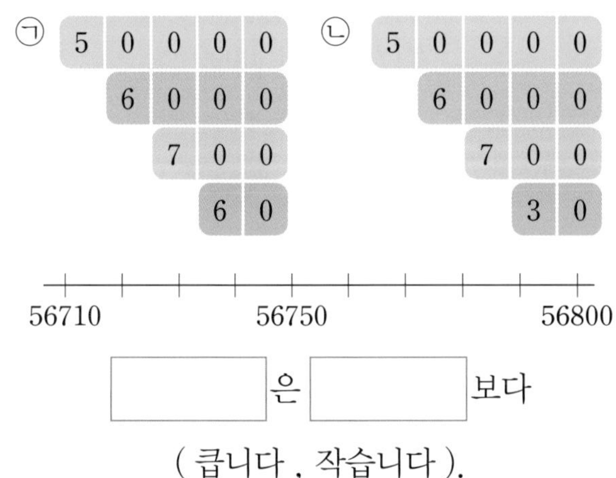

□은 □보다

(큽니다 , 작습니다).

43 수의 크기를 비교하여 더 큰 수에 ○표 하세요.

658912530065	1010012151980
(　　)	(　　)

44 두 수의 크기를 비교하여 ○ 안에 >, =, <를 알맞게 써넣으세요.

43981276390000 ○ 43조 9812억 7643만

45 가장 큰 수는 어느 것인지 기호를 써 보세요.

㉠ 40913768000000
㉡ 4조 913억 7680만
㉢ 40913786000000

(　　　　　　　　)

46 행성의 크기를 지름으로 알아본 것입니다. 큰 행성부터 차례로 써 보세요.

행성	지름(km)
목성	142984
금성	12103
토성	120536

(　　　　　　　　)

47 어려운 문제 인구가 적은 나라부터 순서대로 나라의 이름을 써 보세요.

이탈리아	독일	대한민국
오천구백이십 구만 천 명	83567000명	5118만 명

(　　　　　　　　)

1 단원

교과서, 익힘책 속 응용 문제를 유형별로 풀어 보세요.

교과서 속 **응용 문제**

정답과 풀이 4쪽

읽은 것을 수로 나타내기

예 이억 사천칠백오십삼만 육천구백팔십오를 수로 나타내어 보세요.

이억 사천칠백오십삼만 육천구백팔십오
2억 4753만 6985

➡ 2억 4753만 6985 → 247536985

48 **2021년 중국의 인구는 십사억 사천사백이십일만 육천백이 명입니다. 밑줄 친 중국의 인구를 수로 나타내어 보세요.** (출처: 2021. 통계청. UN)

( )명

49 **2021년 미국의 국내총생산은 전 세계 1위로 이십일조 사천이백칠십칠억 달러입니다. 밑줄 친 미국의 국내총생산을 수로 나타내어 보세요.**

( )달러

50 **우리나라의 어느 해의 일반용 쓰레기 종량제 물품 판매 수량 및 판매 금액을 나타낸 표입니다. 판매 수량과 판매 금액을 각각 수로 나타내어 보세요.**

일반용 쓰레기 종량제 물품 판매 수량 및 판매 금액

판매 수량 (개)	칠억 오천삼백사십삼만 사천	
판매 금액 (원)	오천오백삼십오억 오천칠백만	

세 수의 크기 비교

① 자리 수가 같은지 다른지 비교해 봅니다.
② 자리 수가 다르면 자리 수가 많은 쪽이 더 큽니다.
③ 자리 수가 같으면 가장 높은 자리 수부터 차례로 비교하여 수가 큰 쪽이 더 큽니다.

51 **가장 큰 수에 ○표, 가장 작은 수에 △표 하세요.**

71701468010009 ( )
71010989899009 ( )
71701468100009 ( )

52 **큰 수부터 차례로 기호를 써 보세요.**

㉠ 85527340
㉡ 815329026
㉢ 8억 3000만

( )

53 **작은 수부터 차례로 기호를 써 보세요.**

㉠ 11억 7000만
㉡ 1181320000
㉢ 구억 팔천오백이십삼만

( )

정답과 풀이 6쪽

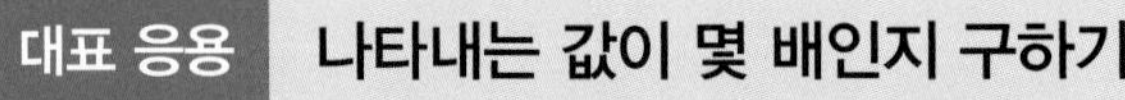

대표 응용 나타내는 값이 몇 배인지 구하기

1 ㉠이 나타내는 값은 ㉡이 나타내는 값의 몇 배인지 구해 보세요.

52327648 (㉠: 둘째 자리 2, ㉡: 넷째 자리 2)

문제 스케치

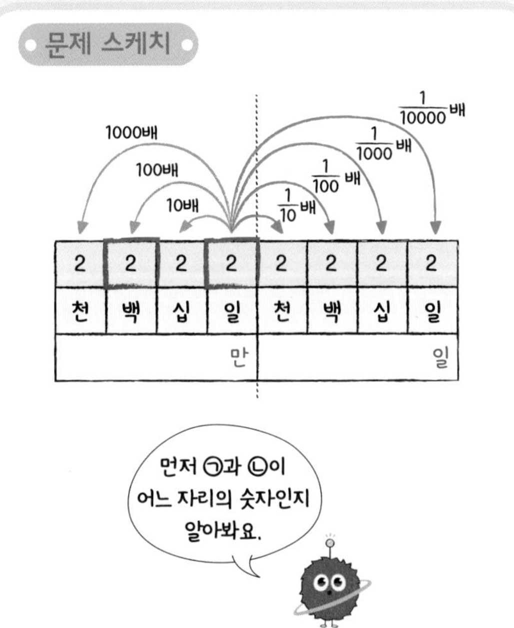

해결하기

5	2	3	2	7	6	4	8
천	백	십	일	천	백	십	일
			만				일

52327648에서 (㉠, ㉡)

㉠은 □의 자리 숫자이므로 □을 나타내고,

㉡은 □의 자리 숫자이므로 □을 나타냅니다.

따라서 ㉠이 나타내는 값은 ㉡이 나타내는 값의 □배입니다.

1-1 ㉠과 ㉡이 나타내는 값을 각각 쓰고 ㉠이 나타내는 값은 ㉡이 나타내는 값의 몇 배인지 구해 보세요.

8537159869 (㉠: 셋째 자리 3, ㉡: 여섯째 자리 5)

㉠ ( ), ㉡ ( ) ➡ ( )배

1-2 다음 수에서 숫자 8이 나타내는 수가 800의 100000000배인 숫자를 찾아 기호를 써 보세요.

8 8 8 8 0 0 0 0 0 0 0 0 0 0 0
㉠㉡㉢㉣

( )

대표 응용 수 카드를 사용하여 조건에 맞는 수 만들기

2 수 카드를 모두 한 번씩만 사용하여 만들 수 있는 다섯 자리 수 중에서 십의 자리 숫자가 7인 가장 큰 수를 구해 보세요.

2	7	0	4	6

문제 스케치

□□□7□

① ② ③ ④

큰 수부터 차례로 놓아요.

해결하기

십의 자리 숫자가 7인 다섯 자리 수는 ■■■7■로 나타낼 수 있습니다.
따라서 가장 큰 수를 만들려면 7을 제외한 수를 큰 수부터 차례로 쓰면 [　　　] 입니다.

2-1 수 카드를 모두 한 번씩만 사용하여 만들 수 있는 다섯 자리 수 중 천의 자리 숫자가 3인 가장 큰 수를 만들어 보세요.

5	3	6	7	9

(　　　　　　　　)

2-2 수 카드를 모두 한 번씩만 사용하여 만들 수 있는 열 자리 수 중 천만의 자리 숫자가 1이고 만의 자리 숫자가 7인 가장 작은 수를 만들었습니다. 만든 수의 억의 자리 숫자를 써 보세요.

0	2	3	5	6	7	9	1	4	8

(　　　　　　　　)

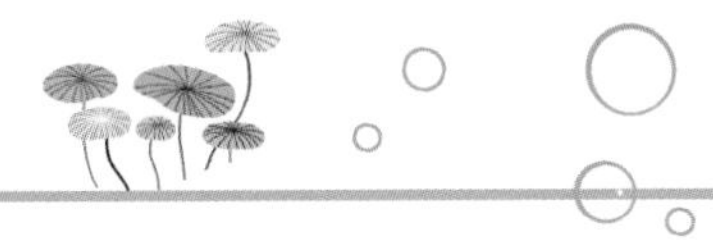

정답과 풀이 6쪽

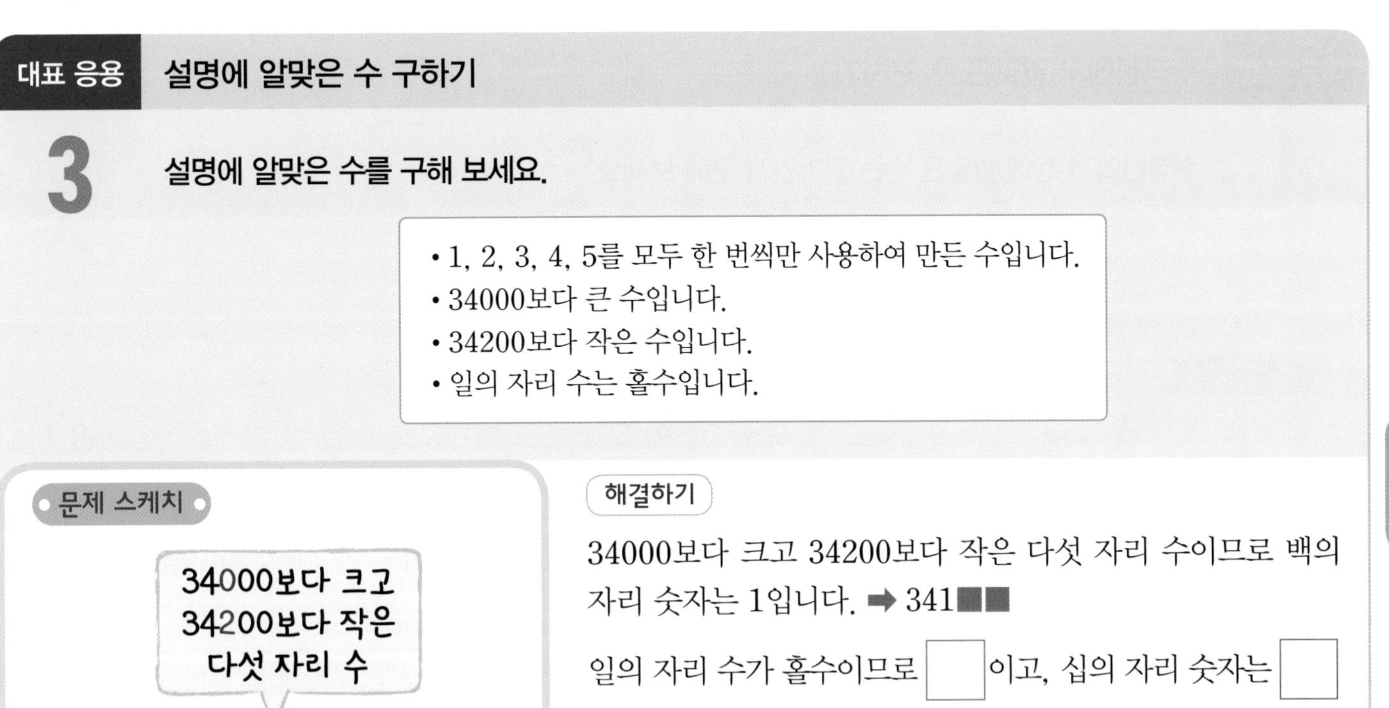

대표 응용 **설명에 알맞은 수 구하기**

3

설명에 알맞은 수를 구해 보세요.

> • 1, 2, 3, 4, 5를 모두 한 번씩만 사용하여 만든 수입니다.
> • 34000보다 큰 수입니다.
> • 34200보다 작은 수입니다.
> • 일의 자리 수는 홀수입니다.

문제 스케치

해결하기

34000보다 크고 34200보다 작은 다섯 자리 수이므로 백의 자리 숫자는 1입니다. ➡ 341■■

일의 자리 수가 홀수이므로 □이고, 십의 자리 숫자는 □가 됩니다. 따라서 설명에 알맞은 수는 □입니다.

1 단원

3-1 설명에 알맞은 수를 구해 보세요.

> • 3, 5, 6, 7, 8을 모두 한 번씩 사용하여 만든 수입니다.
> • 67000보다 큰 수입니다.
> • 67500보다 작은 수입니다.
> • 일의 자리 수는 짝수입니다.

( )

3-2 설명에 알맞은 수를 읽어 보세요.

> • 2, 3, 5, 6, 9를 모두 한 번씩 사용하여 만든 수입니다.
> • 53000보다 큰 수입니다.
> • 53600보다 작은 수입니다.
> • 일의 자리 수는 홀수입니다.

( )

대표 응용 수직선에서 알맞은 수 구하기

4 수직선에서 ㉠에 알맞은 수는 얼마인지 구해 보세요.

5450만 5500만 ㉠

문제 스케치

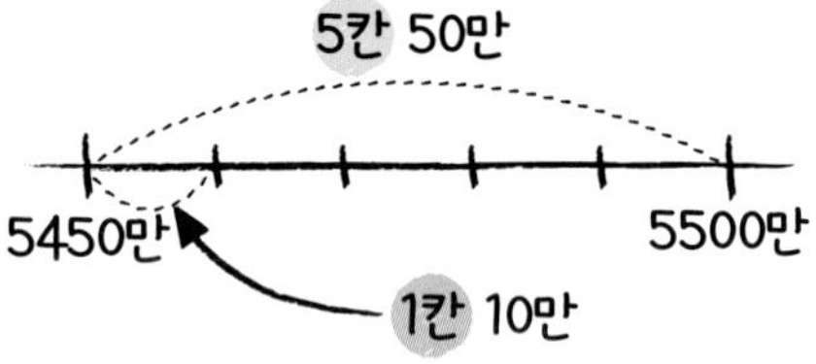

5칸 50만

5450만 5500만

1칸 10만

눈금 한 칸이 얼마인지 살펴봐요.

해결하기

눈금 5칸이 50만을 나타내므로 눈금 한 칸은 ☐을 나타냅니다.

㉠에 알맞은 수는 5500만에서 ☐씩 3번 뛰어 센 수입니다.

따라서 5500만—☐—☐—☐이므로 ㉠에 알맞은 수는 ☐입니다.

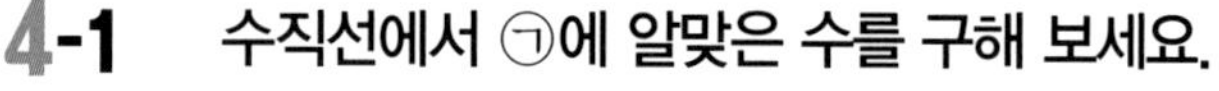

4-1 수직선에서 ㉠에 알맞은 수를 구해 보세요.

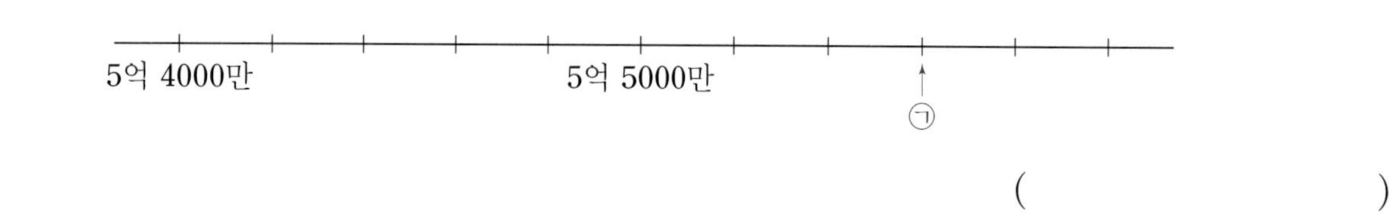

(　　　　　　　　)

4-2 수직선에서 ㉠에 알맞은 수를 구해 보세요.

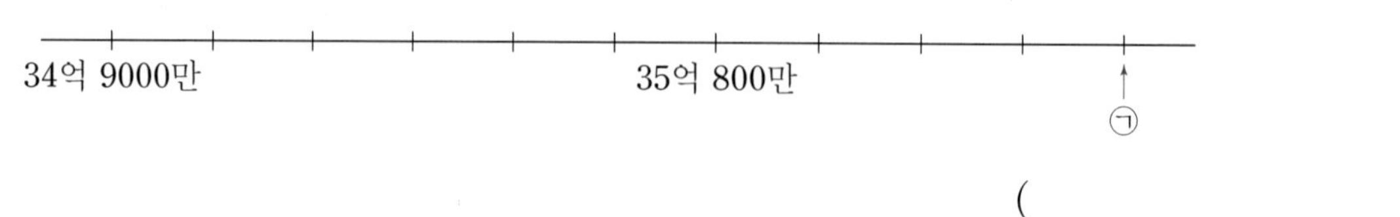

(　　　　　　　　)

대표 응용 □ 안에 들어갈 수 있는 수 구하기

5 0부터 9까지의 수 중에서 ■ 안에 들어갈 수 있는 숫자를 모두 구해 보세요.

628■892<6285672

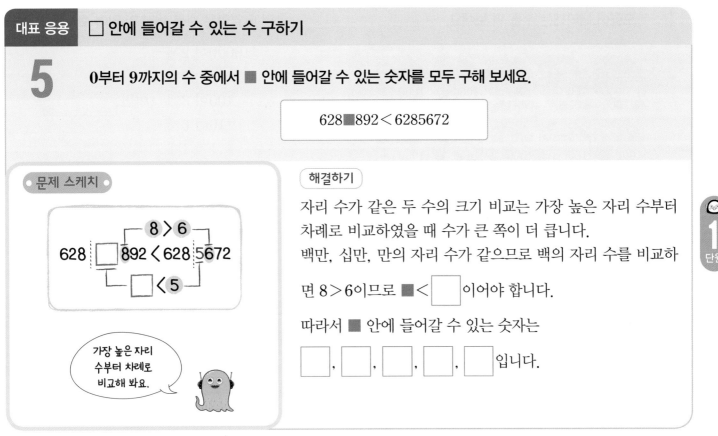

문제 스케치

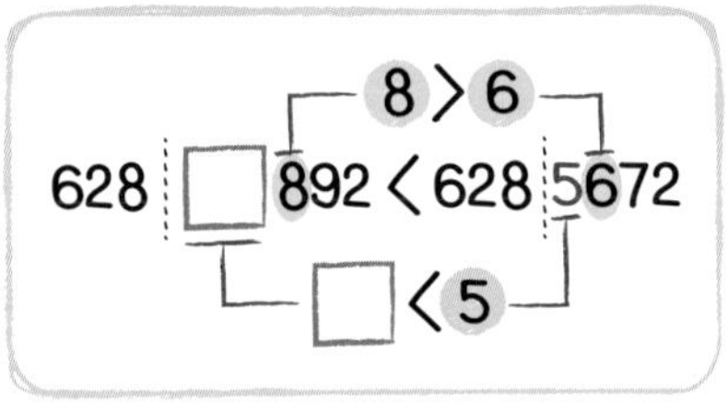

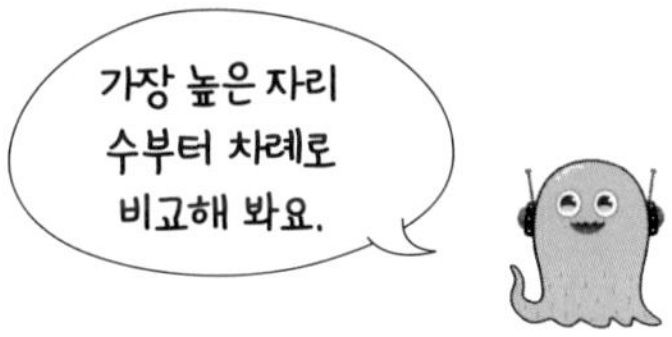

해결하기

자리 수가 같은 두 수의 크기 비교는 가장 높은 자리 수부터 차례로 비교하였을 때 수가 큰 쪽이 더 큽니다.
백만, 십만, 만의 자리 수가 같으므로 백의 자리 수를 비교하면 8>6이므로 ■<□이어야 합니다.
따라서 ■ 안에 들어갈 수 있는 숫자는
□, □, □, □, □입니다.

5-1 0부터 9까지의 수 중에서 □ 안에 들어갈 수 있는 숫자를 모두 구해 보세요.

7752319<7□80144

(　　　　　　　　)

5-2 0부터 9까지의 수 중에서 □ 안에 들어갈 수 있는 숫자를 모두 구해 보세요.

95679□271450>956796271449

(　　　　　　　　)

01 수 모형이 나타내는 수를 써 보세요.

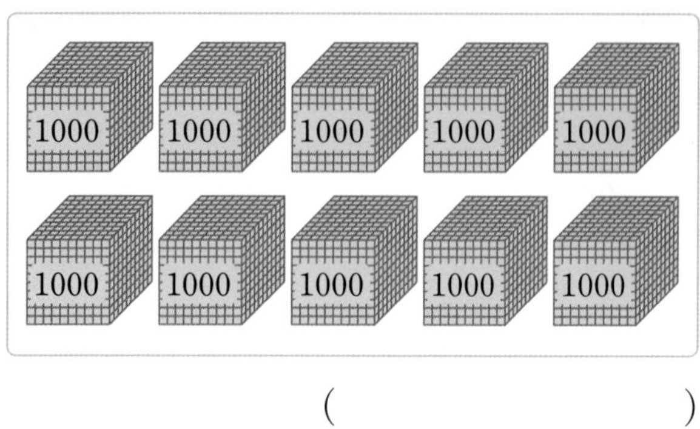

(   )

02 □ 안에 알맞은 수를 써넣으세요.

10000은 6000보다 □ 만큼 더 큰 수이고, 3000보다 □ 만큼 더 큰 수입니다.

03 보기 와 같이 각 자리의 숫자가 나타내는 값의 합으로 나타내어 보세요.

보기

52647=50000+2000+600+40+7

38629=30000+□+□+20+□

04 수를 읽거나 수로 나타내어 보세요.

(1) 60579 (   )

(2) 팔만 사천오 (   )

05 중요 □ 안에 알맞은 수를 써넣고, 읽어 보세요.

10000이 2개
1000이 9개
100이 3개
10이 6개
1이 1개
이면 □

읽기 (   )

06 다음은 유미가 은행에 저금한 돈입니다. 저금한 돈은 모두 얼마인지 구해 보세요.

- 10000원짜리 지폐 2장
- 1000원 짜리 지폐 20장
- 100원짜리 동전 52개

(   )

07 보기 와 같이 나타내어 보세요.

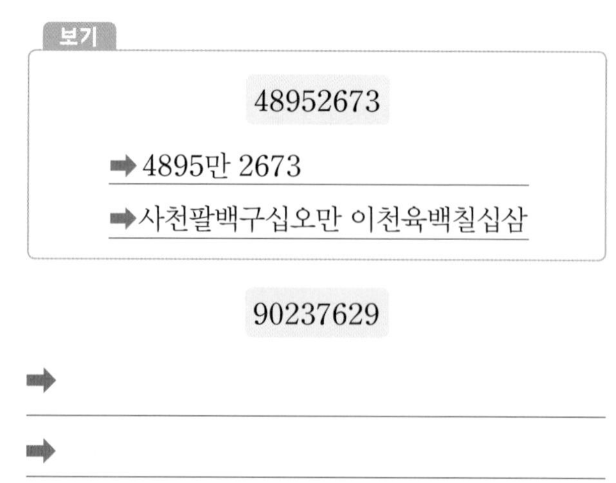

보기

48952673

➡ 4895만 2673

➡ 사천팔백구십오만 이천육백칠십삼

90237629

➡

➡

08 다음을 수로 나타내어 보세요.

> 천만이 4개, 만이 30개,
> 천이 20개인 수

(   )

09 연우가 저축한 돈은 현재 567340원입니다. 15년 후 연우의 저축액이 지금 저축액의 100배가 된다면 15년 후 저축액의 백만의 자리 숫자를 구해 보세요.

(   )

10 중요 다음 수를 쓰고 읽어 보세요

> 억이 6080개,
> 만이 59개인 수

쓰기 (   )

읽기 (   )

11 억의 자리 수가 가장 큰 수를 찾아 기호를 써 보세요.

> ㉠ 514512192187
> ㉡ 억이 564개, 만이 5907개인 수
> ㉢ 15781309348

(   )

12 빈칸에 알맞은 수를 써넣으세요.

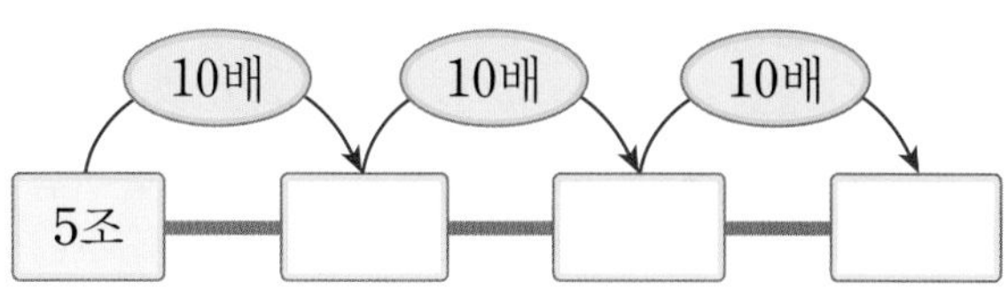

13 얼마씩 뛰어 세었는지 써 보세요.

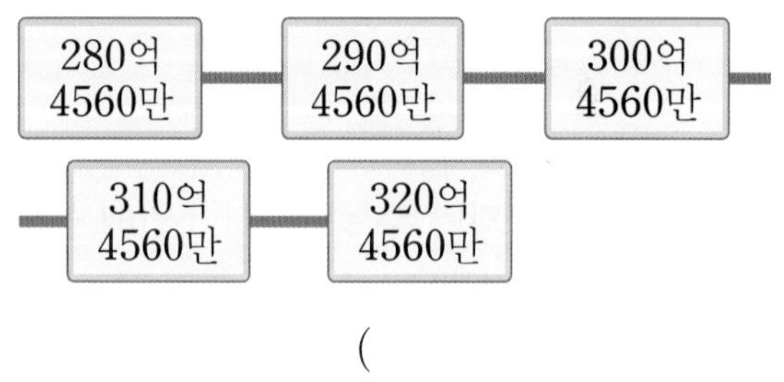

(   )

14 어떤 수를 1500만씩 뛰어 세기를 5번 하였더니 4억 8000만이 되었습니다. 어떤 수는 얼마인지 구해 보세요.

(   )

15 두 수의 크기를 비교하여 ○ 안에 >, =, <를 알맞게 써넣으세요.

294280 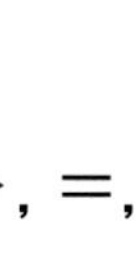 294195

16 두 수의 크기를 비교하여 더 큰 수를 찾아 수로 써 보세요.

㉠ 사천이백팔십오조 구천칠백육십삼억
㉡ 조가 4030개, 억이 6500개인 수

( )

17 0부터 9까지의 수 중에서 □ 안에 들어갈 수를 모두 구해 보세요.

62840□470000 > 6284억 580만

( )

18 어려운 문제 수 카드를 모두 한 번씩 사용하여 만들 수 있는 여덟 자리 수 중 천의 자리 숫자가 5이고 십만의 자리 숫자가 2인 가장 작은 수를 만들어 보세요.

2	5	0	4
7	8	6	9

( )

서술형 문제

19 ㉠이 나타내는 값은 ㉡이 나타내는 값의 몇 배인지 풀이 과정을 쓰고 답을 구해 보세요.

5208726014090
(㉠: 첫 번째 2, ㉡: 두 번째 2)

풀이

답

20 규칙에 따라 뛰어 세기를 한 것입니다. ㉠에 알맞은 수는 얼마인지 풀이 과정을 쓰고 답을 구해 보세요.

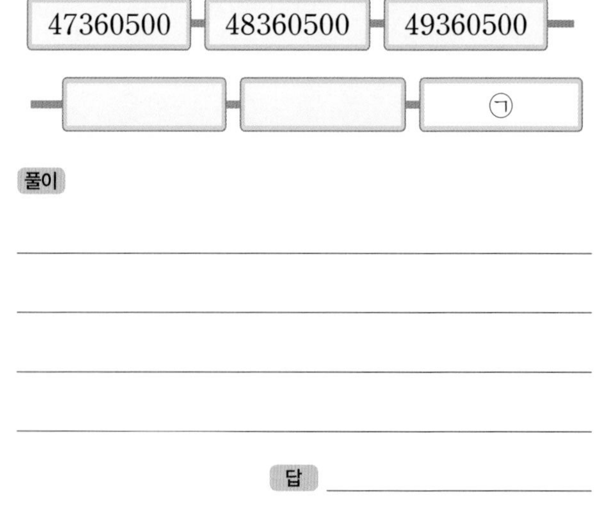

풀이

답

정답과 풀이 8쪽

01 10000에 대한 설명입니다. □ 안에 들어갈 수가 가장 큰 것은 어느 것인가요? (　　　)

① □보다 100만큼 더 큰 수
② □보다 10만큼 더 큰 수
③ 9000보다 □만큼 더 큰 수
④ □보다 1만큼 더 큰 수
⑤ 100이 □개인 수

02 수를 쓰고, 읽어 보세요.

10000이 4개, 100이 5개, 1이 7개인 수

쓰기 (　　　　　　　　　　)
읽기 (　　　　　　　　　　)

03 중요 주어진 수 중에서 숫자 7이 70000을 나타내는 수의 기호를 써 보세요.

㉠ 57960　㉡ 91758
㉢ 36075　㉣ 76092

(　　　　　　　　　　)

04 □ 안에 알맞은 수를 써넣으세요.

10000이 7개
1000이 12개
100이 15개　이면 □ 입니다.
10이 13개
1이 25개

05 49280000의 각 자리 숫자와 그 숫자가 나타내는 값을 빈칸에 알맞게 써넣으세요.

	천만의 자리	백만의 자리	십만의 자리	만의 자리
숫자	4			
값	40000000			

06 숫자 7이 나타내는 값이 가장 큰 수를 찾아 기호를 쓰고, 그 수를 읽어 보세요.

㉠ 453792　㉡ 85675312
㉢ 80741206　㉣ 720635
㉤ 1725만 2915

기호 (　　　　　　　　　　)
읽기 (　　　　　　　　　　)

07 미소 어머니께서 은행에서 197400원을 다음과 같이 찾으려고 합니다. □ 안에 들어갈 수를 구해 보세요.

• 50000원짜리 지폐 1장
• 10000원짜리 지폐 11장
• 1000원짜리 지폐 □장
• 100원짜리 동전 74개

(　　　　　　　　　　)

08 다음 수의 십억의 자리 숫자를 써 보세요.

870391이 100만 개인 수

(　　　　　　　　　　)

09 아버지께서 예금한 돈을 모두 **100**만 원짜리 수표로 찾으려고 합니다. 아버지께서 예금한 돈이 **1**억 **4500**만 원이라면 찾을 수 있는 수표는 모두 몇 장이 되는지 구해 보세요.

중요

(　　　　　　　　　　)

10 다음을 수로 쓰고 읽어 보세요.

조가 9개, 억이 112개, 만이 9005개,
일이 7개인 수를 100배 한 수

쓰기 (　　　　　　　　　　)

읽기 (　　　　　　　　　　)

11 빛이 **1**년 동안 갈 수 있는 거리를 **1**광년이라고 합니다. **1**광년은 약 구조 사천육백억 **km**로 천체들 사이의 거리를 나타낼 때 씁니다. 밑줄 친 거리를 **13**자리 수로 써 보세요.

(　　　　　　　　　　)

12 숫자로 나타낼 때, **0**의 개수가 가장 많은 것의 기호를 써 보세요.

㉠ 삼천구백칠억 오천오백만의 10배인 수
㉡ 이십오억 구십의 100배인 수
㉢ 오천사십조 삼천육백오억 육만 구백이

(　　　　　　　　　　)

13 얼마씩 뛰어 세었는지 써 보세요.

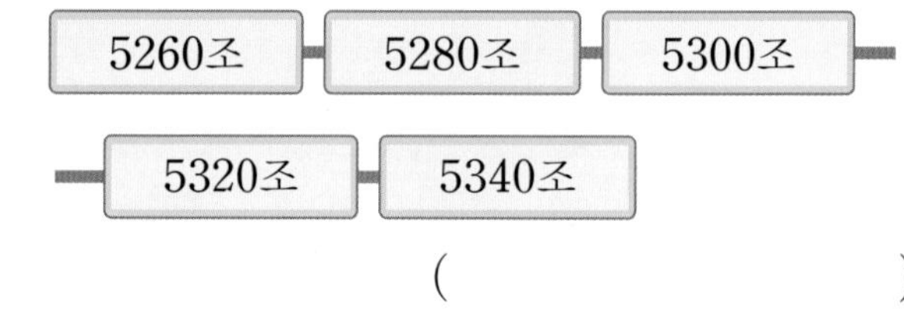

(　　　　　　　　　　)

14 어느 회사의 장난감 수출액이 **2013**년 **2**억 **1500**만 달러에서 **2018**년 **4**억 **1500**만 달러가 되었습니다. 장난감 수출액이 해마다 같은 금액씩 늘어났다면 **2023**년의 수출액은 얼마가 될지 구해 보세요.

(　　　　　　　　　　)

15 두 수의 크기를 비교하여 ○ 안에 >, =, <를 알맞게 써넣으세요.

2109조 10억 9만 ◯ 779599897869988

16 큰 수부터 차례로 기호를 써 보세요.

㉠ 850071240066
㉡ 7조 3000억
㉢ 799064871200

(   )

17 수 카드를 모두 두 번씩 사용하여 천만의 자리 숫자가 7인 가장 큰 열네 자리 수를 만들었습니다. 만든 수의 백만의 자리 숫자를 구해 보세요.

0	2	3	5	6	7	9

(   )

18 어려운 문제

□ 안에 0부터 9까지의 어떤 수를 넣어도 됩니다. 두 수 중 더 큰 수의 기호를 써 보세요.

㉠ 97835□97307□1
㉡ 978350□62988□

(   )

서술형 문제

19 규칙에 따라 뛰어 센 것입니다. ㉠에 알맞은 수는 얼마인지 풀이 과정을 쓰고 답을 구해 보세요.

㉠		

3조 3300억	3조 4300억	3조 5300억

풀이

답

20 두 수 중 더 작은 수의 십만의 자리 숫자를 구하려고 합니다. 풀이 과정을 쓰고 답을 구해 보세요.

㉠ 오백사십이조 천삼백오억 육백칠십사만
㉡ 조가 545개, 억이 860개, 만이 3246개인 수

풀이

답

1 단원

악어들이 악어새 치과에 왔어요. 어느 악어가 더 입을 크게 벌리고 있는지 알아볼까요? 이번 단원에서는 표준 단위인 도(°)를 알아보고 각도기를 이용하여 각도를 재고 직각을 기준으로 각을 예각과 둔각으로 구별하는 활동을 합니다. 또 각도의 합과 차를 구해 보고 삼각형의 세 각의 크기의 합과 사각형의 네 각의 크기의 합을 알아볼 거예요.

2 각도

단원 학습 목표

1. 각도의 단위인 도(°)를 알고, 각도기를 이용하여 각의 크기를 재고 그릴 수 있습니다.
2. 직각과 비교하여 예각과 둔각을 구별할 수 있습니다.
3. 각도를 어림하고 각도기로 재어 확인할 수 있습니다.
4. 각도의 합과 차를 구할 수 있습니다.
5. 삼각형의 세 각의 크기의 합이 180°임을 알 수 있습니다.
6. 사각형의 네 각의 크기의 합이 360°임을 알 수 있습니다.

단원 진도 체크

학습일		학습 내용	진도 체크
1일째	월 일	개념 1 각의 크기와 각도를 알아볼까요 개념 2 각을 어떻게 그릴까요	✓
2일째	월 일	교과서 넘어 보기 + 교과서 속 응용 문제	✓
3일째	월 일	개념 3 직각보다 작은 각과 직각보다 큰 각을 알아볼까요 개념 4 각도가 얼마쯤 될까요 개념 5 각도의 합과 차는 얼마일까요	✓
4일째	월 일	교과서 넘어 보기 + 교과서 속 응용 문제	✓
5일째	월 일	개념 6 삼각형의 세 각의 크기의 합은 얼마일까요 개념 7 사각형의 네 각의 크기의 합은 얼마일까요	✓
6일째	월 일	교과서 넘어 보기 + 교과서 속 응용 문제	✓
7일째	월 일	응용 1 도형에서 예각, 둔각 찾기 응용 2 직선을 크기가 같은 각으로 나누어 각도 구하기 응용 3 직각 삼각자를 이용하여 각도 구하기	✓
8일째	월 일	응용 4 돌림판에서 각의 크기 구하기 응용 5 도형의 모든 각의 크기의 합 구하기	✓
9일째	월 일	단원 평가 LEVEL ❶	✓
10일째	월 일	단원 평가 LEVEL ❷	✓

이 단원을 진도 체크에 맞춰 10일 동안 학습해 보세요.
해당 부분을 공부하고 나서 ✓표를 하세요.

개념 1 각의 크기과 각도를 알아볼까요

(1) 각의 크기 비교

각의 크기는 변의 길이와 관계없이 두 변이 벌어진 정도가 클수록 큰 각입니다.

가　　　나

➡ 나의 각의 크기가 가의 각의 크기보다 더 큽니다.

(2) 각도

- 각도: 각의 크기
- 1도: 직각을 똑같이 90으로 나눈 것 중의 하나이고 1°라고 씁니다.
- 직각의 크기는 90°입니다.
- 각의 크기를 재는 방법

각도기의 중심과 각의 꼭짓점을 맞추고, 각도기의 밑금을 각의 한 변에 맞춘 후 각의 나머지 변과 만나는 눈금을 읽습니다.

90°　1°　1°

각도기의 작은 눈금 한 칸이 1°입니다.

▶ 각의 크기 비교

투명 종이에 가를 그대로 그려서 나에 겹쳐 두 각의 크기를 비교하면 나가 더 큽니다.

▶ 각도 읽기

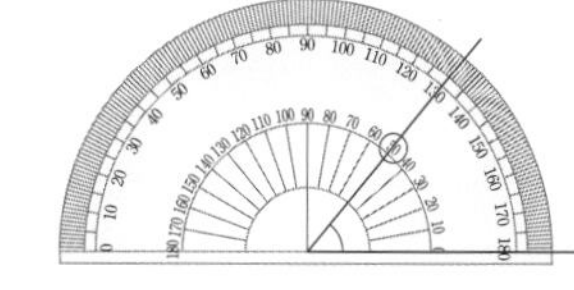

➡ 각의 한 변이 안쪽 눈금 0에 맞추어져 있으므로 안쪽 눈금 50을 읽으면 50°입니다.

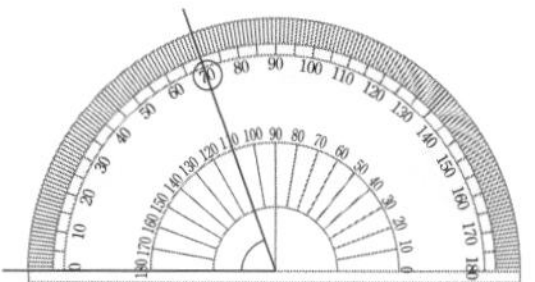

➡ 각의 한 변이 바깥쪽 눈금 0에 맞추어져 있으므로 바깥쪽 눈금 70을 읽으면 70°입니다.

01 더 많이 벌어진 쪽에 ○표 하세요.

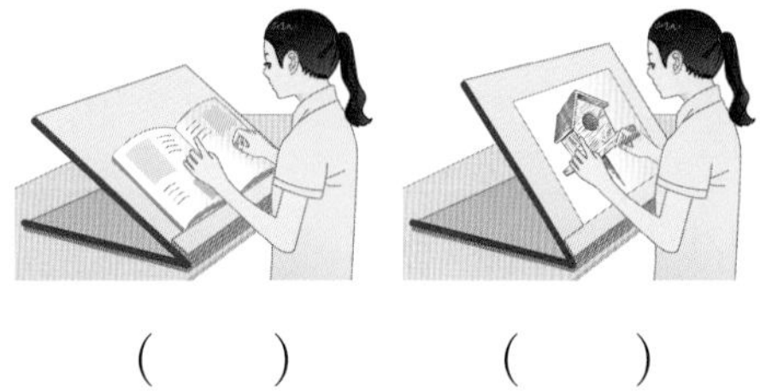

(　　)　　(　　)

02 두 각 중 더 큰 각의 기호를 써 보세요.

가
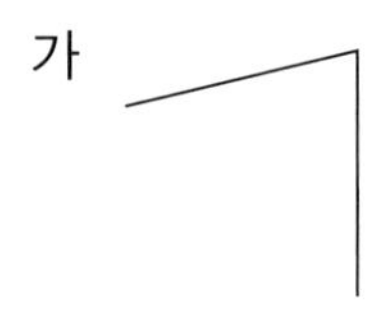

나
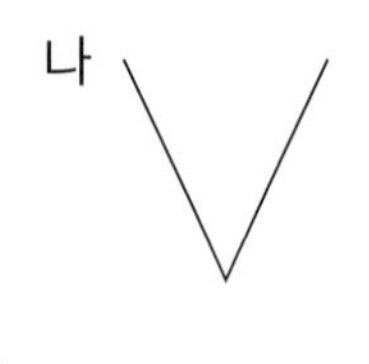

(　　　　　)

03 각도기를 이용하여 각도를 바르게 잰 것의 기호를 써 보세요.

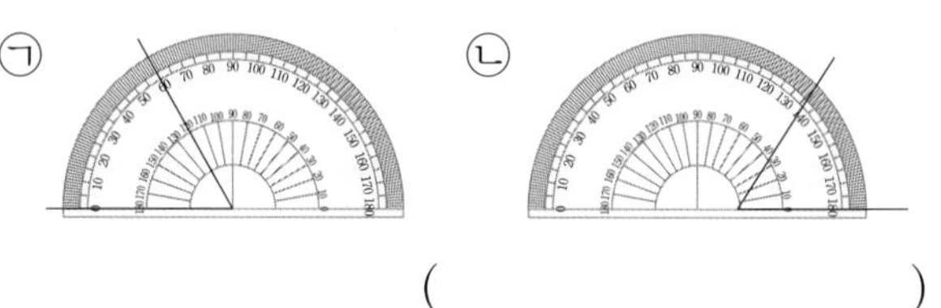

(　　　　　)

04 각도를 재었더니 70°입니다. 각의 다른 한 변의 위치는 어디인가요? (　　　)

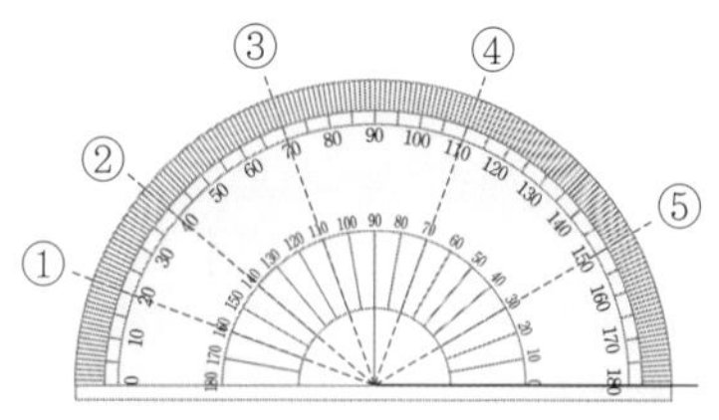

개념 2 각을 어떻게 그릴까요

(1) 각도기와 각을 이용하여 크기가 90°인 각 ㄱㄴㄷ 그리기

① 자를 이용하여 각의 한 변인 변 ㄴㄷ 그리기

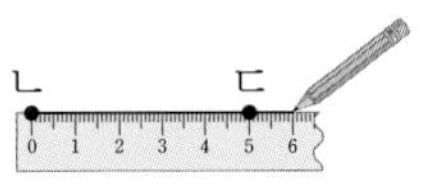

② 각도기의 중심과 점 ㄴ을 맞추고, 각도기의 밑금과 각의 한 변인 변 ㄴㄷ 맞추기

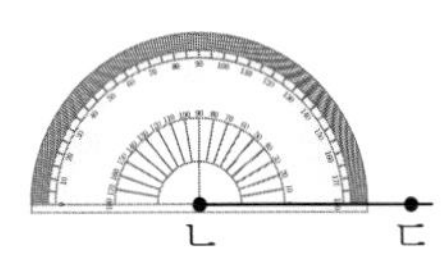

③ 각도기의 밑금에서 시작하여 각도가 90°가 되는 눈금에 점 ㄱ 표시하기

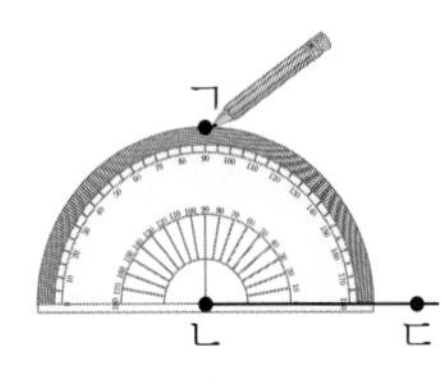

④ 각도기를 떼고, 자를 이용하여 변 ㄱㄴ을 그어 각도가 90°인 각 ㄱㄴㄷ 완성하기

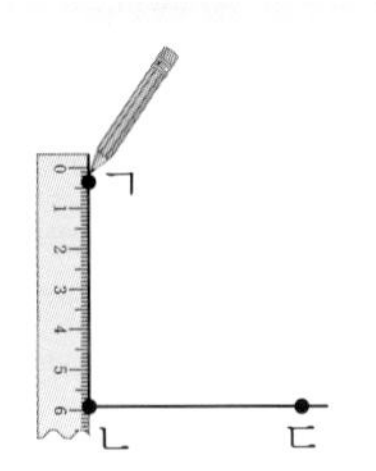

▸ 80°인 각 그리기

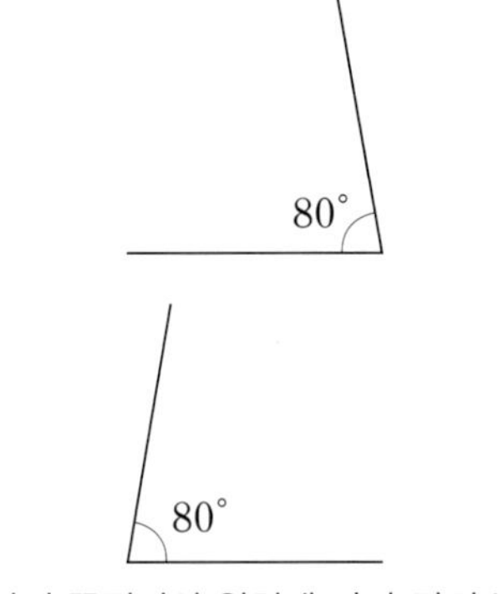

각의 꼭짓점의 위치에 따라 각의 방향이 달라집니다.

05 각도가 120°인 각 ㄱㄴㄷ을 그리려고 합니다. 점 ㄴ과 이어야 하는 점은 어느 것인가요? (　　)

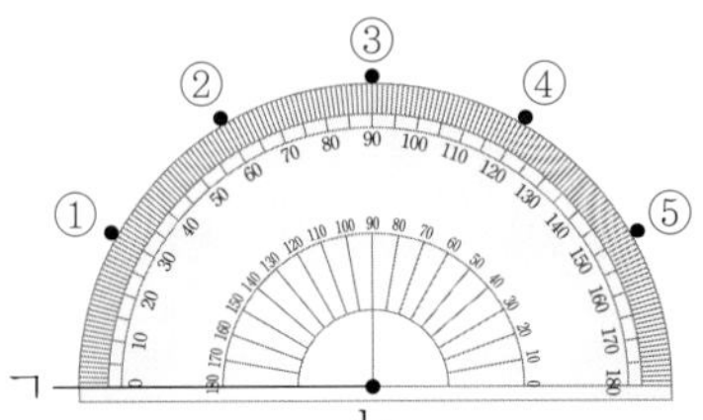

06 각도가 45°인 각을 그리려고 합니다. 순서대로 기호를 써 보세요.

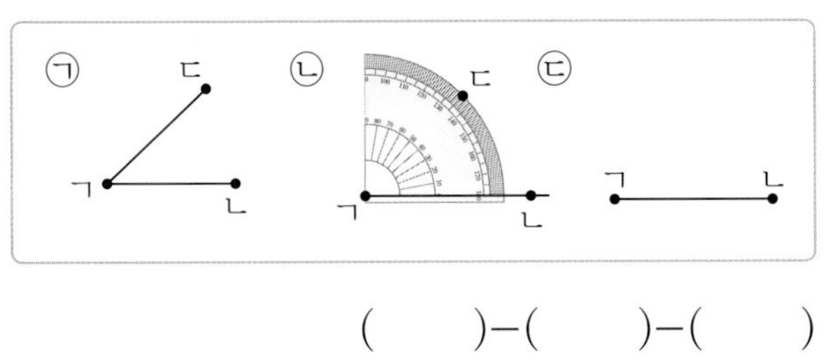

(　　)－(　　)－(　　)

07 주어진 각도의 각을 각도기 위에 그려 보세요.

(1) 50°

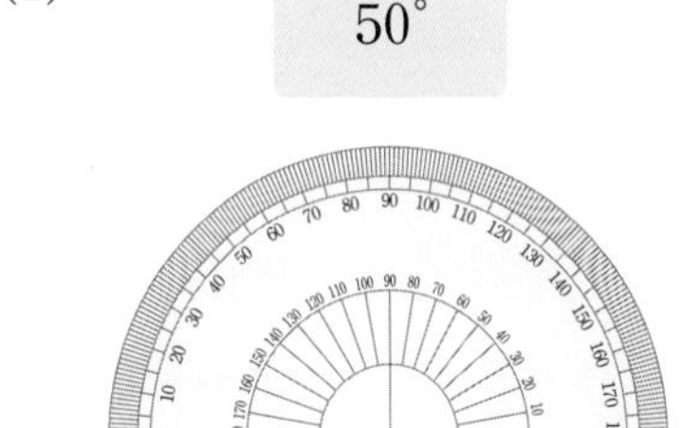

(2) 110°

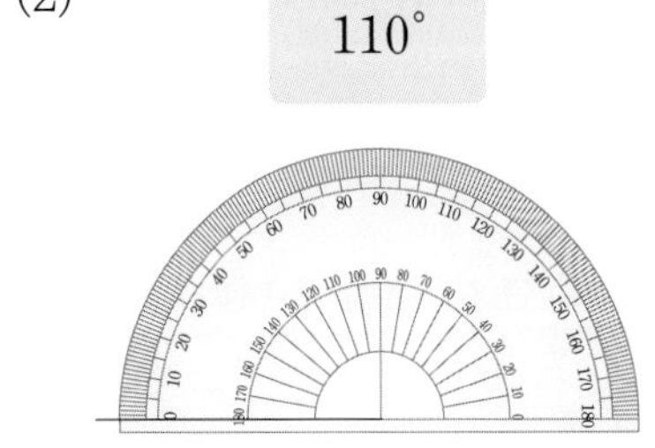

교과서 넘어 보기

01 각의 크기가 가장 큰 각의 기호를 써 보세요.

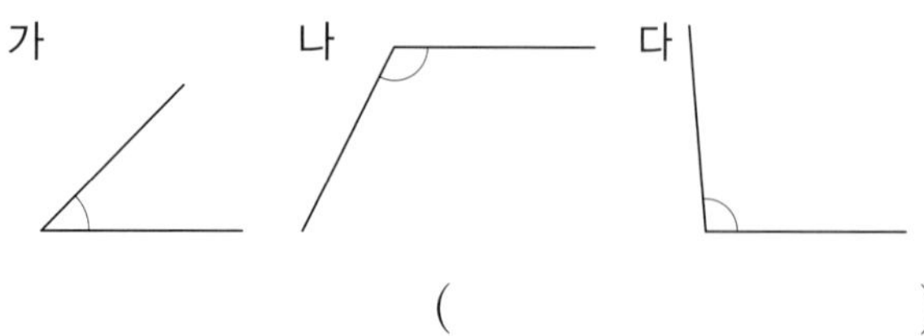

( )

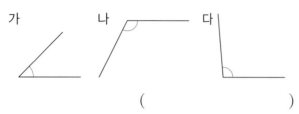

02 시계의 긴바늘과 짧은바늘이 이루는 작은 쪽의 각 중에서 더 큰 각에 ○표 하세요.

( ) ( )

03 □ 안에 알맞은 수를 써넣으세요.

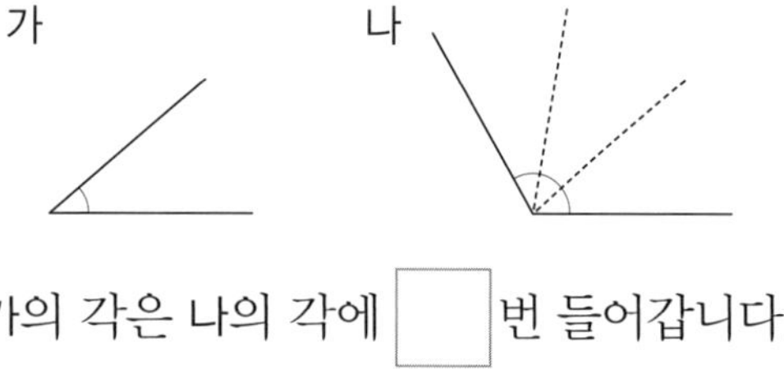

가의 각은 나의 각에 □ 번 들어갑니다.

04 다음 중 잘못 설명한 사람의 이름을 써 보세요.

- 정우: 각도를 나타내는 단위에는 1도가 있습니다.
- 나운: 직각의 크기는 90°입니다.
- 혜미: 각의 크기는 각을 이루는 변의 길이가 길수록 큽니다.

( )

05 각도를 구해 보세요.

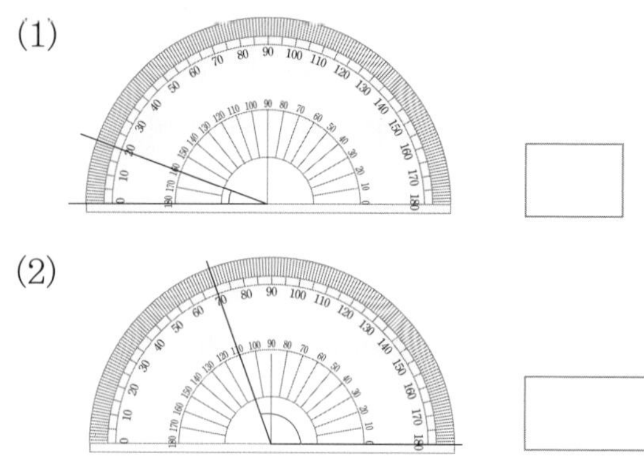

(1) □

(2) □

06 각도기를 이용하여 각도를 재어 보세요.

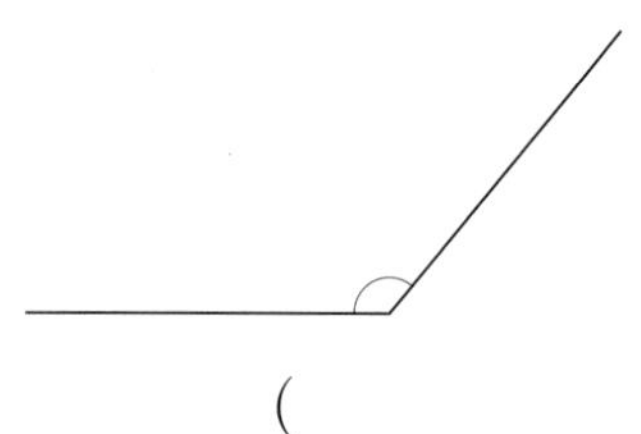

( )

07 중요 주어진 각도의 각을 각도기 위에 그려 보세요.

55°

08 아래 도형은 여섯 개의 각의 크기가 모두 같습니다. 한 각의 크기를 재어 보세요.

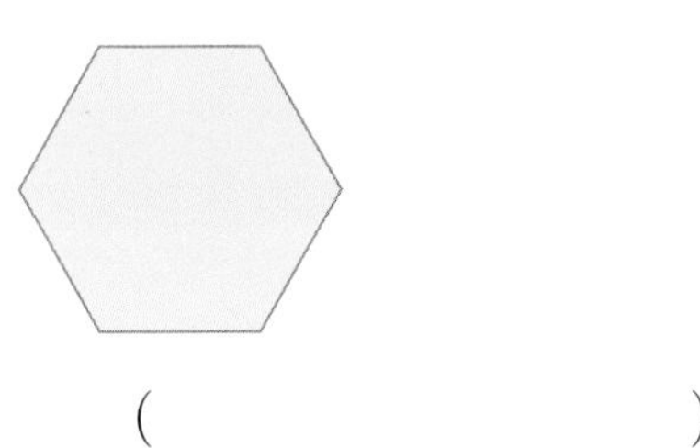

(　　　　　　　　　　)

09 각도기와 자를 이용하여 왼쪽 각과 크기가 같은 각을 그려 보세요.

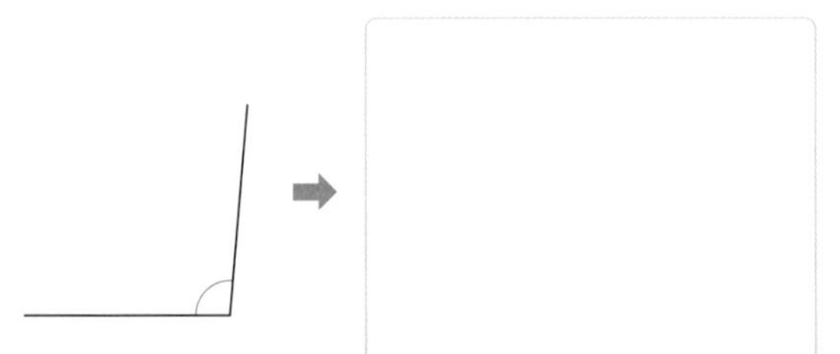

10 어려운 문제 시계의 긴바늘과 짧은바늘이 이루는 작은 쪽의 각의 크기를 재어 보세요.

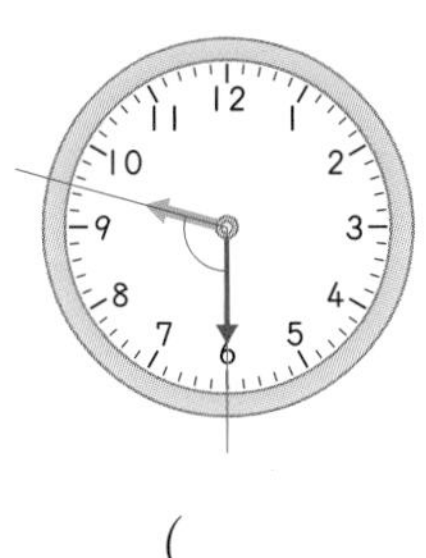

(　　　　　　　　　　)

교과서, 익힘책 속 응용 문제를 유형별로 풀어 보세요.

교과서 속 응용 문제

정답과 풀이 10쪽

돌림판 위에 주어진 각도 그리기

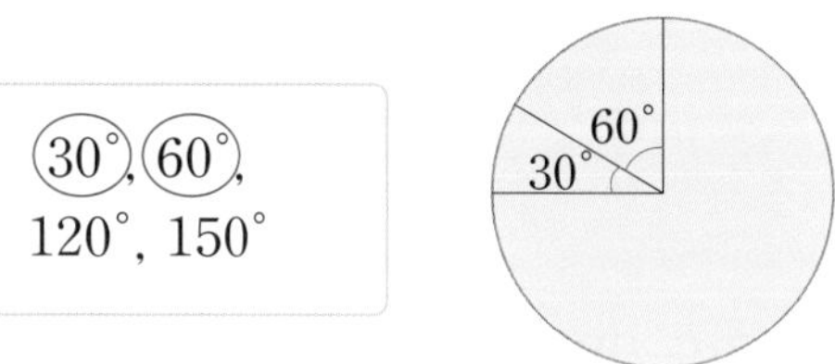

주어진 변에 각도기의 밑금을 대고 주어진 각도만큼 눈금 위에 점을 찍어 다른 변을 긋습니다.

11 돌림판 위에 주어진 각을 겹치지 않게 모두 그려 보세요.

30°, 60°,
120°, 150°

60°
30°

12 돌림판 위에 주어진 각을 겹치지 않게 모두 그려 보세요.

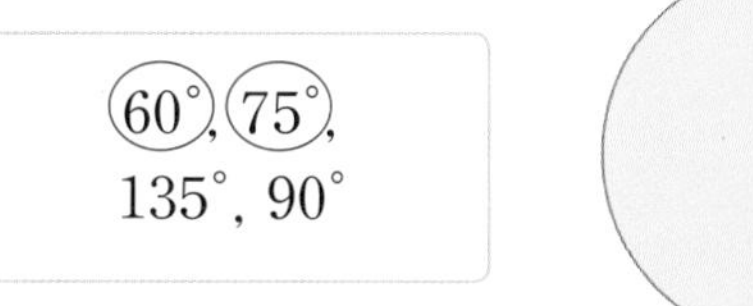

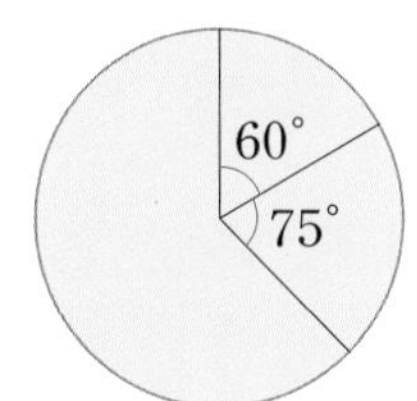

13 돌림판 위에 주어진 각을 겹치지 않게 모두 그려 보세요.

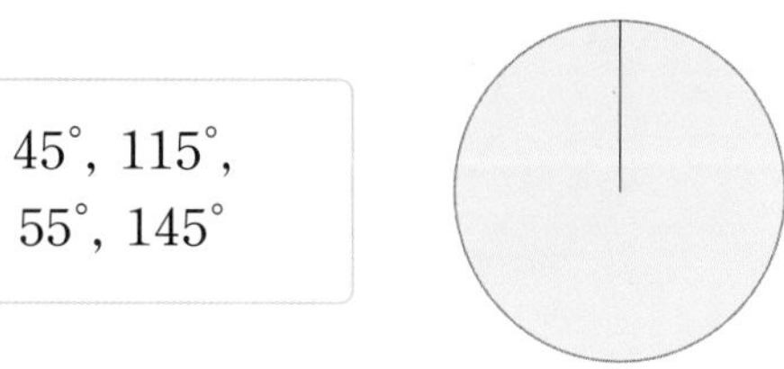

2 단원

개념 3 직각보다 작은 각과 직각보다 큰 각을 알아볼까요

(1) 직각보다 작은 각

• 예각

각도가 0°보다 크고 직각보다 작은 각을 예각이라고 합니다.

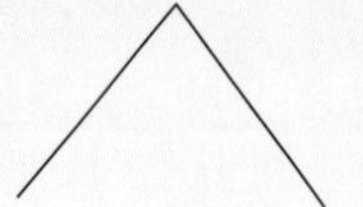

(2) 직각보다 큰 각

• 둔각

각도가 직각보다 크고 180°보다 작은 각을 둔각이라고 합니다.

▶ 예각, 직각, 둔각

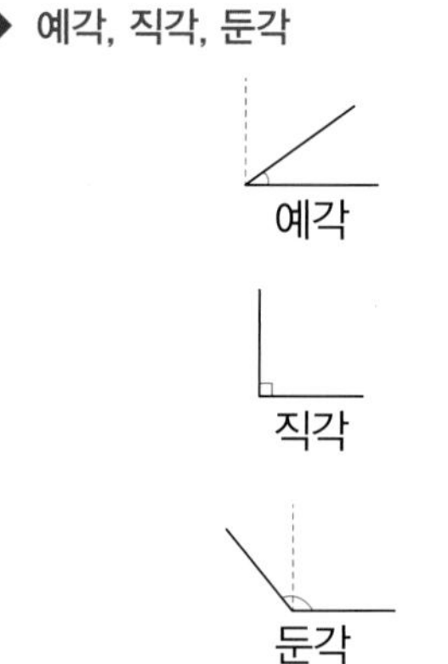

직각을 기준으로 하여 예각과 둔각을 구분할 수 있습니다.

01 각도기의 각을 보고 예각, 둔각 중 어느 것인지 써 보세요.

(1) 

(　　　　　)

(2) 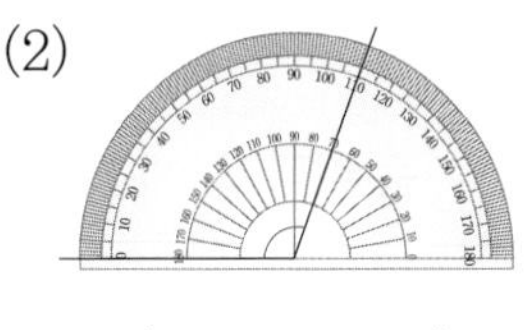

(　　　　　)

02 시계의 긴바늘과 짧은바늘이 이루는 작은 쪽의 각이 예각, 둔각 중 어느 것인지 써 보세요.

(1) 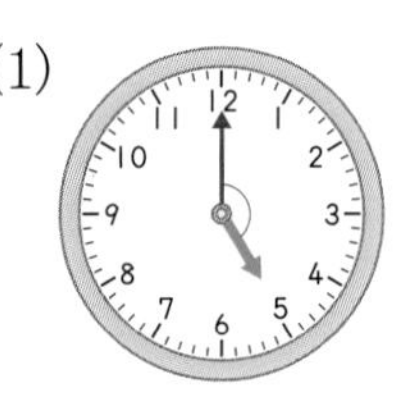

(　　　　　)

(2) 

(　　　　　)

[03~05] 각을 보고 예각, 직각, 둔각 중 어느 것인지 써 보세요.

03 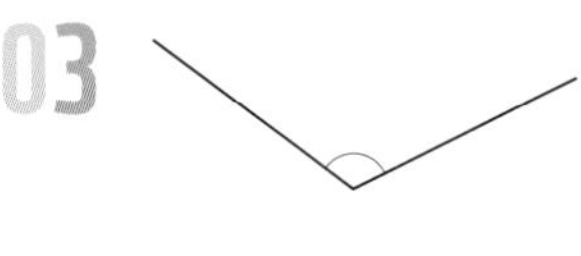

(　　　　　)

04 

(　　　　　)

05 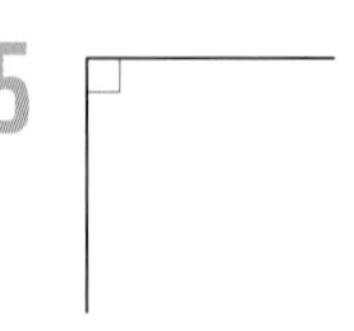

(　　　　　)

개념 4 각도가 얼마쯤 될까요

(1) 각도 어림하기

① 각도기를 사용하지 않고 주어진 각의 크기를 어림합니다.

② 각도기를 사용하여 각도를 재어 어림한 각도와 비교합니다.

• 직각 삼각자의 각을 생각하여 30°, 45°, 60°, 90°를 눈으로 익혀 어림하고, 각도기로 재어 확인합니다.

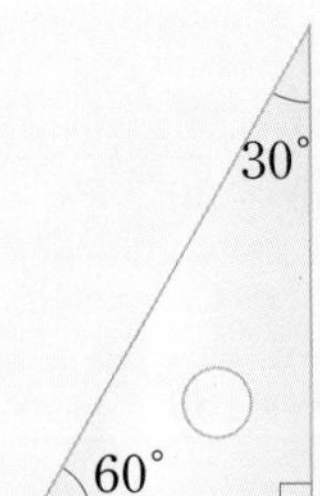

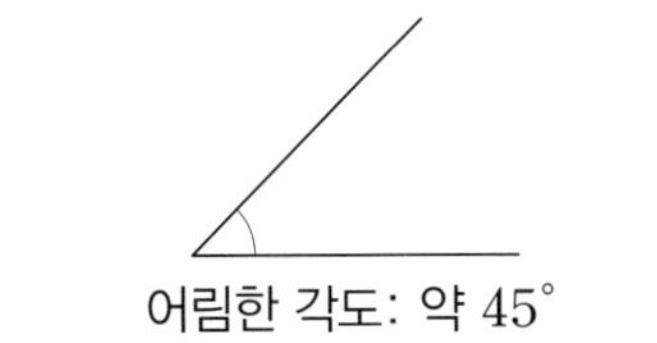 어림한 각도: 약 45°	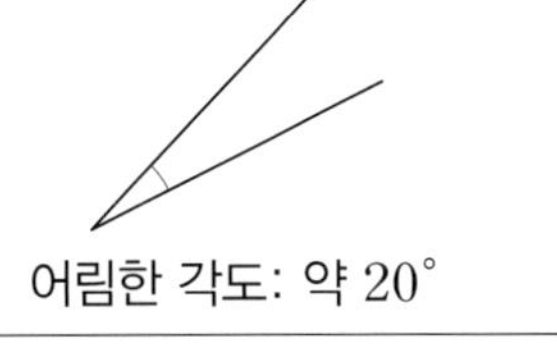 어림한 각도: 약 20°
직각 삼각자의 직각 부분의 반쯤 되는 것 같아서 45°로 어림했습니다.	직각 삼각자의 30°보다 조금 작은 것 같아서 20°라고 어림했습니다.

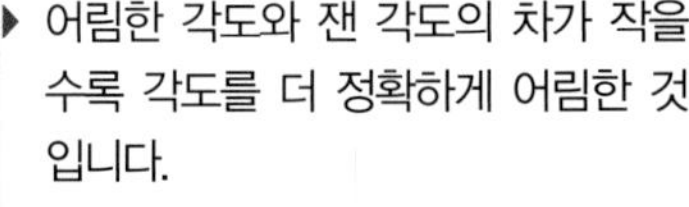
▸ 어림한 각도와 잰 각도의 차가 작을수록 각도를 더 정확하게 어림한 것입니다.

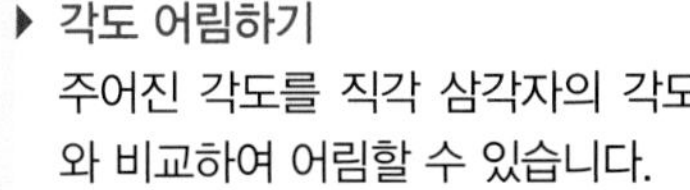
▸ 각도 어림하기
주어진 각도를 직각 삼각자의 각도와 비교하여 어림할 수 있습니다.

2 단원

06 누구의 어림이 가장 정확한지 찾아 써 보세요.

잰 각도: 70°

시연	지호	준우
약 50°	약 75°	약 90°

(　　　　　　　　)

07 어림을 더 정확하게 한 사람의 이름을 써 보세요.

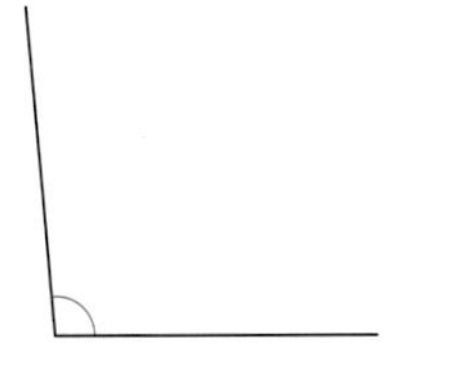

지한	삼각자의 60°인 각보다는 큰 것 같아. 80°쯤 되지 않을까?
은채	삼각자의 90°인 각보다 조금 커 보이니까 95°쯤 될 것 같아.

(　　　　　　　　)

[08~09] 각도를 어림하고, 각도기로 재어 확인해 보세요.

08

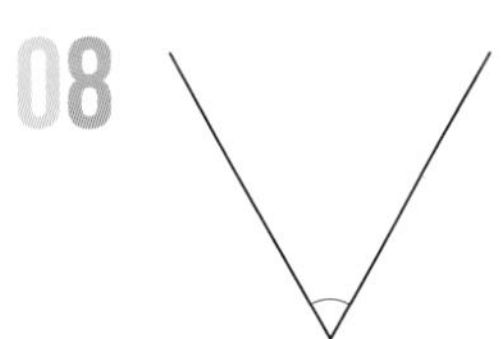

어림한 각도 약 □°

잰 각도 □°

09

어림한 각도 약 □°

잰 각도 □°

개념 5 각도의 합과 차는 얼마일까요

(1) **각도의 합**

- 두 각도의 합은 각각의 각도를 더한 것과 같습니다.
- 자연수의 덧셈과 같은 방법으로 계산합니다.

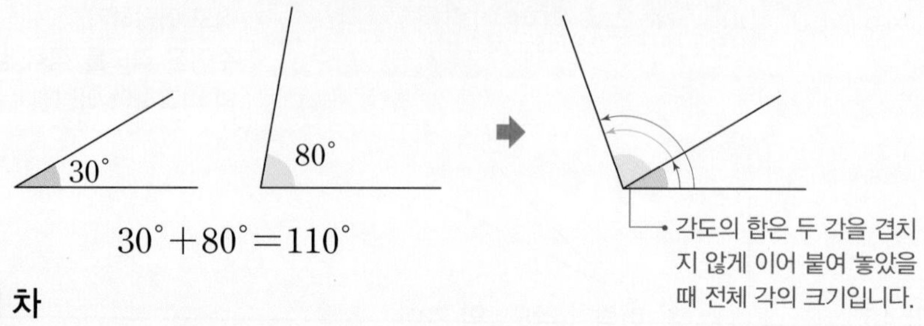

30°+80°=110°

각도의 합은 두 각을 겹치지 않게 이어 붙여 놓았을 때 전체 각의 크기입니다.

(2) **각도의 차**

- 두 각도의 차는 큰 각도에서 작은 각도를 빼는 것과 같습니다.
- 자연수의 뺄셈과 같은 방법으로 계산합니다.

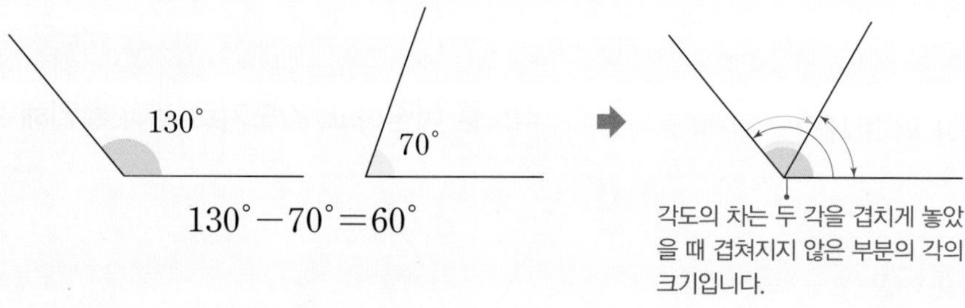

130°−70°=60°

각도의 차는 두 각을 겹치게 놓았을 때 겹쳐지지 않은 부분의 각의 크기입니다.

▶ 두 직선이 만나서 생기는 각의 크기 구하기
직선이 만나서 생기는 각의 크기는 직선이 이루는 각도가 180°임을 이용합니다.

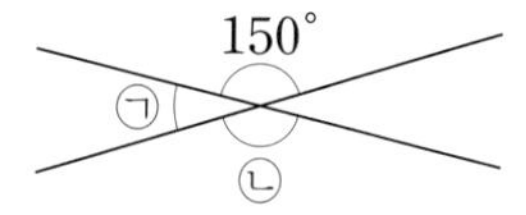

- ㉠+150°=180°
  ㉠=180°−150°=30°
- ㉠+㉡=180°
  30°+㉡=180°
  ㉡=180°−30°=150°

[10~11] 보기 의 두 각도의 합과 차를 구해 보세요.

보기

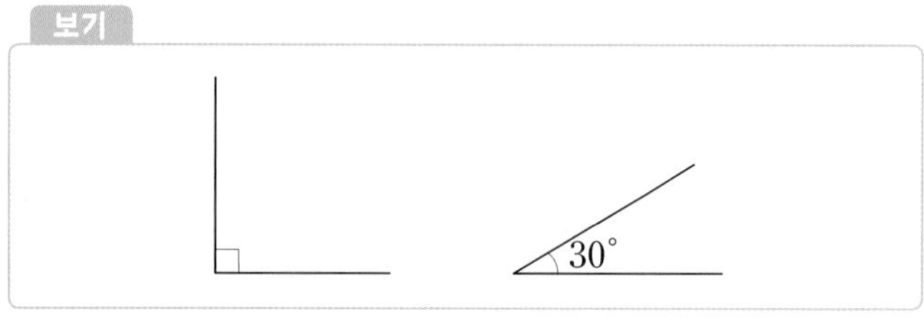

10

합: 30°+90°=□°

11

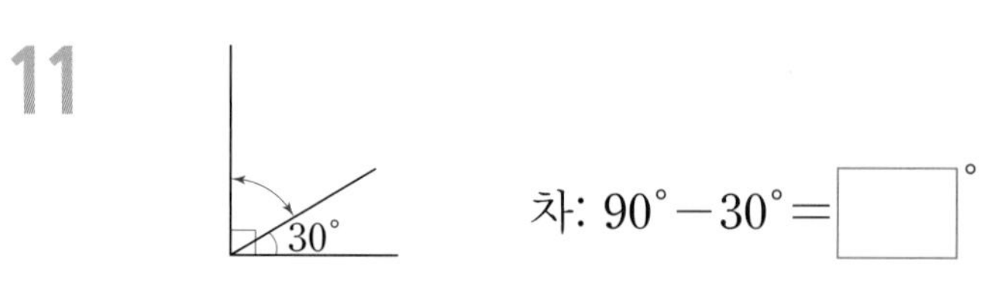

차: 90°−30°=□°

12 각도의 합을 구해 보세요.

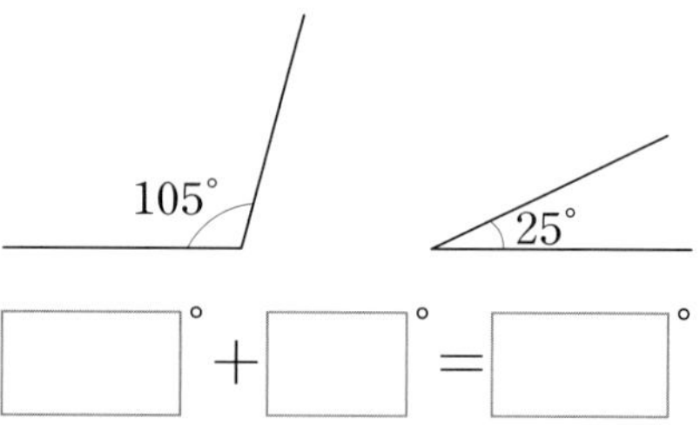

□°+□°=□°

13 각도의 차를 구해 보세요.

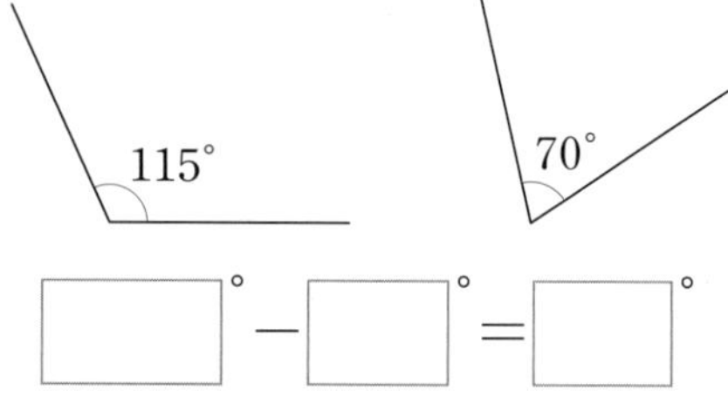

□°−□°=□°

정답과 풀이 11쪽

14 주어진 각이 예각에는 ○표, 둔각에는 △표 하세요.

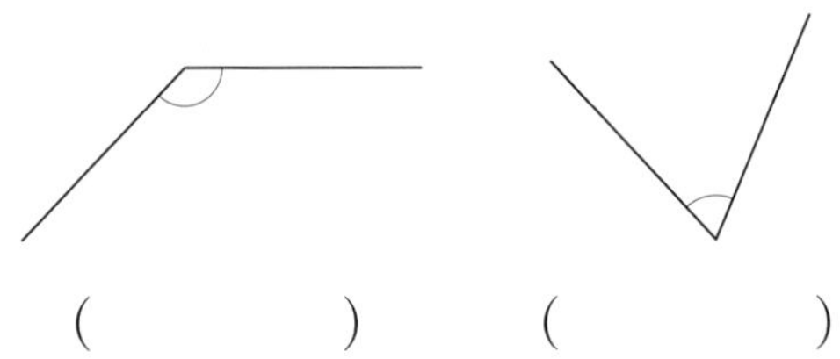

( ) ( )

15 주어진 각을 예각, 둔각으로 분류해 보세요.

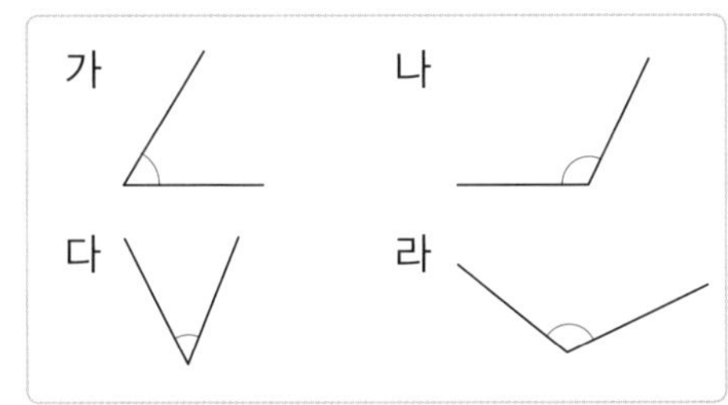

예각	둔각

16 중요 예각의 개수를 구해 보세요.

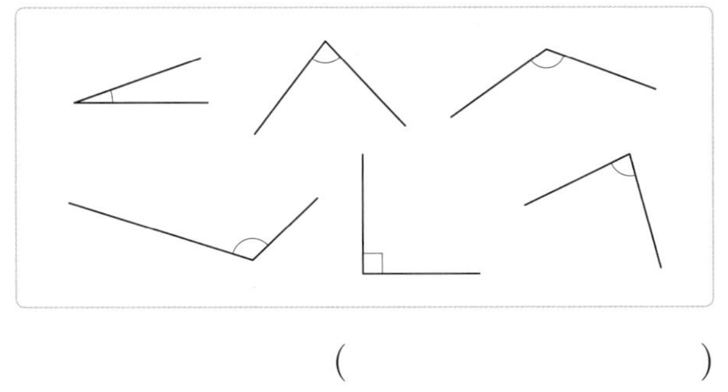

( )

17 주어진 선분을 이용하여 주어진 각을 그려 보세요.

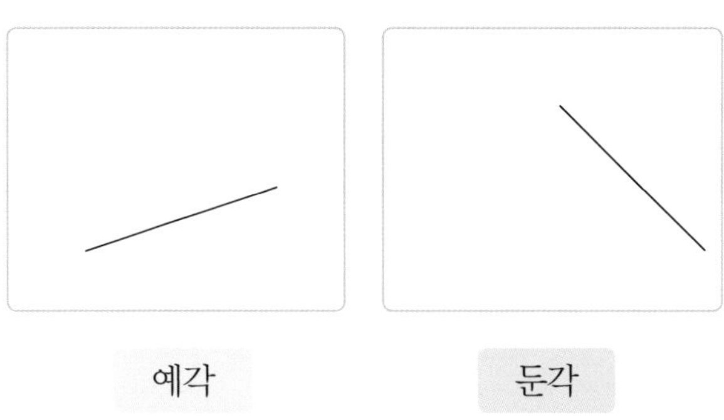

예각 둔각

18 시계의 긴바늘과 짧은바늘이 이루는 작은 쪽의 각이 둔각인 것을 찾아 기호를 써 보세요.

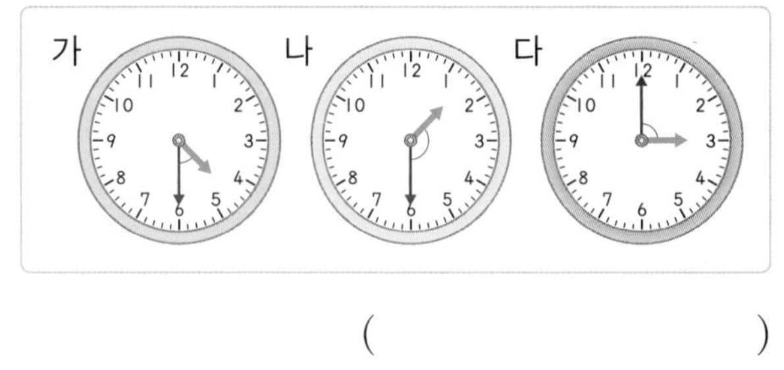

( )

19 각도를 어림하고, 각도기로 재어 확인해 보세요.

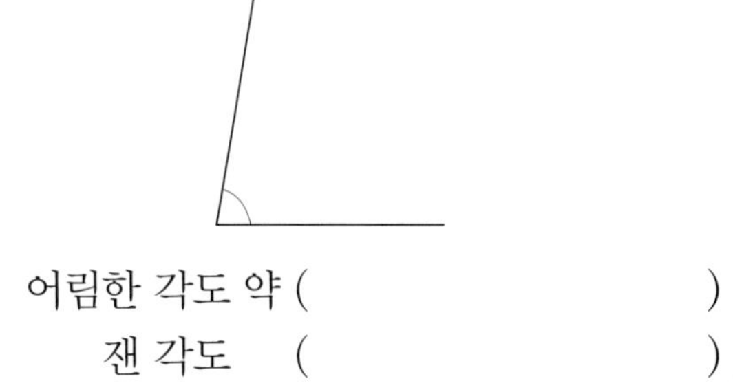

어림한 각도 약 ( )

잰 각도 ( )

20 주어진 각도를 어림하여 그리고, 각도기로 재어 확인해 보세요.

110°

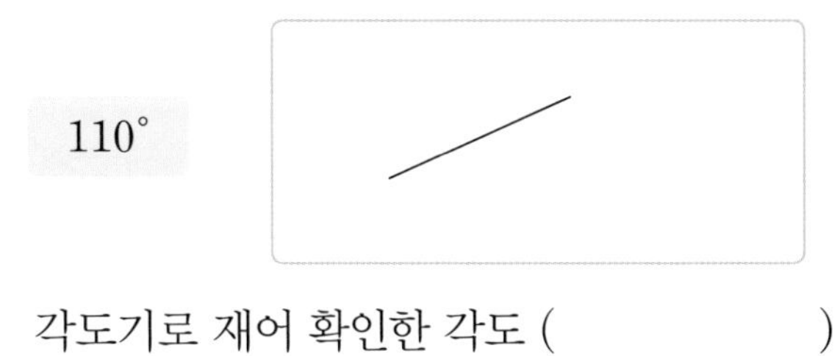

각도기로 재어 확인한 각도 ( )

2 단원

21 각도기를 이용하여 각도를 각각 재어 보고, 두 각도의 합을 구해 보세요.

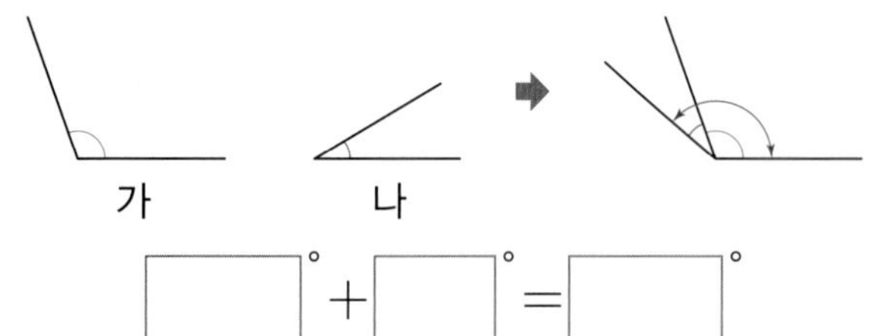

$\square^\circ + \square^\circ = \square^\circ$

22 각도기를 이용하여 각도를 각각 재어 보고, 두 각도의 차를 구해 보세요.

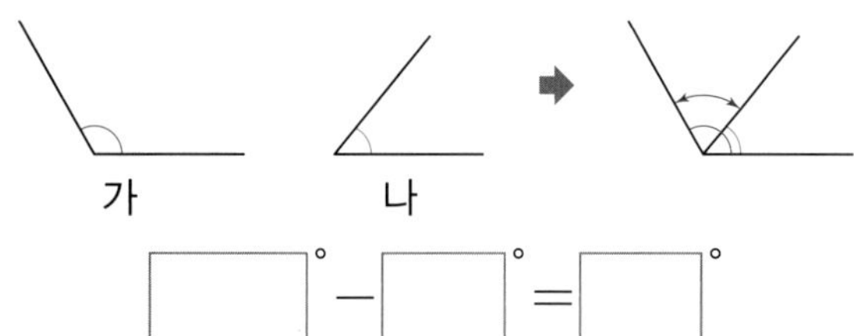

$\square^\circ - \square^\circ = \square^\circ$

23 중요 두 각도의 합을 구해 보세요.

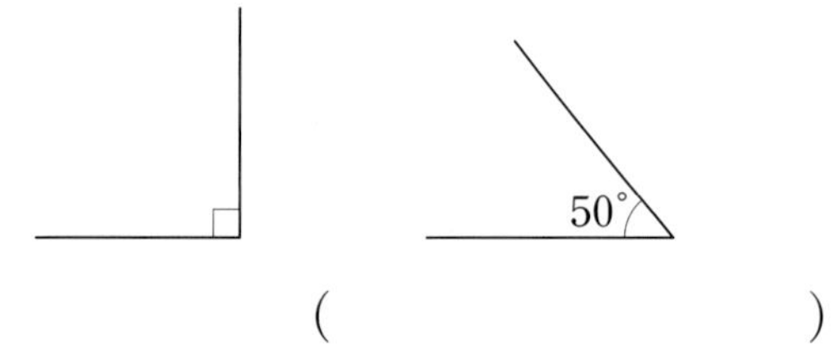

(　　　　　　　)

24 두 각도의 차를 구해 보세요.

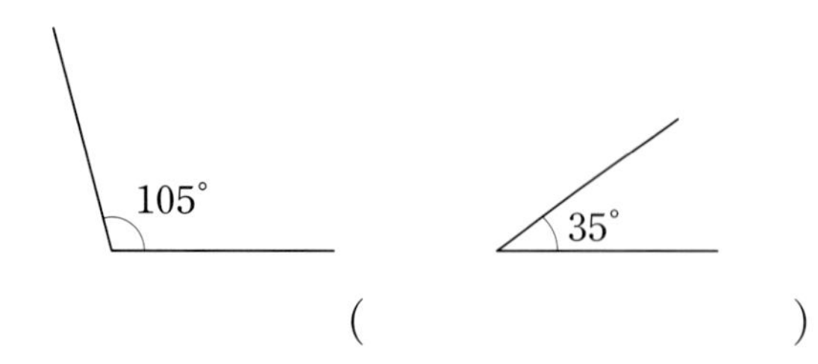

(　　　　　　　)

25 각도의 합과 차를 구해 보세요.

(1) $115^\circ + 45^\circ$

(2) $95^\circ - 30^\circ$

26 각도가 더 큰 쪽의 기호를 써 보세요.

㉠ $40^\circ + 25^\circ$　　㉡ $125^\circ - 55^\circ$

(　　　　　　　)

27 □ 안에 알맞은 수를 써넣으세요.

(1) $\square^\circ + 70^\circ = 205^\circ$

(2) $\square^\circ - 105^\circ = 45^\circ$

28 어려운 문제 □ 안에 알맞은 수를 써넣으세요.

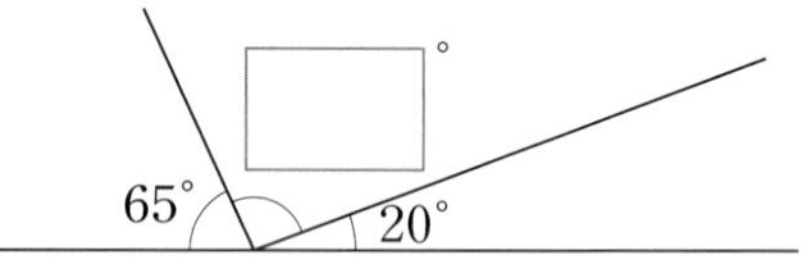

교과서 속 응용 문제

정답과 풀이 11쪽

시각을 보고 예각, 둔각 찾기

예

➡ 시계의 긴바늘과 짧은바늘이 이루는 작은 쪽의 각의 크기는 90°보다 작으므로 예각입니다.

29 시각에 맞게 시곗바늘을 그리고, 긴바늘과 짧은바늘이 이루는 작은 쪽의 각이 예각, 직각, 둔각 중 어느 것인지 써 보세요.

11시 5분

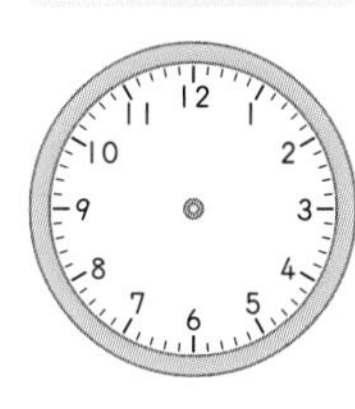

(　　　　　　　　)

30 시각에 맞게 시곗바늘을 그리고, 긴바늘과 짧은바늘이 이루는 작은 쪽의 각이 예각, 직각, 둔각 중 어느 것인지 써 보세요.

10시 25분

(　　　　　　　　)

31 시계가 나타내는 시각으로부터 1시간 40분 전의 시각의 긴바늘과 짧은바늘이 이루는 작은 쪽의 각은 예각, 직각, 둔각 중 어느 것인가요?

(　　　　　　　　)

직선을 이용하여 각의 크기 구하기

직선이 이루는 각의 크기는 180°입니다.

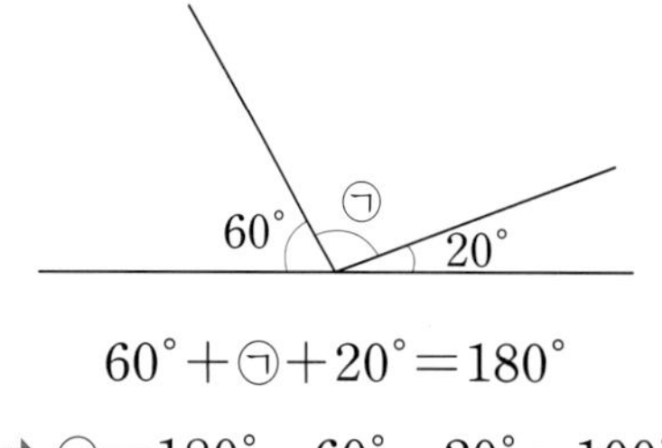

$60° + ㉠ + 20° = 180°$

➡ $㉠ = 180° - 60° - 20° = 100°$

32 □ 안에 알맞은 수를 써넣으세요.

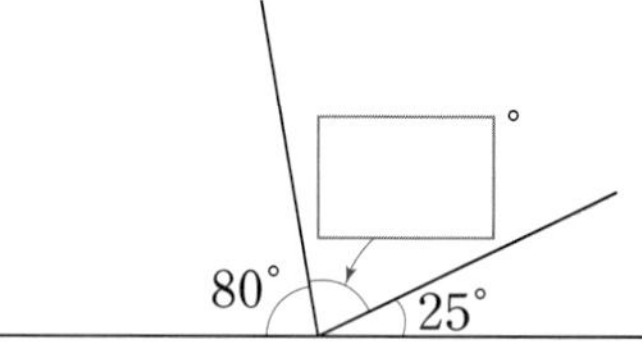

33 ㉠의 각도를 구해 보세요.

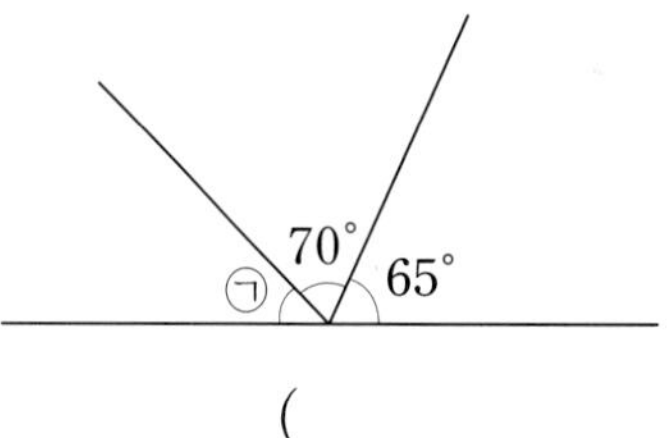

(　　　　　　　　)

34 ㉠의 각도를 구해 보세요.

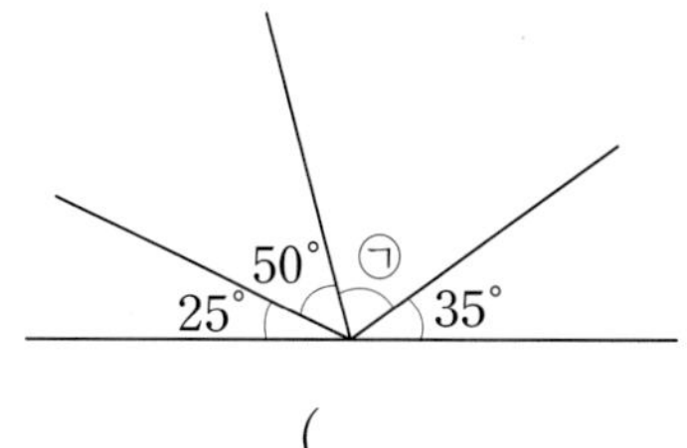

(　　　　　　　　)

2 단원

교과서 개념 다지기

개념 6 삼각형의 세 각의 크기의 합은 얼마일까요

(1) 삼각형을 잘라서 세 각의 크기의 합 알아보기

삼각형을 그림과 같이 세 조각으로 잘라서 세 꼭짓점이 한 점에 모이도록 변끼리 이어 붙이면 모두 한 직선 위에 꼭 맞추어집니다.

한 직선이 이루는 각의 크기는 180°이므로 삼각형의 세 각의 크기의 합은 180°입니다.

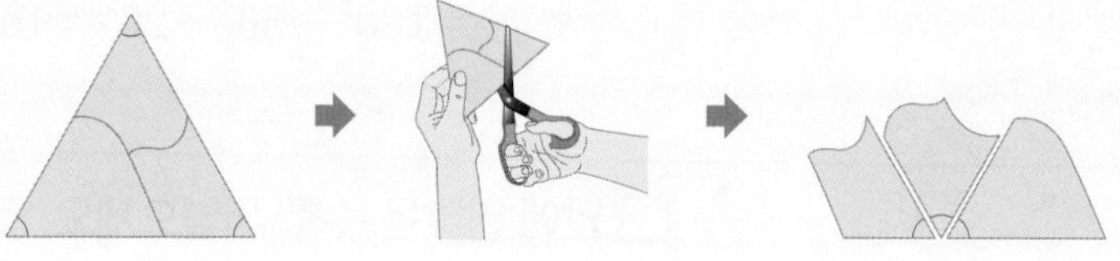

삼각형의 세 각의 크기의 합은 180°입니다.

→ 삼각형은 모양과 크기에 관계없이 모든 삼각형의 세 각의 크기의 합은 180°입니다.

▶ 삼각형을 접어서 세 각의 크기의 합 알아보기

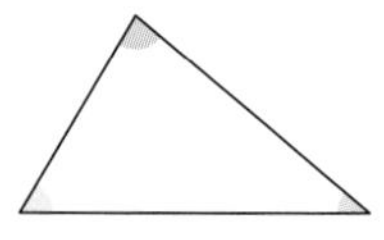

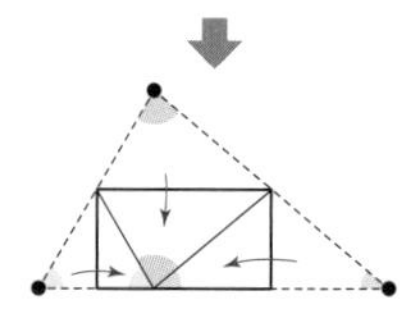

삼각형의 세 꼭짓점을 한 점에 모이도록 맞닿게 접으면 모두 한 직선 위에 꼭 맞추어집니다. 직선이 이루는 각의 크기는 180°이므로 삼각형의 세 각의 크기의 합은 180°입니다.

01 삼각형을 다음과 같이 잘라 세 꼭짓점이 한 점에 모이도록 이어 붙여 보았습니다. 삼각형의 세 각의 크기의 합을 구해 보세요.

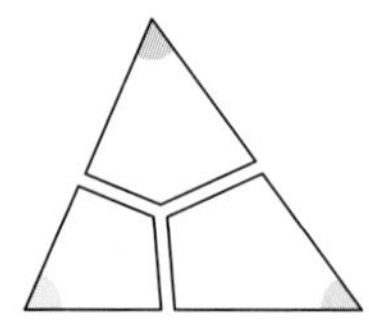

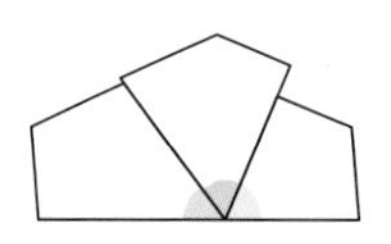

(삼각형의 세 각의 크기의 합)= □

02 삼각형의 세 각의 크기의 합을 구해 보세요.

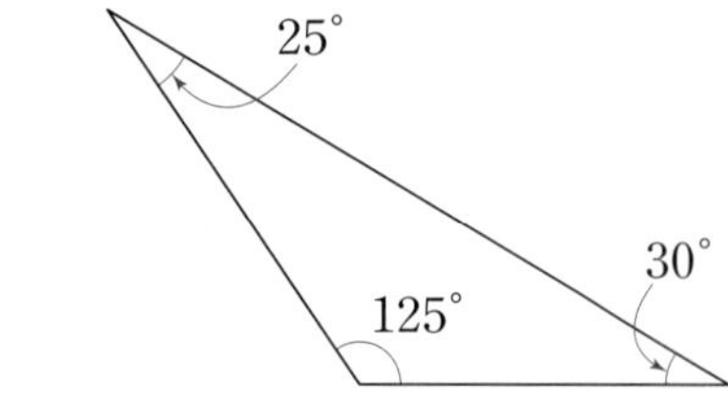

(삼각형의 세 각의 크기의 합)

= □° + 125° + □° = □°

03 □ 안에 알맞은 각도를 써넣으세요.

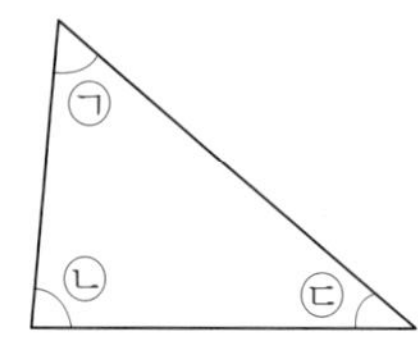

㉠+㉡+㉢= □

04 □ 안에 알맞은 수를 써넣으세요.

(1)

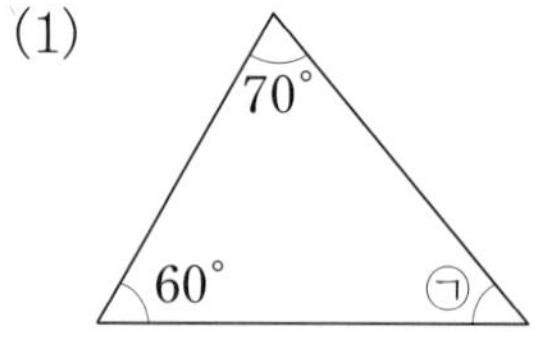

㉠=180°−70°−60°= □°

(2)

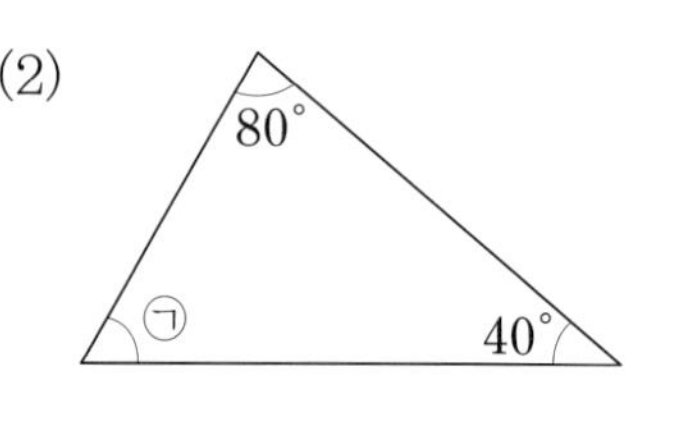

㉠=180°−80°−40°= □°

개념 7 사각형의 네 각의 크기의 합은 얼마일까요

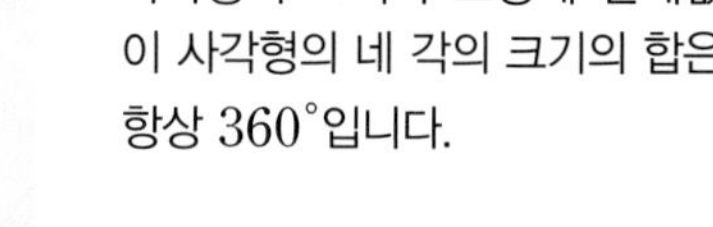

(1) 사각형을 잘라서 네 각의 크기의 합 알아보기

사각형을 그림과 같이 네 조각으로 잘라서 네 꼭짓점이 한 점에 모이도록 변끼리 이어 붙이면 모두 만나서 바닥을 채웁니다.

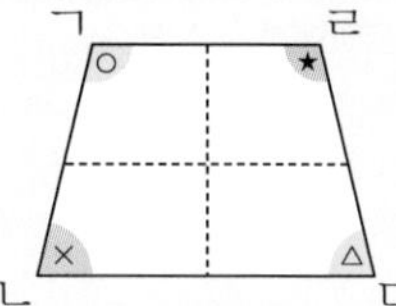

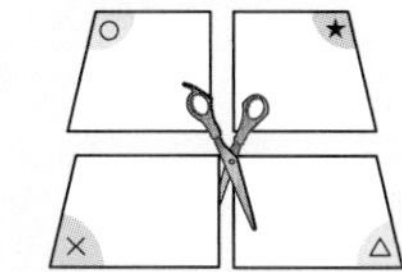

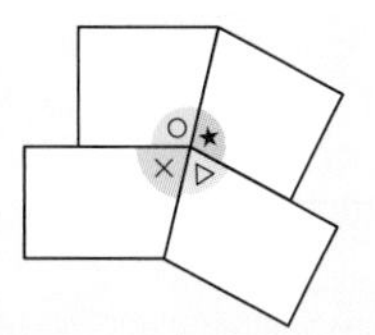

• 사각형의 크기와 모양에 관계없이 사각형의 네 각의 크기의 합은 항상 360°입니다.

(2) 삼각형 2개로 나누어 사각형의 네 각의 크기의 합 알아보기

사각형은 두 개의 삼각형으로 나눌 수 있습니다.

➡ (사각형의 네 각의 크기의 합)$=180° \times 2=360°$

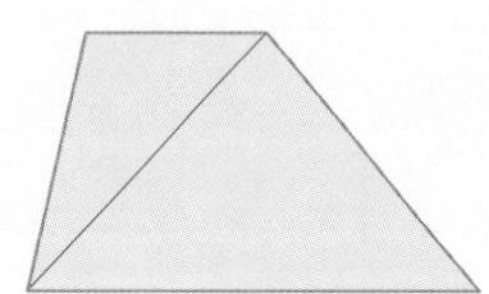

사각형의 네 각의 크기의 합은 360°입니다.

• (사각형의 네 각의 크기의 합) $=$(삼각형의 세 각의 크기의 합)$\times 2$

05 사각형을 다음과 같이 잘라 네 꼭짓점이 한 점에 모이도록 이어 붙여 보았습니다. 사각형의 네 각의 크기의 합을 구해 보세요.

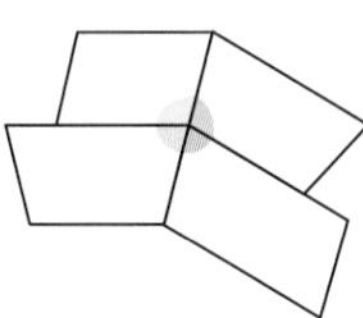

(사각형의 네 각의 크기의 합)$=$ □

06 사각형의 네 각의 크기의 합을 구해 보세요.

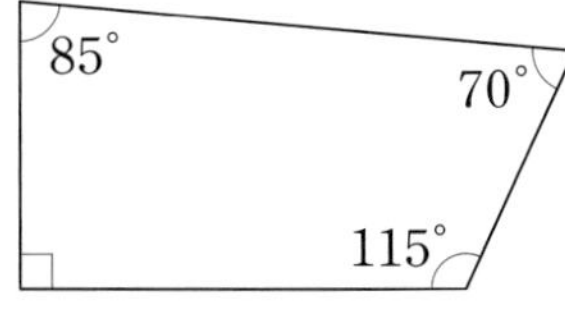

(사각형의 네 각의 크기의 합)

$=90°+$ □°$+$ □°$+$ □°

$=$ □°

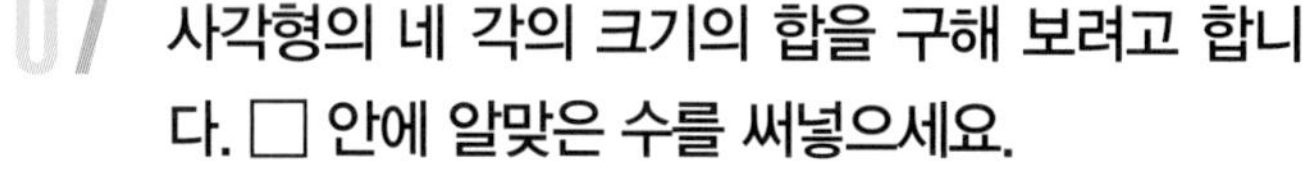

07 사각형의 네 각의 크기의 합을 구해 보려고 합니다. □ 안에 알맞은 수를 써넣으세요.

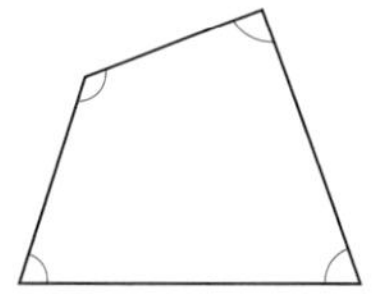

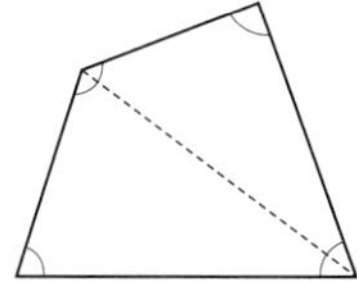

(사각형의 네 각의 크기의 합)

$=$(삼각형의 세 각의 크기의 합)$\times 2$

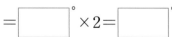

$=$ □°$\times 2=$ □°

08 □ 안에 알맞은 수를 써넣으세요.

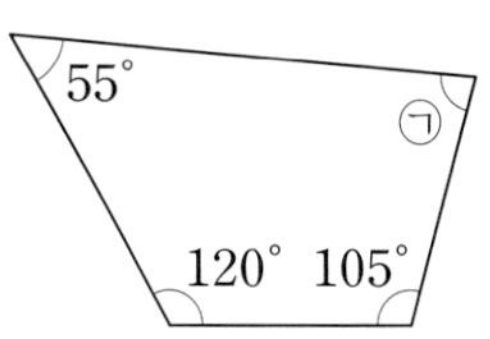

㉠$=$ □°$-55°-120°-105°=$ □°

2 단원

35 각도기로 재어 □ 안에 알맞은 각도를 써넣으세요.

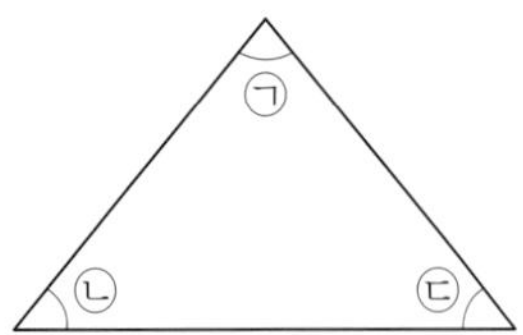

㉠+㉡+㉢

=□+□+□=□

36 중요 삼각형을 잘라서 세 꼭짓점이 한 점에 모이도록 겹치지 않게 이어 붙였습니다. ㉠의 각도를 구해 보세요.

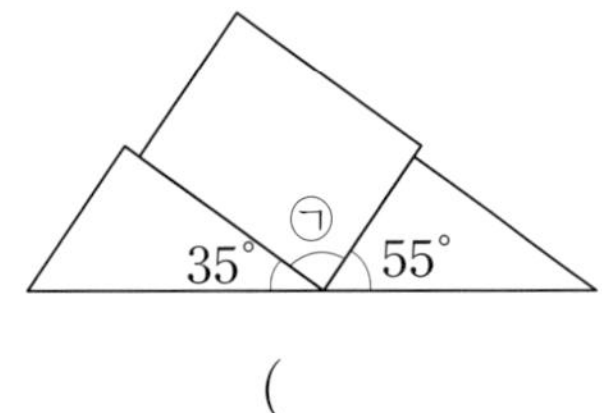

(　　　　　　　　)

37 소현이와 지혜가 각각 그린 삼각형의 세 각의 크기를 잰 것입니다. 각도를 잘못 잰 사람을 찾아 이름을 써 보세요.

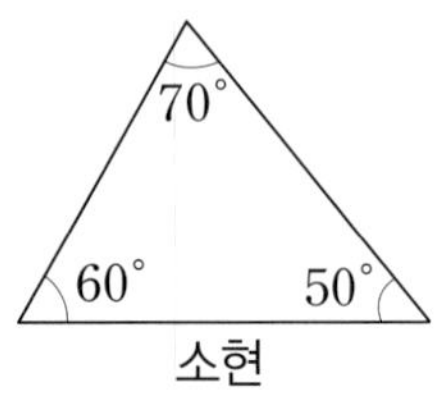

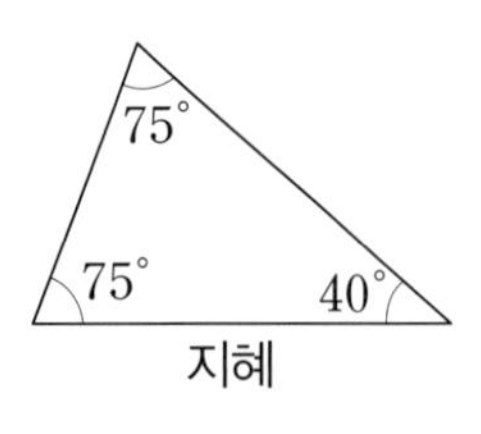

(　　　　　　　　)

38 삼각자에서 ㉠에 알맞은 각도를 구해 보세요.

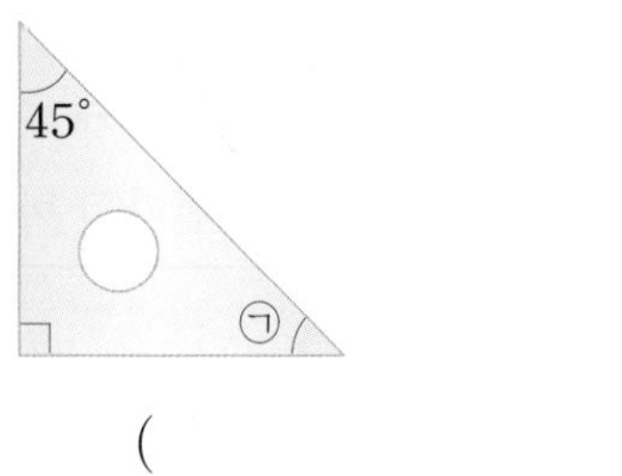

(　　　　　　　　)

39 다음은 삼각형의 두 각의 크기입니다. 나머지 한 각의 크기를 구해 보세요.

58°	75°

(　　　　　　　　)

40 ㉠과 ㉡의 각도의 합을 구해 보세요.

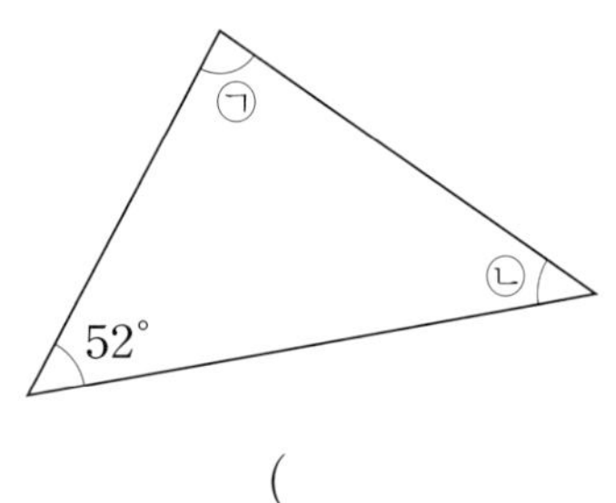

(　　　　　　　　)

41 ㉠과 ㉡의 각도의 합을 구해 보세요.

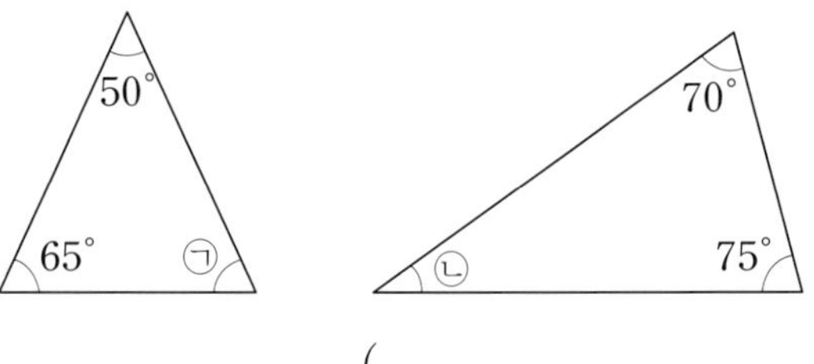

(　　　　　　　　)

42 각도기로 재어 □ 안에 알맞은 각도를 써넣으세요.

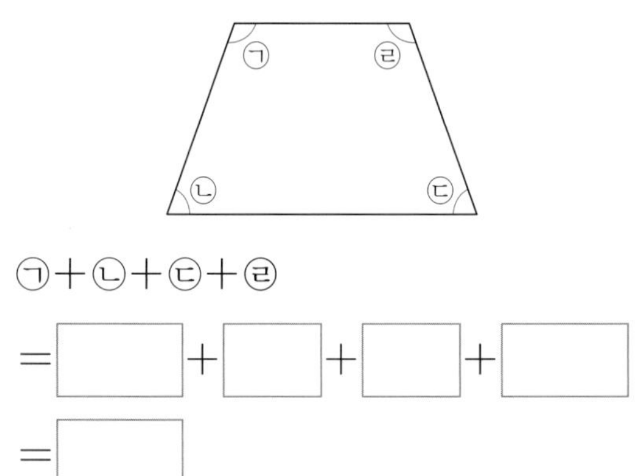

㉠+㉡+㉢+㉣

=□+□+□+□

=□

43 중요 사각형의 네 각의 크기를 잘못 잰 사람은 누구일까요?

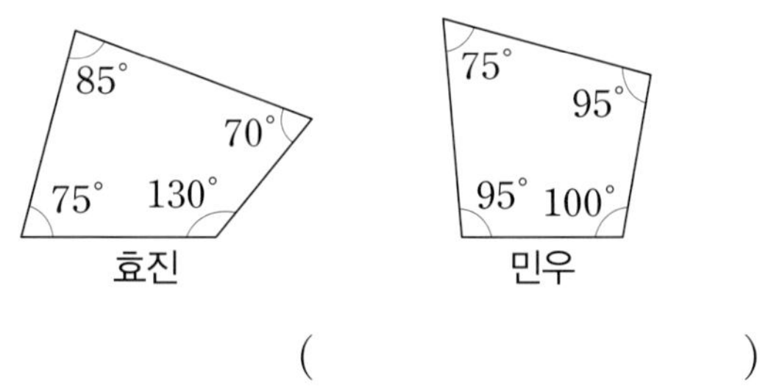

(　　　　　)

44 사각형에서 ㉠의 각도를 구해 보세요.

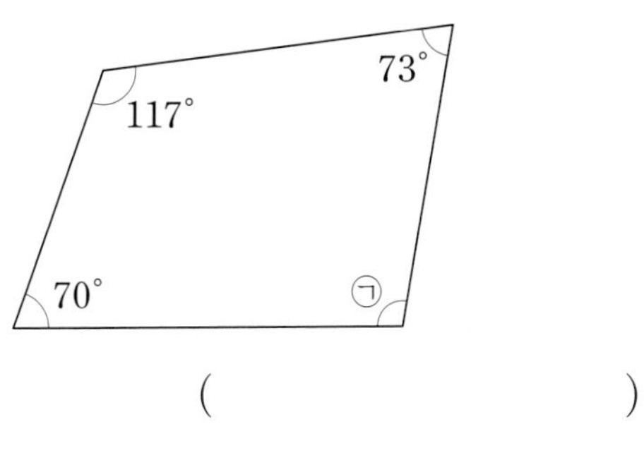

(　　　　　)

45 ㉠과 ㉡의 각도의 합을 구하시오.

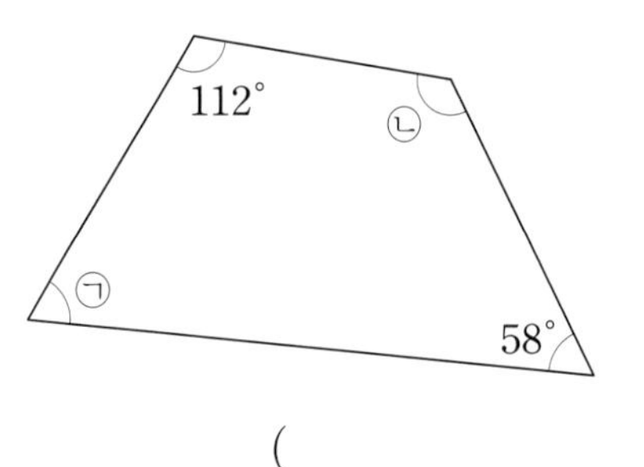

(　　　　　)

46 ㉠과 ㉡의 각도의 차를 구해 보세요.

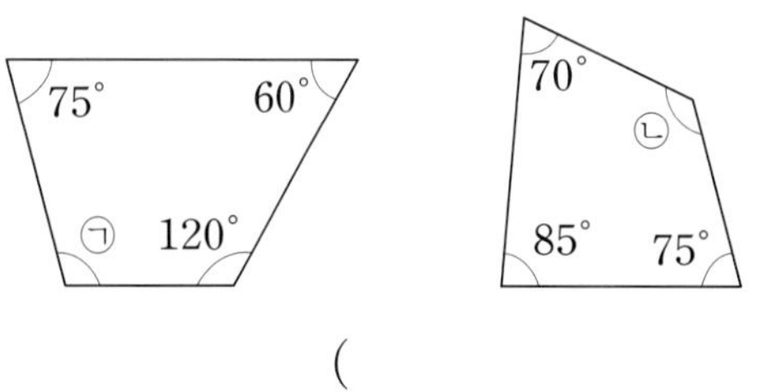

(　　　　　)

47 어려운 문제 ㉠과 ㉡의 각도의 합을 구해 보세요.

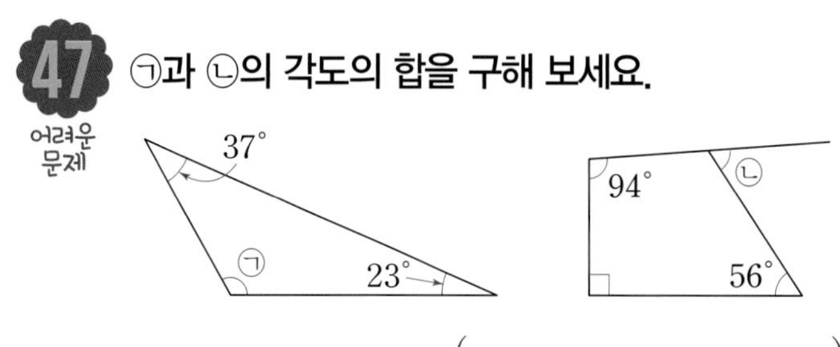

(　　　　　)

교과서 속 응용 문제

정답과 풀이 12쪽

삼각형의 세 각의 크기의 합을 이용하여 각도 구하기

예

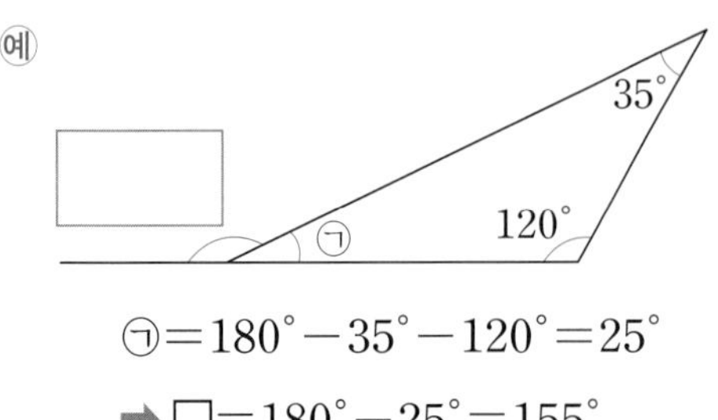

㉠$=180°-35°-120°=25°$

➡ □$=180°-25°=155°$

48 □ 안에 알맞은 수를 써넣으세요.

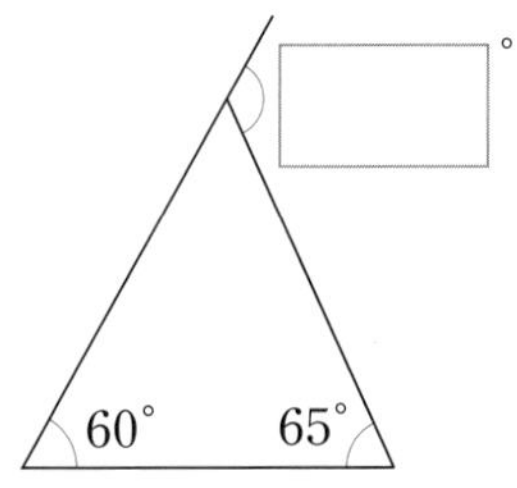

49 □ 안에 알맞은 수를 써넣으세요.

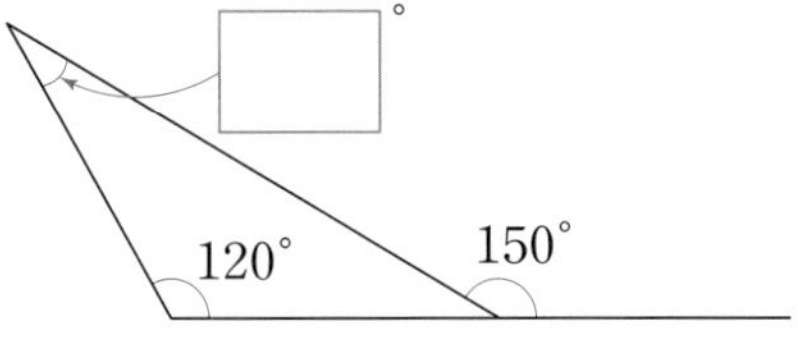

50 ㉠의 각도를 구해 보세요.

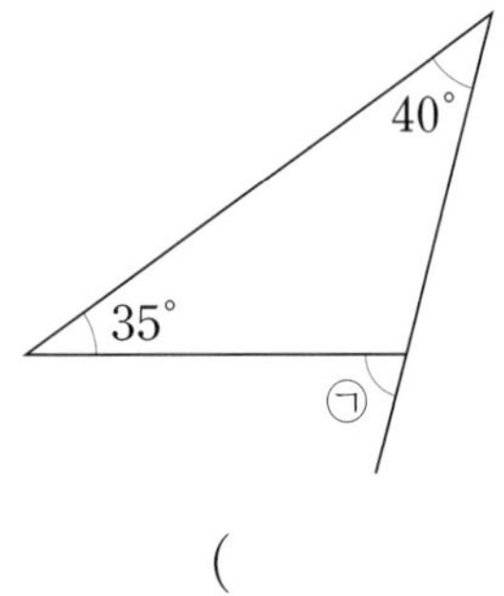

(　　　　　　　　　)

사각형의 네 각의 크기의 합을 이용하여 각도 구하기

예

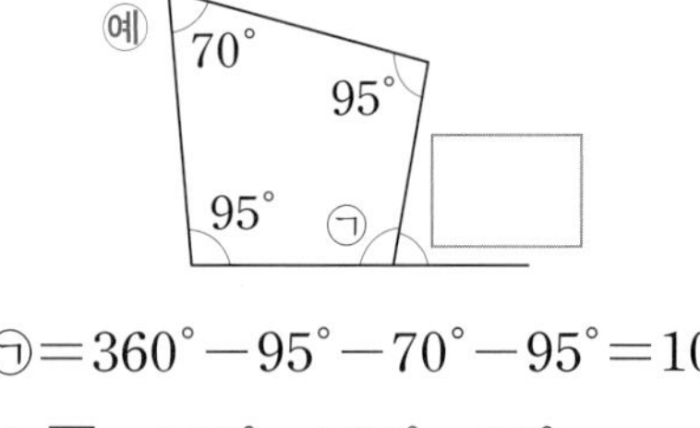

㉠$=360°-95°-70°-95°=100°$

➡ □$=180°-100°=80°$

51 □ 안에 알맞은 수를 써넣으세요.

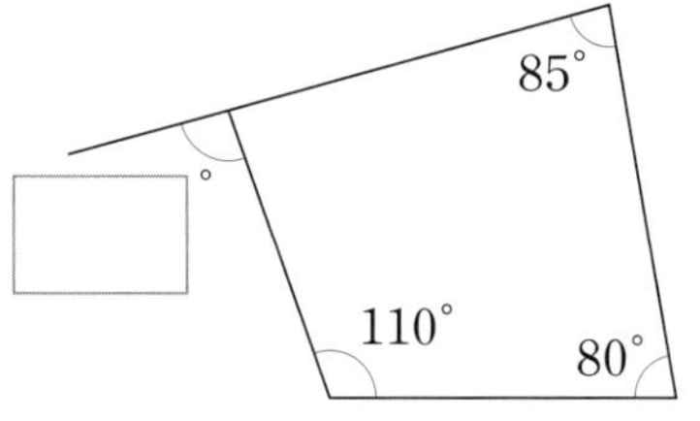

52 ㉠의 각도를 구해 보세요.

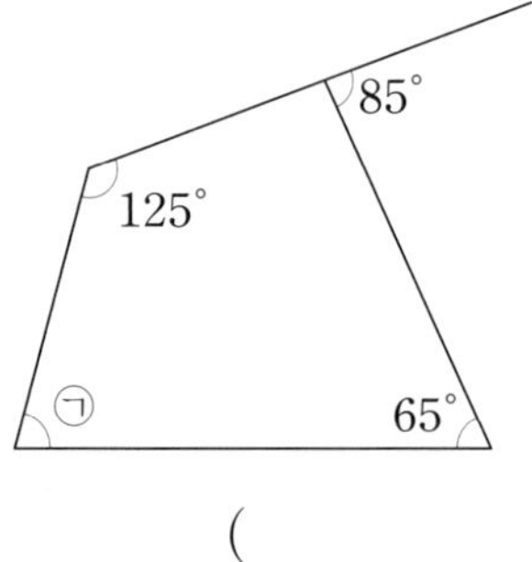

(　　　　　　　　　)

53 □ 안에 알맞은 수를 써넣으세요.

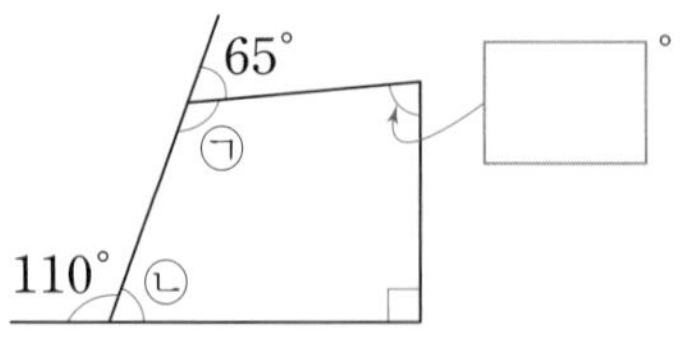

정답과 풀이 14쪽

대표 응용 도형에서 예각, 둔각 찾기

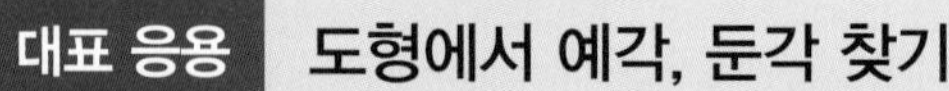

1 도형에서 예각과 둔각의 개수를 각각 구해 보세요.

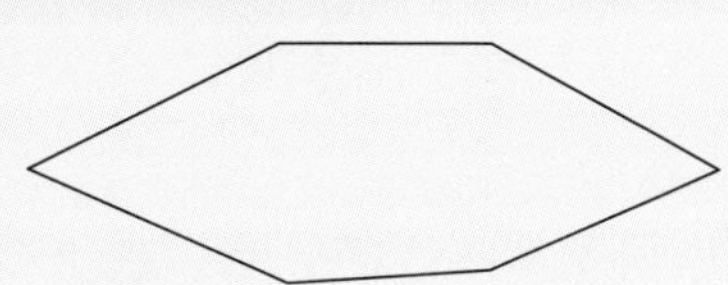

문제 스케치

해결하기

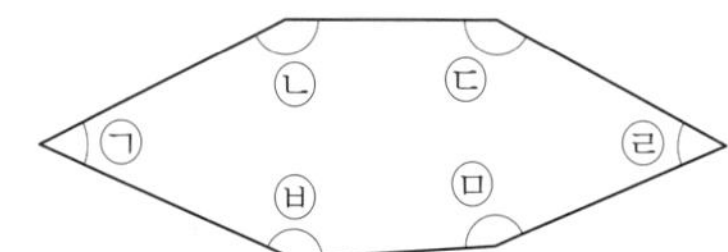

예각은 0°보다 크고 직각보다 작은 각입니다.

➡ □, □(으)로 모두 □개입니다.

둔각은 직각보다 크고 180°보다 작은 각입니다.

➡ □, □, □, □(으)로 모두 □개입니다.

1-1 두 도형에서 예각과 둔각의 전체 개수를 각각 구해 보세요.

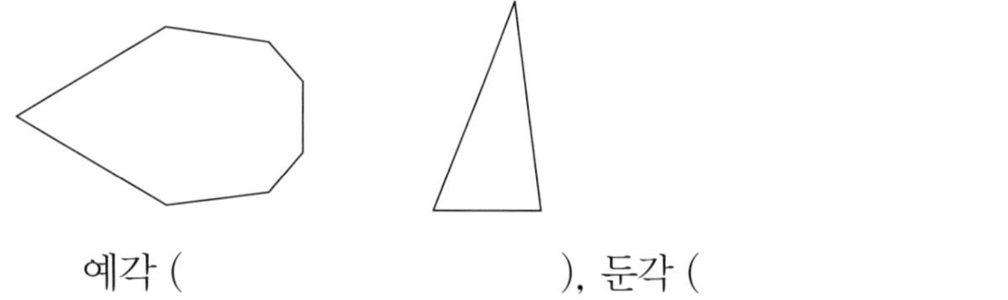

예각 (　　　　　　), 둔각 (　　　　　　)

1-2 세 도형에서 예각과 둔각의 전체 개수의 차를 구해 보세요.

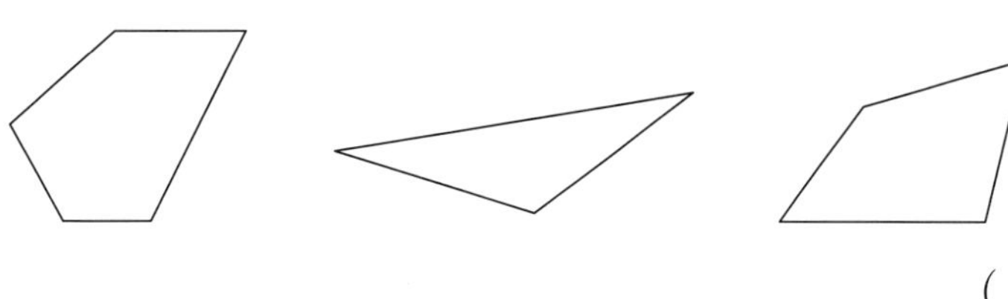

(　　　　　　)

대표 응용 직선을 크기가 같은 각으로 나누어 각도 구하기

2 직선 ㄱㄹ을 크기가 같은 각 3개로 나눈 것입니다. 각 ㄱㅇㄷ의 크기를 구해 보세요.

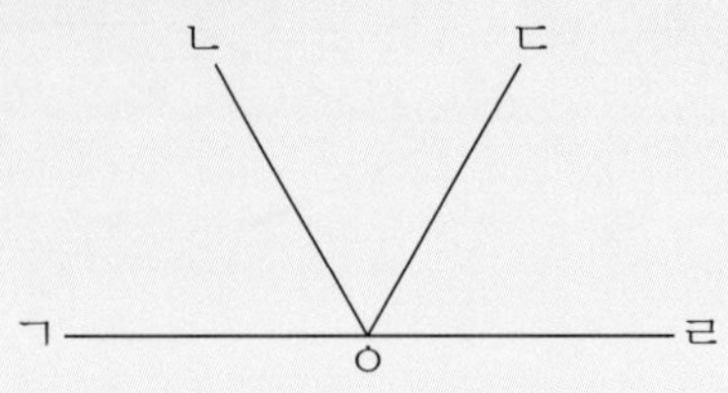

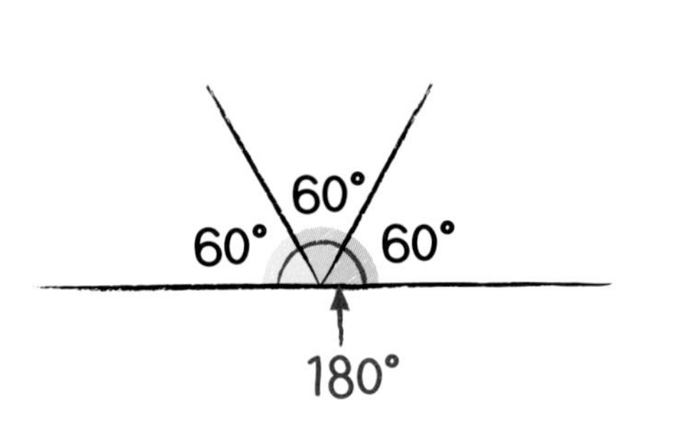

해결하기

직선이 이루는 각의 크기는 □° 입니다.

직선을 크기가 같은 각 3개로 나누었으므로

작은 각 ㄱㅇㄴ의 크기는 □° ÷ □ = □° 입니다.

각 ㄱㅇㄷ의 크기는 각 ㄱㅇㄴ의 크기의 □ 배이므로

(각 ㄱㅇㄷ의 크기) = □° × □ = □° 입니다.

2-1 직선 ㄱㅅ을 크기가 같은 각 6개로 나눈 것입니다. 각 ㄱㅇㅁ의 크기를 구해 보세요.

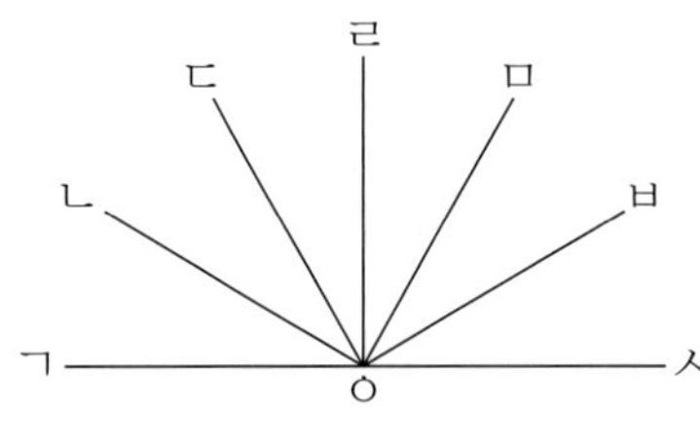

(　　　　　　)

2-2 직선 ㄱㅌ을 나눈 가장 작은 각들의 크기는 모두 같습니다. 각 ㄷㅇㅊ의 크기를 구해 보세요.

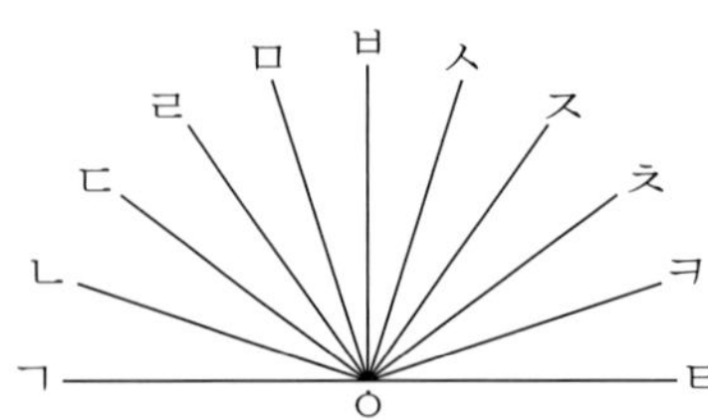

(　　　　　　)

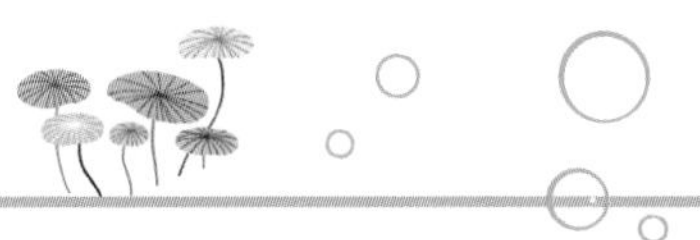

정답과 풀이 14쪽

대표 응용 **직각 삼각자를 이용하여 각도 구하기**

3 두 직각 삼각자를 다음과 같이 겹쳤습니다. ㉠의 각도를 구해 보세요.

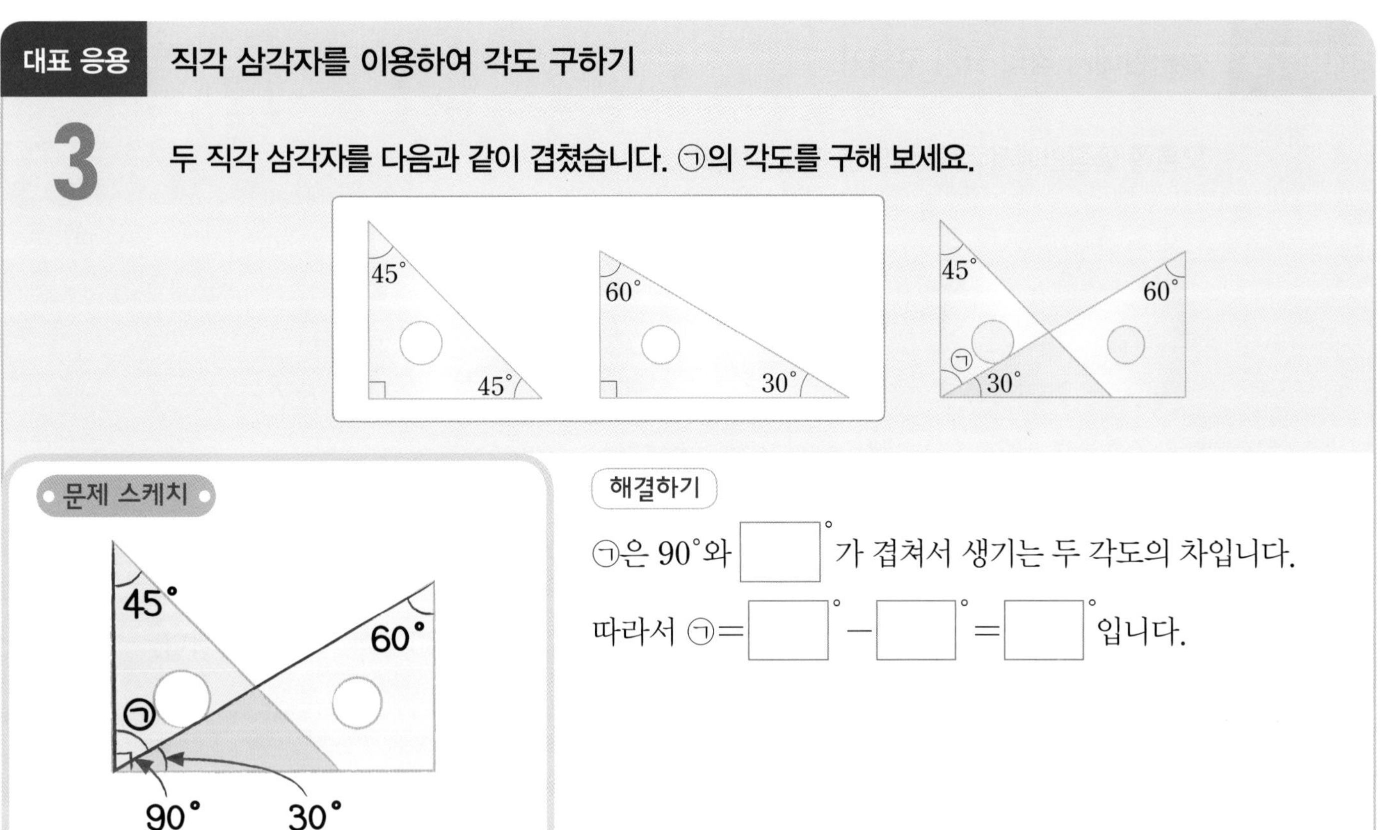

㉠은 90°와 □° 가 겹쳐서 생기는 두 각도의 차입니다.

따라서 ㉠=□°−□°=□°입니다.

3-1 두 직각 삼각자를 다음과 같이 겹쳤습니다. □ 안에 알맞은 수를 써넣으세요.

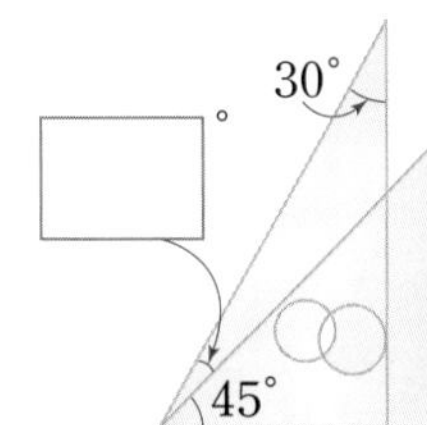

3-2 두 직각 삼각자를 다음과 같이 겹치지 않게 이어 붙였습니다. □ 안에 알맞은 수를 써넣으세요.

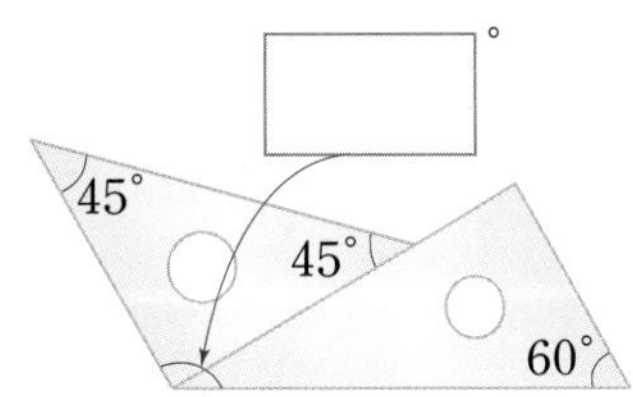

2 단원

대표 응용 돌림판에서 각의 크기 구하기

4 오른쪽 돌림판에서 ㉠의 각도를 구해 보세요.

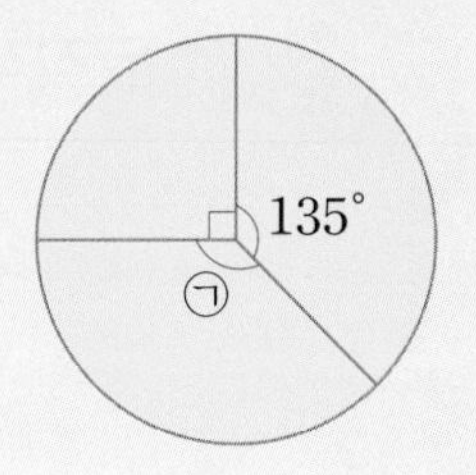

문제 스케치

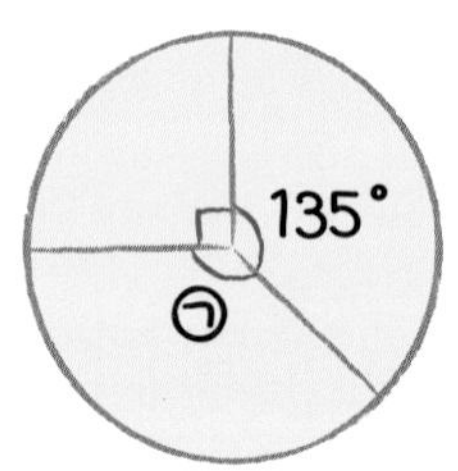

돌림판 전체 각도의 합 360°

해결하기

돌림판 전체 각도의 합은 $\square^\circ$ 입니다.

$90^\circ + 135^\circ +$ ㉠ $= \square^\circ$ 입니다.

따라서 ㉠ $= 360^\circ - 90^\circ - 135^\circ = \square^\circ$ 입니다.

4-1 돌림판에서 ㉠의 각도를 구해 보세요.

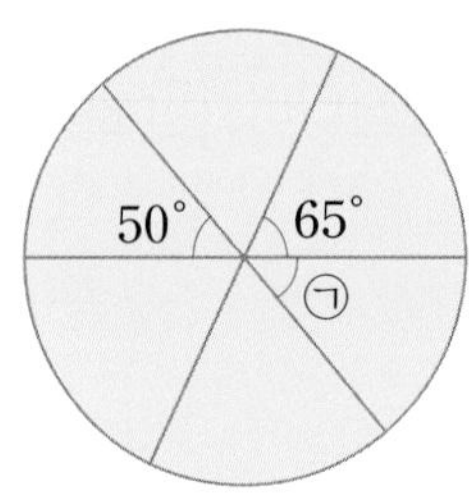

(　　　　　　　　)

4-2 돌림판에서 ㉠과 ㉡의 각도의 합을 구해 보세요.

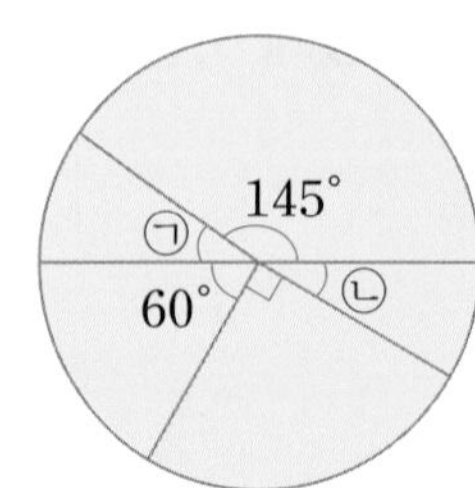

(　　　　　　　　)

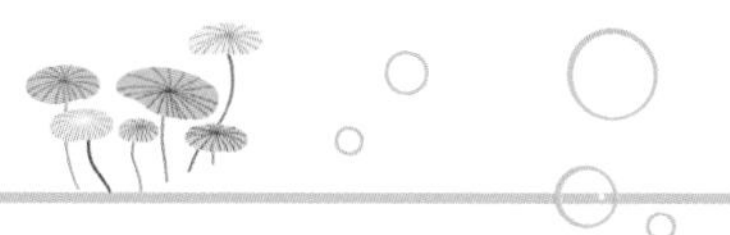

대표 응용 도형의 모든 각의 크기의 합 구하기

5 은주가 산 과자 상자 바닥의 모양이 오른쪽과 같습니다. 과자 상자 바닥의 다섯 각의 크기의 합을 구해 보세요.

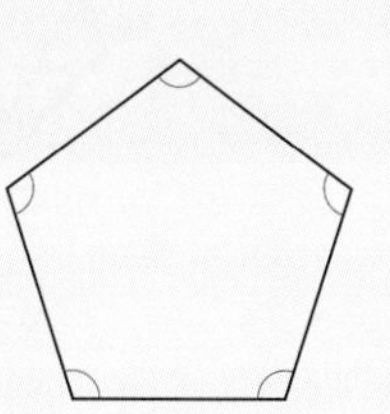

문제 스케치

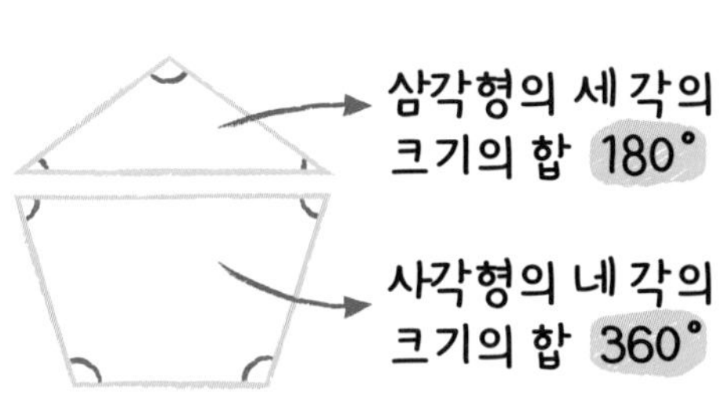

해결하기

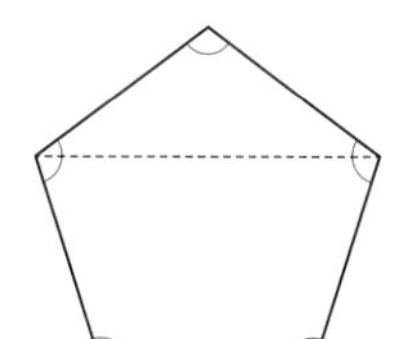

오른쪽 그림과 같이 과자 상자 바닥 모양은 삼각형 1개와 사각형 1개로 나눌 수 있습니다.

삼각형의 세 각의 크기의 합은 $\square$° 이고,

사각형의 네 각의 크기의 합은 $\square$° 이므로 오각형의 다섯 각의 크기의 합은 $\square$° + $\square$° = $\square$° 입니다.

5-1 다음 도형에서 7개의 각의 크기의 합을 구해 보세요.

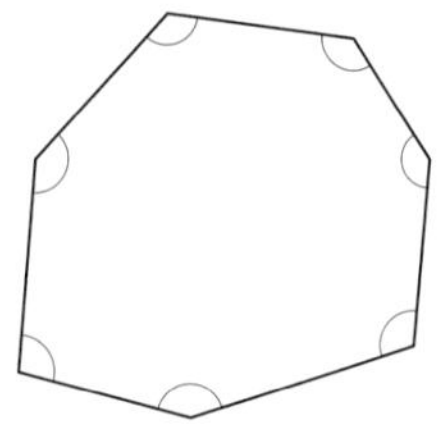

(　　　　　　　　)

5-2 다음 도형의 8개의 각의 크기는 모두 같습니다. 한 각의 크기를 구해 보세요.

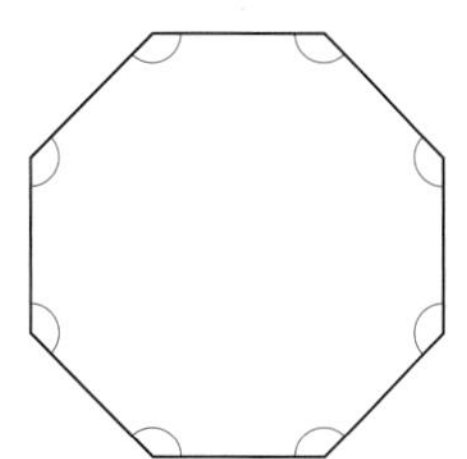

(　　　　　　　　)

2 단원

01 두 부채 중 더 넓게 펼쳐진 부채에 ○표 하세요.

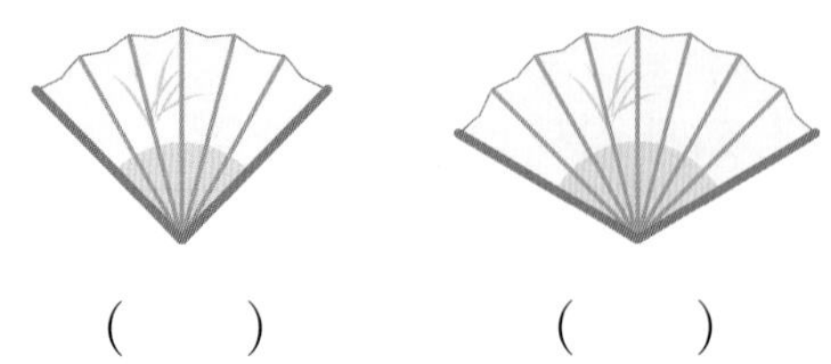

(　　)　　(　　)

02 가장 큰 각을 찾아 기호를 써 보세요.

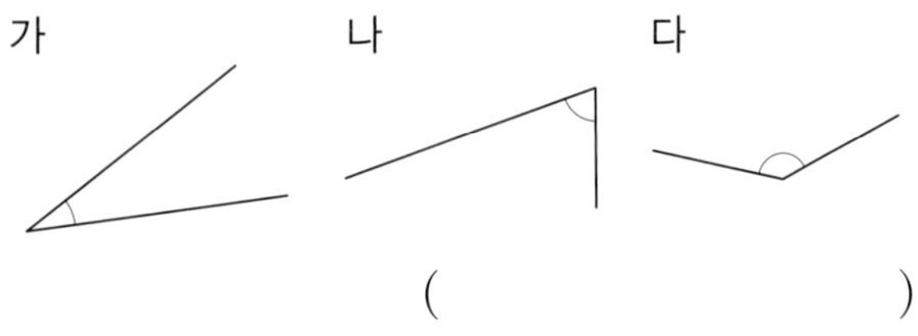

(　　　　　　)

03 각도를 구해 보세요.

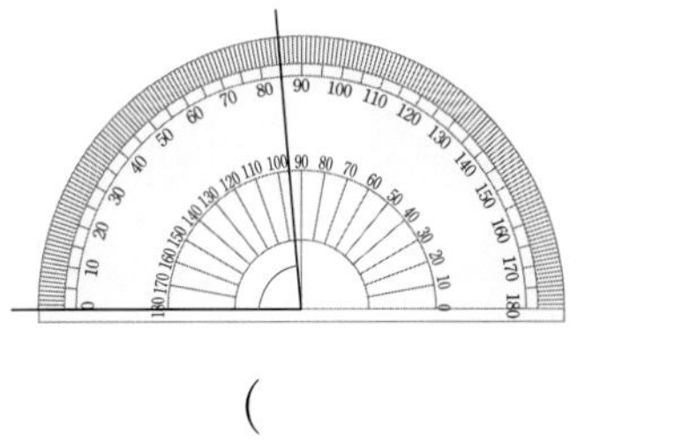

(　　　　　　)

04 각도기를 이용하여 각도를 재어 보세요.

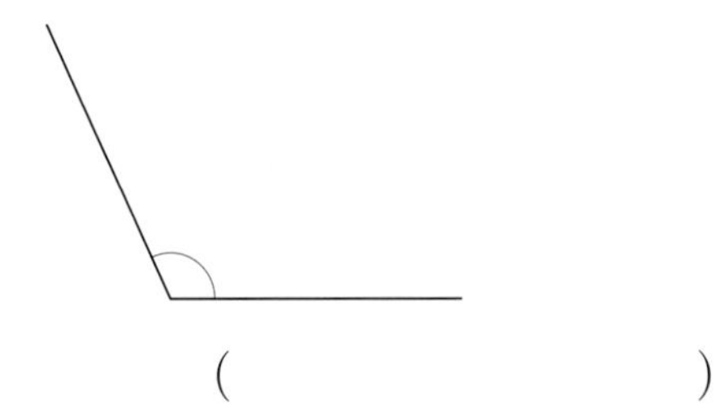

(　　　　　　)

05 각도기로 각도를 재어 선으로 이어 보세요.

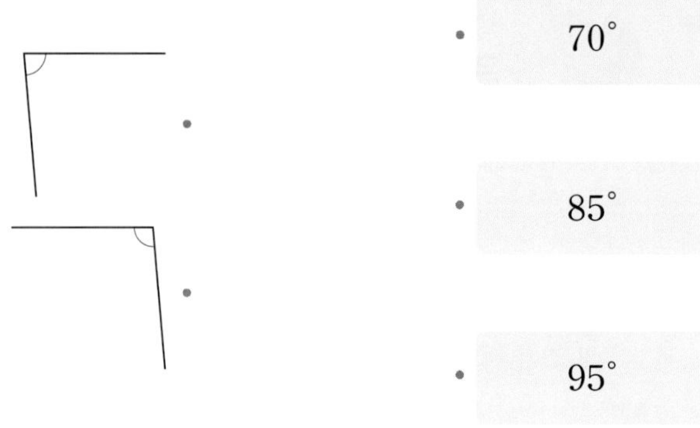

06 각도기와 자를 이용하여 주어진 각도의 각을 그려 보세요.

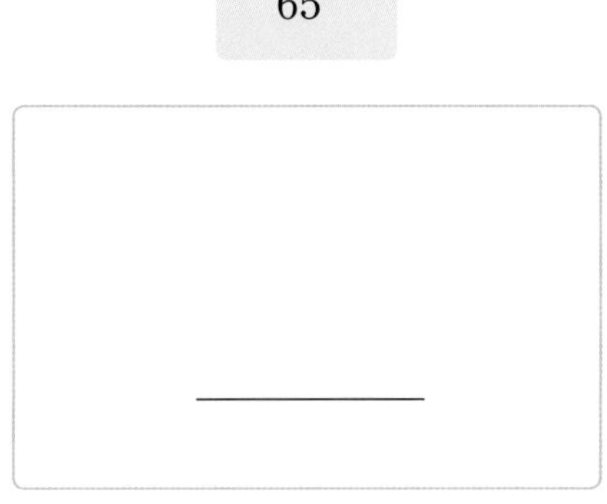

07 중요 직각보다 크고 180°보다 작은 각을 모두 찾아 기호를 써 보세요.

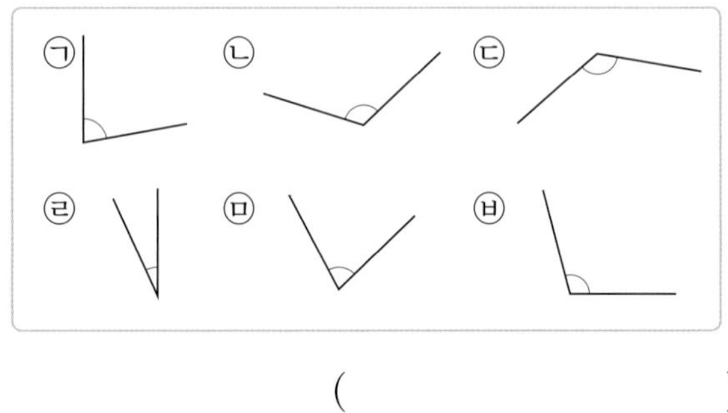

(　　　　　　)

08 주어진 각을 예각과 둔각으로 분류하여 기호를 써 보세요.

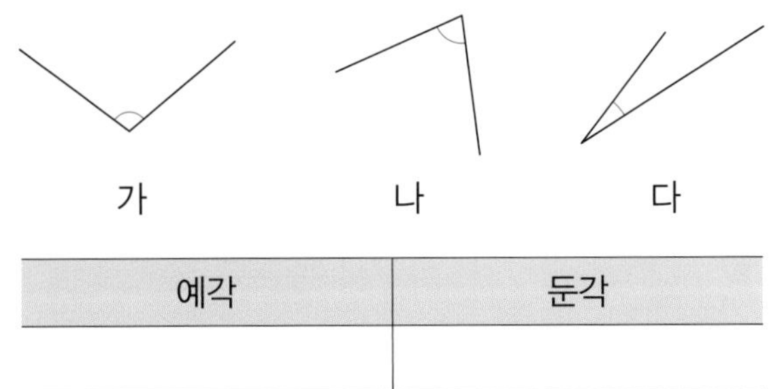

예각	둔각

09 주어진 선분을 한 변으로 하는 예각을 그리려고 합니다. 점 ㄱ과 이어야 하는 점은 어느 것인가요? (   )

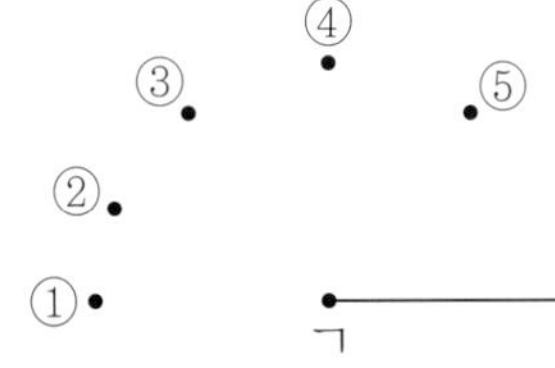

10 시각에 맞게 시곗바늘을 그리고, 긴바늘과 짧은 바늘이 이루는 작은 쪽의 각이 예각, 직각, 둔각 중 어느 것인지 써 보세요.

(1) 8시 (2) 8시 30분

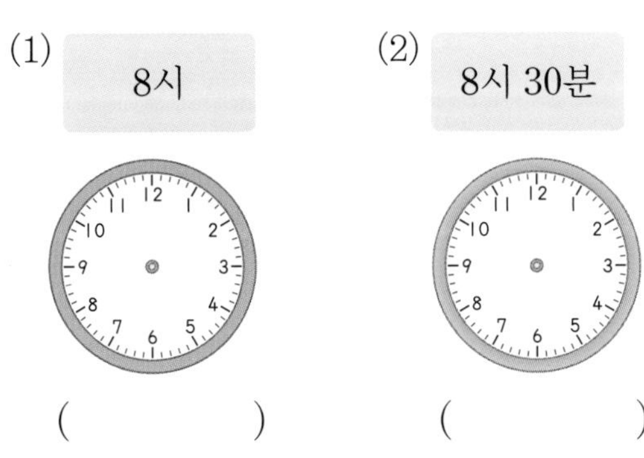

(   ) (   )

11 각도를 어림하고, 각도기로 재어 확인해 보세요.

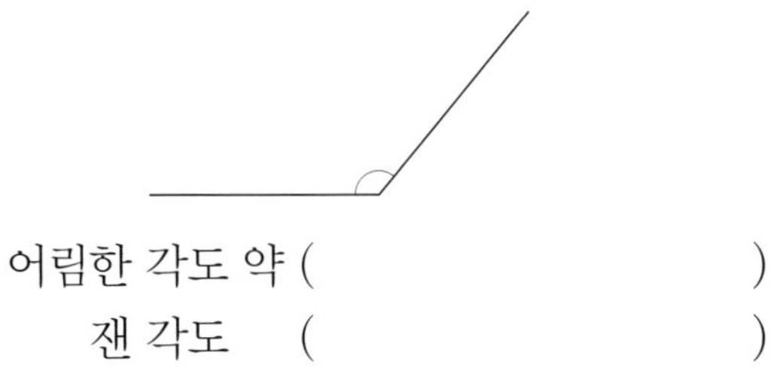

어림한 각도 약 (   )

잰 각도 (   )

12 다음 중 각도가 가장 작은 것의 기호를 써 보세요.

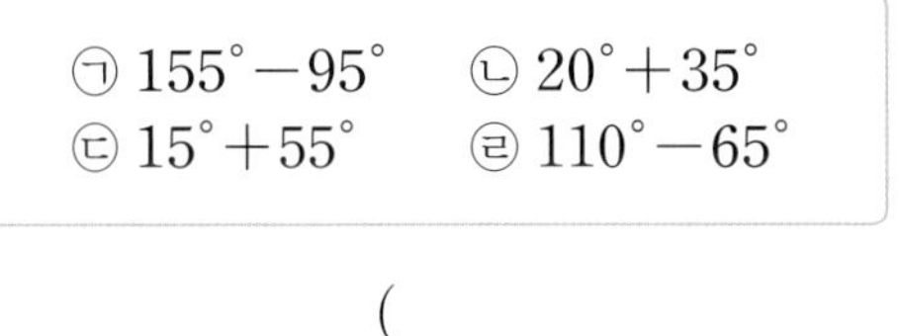

㉠ $155^\circ-95^\circ$ ㉡ $20^\circ+35^\circ$

㉢ $15^\circ+55^\circ$ ㉣ $110^\circ-65^\circ$

(   )

13 각 ㄴㅇㄷ의 크기를 구해 보세요.

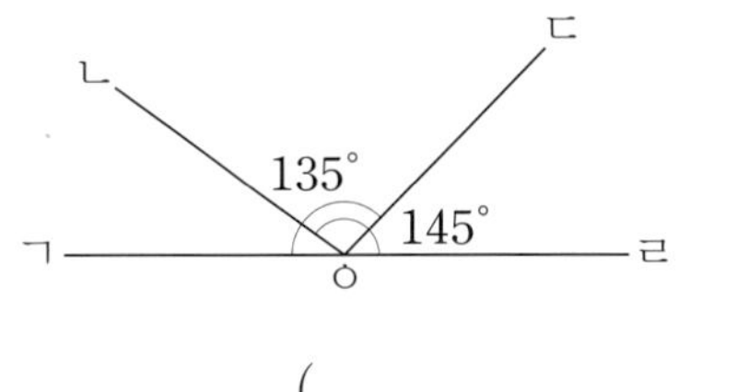

(   )

14 삼각형을 잘라서 세 꼭짓점이 한 점에 모이도록 겹치지 않게 이어 붙였습니다. ㉠의 각도를 구해 보세요.

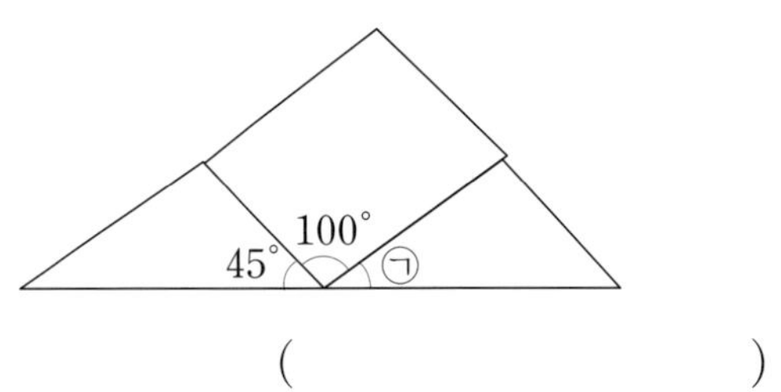

(   )

15 그림에서 ㉠의 각도를 구해 보세요.

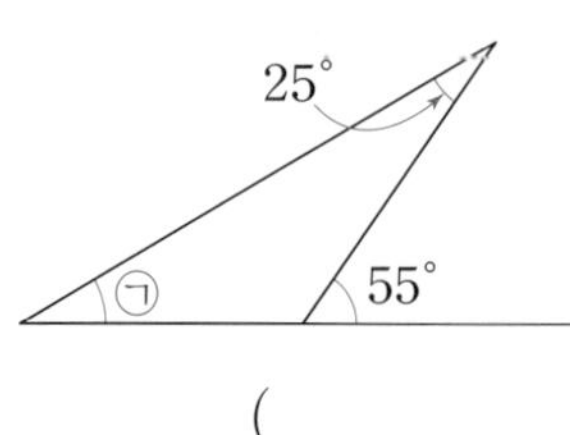

( )

16 사각형의 네 각의 크기의 합을 이용하여 □ 안에 알맞은 수를 써넣으세요.

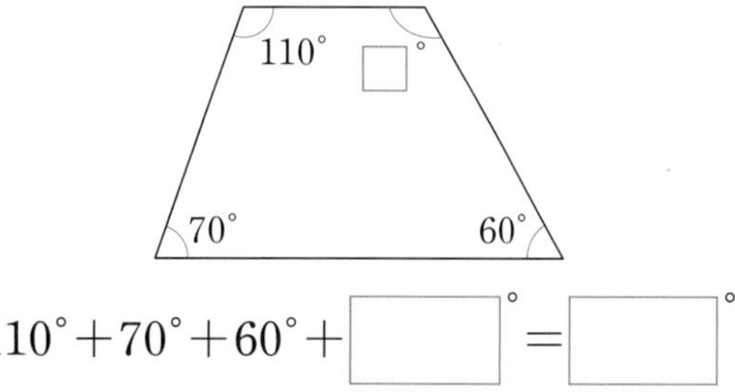

$110° + 70° + 60° + \square° = \square°$

17 중요 □ 안에 알맞은 수를 써넣으세요.

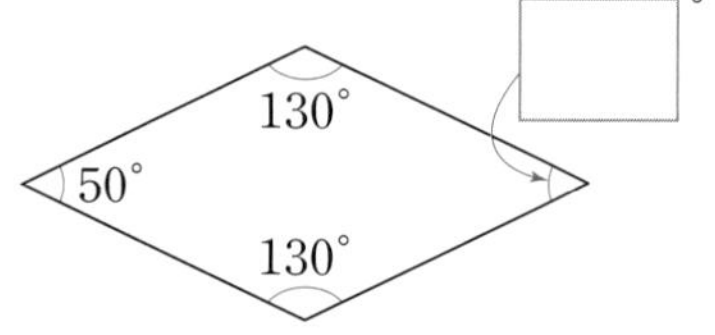

18 ㉠과 ㉡의 각도의 합을 구해 보세요.

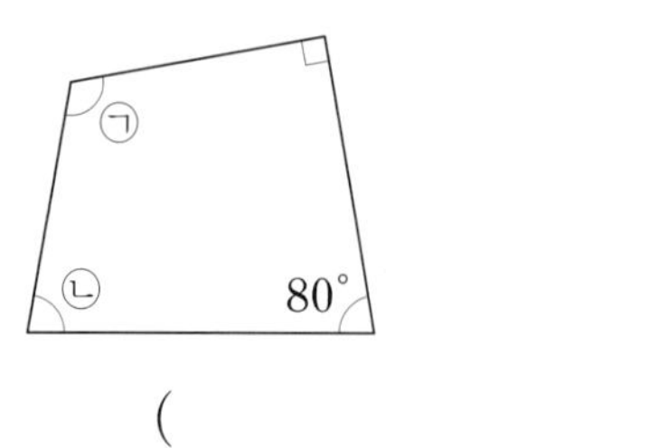

( )

서술형 문제

19 □ 안에 알맞은 각도를 구하려고 합니다. 풀이 과정을 쓰고 답을 구해 보세요.

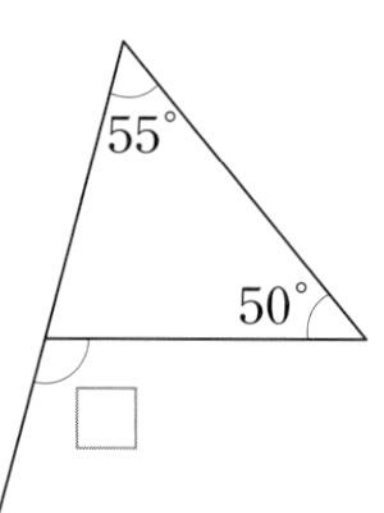

풀이

답

20 ㉠과 ㉡의 각도의 차를 구하려고 합니다. 풀이 과정을 쓰고 답을 구해 보세요.

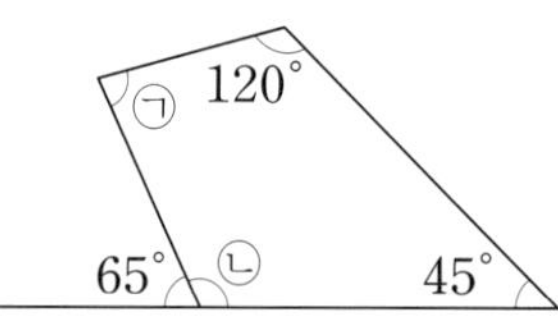

풀이

답

정답과 풀이 16쪽

01 응원봉을 가장 넓게 벌린 것에 ○표, 가장 좁게 벌린 것에 △표 하세요.

(　　)　(　　)　(　　)

02 사각형의 네 각 중 가장 작은 각을 찾아 ○표 하세요.

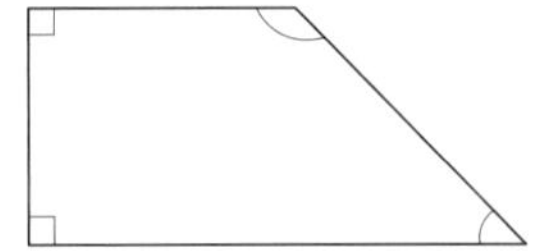

03 세 사람이 그린 지붕이 있는 집입니다. 바르게 말한 사람은 누구인가요?

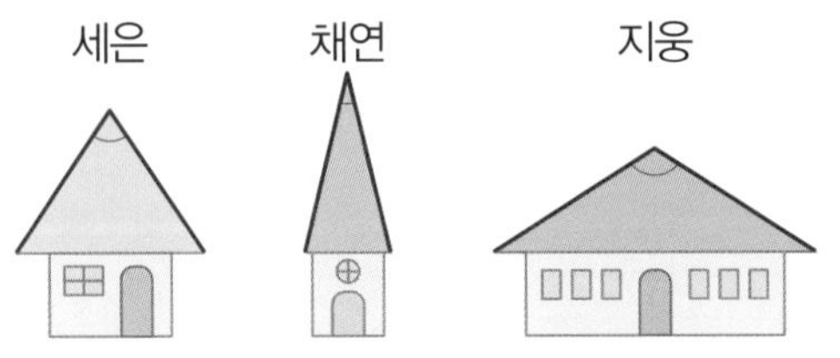

세은: 내가 그린 지붕 위쪽의 각의 크기가 가장 커.
채연: 세 지붕의 위쪽의 각의 크기는 모두 같아.
지웅: 채연이가 그린 지붕 위쪽의 각의 크기가 가장 작아.

(　　　　　　　　)

04 가장 큰 각을 찾아 써 보세요.

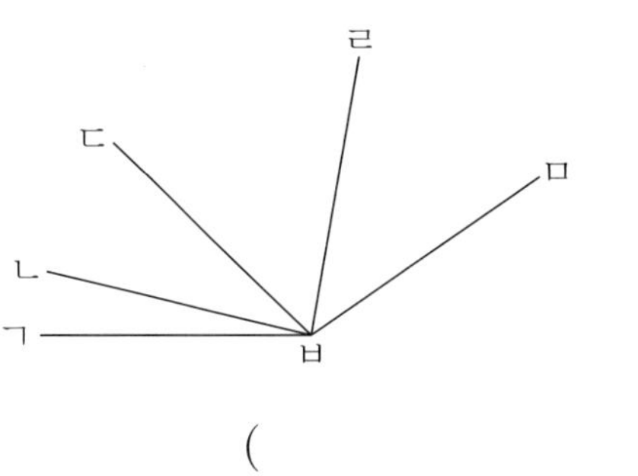

(　　　　　　　　)

05 각도를 구해 보세요.
중요

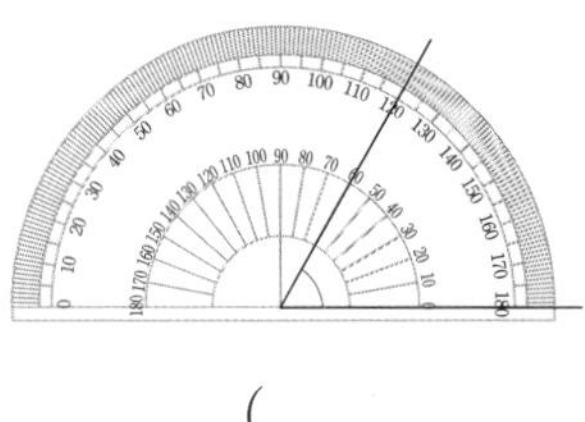

(　　　　　　　　)

06 각도기와 자를 이용하여 점 ㄱ을 꼭짓점으로 하는 각을 그리려고 합니다. 주어진 각도의 각을 그려 보세요.

120°

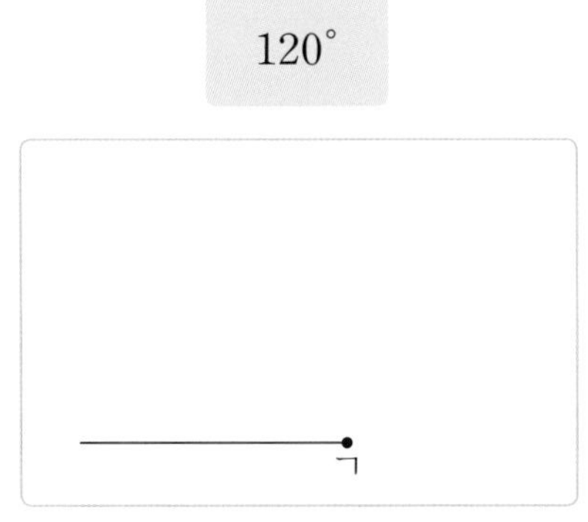

07 예각을 모두 찾아 써 보세요.

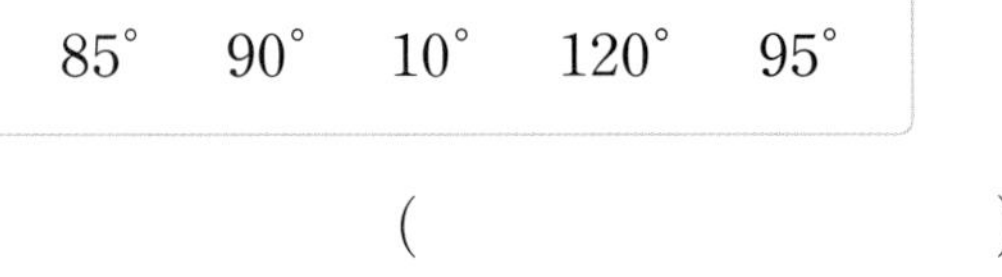

(　　　　　　　　)

2 단원

[08~09] 주어진 선분을 이용하여 예각과 둔각을 각각 그려 보세요.

08 예각

09 둔각

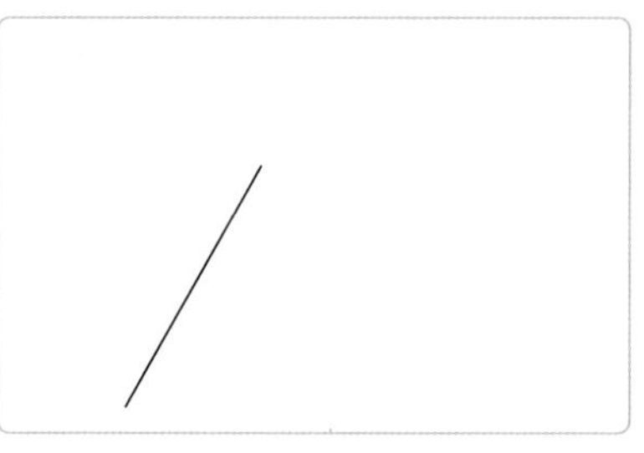

10 시계의 긴바늘과 짧은바늘이 이루는 작은 쪽의 각이 예각, 직각, 둔각 중 어느 것인지 써 보세요.

(1) 9시 30분

( )

(2) 1시 20분

( )

11 서윤이와 기현이가 오른쪽 각을 보고 각각 각도를 어림하였습니다. 각도기로 재어 보고 누가 더 정확하게 어림했는지 이름을 써 보세요.

서윤: 35°
기현: 20°

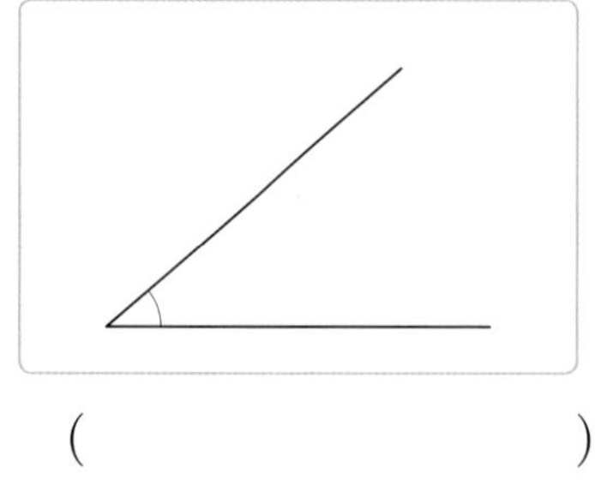

( )

12 각도기를 사용하여 두 각의 크기를 각각 재어 보고, 두 각도의 합을 구해 보세요.

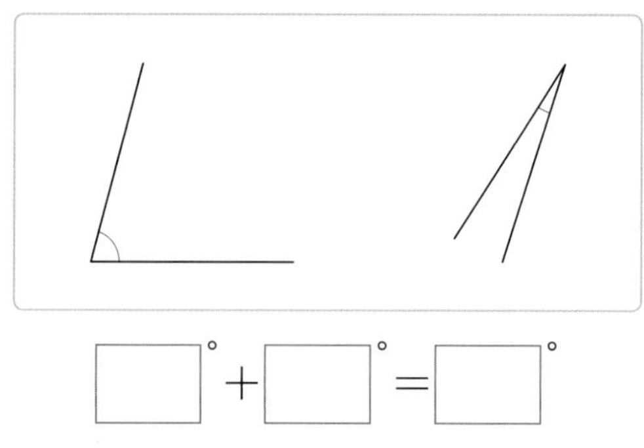

□° + □° = □°

13 다음 중 □ 안에 들어갈 각도가 가장 큰 것의 기호를 써 보세요.

㉠ 195° − □ = 85°　㉡ 75° + □ = 180°
㉢ □ + 45° = 145°　㉣ □ − 15° = 80°

( )

14 중요 직각 두 개를 겹쳐 놓은 것입니다. 각 ㄷㅇㄹ의 크기를 구해 보세요.

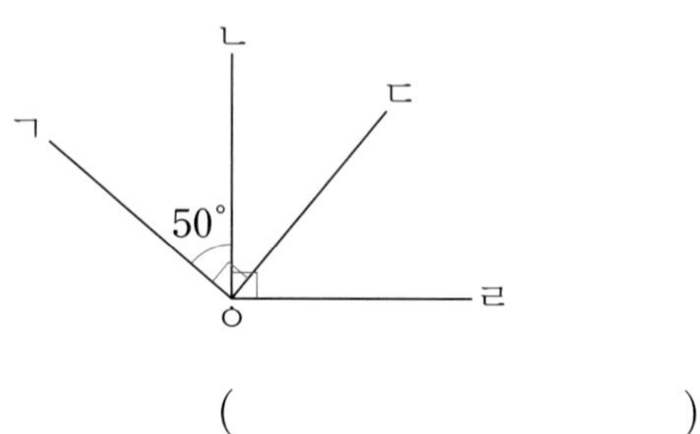

( )

15 ㉠의 각도를 구해 보세요.

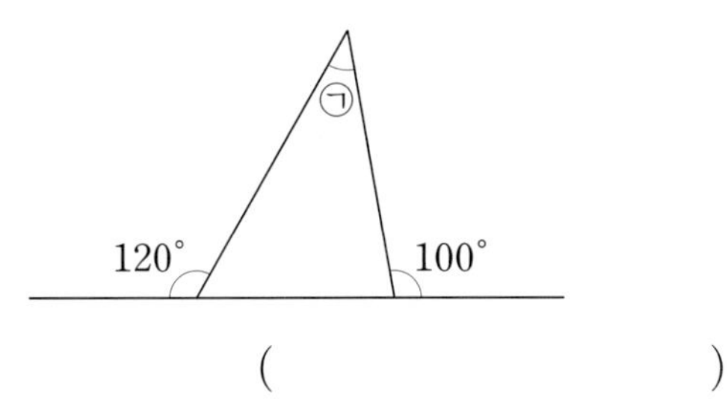

( )

16 두 직각 삼각자를 다음과 같이 겹쳤습니다. ㉠의 각도를 구해 보세요.

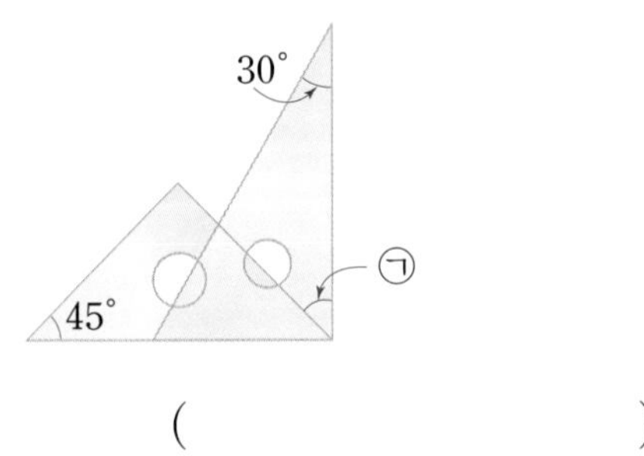

( )

17 ㉠의 각도를 구해 보세요.

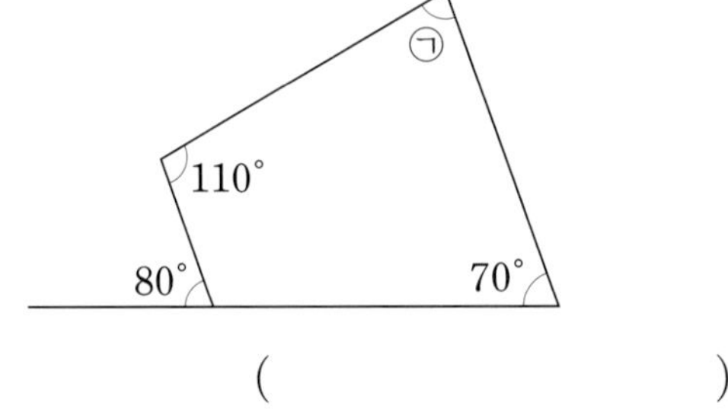

( )

18 어려운 문제 ㉠과 ㉡의 각도의 합을 구해 보세요.

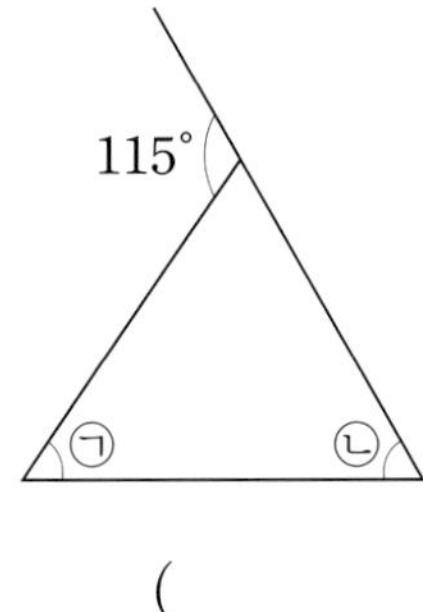

( )

서술형 문제

19 도형에서 ㉡의 각도는 몇 도인지 풀이 과정을 쓰고 답을 구해 보세요.

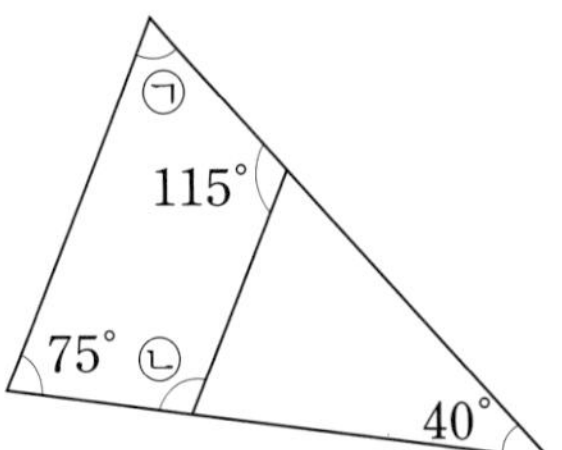

풀이

답

20 사각형에서 가장 큰 각과 가장 작은 각의 각도의 차를 구하려고 합니다. 풀이 과정을 쓰고 답을 구해 보세요.

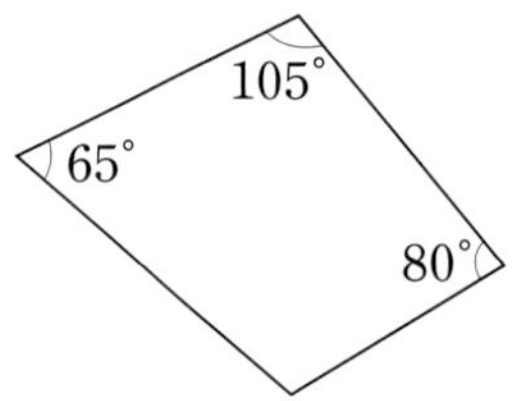

풀이

답

수미네 제과점에서는 하루에 285개의 빵을 굽습니다. 수미네 제과점에서 이번 달에 구운 빵은 모두 몇 개일까요?

이번 단원에서는 곱하는 수가 두 자리 수인 곱셈의 계산 원리를 이해하고 계산해 볼 거예요. 또한 나누는 수가 두 자리 수인 나눗셈의 계산 원리를 이해하고 계산해 보고, 곱셈 또는 나눗셈과 관련된 실생활 문제를 만들고 해결해 보도록 해요.

3 곱셈과 나눗셈

단원 학습 목표

1. (세 자리 수)×(몇십), (세 자리 수)×(두 자리 수)의 계산 원리와 형식을 이해하고 계산할 수 있습니다.
2. 실생활에서 (세 자리 수)×(두 자리 수) 문제를 만들고 해결할 수 있습니다.
3. (몇백몇십)÷(몇십), (세 자리 수)÷(몇십)의 계산 원리와 형식을 이해하고 계산할 수 있습니다.
4. 몫이 한 자리 수인 (두 자리 수)÷(두 자리 수), (세 자리 수)÷(두 자리 수)의 계산 원리와 형식을 이해하고 계산할 수 있습니다.
5. 몫이 두 자리 수인 (세 자리 수)÷(두 자리 수)의 계산 원리와 형식을 이해하고 계산할 수 있습니다.

단원 진도 체크

학습일		학습 내용	진도 체크
1일째	월 일	개념 1 세 자리 수에 몇십을 곱해 볼까요 개념 2 세 자리 수에 두 자리 수를 곱해 볼까요 개념 3 곱셈을 이용하여 실생활 문제를 해결해 볼까요	✓
2일째	월 일	교과서 넘어 보기 + 교과서 속 응용 문제	✓
3일째	월 일	개념 4 몇십으로 나누어 볼까요 개념 5 몇십몇으로 나누어 볼까요	✓
4일째	월 일	교과서 넘어 보기 + 교과서 속 응용 문제	✓
5일째	월 일	개념 6 세 자리 수를 두 자리 수로 나누어 볼까요(1) 개념 7 세 자리 수를 두 자리 수로 나누어 볼까요(2)	✓
6일째	월 일	교과서 넘어 보기 + 교과서 속 응용 문제	✓
7일째	월 일	응용 1 수 카드로 조건에 맞는 곱셈식 만들기 응용 2 수 카드로 몫이 가장 큰 나눗셈식 만들기 응용 3 □ 안에 들어갈 수 있는 수 구하기	✓
8일째	월 일	응용 4 이어 붙인 전체의 길이 구하기 응용 5 호수 둘레에 놓은 의자 수 구하기	✓
9일째	월 일	단원 평가 LEVEL ❶	✓
10일째	월 일	단원 평가 LEVEL ❷	✓

이 단원을 진도 체크에 맞춰 10일 동안 학습해 보세요.
해당 부분을 공부하고 나서 ✓표를 하세요.

개념 1 세 자리 수에 몇십을 곱해 볼까요

(1) (세 자리 수)×(몇십)을 계산하는 방법 알아보기

$123 \times 3 = 369$
$123 \times 30 = 3690$ (10배)

$$\begin{array}{r} 123 \\ \times \quad 3 \\ \hline 369 \end{array} \qquad \begin{array}{r} 123 \\ \times \quad 30 \\ \hline 3690 \end{array}$$

10배

➡ (세 자리 수)×(몇십)의 곱은 (세 자리 수)×(몇)의 곱의 10배입니다.

• 324×2와 324×20의 계산 결과를 표로 나타내기

	천의 자리	백의 자리	십의 자리	일의 자리	결과
324×2		6	4	8	648
324×20	6	4	8	0	6480

(2) (몇백)×(몇십)을 계산하는 방법 알아보기

$200 \times 7 = 1400$
$200 \times 70 = 14000$ (10배)

$$\begin{array}{r} 200 \\ \times \quad 7 \\ \hline 1400 \end{array} \qquad \begin{array}{r} 200 \\ \times \quad 70 \\ \hline 14000 \end{array}$$

10배

▶ **123×30의 계산**
30은 3의 10배이므로
$123 \times 30 = 123 \times 3 \times 10$
$= 369 \times 10 = 3690$

▶ (몇백)×(몇십)
▲00 × ◆0
= ▲ × ◆ 000
(몇백)×(몇십)은 (몇)×(몇)을 계산한 다음 그 값에 곱하는 두 수의 0의 개수만큼 0을 씁니다.

▶ **500×40의 계산**
$5 \times 4 = 20$이므로 20에 0을 3개 붙여서 20000이 됩니다.
2000이라고 답하지 않도록 주의합니다.

01 빈칸에 알맞은 수를 써넣으세요.

(1)

	천의 자리	백의 자리	십의 자리	일의 자리	결과
312		3	1	2	312
312×3					
312×30					

(2)

	천의 자리	백의 자리	십의 자리	일의 자리	결과
124		1	2	4	124
124×3		3	7	2	
124×30					

02 □ 안에 알맞은 수를 써넣으세요.

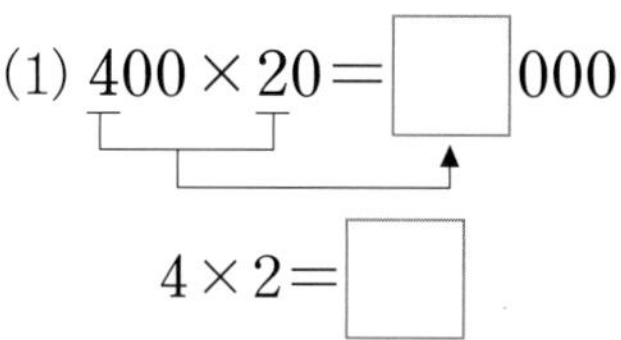

(1) $400 \times 20 = \square 000$
$4 \times 2 = \square$

(2) $500 \times 30 = \square 000$
$5 \times 3 = \square$

(3) $600 \times 50 = \square 000$
$6 \times 5 = \square$

개념 2 세 자리 수에 두 자리 수를 곱해 볼까요

(1) (세 자리 수)×(두 자리 수)

① (세 자리 수)×(두 자리 수의 일의 자리 수)를 계산합니다.

② (세 자리 수)×(두 자리 수의 십의 자리 수)를 계산합니다.

③ ①과 ②의 계산 결과를 더합니다.

(2) 243×14의 계산

① 계산 원리 알아보기

두 자리 수를 십의 자리와 일의 자리로 나누어 계산하여 더합니다.

243×10=[2430] 243×4=[972]

243×14=[2430]+[972]=3402

② 계산 방법 알아보기

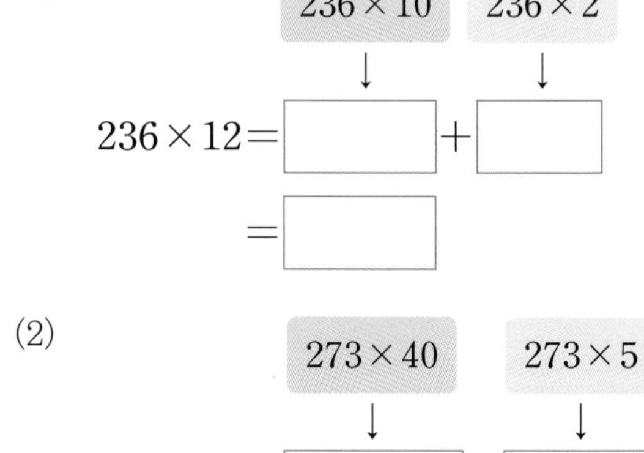

243
× 14 ← 10+4
972 ← 243×4
243 ← 243×10
3402

▸ (세 자리 수)×(두 자리 수)
●▲■×♥♠
=(●▲■×♠)+(●▲■×♥0)

▸ (세 자리 수)×(몇십몇)을 (몇백)×(몇십)으로 어림해 보면 대략적인 계산 결과를 알 수 있습니다.

예 389×22를 어림하여 계산하기
① 389를 400으로 어림하기
② 22를 20으로 어림하기
③ 389×22
➡ 400×20=8000
➡ 약 8000

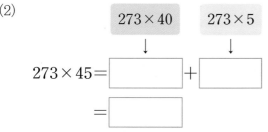

03 □ 안에 알맞은 수를 써넣으세요.

(1) 236×10 236×2

236×12=□+□
=□

(2) 273×40 273×5

273×45=□+□
=□

04 □ 안에 알맞은 수를 써넣으세요.

(1)
452
× 13
1356
□
□

(2)
764
× 32
1528
□
□

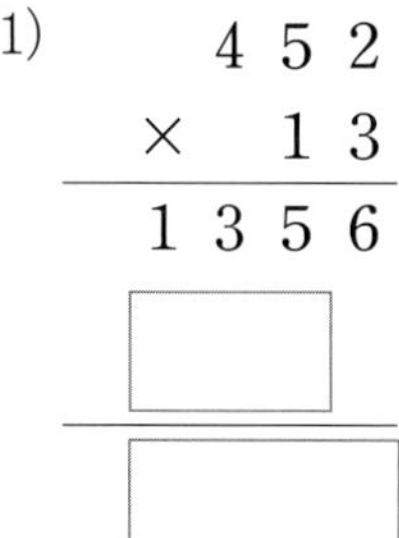

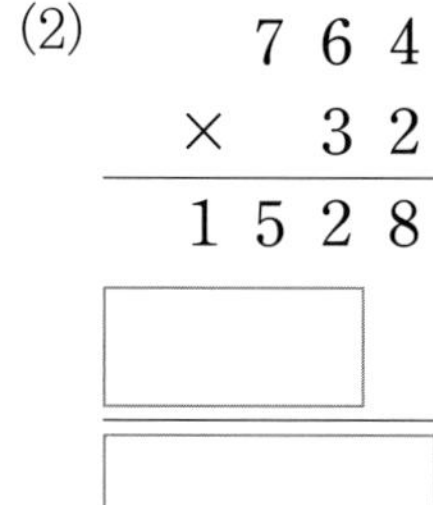

개념 3 곱셈을 이용하여 실생활 문제를 해결해 볼까요

예 세면대의 수도꼭지에서는 물이 1초에 125 mL 나옵니다. 지후는 물 절약 홍보물을 보고 손을 씻는 시간을 8초 줄였습니다. 얼마만큼의 물을 절약했는지 알아보세요.

▶ 곱셈식 만들기
- ●원짜리 ▲개: ●×▲
- ● g짜리 ▲개: ●×▲
- ● m짜리 ▲개: ●×▲

20초 동안 물 사용

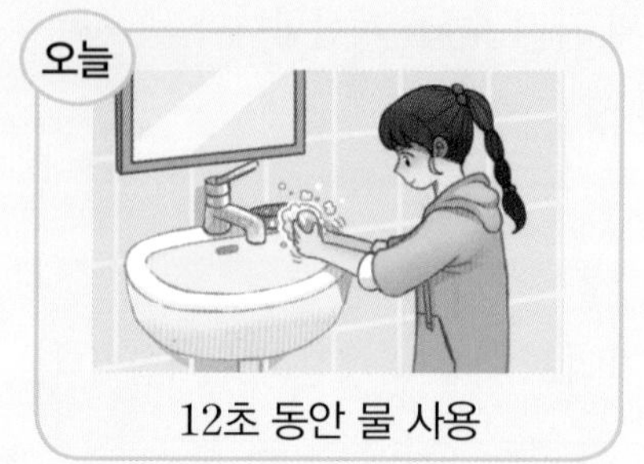

12초 동안 물 사용

① 어제 손을 한 번 씻을 때 사용한 물의 양

: $125 \times 20 = 2500$ (mL)

② 오늘 손을 한 번 씻을 때 사용한 물의 양

: $125 \times 12 = 1500$ (mL)

③ 손을 한 번 씻을 때 어제와 비교해서 오늘 절약한 물의 양

: $2500 - 1500 = 1000$ (mL)

예 어느 아파트에는 654가구가 살고 있습니다. 이 아파트에서 전기 절약 운동을 참여하고 있을 때 하루 동안 절약한 전기 요금은 얼마인지 알아보세요.

▶ (하루 동안 절약한 전기 요금)
=(낮에 등 끄기로 절약한 전기 요금)
+(플러그 뽑기로 절약한 전기 요금)

전기 절약 방법	 낮에 등 끄기	플러그 뽑기
한 가구에서 하루에 절약되는 전기 요금(원)	45	27

① 아파트에서 하루 동안 낮에 등 끄기로 절약한 전기 요금

: $654 \times 45 = 29430$(원)

② 아파트에서 하루 동안 플러그 뽑기로 절약한 전기 요금

: $654 \times 27 = 17658$(원)

③ 아파트에서 하루 동안 낮에 등 끄기와 플러그 뽑기로 절약한 전기 요금의 합

: $29430 + 17658 = 47088$(원)

05 어느 공장에서는 생산한 탁구공을 한 상자에 200개씩 담아 30상자를 팔았습니다. 이 공장에서 판매한 탁구공은 모두 몇 개인지 구해 보세요.

(1) 판매한 탁구공의 개수를 구하는 곱셈식을 만들어 보세요.

□ × □ = □(개)

(2) 이 공장에서 판매한 탁구공은 모두 몇 개인지 구해 보세요.

(　　　　　　　　)

06 명지네 가족은 두 가지 방법으로 물 절약을 실천했습니다. 한 달 동안 절약한 물의 양은 몇 L인지 구해 보세요.

물 절약 방법	양치 컵 사용하기	빨랫감 모아 세탁하기
한 번에 절약한 물의 양(L)	2	188
한 달 동안 실천 횟수(회)	250	12

(1) 한 달 동안 두 가지 방법으로 절약한 물의 양을 각각 구해 보세요.

물 절약 방법	식	절약한 물의 양(L)
양치 컵 사용하기		
빨랫감 모아 세탁하기		

(2) 한 달 동안 두 가지 방법으로 절약한 물의 양을 구해 보세요.

(　　　　　　　　)

07 어느 관광열차는 하루에 519 km를 달립니다. 이 관광열차가 31일 동안 달리면 모두 몇 km를 달리게 되는지 구해 보세요.

(1) 관광열차가 달린 거리를 구하는 곱셈식을 만들어 보세요.

□ × □ = □(km)

(2) 관광열차가 31일 동안 달린 거리는 몇 km인지 구해 보세요.

(　　　　　　　　)

08 어느 제과점에서는 단팥빵이 650원, 크림빵이 870원입니다. 어느 날 단팥빵이 28개, 크림빵이 36개 팔렸다면 제과점에서 단팥빵과 크림빵을 판 금액은 모두 얼마인지 구해 보세요.

(1) 단팥빵을 판 금액을 구해 보세요.

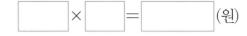

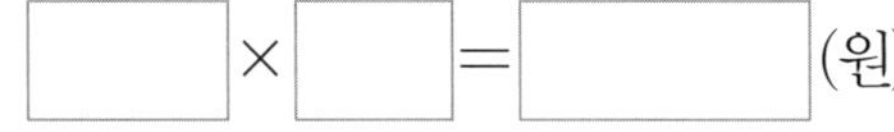

(2) 크림빵을 판 금액을 구해 보세요.

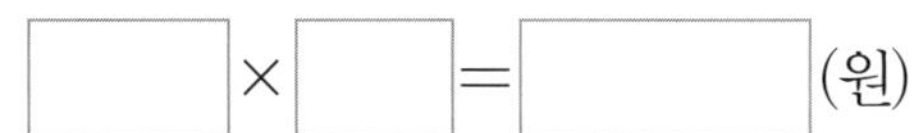

(3) 단팥빵과 크림빵을 판 금액을 구해 보세요.

01 □ 안에 알맞은 수를 써넣으세요.

$335 \times 5 = \square$

$335 \times 50 = \square$

02 □ 안에 알맞은 수를 써넣으세요.

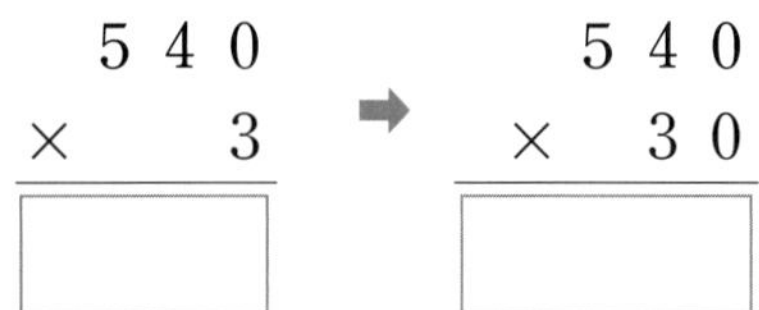

$540 \times 3 = \square$ ➡ $540 \times 30 = \square$

03 **624×6=3744**입니다. **624×60**을 계산할 때, 숫자 **7**은 어느 자리에 써야 하는지 기호를 써 보세요.

중요

$$\begin{array}{r} 624 \\ \times \quad 60 \\ \hline \text{㉠㉡㉢㉣㉤} \end{array}$$

(　　　　　　　)

04 □ 안에 알맞은 수를 써넣으세요.

$800 \times 30 = 8 \times 100 \times 3 \times \square$

$= 24 \times \square$

$= \square$

05 계산해 보세요.

(1) 460×40

(2) 900×50

(3) $\begin{array}{r} 627 \\ \times \quad 30 \\ \hline \end{array}$

(4) $\begin{array}{r} 70 \\ \times 600 \\ \hline \end{array}$

06 곱의 크기를 비교하여 더 큰 쪽에 ○표 하세요.

654×20	419×30
(　　)	(　　)

07 계산 결과에 맞게 이어 보세요.

700×80 •	• 27000
300×90 •	• 42000
60×700 •	• 56000

08 중요 □ 안에 알맞은 수를 써넣어 436×29를 계산해 보세요.

$$\begin{array}{r} 436 \\ \times\ \ 20 \\ \hline \square \end{array} \quad \begin{array}{r} 436 \\ \times\ \ \ 9 \\ \hline \square \end{array} \Rightarrow \begin{array}{r} 436 \\ \times\ \ 29 \\ \hline \square \\ \square \\ \hline \square \end{array}$$

09 ㉠이 실제 나타내는 값은 얼마인가요?

$$\begin{array}{r} 294 \\ \times\ \ 76 \\ \hline 1764 \\ 2058\ \ \\ \hline 22344 \end{array}$$

← ㉠

(　　　　　　　　)

10 485×20=9700에 알맞은 문장을 잘못 말한 사람은 누구인가요?

진호: 공책 한 권의 값은 485원입니다. 공책 20권의 값은 9700원입니다.
지원: 놀이공원에는 어린이 485명과 어른 20명이 있으므로 모두 9700명입니다.
민수: 구슬이 한 상자에 485개 들어 있습니다. 20상자에 들어 있는 구슬은 모두 9700개입니다.

(　　　　　　　　)

11 계산에서 잘못된 부분을 찾아 바르게 계산해 보세요.

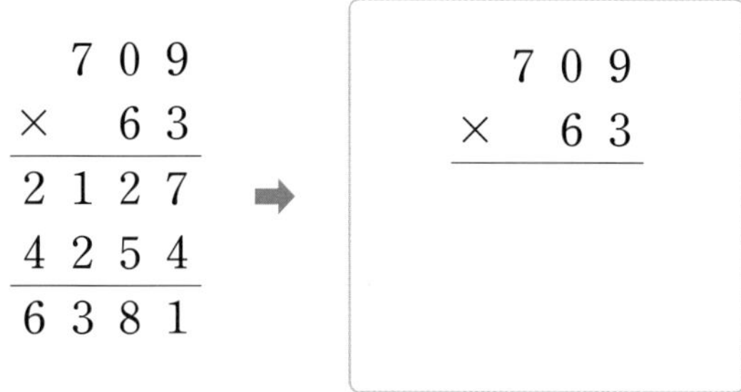

$$\begin{array}{r} 709 \\ \times\ \ 63 \\ \hline 2127 \\ 4254 \\ \hline 6381 \end{array} \Rightarrow \begin{array}{r} 709 \\ \times\ \ 63 \\ \hline \end{array}$$

12 빈칸에 알맞은 수를 써넣으세요.

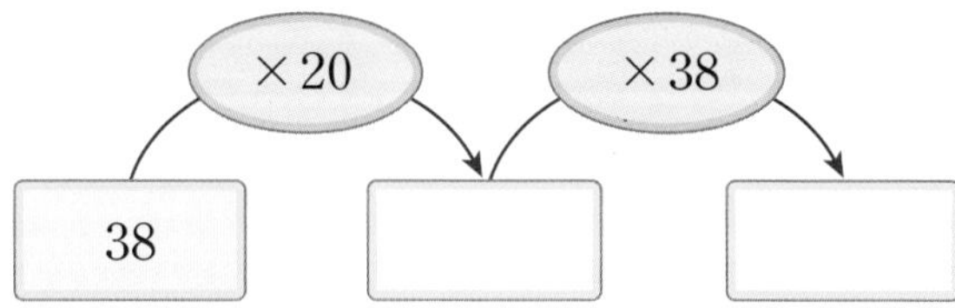

13 다음 곱셈식을 이용하여 254×33의 곱을 구해 보세요.

254×3=762

(　　　　　　　　)

14 어려운 문제 세영이는 수 카드 5장을 한 번씩만 사용하여 가장 큰 세 자리 수와 가장 작은 두 자리 수를 만들었습니다. 세영이가 만든 두 수로 곱셈식을 만들어 계산해 보세요.

2　4　6　7　9

곱셈식: □ × □ = □

계산 결과: □

교과서, 익힘책 속 응용 문제를 유형별로 풀어 보세요.

교과서 속 **응용 문제**

정답과 풀이 18쪽

□ 안에 들어갈 수 있는 수 구하기

계산한 값이 주어진 수와 가까워지도록 □의 수를 크게 하거나 작게 하여 □ 안에 들어갈 수를 찾습니다.

15 □ 안에 들어갈 수 있는 자연수 중에서 가장 큰 수를 구해 보세요.

$463 \times \square < 5000$

(　　　　　　　)

16 □ 안에 들어갈 수 있는 자연수 중에서 가장 작은 수를 구해 보세요.

$615 \times \square > 25500$

(　　　　　　　)

17 1부터 9까지의 자연수 중에서 □ 안에 들어갈 수 있는 수를 모두 구해 보세요.

$375 \times 2\square > 9000$

(　　　　　　　)

바르게 계산한 값 구하기

① 어떤 수를 □로 놓아 잘못 계산한 식 만들기
② ①의 식을 이용하여 □ 구하기
③ □를 이용하여 바르게 계산한 값 구하기

18 어떤 수에 30을 곱해야 할 것을 잘못하여 더하였더니 567이 되었습니다. 바르게 계산하면 얼마인가요?

(　　　　　　　)

19 어떤 수에 23을 곱해야 할 것을 잘못하여 뺐더니 354가 되었습니다. 바르게 계산하면 얼마인가요?

(　　　　　　　)

20 416에 어떤 수를 곱해야 할 것을 잘못하여 더했더니 504가 되었습니다. 바르게 계산하면 얼마인가요?

(　　　　　　　)

정답과 풀이 19쪽

몇십으로 나누어 볼까요

(1) 나머지가 없는 (세 자리 수)÷(몇십)의 계산

㉠ 150÷30을 계산하기

150÷30=5

$$\begin{array}{r} 5 \\ 30\overline{)150} \\ 150 \\ \hline 0 \end{array}$$

➡ 150÷30의 몫은 5, 나머지는 0입니다.

계산 결과가 맞는지 확인하기

➡ 30×5=150

(2) 나머지가 있는 (세 자리 수)÷(몇십)의 계산

㉠ 178÷20을 계산하기

20×7=140

20×8=160

20×9=180

$$\begin{array}{r} 8 \\ 20\overline{)178} \\ 160 \\ \hline 18 \end{array}$$

➡ 178÷20의 몫은 8, 나머지는 18입니다.

계산 결과가 맞는지 확인하기

➡ 20×8=160, 160+18=178

▸ 수 모형을 이용하여 150÷30 계산하기
십 모형 15개를 3개씩 묶으면 5묶음입니다.
➡ 15÷3=5
150÷30=5

▸ ▲÷●의 나머지가 될 수 있는 수
① ●−1: 나머지가 가장 큰 자연수인 경우
② 0: 나누어떨어질 때
➡ 나머지가 될 수 있는 수: 0부터 ●보다 작은 수

▸ 나눗셈의 계산 결과 확인하기
• ●÷▲=■
➡ ▲×■=●
• ●÷▲=■…★
➡ ▲×■=◆, ◆+★=●
▲×■의 곱(◆)에 ★을 더하면 ●입니다.

3 단원

01 빈칸에 알맞은 수를 써넣고 나눗셈의 몫을 구해 보세요.

(1)

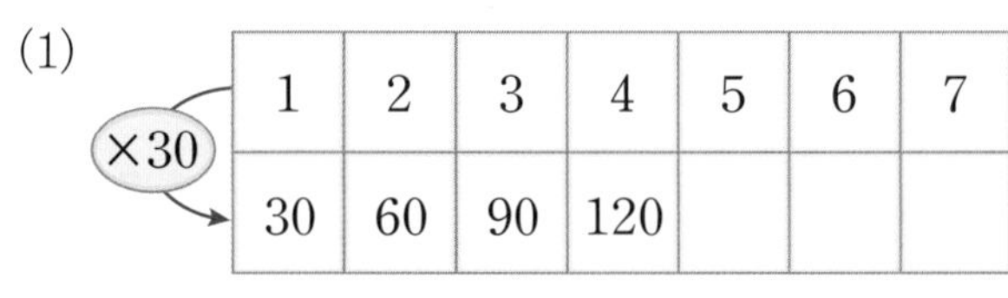

×30	1	2	3	4	5	6	7
	30	60	90	120			

180÷30=□

(2)

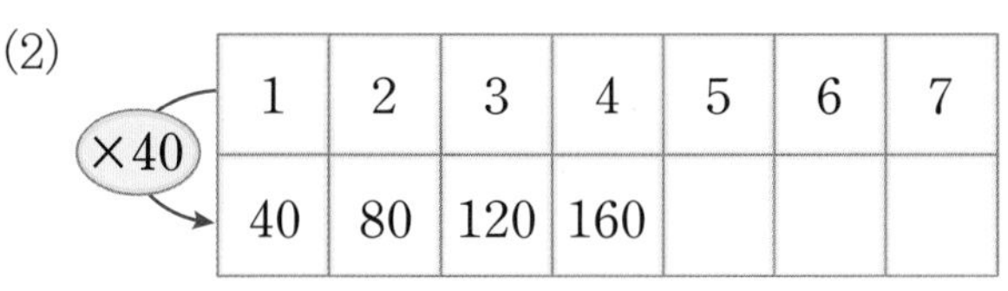

×40	1	2	3	4	5	6	7
	40	80	120	160			

280÷40=□

02 □ 안에 알맞은 수를 써넣으세요.

(1) 42÷7=□

420÷70=□

(2) 72÷9=□

720÷90=□

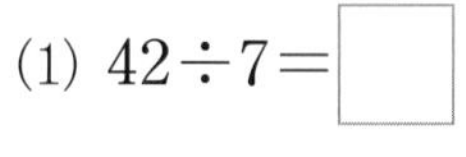

03 □ 안에 알맞은 수를 써넣으세요.

(1)

$$\begin{array}{r} \square \\ 50\overline{)450} \\ \square \\ \hline \square \end{array}$$

(2)

$$\begin{array}{r} \square \\ 80\overline{)253} \\ \square \\ \hline \square \end{array}$$

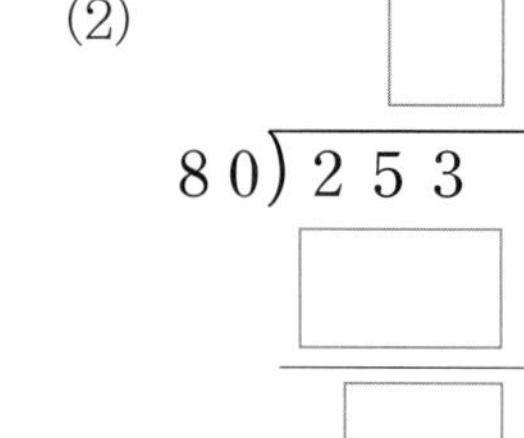

개념 5 몇십몇으로 나누어 볼까요

(1) 몫이 한 자리 수인 (두 자리 수)÷(두 자리 수)의 계산

예 60÷15를 계산하기

$$\begin{array}{r} 4 \\ 15\overline{)60} \\ \underline{60} \\ 0 \end{array}$$

➡ 60÷15의 몫은 4, 나머지는 0입니다.

계산 결과가 맞는지 확인하기 15×4=60

(2) 몫이 한 자리 수인 (세 자리 수)÷(두 자리 수)의 계산

예 187÷25를 계산하기

25×6=150
25×7=175
25×8=200

$$\begin{array}{r} 7 \\ 25\overline{)187} \\ \underline{175} \\ 12 \end{array}$$

➡ 187÷25의 몫은 7, 나머지는 12입니다.

계산 결과가 맞는지 확인하기

➡ 25×7=175, 175+12=187

▶ 나머지가 나누는 수보다 항상 작은지 확인해야 합니다.

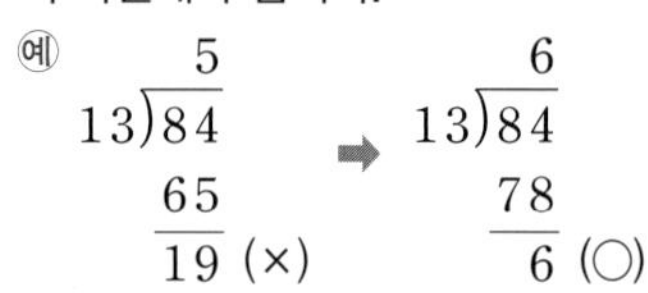

▶ 몫이 한 자리 수인 경우
■●▲÷★♥에서
■●<★♥

▶ 나눗셈의 결과를 확인하는 계산식
[나눗셈식]
▲÷●=■…★
[결과가 맞는지 확인하는 식]
●×■=△, △+★=▲

04 □ 안에 알맞은 수를 써넣으세요.

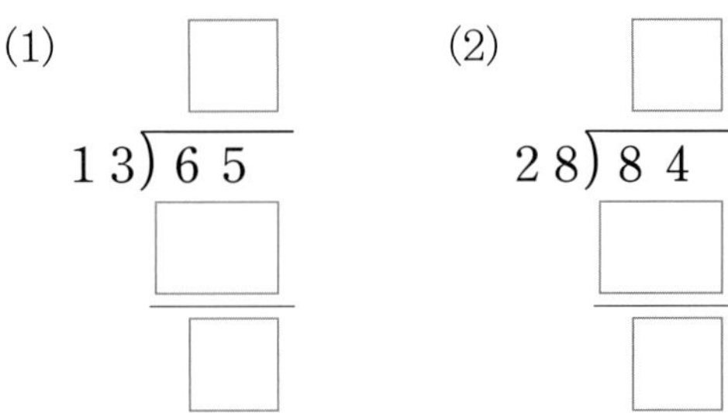

05 왼쪽 곱셈식을 이용하여 □ 안에 알맞은 수를 써넣으세요.

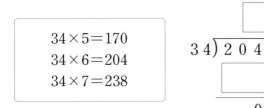

34×5=170
34×6=204
34×7=238

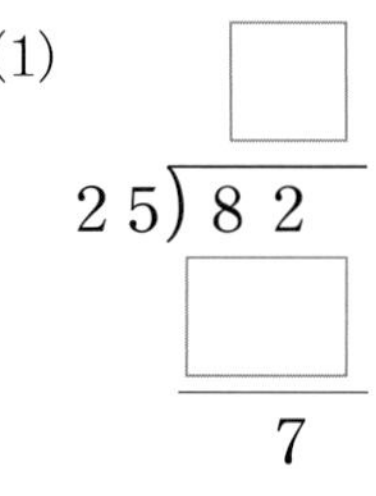

06 계산을 하고 계산 결과가 맞는지 확인해 보세요.

(1)

$$\begin{array}{r} \square \\ 25\overline{)82} \\ \underline{\square} \\ 7 \end{array}$$

(2)

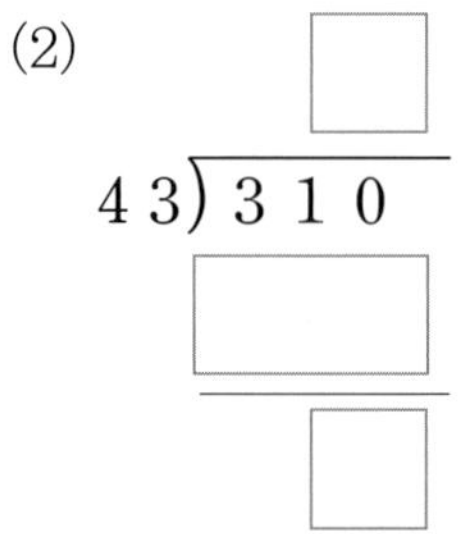

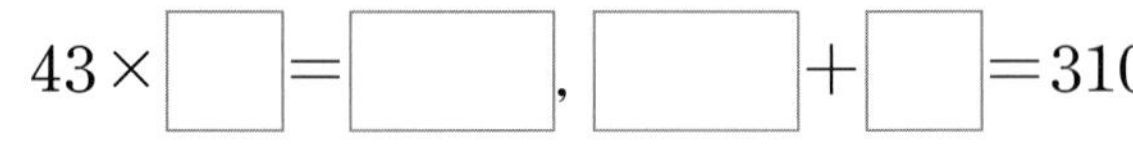

정답과 풀이 19쪽

21 □ 안에 알맞은 수를 써넣으세요.

$56 \div 8 = \square$

$560 \div 80 = \square$

22 계산해 보세요.

(1) $60\overline{)540}$

(2) $70\overline{)630}$

23 두 나눗셈 중 몫이 더 큰 쪽의 기호를 써 보세요.

㉠ $810 \div 90$	㉡ $160 \div 20$

(　　　　　　　　　)

24 $35 \div 7$과 몫이 같은 것의 기호를 써 보세요.

㉠ $350 \div 7$	㉡ $35 \div 70$	㉢ $350 \div 70$

(　　　　　　　　　)

25 몫이 같은 것끼리 이어 보세요.

$320 \div 80$ •	• $400 \div 80$
$420 \div 70$ •	• $360 \div 60$
$450 \div 90$ •	• $240 \div 60$

26 중요 나눗셈을 잘못 계산하였습니다. 바르게 계산했을 때의 몫과 나머지를 구해 보세요.

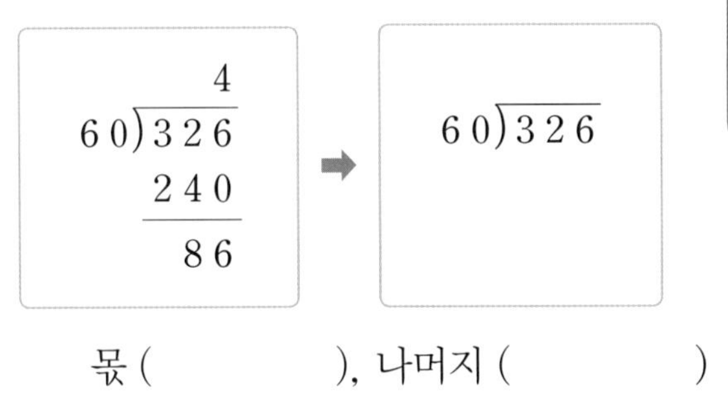

몫 (　　　　　　), 나머지 (　　　　　　)

27 나눗셈의 몫이 가장 작은 것에 ○표 하세요.

$289 \div 40$	$431 \div 70$	$548 \div 60$
(　　)	(　　)	(　　)

3 단원

28 계산해 보세요.

(1) $19\overline{)81}$

(2) $38\overline{)288}$

29 나눗셈을 하고 계산 결과를 확인해 보세요.

중요

(1) $95 \div 24 = \square \cdots \square$

계산 결과 확인

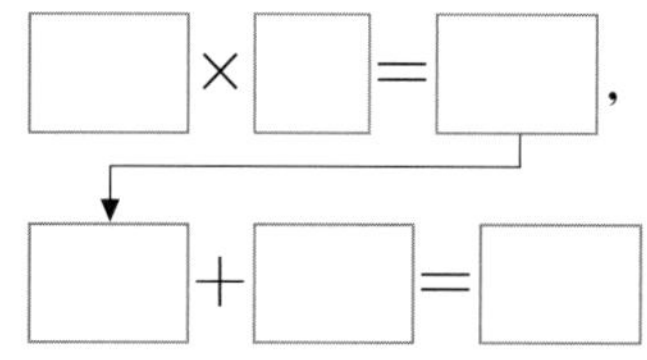

(2) $151 \div 18 = \square \cdots \square$

계산 결과 확인

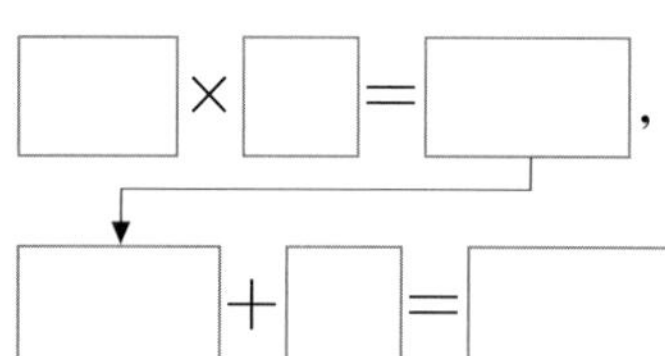

30 다음 중 나누어떨어지는 나눗셈식의 기호를 쓰고 몫을 구해 보세요.

㉠ $748 \div 75$ ㉡ $246 \div 49$ ㉢ $217 \div 31$

나누어떨어지는 나눗셈식 (　　　　　)

몫 (　　　　　)

31 나눗셈의 나머지가 다른 하나를 찾아 기호를 써 보세요.

㉠ $471 \div 92$ ㉡ $95 \div 12$
㉢ $85 \div 37$ ㉣ $575 \div 82$

(　　　　　)

32 나눗셈의 몫이 큰 것부터 순서대로 1, 2, 3을 써 보세요.

$81\overline{)618}$	$53\overline{)441}$	$63\overline{)349}$
(　　)	(　　)	(　　)

33 84개의 사탕을 25개씩 봉지에 담아 판매하려고 합니다. 판매할 수 있는 사탕 봉지의 개수는 모두 몇 개인지 구해 보세요.

(　　　　　)

34 □ 안에 알맞은 수를 구해 보세요.

어려운 문제

$\square \div 30 = 6 \cdots 8$

(　　　　　)

정답과 풀이 19쪽

나누는 수와 나머지의 관계

① 나머지는 나누는 수보다 항상 작습니다.

➡ (나머지) < (나누는 수)

② 나눗셈에서 나머지가 될 수 있는 수 중 가장 큰 수는 나누는 수보다 1 작은 수입니다.

35 어떤 자연수를 15로 나누었을 때 나머지가 될 수 없는 수를 모두 찾아 써 보세요.

0, 1, 9, 11, 15, 17

(　　　　　　　　)

36 어떤 자연수를 27로 나누었을 때 나올 수 있는 나머지 중에서 가장 큰 수를 구해 보세요.

(　　　　　　　　)

37 17로 나누었을 때 나머지가 9가 되는 두 자리 수 중 가장 큰 수를 구해 보세요.

(　　　　　　　　)

나눗셈의 활용

예) 색종이 45장을 12명에게 똑같이 나누어 주려고 합니다. 한 명에게 색종이를 몇 장씩 줄 수 있고 몇 장이 남을까요?

➡ $45 \div 12 = 3 \cdots 9$이므로 한 명에게 색종이를 3장씩 나누어 줄 수 있고 9장이 남습니다.

38 포장끈 32 cm로 상자 1개를 포장할 수 있습니다. 포장끈이 99 cm 있다면 상자를 몇 개 포장할 수 있고, 남는 포장끈은 몇 cm인지 구해 보세요.

(　　　　), (　　　　)

39 민아는 92쪽인 동화책을 매일 16쪽씩 읽으려고 합니다. 동화책을 모두 읽으려면 적어도 며칠이 걸리는지 구해 보세요.

(　　　　　　　　)

40 탁구공 143개를 한 바구니에 34개씩 담으려고 합니다. 탁구공을 바구니에 모두 담으려면 바구니는 적어도 몇 개 필요한지 구해 보세요.

(　　　　　　　　)

3 단원

교과서 개념 다지기

개념 6 세 자리 수를 두 자리 수로 나누어 볼까요(1)

(1) 나머지가 없고 몫이 두 자리 수인 (세 자리 수)÷(두 자리 수)의 계산

• 525÷15의 계산 방법 알아보기

```
      5
     30
15)525
    450 ← 15×30
     75 ← 525−450
     75 ← 15×5
      0 ← 75−75
```

➡

```
     35
15)525
    450
     75
     75
      0
```

• 392÷28의 몫 알아보기

$28 \times 13 = 364$
$28 \times 14 = 392$
$28 \times 15 = 420$

```
     14
28)392
   28
   112
   112
     0
```

➡ 392÷28의 몫은 14, 나머지는 0입니다.

계산 결과가 맞는지 확인하기
➡ $28 \times 14 = 392$

▶ 몫이 한 자리 수인지, 두 자리 수인지 알 수 있는 방법
• 몫이 두 자리 수인 경우
■●▲÷★♥
■●=★♥ 또는 ■●>★♥

(세 자리 수)÷(두 자리 수)에서 나누어지는 수의 왼쪽 두 자리 수와 나누는 수의 크기를 비교해서 나누는 수가 크면 몫은 한 자리 수이고, 작거나 같으면 몫은 두 자리 수임을 알 수 있습니다.

예 184÷28
(나누어지는 수의 왼쪽 두 자리 수) <(나누는 수)
➡ 몫이 한 자리 수

예 392÷28
(나누어지는 수의 왼쪽 두 자리 수) >(나누는 수)
➡ 몫이 두 자리 수

01 왼쪽 곱셈식을 보고 □ 안에 알맞은 수를 써넣으세요.

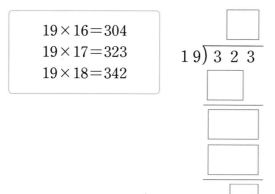

$19 \times 16 = 304$
$19 \times 17 = 323$
$19 \times 18 = 342$

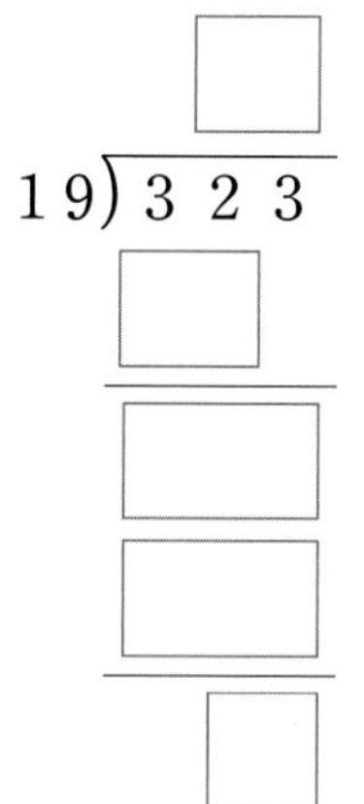

02 □ 안에 알맞은 수를 써넣으세요.

(1)

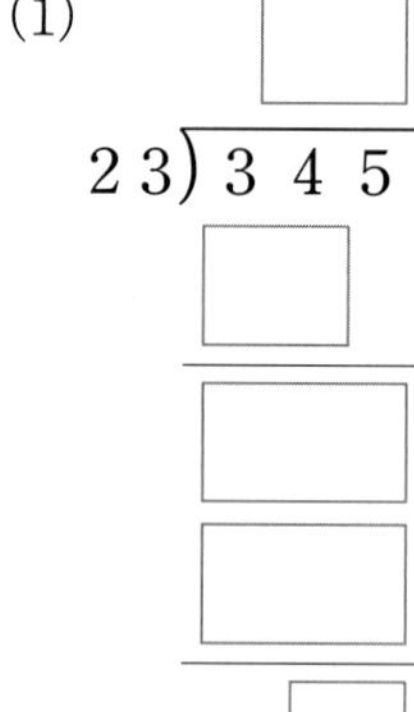

(2)

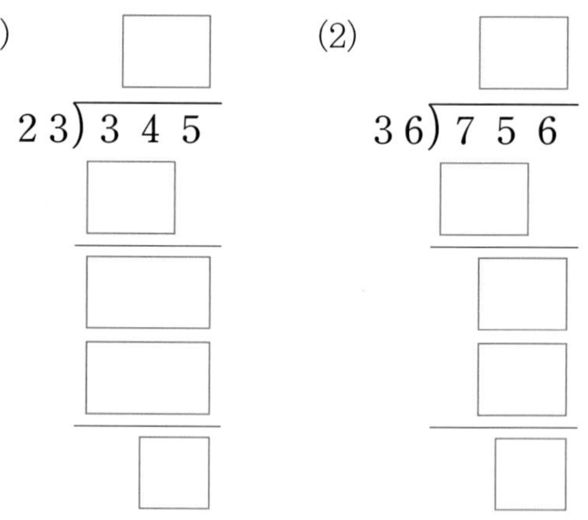

개념 7 세 자리 수를 두 자리 수로 나누어 볼까요(2)

(1) 나머지가 있고 몫이 두 자리 수인 (세 자리 수)÷(두 자리 수)의 계산

• 712÷26의 계산 방법 알아보기

```
      27   ← 20+7                    27
 26)712                         25)712
     520   ← 26×20      ➡          520
     192   ← 712−520                192
     182   ← 26×7                   182
      10   ← 192−182                 10
```

• 527÷43의 몫 알아보기

43×11=473
43×12=516
43×13=559

```
     12
 43)527
     43
     97
     86
     11
```

➡ 527÷43의 몫은 12, 나머지는 11입니다.

계산 결과가 맞는지 확인하기

➡ 43×12=516, 516+11=527

▸ 나머지가 있는 나눗셈의 계산 결과가 맞는지 확인하는 방법
(나누어지는 수)÷(나누는 수)
=(몫)…(나머지)
➡ (나누는 수)×(몫)=★,
★+(나머지)=(나누어지는 수)

03 □ 안에 알맞은 수를 써넣으세요.

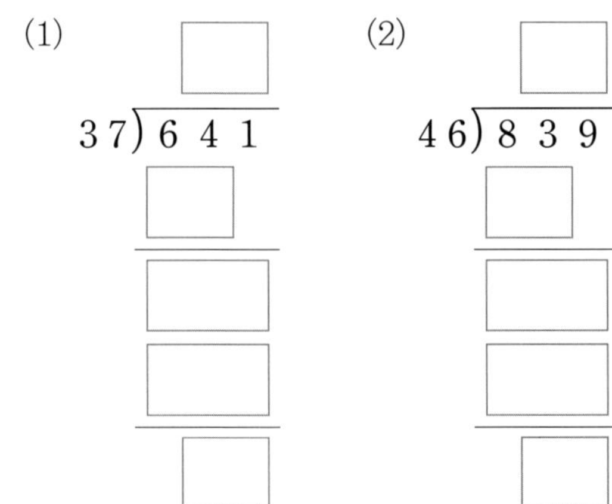

04 계산을 하고 계산 결과가 맞는지 확인해 보세요.

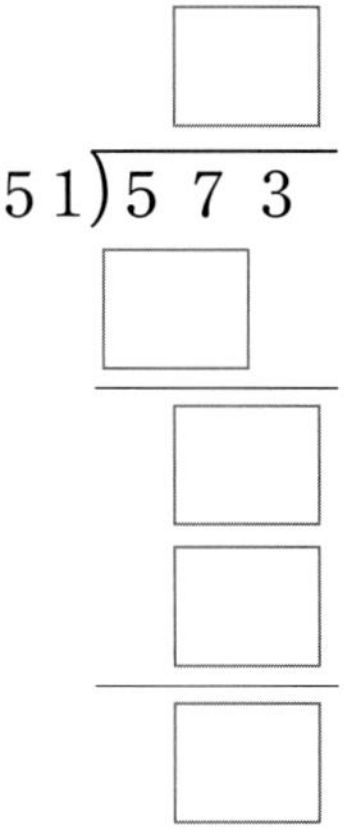

계산 결과 확인 ______________________

3 단원

41 빈칸에 알맞은 수를 써넣고 768÷32의 몫을 어림해 보세요.

×32	10	20	30	40
	320			

768÷32의 몫은 ☐보다 크고 ☐보다 작습니다.

42 어림한 나눗셈의 몫으로 가장 적절한 것에 ○표 하세요.

132÷12 (1 , 2 , 10 , 20)

43 계산해 보세요.
중요

(1) 16)272

(2) 27)837

44 몫의 크기를 비교하여 ○ 안에 >, =, <를 알맞게 써넣으세요.

800÷32 ○ 609÷29

45 정원이 35명인 유람선이 있습니다. 455명의 학생이 모두 유람선을 한 번에 타려면 유람선은 몇 척이 있어야 하나요?

( )

46 민수는 다음과 같이 계산하였습니다. 민수가 올바른 답을 구할 수 있도록 도움이 되는 말을 완성해 보세요.

```
     39
16)642
    48
   162
   144
    18
```

나머지 18은 ☐(으)로 더 나눌 수 있으므로 642÷16의 몫은 39보다 (커야 , 작아야) 합니다.

47 ☐ 안에 알맞은 식의 기호를 써넣으세요.

```
     34
17)579
    51 ← ☐
    69 ← ☐
    68 ← ☐
     1
```

㉠ 17×4
㉡ 17×30
㉢ 579−51
㉣ 579−510

48 계산해 보세요.

(1)

$$45\overline{)618}$$

(2)

$$57\overline{)842}$$

49 나눗셈 중에서 몫이 한 자리 수인 것을 모두 고르세요. (　　　　　)

① 429÷39　② 216÷24
③ 712÷68　④ 892÷88
⑤ 502÷72

50 중요 계산에서 잘못된 부분을 찾아 바르게 계산해 보세요.

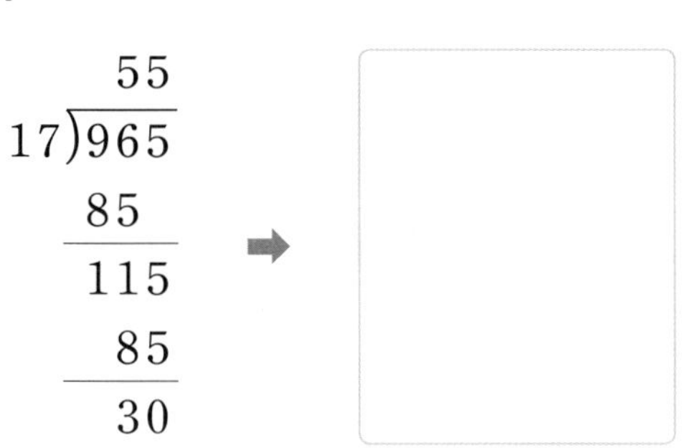

```
      55
17)965
     85
    115
     85
     30
```

51 나눗셈의 계산 결과를 확인한 식을 나눗셈식으로 나타내어 보세요.

(1) 45×12=540, 540+5=545

➡ 545÷45=☐ … ☐

(2) 63×15=945, 945+3=948

➡ 948÷☐=15 … ☐

52 나눗셈식에서 ㉠과 ㉡에 알맞은 수의 차를 구해 보세요.

910÷39=㉠…13
868÷63=13…㉡

(　　　　　)

53 버스 한 대에 학생이 23명 탈 수 있습니다. 수인이네 학교 4학년 학생 265명을 버스에 나누어 태우려고 합니다. 버스는 모두 몇 대가 필요한지 구해 보세요.

(　　　　　)

54 어려운 문제 어떤 수를 19로 나누었더니 몫이 32이고 나머지가 9였습니다. 어떤 수를 26으로 나눈 몫과 나머지의 합을 구해 보세요.

(　　　　　)

3 단원

정답과 풀이 21쪽

나누어지는 수 구하기

몫과 나누는 수를 알고 있을 때에는 나누어지는 수는 나머지가 나누는 수보다 1 작을 때 가장 크고 나머지가 가장 작을 때 가장 작습니다.

55 □ 안에 들어갈 수 있는 가장 큰 수를 구해 보세요.

□÷18=28…★

(　　　　　　)

56 □ 안에 들어갈 수 있는 가장 작은 수를 구해 보세요. (단 ♥는 0이 아닙니다.)

□÷32=17…♥

(　　　　　　)

57 1부터 9까지의 수 중에서 □ 안에 공통으로 들어갈 수 있는 수를 구해 보세요.

5□4÷36=15…□

(　　　　　　)

바르게 계산한 값 구하기

① 어떤 수를 □로 놓아 잘못 계산한 식 만들기

② ①의 식을 이용하여 □ 구하기

③ □를 이용하여 바르게 계산한 값 구하기

58 어떤 수를 32로 나누어야 할 것을 잘못하여 23으로 나누었더니 몫이 16이고 나머지가 11이었습니다. 바르게 계산했을 때의 몫과 나머지를 구해 보세요.

몫 (　　　　　　)

나머지 (　　　　　　)

59 285에 어떤 수를 곱해야 할 것을 잘못하여 나누었더니 몫이 23이고 나머지가 9였습니다. 바르게 계산하면 얼마인지 구해 보세요.

(　　　　　　)

60 466에 어떤 수를 곱해야 할 것을 잘못하여 나누었더니 몫이 9이고 나머지가 25였습니다. 바르게 계산하면 얼마인지 구해 보세요.

(　　　　　　)

대표 응용 수 카드로 조건에 맞는 곱셈식 만들기

1 수 카드 중에서 2장을 한 번씩만 □ 안에 써넣어 곱셈식의 곱이 가장 작게 하려고 합니다. 이때의 곱을 구해 보세요.

4 7 2 $134 \times \square\square$

문제 스케치

2 3 1

➡ 가장 작은 두 자리 수

1 2

해결하기

곱이 가장 작으려면 가장 작은 두 자리 수를 곱해야 합니다.

2 < 4 < 7이므로 가장 작은 두 자리 수는 □입니다.

따라서 곱이 가장 작은 곱셈식은

$134 \times \square = \square$입니다.

1-1 수 카드 중에서 3장을 한 번씩만 □ 안에 써넣어 곱셈식의 곱이 가장 크게 하려고 합니다. 이때의 곱을 구해 보세요.

2 3 6 4 9

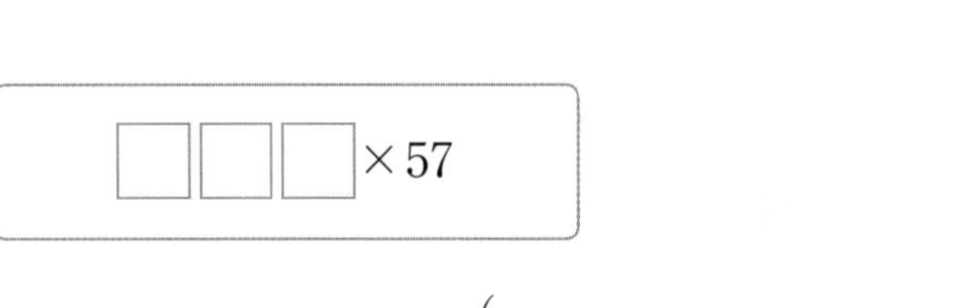

(　　　　　　　　)

1-2 수 카드 7장 중 5장을 골라 모두 한 번씩만 사용하여 가장 작은 세 자리 수와 가장 큰 두 자리 수를 만들 때 만든 두 수의 곱을 구해 보세요.

5 6 7 3 2 9 8

(　　　　　　　　)

3 단원

대표 응용 수 카드로 몫이 가장 큰 나눗셈식 만들기

2

수 카드 중에서 2장을 한 번씩만 □ 안에 써넣어 몫이 가장 큰 나눗셈식을 만들려고 합니다. 이때의 몫을 구해 보세요.

2 5 3 0

430÷□□

문제 스케치

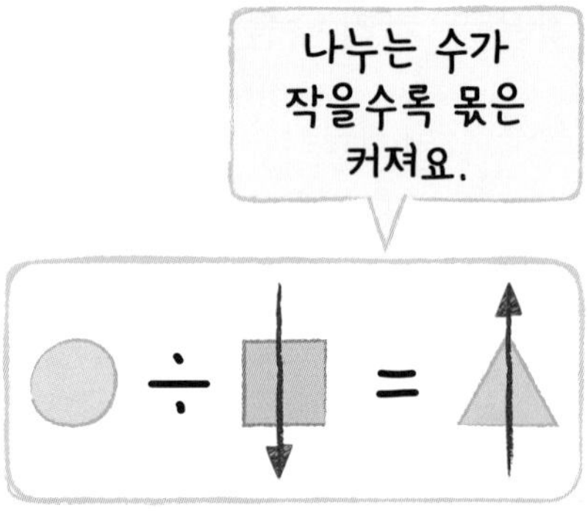

나누는 수가 작을수록 몫은 커져요.

○ ÷ □ = △

해결하기

몫이 가장 큰 나눗셈식을 만들려면 나누는 수가 가장 작은 두 자리 수가 되어야 합니다.

따라서 가장 작은 두 자리 수는 □이므로 몫이 가장 큰 나눗셈식은 430÷□=□…□이고

몫은 □입니다.

2-1 수 카드 중에서 3장을 한 번씩만 □ 안에 써넣어 몫과 나머지가 가장 큰 나눗셈식을 만들려고 합니다. 이때의 몫과 나머지를 구해 보세요.

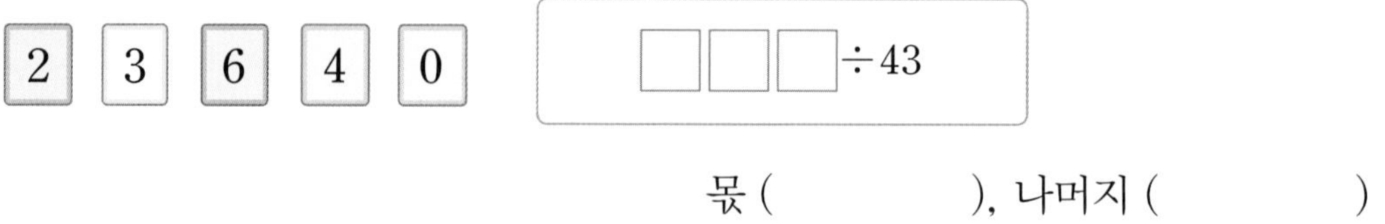

몫 ( ), 나머지 ( )

2-2 수 카드를 모두 한 번씩만 사용하여 몫이 가장 큰 (세 자리 수)÷(두 자리 수)를 만들었습니다. 만든 나눗셈식의 몫과 나머지의 합을 구해 보세요.

5 8 7 3 2

( )

대표 응용 □ 안에 들어갈 수 있는 수 구하기

3 ■ 안에 들어갈 수 있는 자연수 중에서 가장 작은 수를 구해 보세요.

$29 \times ■ > 374$

문제 스케치

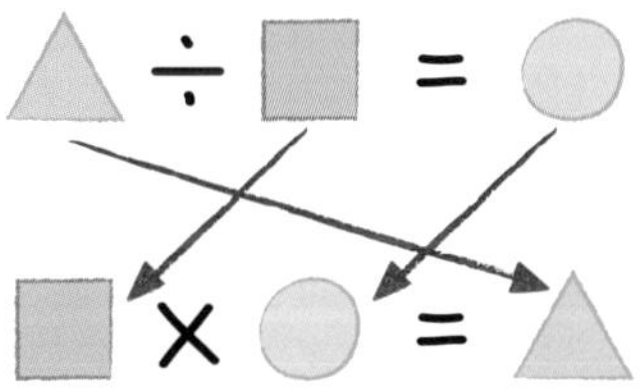

△ ÷ □ = ○

□ × ○ = △

해결하기

$29 \times ■ = 374$라고 하면 $374 \div 29 = ■$에서

$374 \div 29 =$ □ … □ 입니다.

$29 \times ■ > 374$이므로 ■ > □ 입니다.

따라서 ■ 안에 들어갈 수 있는 가장 작은 수는 □ 입니다.

3 단원

3-1 □ 안에 들어갈 수 있는 자연수 중에서 가장 큰 수를 구해 보세요.

$32 \times □ < 845$

(　　　　　　　)

3-2 □ 안에 들어갈 수 있는 자연수 중에서 가장 작은 수를 구해 보세요.

$47 \times 15 < 29 \times □$

(　　　　　　　)

대표 응용 이어 붙인 전체의 길이 구하기

4 길이가 125 mm인 도화지 12장을 그림과 같이 15 mm씩 겹쳐서 이어 붙였습니다. 이어 붙인 도화지 전체의 길이는 몇 mm인지 구해 보세요.

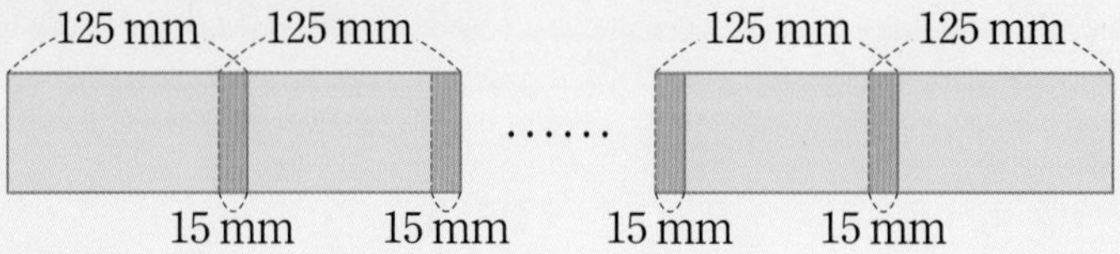

125 mm 125 mm …… 125 mm 125 mm
15 mm 15 mm 15 mm 15 mm

문제 스케치

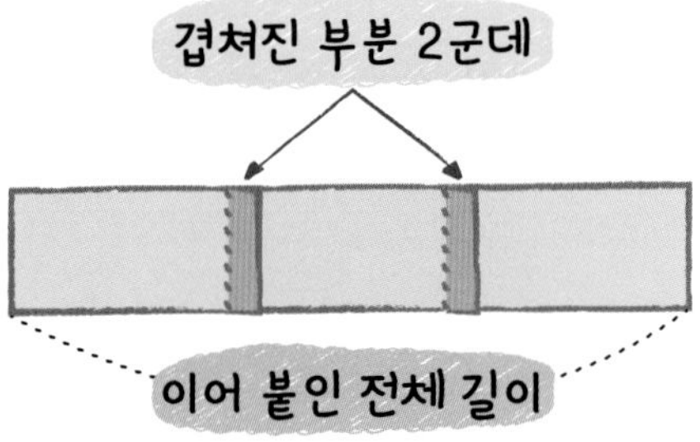

겹쳐진 부분 2군데

이어 붙인 전체 길이

해결하기

(도화지 12장의 길이의 합)$=125\times12=$ □ (mm)

(겹쳐진 부분)$=12-1=$ □ (군데)

(겹쳐진 부분의 길이의 합)$=15\times$ □ $=$ □ (mm)

(이어 붙인 도화지 전체의 길이)

$=$(도화지 12장의 길이의 합)$-$(겹쳐진 부분의 길이의 합)

$=$ □ $-$ □ $=$ □ (mm)

4-1 길이가 340 mm인 도화지 15장을 그림과 같이 20 mm씩 겹쳐서 이어 붙였습니다. 이어 붙인 도화지 전체의 길이는 몇 mm인가요?

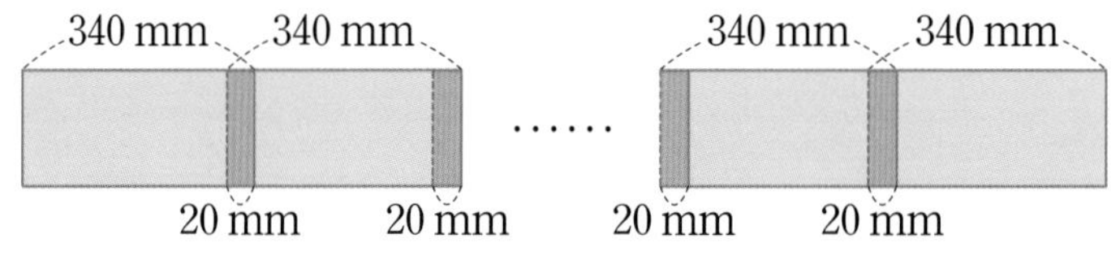

( )

4-2 그림과 같이 깃발을 처음 출발하는 곳에서부터 194 cm마다 같은 간격으로 꽂았습니다. 이 깃발을 34개 꽂았다면 처음 깃발부터 마지막 깃발까지의 길이는 몇 cm인가요?
(단, 깃발의 두께는 생각하지 않습니다.)

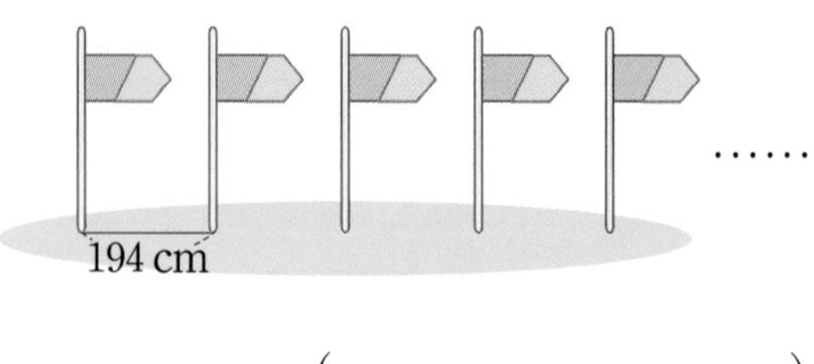

( )

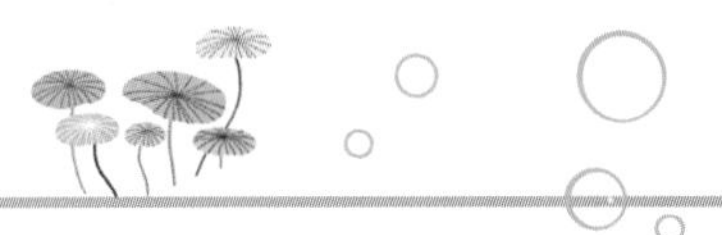

대표 응용 **호수 둘레에 놓은 의자 수 구하기**

5 둘레가 925 m인 호수 주변에 37 m 간격으로 의자를 놓으려고 합니다. 필요한 의자는 모두 몇 개인지 구해 보세요. (단, 의자의 길이는 생각하지 않습니다.)

문제 스케치

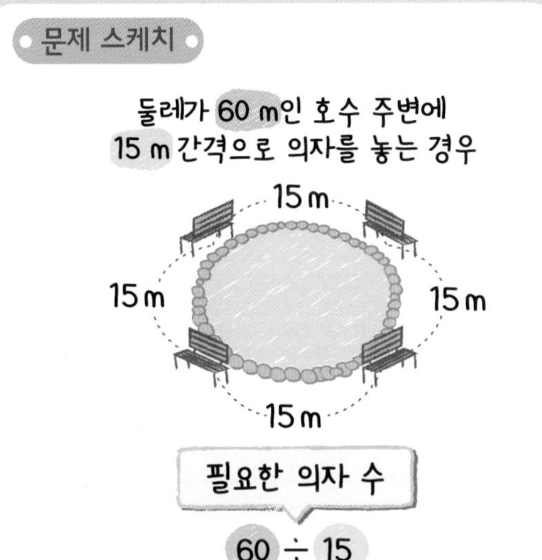

해결하기

(간격 수)=(호수의 둘레)÷(의자 간격의 길이)

=925÷☐=☐(군데)

따라서 (필요한 의자 수)=(간격 수)이므로

필요한 의자는 모두 ☐개입니다.

5-1 둘레가 935 m인 둘레길 주변에 85 m 간격으로 음수대를 설치하려고 합니다. 필요한 음수대의 개수는 모두 몇 개인지 구해 보세요. (단, 음수대의 너비는 생각하지 않습니다.)

(　　　　　　)

5-2 둘레가 885 m인 경기장 트랙 주변에 15 m 간격으로 고깔 모양의 콘을 세우려고 합니다. 필요한 콘의 개수를 구해 보세요. (단, 콘의 너비는 생각하지 않습니다.)

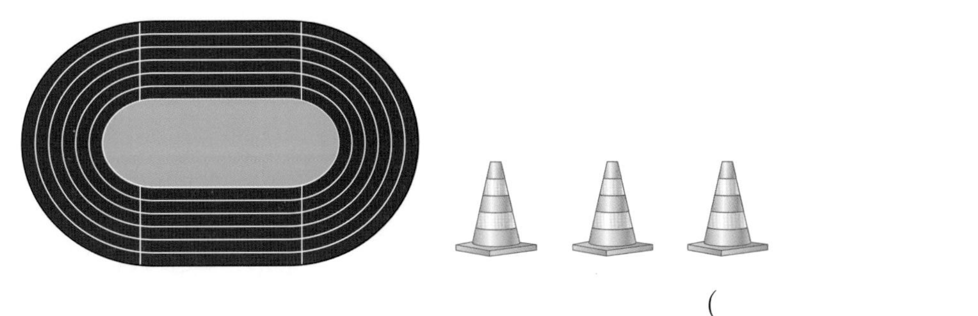

(　　　　　　)

01 $478 \times 4 = 1912$입니다. 478×40을 계산할 때, 숫자 9는 어느 자리에 써야 하는지 기호를 써 보세요.

$$\begin{array}{r} 4\ 7\ 8 \\ \times \quad 4\ 0 \\ \hline ㉠㉡㉢㉣㉤ \end{array}$$

( )

02 ㉠에 알맞은 수를 구해 보세요.

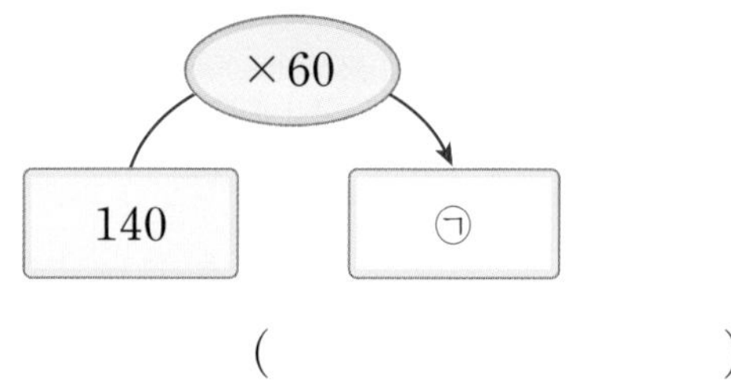

( )

03 곱의 크기를 비교하여 ○ 안에 >, =, <를 알맞게 써넣으세요.

282×40 ○ 367×30

04 계산해 보세요.

$$\begin{array}{r} 4\ 5\ 6 \\ \times \quad 2\ 3 \\ \hline \end{array}$$

05 계산 결과에 맞게 이어 보세요.

310×70 •	• 21000
288×71 •	• 20448
700×30 •	• 21700

06 다음 두 수의 곱이 더 큰 쪽의 기호를 써 보세요.

㉠ 59, 729 ㉡ 70, 589

( )

07 한 상자에 바둑돌이 350개씩 담겨 있습니다. 바둑돌이 담긴 상자가 모두 90개라면 바둑돌은 모두 몇 개인지 구해 보세요.

( )

08 중요 초등학생 23명이 버스를 타고 박물관에 가려고 합니다. 초등학생의 버스 요금이 450원일 때, 23명의 왕복 버스 요금은 모두 얼마인가요?

( )

09 수 카드 중에서 한 장을 골라 □ 안에 써넣어 곱을 가장 크게 하려고 합니다. 이때의 곱을 구해 보세요.

53 61 48 58 60

648 × □

(　　　　　　　)

10 왼쪽 곱셈식을 이용하여 계산해 보세요.

40 × 3 = 120
40 × 4 = 160
40 × 5 = 200
40 × 6 = 240

40)237

11 나눗셈의 몫의 크기를 비교하여 ○ 안에 >, =, <를 알맞게 써넣으세요.

630 ÷ 90 ○ 63 ÷ 9

12 큰 수를 작은 수로 나누었을 때의 몫과 나머지의 합을 구해 보세요.

97　18

(　　　　　　　)

13 계산해 보고 계산 결과가 맞는지 확인해 보세요.

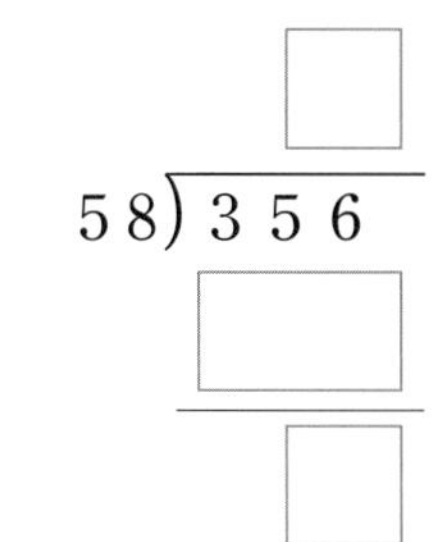

계산 결과 확인하기

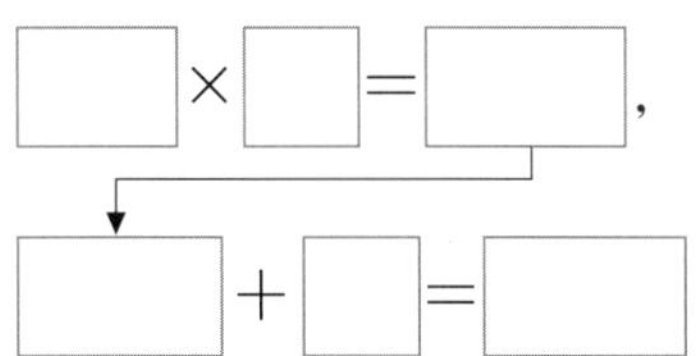

14 중요 □ 안에 알맞은 식의 기호를 써넣으세요.

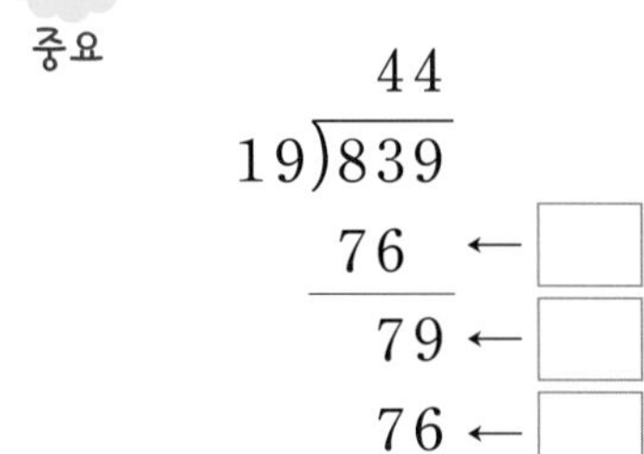

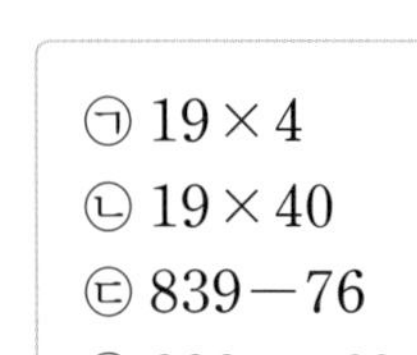

15 나눗셈을 보고 몫이 큰 것부터 순서대로 1, 2, 3을 써넣으세요.

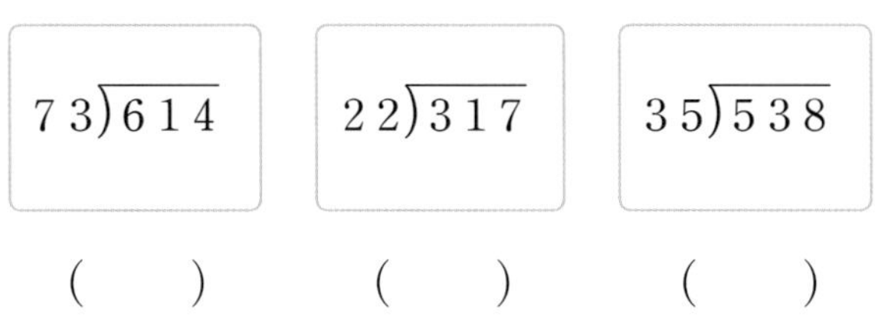

(　)　(　)　(　)

16 주미는 동화책을 매일 15쪽씩 20일 동안 읽었더니 45쪽이 남았습니다. 이 동화책을 매일 21쪽씩 읽는다면 동화책을 모두 읽는 데 며칠이 걸리는지 구해 보세요.

(　　　　　　　　　　)

17 다음 식에서 ■가 될 수 있는 수 중 가장 큰 수를 구해 보세요.

■÷52=21···♥

(　　　　　　　　　　)

18 어려운 문제 수 카드 5장을 모두 한 번씩만 사용하여 (세 자리 수)÷(두 자리 수)의 나눗셈을 만들 때, 몫이 가장 큰 경우의 몫과 나머지의 차를 구해 보세요.

2	6	3	8	1

(　　　　　　　　　　)

서술형 문제

19 어떤 수에 43을 곱해야 할 것을 잘못하여 뺐더니 348이 되었습니다. 바르게 계산하면 얼마인지 풀이 과정을 쓰고 답을 구해 보세요.

풀이

답

20 주스 317병을 한 상자에 24병씩 담으려고 합니다. 24병씩 상자에 담고 남는 주스는 몇 병인지 풀이 과정을 쓰고 답을 구해 보세요.

풀이

답

정답과 풀이 24쪽

01 두 수의 곱을 구해 보세요.

645　　40

(　　　　　　　　)

02 계산 결과가 가장 큰 것을 찾아 기호를 써 보세요.

㉠ 300×90　　㉡ 600×50
㉢ 800×40　　㉣ 400×70

(　　　　　　　　)

03 □ 안에 알맞은 수를 써넣으세요.

$326 \times 5 =$ □
$326 \times 20 =$ □
$326 \times 25 =$ □

04 □ 안에 알맞은 수를 구해 보세요.

$$\begin{array}{r} 5\,4\,0 \\ \times \quad \square\,0 \\ \hline 2\,1\,6\,0\,0 \end{array}$$

(　　　　　　　　)

05 계산에서 잘못된 부분을 찾아 바르게 계산해 보세요.
중요

$$\begin{array}{r} 2\,7\,3 \\ \times \quad 5\,3 \\ \hline 8\,1\,9 \\ 1\,3\,6\,5 \\ \hline 2\,1\,8\,4 \end{array} \Rightarrow \begin{array}{r} 2\,7\,3 \\ \times \quad 5\,3 \\ \hline \end{array}$$

06 계산 결과에 맞게 이어 보세요.

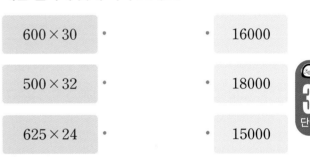

600×30 •	• 16000
500×32 •	• 18000
625×24 •	• 15000

07 곱의 크기를 비교하여 ○ 안에 >, =, <를 알맞게 써넣으세요.

126×51 ○ 235×23

08 민수는 매일 우유를 325 mL씩 마십니다. 민수가 15일 동안 마신 우유의 양은 모두 몇 mL일까요?

(　　　　　　　　)

3 단원

09 농산물 직판장에서 참기름을 만들어 팔고 있습니다. 참기름 한 병에 들어 있는 참기름의 양은 450 mL입니다. 3일 동안 판매한 참기름 병의 수가 다음과 같을 때 3일 동안 판매한 참기름의 양은 모두 몇 mL인지 구해 보세요.

	월요일	화요일	수요일
참기름(병)	56	87	79

( )

10 나머지가 더 작은 나눗셈식에 ○표 하세요.

$290 \div 40$ ( )

$560 \div 90$ ( )

11 중요 다음 나눗셈의 나머지가 될 수 있는 수 중에서 가장 큰 수를 구해 보세요.

$\square \div 20$

( )

12 $762 \div \square$의 몫은 한 자리 수입니다. □ 안에 들어갈 수 있는 수 중 가장 작은 수를 구해 보세요.

( )

13 초콜릿 378개를 57명에게 똑같이 나누어 주려고 하였더니 몇 개가 모자랐습니다. 초콜릿을 남김없이 똑같이 나누어 주려면 초콜릿은 적어도 몇 개 더 필요한지 구해 보세요.

( )

14 나눗셈식을 보고 계산 결과가 맞는지 확인해 보세요.

$482 \div 18 = 26 \cdots 14$

계산 결과 확인 하기

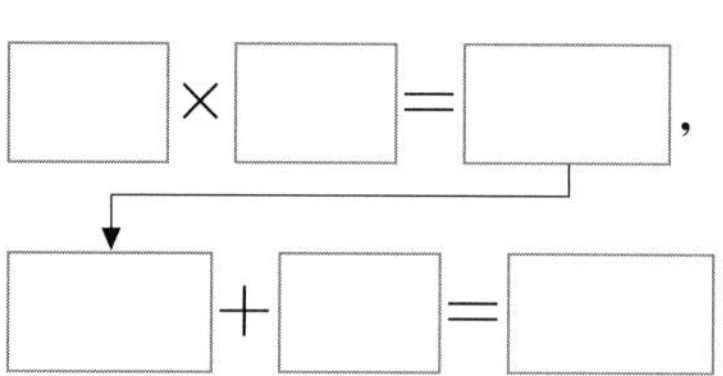

15 나눗셈 중에서 몫이 두 자리 수인 것을 모두 고르세요. ( )

① $326 \div 23$ ② $240 \div 42$
③ $315 \div 18$ ④ $435 \div 81$
⑤ $340 \div 62$

16 어떤 수를 17로 나누었더니 몫이 한 자리 수였습니다. 어떤 수 중에서 가장 큰 수를 구해 보세요.

( )

17 수 카드 중에서 3장을 한 번씩만 사용하여 세 자리 수를 만들려고 합니다. 이 수를 30으로 나누었을 때, 몫이 25가 되고 나머지가 0이 아닌 세 자리 수를 모두 몇 개 만들 수 있는지 구해 보세요.

7	0	6	2	5

( )

18 어려운 문제 □ 안에 공통으로 들어갈 수 있는 모든 자연수들의 합을 구해 보세요.

• $\square \times 17 < 548$ • $15 \times \square > 446$

( )

서술형 문제

19 길이가 4 m 52 cm인 통나무를 38 cm씩 잘라서 앉을 수 있는 통나무 의자를 만들려고 합니다. 나무 의자를 몇 개까지 만들고, 몇 cm가 남는지 차례로 구하려고 합니다. 풀이 과정을 쓰고 답을 구해 보세요.

풀이

답 ______ , ______

20 0부터 9까지의 수 중에서 □ 안에 들어갈 수 있는 수는 모두 몇 개인지 풀이 과정을 쓰고 답을 구해 보세요.

$232 \times 3\square < 7800$

풀이

답 ______

3 단원

테트리스 게임을 해 보았나요? 테트리스는 각기 다른 모양의 블록을 이용하여 블록을 가로줄에 채워 넣으면 해당하는 줄이 사라지고 점수를 얻는 게임입니다. 점수를 얻으려면 내려오는 블록을 밀기, 뒤집기, 돌리기를 하여 빈 부분에 어떻게 넣어야 가로줄을 채울 수 있는지 생각해야 해요.

블록을 밀기, 뒤집기, 돌리기를 할 때에는 오른쪽, 왼쪽, 시계 방향, 시계 반대 방향, 90°만큼, 180°만큼, 1번, 2번 등 방향과 횟수에 따라 모양과 위치가 변하기도 하고, 변하지 않기도 합니다.

4 평면도형의 이동

단원 학습 목표

1. 평면도형을 여러 방향으로 밀기 활동을 통하여 그 변화를 이해할 수 있습니다.
2. 평면도형을 여러 방향으로 뒤집기 활동을 통하여 그 변화를 이해할 수 있습니다.
3. 평면도형을 여러 방향으로 돌리기 활동을 통하여 그 변화를 이해할 수 있습니다.
4. 평면도형을 여러 방향으로 뒤집고 돌리기 활동을 통하여 그 변화를 이해할 수 있습니다.
5. 평면도형의 이동을 이용하여 규칙적인 무늬를 꾸밀 수 있습니다.

단원 진도 체크

학습일		학습 내용	진도 체크
1일째	월 일	개념 1 평면도형을 밀어 볼까요 개념 2 평면도형을 뒤집어 볼까요 개념 3 평면도형을 돌려 볼까요	✓
2일째	월 일	교과서 넘어 보기 + 교과서 속 응용 문제	✓
3일째	월 일	개념 4 평면도형을 뒤집고 돌려 볼까요 개념 5 무늬를 꾸며 볼까요	✓
4일째	월 일	교과서 넘어 보기 + 교과서 속 응용 문제	✓
5일째	월 일	응용 1 이동하기 전의 도형 그리기 응용 2 도장에 새긴 모양 또는 종이에 찍은 모양 그리기 응용 3 글자 또는 수 카드 뒤집고 돌리기	✓
6일째	월 일	응용 4 여러 번 뒤집고 돌리기 응용 5 규칙을 찾아 모양 그리기	✓
7일째	월 일	단원 평가 LEVEL ❶	✓
8일째	월 일	단원 평가 LEVEL ❷	✓

이 단원을 진도 체크에 맞춰 8일 동안 학습해 보세요.
해당 부분을 공부하고 나서 ✓표를 하세요.

교과서 개념 다지기

개념 1 평면도형을 밀어 볼까요

㉯ 평면도형을 위쪽, 아래쪽, 왼쪽, 오른쪽으로 6 cm 밀었을 때의 도형 알아보기

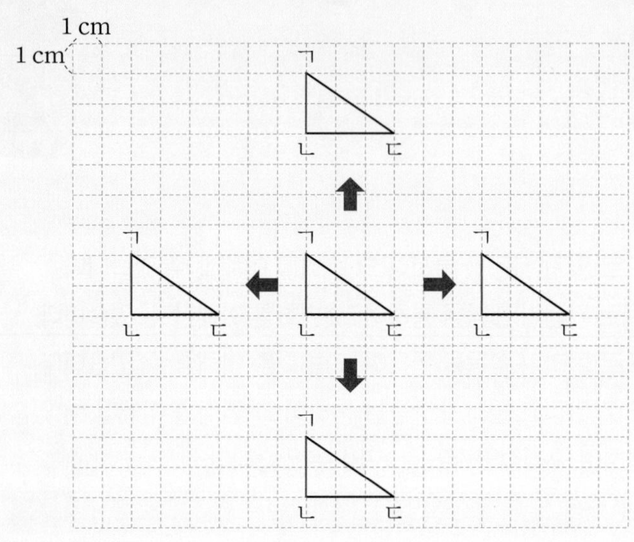

도형의 한 변을 기준으로 위쪽, 아래쪽, 왼쪽, 오른쪽으로 6 cm만큼 밀어도 모양은 변하지 않습니다.

도형을 위쪽, 아래쪽, 왼쪽, 오른쪽으로 밀면 모양은 변화가 없고 위치만 바뀝니다.

▸ 도형을 밀었을 때의 도형을 그리는 방법
① 한 변을 기준으로 해서 밉니다.
② 일정한 방향과 일정한 길이만큼 민 도형을 나타냅니다.
③ 꼭짓점 ㄱ, ㄴ, ㄷ을 적습니다.

01 도형을 주어진 방향으로 밀었을 때의 도형을 그려 보세요.

(1)

(2)

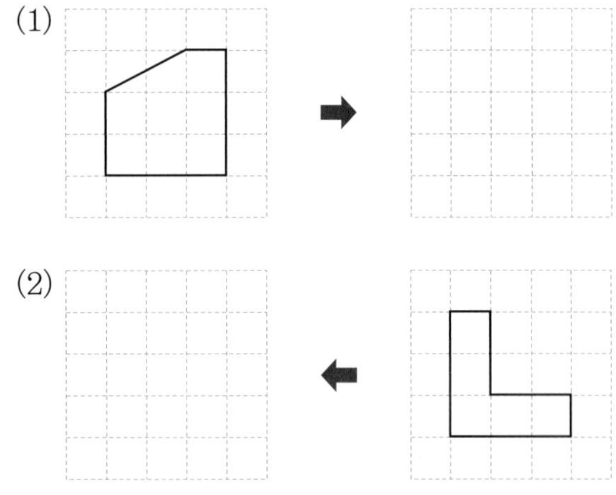

02 도형을 주어진 방향으로 밀었을 때의 도형을 그려 보세요.

(1) (2)

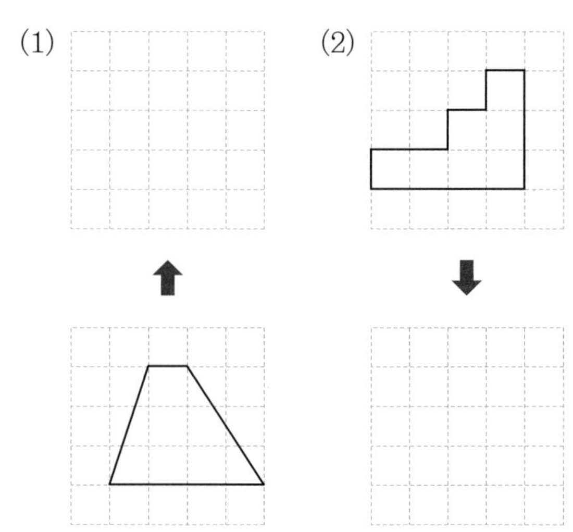

개념 2 평면도형을 뒤집어 볼까요

㉮ 평면도형을 위쪽, 아래쪽, 왼쪽, 오른쪽으로 뒤집었을 때의 도형 알아보기

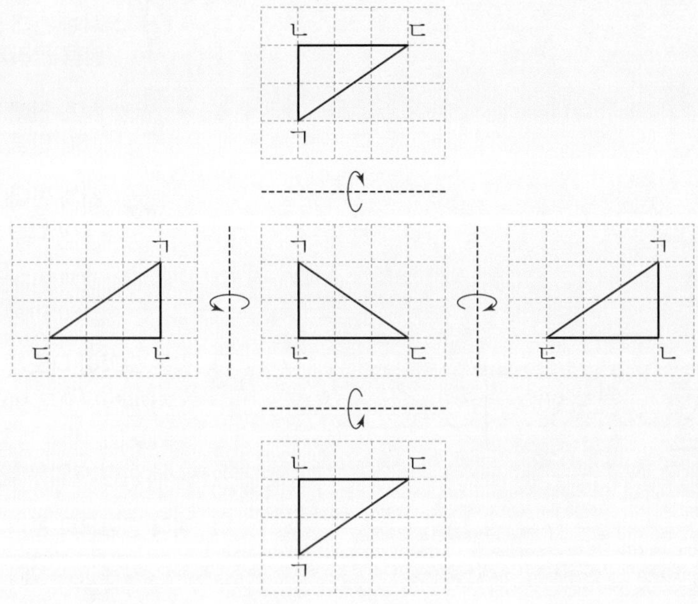

- 도형을 위쪽이나 아래쪽으로 뒤집으면 도형의 위쪽과 아래쪽이 서로 바뀝니다.
- 도형을 왼쪽이나 오른쪽으로 뒤집으면 도형의 왼쪽과 오른쪽이 서로 바뀝니다.

▶ 도형을 뒤집었을 때 모양의 특징
- 도형을 위쪽으로 뒤집었을 때와 아래쪽으로 뒤집었을 때의 모양이 서로 같습니다.
- 도형을 왼쪽으로 뒤집었을 때와 오른쪽으로 뒤집었을 때의 모양이 서로 같습니다.

03 도형을 주어진 방향으로 뒤집었을 때의 도형을 그려 보세요.

(1)
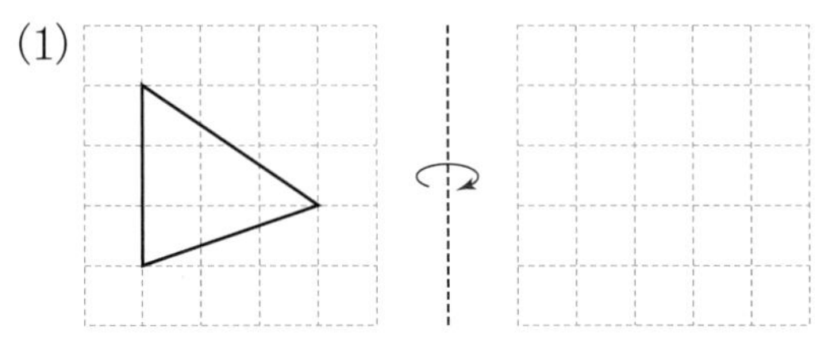

(2)
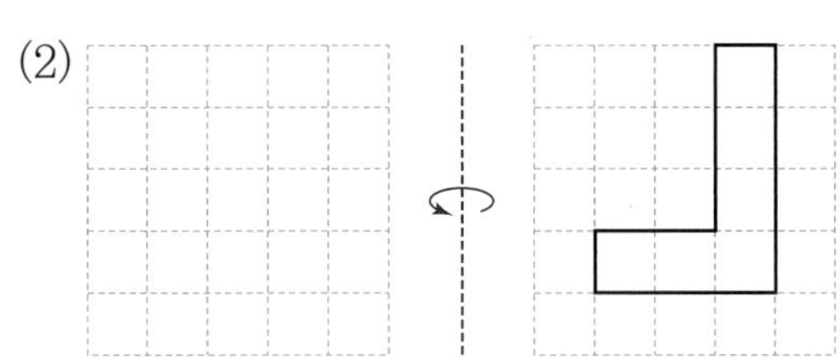

04 도형을 주어진 방향으로 뒤집었을 때의 도형을 그려 보세요.

(1) (2)

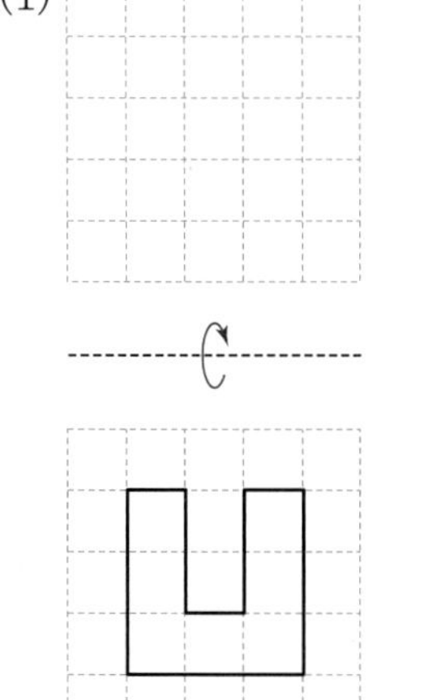

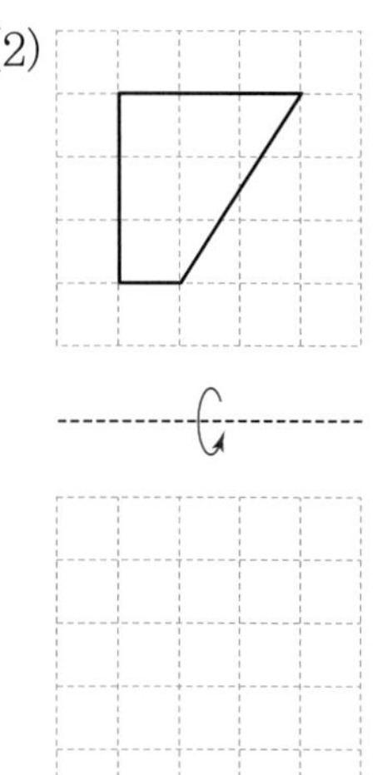

개념 3 평면도형을 돌려 볼까요

예 평면도형을 시계 방향으로 90°, 180°, 270°, 360°만큼 돌렸을 때의 도형 알아보기

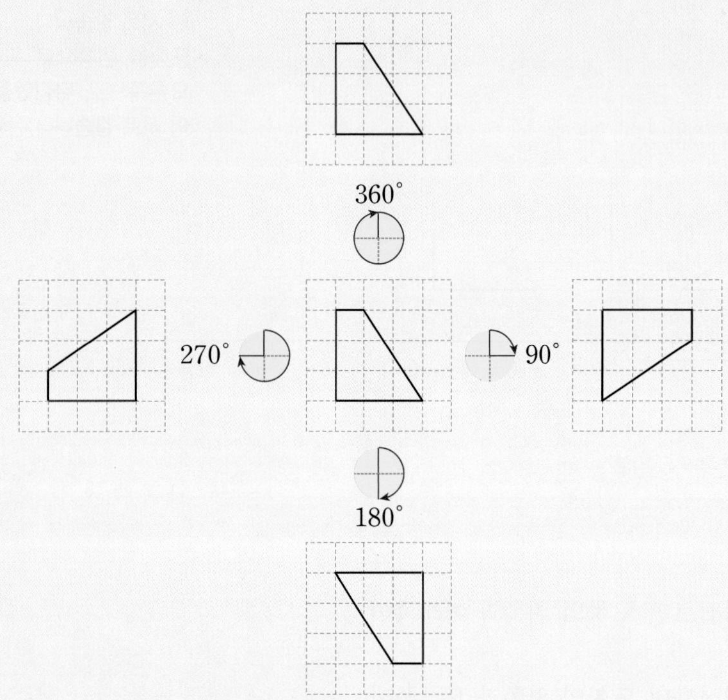

도형을 돌리는 각도에 따라 도형의 방향이 바뀝니다.
360°만큼 돌리면 돌리기 전과 후 두 도형의 모양과 방향이 같습니다.

▶ 시계 반대 방향으로 돌리기

- : 시계 반대 방향으로 90° 만큼 돌리기
- : 시계 반대 방향으로 180°만큼 돌리기
- : 시계 반대 방향으로 270°만큼 돌리기
- : 시계 반대 방향으로 360°만큼 돌리기

▶ 같은 모양이 나오게 돌리기

- 시계 방향으로 90°만큼 돌린 것과 시계 반대 방향으로 270°만큼 돌린 모양은 같습니다.

▶ 여러 방향으로 돌리기

	시계 방향	시계 반대 방향
90°		
180°		
270°		
360°		

05 도형을 시계 방향으로 90°만큼 돌렸을 때의 도형을 찾아 ○표 하세요.

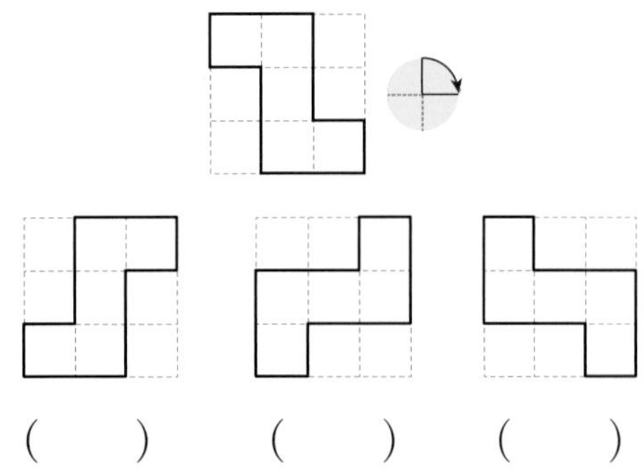

( ) ( ) ( )

06 도형을 주어진 방향으로 돌렸을 때의 도형을 그려 보세요.

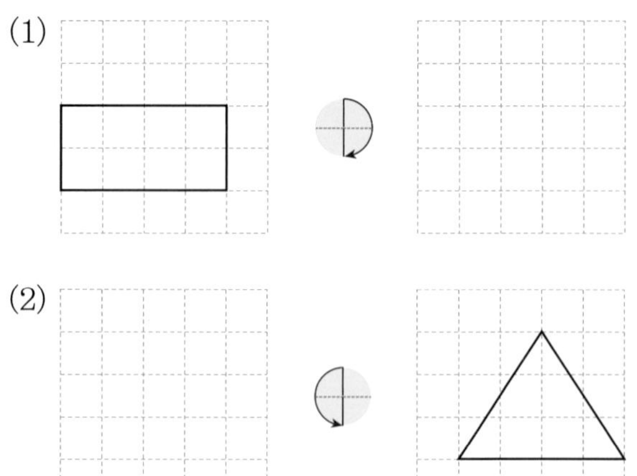

정답과 풀이 26쪽

01 모양 조각을 아래쪽으로 밀었을 때의 모양에 ○표 해 보세요.

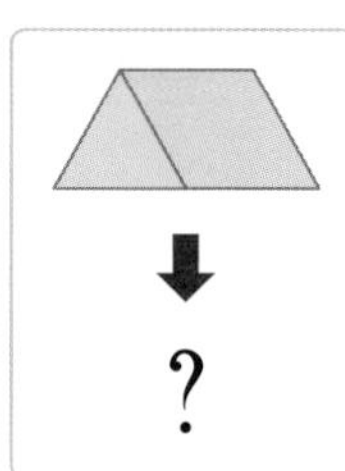

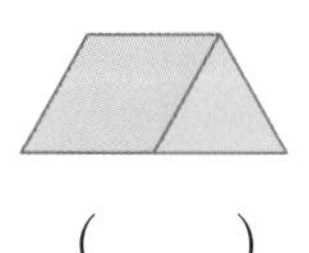 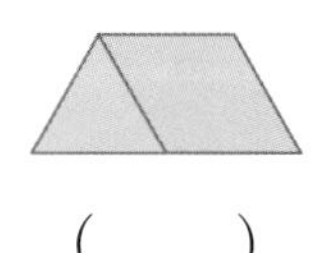 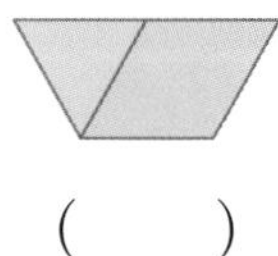

( ) ( ) ( )

02 도형을 오른쪽으로 8 cm 밀었을 때의 도형을 그려 보세요.

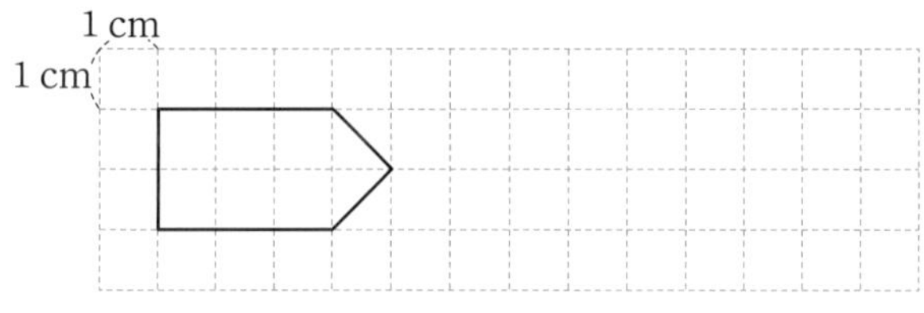

03 도형을 왼쪽으로 8 cm 밀고 아래쪽으로 8 cm 밀었을 때의 도형을 그려 보세요.

중요

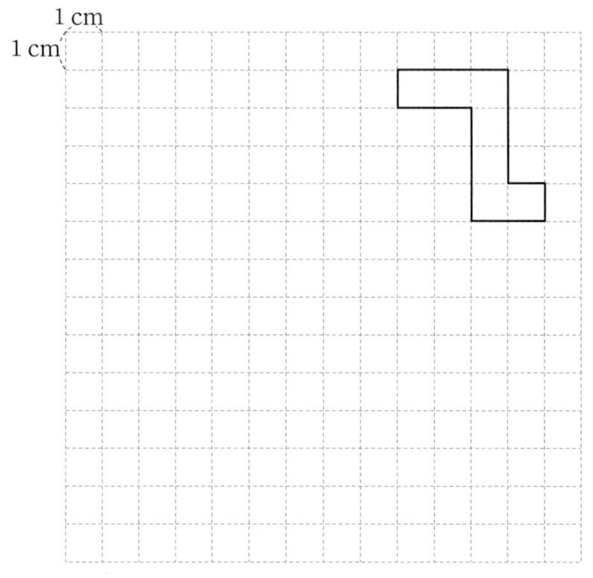

04 도형의 이동 방법을 설명해 보세요.

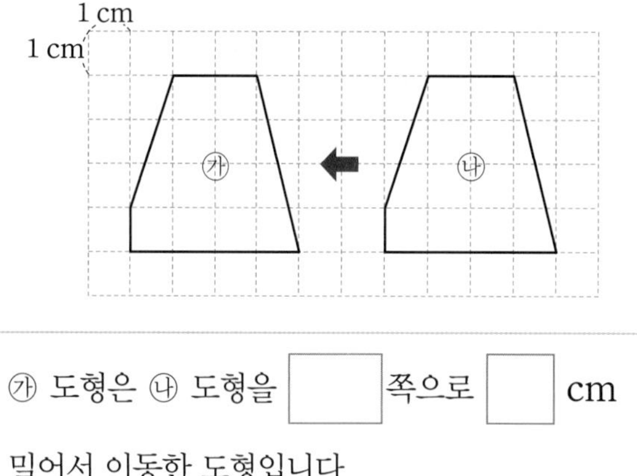

㉮ 도형은 ㉯ 도형을 ☐쪽으로 ☐ cm 밀어서 이동한 도형입니다.

05 오른쪽으로 밀었을 때 모양이 바뀌는 도형은 몇 개인가요? ( )

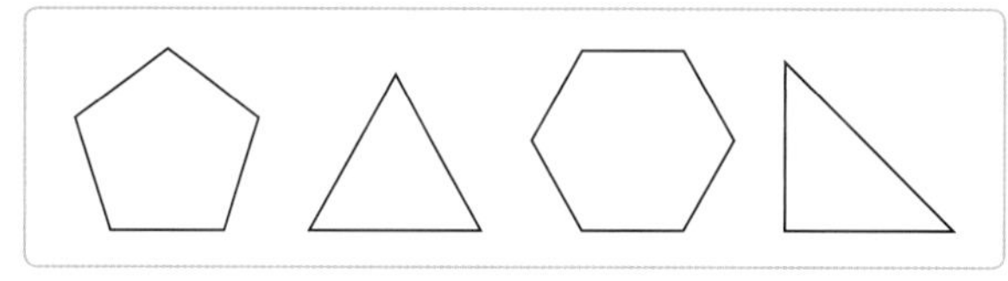

① 1개 ② 2개 ③ 3개
④ 4개 ⑤ 없습니다.

06 모양 조각을 오른쪽으로 뒤집었을 때의 모양을 찾아 기호를 써 보세요.

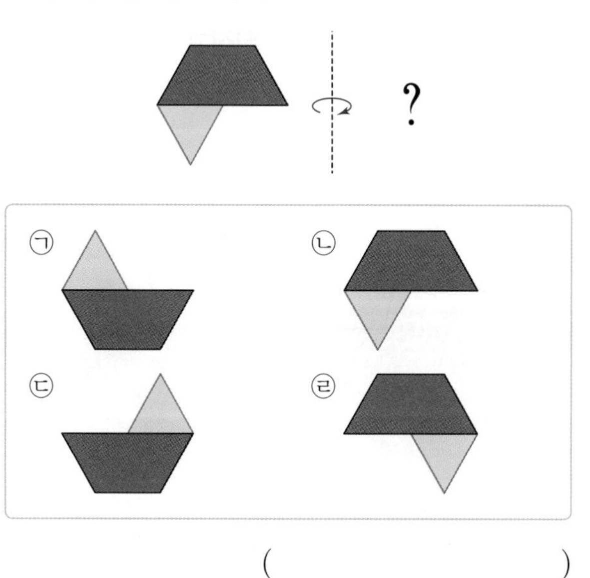

( )

4 단원

07 가운데 도형을 왼쪽으로 뒤집었을 때의 도형과 오른쪽으로 뒤집었을 때의 도형을 각각 그려 보세요.

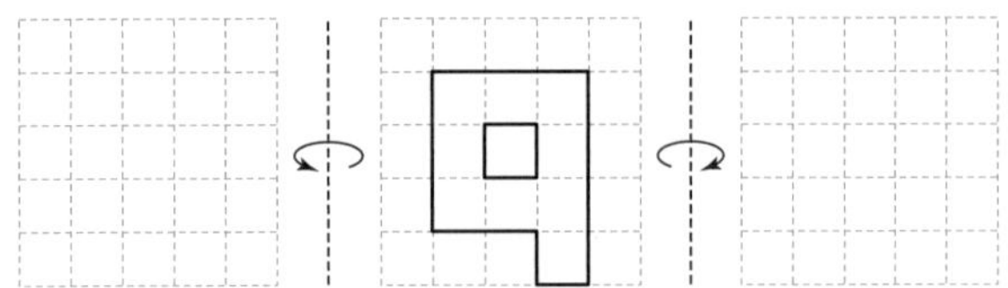

08 도형을 왼쪽으로 뒤집었을 때의 도형과 위쪽으로 뒤집었을 때의 도형을 각각 그려 보세요.

중요

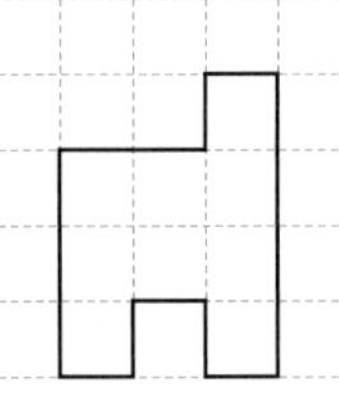

[왼쪽으로 뒤집기]

[위쪽으로 뒤집기]

09 도형을 오른쪽으로 뒤집고 아래쪽으로 뒤집었을 때의 도형을 각각 그려 보세요.

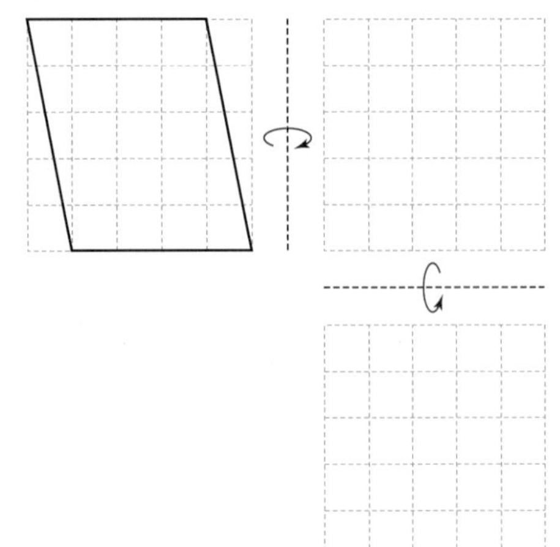

10 왼쪽으로 뒤집었을 때 모양이 변하지 않는 문자를 찾아 써 보세요.

( )

11 도형을 뒤집었을 때의 도형이 나머지와 다른 하나를 찾아 기호를 써 보세요.

㉠ 오른쪽으로 4번 뒤집기
㉡ 왼쪽으로 3번 뒤집기
㉢ 위쪽으로 4번 뒤집기
㉣ 아래쪽으로 6번 뒤집기

( )

12 도형을 시계 방향으로 90°, 180°, 270°, 360° 만큼 돌렸을 때의 도형을 각각 그려 보세요.

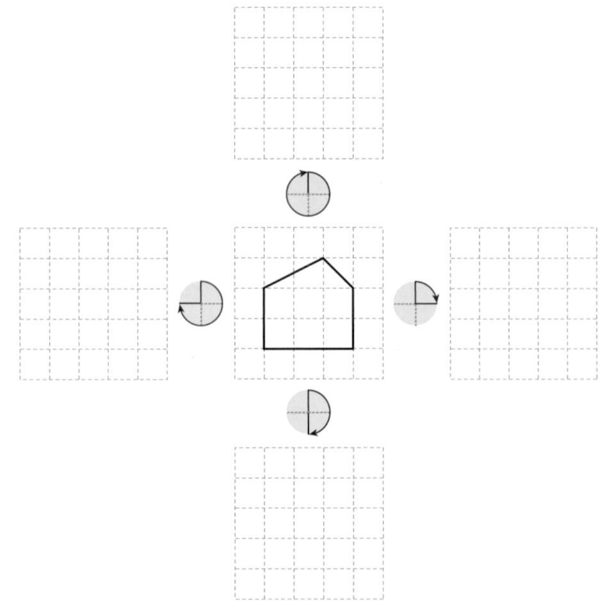

13 도형의 이동 방법을 설명하려고 합니다. 알맞은 말에 ○표 하세요.

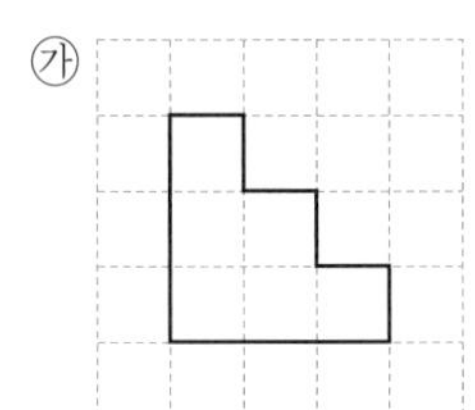
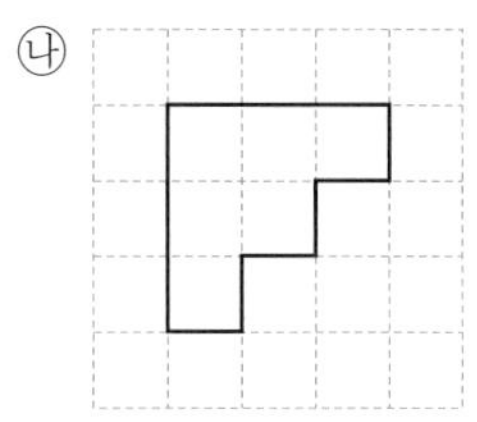

㉮ 도형을 (시계 , 시계 반대) 방향으로 (180° , 270°)만큼 돌리면 ㉯ 도형이 됩니다.

14 보기 에서 알맞은 도형을 골라 기호를 써 보세요.

보기

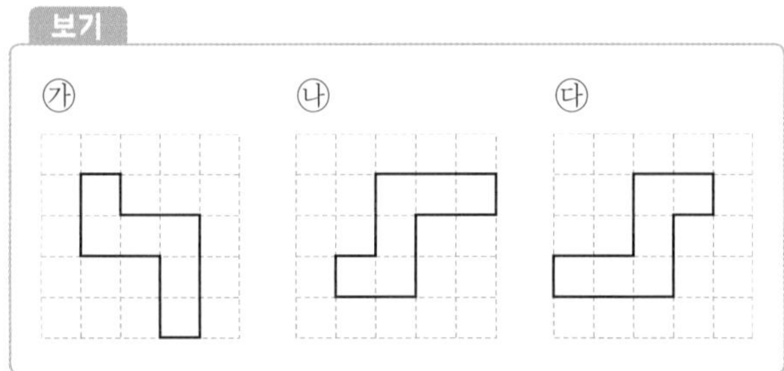

(1) ㉮ 도형을 시계 방향으로 90°만큼 돌리면 [ ] 도형이 됩니다.

(2) [ ] 도형을 시계 반대 방향으로 180°만큼 돌리면 [ ] 도형이 됩니다.

15 도형을 시계 방향으로 90°만큼 2번 돌렸을 때의 도형을 그려 보세요.

어려운 문제

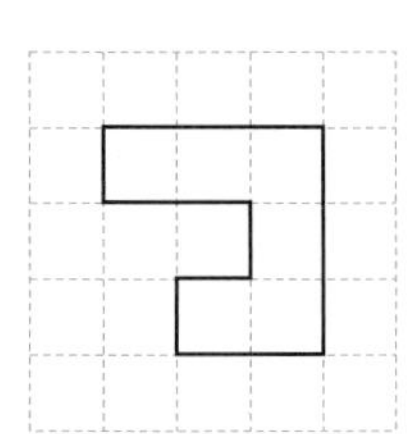

교과서, 익힘책 속 응용 문제를 유형별로 풀어 보세요.

교과서 속 **응용 문제**

정답과 풀이 26쪽

문자 또는 수가 적힌 카드 돌리기

• 시계 방향(시계 반대 방향)으로 180°만큼 돌리면 위쪽 부분이 아래쪽으로 이동합니다.

• 시계 방향(시계 반대 방향)으로 360°만큼 돌리면 처음 도형이 됩니다.

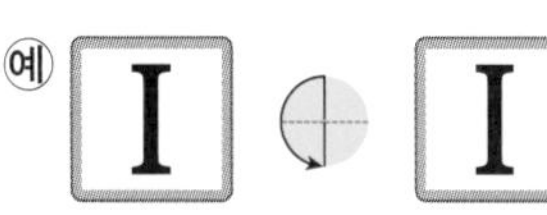

예) 86 → 98

16 시계 방향으로 180°만큼 돌렸을 때 모양이 변하지 않는 문자를 찾아 써 보세요.

A C E H

(   )

17 시계 반대 방향으로 180°만큼 돌렸을 때 모양이 변하지 않는 숫자를 찾아 써 보세요.

3 5 7 9

(   )

18 시계 방향으로 180°만큼 돌렸을 때 만들어지는 수와 처음 수의 차는 얼마인지 구해 보세요.

281

(   )

4 단원

교과서 개념 다지기

개념 4 평면도형을 뒤집고 돌려 볼까요

㉮ 도형을 오른쪽으로 뒤집고 시계 방향으로 90°만큼 돌리기

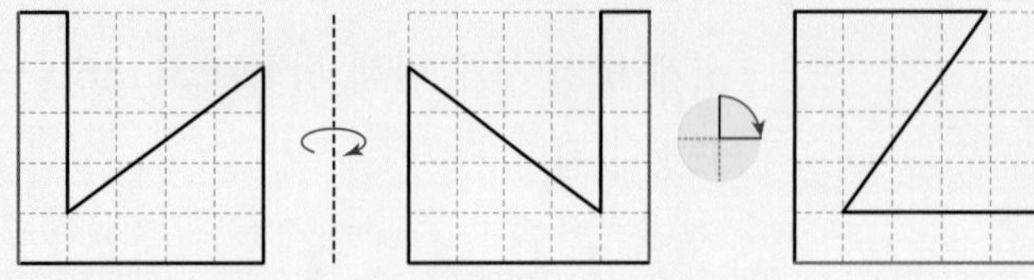

㉮ 도형을 시계 방향으로 90°만큼 돌리고 오른쪽으로 뒤집기

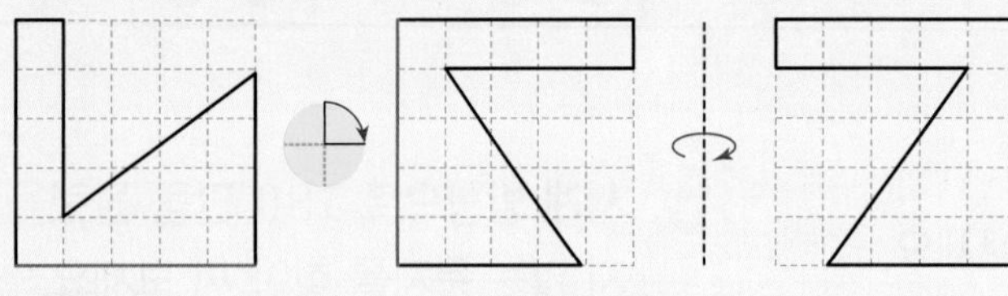

움직인 방법과 순서에 따라 모양의 결과가 다를 수도 있습니다.

▶ 처음 도형 알아보기
움직인 방법을 반대로 움직이면 움직이기 전의 도형이 됩니다.
- 오른쪽으로 뒤집기
  ➡ 왼쪽으로 뒤집기
- 위쪽으로 뒤집기
  ➡ 아래쪽으로 뒤집기
- 와 같이 돌리기
  ➡ 와 같이 돌리기
- 와 같이 돌리기
  ➡ 와 같이 돌리기

01 도형을 다음과 같이 움직였을 때의 도형을 각각 그려 보세요.

(1)

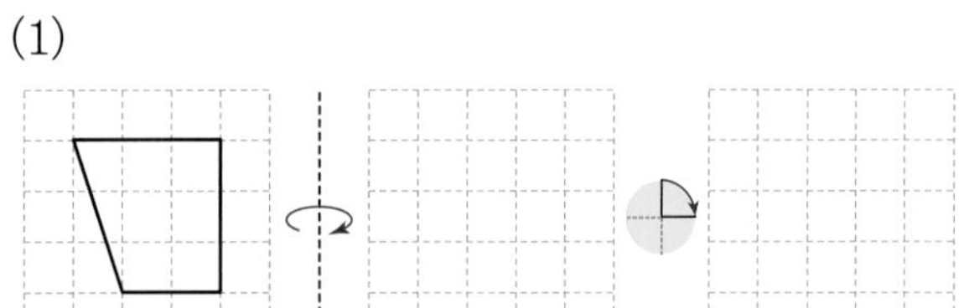

(2)

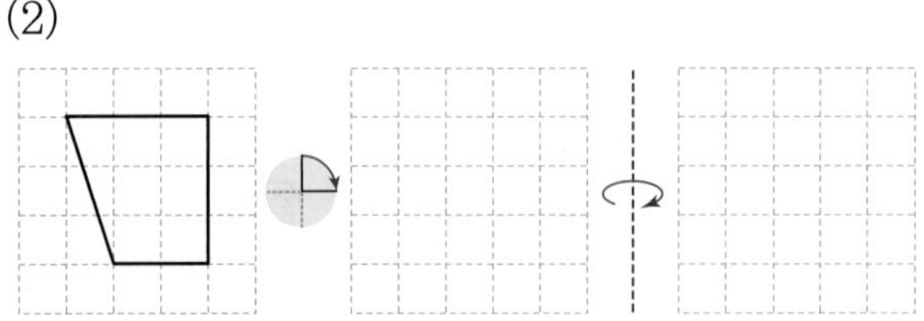

02 도형을 시계 방향으로 90°만큼 돌리고 아래쪽으로 뒤집었을 때의 도형을 각각 그려 보세요.

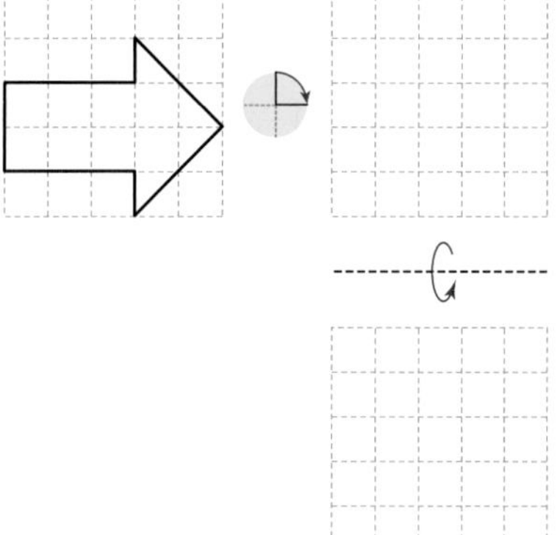

개념 5 무늬를 꾸며 볼까요

㉮ 밀기를 이용하여 무늬 만들기

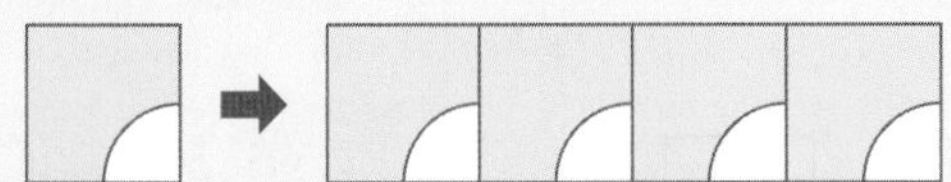

㉮ 뒤집기를 이용하여 무늬 만들기

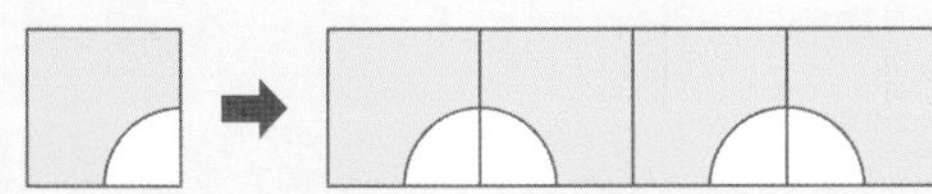

㉮ 돌리기를 이용하여 무늬 만들기

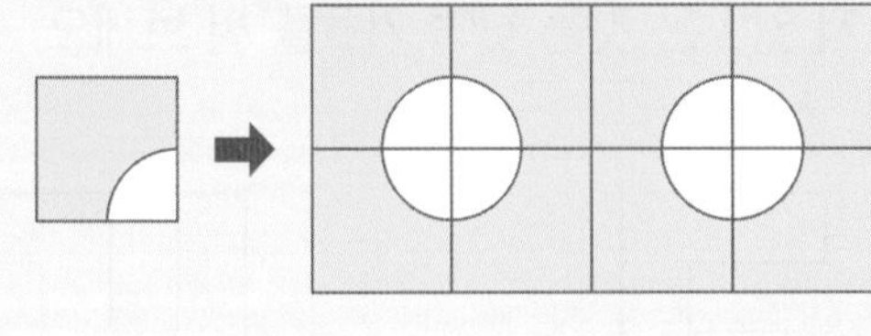

– 모양을 시계 방향으로 90°만큼 돌리는 것을 반복해서 모양을 만들고, 그 모양을 오른쪽으로 밀어서 무늬를 만들었습니다.

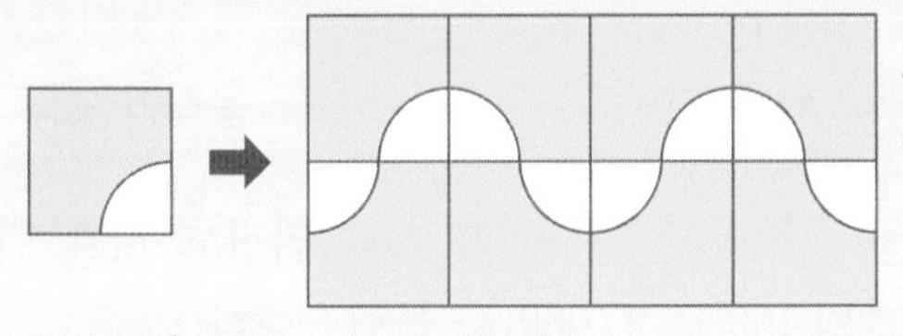

– 모양을 시계 방향으로 180°만큼 돌려서 모양을 만들고, 그 모양을 오른쪽으로 반복해서 뒤집어서 무늬를 만들었습니다.

▶ 무늬를 꾸미는 방법
- 주어진 모양을 이동시켜 모양을 만들고 그 모양을 이동시켜 무늬를 만듭니다.
- 뒤집는 방향, 돌리는 방향과 각도에 따라 다양한 무늬가 만들어집니다.

03 모양으로 밀기를 이용하여 규칙적인 무늬를 만들어 보세요.

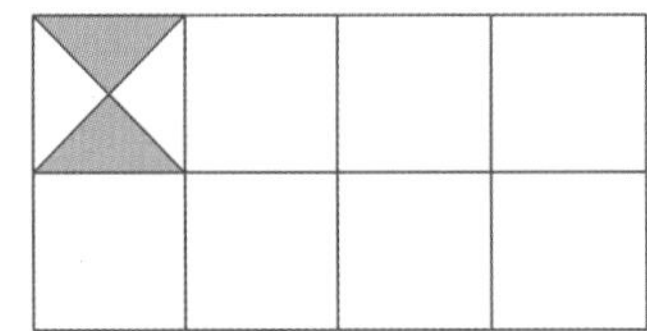

04 모양으로 뒤집기를 이용하여 규칙적인 무늬를 만들어 보세요.

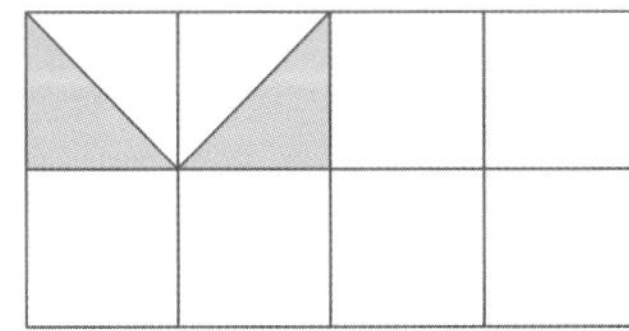

05 모양으로 돌리기를 이용하여 규칙적인 무늬를 만들어 보세요.

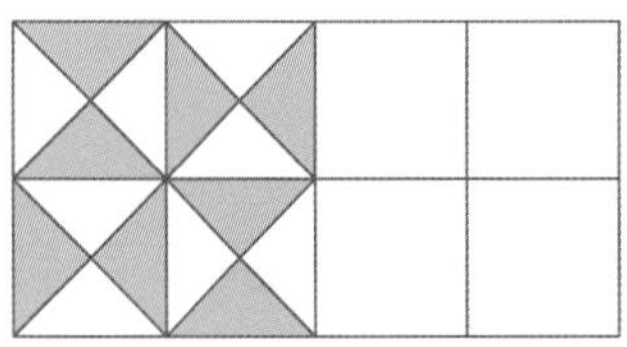

06 모양으로 규칙적인 무늬를 만든 것입니다. 밀기, 뒤집기, 돌리기 중 어떤 방법으로 만들었나요?

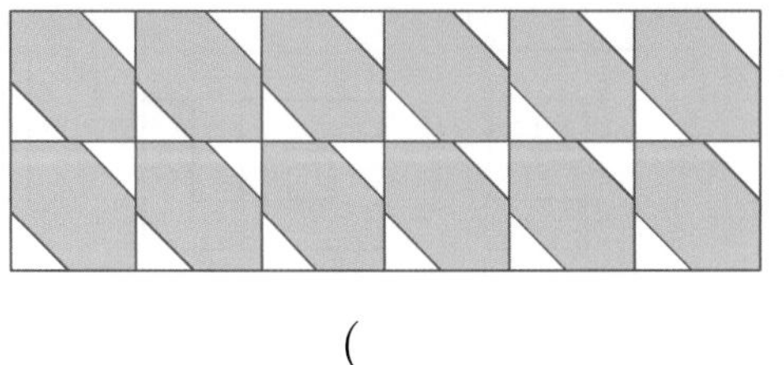

(　　　　　　　　)

4 단원

19 모양 조각을 오른쪽으로 뒤집고 시계 방향으로 180°만큼 돌렸습니다. 알맞은 것을 찾아 ○표 하세요.

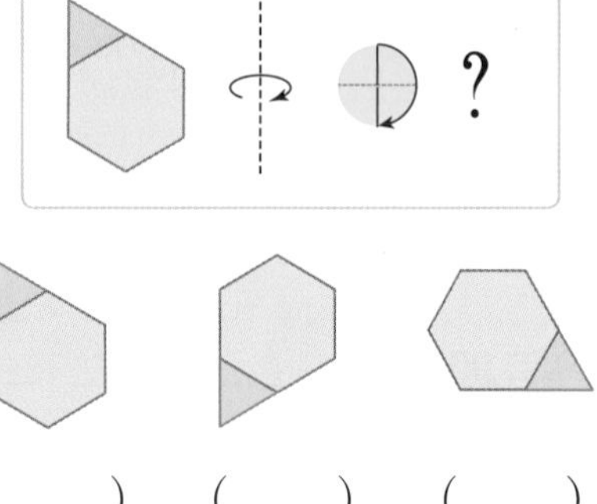

( ) ( ) ( )

20 도형을 시계 반대 방향으로 90°만큼 돌리고 왼쪽으로 뒤집었을 때의 도형을 각각 그려 보세요.

21 오른쪽 도형을 아래쪽으로 뒤집고 시계 방향으로 180°만큼 돌렸을 때의 도형을 찾아 기호를 써 보세요.

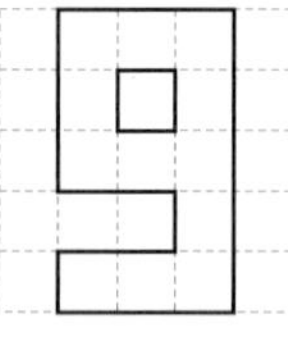

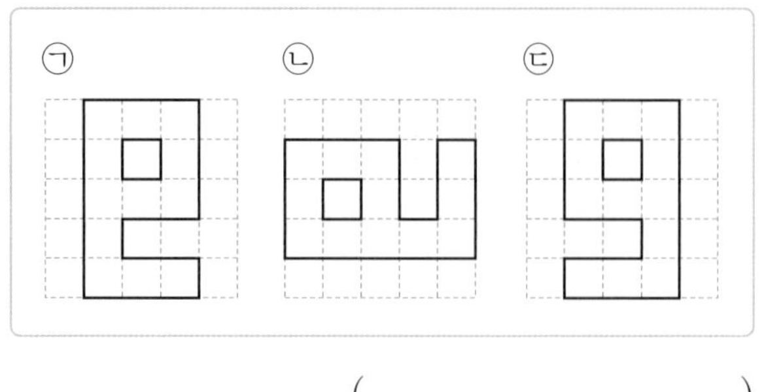

( )

22 중요 도형을 아래쪽으로 뒤집고 시계 반대 방향으로 180°만큼 돌렸을 때의 도형을 그려 보세요.

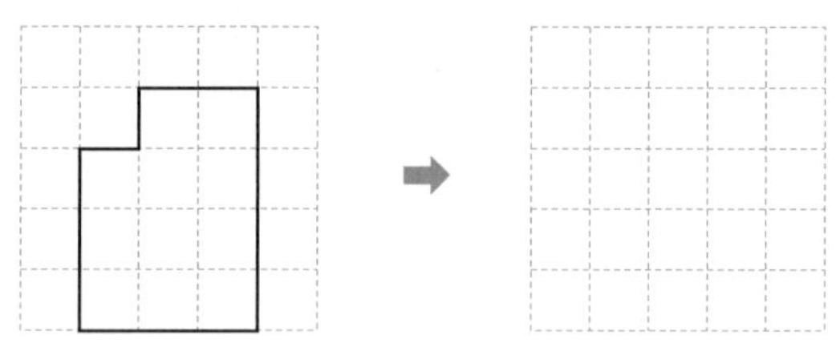

23 왼쪽 도형을 어떻게 움직여서 오른쪽 도형이 되었는지 알맞은 것을 찾아 기호를 써 보세요.

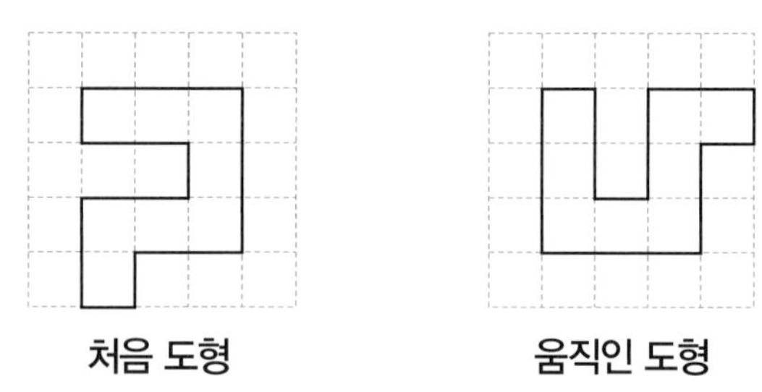

㉠ 처음 도형을 오른쪽으로 뒤집고 시계 반대 방향으로 270°만큼 돌렸습니다.
㉡ 처음 도형을 시계 반대 방향으로 270°만큼 돌리고 오른쪽으로 뒤집었습니다.

( )

24 오른쪽 조각을 움직여서 직사각형을 완성하려고 합니다. 퍼즐의 빈칸을 채우려면 어떻게 움직여야 하는지 설명해 보세요.

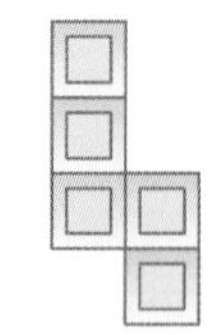

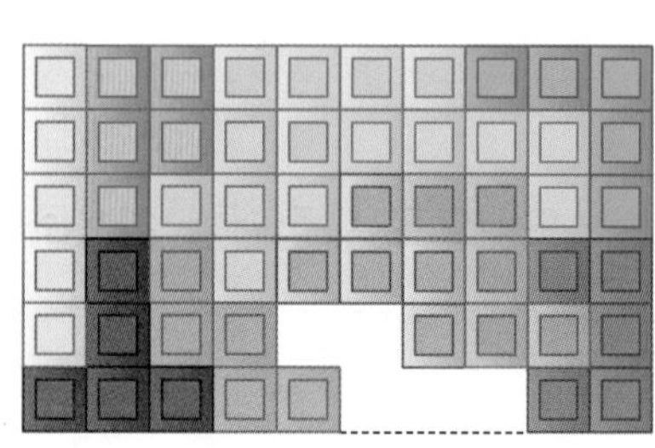

시계 방향으로 □°만큼 돌리고 □쪽으로 뒤집습니다.

25 도형을 오른쪽으로 뒤집고 시계 방향으로 90°만큼 돌렸을 때의 도형이 처음 도형과 같지 않은 것을 모두 찾아 기호를 써 보세요.

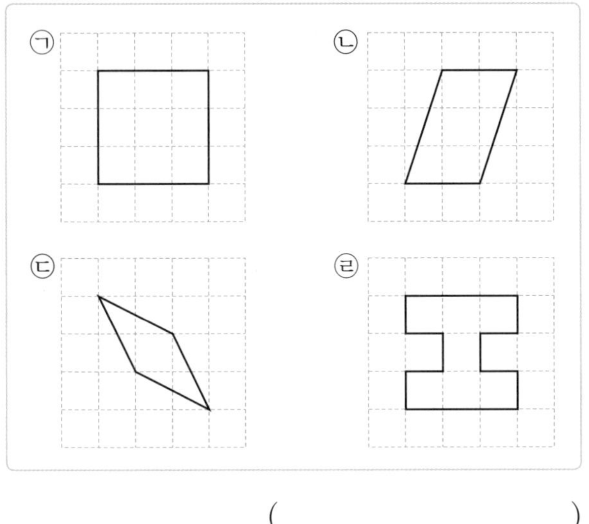

( )

26 어려운 문제 글자 '곰'을 이동하였습니다. 이동한 방법을 찾아 기호를 써 보세요.

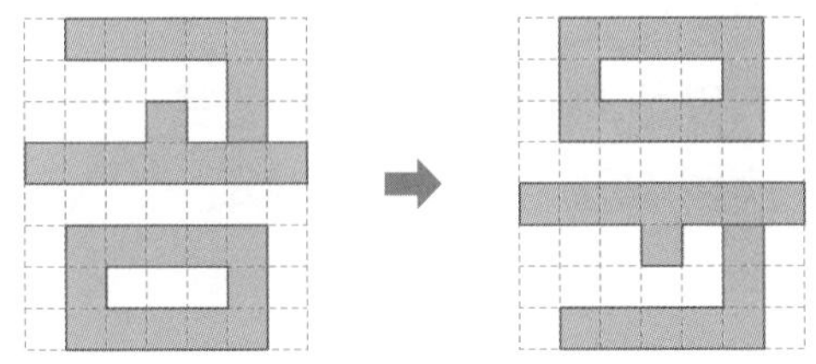

㉠ 시계 방향으로 180°만큼 돌립니다.
㉡ 아래쪽으로 뒤집고 시계 방향으로 180°만큼 돌립니다.
㉢ 시계 반대 방향으로 180°만큼 돌리고 오른쪽으로 뒤집습니다.
㉣ 시계 반대 방향으로 90°만큼 돌리고 위쪽으로 뒤집습니다.

( )

27 모양으로 규칙적인 무늬를 만든 것입니다. 밀기, 뒤집기, 돌리기 중 어떤 방법으로 만들는지 써 보세요.

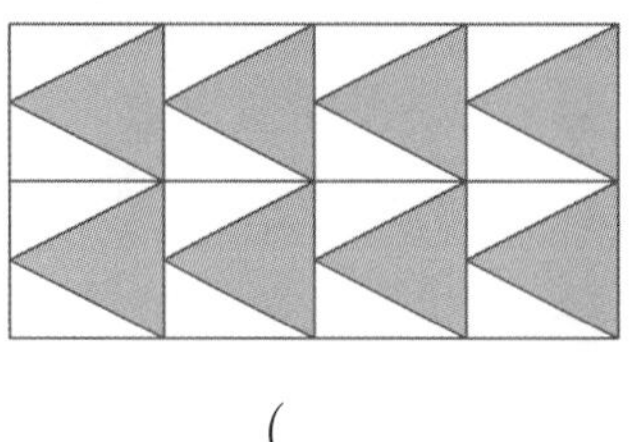

( )

28 뒤집기를 이용하여 만들 수 없는 무늬를 찾아 기호를 써 보세요.

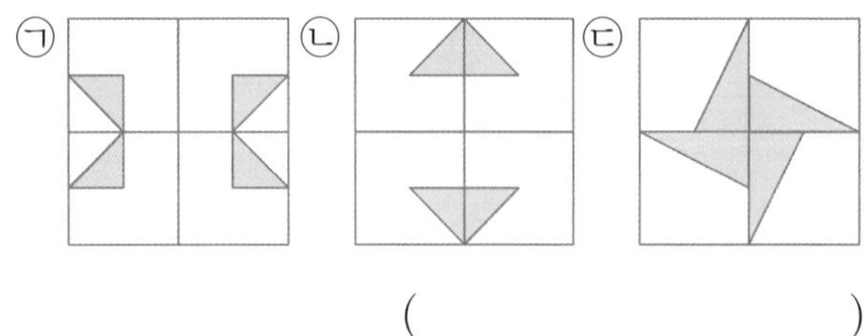

( )

29 돌리기만으로 만들 수 있는 무늬를 찾아 기호를 써 보세요.

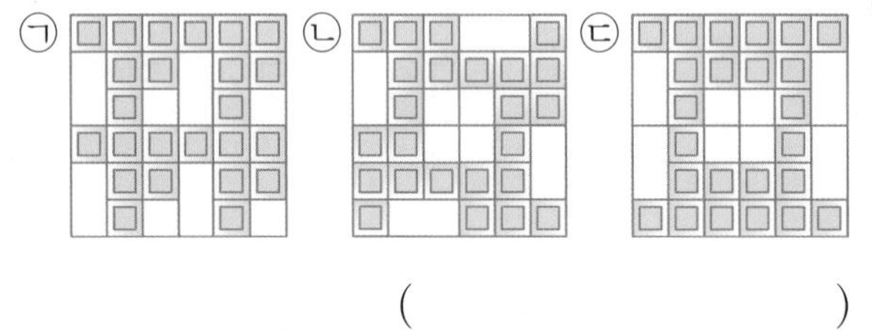

( )

30 규칙에 따라 무늬를 만들었습니다. 빈칸을 채워 무늬를 완성해 보세요.

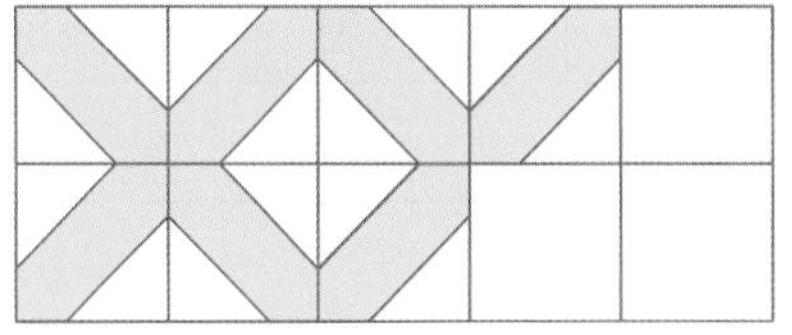

31 무늬를 만든 규칙을 설명한 것입니다. 알맞은 말에 ○표 하세요.

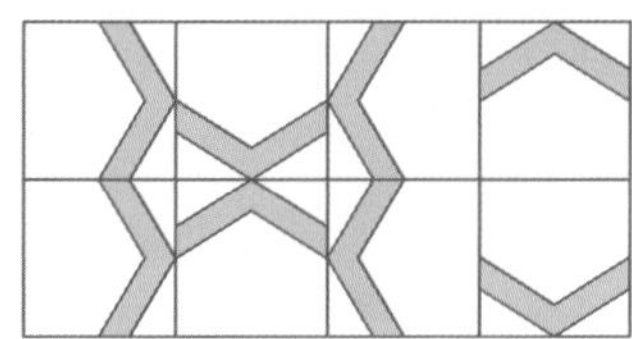

모양을 (시계 방향 , 시계 반대 방향) 으로 (90° , 180°)만큼 돌리는 것을 반복해서

모양을 만들고 그 모양을 아래쪽으로 (밀어서 , 뒤집어서) 무늬를 만들었습니다.

[32~33] 일정한 규칙에 따라 무늬를 만들려고 합니다. 물음에 답하세요.

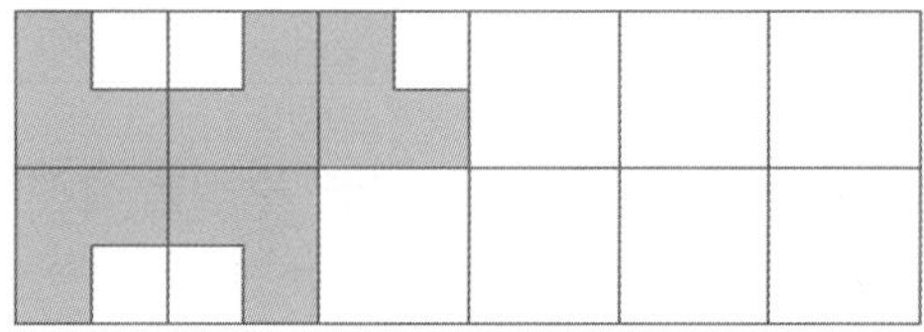

32 모양으로 규칙적인 무늬를 만들어 보세요.

33 보기 의 낱말을 사용하여 만든 규칙을 설명해 보세요.

보기

밀기 뒤집기 돌리기 오른쪽 아래쪽

설명

교과서, 익힘책 속 응용 문제를 유형별로 풀어 보세요.

교과서 속 **응용 문제**

정답과 풀이 28쪽

여러 번 뒤집고 여러 번 돌리기

- 도형을 위쪽(아래쪽, 왼쪽, 오른쪽)으로 2번 뒤집으면 처음 도형과 같습니다.
- 도형을 시계 방향(시계 반대 방향)으로 360°만큼 돌리면 처음 도형과 같습니다.

34 도형을 시계 방향으로 90°만큼 4번 돌리고 위쪽으로 3번 뒤집었을 때의 도형을 그려 보세요.

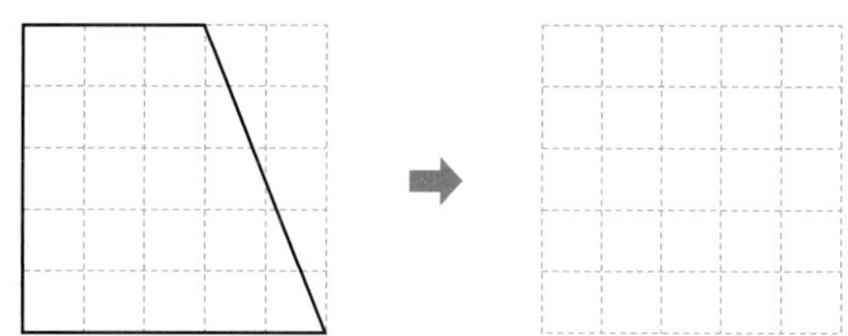

35 문자를 아래쪽으로 2번 뒤집고 시계 반대 방향으로 90°만큼 3번 돌렸을 때의 모양을 그려 보세요.

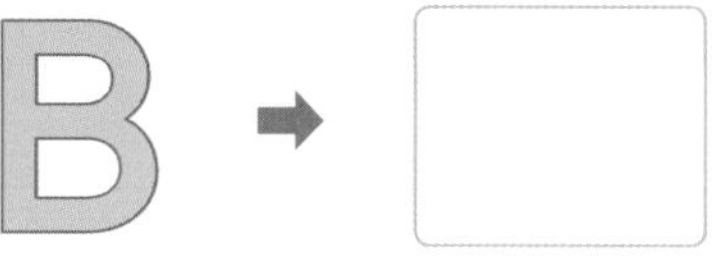

36 오른쪽 도형을 다음과 같이 움직였을 때 처음 도형과 같은 것을 찾아 기호를 써 보세요.

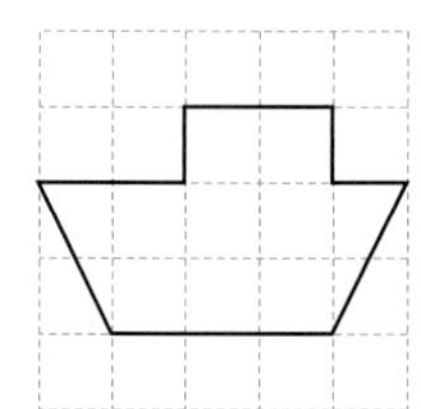

㉠ 시계 방향으로 90°만큼 3번 돌리고 오른쪽으로 2번 뒤집습니다.
㉡ 위쪽으로 뒤집고 시계 방향으로 90°만큼 2번 돌립니다.
㉢ 아래쪽으로 2번 뒤집고 시계 방향으로 90°만큼 4번 돌립니다.

( )

대표 응용 이동하기 전의 도형 그리기

1 왼쪽은 시계 반대 방향으로 90°만큼 돌렸을 때의 도형입니다. 처음 도형을 그려 보세요.

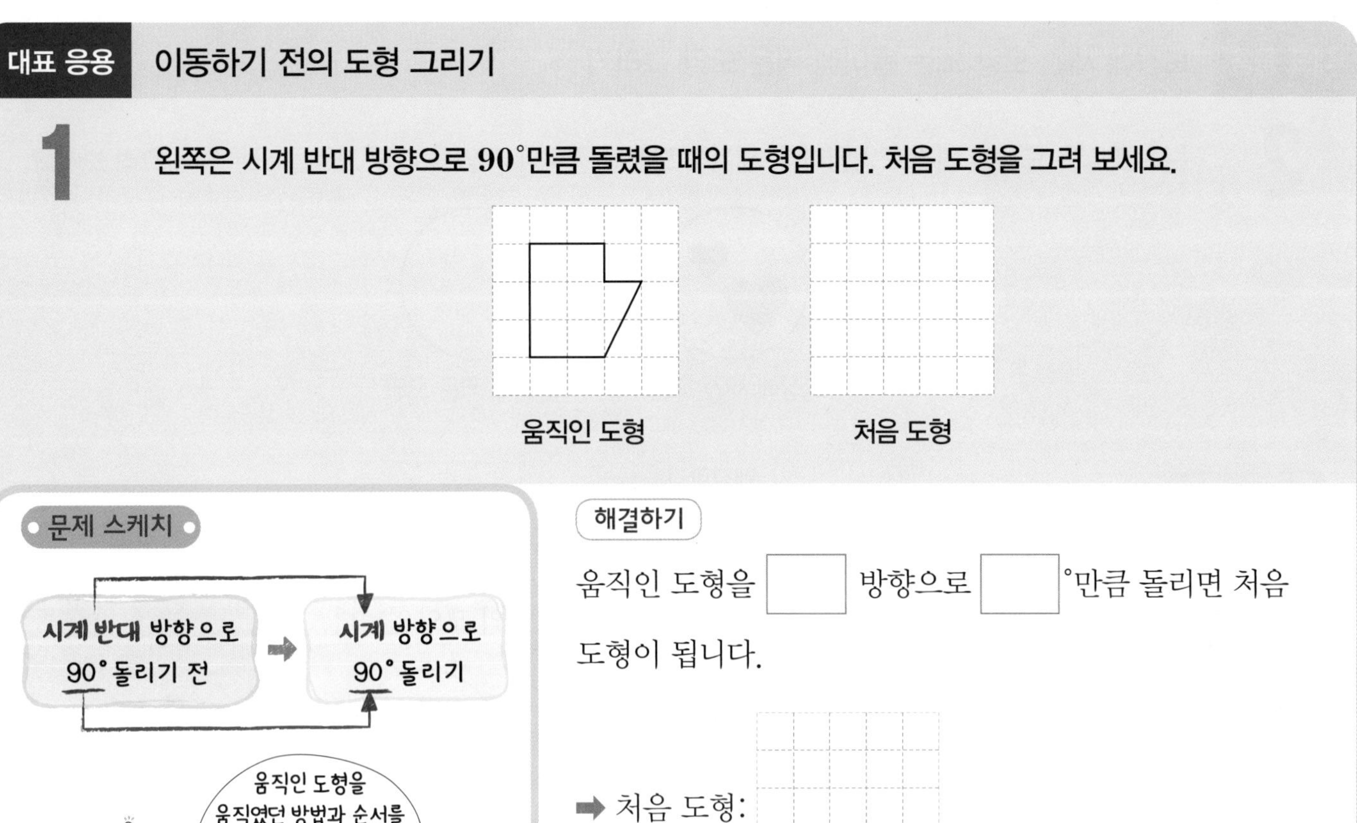

해결하기

움직인 도형을 [　　] 방향으로 [　　]°만큼 돌리면 처음 도형이 됩니다.

➡ 처음 도형:
움직인 도형을 움직였던 방법과 순서를 거꾸로 하여 움직이면 처음 도형이 돼요.

1-1 오른쪽은 어떤 도형을 시계 방향으로 270°만큼 돌렸을 때의 도형입니다. 처음 도형을 그려 보세요.

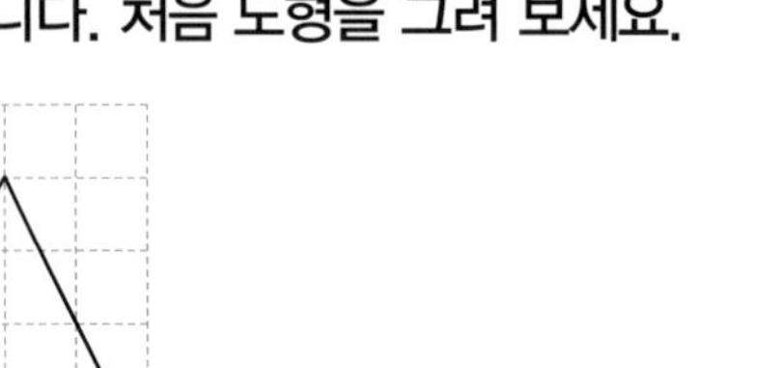

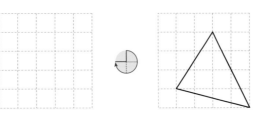

1-2 오른쪽은 어떤 도형을 아래쪽으로 뒤집고 시계 방향으로 360°만큼 돌렸을 때의 도형입니다. 처음 도형을 그려 보세요.

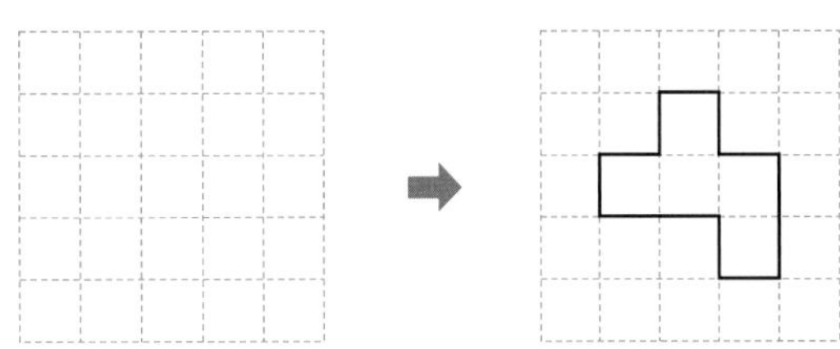

대표 응용 **도장에 새긴 모양 또는 종이에 찍은 모양 그리기**

2 왼쪽 모양은 도장에 새긴 모양입니다. 새겨진 도장을 종이에 찍었을 때의 모양을 오른쪽에 그려 보세요.

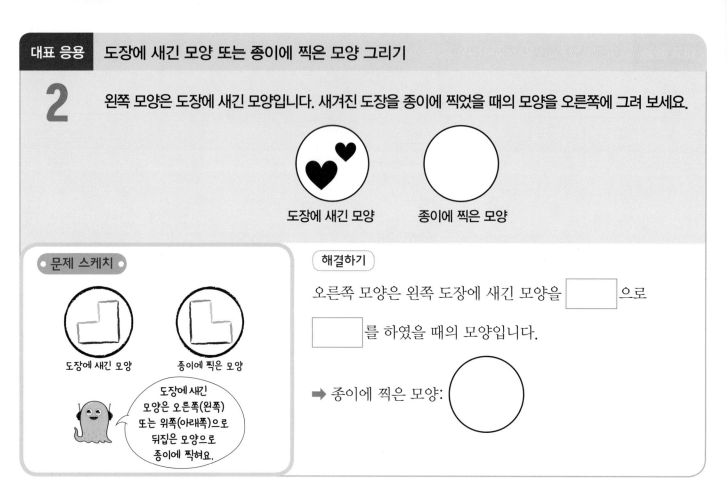

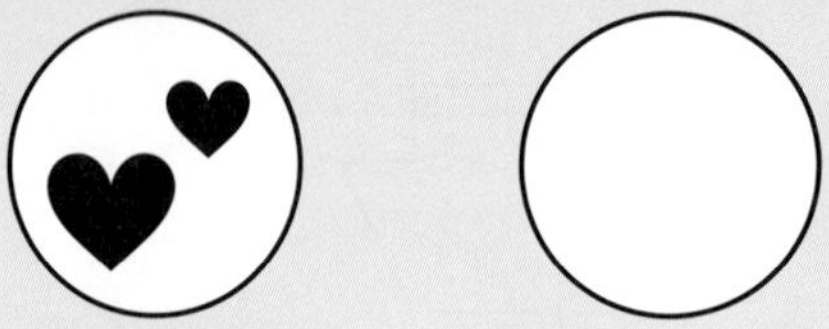

도장에 새긴 모양　　종이에 찍은 모양

문제 스케치

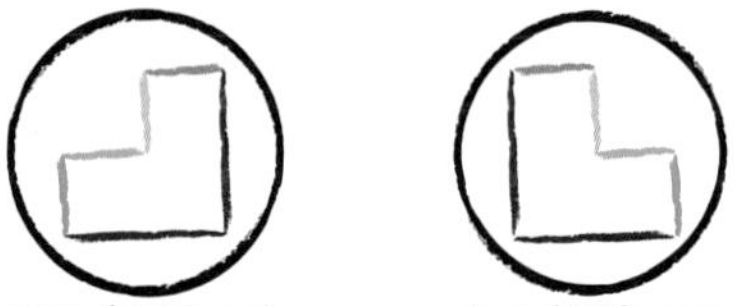

도장에 새긴 모양　　종이에 찍은 모양

도장에 새긴 모양은 오른쪽(왼쪽) 또는 위쪽(아래쪽)으로 뒤집은 모양으로 종이에 찍혀요.

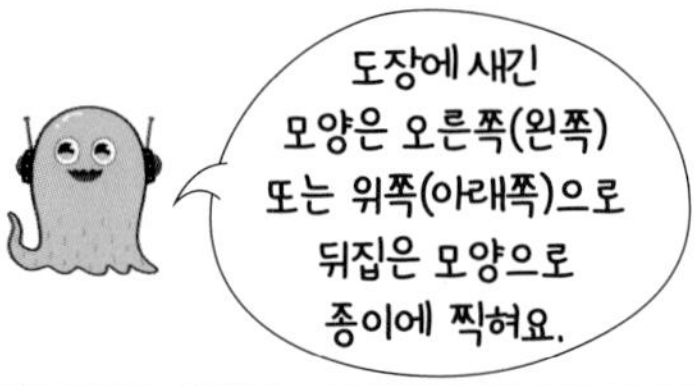

해결하기

오른쪽 모양은 왼쪽 도장에 새긴 모양을 ☐ 으로 ☐ 를 하였을 때의 모양입니다.

➡ 종이에 찍은 모양:

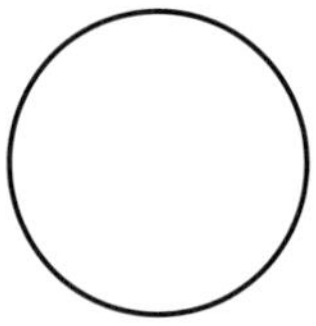

2-1 왼쪽 모양은 도장에 새긴 모양입니다. 새겨진 도장을 종이에 찍었을 때의 모양을 오른쪽에 그려 보세요.

도장에 새긴 모양　　종이에 찍은 모양

2-2 오른쪽 모양은 글자를 새긴 도장을 종이에 찍은 모양입니다. 도장에 새긴 모양을 왼쪽에 그려 보세요.

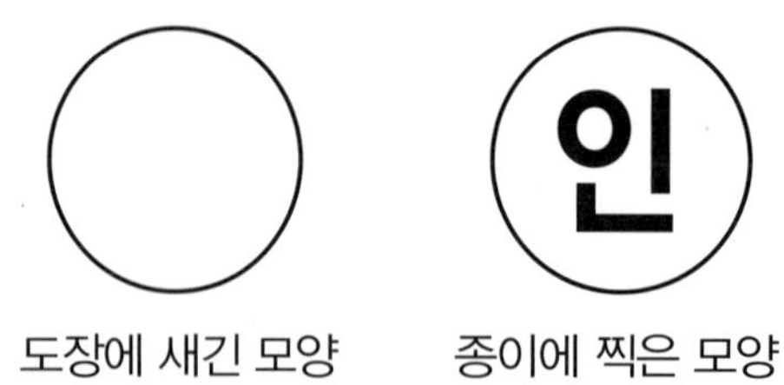

도장에 새긴 모양　　종이에 찍은 모양

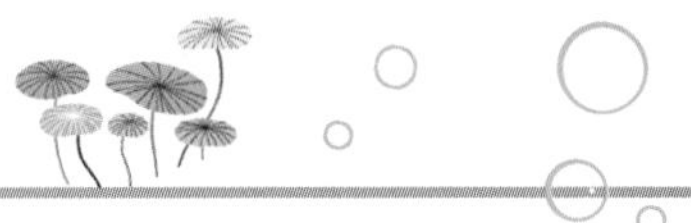

대표 응용 글자 또는 수 카드 뒤집고 돌리기

3 글자를 오른쪽으로 뒤집고 시계 방향으로 90°만큼 돌렸을 때의 모양을 그려 보세요.

마 ➡ □

문제 스케치

오른쪽으로 뒤집고
시계 방향으로 90°만큼 돌리기

뒤집고 돌렸을 때
바뀌는 곳을 알아보아요.

해결하기

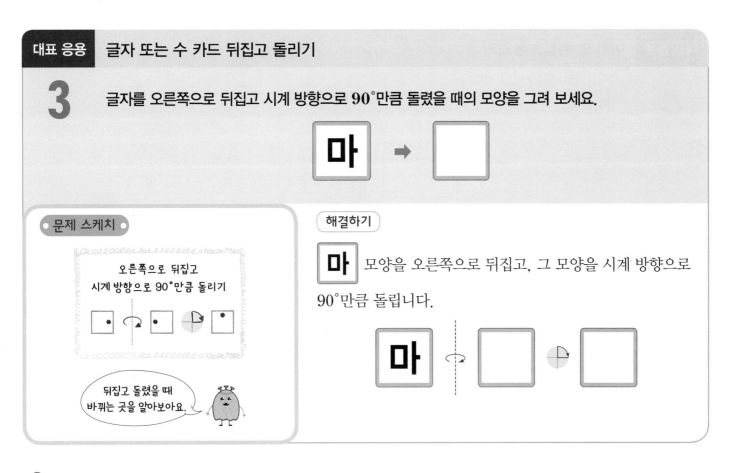

마 모양을 오른쪽으로 뒤집고, 그 모양을 시계 방향으로 90°만큼 돌립니다.

3-1 자음 카드를 시계 방향으로 180°만큼 돌리고 오른쪽으로 뒤집었을 때의 모양이 처음과 같아지는 것을 모두 찾아 써 보세요.

( )

3-2 수가 적힌 3장의 카드를 각각 아래쪽으로 뒤집고 시계 반대 방향으로 180°만큼 돌렸습니다. 이때 만들어지는 수 카드 중 2장을 골라 가장 큰 두 자리 수를 만들어 보세요.

( )

4 단원

대표 응용 여러 번 뒤집고 돌리기

4 도형을 위쪽으로 2번 뒤집고 오른쪽으로 5번 뒤집었을 때의 도형을 그려 보세요.

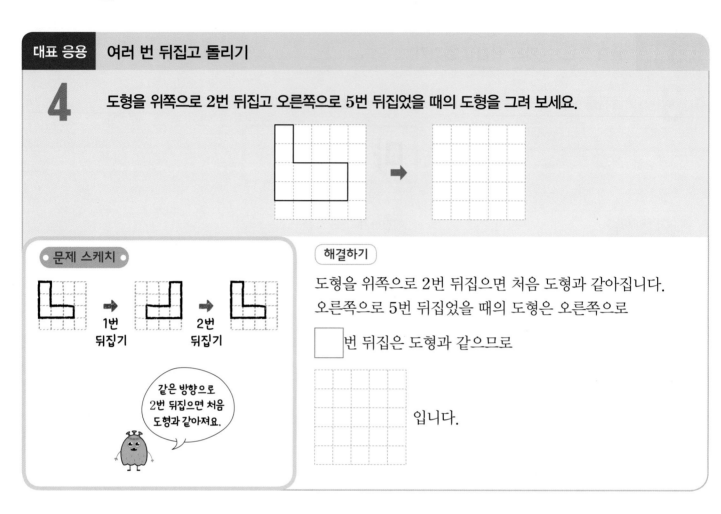

문제 스케치

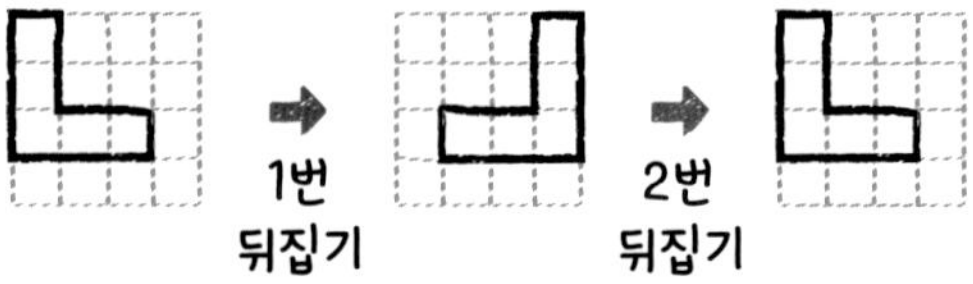

1번 뒤집기 2번 뒤집기

같은 방향으로 2번 뒤집으면 처음 도형과 같아져요.

해결하기

도형을 위쪽으로 2번 뒤집으면 처음 도형과 같아집니다. 오른쪽으로 5번 뒤집었을 때의 도형은 오른쪽으로

□번 뒤집은 도형과 같으므로

입니다.

4-1 도형을 위쪽으로 3번 뒤집고 아래쪽으로 4번 뒤집었을 때의 도형을 그려 보세요.

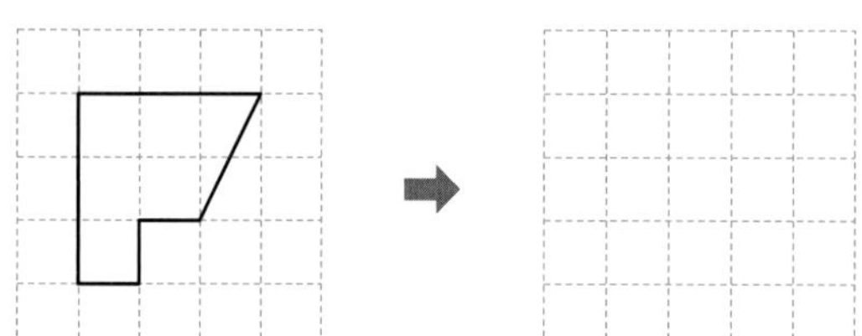

4-2 도형을 오른쪽으로 2번 뒤집고 시계 방향으로 90°만큼 5번 돌렸을 때의 도형을 그려 보세요.

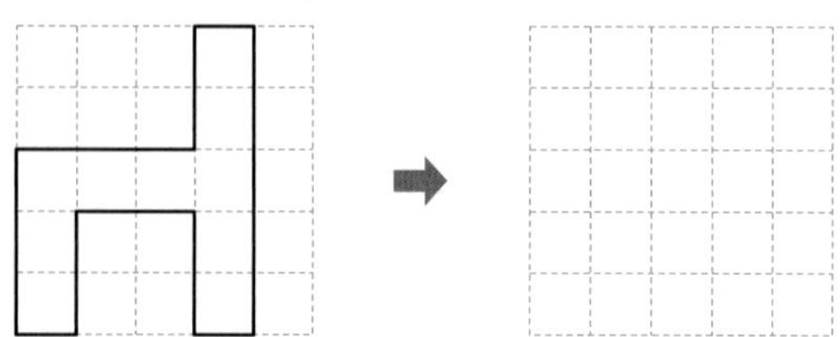

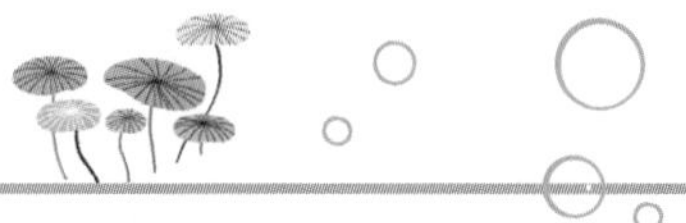

대표 응용 규칙을 찾아 모양 그리기

5 글자 카드를 일정한 규칙에 따라 움직였습니다. 열째에 알맞은 모양을 그려 보세요.

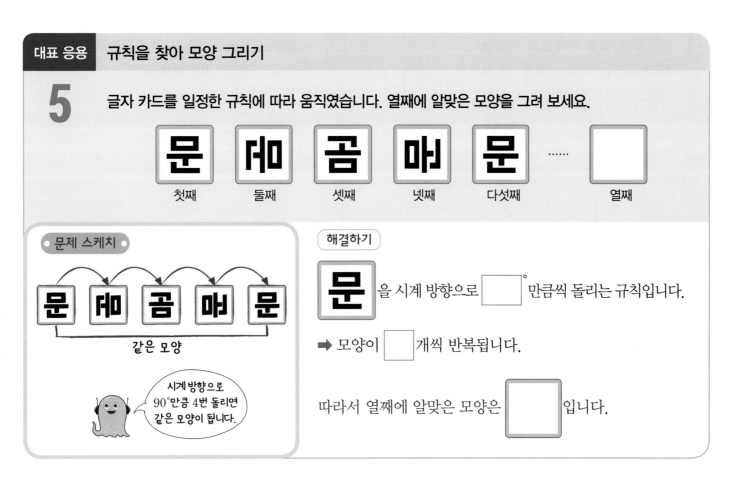

첫째 둘째 셋째 넷째 다섯째 …… 열째

문제 스케치

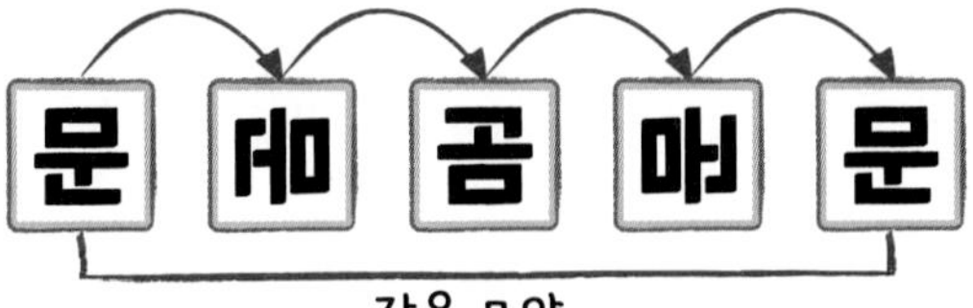

같은 모양

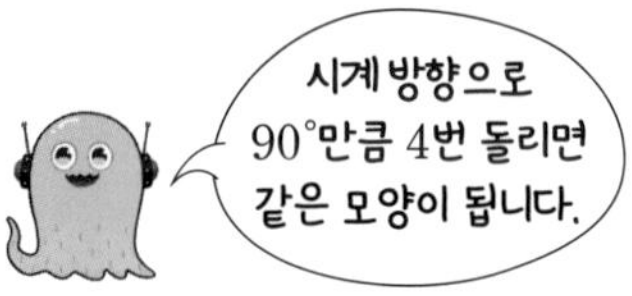

시계 방향으로 90°만큼 4번 돌리면 같은 모양이 됩니다.

해결하기

문 을 시계 방향으로 □° 만큼씩 돌리는 규칙입니다.

➡ 모양이 □ 개씩 반복됩니다.

따라서 열째에 알맞은 모양은 □ 입니다.

5-1 도형을 일정한 규칙에 따라 움직였습니다. 11째에 알맞은 도형을 그려 보세요.

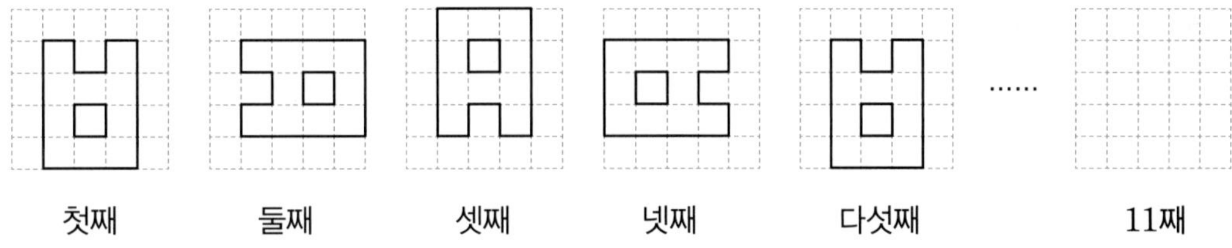

첫째 둘째 셋째 넷째 다섯째 …… 11째

5-2 알파벳 카드를 일정한 규칙에 따라 움직였습니다. 15째까지 움직였을 때 첫째 모양과 같은 모양은 모두 몇 번 나오는지 구해 보세요. (단, 첫째 모양도 포함하여 셉니다.)

첫째 둘째 셋째 넷째 …… 15째

(   )

4 단원

01 오른쪽 도형을 왼쪽으로 밀었을 때의 도형을 찾아 기호를 써 보세요.

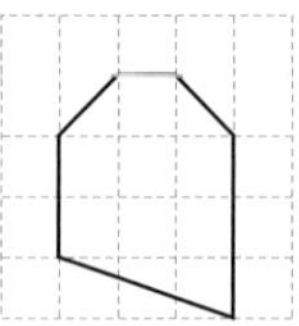

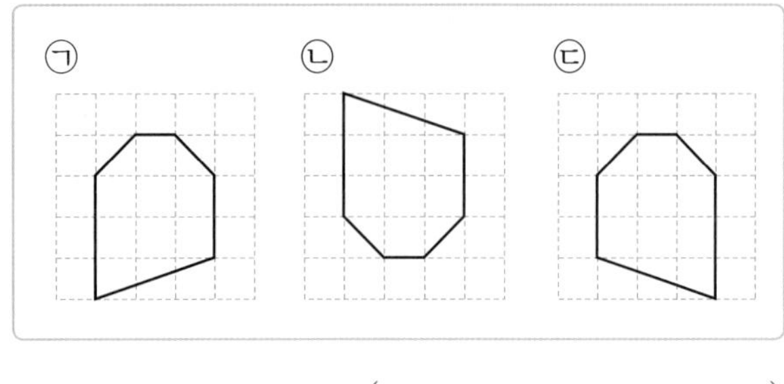

(　　　　　　　　)

02 도형을 위쪽과 아래쪽으로 밀었을 때의 도형을 각각 그려 보세요.

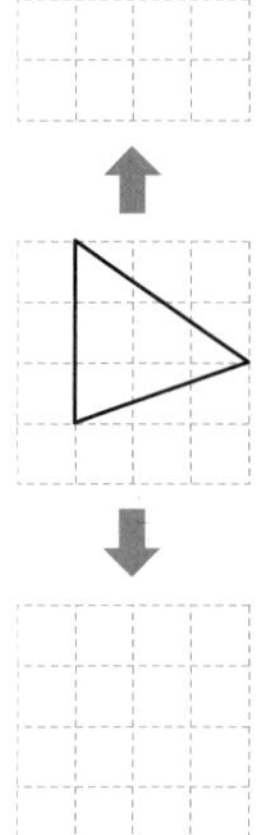

03 도형의 이동 방법을 설명해 보세요.

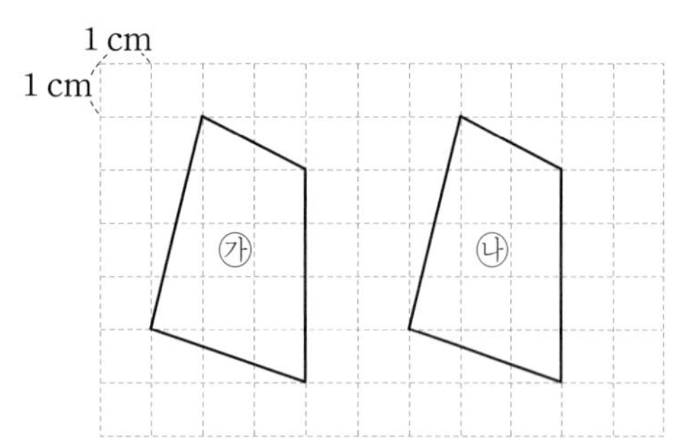

㉯ 도형은 ㉮ 도형을 [　　] 쪽으로 [　　] cm 밀어서 이동한 도형입니다.

04 도형을 위쪽으로 3번 밀고 오른쪽으로 4번 밀었을 때의 도형을 그려 보세요.

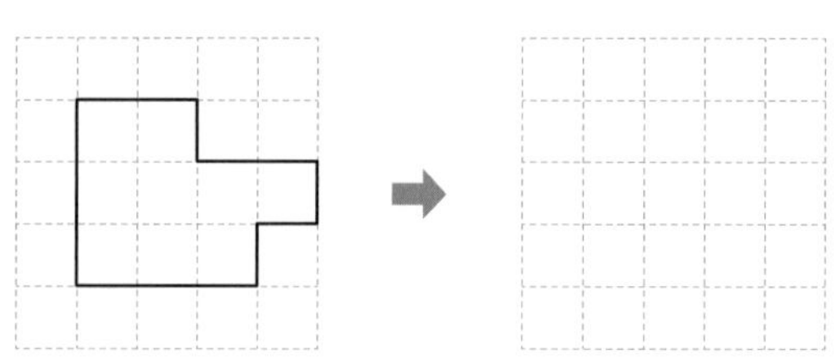

05 도형을 오른쪽으로 뒤집었을 때의 도형을 그려 보세요.

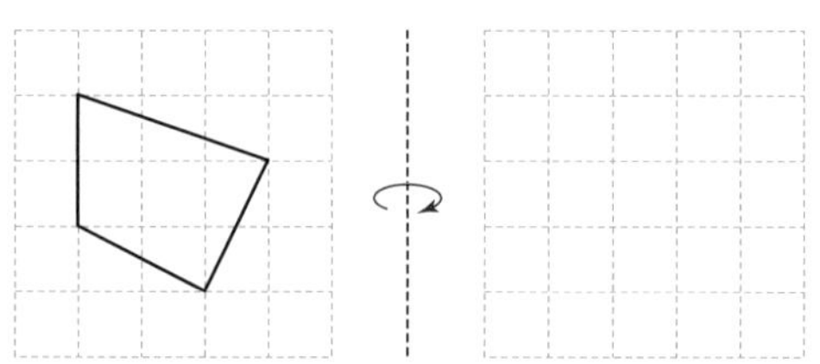

06 중요 오른쪽 모양 조각을 뒤집은 모양이 아닌 것을 찾아 기호를 써 보세요.

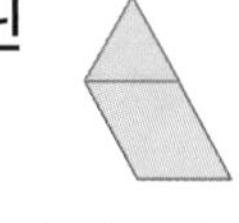

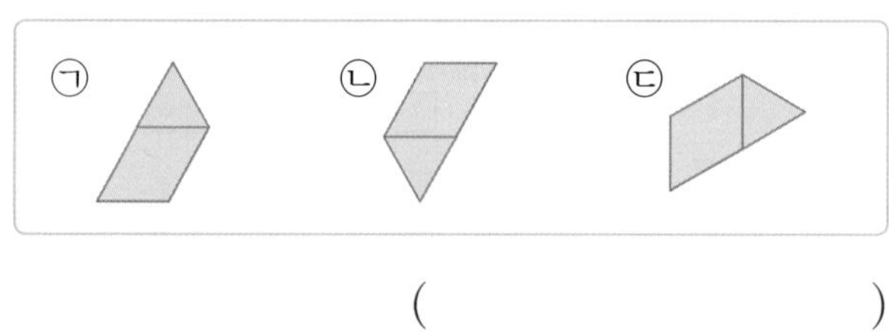

(　　　　　　　　)

07 도형을 왼쪽에서 거울로 비추었을 때 생기는 도형을 그려 보세요.

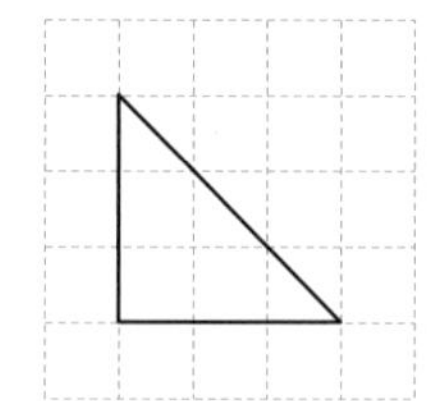

08 도형을 왼쪽으로 2번 뒤집었을 때의 도형을 그려 보세요.

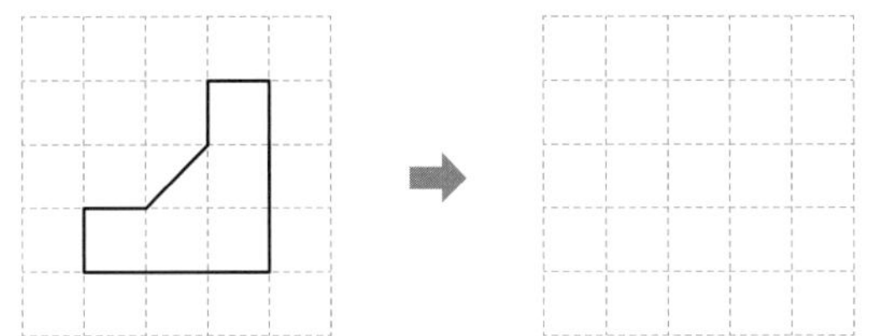

09 도형을 시계 방향으로 180°만큼 돌렸을 때의 도형을 그려 보세요.

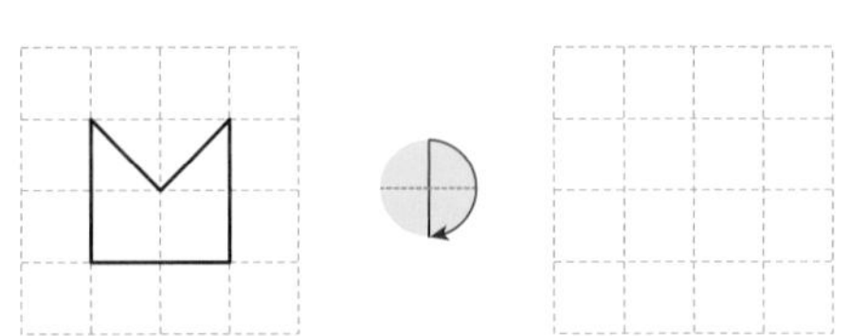

10 오른쪽 글자를 돌렸을 때의 모양이 아닌 것을 찾아 기호를 써 보세요.

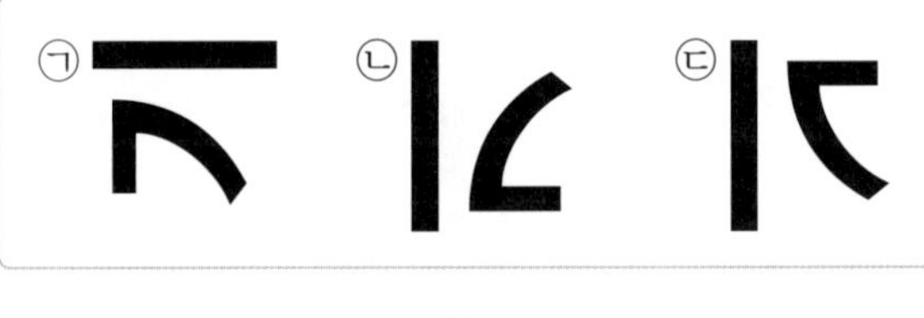

(   )

11 오른쪽 도형을 주어진 방향으로 돌렸을 때 서로 같은 모양끼리 짝 지은 것은 어느 것인가요? (   )

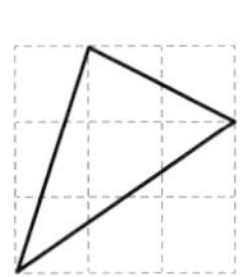

① ② ③

④   ⑤  

12 중요 왼쪽은 도형을 시계 반대 방향으로 90°만큼 돌렸을 때의 도형입니다. 처음 도형을 오른쪽에 그려 보세요.

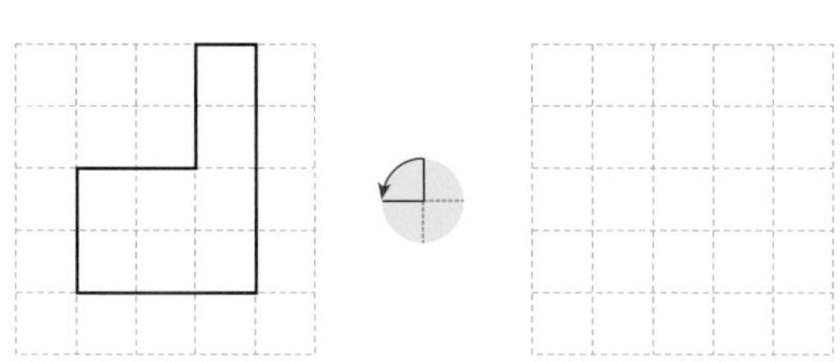

13 글자 카드를 일정한 규칙에 따라 이동했습니다. 빈칸에 알맞은 모양을 그려 보세요.

14 도형을 오른쪽으로 뒤집고 시계 방향으로 180° 만큼 돌렸을 때의 도형을 각각 그려 보세요.

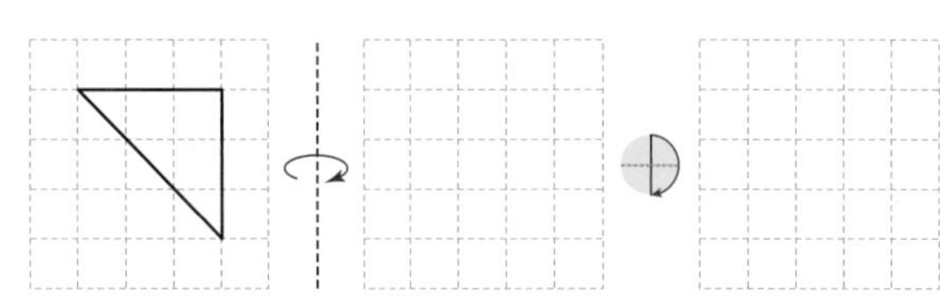

15 모양 조각을 시계 반대 방향으로 90°만큼 돌리고 왼쪽으로 뒤집었을 때의 모양 조각을 그려 보세요.

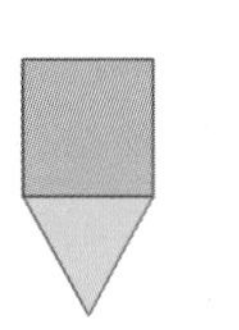

4 단원

16 어려운 문제 알파벳을 오른쪽으로 뒤집고 시계 반대 방향으로 180°만큼 돌렸을 때의 모양이 처음과 같은 것을 찾아 써 보세요.

( )

17 왼쪽 모양으로 오른쪽 무늬를 만드는 데 이용한 방법을 찾아 ○표 하세요.

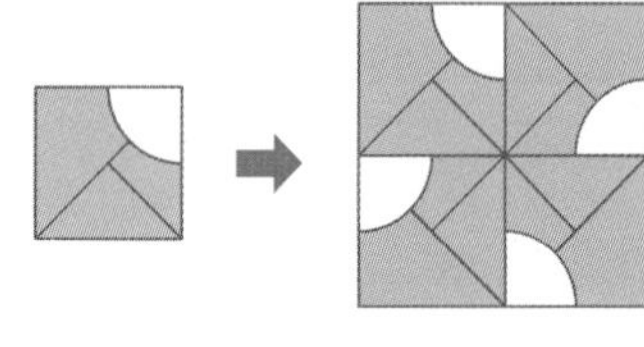

밀기　뒤집기　돌리기

18 모양을 돌리기를 이용하여 무늬를 만들 때 나올 수 없는 모양은 어느 것인가요? ( )

① 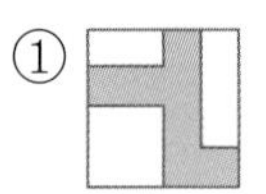 ② 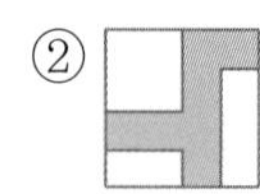 ③ 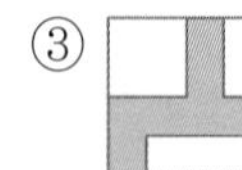

④ 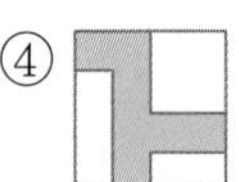 ⑤ 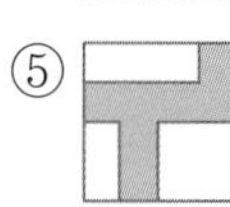

서술형 문제

19 퍼즐의 빈칸에 들어갈 수 있는 조각을 찾아 기호를 쓰고, 어떻게 움직이면 되는지 설명해 보세요.

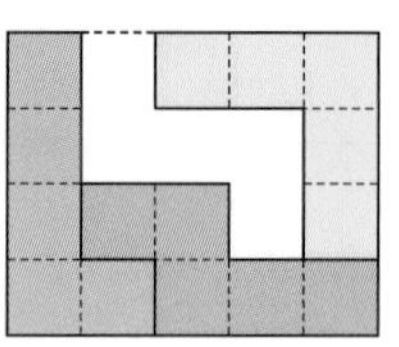

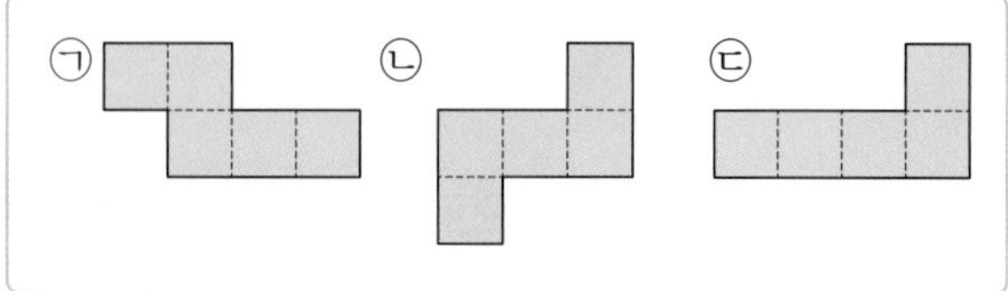

기호

설명

20 세 자리 수가 적힌 카드를 오른쪽으로 뒤집었을 때 만들어지는 수와 처음 수의 합은 얼마인지 풀이 과정을 쓰고 답을 구해 보세요.

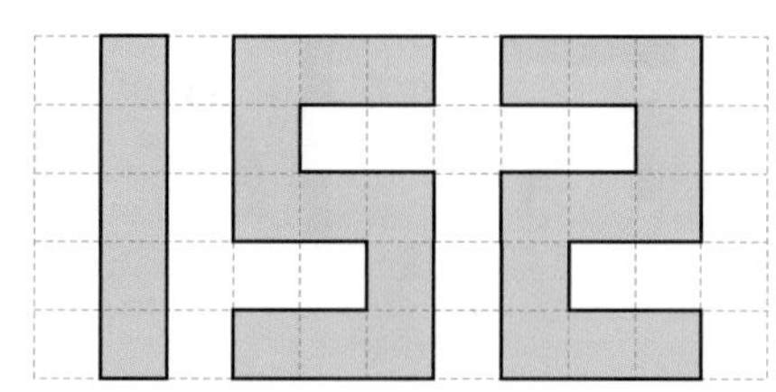

풀이

답

정답과 풀이 32쪽

01 도형을 주어진 방향으로 밀었을 때의 도형을 각각 그려 보세요.

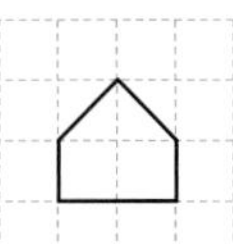

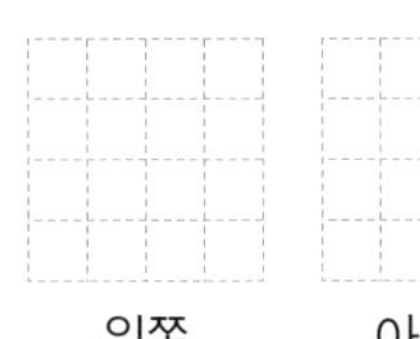

위쪽 아래쪽 왼쪽 오른쪽

02 도형을 왼쪽으로 5 cm 밀었을 때의 도형을 그려 보세요.

03 규칙에 따라 사각형을 밀어서 무늬를 완성해 보세요.

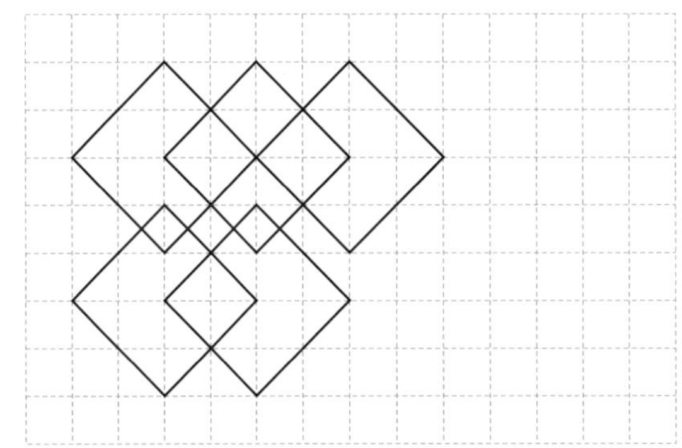

04 오른쪽 모양은 도장을 종이에 찍었을 때의 모양입니다. 도장에 새겨진 모양을 찾아 기호를 써 보세요.

㉠  ㉡  ㉢ 

( )

05 도형을 오른쪽으로 뒤집고 아래쪽으로 뒤집었을 때의 도형을 각각 그려 보세요.

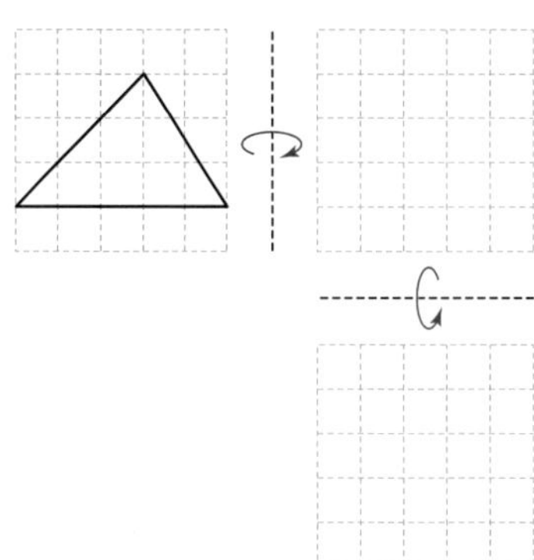

06 왼쪽으로 뒤집었을 때 모양이 변하지 않는 알파벳을 모두 찾아 써 보세요.

E M R O S T

( )

07 시계의 왼쪽에 거울을 놓고 거울에 비친 시계를 보니 다음과 같습니다. 현재 시각은 몇 시 몇 분인가요?

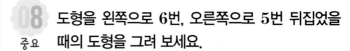

( )

08 중요 도형을 왼쪽으로 6번, 오른쪽으로 5번 뒤집었을 때의 도형을 그려 보세요.

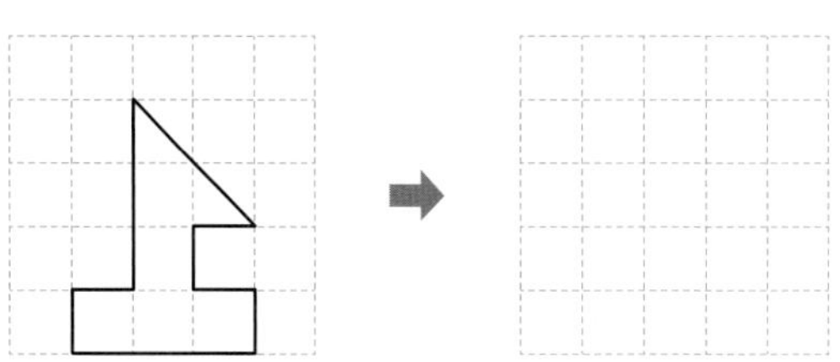

4 단원

09 알맞은 말에 ○표 하세요.

㉮ 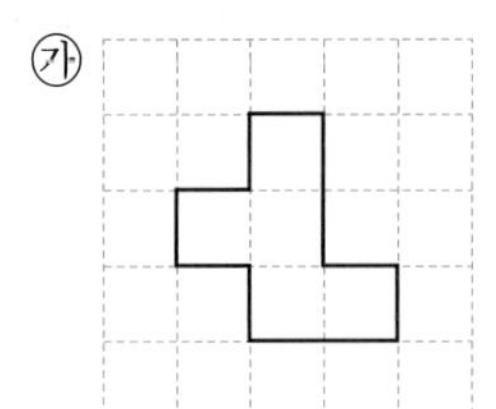 ㉯ 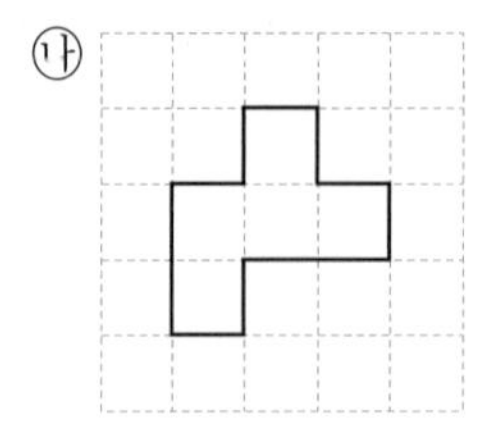

㉮ 도형을 (시계 , 시계 반대) 방향으로
(90°, 180°)만큼 돌리면 ㉯ 도형이 됩니다.

10 도형을 시계 방향으로 90°만큼 4번 돌렸을 때의 도형을 그려 보세요.
중요

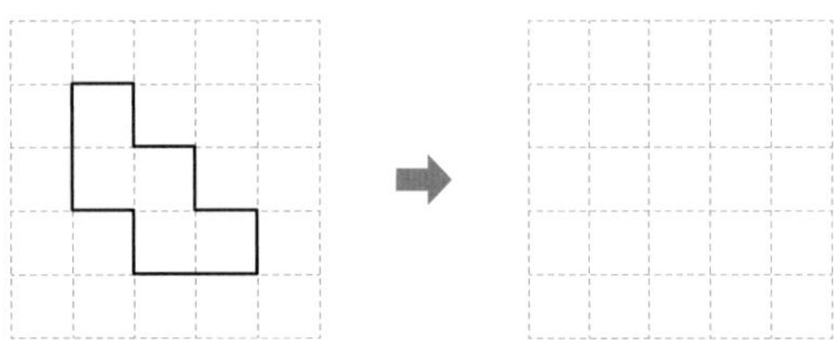

11 왼쪽 도형을 시계 반대 방향으로 90°만큼 적어도 몇 번 돌리면 오른쪽 도형이 되는지 구해 보세요.

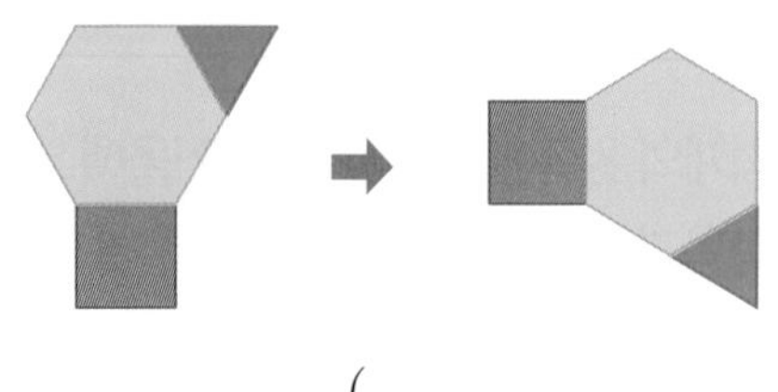

( )

12 다음 중 바르게 말한 사람을 찾아 이름을 써 보세요.

지수:  카드를 오른쪽으로 뒤집으면 '68'이 됩니다.

인호:  카드를 시계 방향으로 만큼 돌리기 하면 '21'이 됩니다.

( )

13 도형을 오른쪽으로 뒤집고 시계 방향으로 180° 만큼 돌렸을 때의 도형을 각각 그려 보세요.

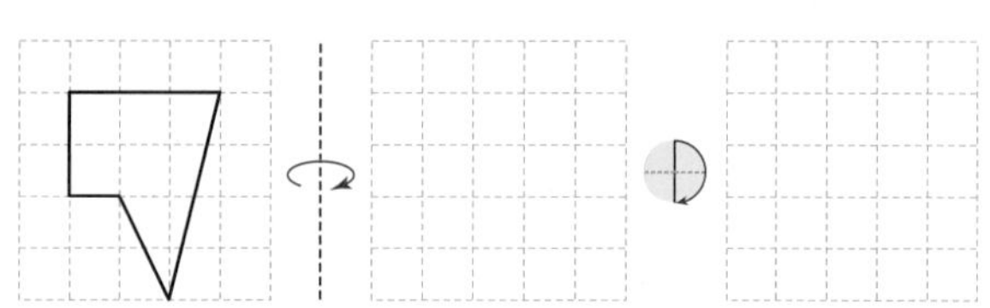

14 오른쪽은 어떤 도형을 시계 반대 방향으로 90°만큼 돌리고 아래쪽으로 뒤집은 모양입니다. 처음 도형을 왼쪽에 그려 보세요.

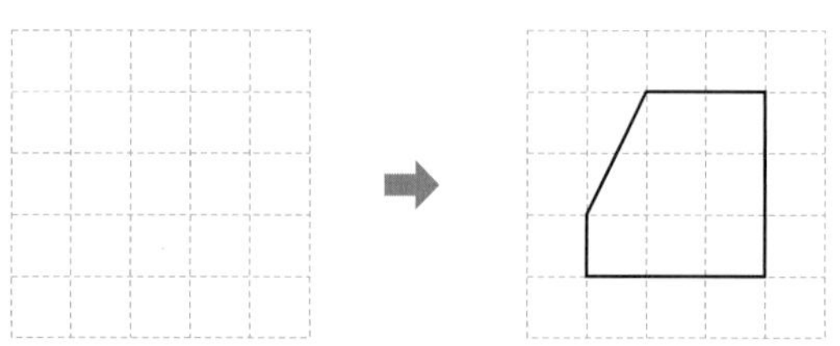

15 오른쪽 도형을 다음과 같이 움직였을 때, 처음 도형과 같은 것을 찾아 기호를 써 보세요.

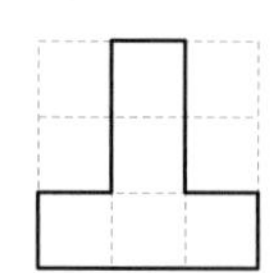

㉠ 시계 방향으로 90°만큼 돌리고 오른쪽으로 밀기
㉡ 시계 방향으로 180°만큼 2번 돌리고 오른쪽으로 2번 뒤집기
㉢ 시계 반대 방향으로 180°만큼 돌리고 오른쪽으로 뒤집기

( )

16 도형을 오른쪽으로 밀고 시계 방향으로 90°만큼 5번 돌린 뒤 아래쪽으로 3번 뒤집은 도형을 그려 보세요.

어려운 문제

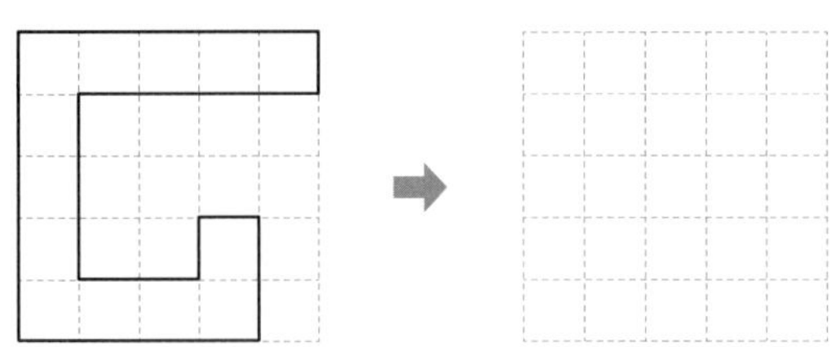

17 글자 카드를 일정한 규칙에 따라 움직인 것입니다. 12째에 알맞은 모양을 그려 보세요.

18 모양으로 뒤집기를 이용하여 규칙적인 무늬를 만들어 보세요.

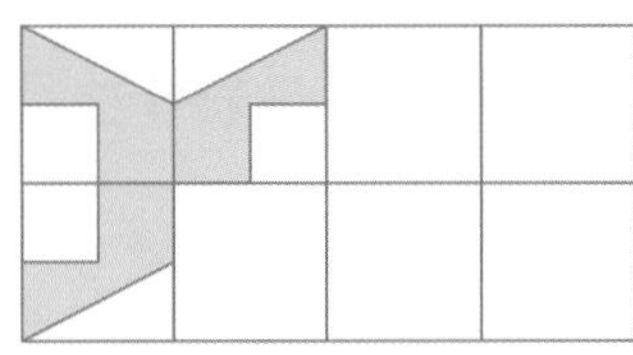

서술형 문제

19 두 자리 수가 적힌 카드를 시계 방향으로 180° 만큼 돌렸을 때 만들어지는 수와 처음 수의 차는 얼마인지 풀이 과정을 쓰고 답을 구해 보세요.

풀이

답

20 다음은 규칙적인 무늬를 만든 것입니다. 이 무늬는 어떻게 만든 것인지 밀기, 뒤집기, 돌리기를 이용하여 설명해 보세요.

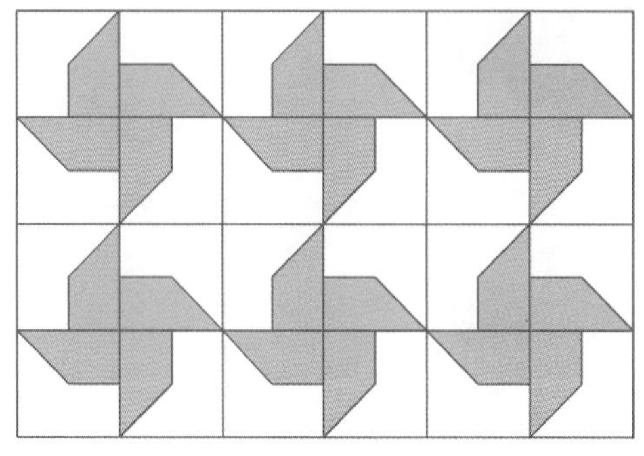

설명

4 단원

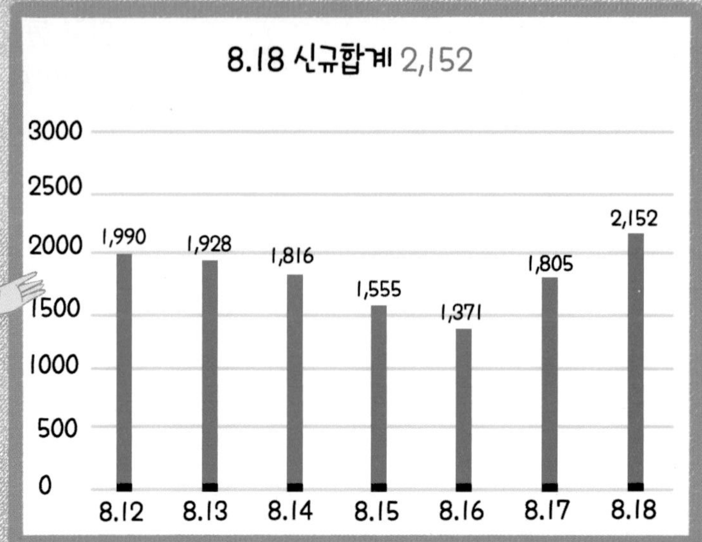

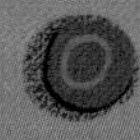

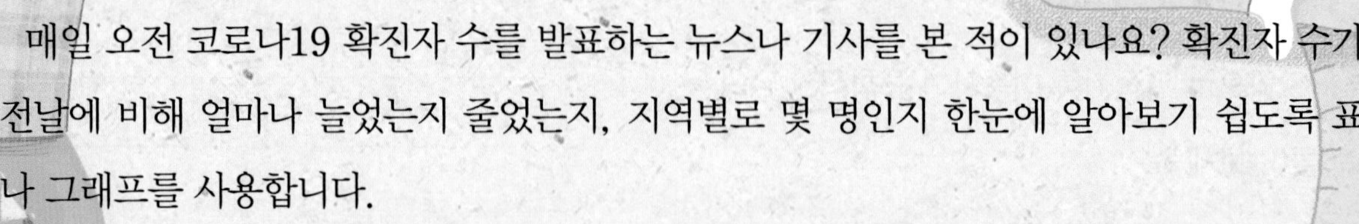

매일 오전 코로나19 확진자 수를 발표하는 뉴스나 기사를 본 적이 있나요? 확진자 수가 전날에 비해 얼마나 늘었는지 줄었는지, 지역별로 몇 명인지 한눈에 알아보기 쉽도록 표나 그래프를 사용합니다.

자료를 수집, 분류, 정리, 해석할 때 우리는 통계 자료로 그래프를 사용하는 경우가 있습니다. 그래프를 보면 많은 자료를 쉽게 해석하고 판단할 수 있습니다.

5 막대그래프

단원 학습 목표

1. 막대그래프로 나타낸 자료를 보고 막대그래프의 특징을 알 수 있습니다.
2. 막대그래프를 보고 여러 가지 통계적 사실을 알 수 있습니다.
3. 막대그래프를 그리는 방법을 알 수 있습니다.
4. 실생활 자료를 조사하여 막대그래프를 그릴 수 있습니다.
5. 막대그래프로 나타낸 자료를 보고 다양하게 해석할 수 있습니다.

단원 진도 체크

학습일		학습 내용	진도 체크
1일째	월 일	개념 1 막대그래프를 알아볼까요 개념 2 막대그래프에서 무엇을 알 수 있을까요	✓
2일째	월 일	교과서 넘어 보기 + 교과서 속 응용 문제	✓
3일째	월 일	개념 3 막대그래프를 어떻게 그릴까요 개념 4 자료를 조사하여 막대그래프를 그려 볼까요 개념 5 막대그래프로 이야기를 만들어 볼까요	✓
4일째	월 일	교과서 넘어 보기 + 교과서 속 응용 문제	✓
5일째	월 일	응용 1 막대가 2개인 막대그래프 알아보기 응용 2 눈금 한 칸의 크기를 바꾸어 막대그래프 그리기 응용 3 합계를 이용하여 항목의 수 구하기	✓
6일째	월 일	응용 4 찢어진 막대그래프 알아보기 응용 5 막대그래프 분석하기	✓
7일째	월 일	단원 평가 LEVEL ❶	✓
8일째	월 일	단원 평가 LEVEL ❷	✓

이 단원을 진도 체크에 맞춰 8일 동안 학습해 보세요.
해당 부분을 공부하고 나서 ✓표를 하세요.

개념 1 막대그래프를 알아볼까요

㉮ 자료를 표와 막대그래프로 나타내기

좋아하는 주스별 학생 수

표

주스	사과주스	포도주스	오렌지주스	복숭아주스	합계
학생 수(명)	4	8	7	5	24

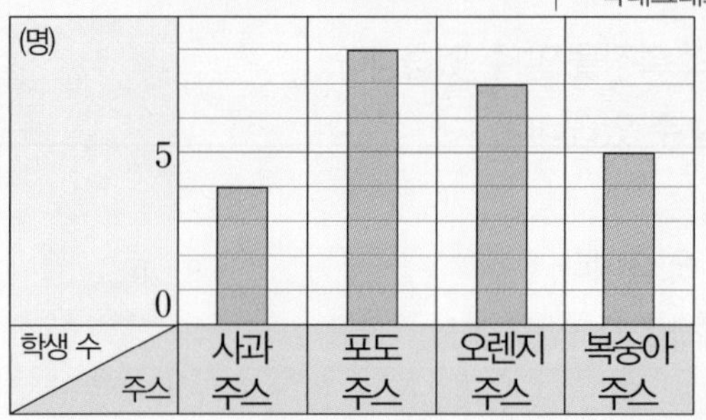

• 가로가 나타내는 것: 주스
• 세로가 나타내는 것: 학생 수
• 막대의 길이가 나타내는 것: 좋아하는 학생 수
• 세로 눈금 한 칸의 크기: 1명

조사한 자료를 막대 모양으로 나타낸 그래프를 막대그래프라고 합니다.

▶ 자료를 보고 표와 그래프로 나타내기
• 자료를 표와 그래프로 나타내면 여러 가지 내용을 알아보기 편리합니다.
• 그래프는 그림그래프, 막대그래프 등이 있습니다.

▶ 표와 막대그래프 비교
• 표: 각 항목별 조사한 수와 합계를 알아보기에 편리합니다.
• 막대그래프: 항목별 수량의 많고 적음의 크기 비교를 한눈에 쉽게 할 수 있습니다.

[01~04] 지후네 반 학생들이 좋아하는 색깔을 조사하여 나타낸 그래프입니다. 물음에 답하세요.

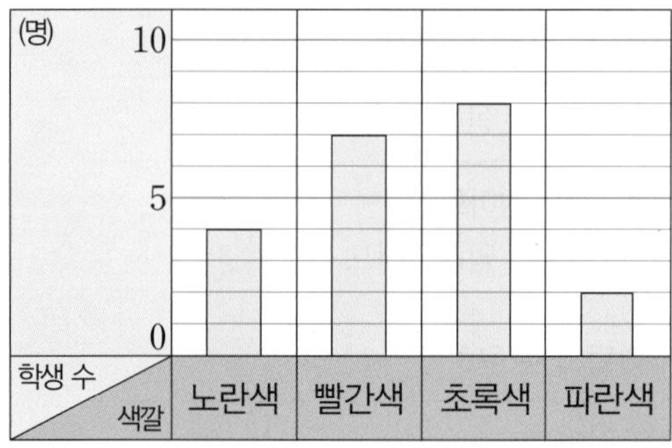

01 조사한 자료를 막대 모양으로 나타낸 그래프를 무엇이라고 하나요?

( )

02 막대그래프의 가로와 세로는 각각 무엇을 나타내나요?

가로 ( )
세로 ( )

03 막대그래프에서 막대의 길이는 무엇을 나타내는지 알맞은 말에 ○표 하세요.

막대의 길이는 (좋아하는 학생 수 , 색깔)을/를 나타냅니다.

04 세로 눈금 한 칸은 몇 명을 나타내나요?

( )

개념 2 막대그래프에서 무엇을 알 수 있을까요

예 막대그래프의 내용 알아보기

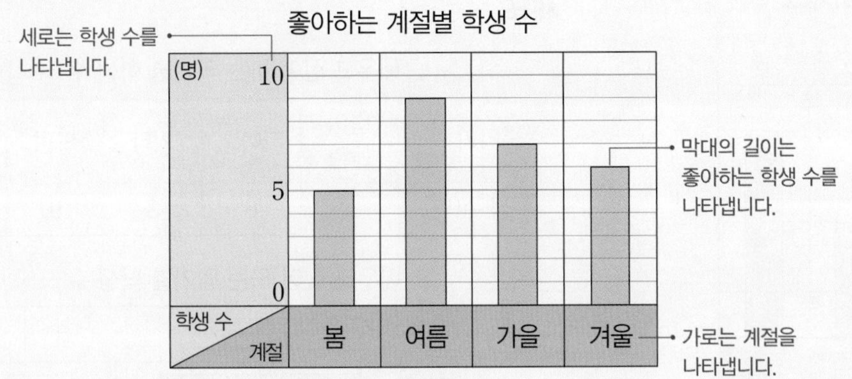

- 좋아하는 학생 수가 가장 많은 계절: 여름
- 좋아하는 학생 수가 가장 적은 계절: 봄
- 세로 눈금 5칸이 5명을 나타내므로 (세로 눈금 한 칸)$=5\div5=1$(명)을 나타냅니다.
- 여름을 좋아하는 학생은 9명입니다.
- 가을을 좋아하는 학생은 봄을 좋아하는 학생보다 2명 더 많습니다.

▶ 막대의 길이
- 막대의 길이가 길수록 수가 많습니다.
- 막대의 길이가 짧을수록 수가 적습니다.

[05~08] 민지네 학교 4학년의 반별 안경을 쓴 학생 수를 나타낸 막대그래프입니다. 물음에 답하세요.

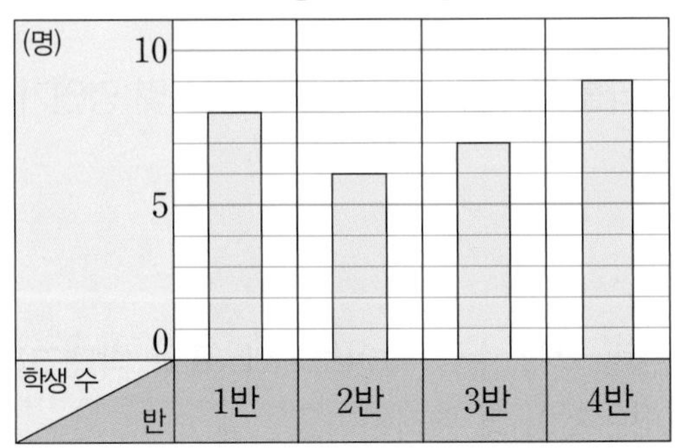

05 안경을 쓴 학생 수가 가장 많은 반은 몇 반인가요?

( )

06 안경을 쓴 학생 수가 가장 적은 반은 몇 반인가요?

( )

07 1반에서 안경을 쓴 학생은 몇 명인가요?

( )

08 안경을 쓴 학생 수가 3반보다 적은 반을 써 보세요.

( )

[01~04] 민수네 반 학생들이 좋아하는 과목을 조사하여 나타낸 막대그래프입니다. 물음에 답하세요.

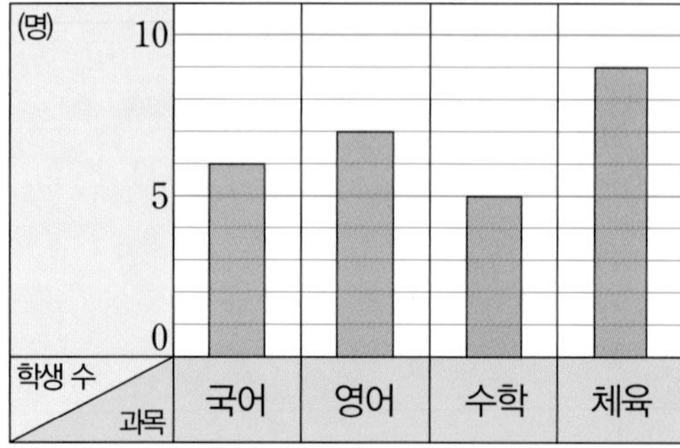

01 무엇을 조사하였나요?

( )

02 가로와 세로는 각각 무엇을 나타내나요?

가로 ( )

세로 ( )

03 막대의 길이는 무엇을 나타내나요?

( )

04 세로 눈금 한 칸은 몇 명을 나타내나요?

( )

[05~08] 하윤이네 반 학생들이 배우고 싶어 하는 악기를 조사하여 나타낸 표와 막대그래프입니다. 물음에 답하세요.

배우고 싶어 하는 악기별 학생 수

악기	바이올린	피아노	기타	드럼	합계
학생 수(명)	5	6	3	9	23

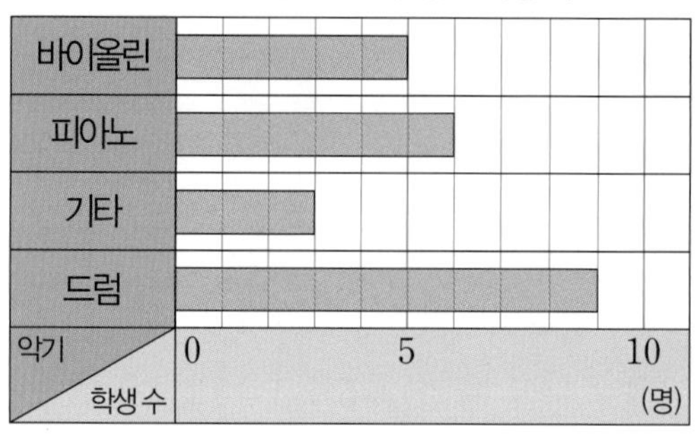

05 막대그래프에서 가로와 세로는 각각 무엇을 나타내는지 알맞은 말에 ○표 하세요.

가로는 (악기 , 학생 수)을/를,
세로는 (악기 , 학생 수)을/를 나타냅니다.

06 기타를 배우고 싶어하는 학생은 몇 명인가요?

( )

07 전체 학생 수를 알아보기에 표와 막대그래프 중 어느 것이 더 편리한가요?

( )

08 중요 배우고 싶어 하는 악기별 학생 수의 크기를 한눈에 비교하기에 더 편리한 것은 표와 막대그래프 중 어느 것인가요?

( )

[09~12] 어느 날 지역별 강수량을 나타낸 막대그래프입니다. 물음에 답하세요.

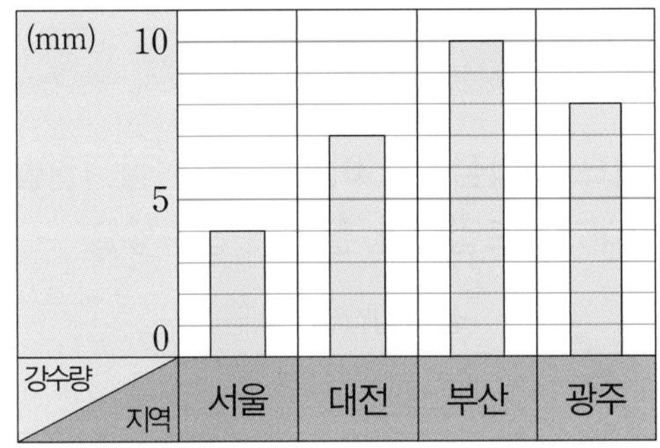

09 강수량이 가장 많은 지역은 어디인가요?

( )

10 중요 강수량이 두 번째로 많은 지역은 어디인가요?

( )

11 강수량이 서울의 2배인 지역은 어디인가요?

( )

12 강수량이 가장 많은 지역과 강수량이 가장 적은 지역의 강수량의 차는 몇 mm인가요?

( )

[13~15] 진호네 반 학생들이 좋아하는 여가 활동을 조사하여 나타낸 막대그래프입니다. 물음에 답하세요.

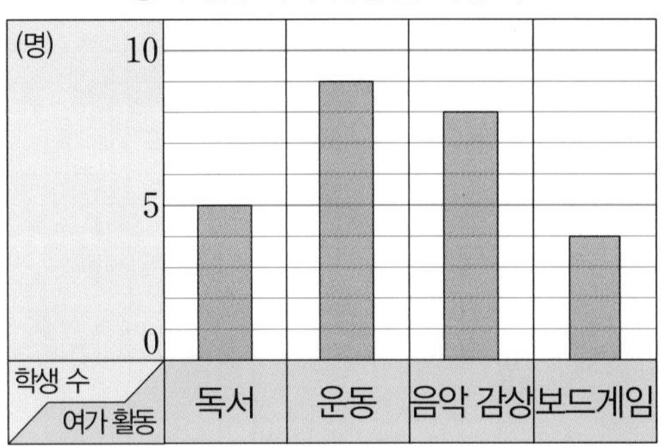

13 좋아하는 여가 활동이 음악 감상인 학생은 몇 명인가요?

( )

14 가장 적은 학생이 좋아하는 여가 활동은 무엇인가요?

( )

15 어려운 문제 막대그래프에서 알 수 있는 내용을 바르게 설명한 것에 ○표, 잘못 설명한 것에 ×표 하세요.

보드게임을 좋아하는 학생 수는 4명입니다.	( )
음악 감상을 좋아하는 학생은 독서를 좋아하는 학생보다 2명 더 많습니다.	( )
좋아하는 여가 활동별 학생 수가 보드게임보다 많고 음악 감상보다 적은 여가 활동은 독서입니다.	( )

5 단원

[16~18] **진영이네 학교 4학년 학생들이 좋아하는 계절을 조사하여 나타낸 막대그래프입니다. 물음에 답하세요.**

좋아하는 계절별 학생 수

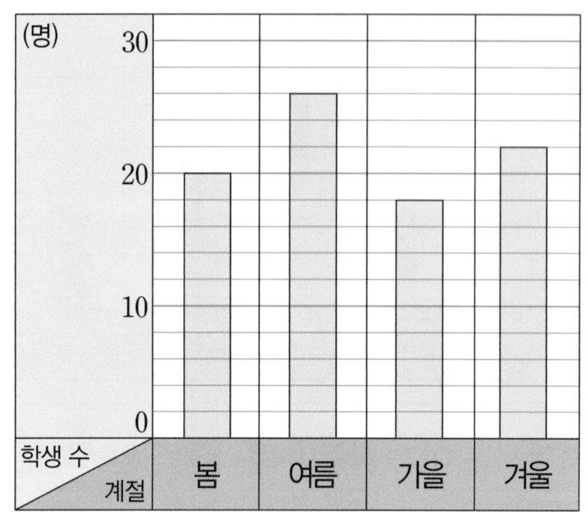

16 세로 눈금 한 칸은 몇 명을 나타내는지 구하려고 합니다. □ 안에 알맞은 수를 써넣으세요.

> 세로 눈금 5칸이 10명을 나타내므로
>
> 세로 눈금 한 칸은 $10 \div 5 = \square$(명)을
>
> 나타냅니다.

17 봄을 좋아하는 여학생 수가 13명일 때, 봄을 좋아하는 남학생 수는 몇 명인가요?

( )

18 조사한 전체 학생 수는 모두 몇 명인가요?

( )

교과서, 익힘책 속 응용 문제를 유형별로 풀어 보세요.

교과서 속 **응용 문제**

정답과 풀이 34쪽

판매한 금액과 거스름돈 구하기

- (판매한 금액)=(상품 한 개의 가격)×(개수)
- (거스름돈)=(낸 돈)−(물건값)

[19~20] **어느 편의점에서 어제 판매한 삼각김밥의 수를 나타낸 막대그래프입니다. 물음에 답하세요.**

삼각김밥별 판매량

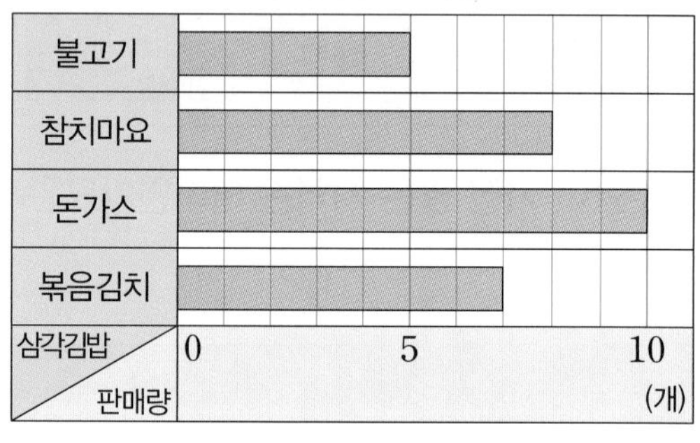

19 어제 판매한 삼각김밥은 모두 몇 개인가요?

( )

20 삼각김밥 한 개는 800원입니다. 어제 삼각김밥을 판매한 금액은 모두 얼마인가요?

( )

21 지후는 친구들에게 선물을 하기 위해 한 자루에 500원인 볼펜을 그래프와 같이 샀습니다. 15000원을 냈다면 거스름돈은 얼마인가요?

구입한 색깔별 볼펜 수

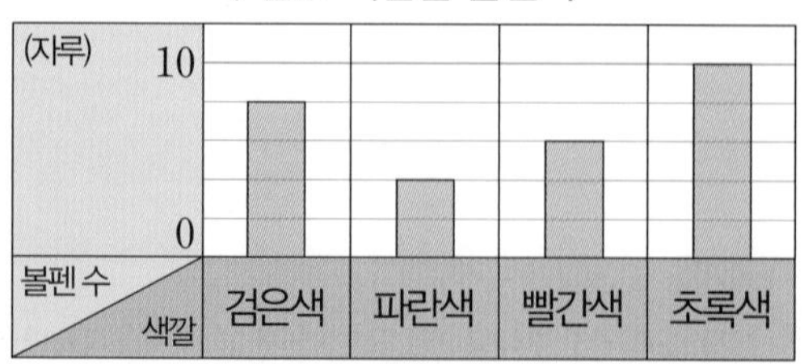

( )

정답과 풀이 35쪽

개념 3 막대그래프를 어떻게 그릴까요

막대그래프를 그리는 방법

① 가로와 세로 중 어느 쪽에 조사한 수를 나타낼 것인가를 정합니다.
② 눈금 한 칸의 크기를 정하고, 조사한 수 중 가장 큰 수를 나타낼 수 있도록 눈금의 수를 정합니다.
③ 조사한 수에 맞도록 막대를 그립니다.
④ 막대그래프에 알맞은 제목을 붙입니다.

▶ 막대그래프를 그릴 때 주의할 점
- 막대그래프를 왼쪽과 같은 순서대로 그려야 한다는 의미보다는 이런 내용이 모두 포함되어 있어야 한다는 의미입니다.
- 세로는 과일, 가로는 학생 수로 하여 막대를 가로로 나타낼 수도 있습니다.

예 좋아하는 과일별 학생 수

과일	배	사과	포도	바나나	합계
학생 수(명)	3	7	5	9	24

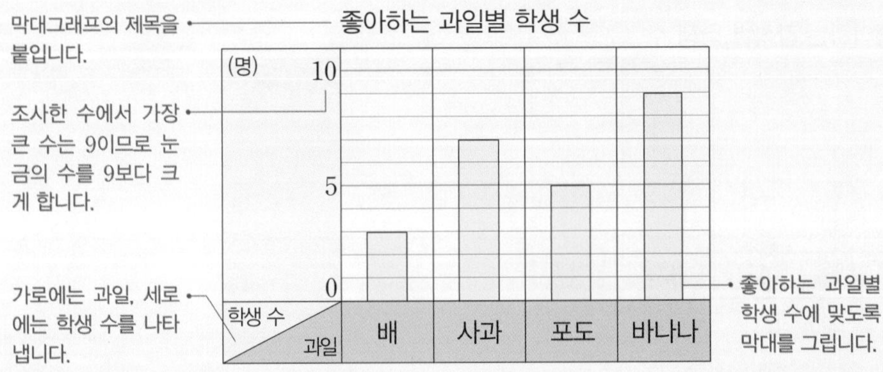

▶ 막대그래프에서 눈금의 수 정하기
조사한 수를 나타내는 눈금은 조사한 수 중에서 가장 큰 수와 같거나 몇 칸을 더 나타낼 수 있게 그립니다.

[01~04] 정민이네 반 학생들이 좋아하는 우유를 조사하여 나타낸 표를 보고 막대그래프로 나타내려고 합니다. 물음에 답하세요.

좋아하는 우유별 학생 수

우유	바나나 우유	딸기 우유	흰 우유	초코 우유	합계
학생 수(명)	5	6	4	7	22

01 가로에 우유를 나타낸다면 세로에는 무엇을 나타내어야 하나요? (　　　　　)

02 막대그래프의 제목은 무엇인가요?

(　　　　　)

03 세로 눈금 한 칸이 1명을 나타낸다면 딸기 우유를 좋아하는 학생은 몇 칸으로 나타내어야 하는지 □ 안에 알맞은 수를 써넣으세요.

딸기우유를 좋아하는 학생: 6명 ➡ □ 칸

04 표를 보고 막대그래프로 나타내어 보세요.

좋아하는 우유별 학생 수

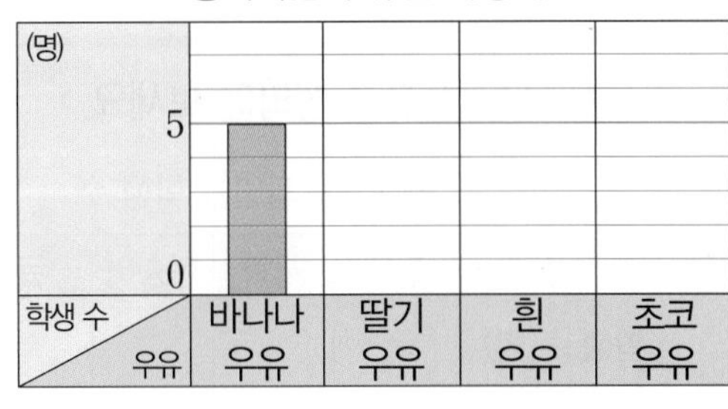

자료를 조사하여 막대그래프를 그려 볼까요

예 학생들이 좋아하는 간식을 조사하여 막대그래프를 그리기

• 피자 • 과일 • 과자 • 빵

1단계 조사한 자료를 표로 정리하기

좋아하는 간식별 학생 수

간식	피자	과일	과자	빵	합계
학생 수(명)	7	5	8	4	24

2단계 표를 보고 막대그래프로 나타내기

좋아하는 간식별 학생 수

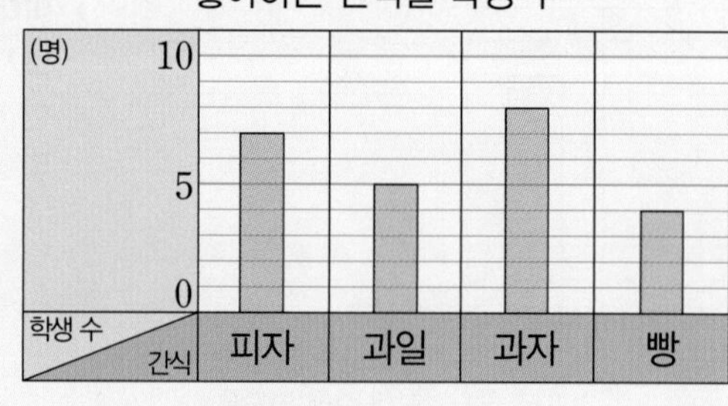

▶ 표로 나타내는 방법
① 알고 싶은 주제를 정해 자료 조사하기
② 자료를 분류하여 수를 세기
③ 분류한 항목에 해당하는 자료의 수를 표로 정리하기

▶ 막대그래프로 나타내는 방법
① 주제를 정해 자료 조사하기
② 조사한 결과를 표로 정리하기
③ 막대그래프로 그리기

[05~07] 준기네 반 학생들이 좋아하는 과일을 조사한 것입니다. 물음에 답하세요.

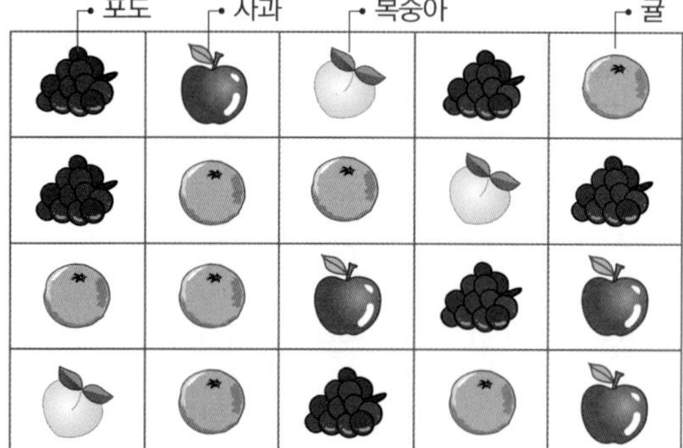

05 조사한 내용을 표로 정리해 보세요.

좋아하는 과일별 학생 수

과일	포도	사과	복숭아	귤	합계
학생 수(명)		4			

06 막대그래프의 세로에 학생 수를 나타낸다면 가로에는 무엇을 나타내야 하나요?

( )

07 05의 표를 보고 막대그래프로 나타내어 보세요.

좋아하는 과일별 학생 수

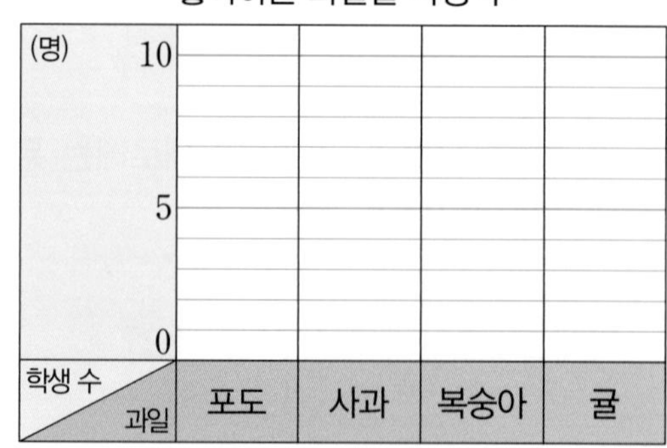

개념 5 막대그래프로 이야기를 만들어 볼까요

예 수호네 반 학생들이 실천한 환경 보호 활동을 보고 이야기 만들기

환경 보호 활동별 실천한 학생 수

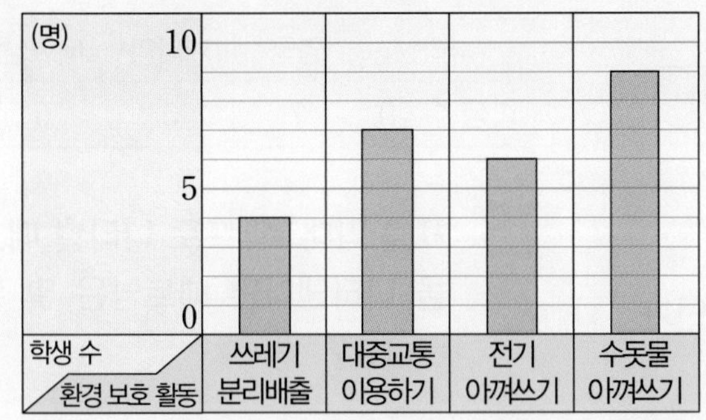

- 알 수 있는 내용: 가장 많이 실천한 환경 보호 활동은 수돗물 아껴쓰기입니다. 가장 적게 실천한 환경 보호 활동은 쓰레기 분리배출입니다.
- 이야기 만들기: 가장 적게 실천한 환경 보호 활동이 쓰레기 분리배출이므로 환경 보호를 위해 쓰레기를 분리하여 배출하도록 더 노력해야겠습니다.

▶ 이야기를 읽고 막대그래프 완성하기
- 이야기에서 알 수 있는 점을 찾고 막대그래프로 나타냅니다.
- 막대그래프로 나타내었을 때 가장 많이 실천한 환경 보호 활동을 한눈에 알 수 있다는 좋은 점이 있습니다.

▶ 막대그래프를 보고 이야기 만들기
- 막대그래프를 보고 알 수 있는 내용을 찾고, 찾은 내용이 포함되게 이야기를 씁니다.
- 막대그래프에서 찾을 수 있는 통계적 사실을 근거로 막대그래프에 나타나지 않은 정보를 예측할 수 있습니다.

[08~10] 4학년 1반 학급 임원 선거 결과를 나타낸 막대그래프입니다. 물음에 답하세요.

학생별 득표 수

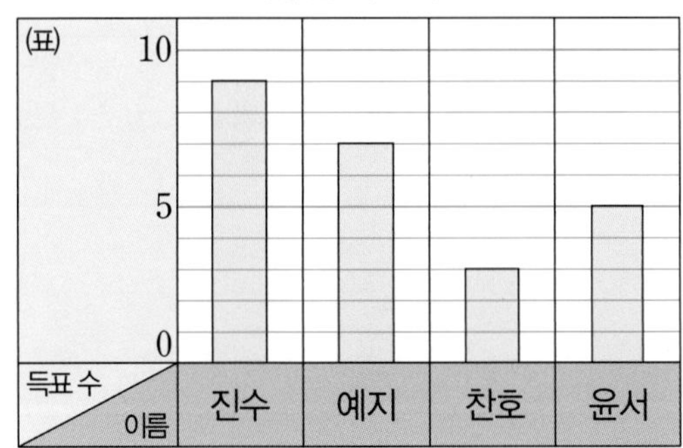

08 학급 임원 선거에서 표를 가장 적게 받은 사람은 누구인가요?

(　　　　　　　)

09 학급 임원 선거에서 학생들이 각 1표씩 투표하였고 무효표가 없었을 때 4학년 1반 학생은 모두 몇 명인가요?

(　　　　　　　)

10 막대그래프를 보고 이야기를 만들려고 합니다. □ 안에 알맞은 수를 써넣으세요.

학급 임원 선거에서 진수, 예지, 찬호, 윤서가 나왔습니다. □가 □표로 가장 많이 표를 받아 학급 회장이 되었고, 표를 두 번째로 많이 받은 □가 학급 부회장이 되었습니다.

5 단원

[22~24] 정빈이네 집이 4개월 동안 매달 분리배출한 종이류의 무게를 나타낸 표입니다. 물음에 답하세요.

월별 분리배출한 종이류의 무게

월	3월	4월	5월	6월	합계
무게 (kg)	7	6	5		27

22 6월에 분리배출한 종이류의 무게는 몇 kg인가요?

( )

23 표를 보고 막대그래프로 나타낼 때 가로에 월을 나타낸다면 세로에는 무엇을 나타내어야 하나요?

( )

24 표를 보고 막대그래프로 나타내어 보세요.

월별 분리배출한 종이류의 무게

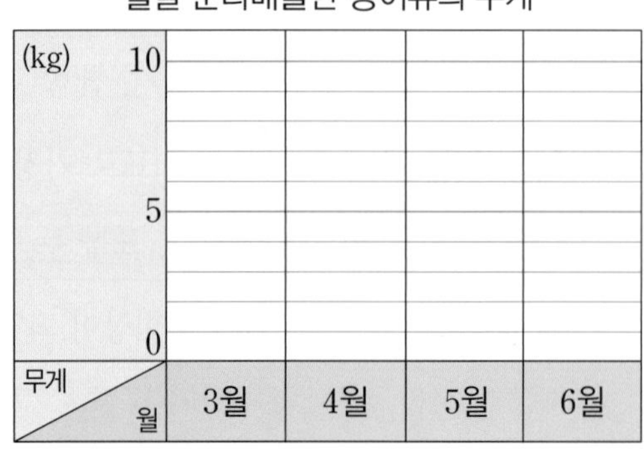

[25~26] 준하네 반 학생들이 가고 싶은 나라를 조사하여 나타낸 표입니다. 물음에 답하세요.

가고 싶은 나라별 학생 수

나라	영국	캐나다	베트남	태국	합계
학생 수(명)	7	5	6	8	26

25 표를 막대그래프로 나타낼 때, 눈금 한 칸이 1명을 나타낸다면 베트남은 몇 칸으로 나타내어야 하나요?

( )

26 표를 보고 막대가 가로인 막대그래프로 나타내어 보세요.

가고 싶은 나라별 학생 수

영국
캐나다
베트남
태국
나라 / 학생 수
0 5 10
(명)

27 중요 승아네 반 학생들이 좋아하는 계절을 조사하여 나타낸 표입니다. 표를 막대그래프로 나타낼 때, 눈금 한 칸이 1명을 나타낸다면 눈금은 적어도 몇 칸이 필요한가요?

좋아하는 계절별 학생 수

계절	봄	여름	가을	겨울	합계
학생 수(명)	5	10	8	7	30

( )

[28~29] 어느 달 2주일 동안의 날씨를 나타낸 것입니다. 물음에 답하세요.

1일 맑음	2일 흐림	3일 비	4일 흐림	5일 맑음	6일 눈	7일 눈
8일 흐림	9일 눈	10일 맑음	11일 맑음	12일 흐림	13일 비	14일 맑음

28 표로 나타내어 보세요.

날씨별 날수

날씨	맑음	흐림	비	눈	합계
날수(일)					

29 28의 표를 보고 막대그래프로 나타내어 보세요.

날씨별 날수

30 민재가 주사위를 30번 굴려서 나온 눈의 수를 조사하여 나타낸 막대그래프입니다. 막대그래프를 완성해 보세요.

주사위 눈의 수별 나온 횟수

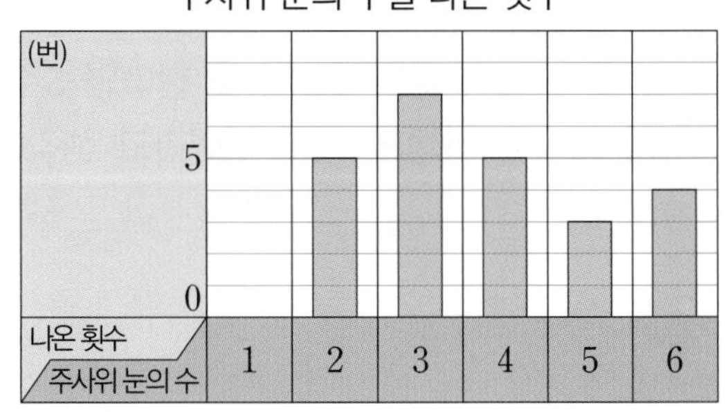

[31~33] 여러 장소에서 지호네 학교 정문까지의 거리를 나타낸 표입니다. 물음에 답하세요.

장소별 학교 정문까지의 거리

장소	꽃밭	수돗가	식당	놀이터
거리(m)	70	90	130	30

31 표를 보고 막대그래프로 나타내려고 합니다. 알맞은 말에 ○표 하세요.

거리를 나타낼 때 눈금 한 칸의 크기는 (1 , 10) m로 하는 것이 좋습니다.

32 표를 보고 막대그래프로 나타내어 보세요.

장소별 학교 정문까지의 거리

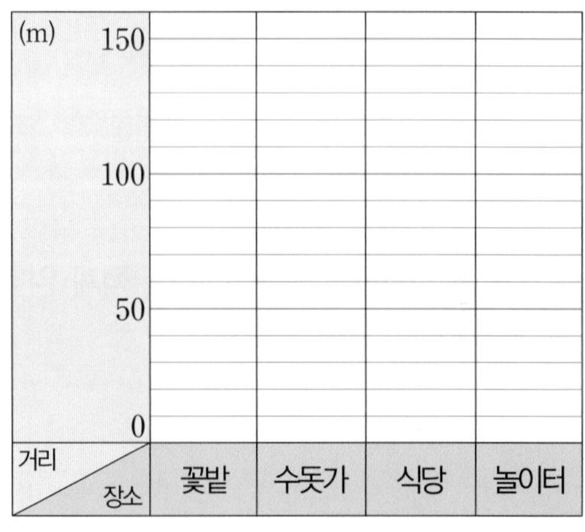

33 중요 거리가 가까운 장소부터 위에서 차례대로 나타나도록 막대가 가로인 막대그래프로 나타내어 보세요.

장소별 학교 정문까지의 거리

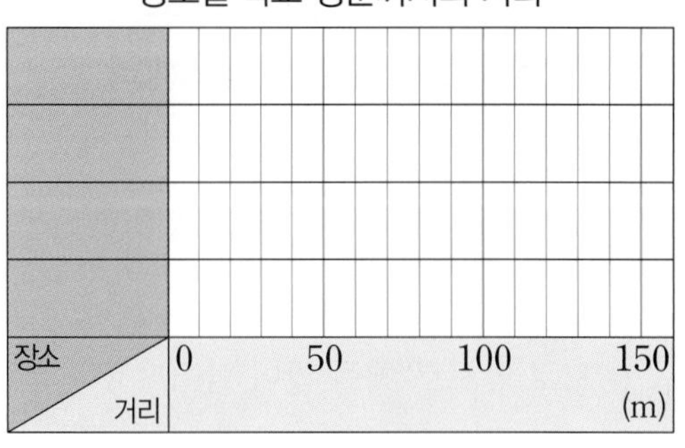

5 단원

[34~36] **주원이가 4개월 동안의 독서량을 조사하여 나타낸 막대그래프입니다. 물음에 답하세요.**

월별 독서량

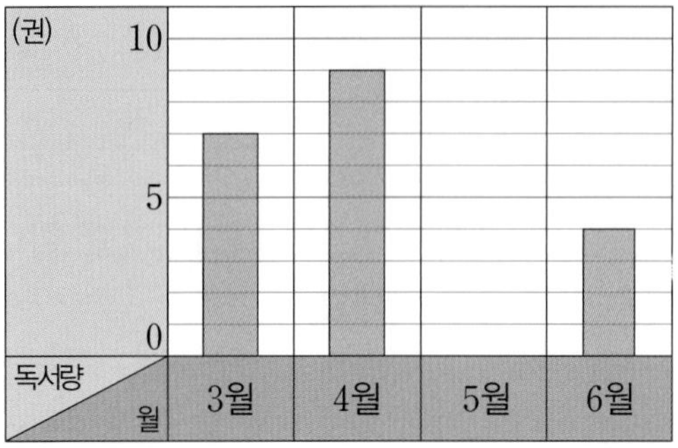

34 3월의 독서량은 몇 권인가요?

(　　　　　　　　　　　　)

35 5월에 4월보다 책을 3권 더 적게 읽었을 때, 막대그래프를 완성해 보세요.

36 주원이가 막대그래프를 보고 일기를 썼습니다. □ 안에 알맞은 수를 써넣으세요.

> □월의 독서량이 가장 많았고, □월의 독서량이 가장 적었다. 독서량이 줄어들고 있으므로 앞으로 책을 많이 읽어야겠다.

교과서 속 **응용 문제**

정답과 풀이 35쪽

막대그래프를 보고 이야기하기

- 막대그래프에서 찾을 수 있는 통계적 사실을 근거로 그래프에 나타나지 않은 정보를 예측할 수 있습니다.

주별 운동 시간

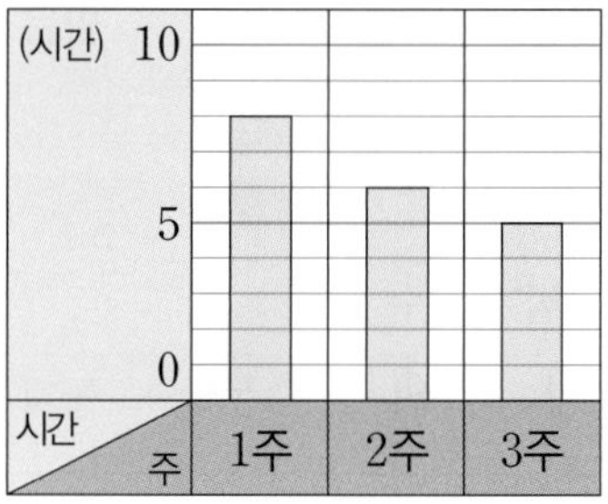

➡ 운동 시간이 점점 줄어들고 있습니다.

[37~39] **민호의 1주부터 4주까지의 줄넘기 기록을 나타낸 막대그래프입니다. 물음에 답하세요.**

주별 줄넘기 기록

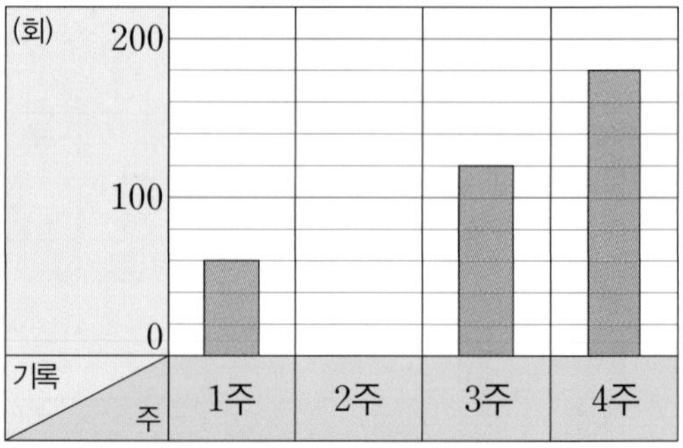

37 2주 때 줄넘기 기록은 1주 때보다 20회 더 많습니다. 2주 때 줄넘기 기록은 몇 회인가요?

(　　　　　　　　　　　　)

38 4주 때 줄넘기 기록은 3주 때 줄넘기 기록보다 몇 회 더 많은가요?

(　　　　　　　　　　　　)

39 민호가 계속 줄넘기 연습을 한다면 5주 때 줄넘기 기록은 어떻게 변할 것이라고 생각하는지 써 보세요.

(　　　　　　　　　　　　　　　　　　　　　　　　)

응용력 높이기

정답과 풀이 37쪽

대표 응용 막대가 2개인 막대그래프 알아보기

1 경민이네 학교 4학년의 반별 여학생 수와 남학생 수를 나타낸 막대그래프입니다. 여학생 수와 남학생 수의 차가 가장 작은 반은 몇 반인지 구해 보세요.

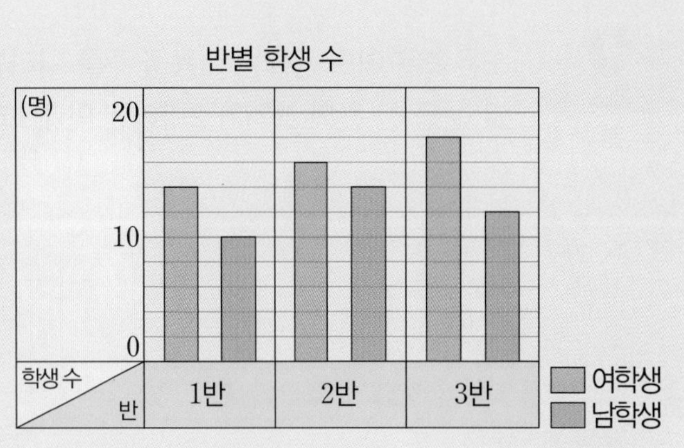

문제 스케치

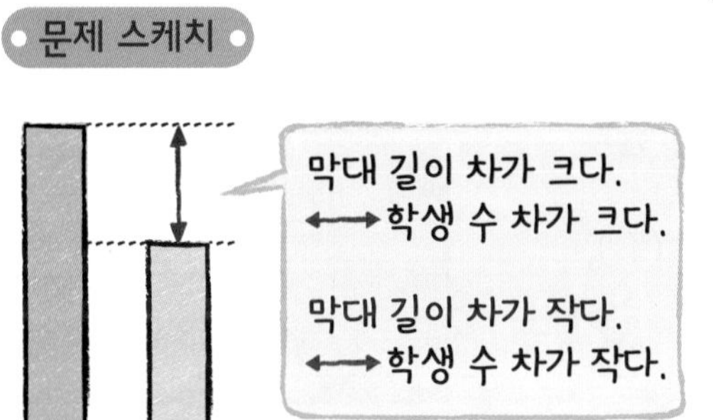

막대 길이 차가 크다.
⟷ 학생 수 차가 크다.
막대 길이 차가 작다.
⟷ 학생 수 차가 작다.

해결하기

여학생 수와 남학생 수의 차가 가장 작은 반은 여학생과 남학생을 나타내는 막대의 길이의 차가 가장 (작은 , 큰) 반인 ☐ 반입니다.

■ 동호네 학교 학생들이 좋아하는 운동별 학생 수를 나타낸 막대그래프입니다. 물음에 답하세요.

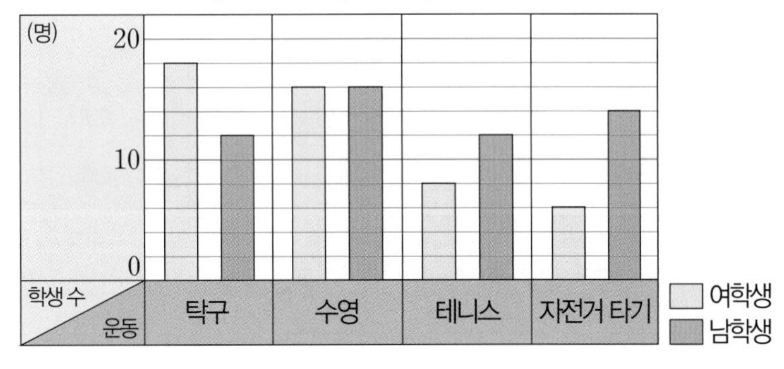

1-1 좋아하는 여학생 수와 남학생 수의 차가 가장 큰 운동은 무엇인가요? ( )

1-2 좋아하는 여학생 수와 남학생 수가 같은 운동은 무엇인가요? ( )

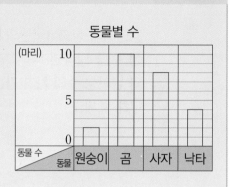

대표 응용 눈금 한 칸의 크기를 바꾸어 막대그래프 그리기

2 오른쪽은 어느 동물원의 동물 수를 나타낸 막대그래프입니다. 세로 눈금 한 칸의 크기가 2마리인 막대그래프로 나타내어 보세요.

동물별 수

(마리) 10, 5, 0

동물 수 / 동물: 원숭이, 곰, 사자, 낙타

문제 스케치

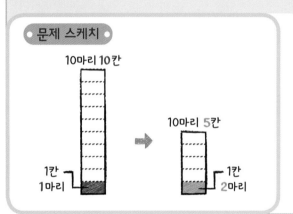

10마리 10칸 → 10마리 5칸

1칸 1마리 → 1칸 2마리

해결하기

세로 눈금 한 칸을 2마리로 하면 원숭이: 2÷2=□(칸),

곰: □÷2=□(칸),

사자: □÷2=□(칸),

낙타: □÷2=□(칸)

동물별 수

(마리) 10, 0

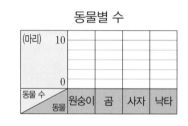

동물 수 / 동물: 원숭이, 곰, 사자, 낙타

2-1 주영이의 수행평가 점수를 조사하여 나타낸 막대그래프입니다. 가로 눈금 한 칸의 크기가 5점인 막대그래프로 나타내어 보세요.

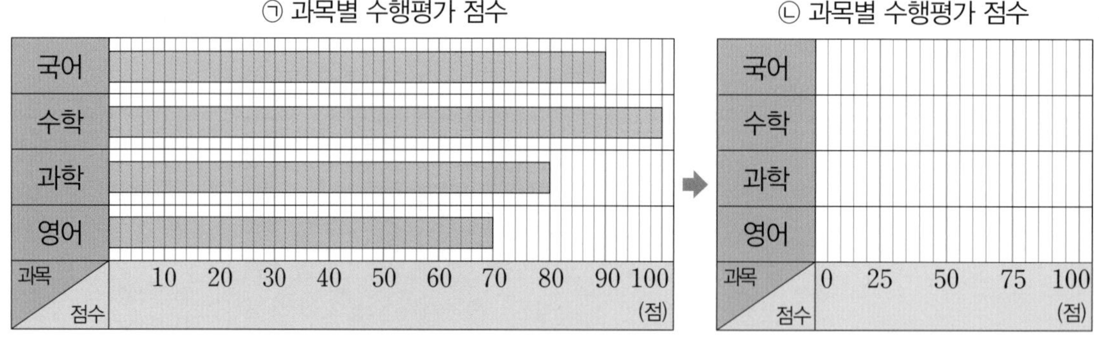

2-2 2-1 막대그래프를 가로 눈금 한 칸의 크기를 10점으로 하여 다시 그린다면 수학 점수는 몇 칸으로 그려야 하나요?

(　　　　　)

대표 응용 합계를 이용하여 항목의 수 구하기

3 오른쪽은 혜민이네 반 학생 **20**명이 좋아하는 계절을 조사하여 나타낸 막대그래프입니다. 겨울을 좋아하는 학생은 몇 명인지 구해 보세요.

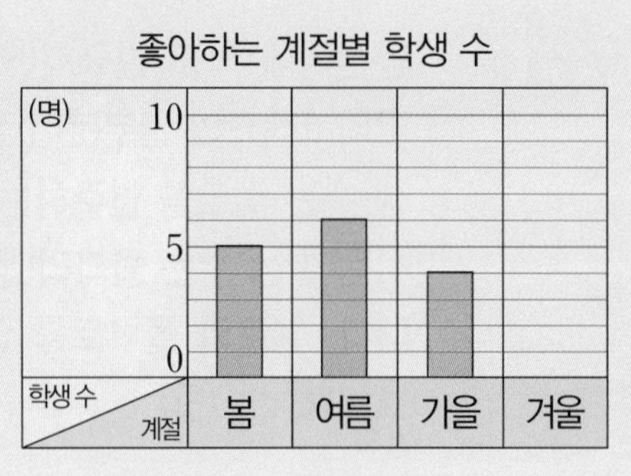

문제 스케치

봄 + 여름 + 가을 + 겨울 = 20명

겨울 = 20명 − 봄 − 여름 − 가을

해결하기

전체 학생 수는 20명이고, 계절별 좋아하는 학생 수가

봄: ☐명, 여름: ☐명, 가을: ☐명입니다.

(겨울을 좋아하는 학생 수)=☐−5−6−4=☐(명)

3-1 오른쪽은 지원이네 농장에서 기르고 있는 동물 **40**마리를 조사하여 나타낸 막대그래프입니다. 기르고 있는 소는 몇 마리인가요?

( )

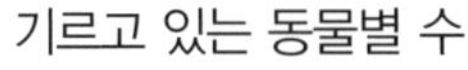

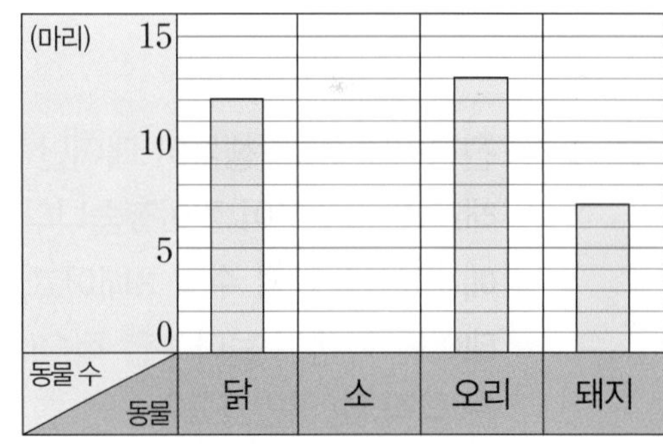

3-2 오른쪽은 영호가 사는 지역의 마을별 감자 수확량을 조사하여 나타낸 막대그래프입니다. 전체 감자 수확량은 **530 kg**이고, 나 마을과 라 마을의 감자 수확량은 같습니다. 나 마을의 감자 수확량은 몇 **kg**인가요?

( )

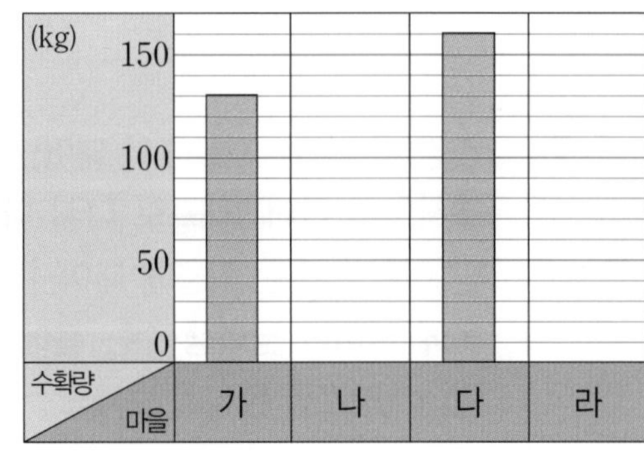

응용력 높이기

대표 응용 찢어진 막대그래프 알아보기

4 민선이네 학교 발표회에서 학생들이 연주하는 악기를 나타낸 막대그래프의 일부분이 찢어졌습니다. 바이올린을 연주하는 학생 수는 첼로를 연주하는 학생 수의 2배입니다. 플루트를 연주하는 학생 수는 클라리넷을 연주하는 학생 수보다 2명 더 많습니다. 첼로와 플루트를 연주하는 학생은 각각 몇 명인지 구해 보세요.

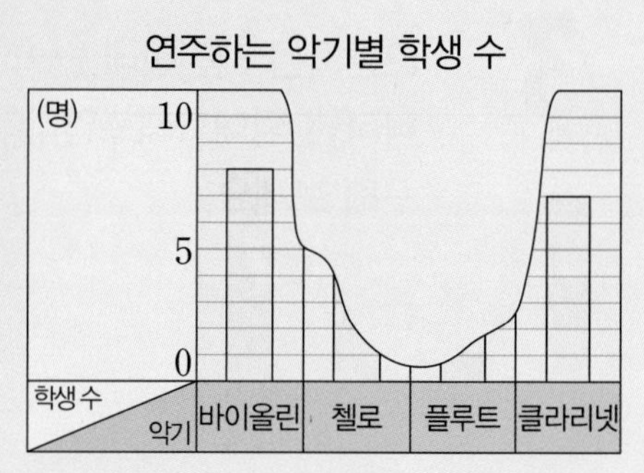

문제 스케치

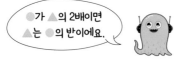

● = ▲ × 2

▲ + ▲

● ÷2

●가 ▲의 2배이면 ▲는 ●의 반이에요.

해결하기

바이올린을 연주하는 학생이 ☐ 명이므로

(첼로를 연주하는 학생 수)= ☐ ÷2= ☐ (명)입니다.

클라리넷을 연주하는 학생이 7명이므로

(플루트를 연주하는 학생 수)=7+ ☐ = ☐ (명)입니다.

4-1 진경이네 반 학생들이 태어난 계절을 조사하여 나타낸 막대그래프의 일부분이 찢어졌습니다. 겨울에 태어난 학생 수는 여름에 태어난 학생 수의 3배이고, 가을에 태어난 학생 수는 봄에 태어난 학생 수보다 1명 적습니다. 여름과 가을에 태어난 학생은 각각 몇 명인가요?

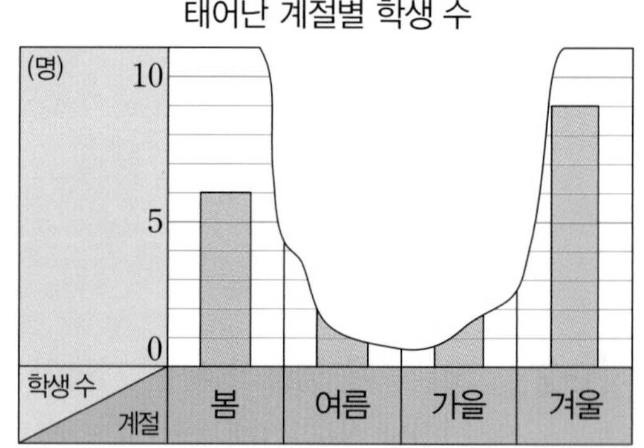

여름 ( )

가을 ( )

4-2 진경이는 **4-1** 자료에서 태어난 계절별 남학생과 여학생 수로 조사하여 막대그래프로 다시 나타내고 있습니다. 여름에 태어난 여학생 수는 겨울에 태어난 여학생 수보다 2명 더 적고, 가을에 태어난 남학생 수는 봄에 태어난 남학생 수와 같습니다. 막대그래프를 완성해 보세요.

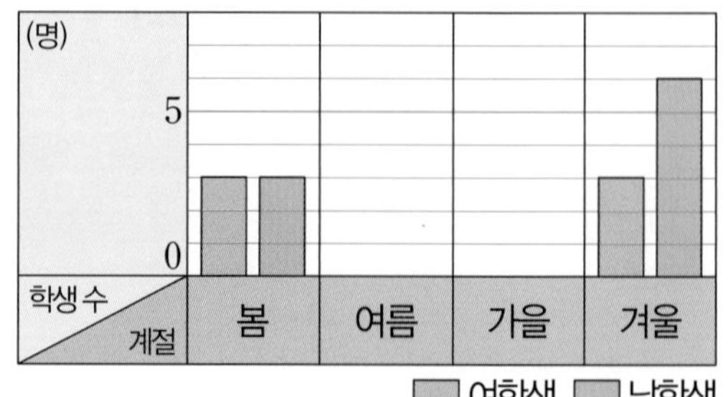

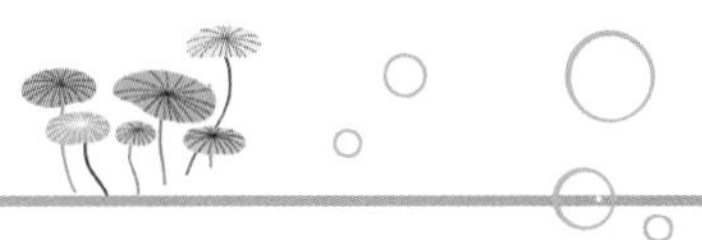

대표 응용 막대그래프 분석하기

5 (가)는 3월 이후 학년별 전학 온 학생 수를 나타낸 표이고, (나)는 3월 학년별 학생 수를 나타낸 그래프입니다. 현재 4학년의 학생 수를 구해 보세요. (단, 전학 간 학생은 없습니다)

(가) 3월 이후 학년별 전학 온 학생 수

학년	3학년	4학년	5학년	6학년	합계
학생 수 (명)	0	3	4	2	9

(나) 3월 학년별 학생 수

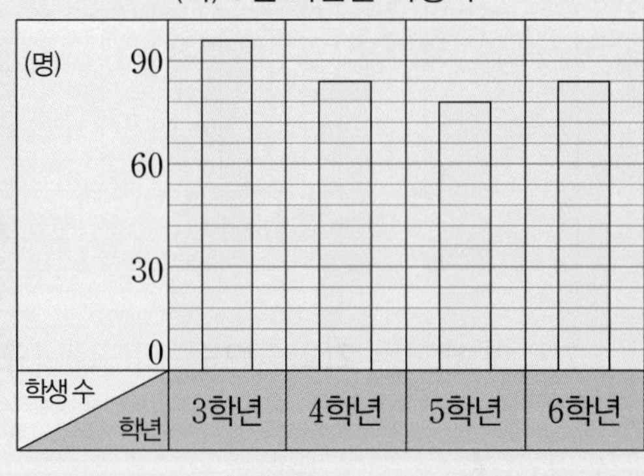

문제 스케치

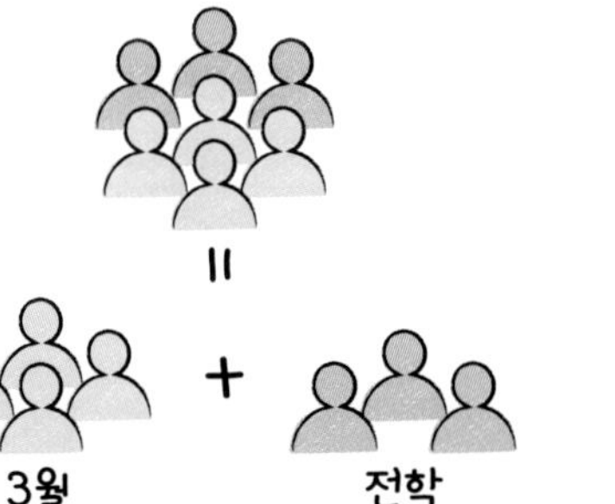

해결하기

막대그래프의

(세로 눈금 한 칸의 크기)$=30\div5=6$(명)입니다.

3월에 4학년이 □ 명이므로

3월 이후 전학 온 학생 수를 더하면

(현재 4학년 학생 수)$=84+$□$=$□(명)입니다.

■ 오른쪽은 어느 해 4월부터 7월까지 어느 지역에 비가 온 날수를 나타낸 막대그래프입니다. 물음에 답하세요.

월별 비가 온 날수

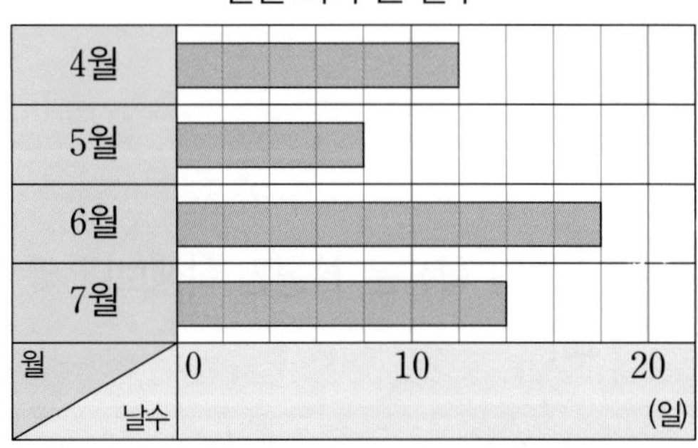

5-1 4월에 비가 오지 않은 날은 며칠인가요? (　　　　)

5-2 비가 오지 않는 날이 가장 많은 달은 몇 월인가요? (　　　　)

[01~05] 하늘이네 반 학생들의 혈액형을 조사하여 나타낸 막대그래프입니다. 물음에 답하세요.

혈액형별 학생 수

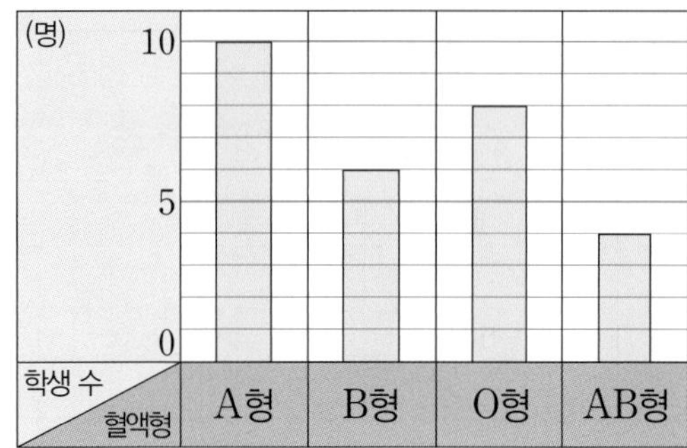

01 가로와 세로는 각각 무엇을 나타내나요?

가로 (　　　　　　　　　　)

세로 (　　　　　　　　　　)

02 세로 눈금 한 칸은 몇 명을 나타내나요?

(　　　　　　　　　　)

03 O형인 학생은 몇 명인가요?

(　　　　　　　　　　)

04 A형인 학생은 B형인 학생보다 몇 명 더 많은가요?

(　　　　　　　　　　)

05 중요 하늘이네 반 학생은 모두 몇 명인가요?

(　　　　　　　　　　)

[06~07] 지수네 아파트의 동별 학생 수를 나타낸 막대그래프입니다. 물음에 답하세요.

동별 학생 수

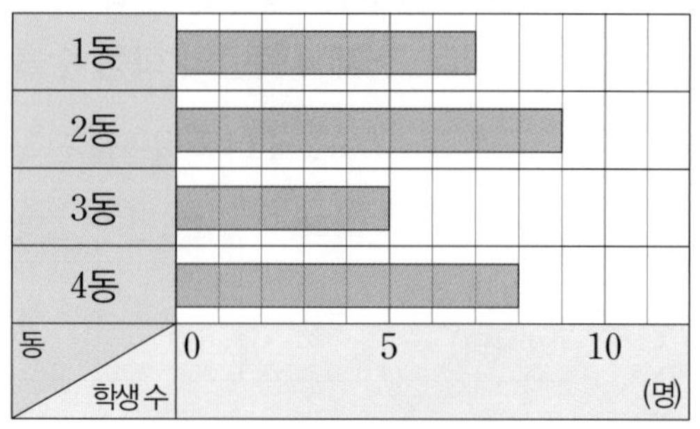

06 학생 수가 많은 동부터 차례대로 써 보세요.

(　　　　　　　　　　)

07 중요 학생 수가 1동보다 2명 더 많은 동은 몇 동인가요?

(　　　　　　　　　　)

08 동호네 학교 4학년 학생들이 좋아하는 운동을 조사하여 나타낸 막대그래프입니다. 전체 학생이 58명일 때 농구를 좋아하는 학생은 몇 명인가요?

좋아하는 운동별 학생 수

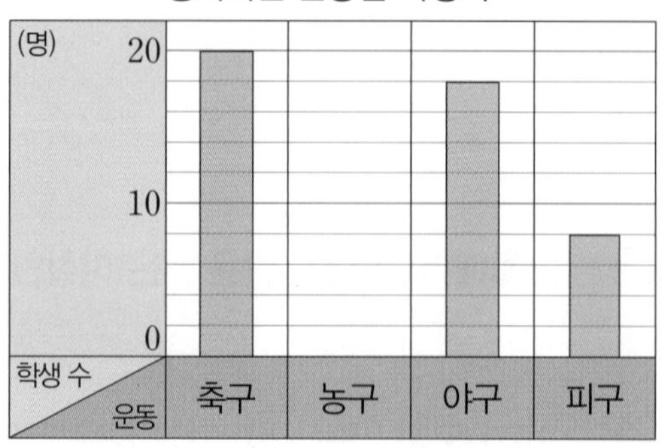

(　　　　　　　　　　)

[09~10] 어느 농장에서 기르고 있는 가축의 수를 막대그래프로 나타내려고 합니다. 물음에 답하세요.

종류별 가축 수

가축	소	돼지	닭	오리	합계
가축 수(마리)	8	12	18	14	52

09 표를 보고 막대그래프로 나타내어 보세요.

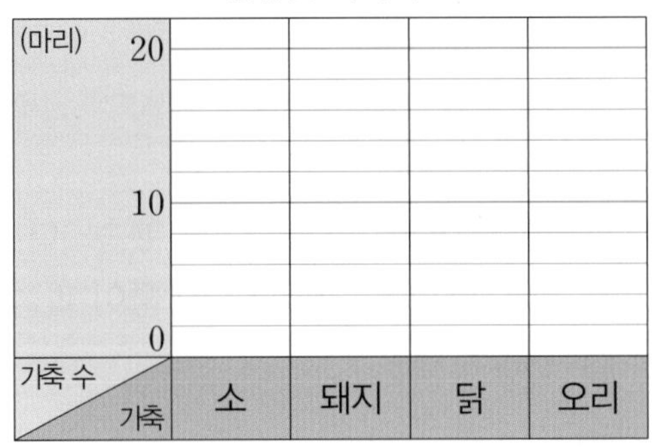

10 막대그래프에 대한 설명으로 틀린 것은 어느 것인가요? (   )

① 가로는 가축을 나타냅니다.
② 세로는 가축 수를 나타냅니다.
③ 각 막대의 길이는 종류별 가축 수입니다.
④ 세로 눈금 한 칸은 1마리를 나타냅니다.
⑤ 가장 많이 있는 가축은 닭입니다.

11 선아네 반 학생들이 좋아하는 동물을 나타낸 막대그래프의 일부분이 찢어졌습니다. 강아지를 좋아하는 학생 수는 토끼를 좋아하는 학생 수의 4배입니다. 토끼를 좋아하는 학생은 몇 명인가요?

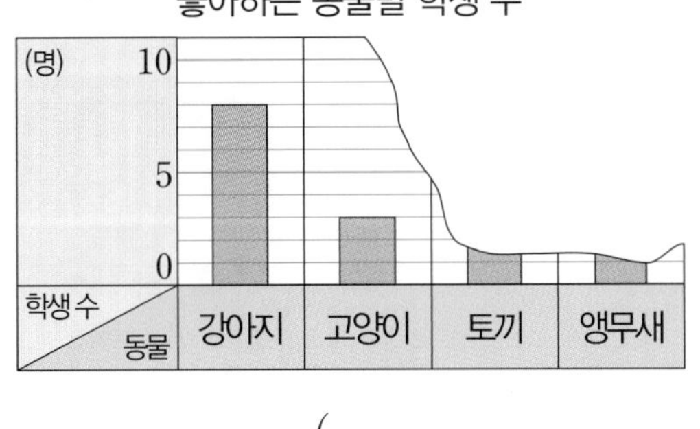

(   )

[12~14] 우리나라 사람들의 연도별 1인당 쌀 소비량을 조사하여 나타낸 막대그래프입니다. 물음에 답하세요.

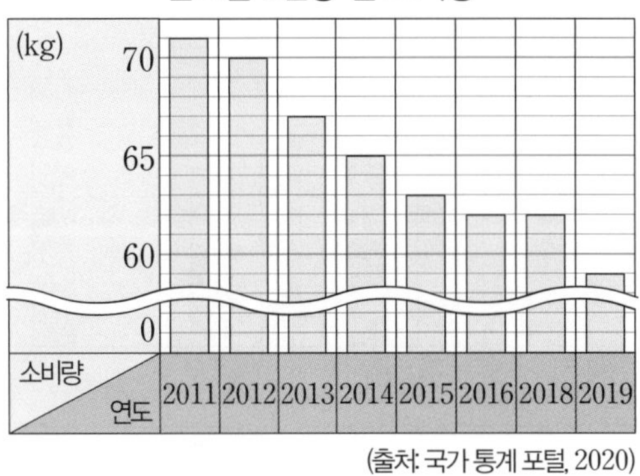

(출처: 국가 통계 포털, 2020)

12 2019년 1인당 쌀 소비량은 몇 kg인가요?

(   )

13 막대그래프에서 알 수 없는 것에 ○표 하세요.

남자와 여자의 1인당 쌀 소비량	연도별 1인당 쌀 소비량

14 2020년 이후로 1인당 쌀 소비량은 어떻게 변화할지 설명해 보세요.

설명

15 어느 신문에 실린 폭염 일수를 쓴 기사 일부와 막대그래프입니다. 알맞은 말에 ○표 하세요.

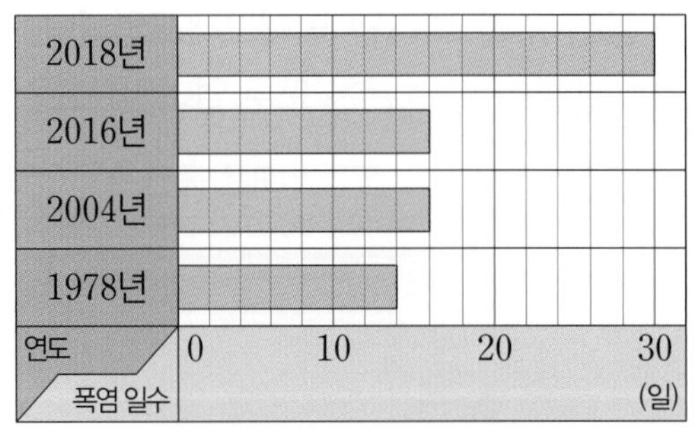

현재로 오면서 폭염 일수가 점점 (늘어나고 , 줄어들고) 있습니다.

[16~17] 민수네 학교 학생들이 좋아하는 음식을 조사하여 나타낸 막대그래프입니다. 물음에 답하세요.

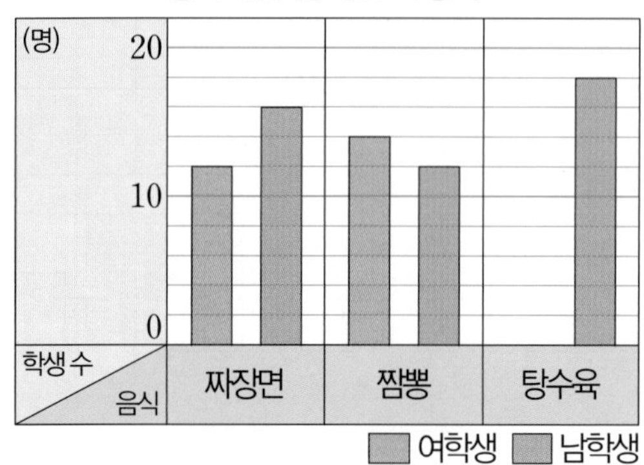

16 전체 여학생 수와 전체 남학생 수가 같을 때 탕수육을 좋아하는 여학생은 몇 명인가요?

( )

17 학생들이 좋아하는 음식으로 학교에서 한 가지 준비한다면 어떤 음식을 선택해야 할까요?

( )

어려운 문제

18 현아네 반 학생들이 동전 모으기 행사에서 모은 동전 수를 나타낸 막대그래프입니다. 현아네 반 학생들이 모은 돈은 모두 얼마인가요?

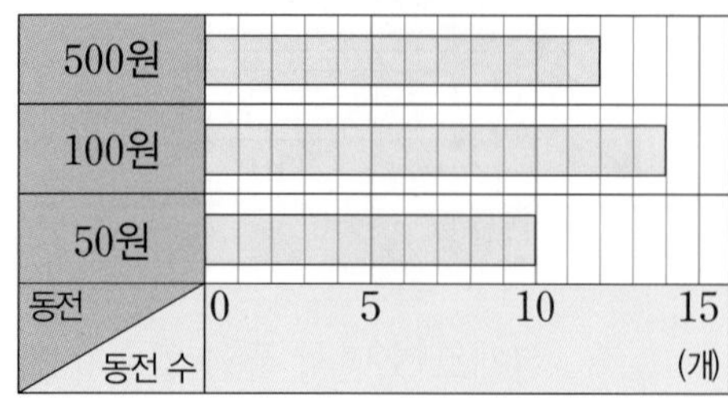

( )

서술형 문제

[19~20] 소영이네 모둠 학생들의 훌라후프 기록을 나타낸 막대그래프입니다. 물음에 답하세요.

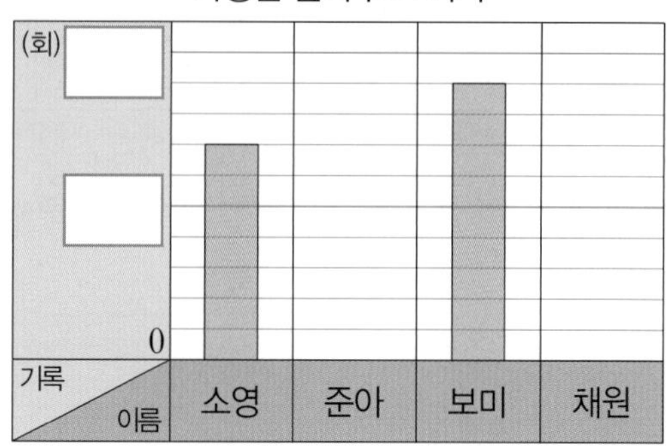

19 소영이가 훌라후프를 21회 했습니다. 세로 눈금 한 칸은 몇 회를 나타내는지 풀이 과정을 쓰고 답을 구해 보세요.

풀이

답

20 소영이네 모둠 학생들은 훌라후프를 모두 96회 했고, 준아와 채원이의 훌라후프 기록은 같습니다. 준아와 채원이가 훌라후프를 각각 몇 회 했는지 막대그래프로 나타내려고 합니다. 풀이 과정을 쓰고 막대그래프를 완성해 보세요.

풀이

[01~05] 민수네 반 학생들의 동아리를 조사하여 나타낸 표와 막대그래프입니다. 물음에 답하세요.

동아리별 학생 수

동아리	독서	발명	줄넘기	마술	합계
학생 수(명)	7		10	3	

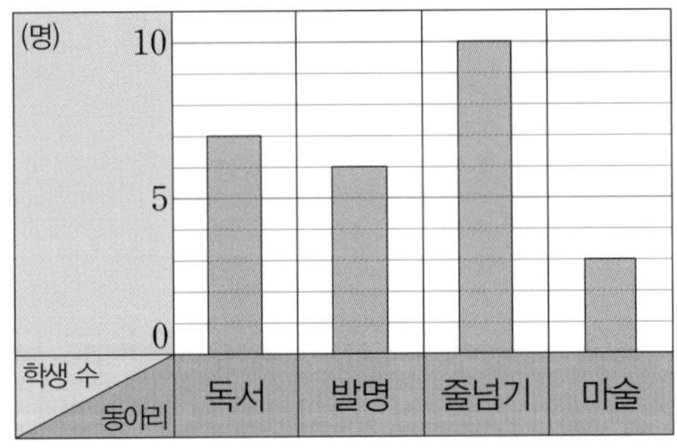

01 세로 눈금 한 칸은 몇 명을 나타내나요?

( )

02 동아리별 학생 수를 어떤 모양으로 나타내었나요?

( )

03 발명 동아리 학생은 몇 명인가요?

( )

04 조사한 학생은 모두 몇 명인가요?

( )

05 학생 수가 가장 많은 동아리는 무엇인지 한눈에 알아보려면 표와 막대그래프 중 어느 것이 더 편리하나요?

( )

[06~08] 호영이네 반 학생이 좋아하는 놀이기구를 조사하여 나타낸 표와 막대그래프입니다. 물음에 답하세요.

좋아하는 놀이기구별 학생 수

놀이기구	그네	미끄럼틀	시소	철봉	합계
학생 수(명)	8		6		25

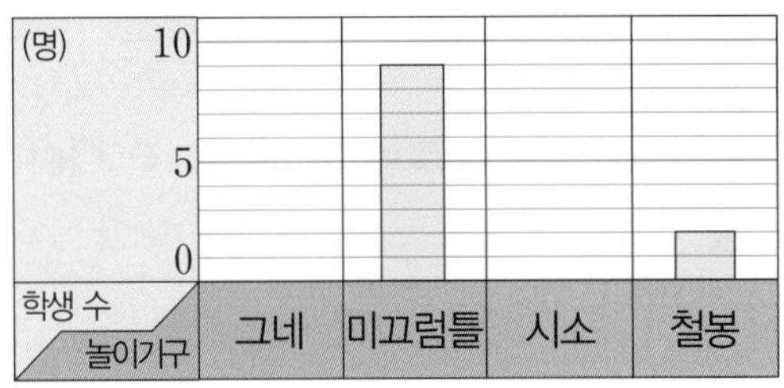

06 미끄럼틀을 좋아하는 학생은 몇 명인가요?

( )

07 표와 막대그래프를 완성하세요.

08 중요 그네를 좋아하는 학생 수는 철봉을 좋아하는 학생 수의 몇 배인가요?

( )

09 채원이네 학교 4학년 학생들이 좋아하는 꽃을 조사하여 나타낸 막대그래프입니다. 가장 많은 학생들이 좋아하는 꽃과 가장 적은 학생들이 좋아하는 꽃의 학생 수의 차를 구해 보세요.

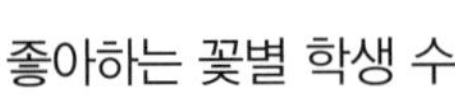

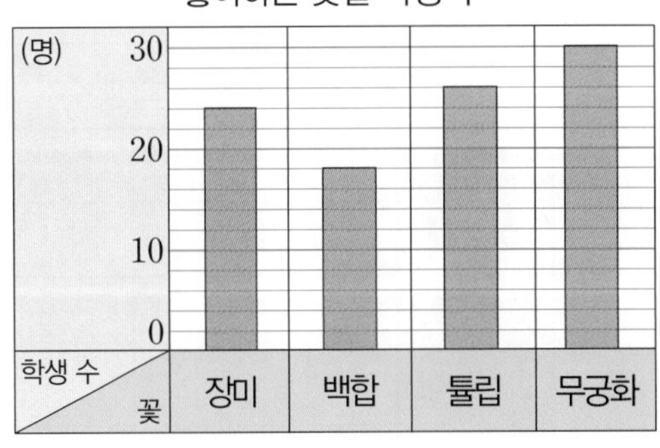

( )

[10~11] 윷을 던져서 나온 종류별 그림입니다. 물음에 답하세요.

도 개 걸 윷 모

10 윷을 던져 나온 종류별 횟수를 표로 나타내어 보세요.

윷의 종류별 나온 횟수

윷의 종류	도	개	걸	윷	모	합계
횟수(회)						

11 막대그래프로 나타내면 막대의 길이가 가장 짧은 윷의 종류는 무엇인가요?

( )

12 중요 정호네 반 학생들이 체험학습을 가고 싶은 장소를 나타낸 표입니다. 표를 보고 막대가 가로인 막대그래프로 나타내어 보세요.

장소별 가고 싶은 학생 수

장소	박물관	미술관	과학관	놀이동산	합계
학생 수(명)	4	6	9	8	27

장소별 가고 싶은 학생 수

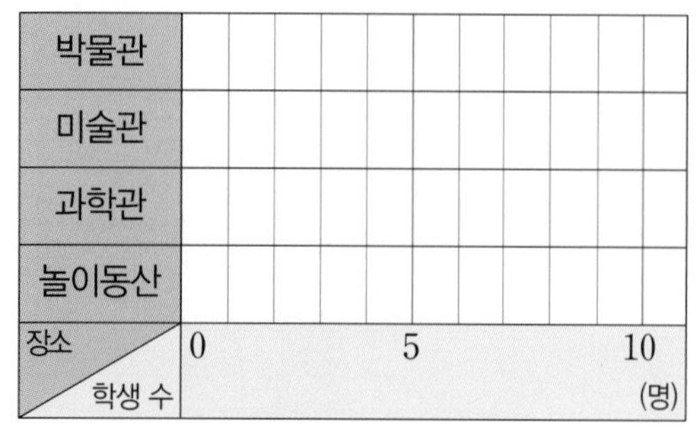

[13~14] 성호네 모둠 학생들의 양궁 경기 기록을 나타낸 표입니다. 물음에 답하세요.

양궁 경기 기록

이름	성호	아영	범수	시연	합계
기록(점)	26	28	16	20	90

13 표를 막대그래프로 나타낼 때 눈금 한 칸이 2점을 나타낸다면 성호와 아영이는 몇 칸으로 각각 나타내어야 하나요?

성호 ( ), 아영 ( )

14 기록이 높은 사람부터 위에서 차례대로 나타나도록 막대가 가로인 막대그래프로 나타내어 보세요.

양궁 경기 기록

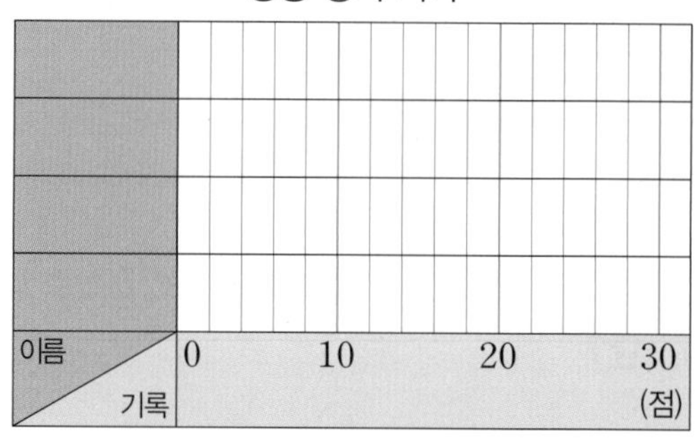

15 운동장에서 학생 50명이 하고 있는 운동을 나타낸 막대그래프입니다. 2명이 더 와서 피구를 한다면 피구를 하는 학생은 몇 명이 되나요?

하고 있는 운동별 학생 수

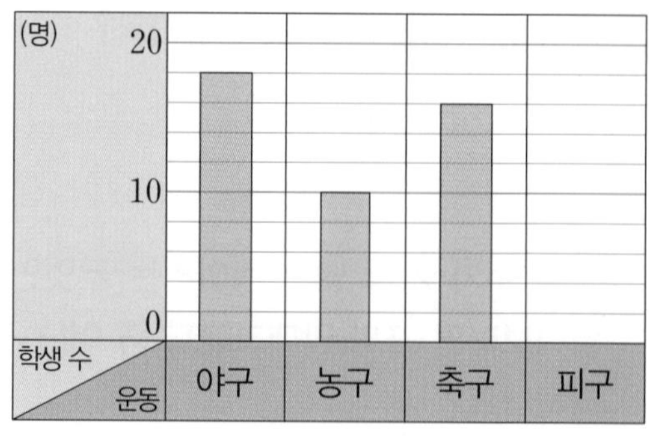

( )

16 어려운 문제

나윤이네 반 학생들이 좋아하는 음료별 학생 수를 조사하여 나타낸 막대그래프의 일부가 찢어졌습니다. 사이다를 좋아하는 학생 수는 생수를 좋아하는 학생 수의 2배이고, 주스를 좋아하는 학생은 콜라를 좋아하는 학생보다 2명 더 많습니다. 조사한 학생은 모두 몇 명인가요?

좋아하는 음료별 학생 수

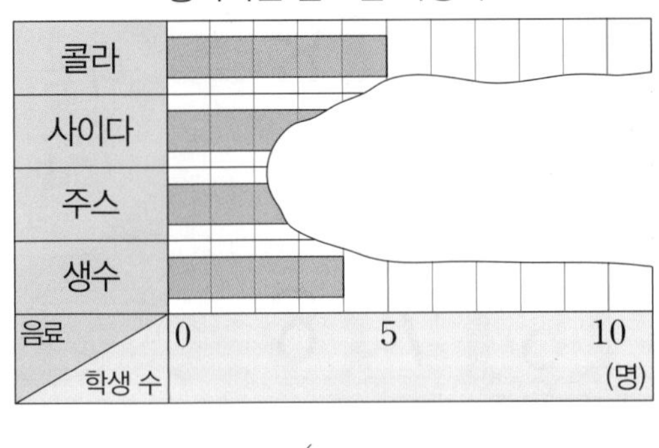

( )

[17~18] 4개의 편의점에서 판매한 바나나우유와 초코우유 수를 나타낸 막대그래프입니다. 물음에 답하세요.

편의점별 판매한 우유 수

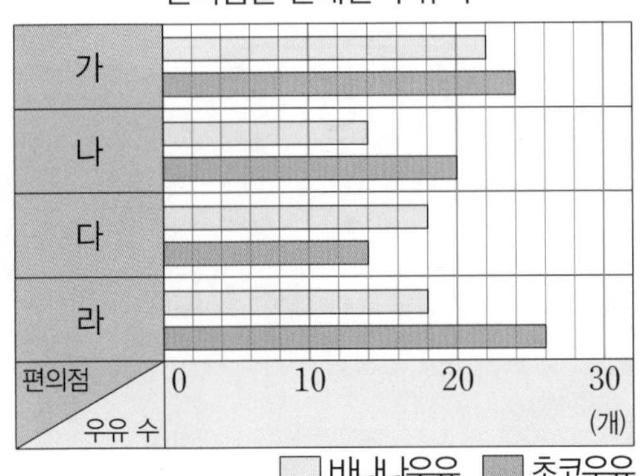

17 바나나우유의 판매량이 가장 적은 편의점에서 판매한 초코우유는 몇 개인가요?

( )

18 바나나우유와 초코우유의 판매량의 합이 가장 많은 편의점은 어느 편의점인가요?

( )

서술형 문제

19 상윤이는 편의점에 가서 1000원짜리 아이스크림을 막대그래프와 같이 샀습니다. 모두 얼마를 내야 하는지 풀이 과정을 쓰고 답을 구해 보세요.

구입한 종류별 아이스크림 수

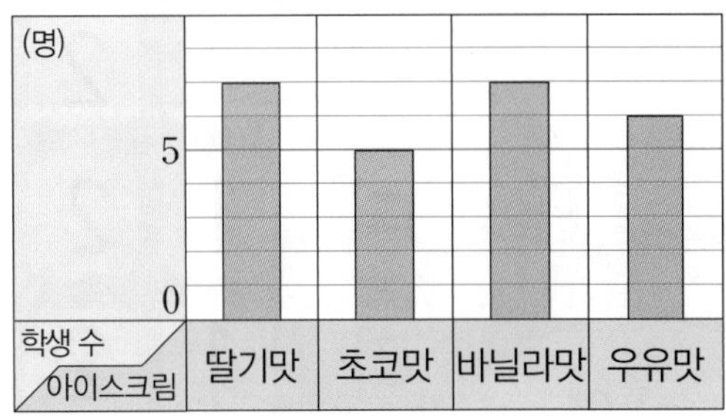

풀이

답

20 준식이네 반 학생들이 가고 싶은 체험관별 학생 수를 조사하여 나타낸 막대그래프입니다. 체험관 2곳을 갈 수 있다면 어떤 체험관을 가는 것이 좋을지 2곳을 정하고 이유를 설명해 보세요.

가고 싶은 체험관별 학생 수

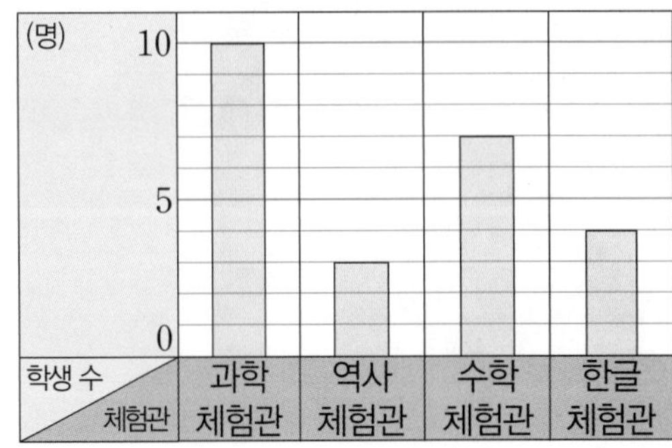

설명

5 단원

음악회에 가면 음악회 입장권에 좌석 번호가 적혀 있습니다. 음악회 좌석은 규칙적인 문자와 수로 자리가 배열되어 있어요. 좌석 번호를 보고 내 자리가 어디인지 알 수 있습니다. 수호와 민지의 자리가 어디인지, 어떤 규칙으로 되어 있는지 살펴보아요.

6 규칙 찾기

단원 학습 목표

1. 수 배열표에서 규칙을 찾을 수 있습니다.
2. 수의 배열에서 규칙을 찾을 수 있습니다.
3. 도형의 배열에서 수의 규칙을 찾을 수 있습니다.
4. 계산식의 배열에서 규칙을 찾을 수 있습니다.
5. 계산식의 규칙을 이해하고 규칙적인 계산식을 찾을 수 있습니다.

단원 진도 체크

학습일		학습 내용	진도 체크
1일째	월 일	개념 1 수의 배열에서 규칙을 찾아볼까요 개념 2 수의 배열에는 어떤 규칙이 있을까요 개념 3 도형의 배열에서 규칙을 찾아볼까요	✓
2일째	월 일	교과서 넘어 보기 + 교과서 속 응용 문제	✓
3일째	월 일	개념 4 계산식에서 규칙을 찾아볼까요 개념 5 규칙적인 계산식은 어떻게 찾을까요	✓
4일째	월 일	교과서 넘어 보기 + 교과서 속 응용 문제	✓
5일째	월 일	응용 1 찢어진 수 배열표에서 알맞은 수 구하기 응용 2 규칙을 찾아 수로 나타내기 응용 3 규칙을 찾아 덧셈식을 곱셈식으로 나타내기	✓
6일째	월 일	응용 4 생활 속에서 규칙적인 계산식 찾기 응용 5 성냥개비 모양에서 규칙 찾기	✓
7일째	월 일	단원 평가 LEVEL ❶	✓
8일째	월 일	단원 평가 LEVEL ❷	✓

이 단원을 진도 체크에 맞춰 8일 동안 학습해 보세요.
해당 부분을 공부하고 나서 ✓표를 하세요.

개념 1 수의 배열에서 규칙을 찾아볼까요

(1) 수 배열표에서 규칙 찾기

101	111	121	131
201	211	221	231
301	311	321	331
401	411	421	431

- 가로(→ 방향)는 101부터 오른쪽으로 10씩 커집니다.
- 세로(↓ 방향)는 101부터 아래쪽으로 100씩 커집니다.
- 101부터 ↘ 방향으로 110씩 커집니다.
- 401부터 ↗ 방향으로 90씩 작아집니다.

▶ 규칙을 여러 가지로 표현하기

예 131부터 ← 방향으로 10씩 작아집니다.

예 131부터 ↙ 방향으로 90씩 커집니다.

▶ 기준을 두고 구체적으로 규칙 표현하기

- 기준 있음: 예 가로는 201부터 오른쪽으로 100씩 커집니다.
- 기준 없음: 예 가로는 오른쪽으로 100씩 커집니다.

[01~02] 수 배열표를 보고 물음에 답하세요.

105	205	305	405
115	215	315	415
125	225	325	425
135	235	335	435

01 가로에서 규칙을 찾아 □ 안에 알맞은 수를 써넣으세요.

105부터 오른쪽으로 □ 씩 커집니다.

02 세로에서 규칙을 찾아 □ 안에 알맞은 수를 써넣으세요.

105부터 아래쪽으로 □ 씩 커집니다.

[03~04] 수 배열표를 보고 물음에 답하세요.

120	122	124	126
130	132	134	136
140	142	144	■
150	152	154	156

03 색칠된 칸에서 규칙을 찾아 □ 안에 알맞은 수를 써넣으세요.

- 120부터 ↘ 방향으로 □ 씩 커집니다.

04 수 배열표의 ■에 알맞은 수를 구해 보세요.

( )

개념 2 수의 배열에는 어떤 규칙이 있을까요

(1) 곱셈을 이용한 수 배열표에서 규칙 찾기

	101	102	103	104
11	1	2	3	4
12	2	4	6	8
13	3	6	9	2

$101 \times 11 = 111\underline{1}$, $102 \times 11 = 112\underline{2}$, $103 \times 11 = 113\underline{3}$, $104 \times 11 = 114\underline{4}$

• 두 수의 곱셈의 결과에서 일의 자리 숫자를 쓰는 규칙입니다.

▶ 왼쪽 수 배열표에서 또 다른 규칙 찾기

예 1부터 시작하는 가로는 1씩 커집니다.

예 2부터 시작하는 가로는 2씩 커집니다.

(2) 수의 배열에서 규칙 찾기

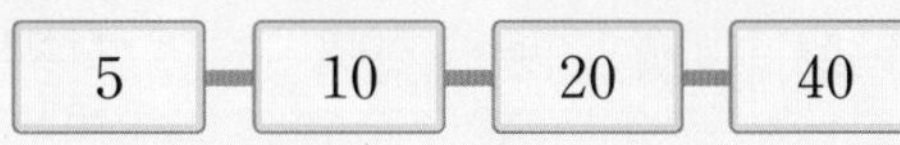

• 5부터 시작하여 2씩 곱한 수가 오른쪽에 있습니다.

▶ 왼쪽 수의 배열에서 또 다른 규칙 찾기

예 40부터 왼쪽으로 2씩 나누는 규칙이 있습니다.

05 수 배열표를 보고 규칙을 찾아 알맞은 말에 ○표 하세요.

	101	102	103	104
11	2	3	4	5
12	3	4	5	6
13	4	5	6	7

두 수의 덧셈의 결과에서 (일의 , 십의) 자리 숫자를 씁니다.

06 수 배열의 규칙을 찾아 쓰고, 빈칸에 알맞은 수를 써넣으세요.

규칙: ☐부터 시작하여 ☐로 나눈 몫이 오른쪽에 있습니다.

32 — 16 — ☐ — 4 — 2

[07~08] 수 배열표를 보고 물음에 답하세요.

	201	202	203	204
11	1	2	3	4
12	2	4	6	8
13	3		9	2

07 규칙을 찾아 ☐ 안에 알맞은 말을 써넣으세요.

두 수의 ☐의 결과에서 일의 자리 숫자를 씁니다.

08 수 배열표의 빈칸에 알맞은 수를 구해 보세요.

( )

6 단원

정답과 풀이 41쪽

개념 3 도형의 배열에서 규칙을 찾아볼까요

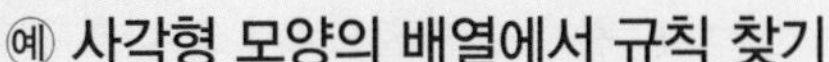

예 사각형 모양의 배열에서 규칙 찾기

첫째 둘째 셋째 넷째

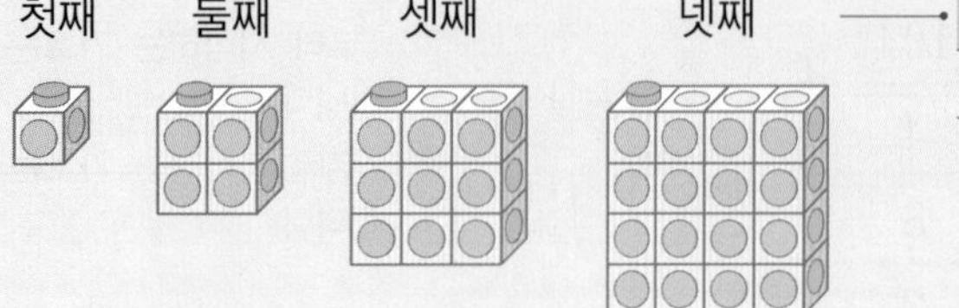

첫째	둘째	셋째	넷째
1	4	9	16
1×1	2×2	3×3	4×4

• 가로와 세로가 각각 1개씩 더 늘어나며 정사각형 모양이 됩니다.

▶ 왼쪽 모양의 배열에서 다섯째에 알맞은 모형
• 다섯째에 알맞은 모형의 수는 5×5=25(개)입니다.

예 거꾸로 된 계단 모양의 배열에서 규칙 찾기

첫째 둘째 셋째 넷째

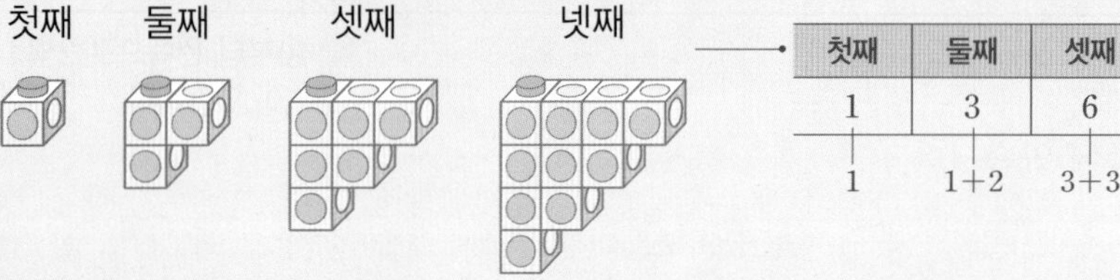

첫째	둘째	셋째	넷째
1	3	6	10
1	1+2	3+3	6+4

• 모형의 수가 1개에서 시작하여 2개, 3개, 4개……씩 더 늘어납니다.

▶ 왼쪽 모양의 배열에서 다섯째에 알맞은 모형
• 다섯째는 넷째에서 5개 늘어나므로 다섯째에 알맞은 모형의 수는 10+5=15(개)입니다.

[09~10] 도형의 배열을 보고 물음에 답하세요.

첫째 둘째 셋째 넷째 ……

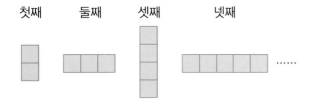

09 □ 안에 알맞은 수를 써넣고 알맞은 말에 ○표 하세요.

• 사각형의 수가 2개, 3개, 4개, 5개 ……로 □개씩 늘어납니다.
• (가로 , 세로) 모양, 가로 모양이 반복됩니다.

10 다섯째에 알맞은 도형에서 사각형은 몇 개인가요?

( )

[11~12] 도형의 배열을 보고 물음에 답하세요.

첫째 둘째 셋째 넷째 ……

11 도형의 배열에서 규칙을 찾아 □ 안에 알맞은 수를 써넣으세요.

■ 도형과 □ 도형이 오른쪽으로 번갈아 가며 □개씩 늘어납니다.

12 다섯째에 알맞은 도형을 찾아 ○표 하세요.

( ) ( ) ( )

정답과 풀이 41쪽

01 수 배열의 규칙에 따라 빈칸에 알맞은 수를 써넣으세요.

518	528	538	
418		438	448
318	328	338	
218		238	248

[02~03] 수 배열표를 보고 물음에 답하세요.

53	55	57	59
63	65	67	69
73	75	77	79
83	▲	87	89

02 규칙을 잘못 설명한 것을 찾아 기호를 써 보세요.

㉠ 53부터 오른쪽으로 2씩 커집니다.
㉡ 57부터 아래쪽으로 10씩 커집니다.
㉢ 83부터 ↗ 방향으로 8씩 커집니다.

( )

03 수 배열의 규칙에 따라 ▲에 알맞은 수를 구해 보세요.

( )

[04~05] 수 배열표를 보고 물음에 답하세요.

417	317	217	117
416	316	216	116
415	315	215	115
414	314	214	㉠

04 수 배열의 규칙에 따라 ㉠에 알맞은 수를 구해 보세요.

( )

05 중요 색칠된 칸에서 규칙을 찾아보세요.

규칙

[06~07] 어느 공연장의 좌석표를 보고 물음에 답하세요.

A3	A4	A5	A6	A7
B3	B4	B5	B6	B7
C3	C4	C5	C6	㉡
D3	㉠	D5	D6	D7

06 ㉠에 알맞은 좌석 번호를 구해 보세요.

( )

6 단원

07 ㉡에 알맞은 좌석 번호를 구해 보세요.

( )

[08~09] 수 배열표를 보고 물음에 답하세요.

	152	154	156	158
15	6	6	7	7
25	7	㉠	8	8
35	8	8	㉡	9

08 수 배열표에서 규칙을 찾아보세요.

규칙 ______________________

____

09 규칙적인 수의 배열에서 ㉠, ㉡에 알맞은 수를 구해 보세요.

㉠ (   )
㉡ (   )

[10~11] 수 배열표를 보고 물음에 답하세요.

11	13	15	17	19
111	113	115	117	119
311	313	315	317	319
611	613	615	617	●
1011	★	1015	1017	1019

10 수 배열의 규칙에 따라 ●, ★에 알맞은 수를 구해 보세요.

● (   )
★ (   )

11 색칠된 세로에서 규칙을 찾아보세요.

규칙 ______________________

____

[12~13] 수 배열표를 보고 물음에 답하세요.

	101	102	103	104
21	1	2	3	4
22	2	4	6	8
23	3	6	9	2

12 수 배열표에서 수의 규칙을 찾아보세요.

규칙 ______________________

____

13 어려운 문제

위 12의 배열표 규칙과 같은 규칙으로 다음 수 배열표의 빈칸에 알맞은 수를 써넣으세요.

	101	102	103	104
24	4	8	2	6
25				
26				

14 수 배열의 규칙에 따라 빈칸에 알맞은 수를 써넣으세요.

(1) 652 – 653 – 654 – [ ] – 656

(2) 567 – [ ] – 63 – 21 – 7

15 도형의 배열을 보고 규칙에 따라 여섯째에 알맞은 도형을 그려 보세요.

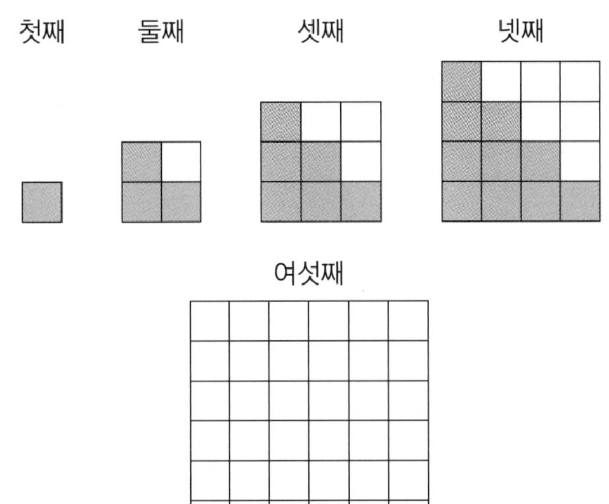

여섯째

[16~17] 도형의 배열을 보고 물음에 답하세요.

첫째 둘째 셋째 넷째 다섯째

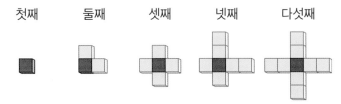

16 도형의 배열에서 규칙을 찾아보세요.

규칙 ______________________________

____

17 (중요) 일곱째에 알맞은 도형을 그려 보세요.

일곱째

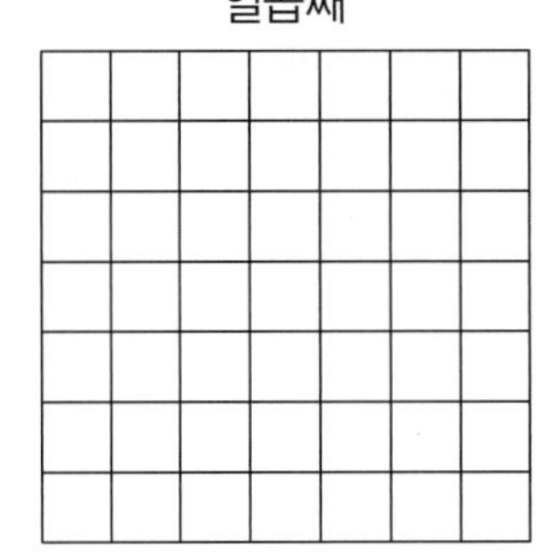

교과서, 익힘책 속 응용 문제를 유형별로 풀어 보세요.

교과서 속 응용 문제

정답과 풀이 41쪽

두 가지 색 도형의 배열에서 규칙 찾기

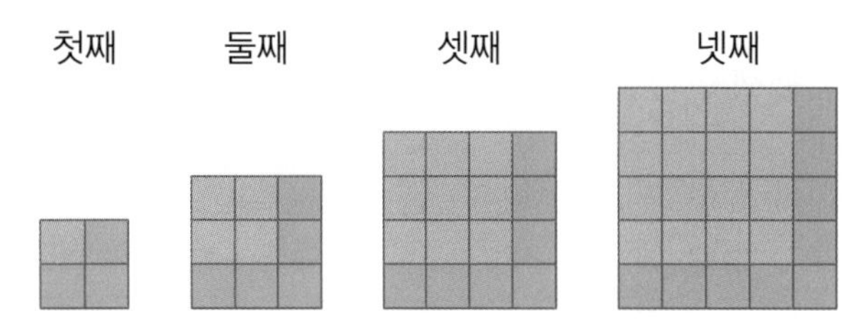

- 초록색 도형은 첫째부터 3개, 5개, 7개, 9개……로 2개씩 늘어납니다.
- 분홍색 도형은 가로와 세로로 각각 1개씩 늘어나며 정사각형 모양이 됩니다.

18 도형의 배열을 보고 다섯째에 알맞은 보라색과 연두색 모양은 각각 몇 개인지 구해 보세요.

첫째 둘째 셋째 넷째

보라색 (　　　　　　)
연두색 (　　　　　　)

19 도형의 배열을 보고 여섯째에 알맞은 빨간색과 노란색 모양은 각각 몇 개인지 구해 보세요.

첫째 둘째 셋째 넷째

빨간색 (　　　　　　)
노란색 (　　　　　　)

6 단원

교과서 개념 다지기

개념 4 계산식에서 규칙을 찾아볼까요

(1) **덧셈식에서 규칙 찾기**

순서	덧셈식
첫째	$1+2+1=4$
둘째	$1+2+3+2+1=9$
셋째	$1+2+3+4+3+2+1=16$
넷째	$1+2+3+4+5+4+3+2+1=25$

→ 더하는 수가 2개씩 늘어나며 덧셈식의 가운데 있는 수가 1씩 커집니다.

➡ 계산 결과가 덧셈식의 가운데 수를 두 번 곱한 것과 같습니다.

(2) **곱셈식에서 규칙 찾기**

순서	곱셈식
첫째	$1\times1=1$
둘째	$11\times11=121$
셋째	$111\times111=12321$
넷째	$1111\times1111=1234321$

→ 순서가 올라갈수록 1이 1개씩 늘어나는 두 수를 곱합니다.

➡ 계산 결과의 가운데 오는 숫자는 그 순서의 숫자이고, 가운데를 중심으로 접으면 같은 수가 만납니다.

▶ 덧셈식에서 규칙

$1+\underline{2}+1=4$
$=\underline{2}\times\underline{2}$
$1+2+\underline{3}+2+1=9$
$=\underline{3}\times\underline{3}$
$1+2+3+\underline{4}+3+2+1=16$
$=\underline{4}\times\underline{4}$
$1+2+3+4+\underline{5}+4+3+2+1$
$=25$
$=\underline{5}\times\underline{5}$

▶ 곱셈식에서 규칙

$1\times1=\underline{1}$
→ 한 자리 수
$11\times11=12\underline{1}$
→ 세 자리 수
$111\times111=12\underline{3}21$
→ 다섯 자리 수
$1111\times1111=123\underline{4}321$
→ 일곱 자리 수

01 **계산식을 보고 규칙을 찾아 □ 안에 알맞은 수를 써넣고, 다음에 올 계산식을 써 보세요.**

$16+31=47$
$26+41=67$
$36+51=87$
$46+61=107$

십의 자리 수가 각각 □씩 커지는 두 수의 합은 □씩 커집니다.

계산식 ______________________

02 **계산식을 보고 규칙을 찾아 □ 안에 알맞은 수를 써넣고, 다음에 올 계산식을 써 보세요.**

$600\div100=6$
$500\div100=5$
$400\div100=4$
$300\div100=3$

나누어지는 수가 □씩 작아지고 나누는 수가 100으로 일정하면 몫은 □씩 작아집니다.

계산식 ______________________

개념 5 규칙적인 계산식은 어떻게 찾을까요

예 달력에서 규칙적인 계산식 찾기

일	월	화	수	목	금	토
	1	2	3	4	5	6
7	8	9	10	11	12	13
14	15	16	17	18	19	20
21	22	23	24	25	26	27
28	29	30				

- 위의 수에 7을 더하면 아래의 수가 됩니다.
  ➡ $8+7=15$, $10+7=17$
- 연속하는 세 수의 합은 가운데 있는 수의 3배와 같습니다.
  ➡ $8+9+10=9\times3$, $18+19+20=19\times3$

▶ 달력에서 찾을 수 있는 또 다른 규칙
- 오른쪽으로 1씩 커집니다.
  ➡ $8+1=9$, $9+1=10$
- ↘ 방향으로 8씩 커집니다.
  ➡ $10+8=18$, $11+8=19$
- 위의 두 수의 합은 아래의 두 수의 합보다 14 작습니다.
- 이웃한 4개의 수에서 ↘ 방향의 두 수의 합과 ↙ 방향의 두 수의 합이 같습니다.
  ➡ $8+16=9+15$, $9+17=10+16$

[03~04] 달력을 보고 □ 안에 알맞은 수를 써넣으세요.

일	월	화	수	목	금	토
			1	2	3	4
5	6	7	8	9	10	11
12	13	14	15	16	17	18
19	20	21	22	23	24	25
26	27	28	29	30	31	

03 ▭ 안에 있는 수의 세로 배열에서 규칙을 찾아보세요.

$22-15=\square$

$23-\square=7$

04 ▭ 안에 있는 수에서 두 수의 합이 같아지는 규칙을 찾아보세요.

$16+24=\square+23$

$17+25=18+\square$

[05~06] 수 배열표를 보고 물음에 답하세요.

11	13	15	17	19
12	14	16	18	20

05 □ 안에 알맞은 수를 써넣어 덧셈식을 완성해 보세요.

$13+16=14+\square$

$17+20=\square+19$

06 □ 안에 알맞은 수를 써넣어 식을 완성해 보세요.

$11+13+15=13\times\square$

$14+16+18=\square\times3$

[20~21] 규칙적인 계산식을 보고 물음에 답하세요.

순서	계산식
첫째	$1+2=3$
둘째	$1+2+3=6$
셋째	$1+2+3+4=10$
넷째	$1+2+3+4+5=15$
다섯째	

20 다섯째 빈칸에 알맞은 계산식을 써 보세요.

계산식 ______________________

21 □ 안에 알맞은 수를 써넣으세요.

여섯째 계산식의 결과는 다섯째 계산식의 결과 보다 □ 큰 수인 □ 입니다.

22 보기 의 계산식을 보고 설명에 맞는 계산식을 찾아 기호를 써 보세요.

보기

㉮	㉯	㉰
$345-121=224$	$458-153=305$	$257-150=107$
$445-121=324$	$558-253=305$	$357-140=217$
$545-121=424$	$658-353=305$	$457-130=327$

100씩 커지는 수에서 10씩 작아지는 수를 빼면 계산 결과는 110씩 커집니다.

( )

23 계산식의 규칙에 따라 빈칸에 알맞은 식을 써넣으세요.

$400+800=1200$
$1400+800=2200$
$2400+800=3200$
□
$4400+800=5200$

[24~25] 규칙적인 계산식을 보고 물음에 답하세요.

순서	계산식
첫째	$700+400-100=1000$
둘째	$800+500-200=1100$
셋째	$900+600-300=1200$
넷째	$1000+700-400=1300$
다섯째	

24 다섯째 빈칸에 알맞은 계산식을 써 보세요.

계산식 ______________________

25 규칙을 이용하여 계산 결과가 1700이 되는 계산식을 써 보세요.

계산식 ______________________

26 규칙에 따라 □ 안에 알맞은 수를 써넣고, 규칙을 찾아 써 보세요.

$200 \times 11 = 2200$
$300 \times 11 = 3300$
$400 \times \square = 4400$
$500 \times 11 = \square$

규칙 ______________________

27 규칙적인 계산식을 보고 다섯째 계산식의 계산 결과를 구해 보세요.

순서	계산식
첫째	$1 \times 1 = 1$
둘째	$11 \times 11 = 121$
셋째	$111 \times 111 = 12321$
넷째	$1111 \times 1111 = 1234321$
다섯째	$11111 \times 11111 = \square$

( )

28 보기 의 규칙을 이용하여 나누는 수가 5일 때의 계산식을 2개 더 써 보세요.

보기

$2 \div 2 = 1$
$4 \div 2 \div 2 = 1$
$8 \div 2 \div 2 \div 2 = 1$
$16 \div 2 \div 2 \div 2 \div 2 = 1$

$5 \div 5 = 1$
$25 \div 5 \div 5 = 1$

계산식 1 ______________________

계산식 2 ______________________

[29~30] 규칙적인 계산식을 보고 물음에 답하세요.

순서	계산식
첫째	$9 \times 1 = 9$
둘째	$99 \times 11 = 1089$
셋째	$999 \times 111 = 110889$
넷째	$9999 \times 1111 = 11108889$
다섯째	

29 다섯째 빈칸에 알맞은 계산식을 써 보세요.

중요

계산식 ______________________

30 규칙에 따라 계산 결과가 111110888889가 되는 계산식은 몇째 계산식인지 써 보세요.

( )

31 달력에서 규칙적인 계산식을 찾은 것입니다. 빈칸에 알맞은 식을 써넣으세요.

일	월	화	수	목	금	토
		1	2	3	4	5
6	7	8	9	10	11	12
13	14	15	16	17	18	19
20	21	22	23	24	25	26
27	28	29	30	31		

$8+16+24=10+16+22$
$9+17+25=11+17+23$
$\square$

6 단원

[32~33] 달력을 보고 물음에 답하세요.

일	월	화	수	목	금	토
				1	2	3
4	5	6	7	8	9	10
11	12	13	14	15	16	17
18	19	20	21	22	23	24
25	26	27	28	29	30	31

32 달력에서 찾은 계산식의 규칙을 써 보세요.

$12+13+14=13\times3$
$13+14+15=14\times3$
$14+15+16=15\times3$

규칙 ______________________

33 조건을 모두 만족하는 수를 구해 보세요.

- ✚ 안에 있는 수 중의 하나입니다.
- ✚ 안에 있는 5개의 수의 합은 어떤 수의 5배와 같습니다.

(　　　　　　　　)

34 승강기 버튼에서 규칙적인 계산식을 찾은 것입니다. 빈칸에 알맞은 수를 써넣으세요.

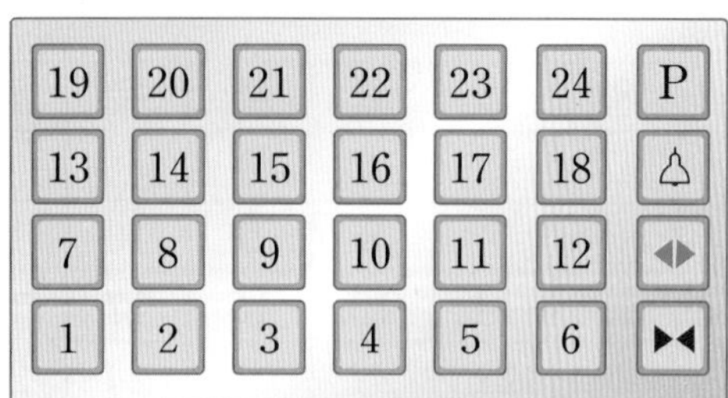

$2+3+4=3\times3$
$8+9+10=9\times3$
[　　　　　　　　]
$20+21+22=21\times3$

교과서, 익힘책 속 응용 문제를 유형별로 풀어 보세요.

교과서 속 응용 문제

정답과 풀이 42쪽

규칙을 이용하여 계산식 만들기

- 덧셈과 뺄셈의 관계를 이용하여 식을 만듭니다.

●+▲=■ ↔ ■−●=▲

- 곱셈과 나눗셈의 관계를 이용하여 식을 만듭니다.

●×▲=■ ↔ ■÷●=▲

35 덧셈식의 규칙을 이용하여 뺄셈식을 써 보세요.

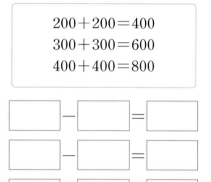

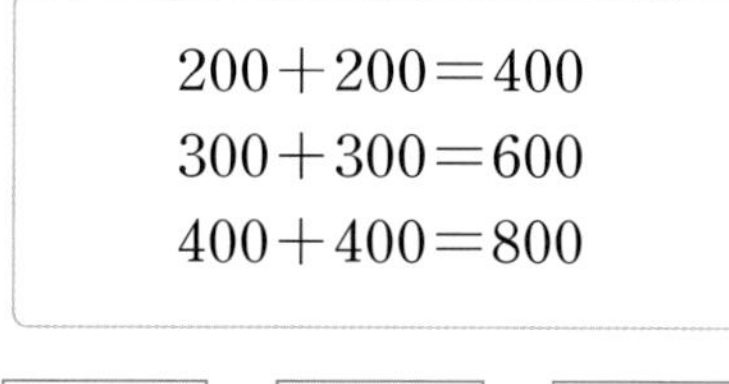

$200+200=400$
$300+300=600$
$400+400=800$

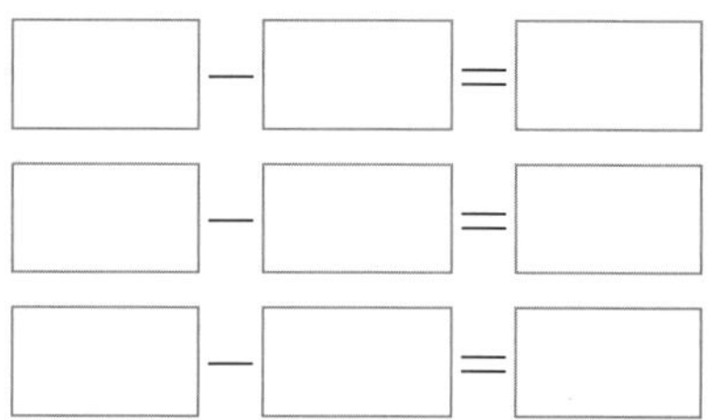

[　] − [　] = [　]
[　] − [　] = [　]
[　] − [　] = [　]

36 곱셈식의 규칙을 이용하여 나눗셈식을 써 보세요.

$302\times4=1208$
$3002\times4=12008$
$30002\times4=120008$

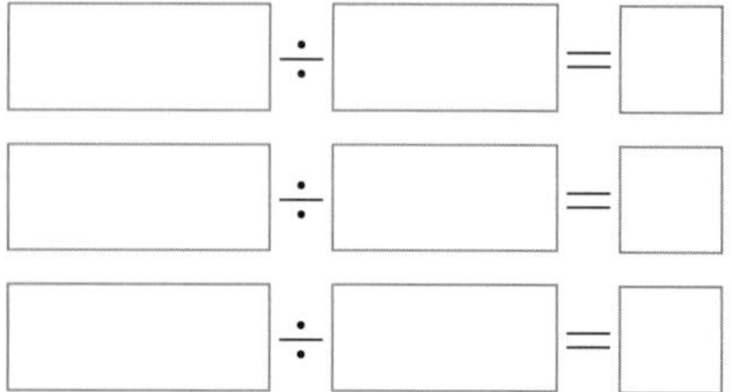

[　] ÷ [　] = [　]
[　] ÷ [　] = [　]
[　] ÷ [　] = [　]

정답과 풀이 43쪽

대표 응용 찢어진 수 배열표에서 알맞은 수 구하기

1 수 배열표의 일부가 찢어졌습니다. 수 배열의 규칙에 따라 ♠에 알맞은 수를 구해 보세요.

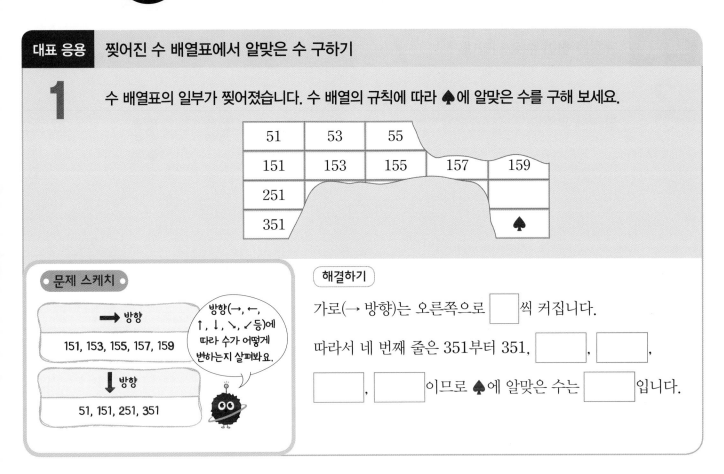

51	53	55		
151	153	155	157	159
251				
351				♠

문제 스케치

→ 방향
151, 153, 155, 157, 159

↓ 방향
51, 151, 251, 351

방향(→, ←, ↑, ↓, ↘, ↙ 등)에 따라 수가 어떻게 변하는지 살펴봐요.

해결하기

가로(→ 방향)는 오른쪽으로 ☐씩 커집니다.

따라서 네 번째 줄은 351부터 351, ☐, ☐, ☐, ☐이므로 ♠에 알맞은 수는 ☐입니다.

1-1 수 배열표의 일부가 찢어졌습니다. 수 배열의 규칙에 따라 ▲, ♥에 알맞은 수를 구해 보세요.

98732	98733	98734	98735
88732			88735
78732	▲		78735
68732	68733	♥	68735

▲ (   )
♥ (   )

1-2 일부만 보이는 수 배열표입니다. 수 배열의 규칙에 따라 ★에 알맞은 수를 구해 보세요.

37165	37265	37365	37465	
47165	47265	47365	47465	
57165	57265	57365	57465	
67165	67265	67365	67465	
				★

(   )

대표 응용 규칙을 찾아 수로 나타내기

2 바둑돌의 배열을 보고 규칙에 따라 ★에 알맞은 수를 구해 보세요.

첫째	둘째	셋째	넷째
●	●● ●●	●● ●● ●●	
2	4	6	★

문제 스케치

첫째 2 → (+○) 둘째 4 → (+○) 셋째 6

단계가 올라갈수록 수가 얼마씩 커지는지 살펴봐요.

해결하기

바둑돌의 수가 2개, 4개, 6개……로 □개씩 늘어나고 있습니다.

따라서 ★에 들어갈 수는 6+□=□입니다.

2-1 바둑돌의 배열을 보고 규칙에 따라 다섯째에 알맞은 도형을 그리고, □ 안에 알맞은 수를 써넣으세요.

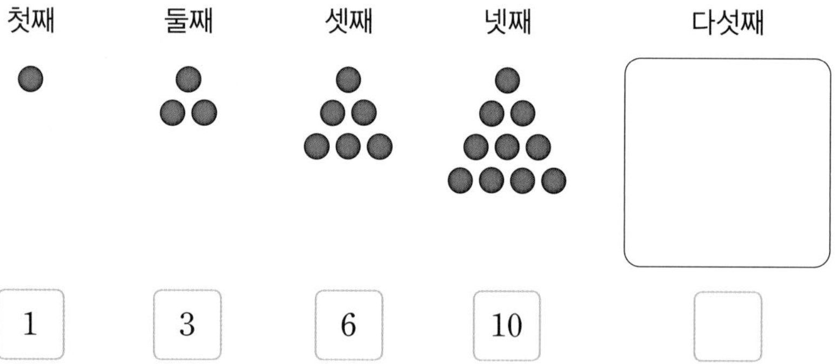

2-2 규칙에 따라 여섯째에 알맞은 도형을 그리고, □ 안에 알맞은 수를 써넣으세요.

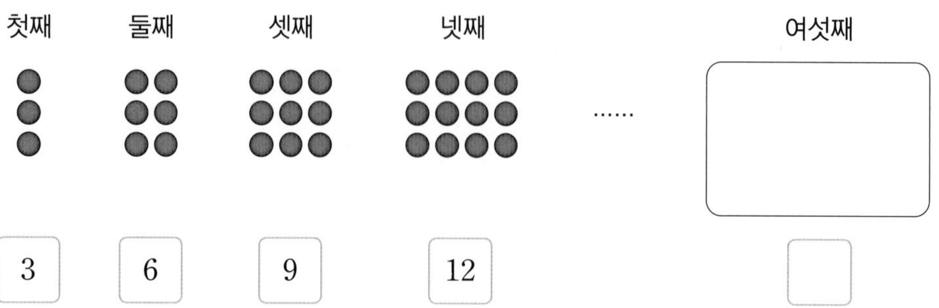

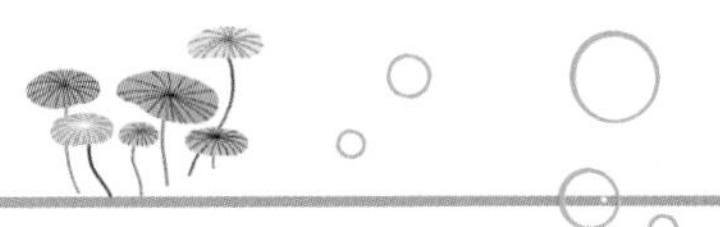

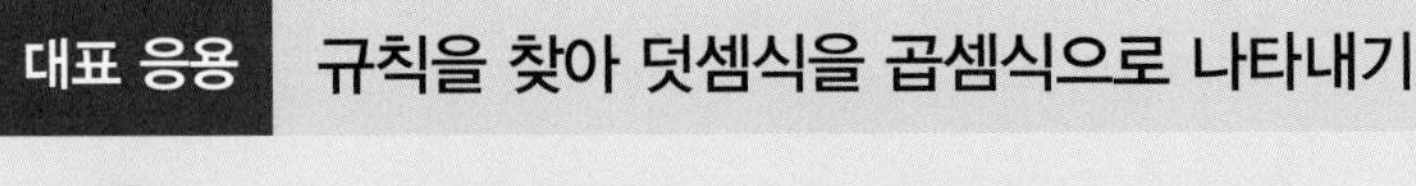

대표 응용 규칙을 찾아 덧셈식을 곱셈식으로 나타내기

3 수 배열표를 보고 □ 안에 알맞은 수를 써넣으세요.

301	302	303	304	305

302+□+304=□×3

문제 스케치

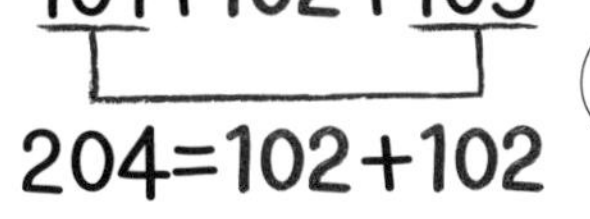
101+102+103
204=102+102

양 끝에 있는 수를 더해 알아보아요.

해결하기

연속하는 세 수의 합은 가운데 있는 수의 □배와 같습니다.

따라서 연속하는 세 수 302, 303, 304의 합은 가운데 있는 수 □의 □배와 같습니다.

302+□+304=□×3

3-1 수 배열표를 보고 □ 안에 알맞은 수를 써넣으세요.

6	7	8	9	10
13	14	15	16	17

- 7+8+9=□×3
- 13+14+15+16+17=□×5

3-2 달력의 ▭ 부분을 보고 □ 안에 알맞은 수를 써넣으세요.

일	월	화	수	목	금	토
			1	2	3	4
5	6	7	8	9	10	11
12	13	14	15	16	17	18
19	20	21	22	23	24	25
26	27	28	29	30	31	

14+15+16+21+22+23+28+29+30=□×9

6
단원

대표 응용 **생활 속에서 규칙적인 계산식 찾기**

4 도서관에 있는 사물함 번호의 배열을 보고 규칙적인 계산식을 찾은 것입니다. □ 안에 알맞은 수를 써넣으세요.

- 310＋220＋130＝330＋220＋110
- 320＋230＋□＝340＋□＋120

310	320	330	340	350	360
210	220	230	240	250	260
110	120	130	140	150	160

문제 스케치

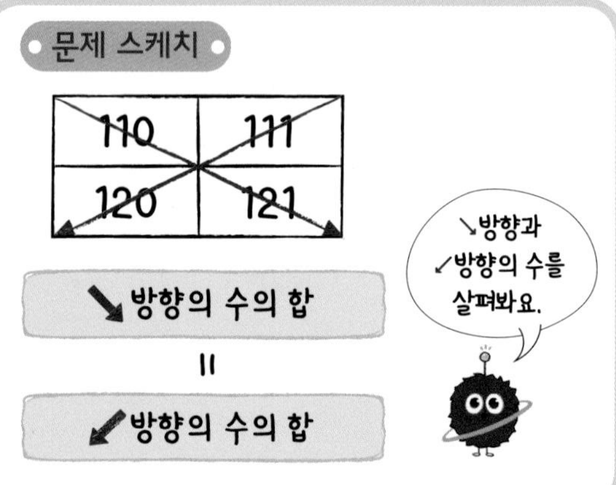

해결하기

↘ 방향의 세 수의 합은 ↙ 방향의 세 수의 합과 같습니다.

따라서 320＋230＋□＝340＋□＋120입니다.

4-1 도서관에 있는 책 번호의 배열을 보고 규칙적인 계산식을 찾은 것입니다. □ 안에 알맞은 수를 써넣으세요.

371＋□＝471
471＋□＝571

371＋□＝381
471＋□＝481

동화책	동화책	동화책	동화책	동화책	동화책	동화책	동화책
311	321	331	341	351	361	371	381
위인전	위인전	위인전	위인전	위인전	위인전	위인전	위인전
411	421	431	441	451	461	471	481
역사책	역사책	역사책	역사책	역사책	역사책	역사책	역사책
511	521	531	541	551	561	571	581

4-2 4-1 그림의 □ 부분에서 규칙적인 계산식을 찾았습니다. 설명에 알맞은 계산식을 써 보세요.

↘ 방향의 세 수의 합과 ↙ 방향의 세 수의 합은 같습니다.

계산식 ____________________

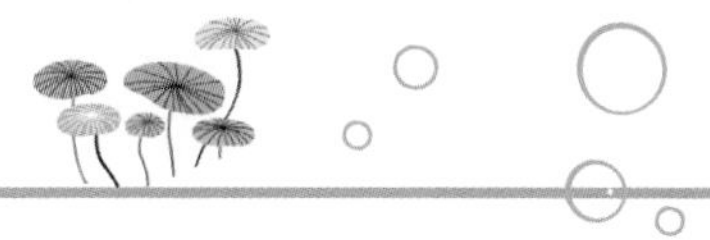

대표 응용 **성냥개비 모양에서 규칙 찾기**

5 그림과 같이 성냥개비를 늘어놓아 정사각형을 만들려고 합니다. 정사각형 5개를 만드는 데 필요한 성냥개비는 몇 개인지 구해 보세요.

……

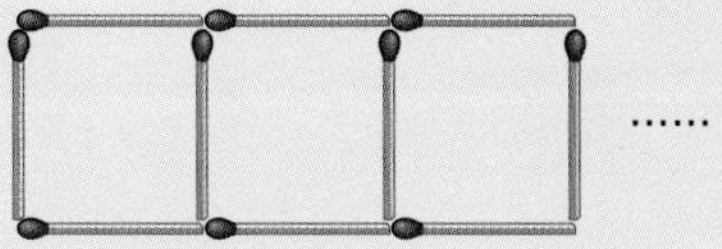

문제 스케치

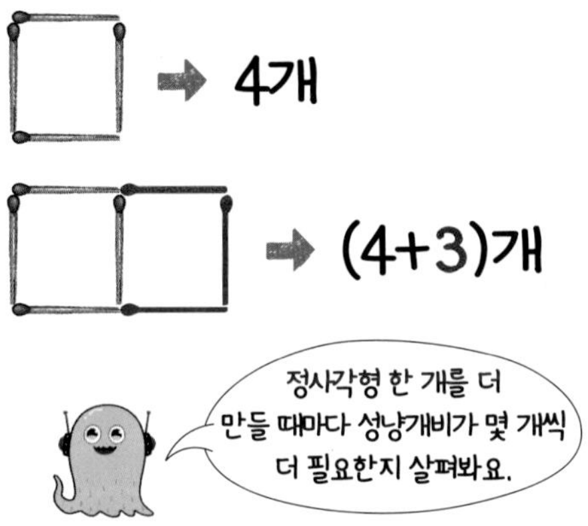

→ 4개

→ (4+3)개

정사각형 한 개를 더 만들 때마다 성냥개비가 몇 개씩 더 필요한지 살펴봐요.

해결하기

정사각형 1개를 만드는 데 필요한 성냥개비는 □개입니다.

정사각형 한 개를 더 만들 때마다 성냥개비는 □개씩 더 필요합니다.

따라서 정사각형 5개를 만드는 데 필요한 성냥개비는

4+□+□+□+□=□(개)입니다.

■ 그림과 같이 성냥개비를 늘어놓아 정삼각형을 만들려고 합니다. 물음에 답하세요.

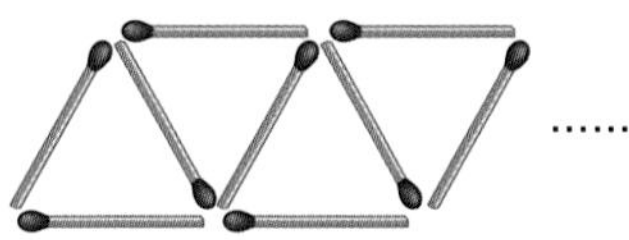

5-1 정삼각형 7개를 만드는 데 필요한 성냥개비는 몇 개인지 구해 보세요.

( )

5-2 성냥개비 25개로 만들 수 있는 정삼각형은 몇 개인지 구해 보세요.

( )

[01~02] 수 배열표를 보고 물음에 답하세요.

2318	2338	2358	2378	
3318	3338	3358	3378	
4318	4338	4358	4378	
5318	5338	5358	5378	
6318	6338	6358	6378	6398

01 수 배열의 규칙에 따라 빈칸에 알맞은 수를 써넣으세요.

02 색칠된 칸에서 규칙을 찾아 써 보세요.

규칙 [　　] 부터 ↘ 방향으로 [　　] 씩 커집니다.

03 수 배열표의 일부가 찢어졌습니다. 수 배열의 규칙에 따라 ◆에 알맞은 수를 구해 보세요.

861	863	865	867	879
761	763	765	767	779
561	563	◆		
261	263			

(　　　　　　)

04 수 배열의 규칙에 따라 빈칸에 알맞은 수를 써넣으세요.

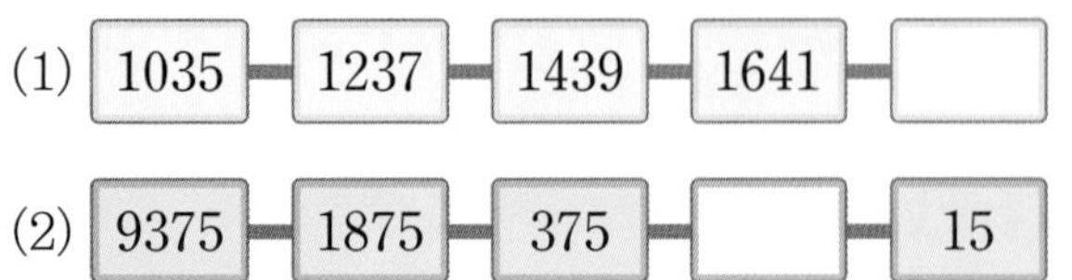

05 중요 규칙에 맞게 수 배열표를 완성해 보세요.

	115	126	137	148
12	7		9	0
13	8	9	0	
14	9	0		2

[06~08] 수 배열표를 보고 물음에 답하세요.

	31	32	33	34
11	1	2	3	4
12	2	4	6	㉡
13	3	㉠	9	2
14	4	8	2	6

06 수 배열표에서 규칙을 찾아보세요.

규칙 두 수의 [　　] 의 결과에서 [　　] 의 자리 숫자를 씁니다.

07 규칙적인 수의 배열에서 ㉠에 알맞은 수를 구해 보세요.

(　　　　　　)

08 규칙적인 수의 배열에서 ㉡에 알맞은 수를 구해 보세요.

(　　　　　　)

09 도형의 배열을 보고 다섯째에 알맞은 도형을 그려 보세요.

첫째 둘째 셋째 ......

다섯째

[10~11] 도형의 배열을 보고 물음에 답하세요.

첫째 둘째 셋째

10 다섯째에 알맞은 ●의 수를 구해 보세요.

( )

11 중요 ●가 25개인 도형은 몇째에 놓이는지 구해 보세요.

( )

[12~14] 규칙적인 계산식을 보고 물음에 답하세요.

순서	계산식
첫째	$37037\times3=111111$
둘째	$37037\times6=222222$
셋째	$37037\times9=333333$
넷째	$37037\times12=444444$
다섯째	

12 계산식에서 찾을 수 있는 규칙입니다. □ 안에 알맞은 수를 써넣으세요.

곱해지는 수는 37037로 같고, 곱하는 수는 □단 곱셈구구와 같습니다.

곱한 결과는 모두 □자리 수이고 각 자리 숫자가 □씩 커지며 모두 같습니다.

13 다섯째 빈칸에 알맞은 계산식을 써 보세요.

계산식 ______

14 규칙에 따라 계산 결과가 777777인 계산식을 써 보세요.

계산식 ______

15 ㉠과 ㉡에 들어갈 수의 합을 구해 보세요.

110	130	150	170	190
230	250	270	290	㉠

$110+250=$ ㉡ $+230$

( )

6 단원

16 승강기 버튼의 수 배열을 보고 규칙을 2개 찾았습니다. □ 안에 알맞게 써넣으세요.

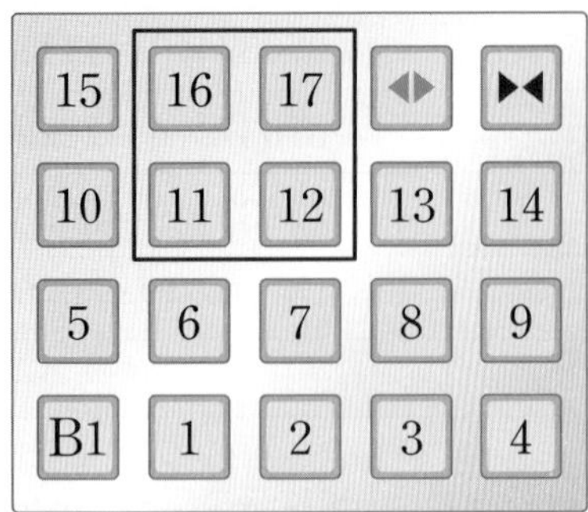

규칙 1 5부터 → 방향으로 □씩 커집니다.

규칙 2 □ 안에서 ↘ 방향의 두 수의 합은 □ 방향의 두 수의 합과 같습니다.

17 계산식을 보고 ㉣은 ㉡의 몇 배인지 구해 보세요.

㉠÷2=1
㉡÷2÷2=1
㉢÷2÷2÷2=1
㉣÷2÷2÷2÷2=1
㉤÷2÷2÷2÷2÷2=1

(　　　　　　)

18 성냥개비를 늘어놓아 정사각형을 만들려고 합니다. 정사각형 6개를 만드는 데 필요한 성냥개비는 몇 개인지 구해 보세요.

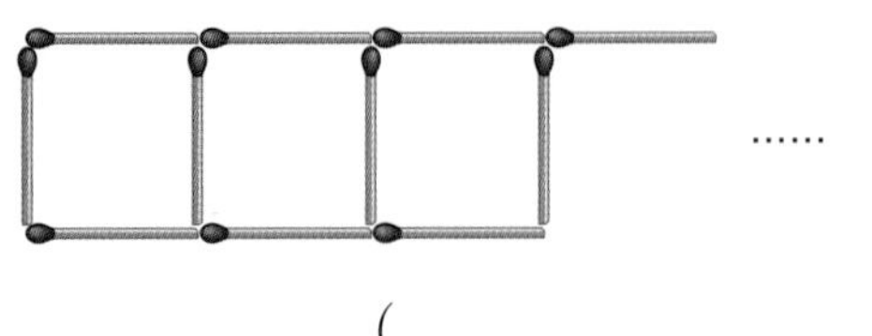

(　　　　　　)

서술형 문제

19 규칙적인 계산식을 보고 규칙에 따라 계산 결과가 777777777이 되는 계산식을 구하는 풀이 과정을 쓰고 답을 구해 보세요.

순서	계산식
첫째	$9\times12345679=111111111$
둘째	$18\times12345679=222222222$
셋째	$27\times12345679=333333333$
넷째	$36\times12345679=444444444$

풀이

답

20 달력의 수를 이용하여 만든 계산식의 규칙을 찾아 써 보세요.

일	월	화	수	목	금	토
		1	2	3	4	5
6	7	8	9	10	11	12
13	14	15	16	17	18	19
20	21	22	23	24	25	26
27	28	29	30	31		

$8+9+10=9\times3$
$15+16+17=16\times3$

규칙

정답과 풀이 45쪽

01 수 배열표를 보고 옳은 설명에 ○표, 틀린 설명에 ×표 하세요.

3456	3556	3656	3756	3856
3446	3546	3646	3746	3846
3436	3536	3636	3736	3836
3426	3526	3626	3726	3826

(1) 3656부터 아래쪽으로 10씩 커집니다. ( )

(2) 3426부터 ↗ 방향으로 110씩 커집니다. ( )

02 사물함 번호를 보고 규칙을 찾았습니다. □ 안에 화살표 또는 수를 알맞게 써넣으세요.

A1	B1	C1	D1	E1
A2	B2	C2	D2	E2
A3	B3	C3	D3	E3

• □ 방향으로 알파벳은 같고 수가 □씩 커집니다.

• □ 방향으로 수는 같고 알파벳의 순서대로 바뀝니다.

03 수 배열의 규칙에 따라 빈칸에 알맞은 수를 써넣으세요.

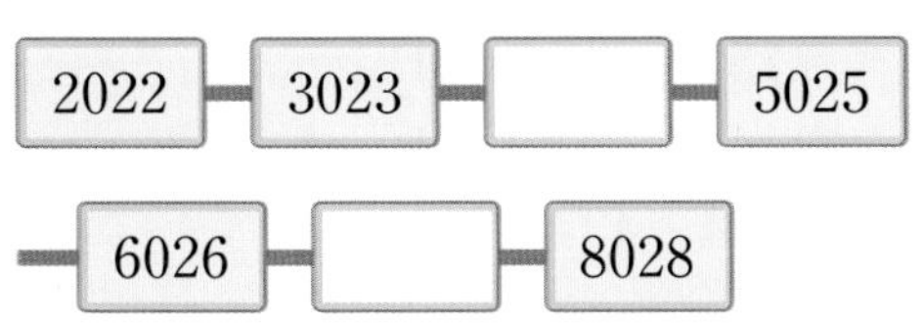

[04~05] 수 배열표의 일부가 찢어졌습니다. 물음에 답하세요.

60823	60834	60845	60856	60867
61823			61856	61823
62823			62856	62867
63823	◆		63856	63867

04 수 배열표에서 규칙을 찾아 알맞은 수나 말에 ○표 하세요.

60823부터 아래쪽으로 (100, 1000)씩 (커집니다 , 작아집니다).

05 ◆에 알맞은 수를 구해 보세요.

( )

[06~07] 수 배열표를 보고 물음에 답하세요.

	2	3	4	5	6
35	0	5	0	5	0
36	2	8	4		6
37	4	1	8	5	2
38	6	4	2	0	8

06 수 배열표에서 규칙을 찾아 □ 안에 알맞은 수를 써넣으세요.

0부터 시작하는 가로는 □, □가 반복됩니다.

07 중요 규칙적인 수의 배열에서 빈칸에 알맞은 수를 써넣으세요.

6 단원

[08~09] 규칙적인 도형의 배열을 보고 물음에 답하세요.

첫째	둘째	셋째	넷째
⊠	⊠ ★	⊠ ★★	⊠ ★★★
다섯째	여섯째	일곱째	여덟째
⊠ ★★★★	⊠	⊠ ★	⊠ ★★

08 도형의 배열에서 규칙을 찾아 알맞은 말에 ○표 하세요.

★이 (시계 방향 , 시계 반대 방향)으로 0개, 1개, 2개, 3개, 4개가 반복되는 규칙입니다.

09 아홉째 도형의 모양을 그려 보세요.

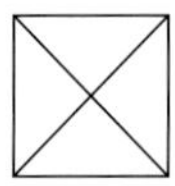

10 도형의 배열을 보고 넷째에 알맞은 모형의 수를 구해 보세요.

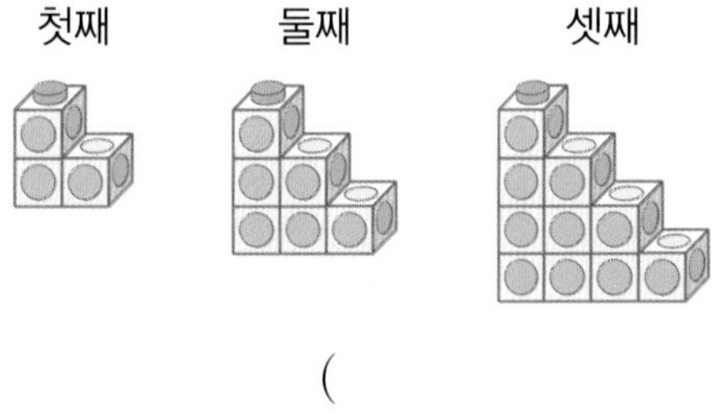

( )

11 도형 속의 수를 보고 규칙을 찾아 빈칸에 알맞은 수를 써넣으세요.

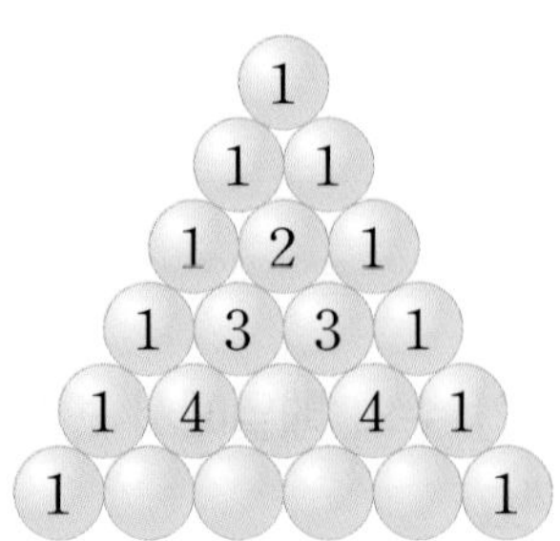

[12~13] 규칙적인 계산식을 보고 물음에 답하세요.

순서	계산식
첫째	$3\div3=1$
둘째	$9\div3\div3=1$
셋째	$27\div3\div3\div3=1$
넷째	$81\div3\div3\div3\div3=1$
다섯째	

12 규칙을 이용하여 나누는 수가 3일 때 다섯째 빈칸에 알맞은 계산식을 써 보세요.

계산식 ______

13 규칙을 이용하여 나누는 수가 7일 때의 계산식을 2개 더 써 보세요.

$7\div7=1$

[ ]

[ ]

14 중요 계산식의 규칙에 따라 빈칸에 알맞은 식을 써넣으세요.

$315+204=519$
$325+214=539$
$335+234=569$
[ ]
$355+304=659$

15 어려운 문제 뺄셈식의 규칙을 이용하여 규칙적인 덧셈식을 써 보세요.

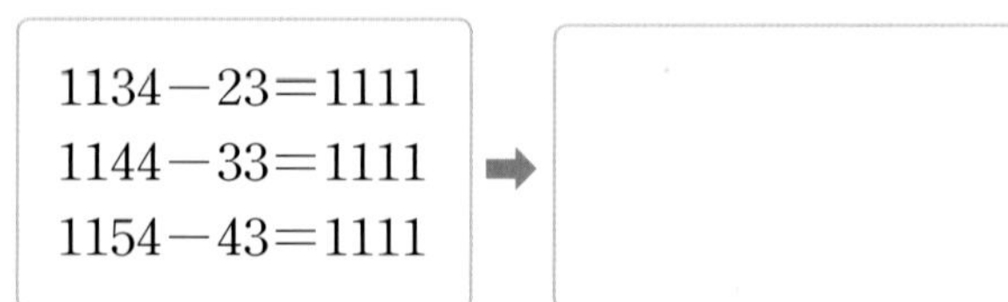
$1134-23=1111$
$1144-33=1111$
$1154-43=1111$
➡ [ ]

16 계산식을 보고 설명에 맞는 계산식을 찾아 기호를 써 보세요.

㉮	㉯	㉰
$100\times20=2000$	$100\div4=25$	$100+30=130$
$200\times30=6000$	$200\div4=50$	$200+40=240$
$300\times40=12000$	$300\div4=75$	$300+50=350$

나누어지는 수가 2배, 3배 ……가 되면 몫도 2배, 3배……가 됩니다.

(　　　　　　　　)

[17~18] 승강기 버튼의 수 배열을 보고 물음에 답하세요.

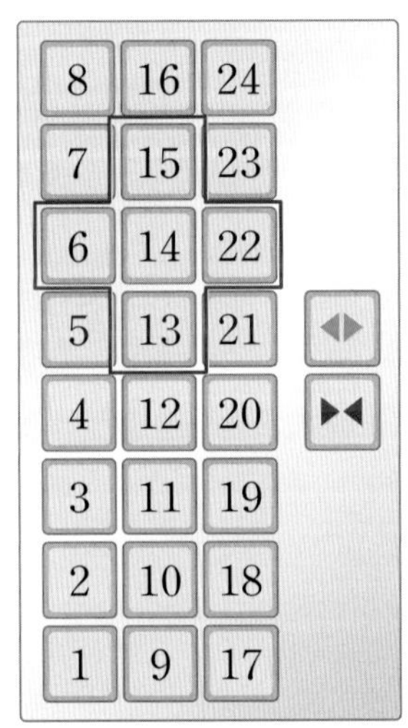

17 중요 계산식의 규칙에 따라 빈칸에 알맞은 식을 써넣으세요.

$$1+9=17-7$$
$$2+10=18-6$$
$$3+11=19-5$$

18 다음 조건을 만족하는 수를 찾아보세요.

- ✚ 안에 있는 5개의 수 중 하나입니다.
- 5개의 수의 합을 5로 나눈 몫입니다.

(　　　　　　　　)

서술형 문제

[19~20] 도형의 배열을 보고 물음에 답하세요.

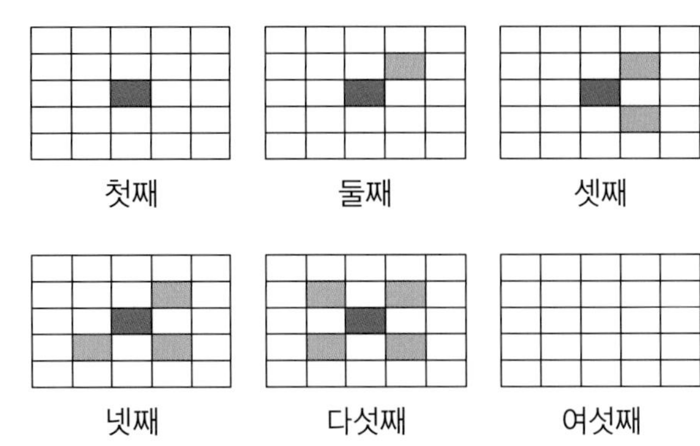

19 규칙에 따라 여섯째에 알맞은 모양을 그리고 규칙을 찾아 써 보세요.

규칙

20 여덟째에 색칠되지 않은 사각형은 모두 몇 개인지 풀이 과정을 쓰고 답을 구해 보세요.

풀이

답

MEMO

MEMO

MEMO

MEMO

BOOK 1
본책

BOOK 1 본책으로 교과서 속 **학습 개념과**
기본+응용 문제를 확실히 공부했나요?

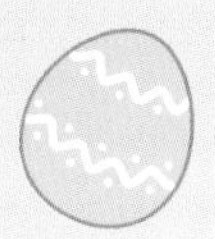

BOOK 2
복습책

BOOK 2 복습책으로 BOOK 1에서 배운
기본 문제와 응용 문제를 복습해 보세요.

초|등|부|터 EBS

교과서 기본과 응용 문제를
한 번에 잡는 **교과서 기본+응용**

BOOK 2

복습책

4-1

교과서 기본과 응용 문제를
한 번에 잡는 **교과서 기본+응용**

BOOK 2

복습책

4-1

01 □ 안에 알맞은 수를 써넣으세요.

10000은
- 9900보다 □ 만큼 더 큰 수
- 9990보다 □ 만큼 더 큰 수
- 9999보다 □ 만큼 더 큰 수

02 □ 안에 알맞은 수를 써넣으세요.

10000은 3000보다 □ 만큼 더 큰 수이고, 8000보다 □ 만큼 더 큰 수입니다.

03 □ 안에 알맞은 수를 써넣고, 읽어 보세요.

10000이 7개
1000이 1개
100이 0개 → □
10이 8개
1이 6개

읽기 (　　　　　　　　)

04 57293의 각 자리 숫자와 그 숫자가 나타내는 값을 알아보고 빈칸에 알맞게 써넣으세요.

	숫자	나타내는 값
만의 자리		50000
천의 자리		
백의 자리	2	
십의 자리		90
일의 자리	3	

05 빈칸에 알맞은 수를 써넣으세요.

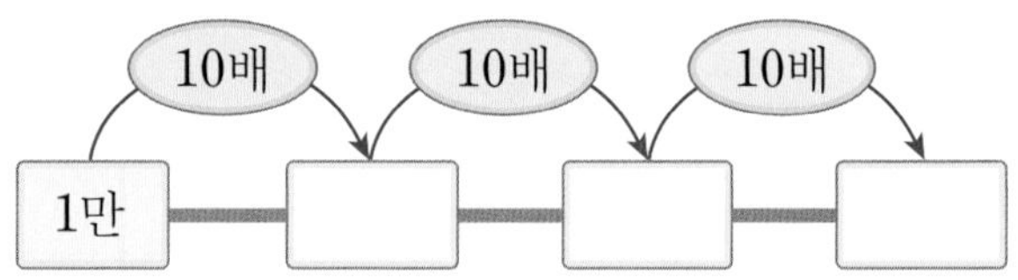

06 다음을 수로 써 보세요.

칠천삼백오십만 이백육십사

(　　　　　　　　)

07 수를 써 보세요.

(1) 9000만보다 1000만만큼 더 큰 수

쓰기 ________________

(2) 9000억보다 1000억만큼 더 큰 수

쓰기 ________________

08 □ 안에 알맞은 수를 써넣으세요.

71058920000은

억이 [ ]개, 만이 [ ]개인 수이고,

[ ]이라고 읽습니다.

09 보기와 같이 수를 나타내고 읽어 보세요.

보기

2200859451240000
➡ 2200조 8594억 5124만
➡ 이천이백조 팔천오백구십사억 오천백이십사만

26529473810000
➡ ______
➡ ______

10 보기와 같이 수로 나타내어 보세요.

보기

이백삼십오조 구천억
➡ 235조 9000억, 235900000000000

오백팔십칠조 삼천이백억
➡ ______
➡ ______

11 1000억씩 뛰어 세어 보세요.

4조 6800억 – 4조 7800억 – [ ] – 4조 9800억 – [ ]

12 두 수의 크기를 비교하여 ○ 안에 >, <를 알맞게 써넣으세요.

(1) 654762 ○ 89016

(2) 21378450 ○ 21378500

13 같은 크기의 세탁기 세 종류의 판매 금액입니다. 가, 나, 다 중 가장 비싼 세탁기는 무엇인가요?

가	나	다
718000원	687000원	745000원

( )

1 단원

유형 1 10000 알아보기

01 그림을 보고 □ 안에 알맞은 수를 써넣으세요.

9960 — 9970 — 9980 — 9990 — 10000

(1) 9970보다 □만큼 더 큰 수는 10000입니다.

(2) 9980은 10000보다 □만큼 더 작은 수입니다.

비법
1000이 10개인 수를 10000 또는 1만이라 쓰고, 만 또는 일만이라고 읽습니다.

02 그림을 보고 □ 안에 알맞은 수를 써넣으세요.

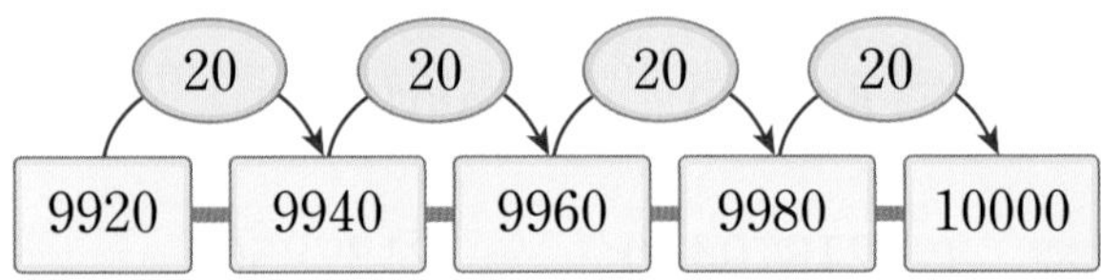

(1) 9960보다 □만큼 더 큰 수는 10000입니다.

(2) 9920은 10000보다 □만큼 더 작은 수입니다.

03 다음은 각각 10000을 나타낸 것입니다. ㉠, ㉡, ㉢에 들어갈 수 중 가장 큰 수는 얼마인가요?

- 100의 ㉠배인 수
- 9000보다 ㉡만큼 더 큰 수
- 1000의 ㉢배인 수

( )

유형 2 각 자리의 숫자가 나타내는 값

04 백만의 자리 숫자가 3인 수를 찾아 써 보세요.

62506341 40635940
73264708 81304675

( )

비법
57340000에서 각 자리 숫자가 나타내는 값

	천만의 자리	백만의 자리	십만의 자리	만의 자리
숫자	5	7	3	4
값	50000000	7000000	300000	40000

05 다음에서 밑줄 친 숫자 1이 나타내는 수의 차는 얼마인지 구해 보세요.

<u>1</u>2541<u>1</u>7803

( )

06 조건을 모두 만족하는 수를 구해 보세요.

조건
- 다섯 자리 수입니다.
- 십의 자리 숫자와 일의 자리 숫자는 0입니다.
- 천의 자리 숫자와 백의 자리 숫자는 3입니다.
- 숫자 4가 40000을 나타냅니다.

( )

유형 3 뛰어 세기

07 얼마씩 뛰어 세었는지 써 보세요.

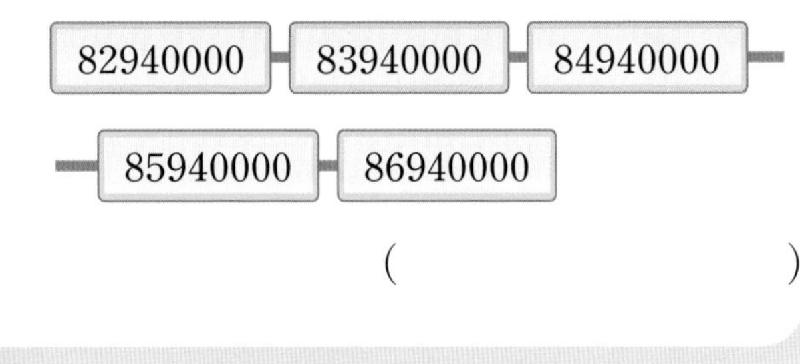

( )

비법
●의 자리 수가 1씩 커지면 ●씩 뛰어 센 것입니다.

08 **100배씩 뛰어서 센 것입니다. ㉠에 알맞은 수는 얼마인가요?**

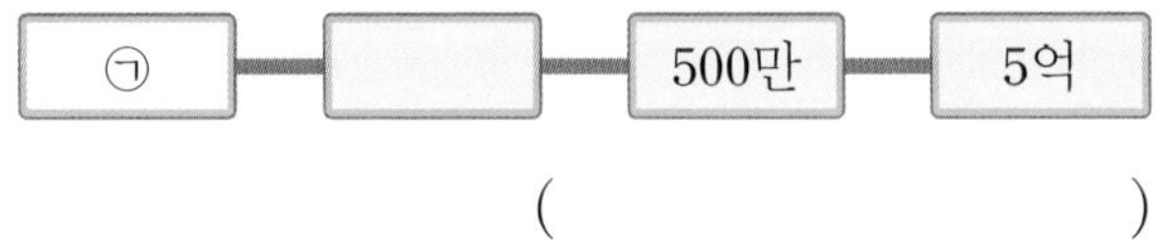

( )

09 뛰어 세기를 하였습니다. 얼마씩 뛰어서 센 것인가요?

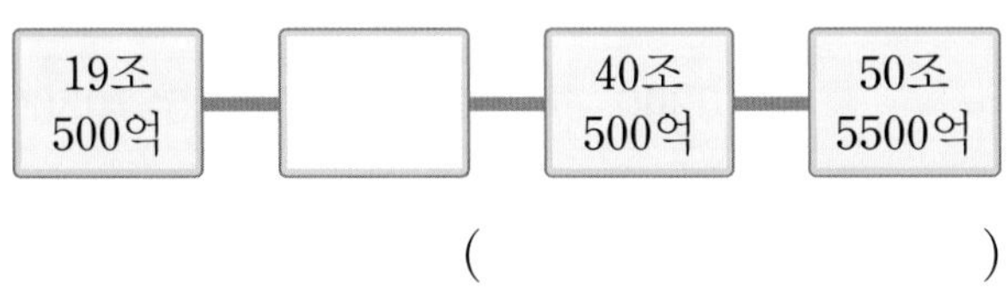

( )

유형 4 가장 큰 수, 가장 작은 수 만들기

10 수 카드를 모두 한 번씩 사용하여 가장 작은 일곱 자리 수를 만들어 보세요.

3 7 9 4 0 5 6

( )

비법
① 가장 큰 수 만들기: 높은 자리부터 큰 수를 차례로 놓습니다.
② 가장 작은 수 만들기: 높은 자리부터 작은 수를 차례로 놓습니다. (단, 0은 가장 높은 자리에 올 수 없습니다.)

11 수 카드를 모두 한 번씩 사용하여 여섯 자리 수를 만들려고 합니다. 천의 자리 숫자가 3인 가장 큰 수를 쓰고, 읽어 보세요.

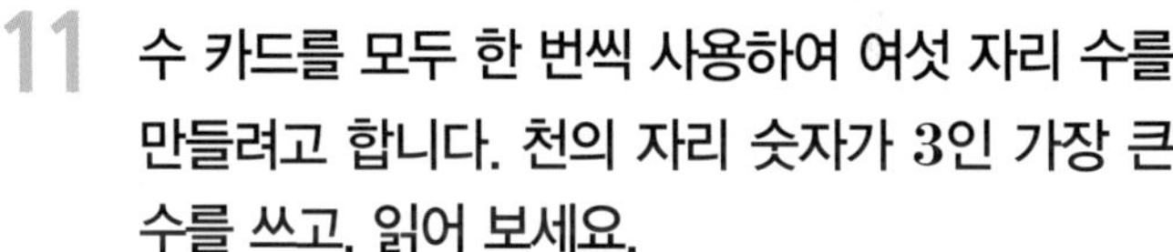

쓰기 ( )

읽기 ( )

12 **1부터 6까지의 숫자를 두 번씩 사용하여 만들 수 있는 열두 자리 수 중 백만의 자리 숫자가 6인 가장 큰 수를 구해 보세요.**

( )

01 종이학을 접어서 한 상자에 1000개씩 담아 모두 10상자를 만들려고 합니다. 종이학을 7300개 접었다면 몇 개를 더 접어야 하는지 풀이 과정을 쓰고 답을 구해 보세요.

풀이

답

02 주혁이가 1년 동안 모은 돈입니다. 모두 얼마인지 풀이 과정을 쓰고 답을 구해 보세요.

10000원짜리 지폐	13장
1000원짜리 지폐	22장
100원짜리 동전	43개
10원짜리 동전	8개

풀이

답

03 수 카드 [0], [2], [5], [7]을 두 번씩 사용하여 백만의 자리 숫자가 7인 가장 작은 여덟 자리 수를 만들려고 합니다. 풀이 과정을 쓰고 답을 구해 보세요.

풀이

답

04 억이 584개, 만이 7024개, 일이 36개인 수를 11자리 수로 나타내려고 합니다. 풀이 과정을 쓰고 답을 구해 보세요.

풀이

답

05 다음을 14자리 수로 나타낼 때, 0을 모두 몇 개 써야 하는지 풀이 과정을 쓰고 답을 구해 보세요.

오십조 이천칠만 삼천

풀이

답

06 뛰어 센 것입니다. 빈칸에 알맞은 수는 얼마인지 풀이 과정을 쓰고 답을 구해 보세요.

5470300 — 5570300 — 5670300 —
— [ ] — 5870300 — 5970300

풀이

답

07 어떤 바이러스가 매시간 10000배씩 늘어난다고 합니다. 어느 날 오전 10시에 이 바이러스가 1570마리였다면, 같은 날 오후 1시에는 몇 마리가 되는지 풀이 과정을 쓰고 답을 구해 보세요.

풀이

답

08 수직선에서 ㉠이 나타내는 수를 구하려고 합니다. 풀이 과정을 쓰고 답을 구해 보세요.

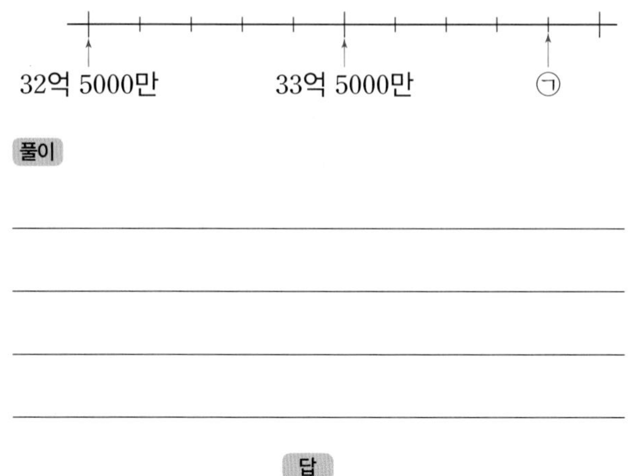

풀이

답

9 어떤 수에서 100억씩 50번 뛰어서 센 수가 5조 2000억이었습니다. 어떤 수는 얼마인지 풀이 과정을 쓰고 답을 구해 보세요.

풀이

답

10 서원이와 영우는 다음 수 카드를 각각 한 번씩 사용하여 조건을 만족하는 수를 만들려고 합니다. 서원이와 영우는 각각 어떤 수를 만들어야 하는지 풀이 과정을 쓰고 답을 구해 보세요.

1 9 0 8 7 5

서원: 나는 만의 자리 숫자가 5인 가장 큰 여섯 자리 수를 만들거야.

영우: 나는 백의 자리 숫자가 9인 가장 작은 여섯 자리 수를 만들어야지.

풀이

답 서원: , 영우:

01 빈칸에 알맞은 수를 써넣으세요.

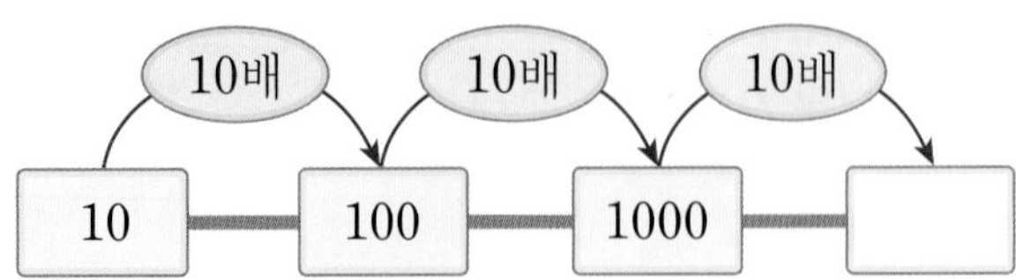

02 ㉠에 알맞은 수를 써 보세요.

10000은 9700보다 ㉠만큼 더 큰 수입니다.

(　　　　　　　)

03 □ 안에 알맞은 수를 써넣으세요.

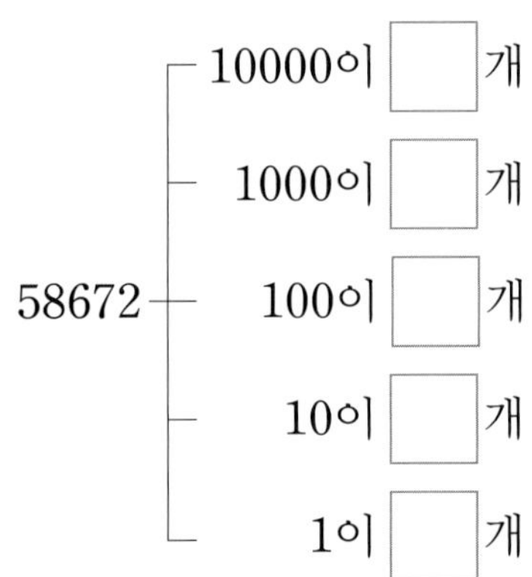

04 어떤 야구장의 수용 인원을 수로 써 보세요.

어떤 야구장의 수용 인원은 <u>이만 칠천육백</u> 명입니다.

(　　　　　　　)명

05 보기 와 같이 각 자리의 숫자가 나타내는 값의 합으로 나타내어 보세요.

보기

47326=40000+7000+300+20+6

31476=□+□+□+□+□

06 수를 보고 □ 안에 알맞은 말이나 수를 써넣으세요.

73581

숫자 3은 □의 자리 숫자이고, □을 나타냅니다.

07 □ 안에 알맞은 수를 써넣으세요.

59247238은 만이 □개, 일이 □개인 수

08 백만의 자리 숫자가 4인 수는 어느 것인가요? (　　)

① 47082536　② 94103265
③ 15409278　④ 26954301
⑤ 73045108

09 나타내는 수가 다른 하나를 찾아 기호를 써 보세요.

㉠ 1000만의 10배인 수
㉡ 100000000
㉢ 9900만보다 10만큼 더 큰 수

(　　　　　　　　　　)

10 수 카드를 모두 한 번씩만 사용하여 만들 수 있는 가장 큰 수를 쓰고 읽어 보세요.

0	1	2	3	5	6	7	8

쓰기 (　　　　　　　　　　)
읽기 (　　　　　　　　　　)

11 □ 안에 알맞은 수를 써넣으세요.

84279056240100은 조가 □개, 억이 □개, 만이 □개, 일이 □개인 수입니다.

12 다음을 모두 만족하는 수를 써 보세요.

- 억이 50개인 수보다 큽니다.
- 60억보다 작은 수입니다.
- 천만의 자리 숫자는 3, 만의 자리 숫자는 2이고, 각 자리의 숫자의 합은 10입니다.

(　　　　　　　　　　)

13 ㉠이 나타내는 값은 얼마인지 써 보세요.

7262839500000000
(㉠: 밑줄 친 세 번째 자리 숫자 6)

(　　　　　　　　　　)

14 다음 중 조의 자리 숫자가 7인 수를 찾아 기호를 써 보세요.

㉠ 3725895412345649
㉡ 297051633461475
㉢ 71648378626900

(　　　　　　　　　　)

정답과 풀이 49쪽

15 뛰어 세는 규칙을 찾아 빈 곳에 알맞은 수를 써넣으세요.

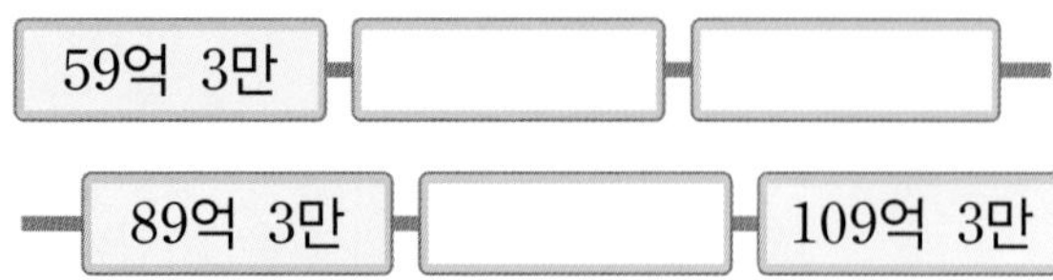

16 다음 수직선에서 ㉠에 알맞은 수를 구해 보세요.

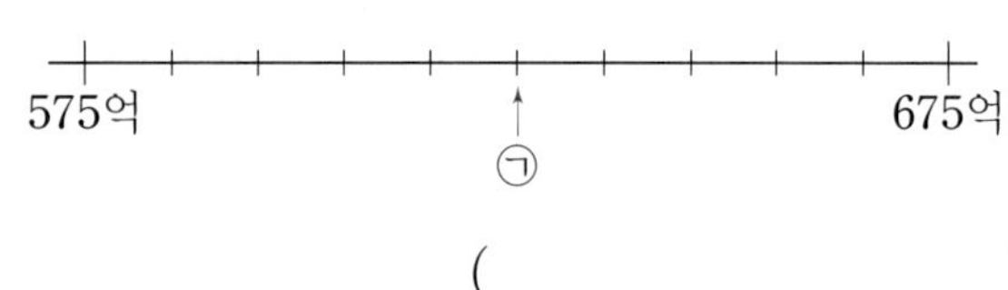

( )

17 서술형 어떤 수에서 100억씩 4번 뛰어 세었더니 다음과 같았습니다. 어떤 수는 얼마인지 풀이 과정을 쓰고 답을 구해 보세요.

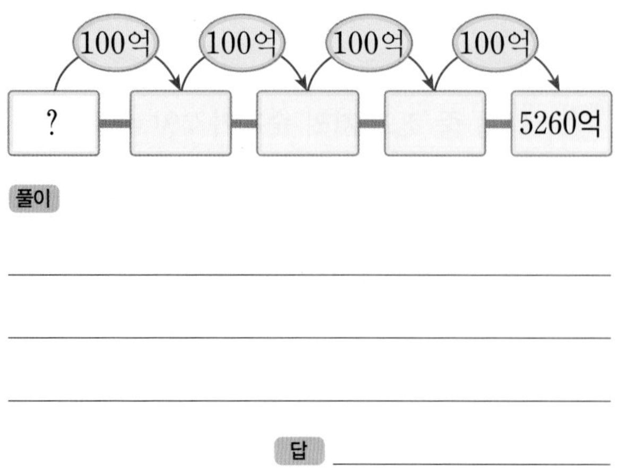

풀이

답

18 두 수의 크기를 비교하여 ○ 안에 >, =, <를 알맞게 써넣으세요.

14724931 ○ 천사백육십오만

19 더 큰 수를 찾아 기호를 써 보세요.

㉠ 46215787315315
㉡ 46조 2139억 900만

( )

20 서술형 0부터 9까지의 수 중에서 □ 안에 들어갈 수 있는 수를 모두 구하려고 합니다. 풀이 과정을 쓰고 답을 구해 보세요.

8□01637<8310492

풀이

답

기본 문제 복습

정답과 풀이 51쪽

01 두 각 중 더 큰 각의 기호를 써 보세요.

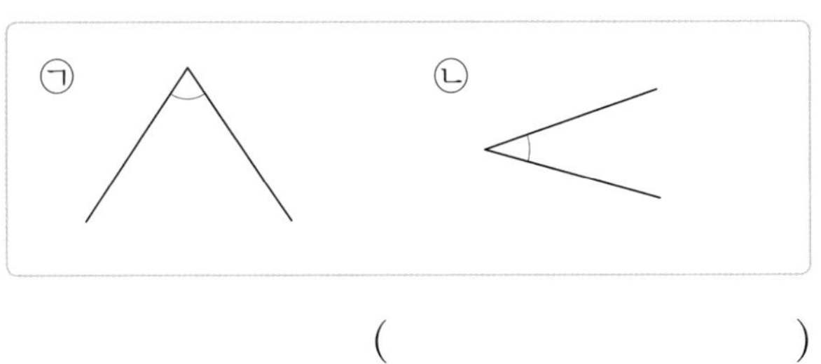

(　　　　　　　　)

02 각도를 써 보세요.

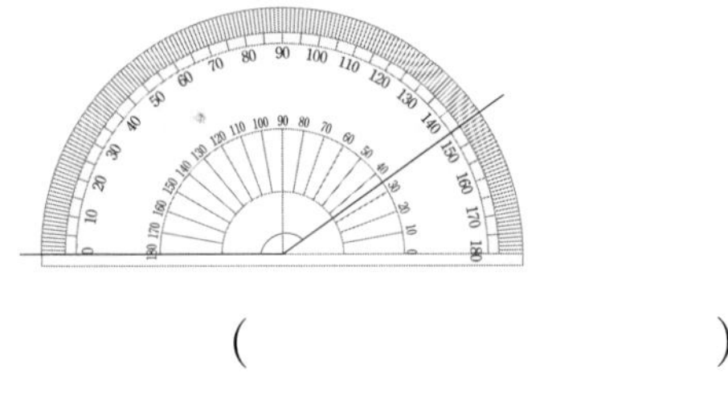

(　　　　　　　　)

03 각도기를 사용하여 각도를 재어 보세요.

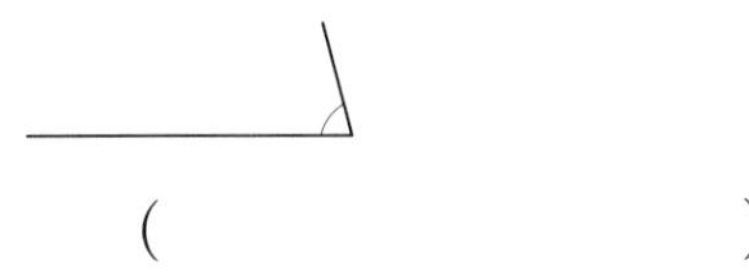

(　　　　　　　　)

04 각도가 $50°$인 각을 그리려고 합니다. 순서에 맞게 기호를 써 보세요.

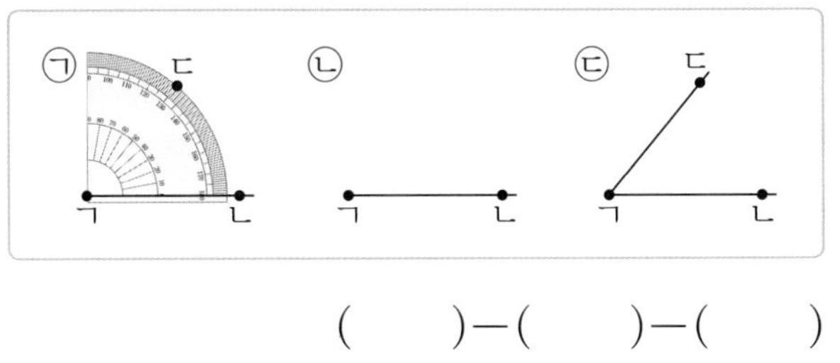

(　　)－(　　)－(　　)

05 각도기와 자를 이용하여 $65°$인 각을 그려 보세요.

06 시계의 긴바늘과 짧은바늘이 이루는 작은 쪽의 각이 예각인 것에 ○표 하세요.

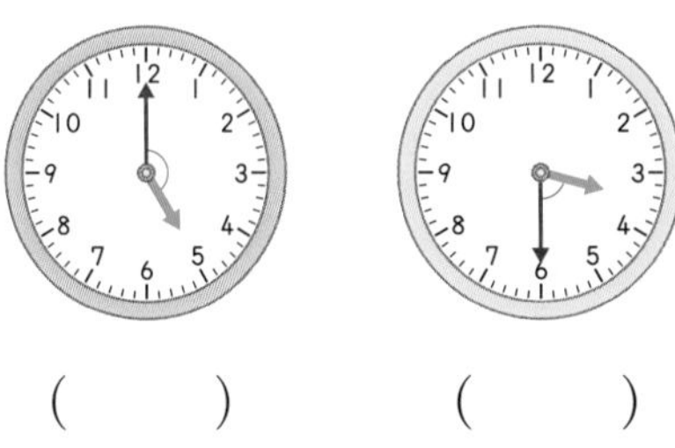

(　　)　　(　　)

07 둔각을 모두 찾아 써 보세요.

$75°$	$105°$	$15°$	$90°$	$175°$

(　　　　　　　　)

정답과 풀이 51쪽

08 각도를 어림하고, 각도기로 재어 확인해 보세요.

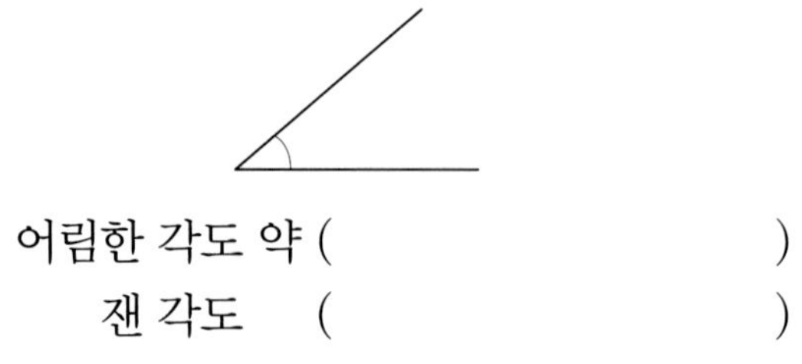

어림한 각도 약 (　　　　　　　)
재 각도 (　　　　　　　)

09 각도의 합과 차를 구해 보세요.

(1) $125° + 65°$
(2) $235° - 150°$

10 □ 안에 알맞은 수를 써넣으세요.

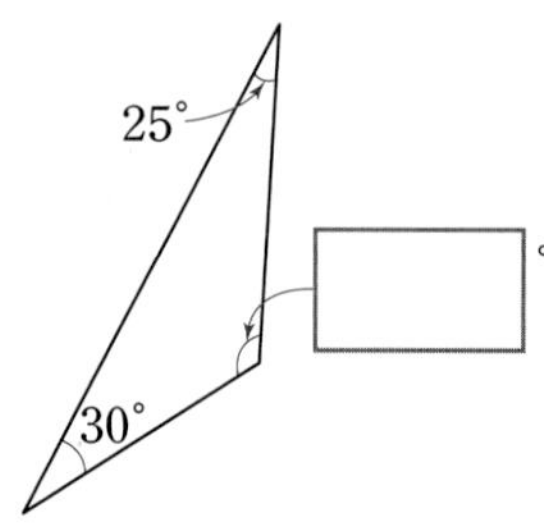

11 삼각형에서 ㉠과 ㉡의 각도의 차를 구해 보세요.

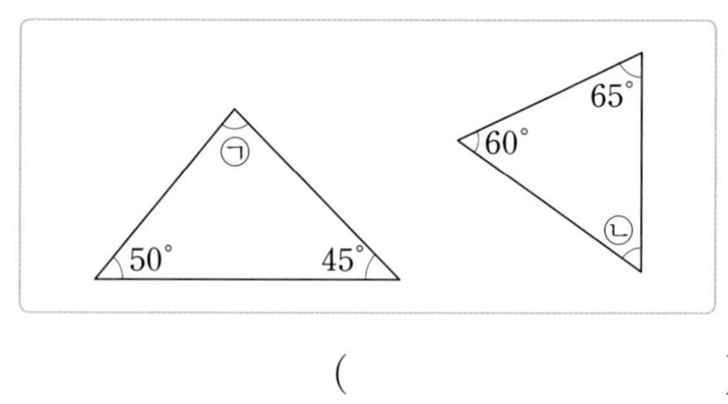

(　　　　　　　)

12 □ 안에 알맞은 수를 써넣으세요.

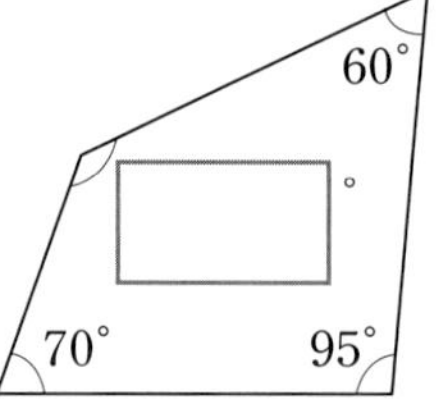

13 사각형에서 ㉠과 ㉡의 각도의 합을 구해 보세요.

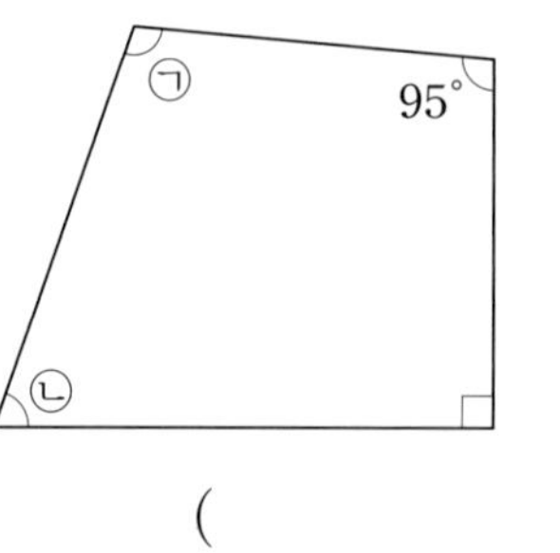

(　　　　　　　)

정답과 풀이 52쪽

유형 1 각도의 합과 차

01 관계있는 것끼리 이어 보세요.

75°+25°	• •	95°
80°보다 15° 큰 각	• •	100°
150°보다 65° 작은 각	• •	85°

비법
자연수의 덧셈, 뺄셈과 같은 방법으로 계산한 후 (°)를 붙여 줍니다.

02 각도를 비교하여 ○ 안에 >, =, <를 알맞게 써넣으세요.

145°−60° ○ 30°+45°

03 각도가 가장 작은 것을 찾아 기호를 써 보세요.

㉠ 45°보다 35° 큰 각
㉡ 110°보다 40° 작은 각
㉢ 120°−50°+25°

(   )

유형 2 각도 구하기

04 □ 안에 알맞은 수를 써넣으세요.

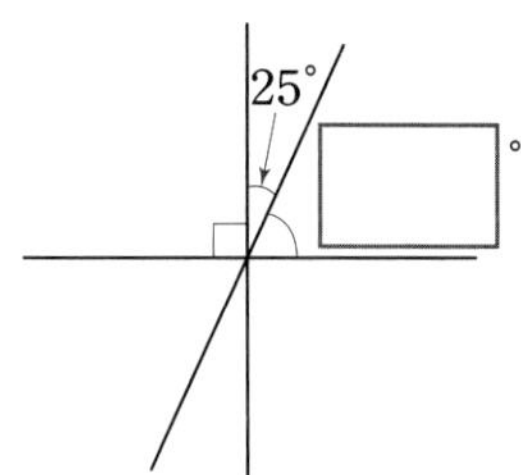

비법
직선이 이루는 각의 크기는 180°입니다.

05 각 ㄱㄷㅁ의 크기는 몇 도인지 구해 보세요.

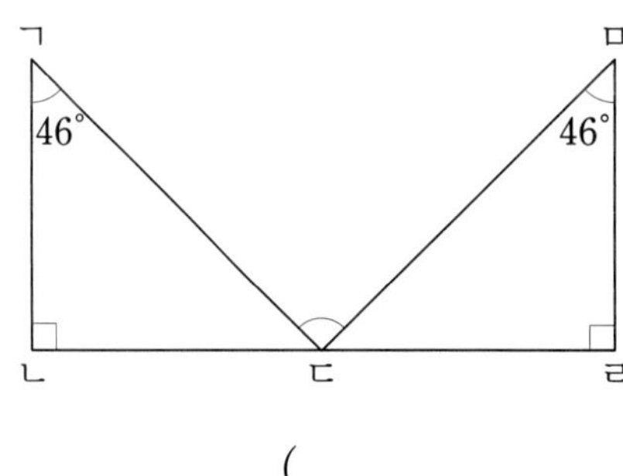

(   )

06 ㉠의 각도를 구해 보세요.

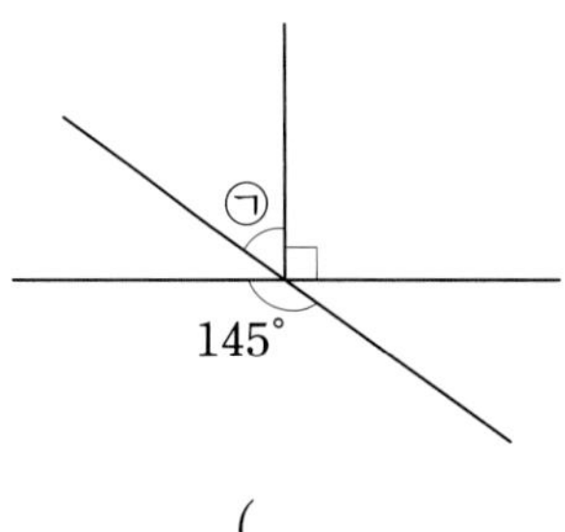

(   )

유형 3 삼각형의 세 각의 크기의 합

07 □ 안에 알맞은 수를 써넣으세요.

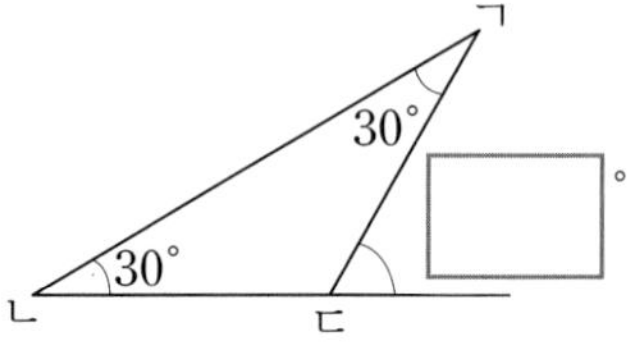

비법
삼각형의 세 각의 크기의 합은 180°입니다.

08 ㉠과 ㉡의 각도의 합을 구해 보세요.

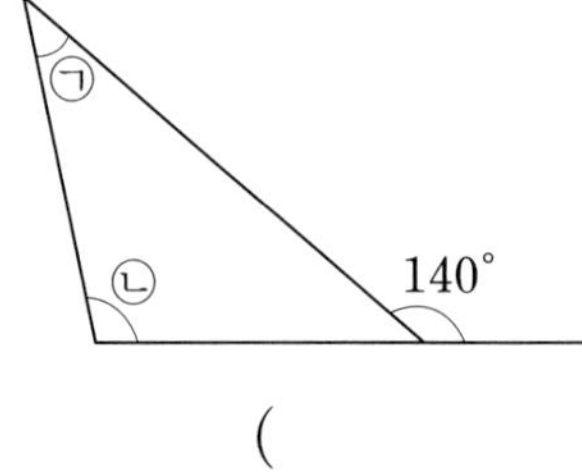

(   )

09 ㉠과 ㉡의 각도의 차를 구해 보세요.

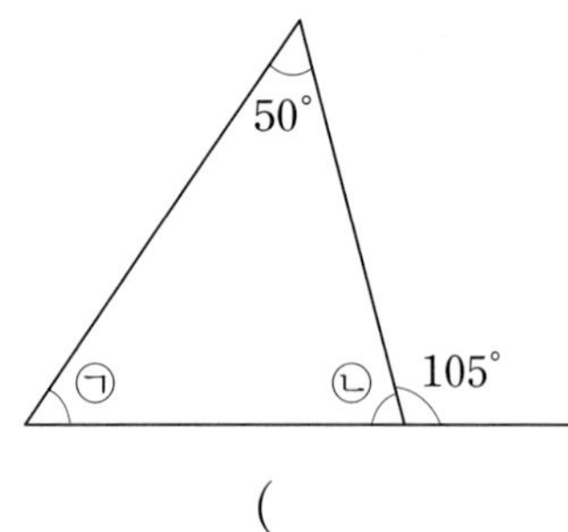

(   )

유형 4 사각형의 네 각의 크기의 합

10 사각형의 네 각 중에서 세 각의 크기가 각각 $45°$, $75°$, $95°$일 때 나머지 한 각의 크기를 구해 보세요.

(   )

비법
사각형의 네 각의 크기의 합은 360°입니다.

11 사각형에서 ㉠의 각도는 몇 도인지 구해 보세요.

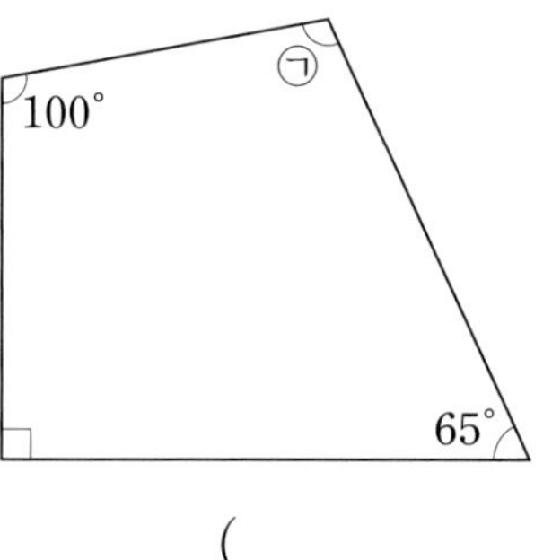

(   )

12 그림에서 ㉠의 각도는 몇 도인지 구해 보세요.

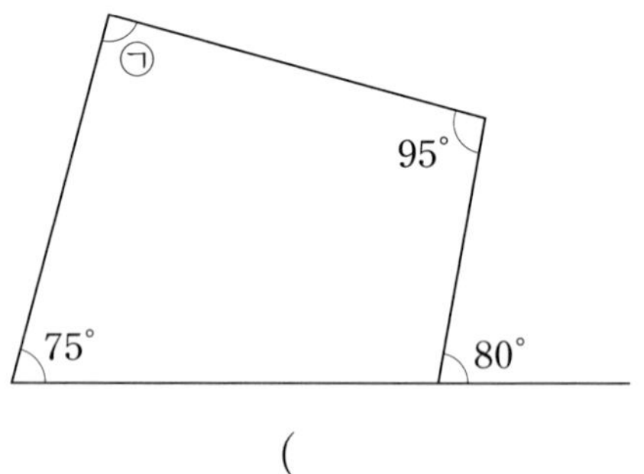

(   )

서술형 수행 평가

정답과 풀이 53쪽

01 90°인 각을 똑같이 5개의 각으로 나누었습니다. 각 ㄷㅇㅂ의 크기는 몇 도인지 풀이 과정을 쓰고 답을 구해 보세요.

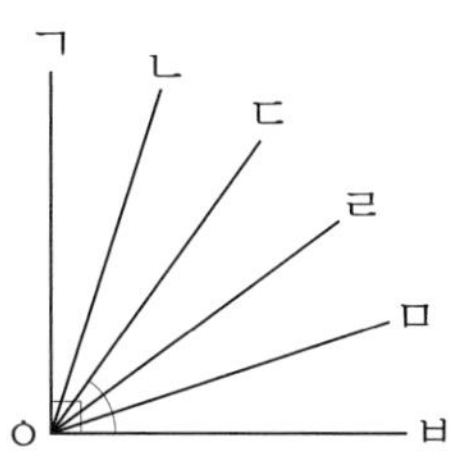

풀이

답

02 시계에 시각을 나타내었을 때 긴바늘과 짧은바늘이 이루는 작은 쪽의 각이 예각과 둔각 중 다른 하나를 찾아 기호를 쓰려고 합니다. 풀이 과정을 쓰고 답을 구해 보세요.

㉠ 12시 50분	㉡ 6시 20분
㉢ 9시 10분	㉣ 3시 30분

풀이

답

03 ㉠과 ㉡의 각도의 합을 구하려고 합니다. 풀이 과정을 쓰고 답을 구해 보세요.

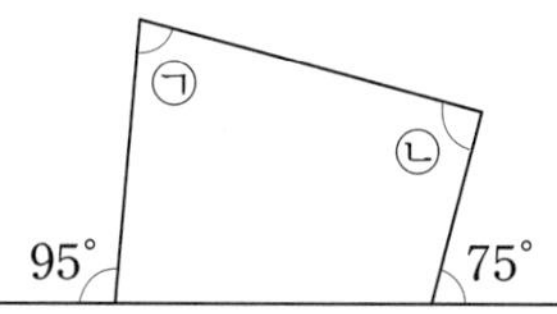

풀이

답

04 ㉠, ㉡, ㉢의 각도의 합을 구하려고 합니다. 풀이 과정을 쓰고 답을 구해 보세요.

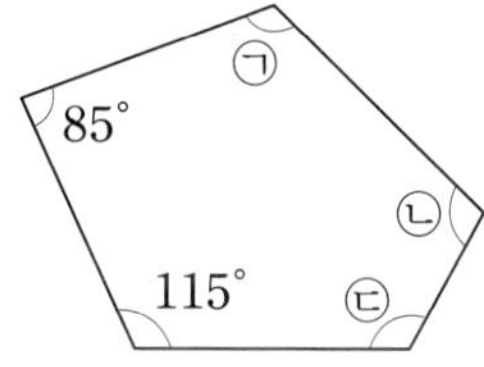

풀이

답

05 ㉠의 각도는 몇 도인지 풀이 과정을 쓰고 답을 구해 보세요.

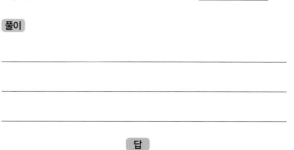

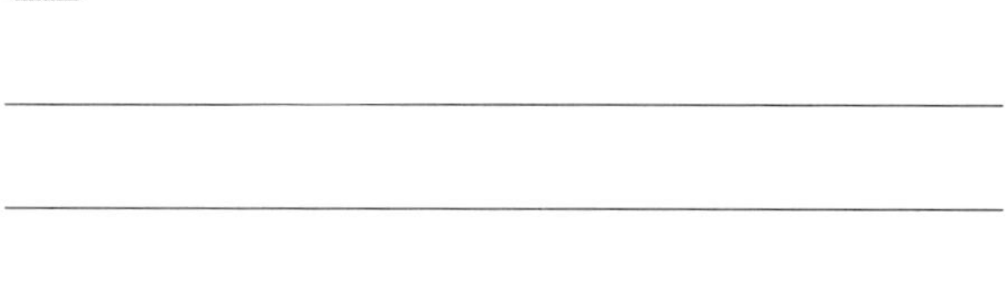

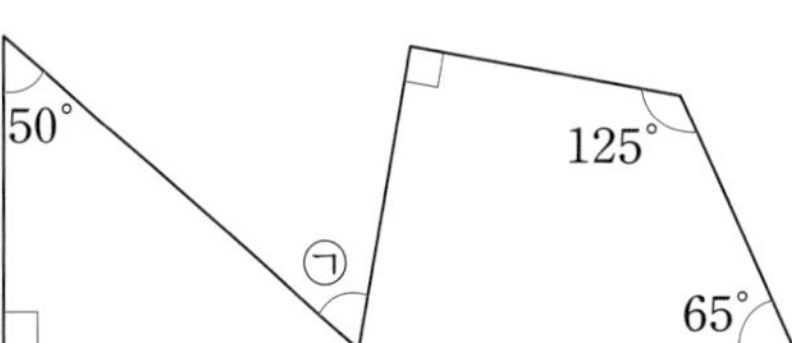

풀이

답

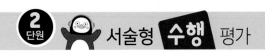

06 직사각형 ㄱㄴㄷㄹ에서 각 ㄷㄱㅁ의 크기를 구하려고 합니다. 풀이 과정을 쓰고 답을 구해 보세요.

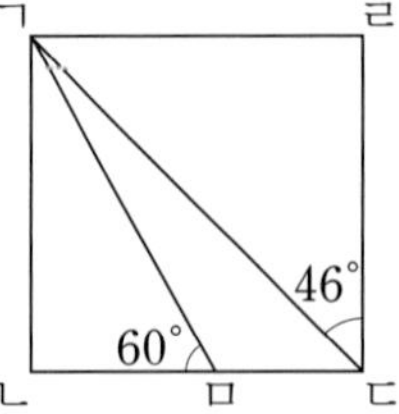

풀이

답

07 ㉠, ㉡, ㉢의 각도의 합을 구하려고 합니다. 풀이 과정을 쓰고 답을 구해 보세요.

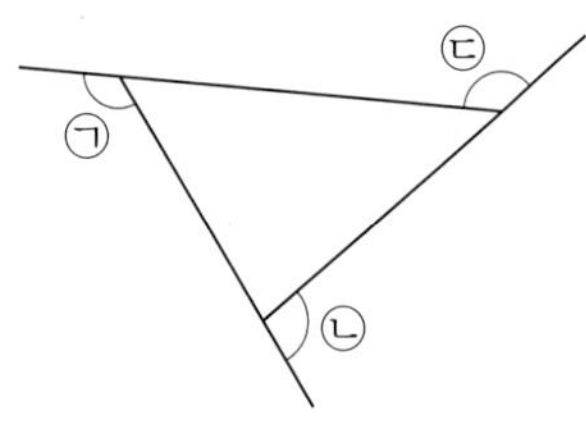

풀이

답

08 두 시계의 바늘이 이루고 있는 각도의 차를 구하려고 합니다. 풀이 과정을 쓰고 답을 구해 보세요.

풀이

답

09 직사각형의 종이를 그림과 같이 접었을 때, ㉠의 각도를 구하려고 합니다. 풀이 과정을 쓰고 답을 구해 보세요.

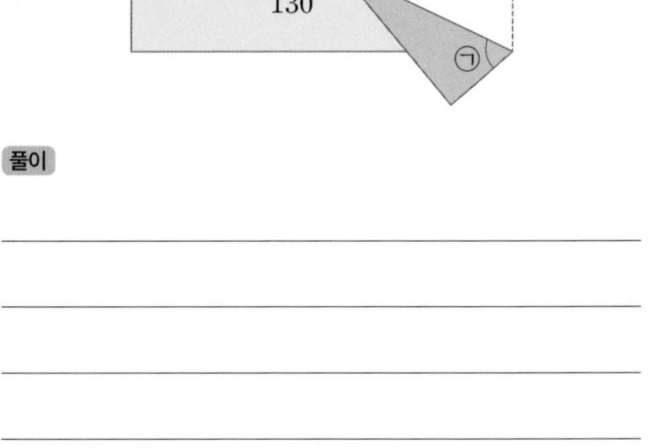

풀이

답

10 각 ㄹㄷㅁ과 각 ㄴㄷㅁ의 크기가 같을 때, ㉠의 각도를 구하려고 합니다. 풀이 과정을 쓰고 답을 구해 보세요.

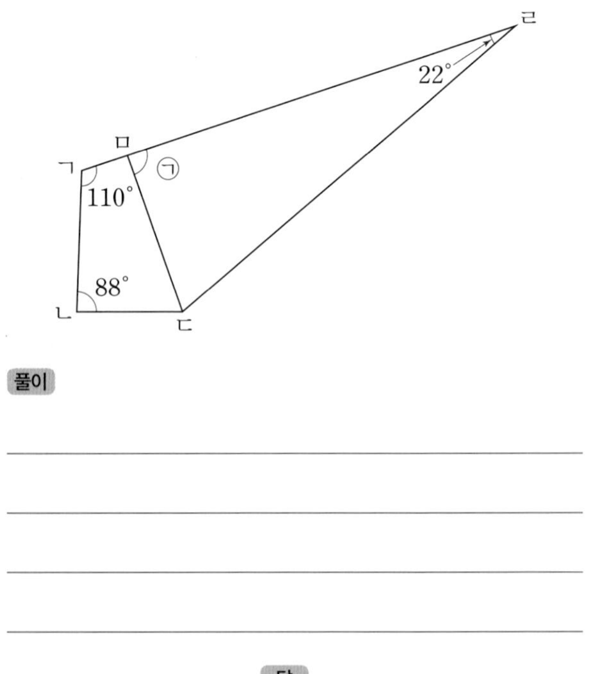

풀이

답

정답과 풀이 54쪽

01 가장 크게 벌어진 가위를 찾아 ○표 하세요.

(　　) (　　) (　　)

02 더 큰 각의 기호를 써 보세요.

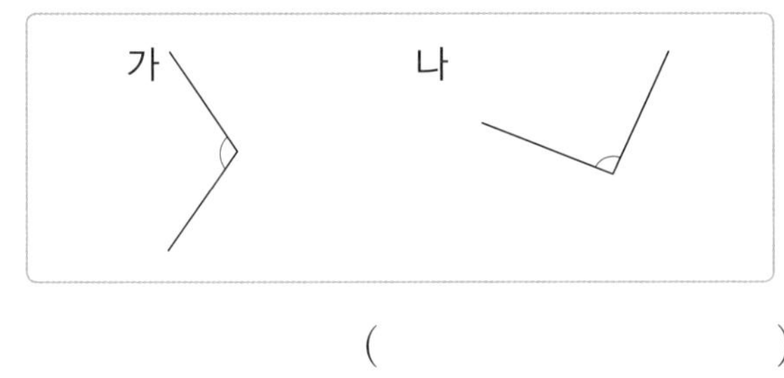

(　　　　　　)

03 다음 중 가장 큰 각과 가장 작은 각을 찾아 차례로 기호를 써 보세요.

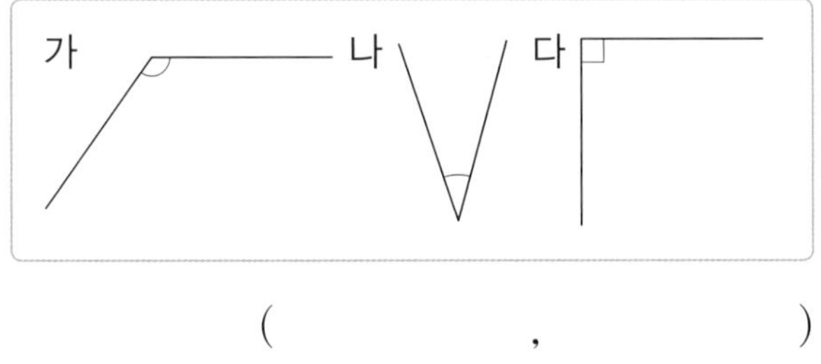

(　　　　　　,　　　　　　)

04 각도를 읽어 보세요.

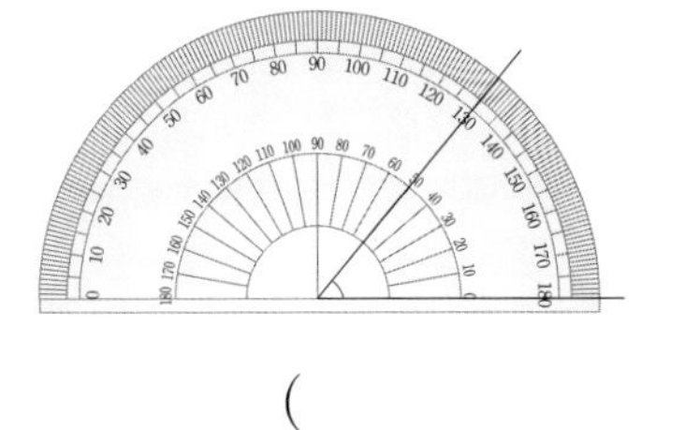

(　　　　　　)

05 각도기를 이용하여 각도를 재어 보세요.

(　　　　　　)

06 각도기와 자를 이용하여 주어진 각도의 각을 그리려고 합니다. 선분 ㄱㄴ을 이용하여 점 ㄱ과 점 ㄴ을 꼭짓점으로 각을 각각 그려 보세요.

60°

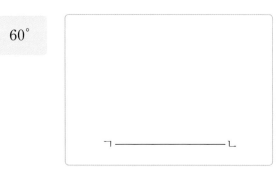

07 아래 삼각형의 세 각 중에서 둔각을 찾아 ○표 하세요.

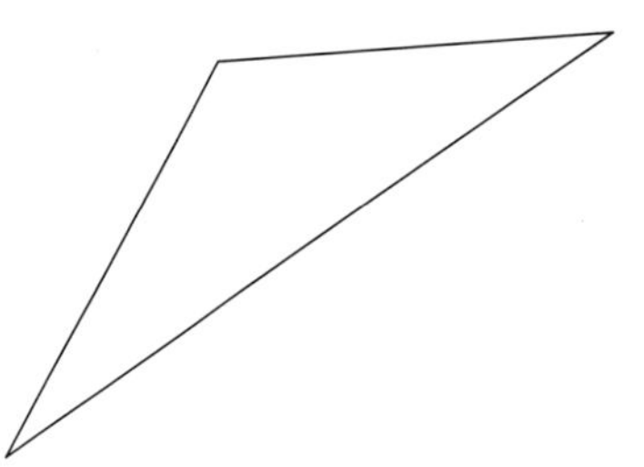

08 색종이를 한 번 접어서 두 겹으로 포개어 만들어진 각과 각도가 같은 각을 그려 보세요.

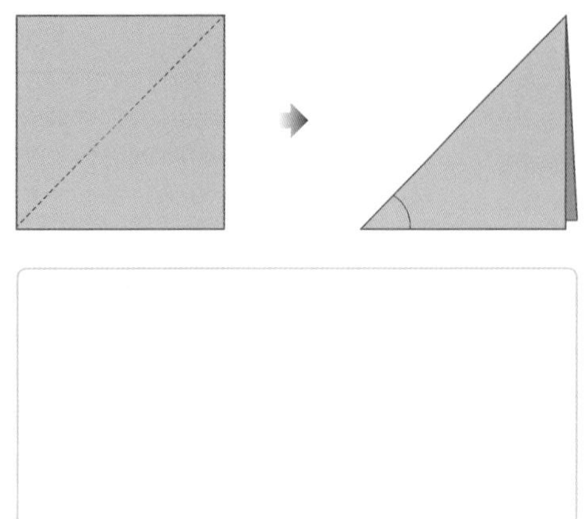

09 시계의 긴바늘과 짧은바늘이 이루는 작은 쪽의 각이 예각인 것을 모두 찾아 기호를 써 보세요.

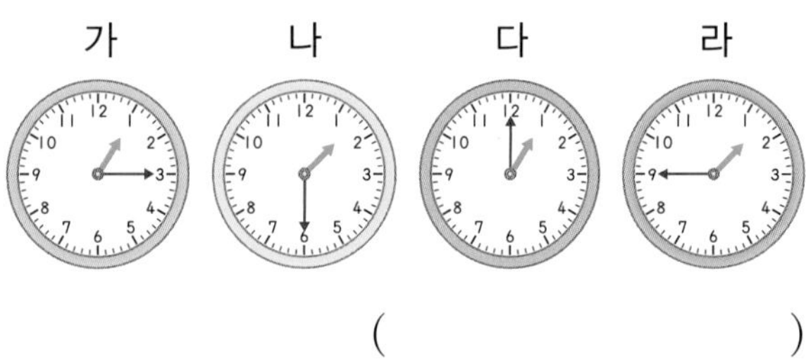

( )

10 다음은 쿠웨이트의 국기입니다. 이 나라의 국기 속에 있는 둔각은 모두 몇 개인가요?

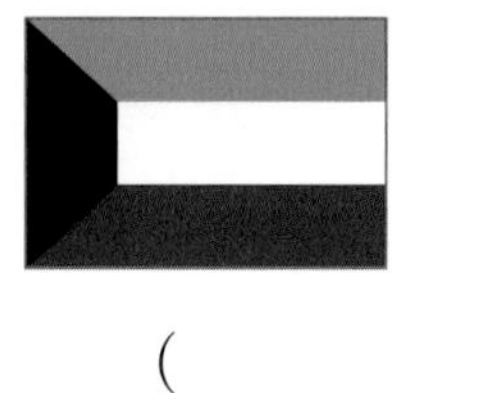

( )

11 각도를 어림하고, 각도기로 재어 확인해 보세요.

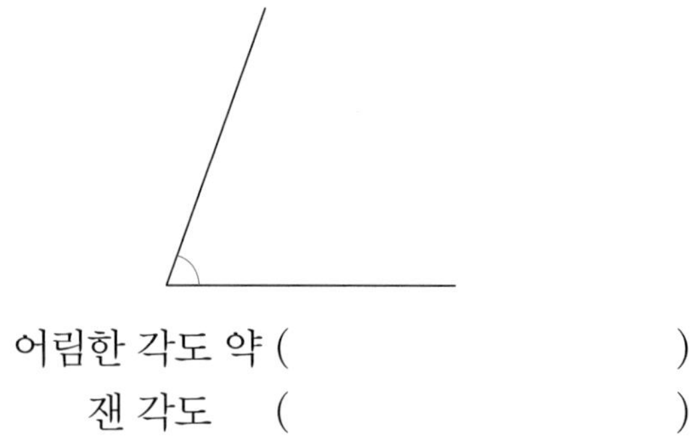

어림한 각도 약 ( )
잰 각도 ( )

12 준하와 윤주가 각도를 어림했습니다. 각도기를 이용하여 누구의 어림이 더 정확한지 써 보세요.

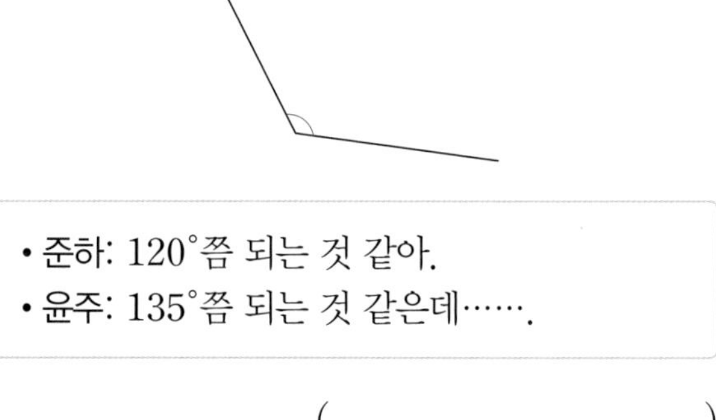

- 준하: 120°쯤 되는 것 같아.
- 윤주: 135°쯤 되는 것 같은데…….

( )

13 두 각도의 차를 구하고 예각인지 둔각인지 써 보세요.

145° − 70°

(,)

14 ㉠의 각도를 구해 보세요.

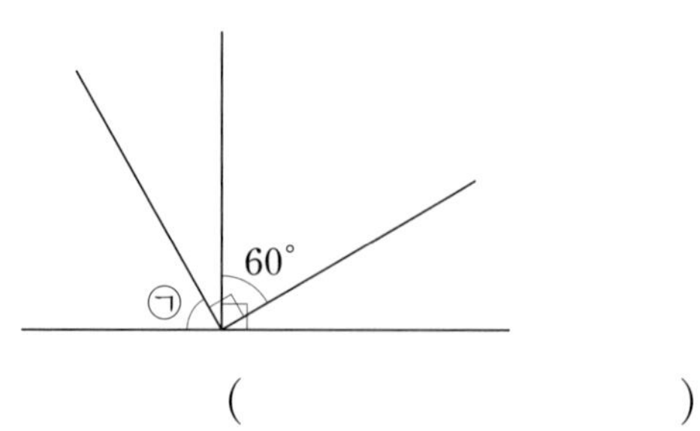

( )

15 삼각형의 세 각 중 한 각이 그림과 같이 가려져 있을 때 가려진 각의 크기를 구해 보세요.

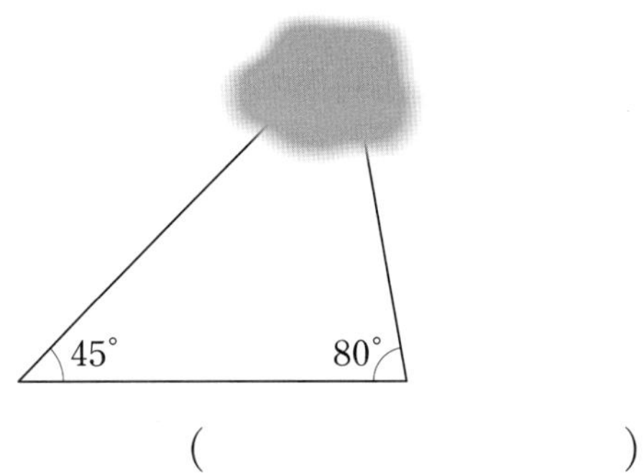

(　　　　　　　　　　)

16 ㉠과 ㉡의 각도의 합을 구해 보세요.

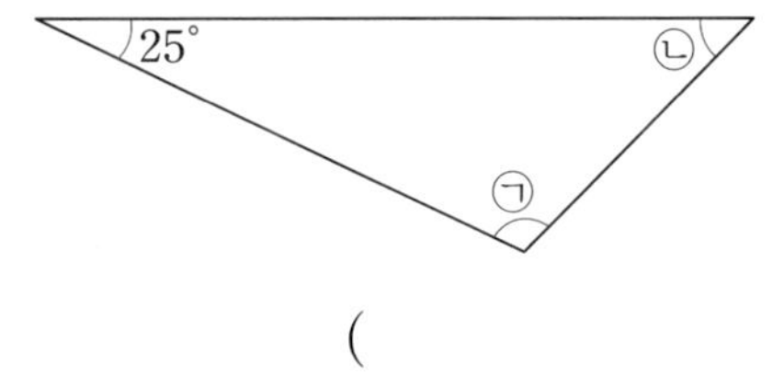

(　　　　　　　　　　)

17 서술형 도형에서 표시된 모든 각도의 합을 구하려고 합니다. 풀이 과정을 쓰고 답을 구해 보세요.

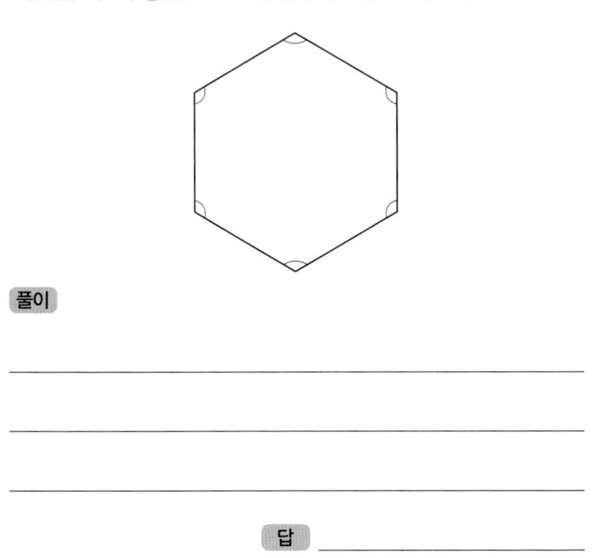

풀이

답

18 ㉠과 ㉡의 각도의 합을 구해 보세요.

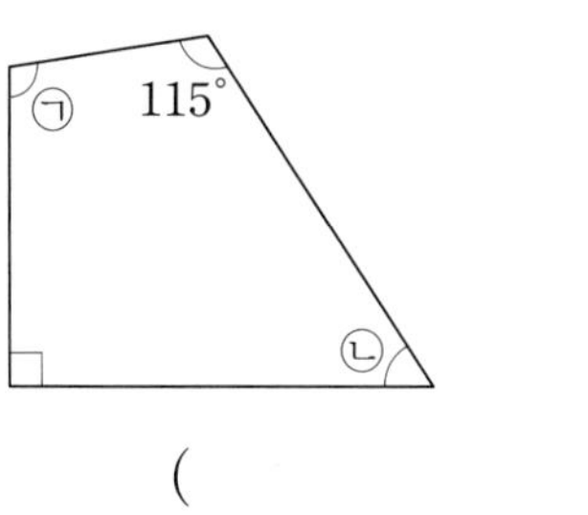

(　　　　　　　　　　)

19 서술형 ㉠의 각도를 구하려고 합니다. 풀이 과정을 쓰고 답을 구해 보세요.

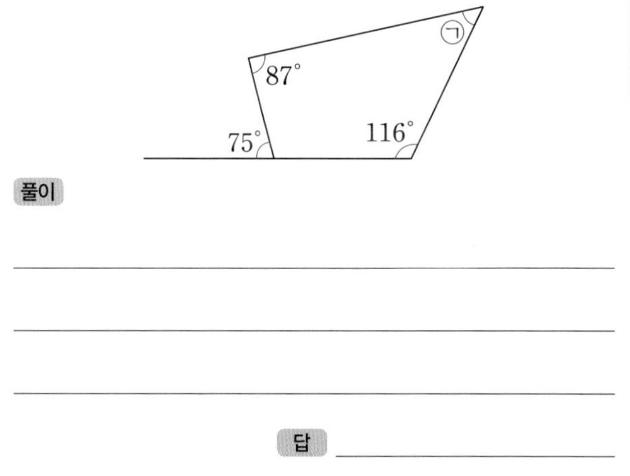

풀이

답

20 다음과 같은 직각 삼각자 2개로 만들어진 각도를 □ 안에 써넣으세요.

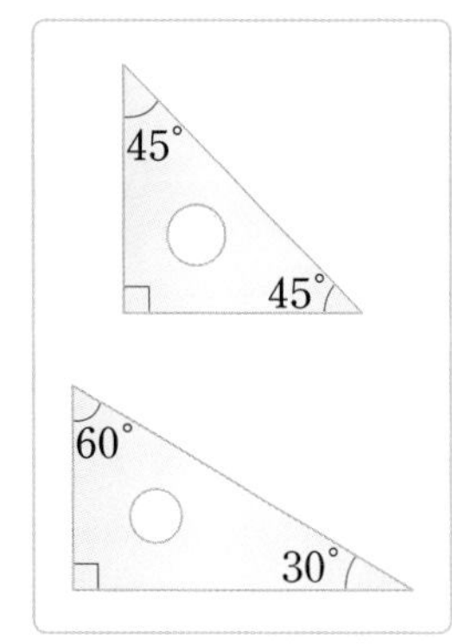

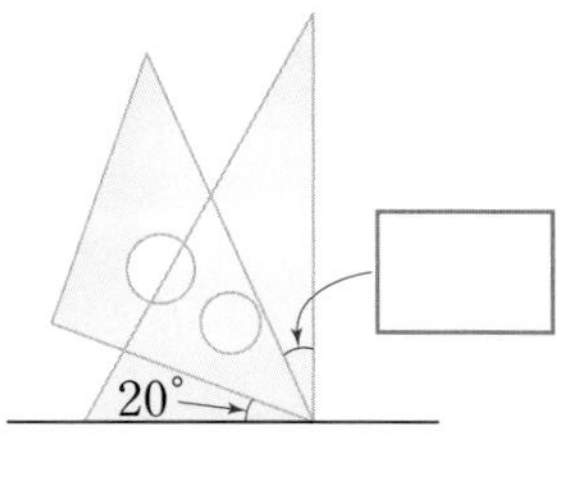

2 단원

01 □ 안에 알맞은 수를 써넣으세요.

(1) $300 \times 30 =$ □

(2) $330 \times 30 =$ □

02 계산해 보세요.

(1) $\begin{array}{r} 315 \\ \times \quad 27 \\ \hline \end{array}$

(2) $\begin{array}{r} 416 \\ \times \quad 34 \\ \hline \end{array}$

03 ㉠이 실제로 나타내는 값은 얼마인가요?

$$\begin{array}{r} 432 \\ \times \quad 56 \\ \hline 2592 \\ 2160 \\ \hline 24192 \end{array}$$

2160 ← ㉠

(　　　　　　)

04 계산에서 잘못된 부분을 찾아 바르게 계산해 보세요.

$$\begin{array}{r} 638 \\ \times \quad 57 \\ \hline 4466 \\ 3190 \\ \hline 7656 \end{array} \Rightarrow \begin{array}{r} 638 \\ \times \quad 57 \\ \hline \end{array}$$

05 곱의 크기를 비교하여 ○ 안에 >, =, <를 알맞게 써넣으세요.

712×17 ○ 429×31

06 자동차가 하루에 35 km씩 365일 동안 달린다면 모두 몇 km를 달리게 되나요?

(　　　　　　)

07 계산을 하고 계산 결과가 맞는지 확인해 보세요.

$37\overline{)265}$

계산 결과 확인 ________________

08 계산을 하고 몫이 더 큰 쪽에 ○표 하세요.

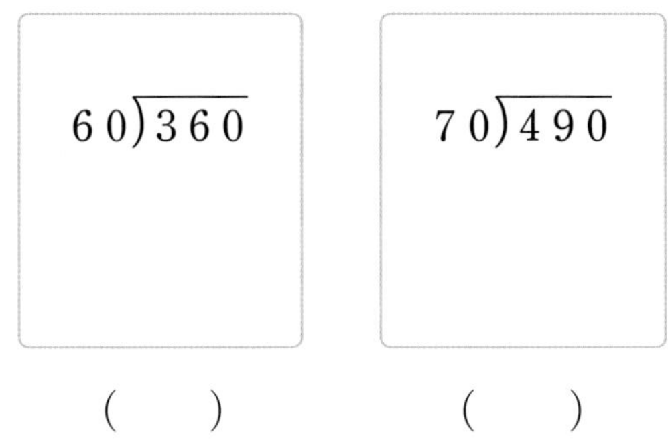

( ) ( )

09 몫이 같은 것끼리 이어 보세요.

254÷60 •	• 400÷80
498÷70 •	• 350÷50
163÷30 •	• 280÷70

10 어떤 자연수를 17로 나눌 때, 나올 수 있는 나머지 중 가장 큰 수를 4로 나눈 몫은 얼마인가요?

( )

11 몫의 크기를 비교하여 ○ 안에 >, =, <를 알맞게 써넣으세요.

812÷32 ○ 619÷29

12 다음 수를 37로 나눌 때 몫과 나머지를 구해 보세요.

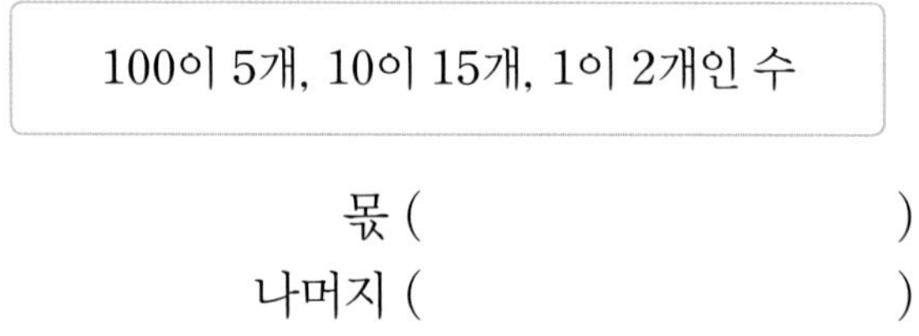

몫 ( )

나머지 ( )

13 어떤 수를 30으로 나누었더니 몫이 7이고 나머지가 7이었습니다. 어떤 수를 구해 보세요

( )

유형 1 바르게 계산한 값 구하기

01 어떤 수에 23을 곱해야 할 것을 잘못하여 나누었더니 몫이 6이고 나머지가 11이 되었습니다. 바르게 계산한 값은 얼마인가요?

( )

비법
잘못 계산한 나눗셈식을 만듭니다.
➡ (어떤 수)÷(나누는 수)=(몫)···(나머지)

02 648에 어떤 수를 곱해야 하는데 잘못하여 어떤 수를 더했더니 678이 되었습니다. 바르게 계산한 값은 얼마인가요?

( )

03 어떤 수에 23을 곱해야 하는데 23을 뺐더니 267이 되었습니다. 바르게 계산한 값은 얼마인가요?

( )

유형 2 곱이 가장 큰(작은) 곱셈식 만들기

04 수 카드 중에서 한 장을 골라 □ 안에 써넣어 곱이 가장 큰 곱셈식을 만들려고 합니다. 만든 곱셈식의 곱을 구해 보세요.

33 19 41 53 55

269×□

( )

비법
269×□의 곱이 가장 크려면 □는 가장 큰 수이어야 합니다.

05 수 카드 중에서 한 장을 골라 □ 안에 써넣어 곱이 가장 작은 곱셈식을 만들려고 합니다. 만든 곱셈식의 곱을 구해 보세요.

127 263 642 321

□×52

( )

06 5장의 수 카드를 한 번씩만 사용하여 곱이 가장 작은 (세 자리 수)×(두 자리 수)를 만들려고 합니다. 만든 곱셈식의 곱을 구해 보세요.

1 3 8 4 5

( )

유형 3 몫이 가장 큰 나눗셈식 만들기

07 4장의 수 카드 중에서 3장을 골라 □ 안에 한 번씩만 써넣어 몫이 가장 큰 나눗셈식을 만들려고 합니다. 만든 나눗셈식의 몫을 구해 보세요.

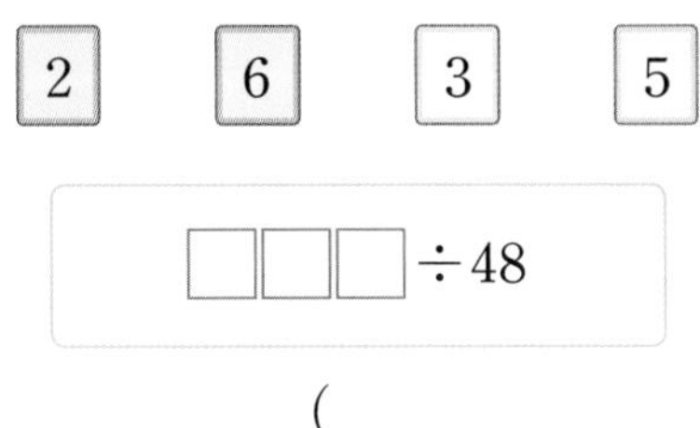

2 6 3 5

□□□÷48

( )

비법
몫이 가장 큰 나눗셈식을 만들 때는 나누어지는 수는 가장 큰 수로, 나누는 수는 가장 작은 수로 합니다.

08 5부터 8까지의 수 중에서 3개를 한 번씩만 사용하여 세 자리 수를 만들고 36으로 나누었을 때 몫이 가장 큰 나눗셈식을 만들려고 합니다. 만든 나눗셈식의 몫을 구해 보세요.

□□□÷36

( )

09 어떤 세 자리 수를 32로 나누었을 때, 몫이 가장 크고 나머지가 4가 되는 세 자리 수는 얼마인지 구해 보세요.

( )

유형 4 곱셈과 나눗셈의 활용

10 지수는 집에서 출발하여 자동차를 타고 울산에 계시는 할머니 댁에 도착하는 데 275분이 걸렸습니다. 지수가 할머니 댁에 가는 데 걸린 시간은 몇 시간 몇 분인가요?

( )

비법
1시간=60분이므로 걸린 시간을 60으로 나누어 □시간 □분으로 나타냅니다.

11 인절미 417개를 한 팩에 12개씩 담아서 팔려고 합니다. 몇 팩까지 팔 수 있을까요?

( )

12 지후는 문구점에서 한 권에 450원인 공책 13권과 한 자루에 270원인 연필 13자루를 사고 10000원을 냈습니다. 거스름돈으로 얼마를 받아야 하나요?

( )

01 어느 공장에서 하루에 185개의 가방을 만든다고 합니다. 이 공장에서 3월 한 달 동안 만든 가방은 모두 몇 개인지 풀이 과정을 쓰고 답을 구해 보세요.

풀이

답

02 문구점에서 파는 볼펜과 지우개의 값이 다음과 같습니다. 볼펜 26자루와 지우개 31개를 사려면 모두 얼마가 필요한지 풀이 과정을 쓰고 답을 구해 보세요.

780원 560원

풀이

답

03 어떤 수를 24로 나누어야 할 것을 42로 나누었더니 몫이 5이고 나머지가 10이었습니다. 바르게 계산했을 때의 몫은 얼마인지 풀이 과정을 쓰고 답을 구해 보세요.

풀이

답

04 집에서 공원까지 가는 길은 532 m입니다. 이 길의 한쪽에 처음부터 끝까지 14 m 간격으로 나무가 심어져 있다면 나무는 모두 몇 그루인지 풀이 과정을 쓰고 답을 구해 보세요. (단, 나무의 너비는 생각하지 않습니다.)

풀이

답

05 다음 나눗셈식에서 나누어지는 수가 가장 큰 자연수가 되도록 □ 안에 알맞은 수를 구하려고 합니다. 풀이 과정을 쓰고 답을 구해 보세요.

□÷27=30⋯●

풀이

답

06 사탕 171개를 45명의 어린이에게 똑같이 나누어 주려고 하였더니 몇 개가 모자랐습니다. 사탕이 남지 않게 똑같이 나누어 주려면 적어도 몇 개의 사탕이 더 필요한지 풀이 과정을 쓰고 답을 구해 보세요.

풀이

답

07 주원이네 아파트에는 모두 88세대가 살고 있습니다. 한 세대에서 사용하지 않는 플러그를 뽑아 하루에 절약할 수 있는 전기 요금은 77원입니다. 주원이네 아파트에서 사용하지 않는 플러그 뽑기로 일주일 동안 절약할 수 있는 전기 요금은 얼마인지 풀이 과정을 쓰고 답을 구해 보세요.

풀이

답

08 민우 어머니는 마트에서 당근, 감자, 고구마를 각각 3 kg씩 사려고 합니다. 다음은 당근, 감자, 고구마의 100 g당 가격입니다. 당근, 감자, 고구마를 사는 데 필요한 돈은 얼마인지 풀이 과정을 쓰고 답을 구해 보세요.

종류	당근	감자	고구마
가격(100 g당)	280원	260원	370원

풀이

답

09 6 m 90 cm인 리본을 35 cm씩 잘라서 선물 상자를 포장하려고 합니다. 리본 한 도막으로 선물 상자를 한 개씩 포장할 때, 선물 상자는 몇 개 포장할 수 있고 리본은 몇 cm가 남는지 풀이 과정을 쓰고 답을 구해 보세요.

풀이

답 ,

10 서윤이네 과수원에서는 수확한 복숭아를 포장하고 있습니다. 복숭아 1000개를 24개씩 들어가는 상자 18개에 포장을 하고, 남는 복숭아는 30개씩 들어가는 상자에 남김없이 담으려고 합니다. 30개씩 들어가는 상자는 적어도 몇 개가 필요한지 풀이 과정을 쓰고 답을 구해 보세요.

풀이

답

01 두 수의 곱을 구해 보세요.

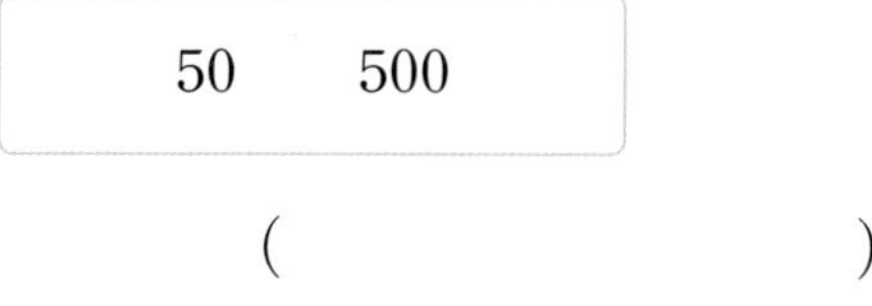

( )

02 계산해 보세요.

$$\begin{array}{r} 5\ 9\ 0 \\ \times \quad 3\ 8 \\ \hline \end{array}$$

03 700×30을 계산할 때, $7 \times 3 = 21$의 1을 어느 자리에 써야 하나요? ( )

$$\begin{array}{r} 7\ 0\ 0 \\ \times \quad 3\ 0 \\ \hline \end{array}$$

① ② ③ ④ ⑤

04 곱의 크기를 비교하여 ○ 안에 >, =, <를 알맞게 써넣으세요.

760×28 ○ 610×37

05 곱이 가장 큰 것과 가장 작은 것을 찾아 곱의 합을 구해 보세요.

㉠ 451×54
㉡ 269×87
㉢ 547×36

( )

06 □ 안에 알맞은 수를 써넣으세요.

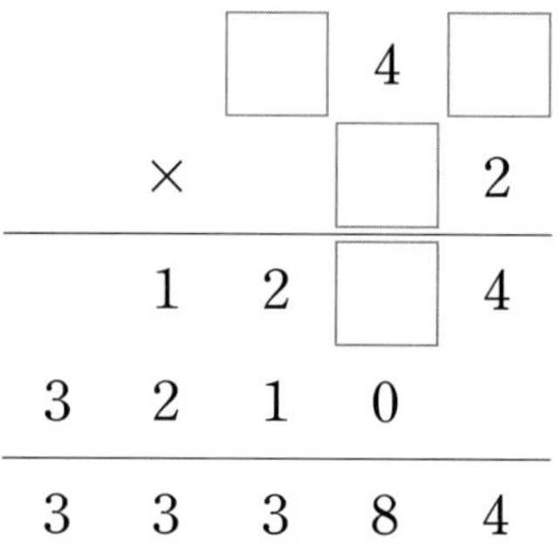

07 한 사람이 하루에 450개의 물건을 만드는 공장에서 57명이 일을 한다고 합니다. 이 공장에서 하루 동안 만드는 물건은 모두 몇 개인가요?

( )

08 마트에서 한 개에 80원 하는 사탕 37개와 한 개에 300원 하는 과자 12개를 샀습니다. 물건값으로 얼마를 내야 할까요?

( )

09 문구점에서 한 권에 550원 하는 공책 20권과 한 자루에 380원 하는 색연필 35자루를 사고 30000원을 냈습니다. 거스름돈은 얼마를 받아야 할까요?

(　　　　　　)

10 한 상자에 16개씩 들어 있는 사과는 5상자 있고, 한 상자에 5개씩 들어 있는 배는 12상자 있습니다. 사과는 한 개에 900원, 배는 한 개에 990원을 받고 모두 팔았다면 사과와 배를 판 금액은 모두 얼마인지 구해 보세요.

(　　　　　　)

11 큰 수를 작은 수로 나누어 몫과 나머지를 차례로 구해 보세요

60	402

몫 (　　　　　　)

나머지 (　　　　　　)

12 왼쪽 곱셈식을 이용하여 ㉠, ㉡, ㉢에 알맞은 수를 구해 보세요.

$67 \times 7 = 469$

$67 \times 8 = 536$

$67 \times 9 = 603$

$$\begin{array}{r} ㉠ \\ 67\overline{)\,555} \\ ㉡ \\ \hline ㉢ \end{array}$$

㉠ (　　　), ㉡ (　　　), ㉢ (　　　)

13 나눗셈을 보고 나머지가 큰 것부터 순서대로 1, 2, 3을 써 보세요.

$90\overline{)395}$	$23\overline{)89}$	$48\overline{)310}$
(　)	(　)	(　)

3 단원

14 지호네 학교 4학년 학생 101명이 한 팀에 16명씩 짝을 지어 운동 연습을 합니다. 짝을 지은 팀은 몇 팀이고 남는 학생은 몇 명인지 차례로 써 보세요.

(　　　　), (　　　　)

15 다음과 같이 나눗셈식이 적힌 종이가 찢어졌습니다. 이 나눗셈식에서 찢어진 부분의 수는 얼마인가요?

$\div 44 = 7 \cdots 21$

( )

16 □ 안에 알맞은 식의 기호를 써넣으세요.

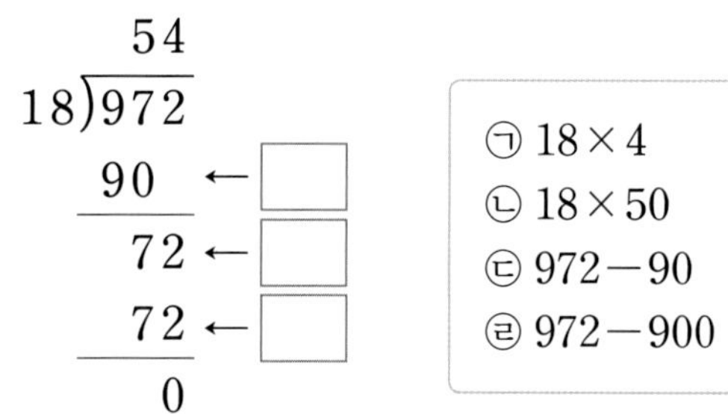

㉠ 18×4
㉡ 18×50
㉢ $972 - 90$
㉣ $972 - 900$

17 서술형 준호는 매일 아침 물을 160 mL씩 마십니다. 준호가 4주 동안 아침에 마신 물의 양은 모두 몇 mL인지 풀이 과정을 쓰고 답을 구해 보세요.

풀이

답

18 어떤 수를 72로 나누었더니 몫이 11이고, 나머지가 15였습니다. 어떤 수는 얼마인가요?

( )

19 서술형 지민이는 1년 동안 매일 아침에 30분씩 걷기 운동과 15분씩 달리기 운동을 했습니다. 지민이가 1년 동안 걷기와 달리기를 운동을 한 시간은 모두 몇 분인지 풀이 과정을 쓰고 답을 구해 보세요. (단, 1년은 365일입니다.)

풀이

답

20 길이가 5 m 48 cm인 통나무를 35 cm씩 잘라 앉을 수 있는 둥근 나무 의자를 만들려고 합니다. 나무 의자를 몇 개까지 만들 수 있나요?

( )

정답과 풀이 59쪽

01 왼쪽 도형을 아래쪽으로 밀었을 때의 도형을 찾아 ○표 하세요.

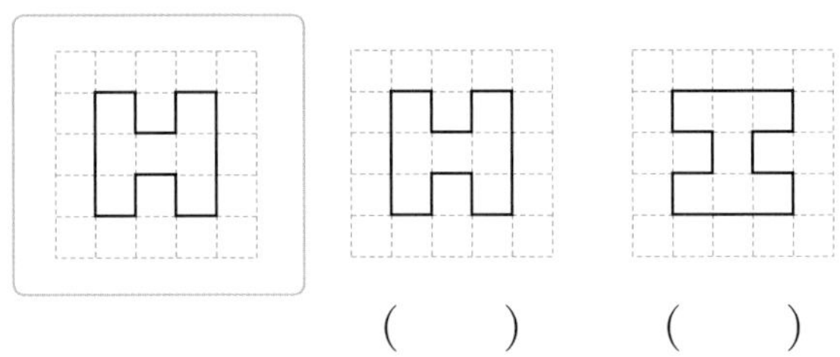

( )   ( )

02 도형을 왼쪽으로 6 cm 밀었을 때의 도형을 그려 보세요.

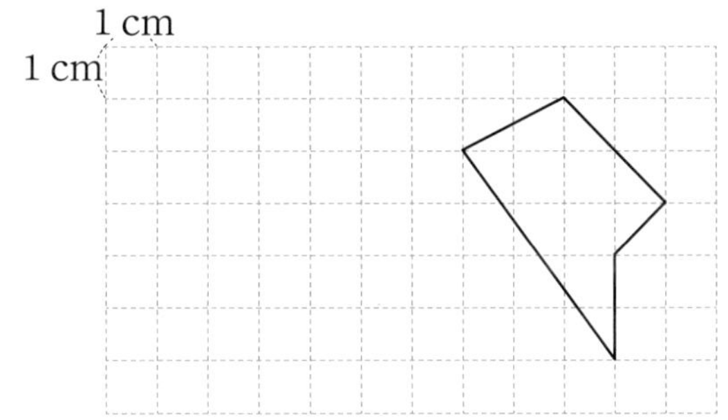

03 도형을 오른쪽으로 4번 밀고 아래쪽으로 2번 밀었을 때의 도형을 그려 보세요.

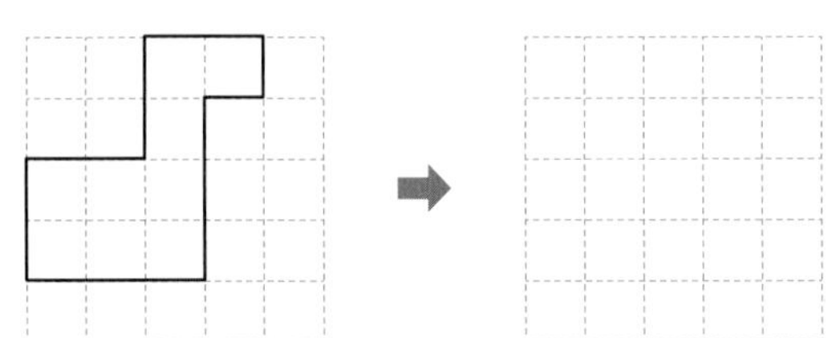

04 글자 '나'를 왼쪽으로 뒤집었을 때의 모양을 그려 보세요.

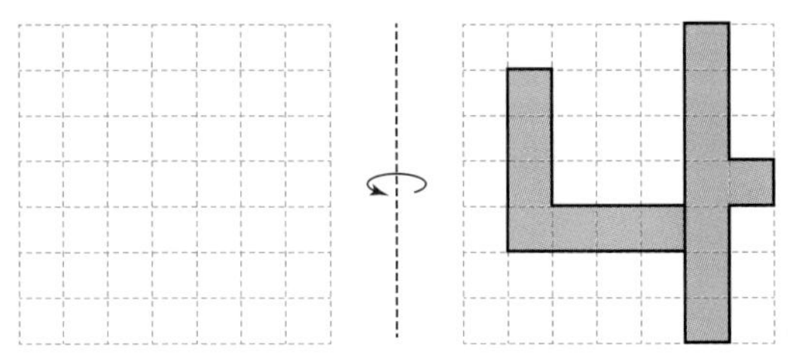

05 도형을 왼쪽으로 뒤집고 위쪽으로 뒤집었을 때의 도형을 각각 그려 보세요.

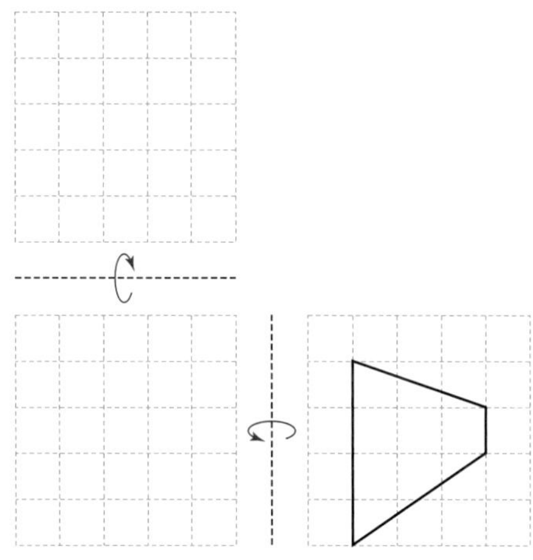

06 오른쪽으로 뒤집었을 때 모양이 변하지 않는 것에 ○표 하세요.

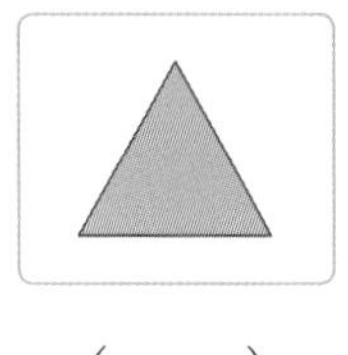
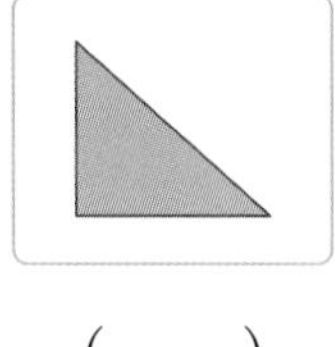

( )   ( )

07 도형을 시계 방향으로 270°만큼 돌렸을 때의 도형을 그려 보세요.

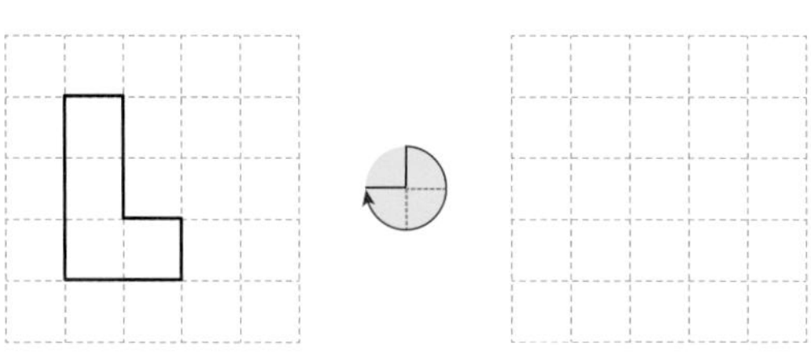

08 도형을 주어진 각도만큼 돌렸을 때의 도형을 찾아 이어 보세요.

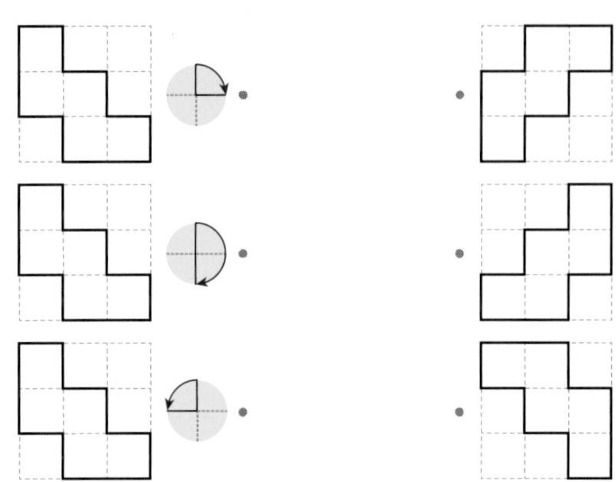

[09~10] 오른쪽 도형을 보고 물음에 답하세요.

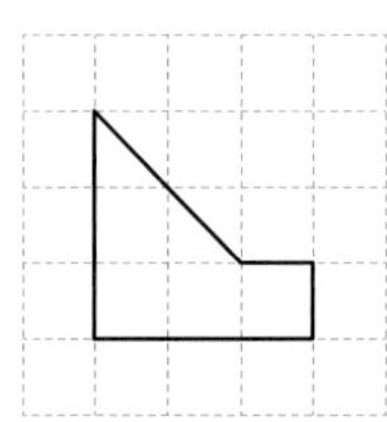

09 도형을 시계 반대 방향으로 90°만큼 돌렸을 때의 도형을 그려 보세요.

10 09에서 만든 도형을 시계 반대 방향으로 90°만큼 돌리고 왼쪽으로 뒤집었을 때의 도형을 찾아 ○표 하세요.

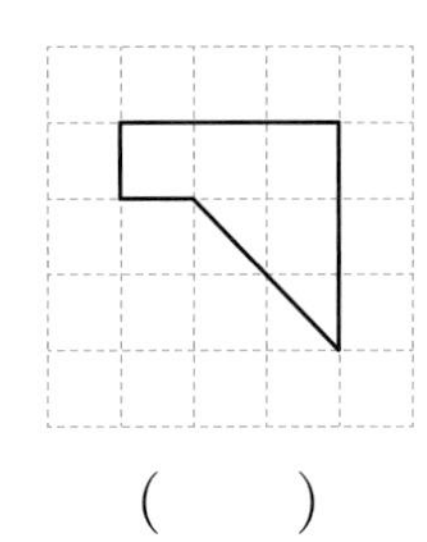
( )

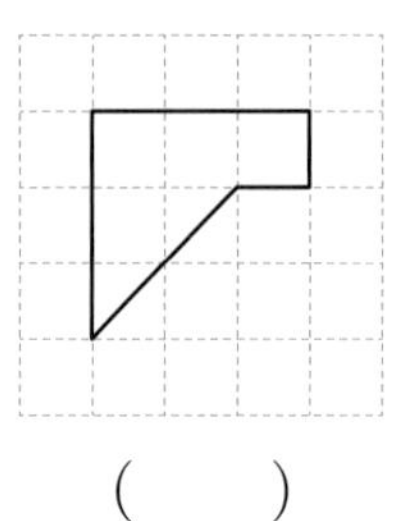
( )

11 ㉠ 도형을 위쪽으로 뒤집고 시계 방향으로 180°만큼 돌렸을 때의 도형을 찾아 기호를 써 보세요.

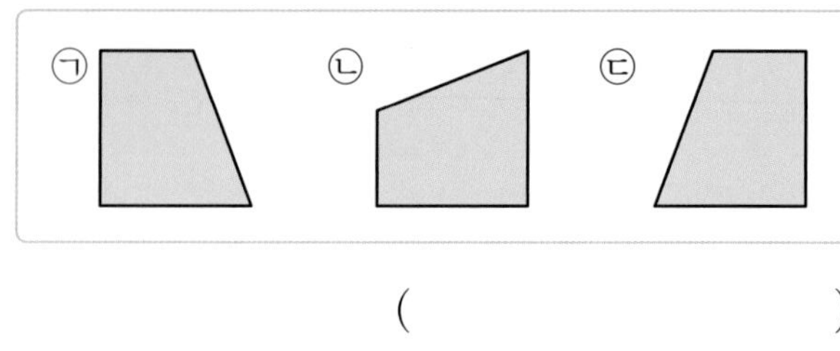

( )

[12~13] 모양으로 규칙적인 무늬를 만들려고 합니다. 물음에 답하세요.

12 뒤집기를 이용하여 규칙적인 무늬를 만들어 보세요.

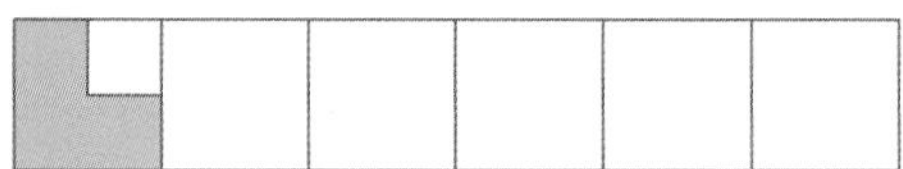

13 무늬를 만든 규칙을 설명해 보세요.

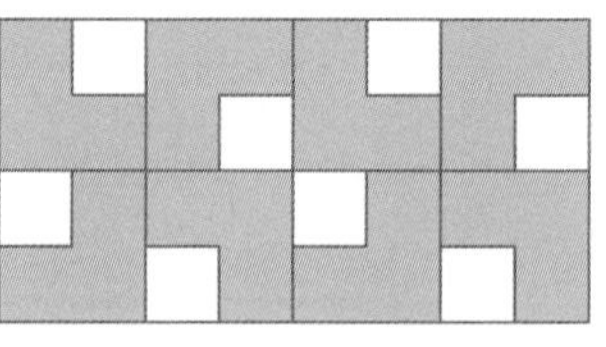

모양을 시계 방향으로 ☐°만큼 돌리는 것을 반복해서 모양을 만들고, 그 모양을 ☐쪽으로 밀어서 무늬를 만들었습니다.

정답과 풀이 60쪽

유형 1 도형을 움직인 방법 설명하기

01 ㉮ 도형은 ㉯ 도형을 어떻게 이동한 것인지 설명해 보세요.

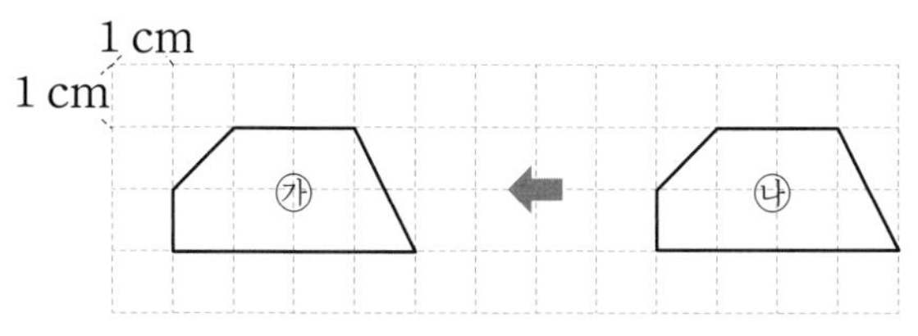

㉮ 도형은 ㉯ 도형을 ☐으로 ☐ cm 밀어서 이동한 도형입니다.

비법
도형의 한 변을 기준으로 몇 cm 이동했는지 확인합니다.

02 ㉯ 도형은 ㉮ 도형을 어떻게 이동한 것인지 설명해 보세요.

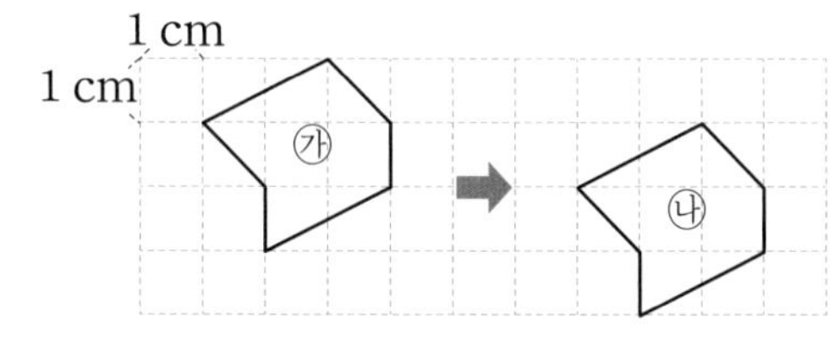

㉯ 도형은 ㉮ 도형을 오른쪽으로 ☐ cm 밀고 ☐으로 ☐ cm으로 밀어서 이동한 도형입니다.

03 규칙에 따라 도형을 밀어서 무늬를 만들었습니다. 어떻게 이동한 것인지 설명해 보세요.

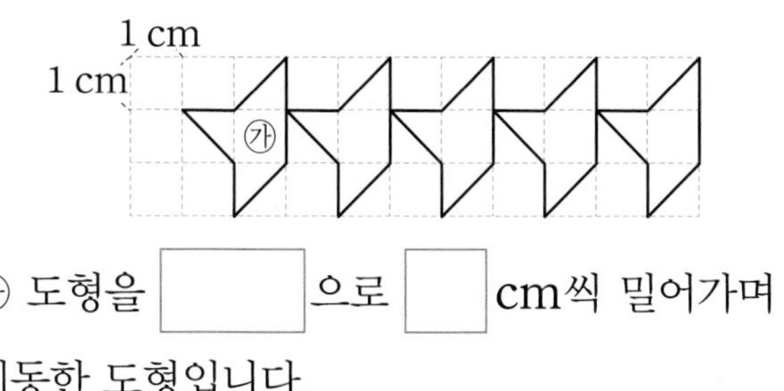

㉮ 도형을 ☐으로 ☐ cm씩 밀어가며 이동한 도형입니다.

유형 2 처음 도형 그리기

04 오른쪽은 어떤 도형을 시계 방향으로 90°만큼 돌렸을 때의 도형입니다. 처음 도형을 그려 보세요.

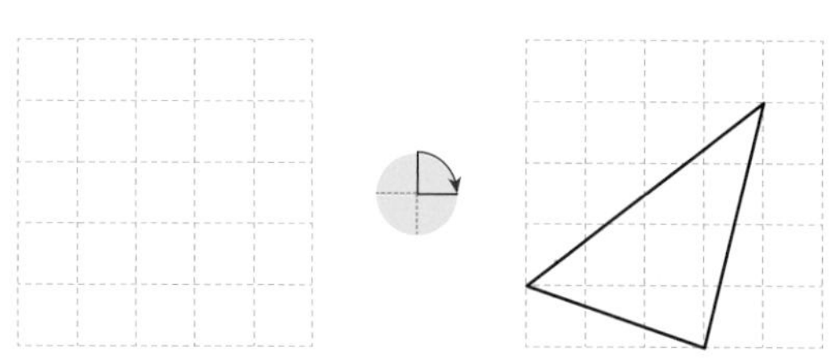

비법
움직이기 전의 도형은 방향을 반대로 생각합니다.

05 오른쪽은 어떤 도형을 오른쪽으로 뒤집고 위쪽으로 뒤집었을 때의 도형입니다. 처음 도형을 그려 보세요.

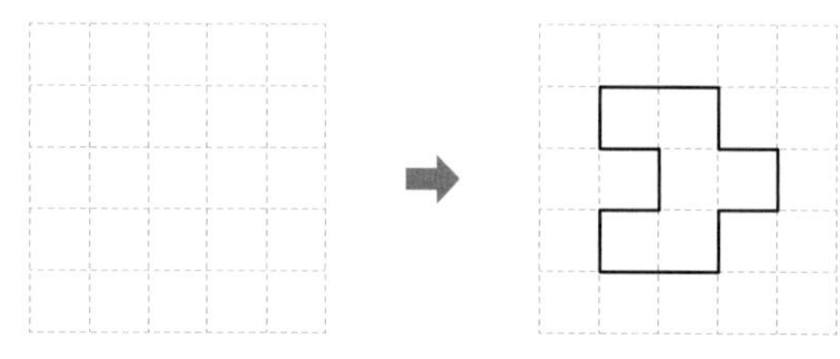

06 오른쪽은 어떤 도형을 오른쪽으로 뒤집고 시계 방향으로 90°만큼 돌렸을 때의 도형입니다. 처음 도형을 그려 보세요.

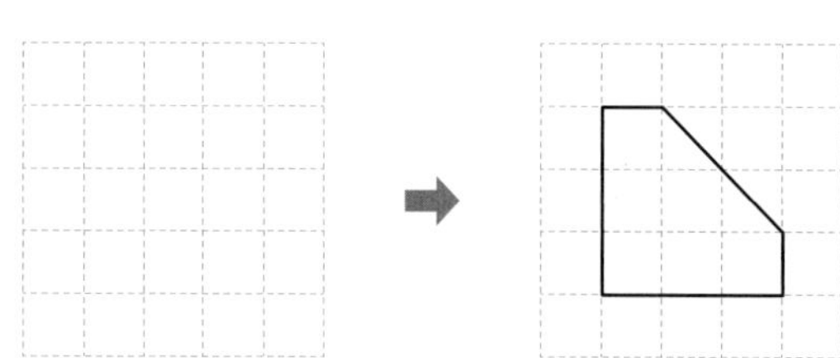

유형 3 조각으로 사각형 완성하기

07 밀기를 이용하여 왼쪽 사각형을 완성하려고 합니다. 빈칸에 오른쪽 조각이 들어갈 자리를 표시해 보세요.

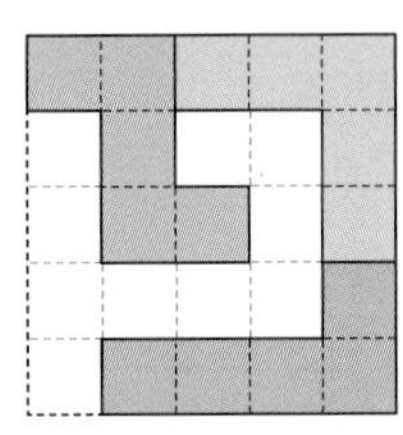

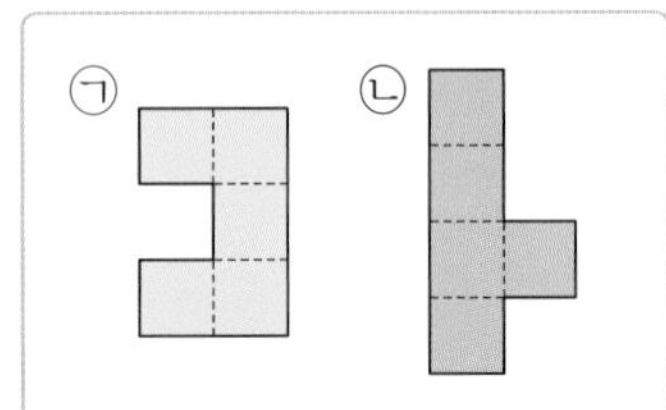

비법
조각을 밀기, 뒤집기, 돌리기 하여 필요한 부분을 만들어 봅니다.

08 한 조각을 빈칸으로 옮기려고 합니다. 어떤 조각을 사용하여 어떻게 움직이면 되는지 설명해 보세요.

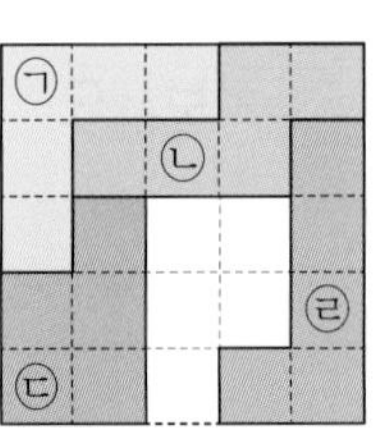

(㉠ , ㉡ , ㉢ , ㉣) 조각을 시계 방향으로 (90° , 180° , 270° , 360°)만큼 돌려 빈칸으로 옮깁니다.

09 조각을 밀기, 뒤집기, 돌리기를 이용하여 오른쪽 사각형을 완성하려고 합니다. 필요한 조각 2개를 찾아 기호를 써 보세요.

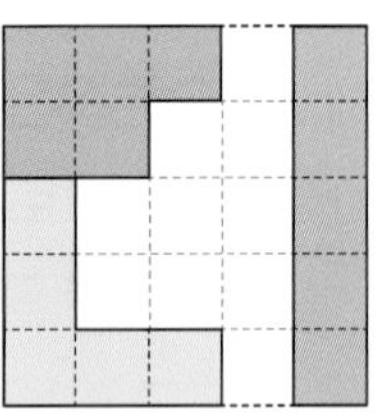

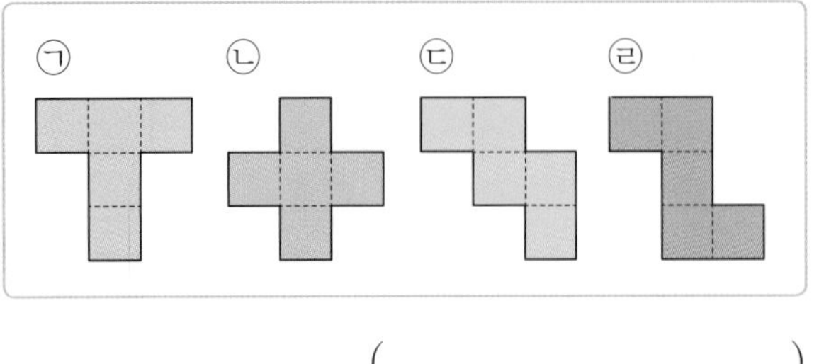

( )

유형 4 글자 카드를 규칙에 따라 움직이기

10 글자 카드를 일정한 규칙에 따라 움직였습니다. 넷째에 알맞은 모양을 그려 보세요.

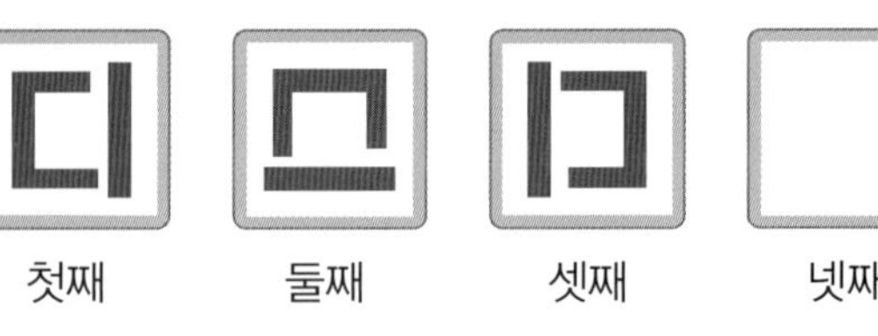

비법
움직인 규칙을 찾고 규칙에 맞게 알맞은 모양을 그립니다.

11 글자 카드를 일정한 규칙에 따라 움직였습니다. 여덟째에 알맞은 모양을 그려 보세요.

12 보기 와 같은 규칙으로 모양을 움직이려고 합니다. 빈칸에 알맞은 모양을 각각 그려 보세요.

정답과 풀이 61쪽

01 오른쪽 도형은 왼쪽 도형을 어떻게 이동한 것인지 설명해 보세요.

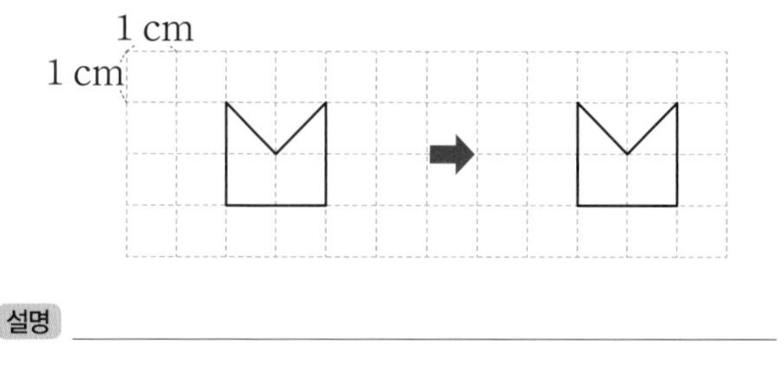

설명

02 오른쪽 도형은 왼쪽 도형을 어떻게 이동한 것인지 설명해 보세요.

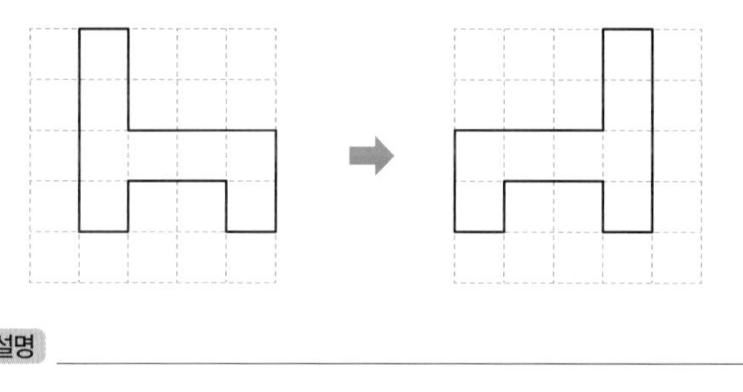

설명

03 조각을 밀기, 뒤집기를 이용하여 오른쪽 사각형을 완성하려고 합니다. ㉠, ㉡ 조각이 들어갈 자리를 표시해 보고, 어떻게 움직여야 하는지 설명해 보세요.

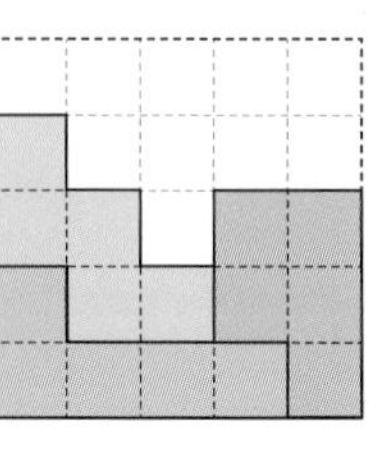

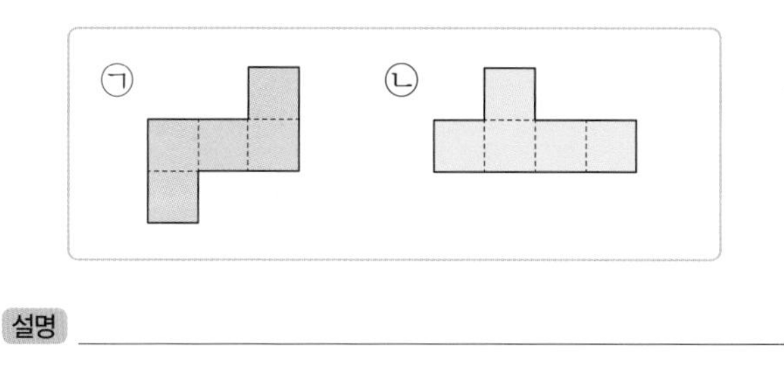

설명

04 왼쪽 도형을 돌리기를 하여 오른쪽 도형이 되었습니다. 어떻게 이동하였는지 2가지 방법으로 설명해 보세요.

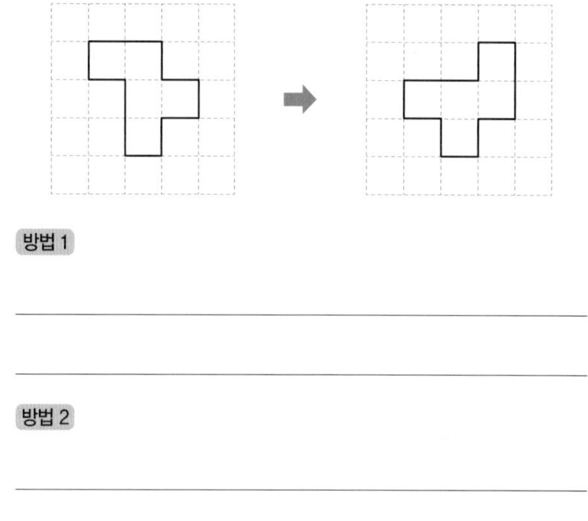

[05~06] 오른쪽 도형은 어떤 도형을 시계 방향으로 270°만큼 돌렸을 때의 도형입니다. 물음에 답하세요.

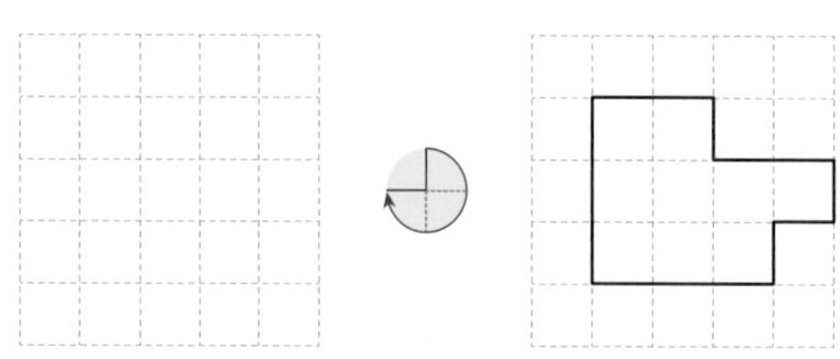

05 처음 도형을 그리려고 할 때 어떻게 이동해야 하는지 설명해 보세요.

설명

06 시계 방향으로 270°만큼 돌리기 전의 도형은 돌린 후의 도형을 시계 방향으로 몇 도($^{\circ}$)만큼 돌리는 것과 같은지 설명하고 처음 도형을 그려 보세요.

설명

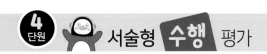

07 계산식을 오른쪽으로 뒤집은 후 계산한 결과는 얼마인지 풀이 과정을 쓰고 답을 구해 보세요.

108 + 58

풀이

답

08 수 카드 중에서 3장을 골라 한 번씩만 사용하여 가장 큰 세 자리 수를 만들었습니다. 만든 세 자리 수를 한 번에 시계 방향으로 180°만큼 돌리면 어떤 수가 되는지 풀이 과정을 쓰고 답을 구해 보세요. (단, 수 카드를 한 장씩 돌리지 않습니다.)

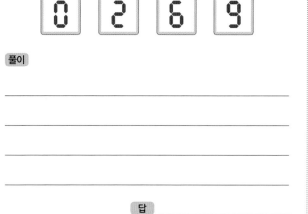

풀이

답

09 ㅊ 모양을 위쪽으로 4번 뒤집고 시계 반대 방향으로 270°만큼 돌린 모양을 찾아 기호를 쓰려고 합니다. 풀이 과정을 쓰고 답을 구해 보세요.

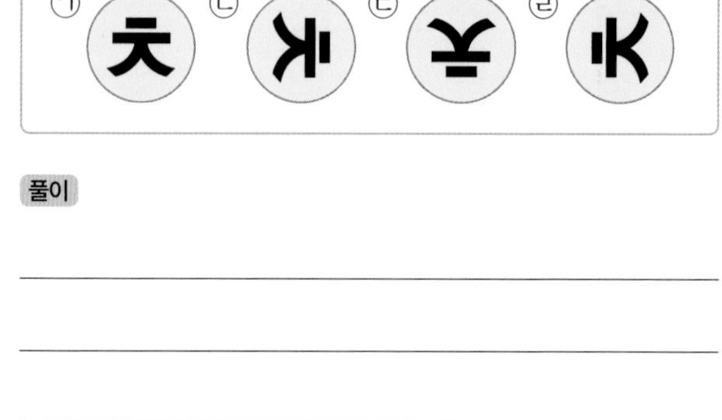

풀이

답

10 일정한 규칙에 따라 만든 무늬입니다. 다음 낱말 중 2가지를 사용하여 무늬를 만든 규칙을 설명해 보세요.

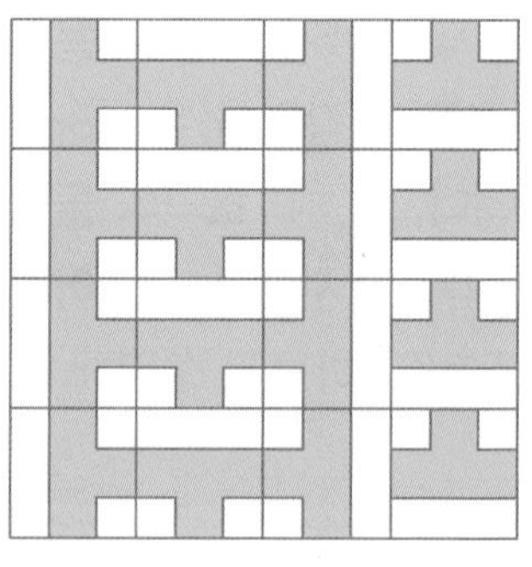

밀기 뒤집기 돌리기

설명

정답과 풀이 62쪽

01 도형을 주어진 방향으로 밀었을 때의 도형을 그려 보세요.

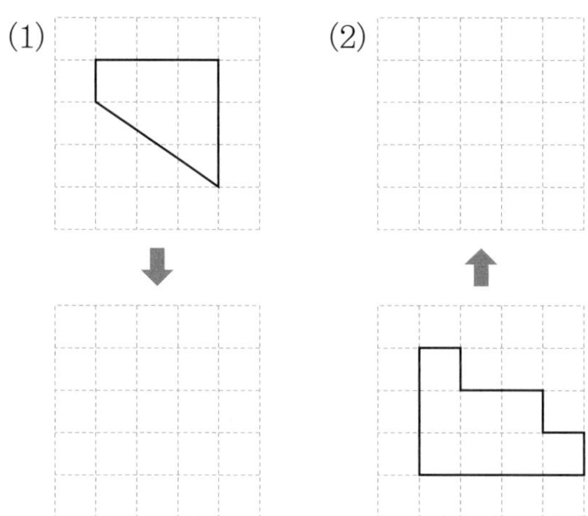

02 도형을 아래쪽으로 1 cm 밀고 오른쪽으로 5 cm 밀었을 때의 도형을 그려 보세요.

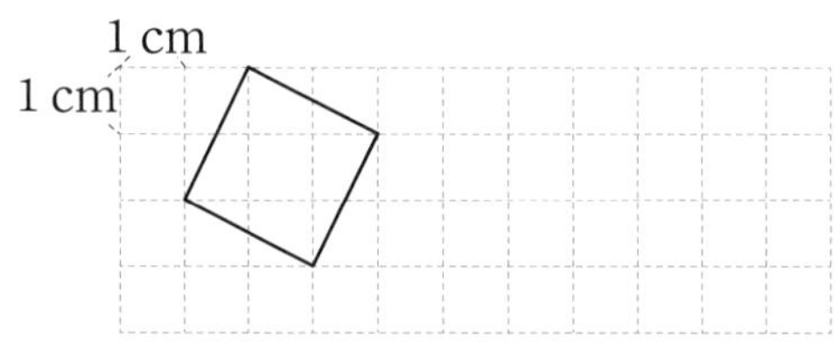

03 정사각형을 규칙에 따라 밀어서 무늬를 완성해 보세요.

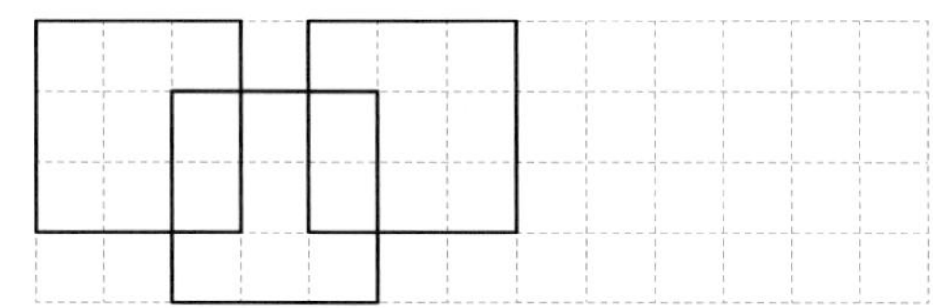

04 도형을 오른쪽으로 뒤집었을 때의 도형을 그려 보세요.

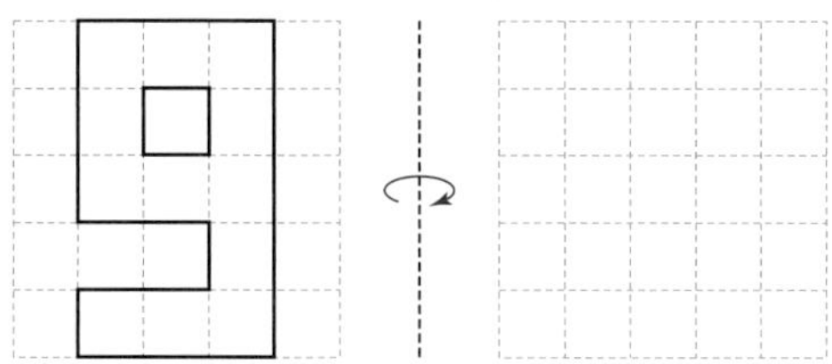

05 오른쪽으로 뒤집었을 때의 도형이 처음 도형과 같은 것을 찾아 기호를 써 보세요.

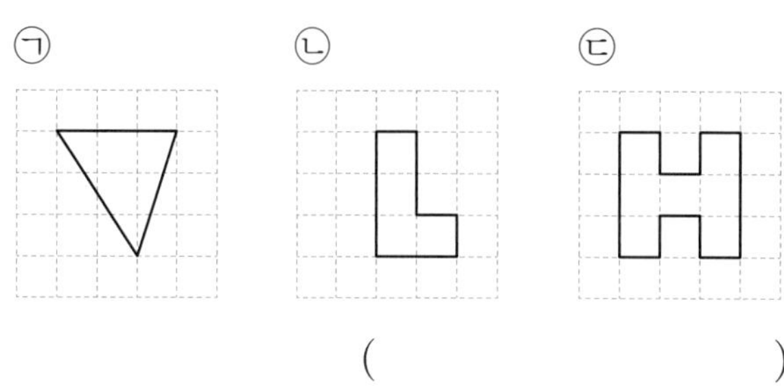

( )

06 오른쪽 모양은 글자를 도장에 새겨 종이에 찍은 모양입니다. 도장에 새긴 모양을 왼쪽에 그려 보세요.

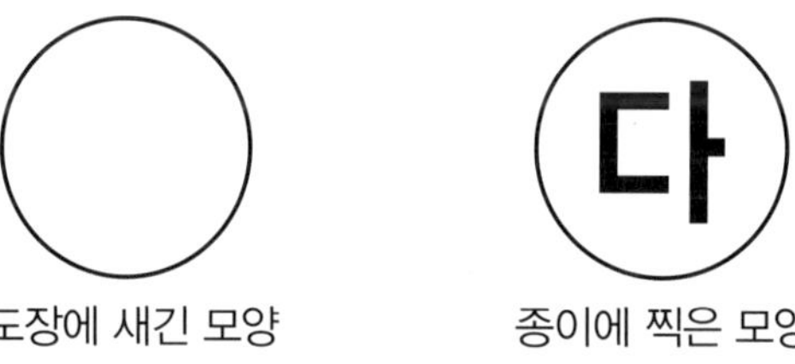

07 뒤집기를 이용하여 ㉮ 도형을 ㉯ 도형이 되도록 움직였습니다. 바르게 설명한 것을 찾아 기호를 써 보세요.

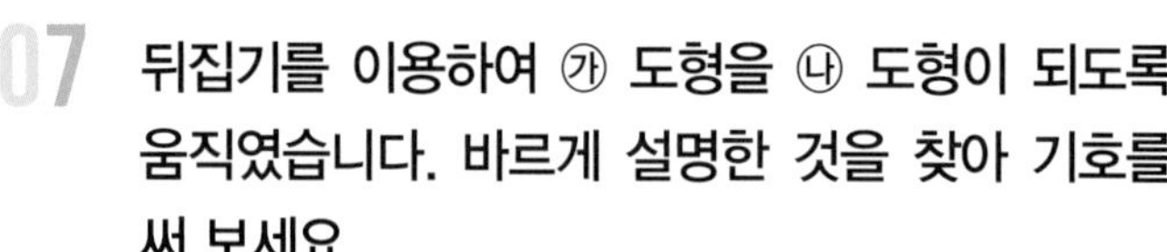

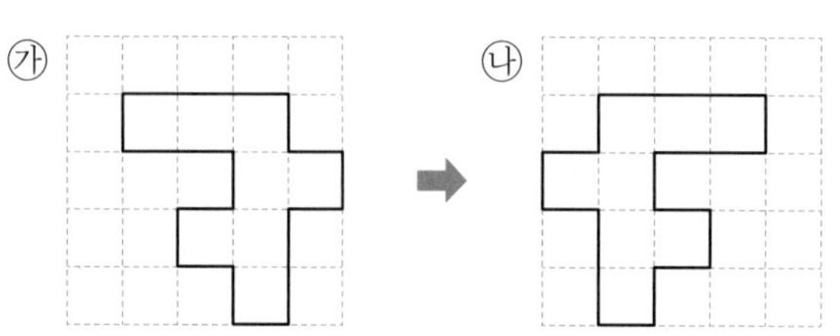
㉠ ㉮ 도형을 위쪽으로 2번 뒤집었습니다.
㉡ ㉮ 도형을 왼쪽으로 3번 뒤집었습니다.
㉢ ㉮ 도형을 오른쪽으로 4번 뒤집었습니다.
㉣ ㉮ 도형을 아래쪽으로 5번 뒤집었습니다.

( )

08 서술형 뒤집기를 이용하여 왼쪽 도형을 오른쪽 도형이 되도록 움직였습니다. 어떻게 이동한 것인지 설명해 보세요.

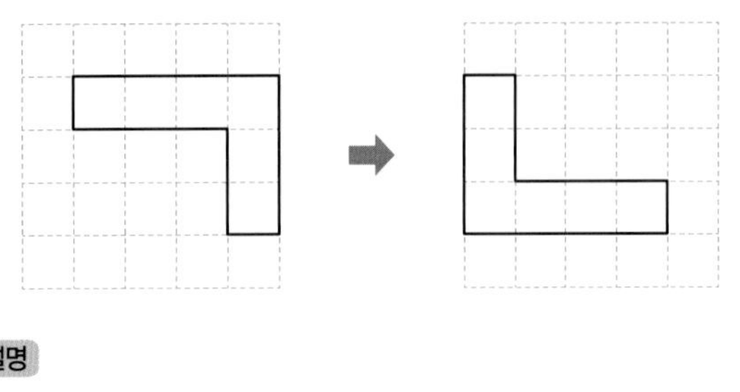

설명

09 도형을 시계 방향으로 90°, 180°, 270°, 360° 만큼 돌렸을 때의 도형을 각각 그려 보세요.

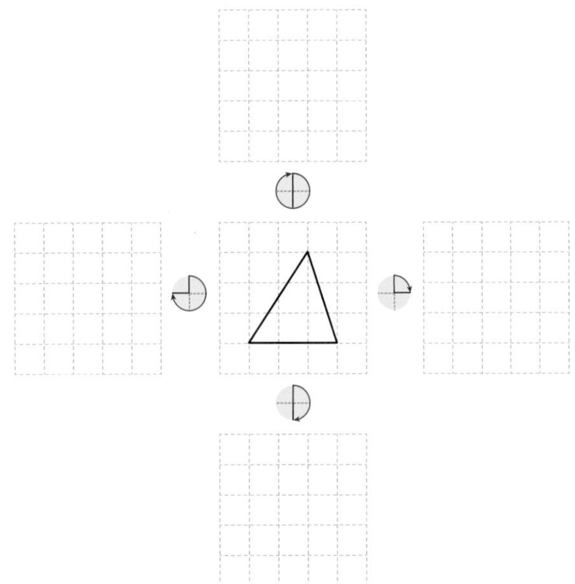

10 오른쪽 도형을 다음과 같이 돌렸습니다. 돌린 모양이 다른 하나는 어느 것인가요? (　　)

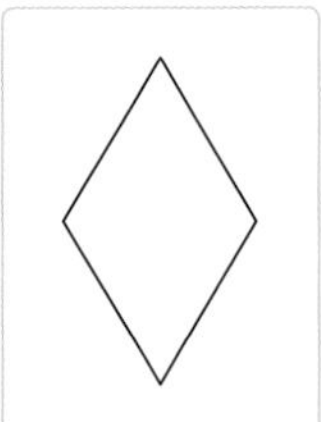

① 시계 방향으로 90°만큼 돌리기
② 시계 방향으로 180°만큼 돌리기
③ 시계 방향으로 270°만큼 돌리기
④ 시계 반대 방향으로 90°만큼 돌리기
⑤ 시계 반대 방향으로 270°만큼 돌리기

11 도형을 움직인 모양을 보고 알맞은 것에 ○표 하세요.

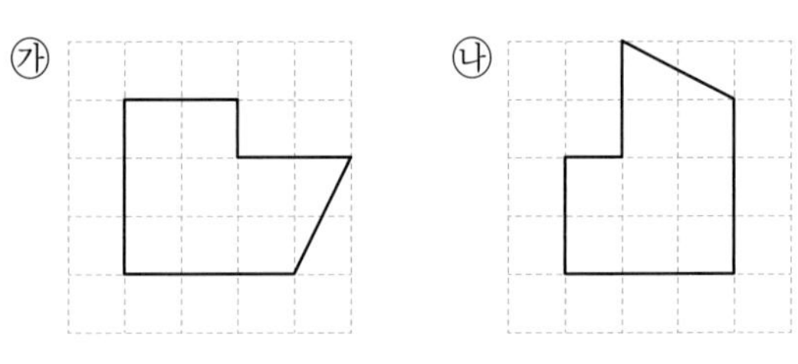

㉮ 도형을 (시계 , 시계 반대) 방향으로 (90° , 180°)만큼 돌리면 ㉯ 도형이 됩니다.

12 서술형 카드를 일정한 규칙에 따라 움직였습니다. 열째에 알맞은 모양을 그리려고 합니다. 풀이 과정을 쓰고 답을 구해 보세요.

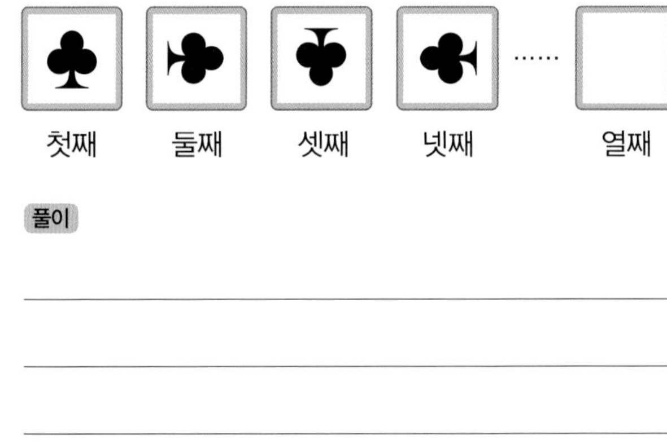

풀이

13 세 자리 수를 시계 방향으로 180°만큼 돌렸을 때 만들어지는 수와 처음 수의 차를 구해 보세요.

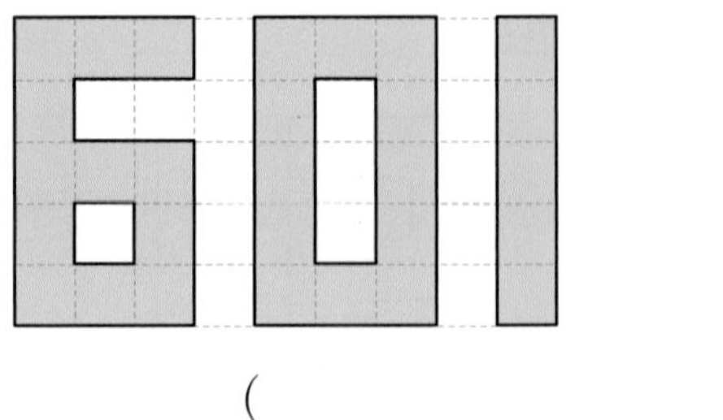

(　　　　　　　　)

14 모양 조각을 오른쪽으로 뒤집고 시계 방향으로 90° 만큼 돌렸습니다. 알맞은 것에 ○표 하세요.

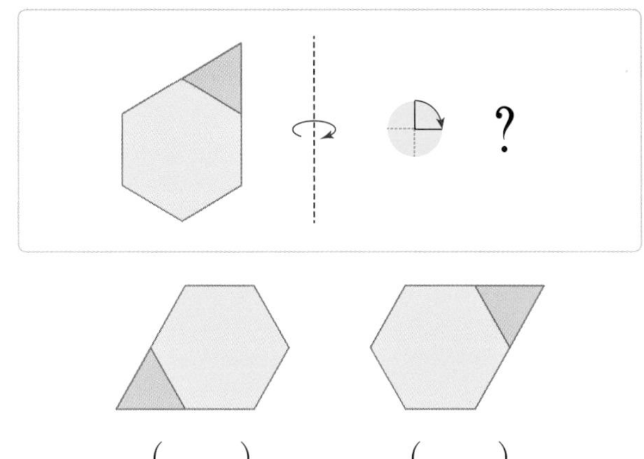

( ) ( )

15 시계 방향으로 180°만큼 돌리고 오른쪽으로 뒤집었을 때의 문자가 처음과 같은 것은 모두 몇 개인지 구해 보세요.

( )

16 도형을 오른쪽으로 4번 뒤집고 시계 방향으로 90°만큼 2번 돌렸을 때의 도형을 그려 보세요.

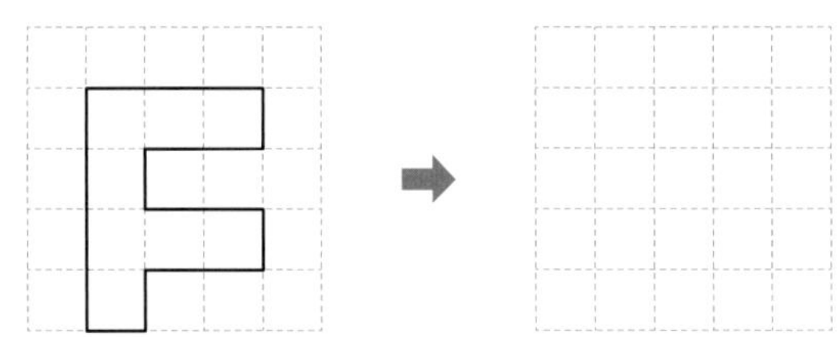

17 오른쪽은 어떤 도형을 왼쪽으로 3번 뒤집고 시계 방향으로 90°만큼 돌렸을 때의 도형입니다. 처음 도형을 그려 보세요.

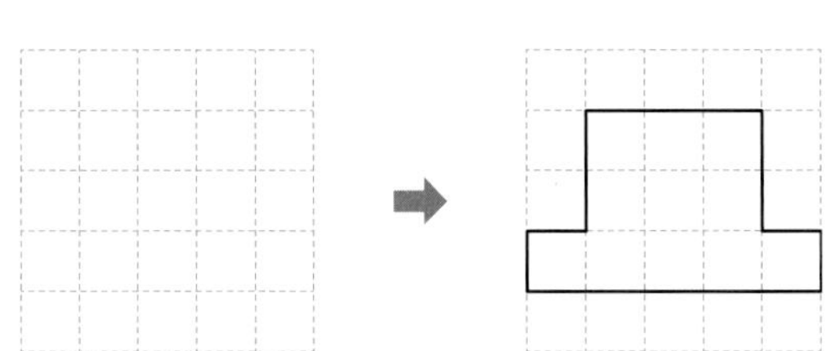

18 뒤집기만을 이용하여 만들 수 있는 무늬를 찾아 기호를 써 보세요.

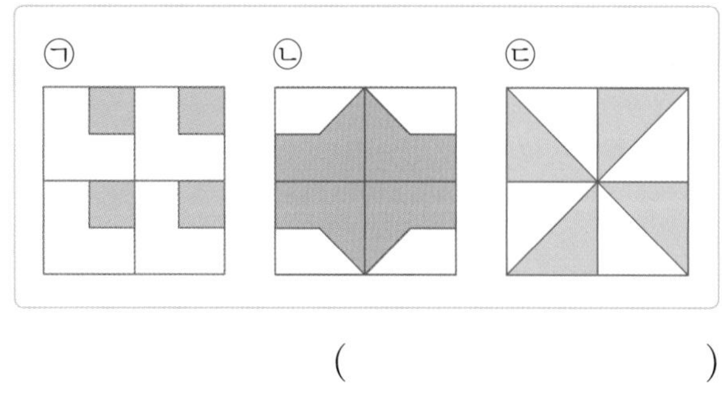

( )

19 돌리기를 이용하여 규칙적인 무늬를 만들려고 합니다. 빈칸을 채워 무늬를 완성해 보세요.

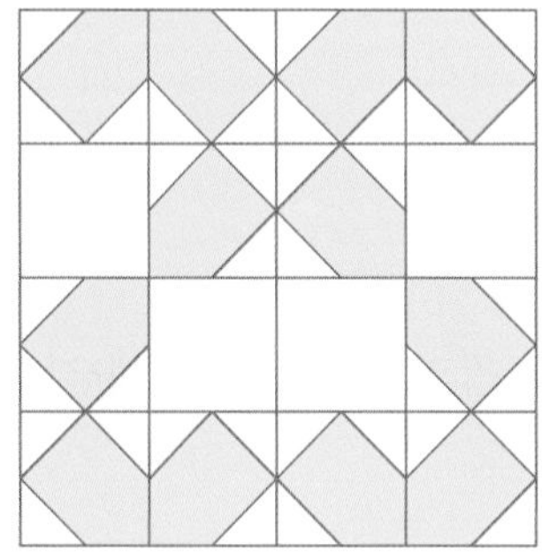

20 [도형] 모양으로 돌리기를 이용하여 규칙적인 무늬를 만들어 보세요.

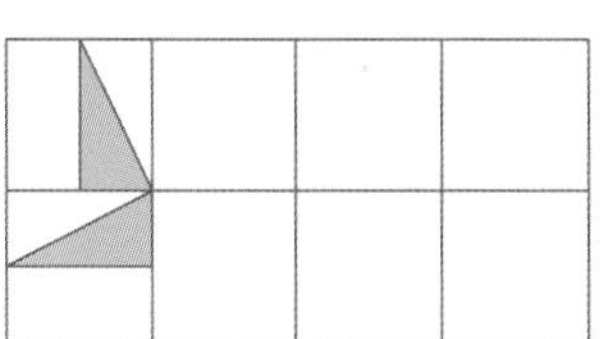

[01~04] 민아네 반 학생들이 받고 싶은 선물을 조사하여 나타낸 표와 그래프입니다. 물음에 답하세요.

받고 싶은 선물별 학생 수

선물	책	옷	학용품	신발	합계
학생 수(명)	6	8	9	7	30

받고 싶은 선물별 학생 수

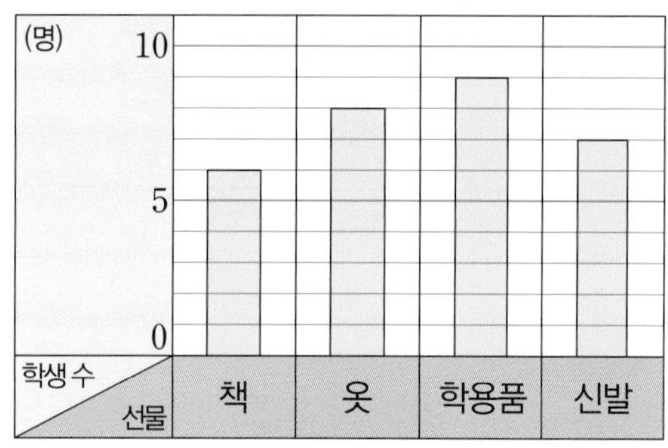

01 □ 안에 알맞은 말을 써넣으세요.

조사한 자료를 막대 모양으로 나타낸 그래프를 □ 라고 합니다.

02 막대그래프에서 가로와 세로는 각각 무엇을 나타내나요?

가로 ( )
세로 ( )

03 학용품을 받고 싶은 학생은 몇 명인가요?

( )

04 가장 많은 학생들이 받고 싶은 선물을 한눈에 알아보기에 더 편리한 것은 표와 막대그래프 중 어느 것인가요?

( )

[05~07] 진호네 반 학생들이 좋아하는 과목을 조사하여 나타낸 표입니다. 물음에 답하세요.

좋아하는 과목별 학생 수

과목	국어	영어	체육	미술	합계
학생 수(명)	5	6	9	8	28

05 표를 보고 막대그래프로 나타내어 보세요.

좋아하는 과목별 학생 수

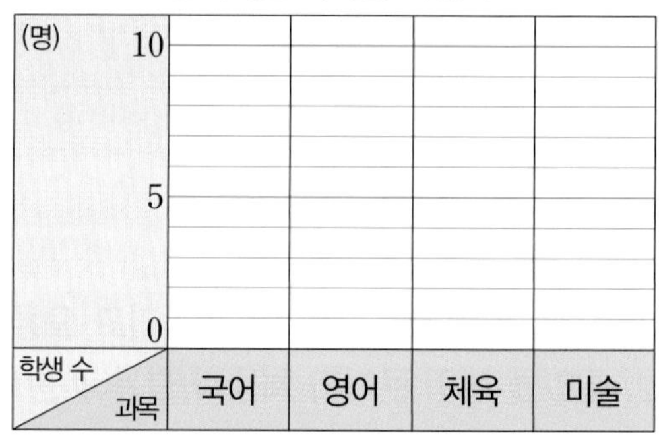

06 영어를 좋아하는 학생은 국어를 좋아하는 학생보다 몇 명 더 많은가요?

( )

07 가장 많은 학생들이 좋아하는 과목은 무엇인가요?

( )

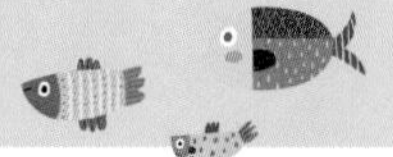

[08~10] 어느 가전제품 대리점의 월별 에어컨 판매량을 조사하여 나타낸 막대그래프입니다. 물음에 답하세요.

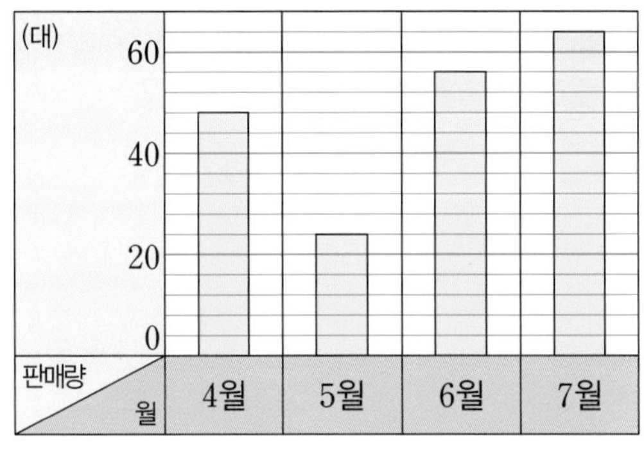

08 세로 눈금 한 칸은 몇 대를 나타내나요?

( )

09 위 그래프를 보고 바르게 설명한 것에 ○표, 잘못 설명한 것에 ×표 하세요.

5월에 판매한 에어컨 수는 4월에 판매한 에어컨 수의 2배입니다. ( )

6월에 판매한 에어컨은 56대입니다. ( )

10 에어컨을 가장 많이 판매한 달과 가장 적게 판매한 달의 판매량의 차는 몇 대인가요?

( )

[11~13] 수빈이네 반 학생들이 좋아하는 간식을 조사한 것입니다. 물음에 답하세요.

피자 햄버거 과자 아이스크림

11 수빈이네 반 학생들이 좋아하는 간식을 표로 나타내어 보세요.

좋아하는 간식별 학생 수

간식	피자	햄버거	과자	아이스크림	합계
학생 수(명)					

12 표를 보고 막대그래프로 나타내어 보세요.

13 막대그래프에서 남학생과 여학생이 가장 좋아하는 간식을 각각 알 수 있나요?

( )

5 단원

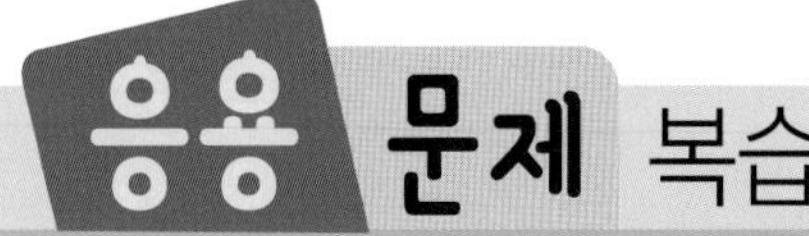

유형 1 막대그래프에서 막대의 칸 수 구하기

01 표를 보고 막대그래프로 나타낼 때 눈금 한 칸이 달리기 기록 2초를 나타낸다면 지후와 민수의 기록은 각각 눈금 몇 칸으로 나타내어야 하나요?

학생별 100 m 달리기 기록

이름	정수	지후	혜령	민수
기록(초)	16	18	20	22

지후 ( ), 민수 ( )

비법
눈금 한 칸이 2초를 나타내므로 2칸이면 4초, 3칸이면 6초……를 나타냅니다.

02 막대그래프를 보고 세로 눈금 한 칸이 3명을 나타내게 다시 그린다면 오이와 상추는 각각 눈금 몇 칸으로 나타내어야 하나요?

좋아하는 채소별 학생 수

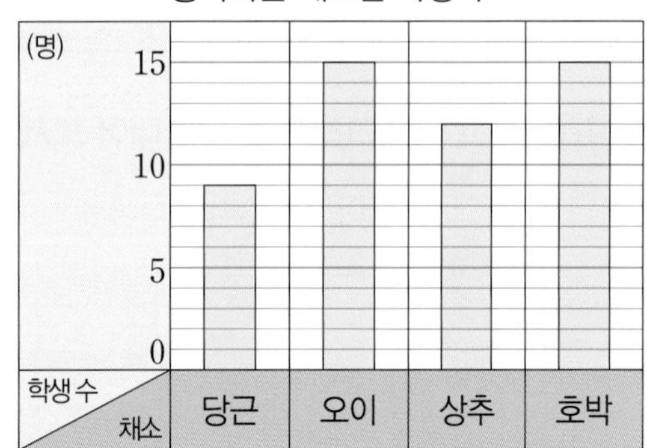

오이 ( ), 상추 ( )

03 표를 막대그래프로 나타낼 때 눈금 한 칸이 5번을 나타낸다면 눈금은 적어도 몇 칸이 필요한가요?

학생별 줄넘기 기록

이름	재엽	동혁	지수	영민
기록(번)	60	80	75	55

( )

유형 2 찢어진 막대그래프 알아보기

04 27명의 학생들이 좋아하는 운동을 조사하여 나타낸 막대그래프의 일부분이 찢어졌습니다. 축구를 좋아하는 학생은 몇 명인가요?

좋아하는 운동별 학생 수

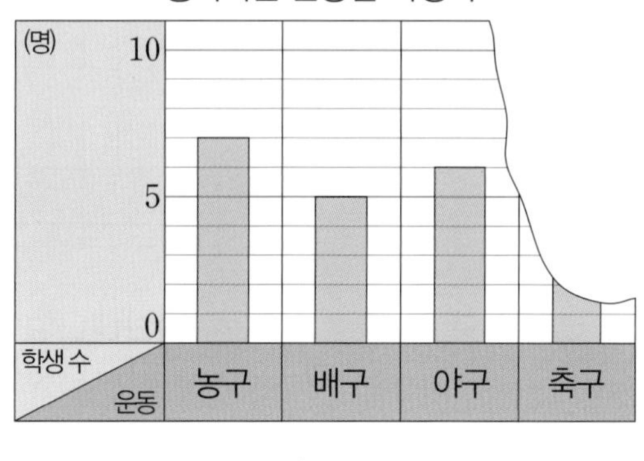

( )

비법
전체 학생 수에서 나머지 운동을 좋아하는 학생 수를 뺍니다.

05 학생들이 좋아하는 음료를 조사하여 나타낸 막대그래프의 일부분이 찢어졌습니다. 탄산 음료를 좋아하는 학생 수는 주스를 좋아하는 학생 수의 3배이고, 우유를 좋아하는 학생 수는 물을 좋아하는 학생 수의 2배입니다. 탄산 음료와 우유를 좋아하는 학생은 각각 몇 명인가요?

좋아하는 음료별 학생 수

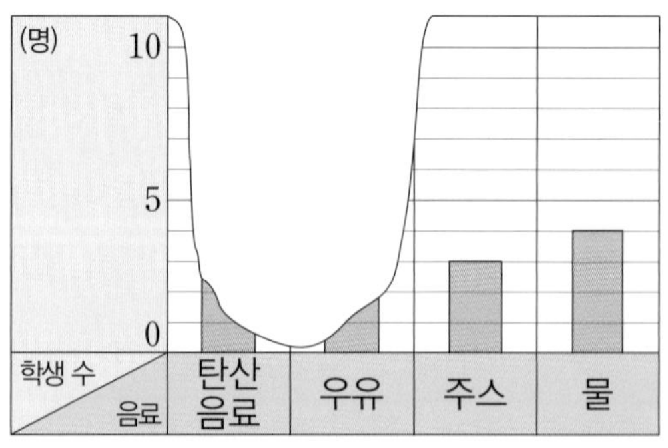

탄산 음료 ( )
우유 ( )

유형 3 막대그래프에 나타나지 않은 정보 구하기

06 3월부터 5월까지의 비가 온 날수를 나타낸 막대그래프입니다. 3개월 동안 비가 오지 않은 날은 며칠인가요?

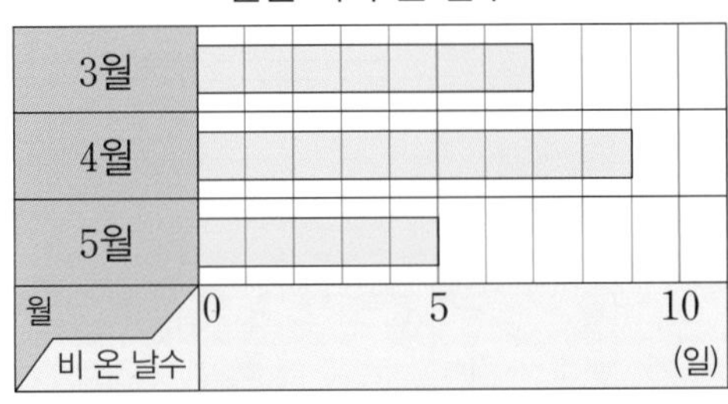

( )

비법
비가 오지 않는 날수는 전체 날수에서 비가 온 날수를 뺍니다.

07 4학년 학생 55명 중 반별 남학생 수를 나타낸 막대그래프입니다. 4학년 여학생은 모두 몇 명인가요?

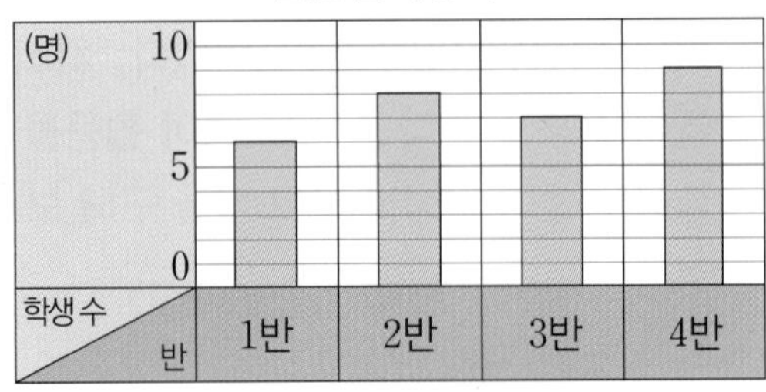

( )

08 지후의 과녁 맞히기 기록을 나타낸 막대그래프입니다. 지후의 과녁 맞히기 점수는 모두 몇 점인가요?

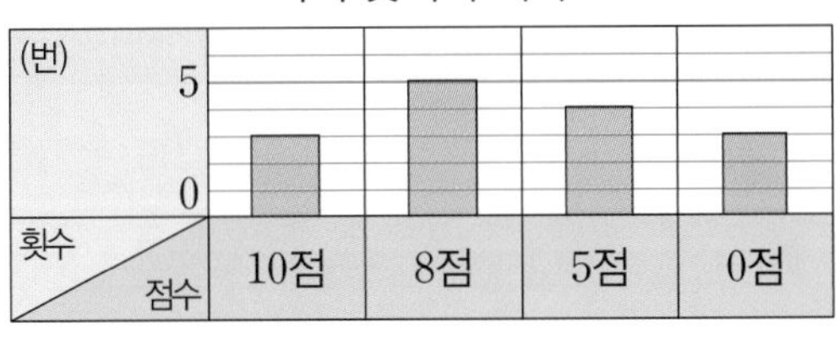

( )

유형 4 막대가 2개인 막대그래프 알아보기

09 합창 대회에 참가한 4학년 학생 수를 조사하여 나타낸 막대그래프입니다. 합창 대회에 참가한 4학년 남학생 수와 여학생 수가 같을 때 합창 대회에 참가한 3반 남학생은 몇 명인가요?

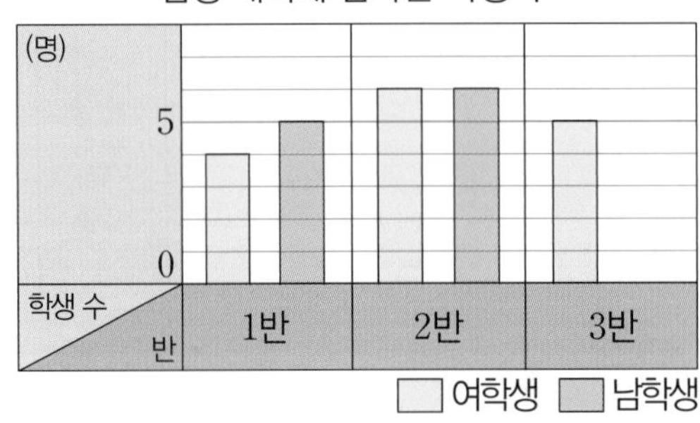

( )

비법
합창 대회에 참가한 4학년 전체 여학생 수를 구합니다.

10 세 가게에서 판매한 호박과 당근의 수를 나타낸 막대그래프입니다. 세 가게에서 판매한 호박 수의 합과 당근 수의 합이 같을 때 다 가게에서 판매한 당근은 몇 개인가요?

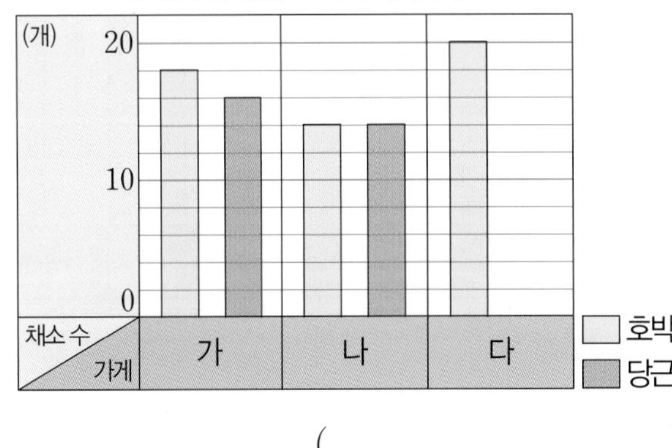

( )

5 단원

01 서준이네 모둠 학생들이 한 달 동안 읽은 책의 수를 조사하여 나타낸 막대그래프입니다. 막대그래프를 보고 알 수 있는 사실을 2가지 써 보세요.

읽은 책의 수

(권) 10, 5, 0
책의 수 / 이름
서준 은진 나영 경아

답

02 정미네 모둠 학생들이 가지고 있는 구슬 수를 나타낸 막대그래프입니다. 가지고 있는 구슬 수가 가장 많은 학생의 구슬 수는 가장 적은 학생의 구슬 수의 몇 배인지 풀이 과정을 쓰고 답을 구해 보세요.

학생별 가지고 있는 구슬 수

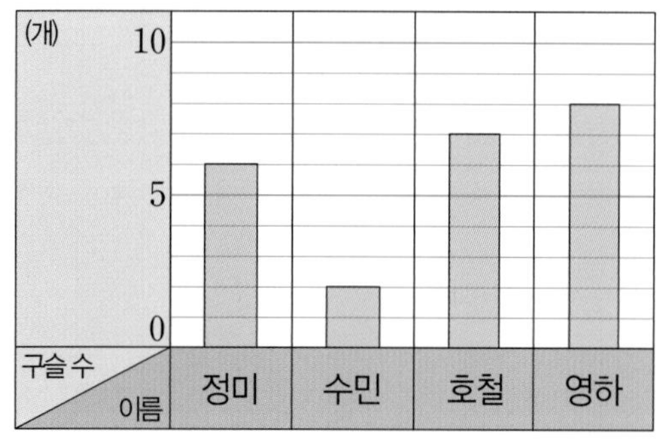

풀이

답

03 승준이의 월별 턱걸이 기록을 나타낸 막대그래프입니다. 6월에는 3월보다 턱걸이 기록이 몇 회 더 많은지 풀이 과정을 쓰고 답을 구해 보세요.

월별 턱걸이 기록

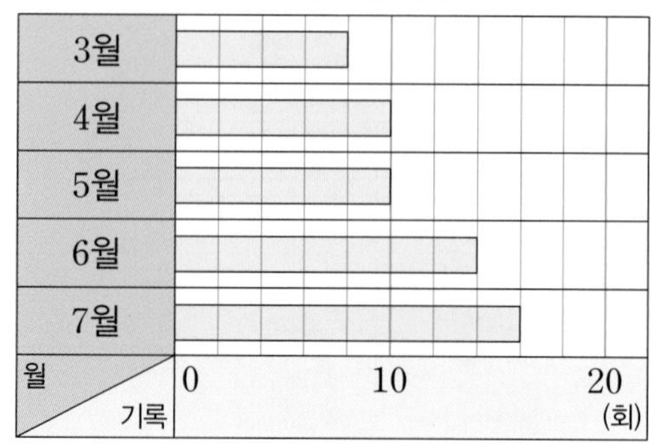

풀이

답

04 채희네 반 학생들이 하고 싶은 놀이 활동을 조사하여 나타낸 막대그래프입니다. 채희네 반에서 놀이 활동을 한다면 어느 놀이 활동을 하는 것이 좋을지 풀이 과정을 쓰고 답을 구해 보세요.

하고 싶은 놀이 활동

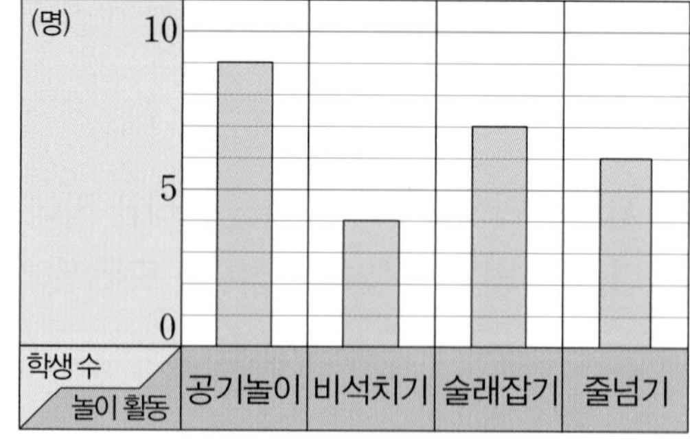

풀이

답

05 진경이네 학교 4학년 학생들이 좋아하는 체육 활동별 학생 수를 조사하여 나타낸 표를 보고 막대그래프로 나타내려고 합니다. 세로 눈금 한 칸이 2명을 나타낸다면 세로 눈금은 적어도 몇 칸이 있어야 하는지 풀이 과정을 쓰고 답을 구해 보세요.

좋아하는 체육 활동별 학생 수

체육 활동	달리기	뜀틀	줄넘기	피구
학생 수(명)	16	10	12	22

풀이

답

06 60명의 학생들이 체험해 보고 싶은 올림픽 경기 종목을 조사하여 나타낸 막대그래프의 일부분이 찢어졌습니다. 양궁을 체험해 보고 싶은 학생 수는 탁구를 체험해 보고 싶은 학생 수의 2배입니다. 태권도를 체험해 보고 싶은 학생 수는 몇 명인지 풀이 과정을 쓰고 답을 구해 보세요.

체험해 보고 싶은 경기 종목별 학생 수

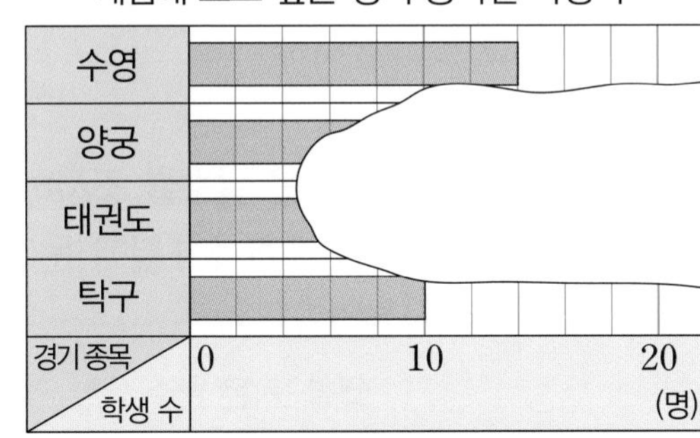

풀이

답

07 동호네 학교 4학년의 반별 동화책 수를 나타낸 막대그래프입니다. 4개 반의 동화책은 모두 몇 권인지 풀이 과정을 쓰고 답을 구해 보세요.

반별 동화책 수

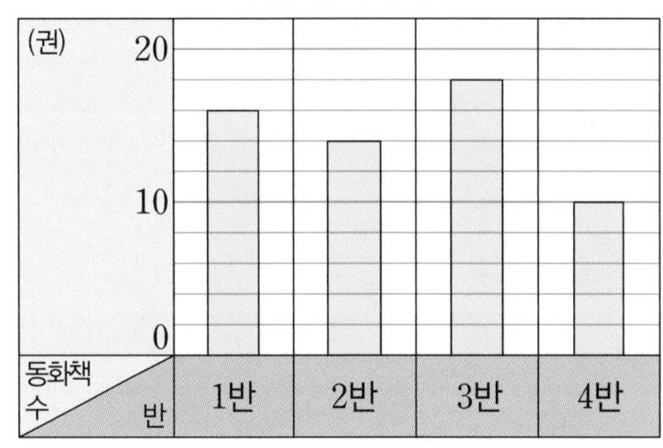

풀이

답

08 다음 표를 보고 막대그래프로 나타내려면 눈금이 적어도 6칸 있어야 합니다. 이 막대그래프에서 눈금 한 칸은 몇 자루를 나타내는지 풀이 과정을 쓰고 답을 구해 보세요.

색깔별 볼펜 수

색깔	빨간색	파란색	검은색	합계
볼펜 수(자루)	14	12		44

풀이

답

5 단원

단원 평가

[01~05] 선우네 반 학생들이 좋아하는 계절을 조사하여 나타낸 막대그래프입니다. 물음에 답하세요.

좋아하는 계절별 학생 수

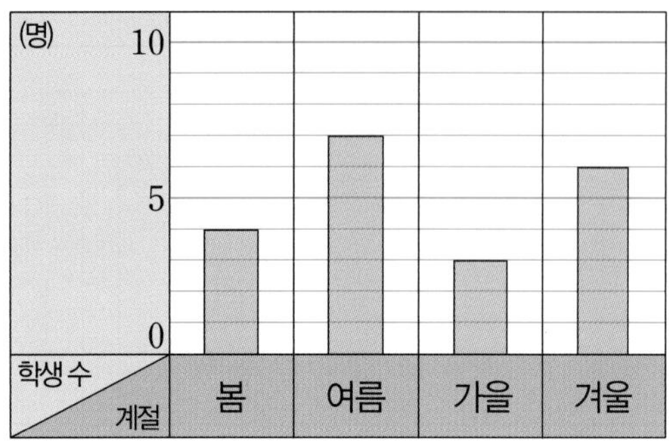

01 가로와 세로는 각각 무엇을 나타내나요?

가로 (　　　　　　　　)
세로 (　　　　　　　　)

02 좋아하는 계절별 학생 수가 가을보다 많고 겨울보다 적은 계절은 무엇인가요?

(　　　　　　　　)

03 많은 학생들이 좋아하는 계절부터 순서대로 써 보세요.

(　　　　　　　　)

04 겨울을 좋아하는 학생 수는 가을을 좋아하는 학생 수의 몇 배인가요?

(　　　　　　　　)

05 조사한 학생 수는 모두 몇 명인가요?

(　　　　　　　　)

[06~08] 상민이네 모둠 친구들이 한 달 동안 읽은 책 수를 나타낸 표와 막대그래프입니다. 물음에 답하세요.

한 달 동안 읽은 책 수

이름	상민	유진	현우	호준	합계
책 수(권)	12		10	14	47

한 달 동안 읽은 책 수

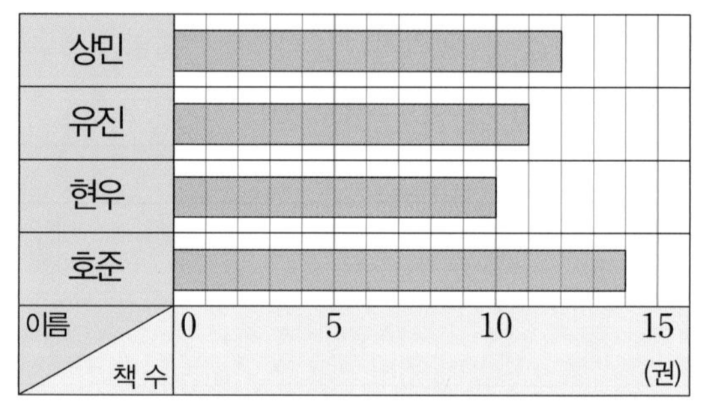

06 학생들이 읽은 전체 책 수를 알아보기에 표와 막대그래프 중 어느 것이 더 편리한가요?

(　　　　　　　　)

07 책을 많이 읽은 학생부터 차례대로 한눈에 알아보기에 표와 막대그래프 중 어느 것이 더 편리한가요?

(　　　　　　　　)

08 유진이가 한 달 동안 읽은 책은 몇 권인가요?

(　　　　　　　　)

09 어느 지역의 월별 눈 온 날수를 조사하여 나타낸 막대그래프입니다. 12월과 1월에 눈이 오지 않은 날은 모두 며칠인가요?

월별 눈 온 날수

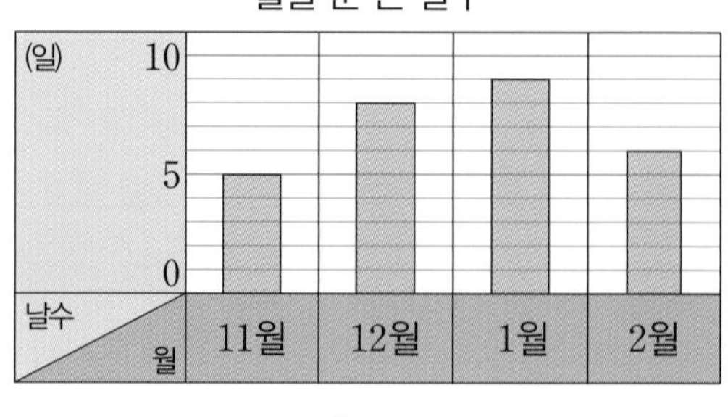

(　　　　　　　　)

10 현우의 요일별 리코더 연습 시간을 조사하여 나타낸 막대그래프입니다. 월요일부터 금요일까지 리코더 연습을 100분을 했을 때 금요일에 연습한 시간은 몇 분인가요?

요일별 리코더 연습 시간

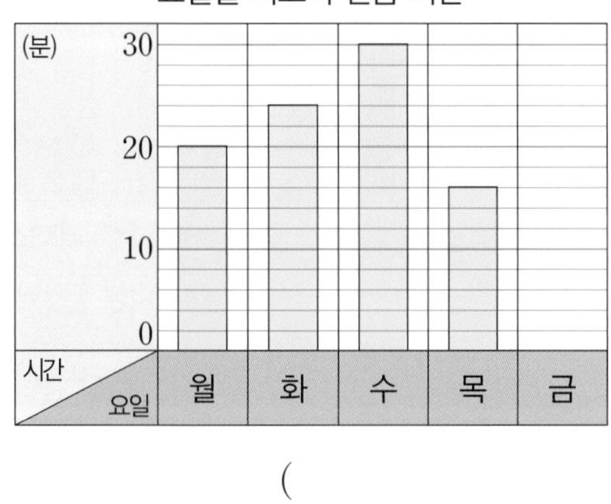

( )

11 서술형 어느 가게에서 오늘 판매한 아이스크림 수를 나타낸 막대그래프입니다. 아이스크림이 한 개당 700원일 때, 오늘 아이스크림 판매 금액은 얼마인지 풀이 과정을 쓰고 답을 구해 보세요.

아이스크림 맛별 판매 수

사과 맛
배 맛
수박 맛
오렌지 맛
맛
판매 수
0
5
10
(개)

풀이

답

12 표를 보고 막대그래프로 나타내어 보세요.

공원에 심은 종류별 나무 수

나무	은행나무	소나무	잣나무	향나무	합계
나무 수(그루)	11	13	9	10	43

공원에 심은 종류별 나무 수

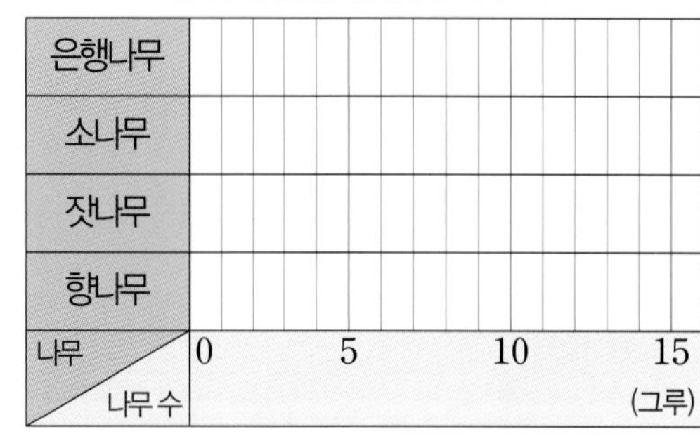

[13~14] 어느 초등학교 4학년의 그리기 대회에 관한 이야기를 읽고 물음에 답하세요.

4학년에는 4개 반이 있는데 1반과 4반의 참가자 수는 같습니다. 2반은 3반보다 참가자가 4명 더 많습니다. 4반은 3반보다 참가자가 2명 더 많은 8명입니다.

13 표로 나타내어 보세요.

반별 그리기 대회 참가 학생 수

반	1반	2반	3반	4반	합계
학생 수(명)					

14 13의 표를 보고 눈금 한 칸이 2명을 나타내는 막대그래프로 나타내어 보세요.

반별 그리기 대회 참가 학생 수

(명)
10
0
학생 수
반
1반
2반
3반
4반

[15~17] 서윤이는 아파트에서 일주일 동안 버려진 종류별 쓰레기 양을 조사하여 글을 썼습니다. 물음에 답하세요.

> 우리 아파트에서 일주일 동안 종이류 16 kg, 병류 6 kg, 캔류 10 kg, 플라스틱류 14 kg이 버려졌다.

15 글을 보고 표를 완성하세요.

일주일 동안 버려진 종류별 쓰레기 양

종류	종이류	병류	캔류	플라스틱류	합계
쓰레기 양(kg)					

16 막대그래프로 나타내려고 합니다. 세로 눈금 한 칸이 2 kg을 나타낸다면 플라스틱류는 세로 눈금 몇 칸으로 나타내어야 하나요?

( )

17 막대그래프로 나타내어 보세요.

일주일 동안 버려진 종류별 쓰레기 양

[18~20] 찬희네 반 학생들이 배우고 싶어 하는 운동을 조사하여 나타낸 막대그래프입니다. 물음에 답하세요.

운동별 배우고 싶어 하는 학생 수

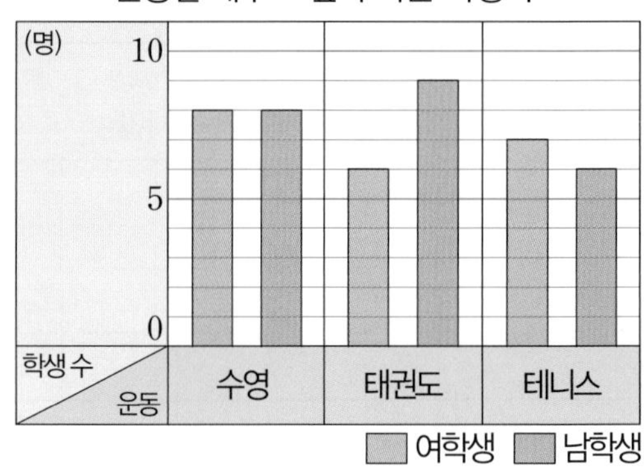

18 수영을 배우고 싶어 하는 여학생은 몇 명인가요?

( )

19 배우고 싶어 하는 여학생 수와 남학생 수의 차가 가장 큰 운동은 무엇인가요?

( )

20 서술형 가장 많은 학생들이 배우고 싶어 하는 운동은 무엇인지 풀이 과정을 쓰고 답을 구해 보세요.

풀이

답

정답과 풀이 67쪽

[01~02] 수 배열표를 보고 물음에 답하세요.

1234	1244	1254	1264	
1334	1344	1354	1364	
1434	1444	1454	1464	
1534	1544	1554	1564	
1634	1644	1654	1664	1674

01 수 배열의 규칙에 따라 빈칸에 알맞은 수를 써넣으세요.

02 색칠된 칸에서 규칙을 찾아 써 보세요.

규칙 ☐ 방향으로 ☐ 씩 커집니다.

03 규칙적인 수의 배열에서 ㉠, ㉡에 알맞은 수를 구해 보세요.

543	643	㉠	843		
		754	854	㉡	1054
		765	865	965	1065

㉠ (　　　　　　)
㉡ (　　　　　　)

[04~05] 수 배열표를 보고 물음에 답하세요.

	32	33	34	35
13	5	6	7	8
14	6	7	8	9
15	7	㉠	9	0
16	8	9	0	1

04 수 배열표에서 규칙을 찾아보세요.

규칙 ____________________

05 규칙적인 수의 배열에서 ㉠에 알맞은 수를 구해 보세요.

(　　　　　　)

[06~07] 도형의 배열을 보고 물음에 답하세요.

첫째　둘째　셋째　넷째

06 도형의 배열에서 규칙을 찾아보세요.

규칙 ____________________

07 다섯째에 알맞은 도형에서 사각형은 몇 개인가요?

(　　　　　　)

[08~10] 규칙적인 계산식을 보고 물음에 답하세요.

순서	계산식
첫째	1+3=4
둘째	1+3+5=9
셋째	1+3+5+7=16
넷째	1+3+5+7+9=25
다섯째	

08 규칙을 잘못 설명한 것을 찾아 기호를 써 보세요.

㉠ 1부터 연속한 홀수를 더하고 있습니다.
㉡ 덧셈식의 더하는 수의 개수가 1씩 늘어나고 있습니다.
㉢ 계산 결과는 더한 홀수의 개수를 두 번 더한 것과 같습니다.

( )

09 다섯째 칸에 알맞은 식을 써 보세요.

계산식 ______

10 규칙을 이용하여 계산한 결과가 81이 되는 계산식을 써 보세요.

계산식 ______

11 계산식의 규칙에 따라 빈칸에 알맞은 식을 써넣으세요.

2+4=6
2+4+6=12
2+4+6+8=20
[ ]
2+4+6+8+10+12=42

12 사물함 번호를 보고 조건을 만족하는 수를 찾아 보세요.

11	15	19	23	27
12	16	20	24	28
13	17	21	25	29
14	18	22	26	30

조건
• ✚ 안에 있는 수 중의 하나입니다.
• ✚ 안에 있는 5개의 수의 합을 5로 나눈 몫과 같습니다.

( )

[13~14] 달력을 보고 물음에 답하세요.

일	월	화	수	목	금	토
	1	2	3	4	5	6
7	8	9	10	11	12	13
14	15	16	17	18	19	20
21	22	23	24	25	26	27
28	29	30				

13 달력에서 규칙적인 계산식을 찾은 것입니다. □ 안에 알맞은 수를 써넣으세요.

9+17=10+□
17+25=18+□

14 달력에서 규칙적인 계산식을 찾은 것입니다. □ 안에 알맞은 수를 써넣으세요.

9+10+11=10×□
25+26+27=26×□

정답과 풀이 68쪽

유형 1 찢어진 수 배열표에서 규칙 찾기

01 수 배열표의 일부가 찢어졌습니다. 수 배열의 규칙에 따라 ■, ★에 알맞은 수를 구해 보세요.

5126	5136		■
5226	5236	5246	5256
5326	5336		5356
5426	★		5456

■ (　　　　　　), ★ (　　　　　　)

비법
찢어진 부분의 주변 수의 배열에서 오른쪽, 아래쪽, ↘ 방향 등으로 규칙을 찾습니다.

02 수 배열의 일부가 찢어졌습니다. 수 배열의 규칙에 따라 ★에 알맞은 수를 구해 보세요.

			1659	1859
		★	1649	1849
1039	1239	1439	1639	1839
1029	1229			1829

(　　　　　　)

03 일부만 보이는 수 배열표입니다. 수 배열의 규칙에 따라 ◆, ▲에 알맞은 수를 구해 보세요.

	8567	7567	6567	5567	
	8467	7467	6467	5467	
	8367	7367	6367	5367	
	8267	7267	6267	5267	
▲					◆

▲ (　　　　　　), ◆ (　　　　　　)

유형 2 곱셈식에서 규칙 찾기

04 계산식의 규칙에 따라 빈칸에 알맞은 계산식을 써넣으세요.

$100 \times 30 = 3000$
$200 \times 30 = 6000$
$300 \times 30 = 9000$
[　　　　　　　　　　]
$500 \times 30 = 15000$

비법
곱해지는 수, 곱하는 수의 변화와 계산 결과의 변화에서 규칙을 찾습니다.

05 계산식의 규칙에 따라 빈칸에 알맞은 계산식을 써넣으세요.

$8 \times 106 = 848$
$8 \times 1006 = 8048$
[　　　　　　　　　　]
$8 \times 100006 = 800048$

06 계산식의 규칙에 따라 빈칸에 알맞은 계산식을 써넣으세요.

$5291 \times 21 = 111111$
$5291 \times 42 = 222222$
[　　　　　　　　　　]
$5291 \times 84 = 444444$

유형 3 설명에 맞는 계산식 찾기

07 계산식을 보고 설명에 맞는 계산식을 찾아 기호를 써 보세요.

㉮	㉯
123+415=538 223+416=639 323+417=740	123+405=528 223+415=638 323+425=748

더해지는 수는 백의 자리 수가 1씩 커지고, 더하는 수는 일의 자리 수가 1씩 커지면 계산 결과는 101씩 커집니다.

( )

비법
규칙에 맞는 계산식을 찾습니다.

08 계산식을 보고 설명에 맞는 계산식을 찾아 기호를 써 보세요.

㉮	㉯	㉰
11×11=121 11×21=231 11×31=341	11×11=121 11×12=132 11×13=143	11×11=121 11×111=1221 11×1111=12221

곱해지는 수는 11로 같고 계산 결과는 1과 1 사이에 2가 1개부터 하나씩 늘어납니다.

( )

09 08 ㉯의 규칙적인 계산식에서 다음에 올 계산식을 써 보세요.

계산식 ______________________

유형 4 도형의 배열에서 규칙 찾기

10 도형의 배열을 보고 다섯째에 알맞은 도형에서 ●은 몇 개인지 구해 보세요.

첫째 둘째 셋째 넷째

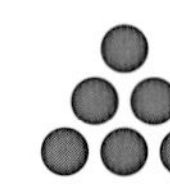
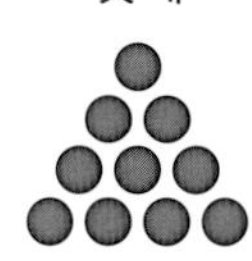

( )

비법
도형의 수가 어느 방향으로 몇 개씩 늘어나는지 규칙을 찾습니다.

11 도형의 배열을 보고 다섯째에 알맞은 도형에서 □은 몇 개인지 구해 보세요.

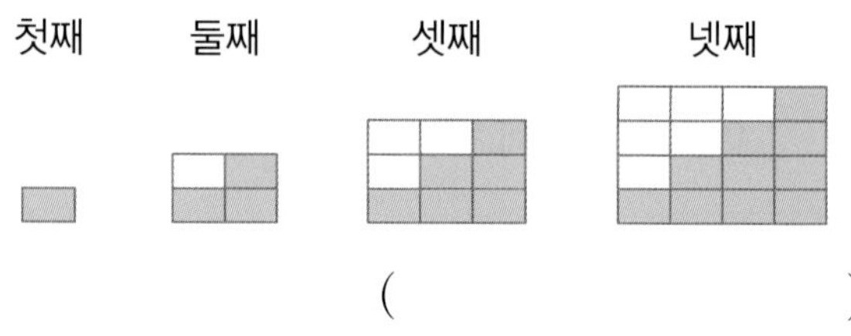

( )

12 11에서 □이 21개인 도형은 몇째에 알맞은 도형인가요?

( )

정답과 풀이 69쪽

01 수 배열표에서 ■에 알맞은 수는 얼마인지 풀이 과정을 쓰고 답을 구해 보세요.

	2022	2023	2024	2025
11	3	4	5	6
12	4	5	6	7
13	5	6	■	8
14	6	7	8	9

풀이

답

[02~03] 계산식을 보고 물음에 답하세요.

순서	계산식
첫째	$89 \times 99 = 8811$
둘째	$889 \times 999 = 888111$
셋째	$8889 \times 9999 = 88881111$
넷째	

02 계산식에서 규칙을 찾아 쓰고, 넷째 칸에 알맞은 식을 써넣으세요.

규칙

03 규칙에 따라 값이 88888881111111이 되는 계산식을 구하려고 합니다. 풀이 과정을 쓰고 답을 구해 보세요.

풀이

답

[04~06] 수 배열표의 일부가 찢어졌습니다. 물음에 답하세요.

222	233	244	255	266
333	344	355		377
444	455			488
555	566			599

04 ▭로 표시된 칸에서 규칙을 찾아보세요.

규칙

05 ▯로 표시된 칸에서 규칙을 찾아보세요.

규칙

06 수 배열표의 찢어진 부분에서 599 바로 왼쪽의 수는 얼마인지 풀이 과정을 쓰고 답을 구해 보세요.

풀이

답

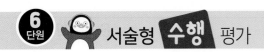

07 규칙에 따라 다섯째에 알맞은 도형을 그리고 규칙을 찾아보세요.

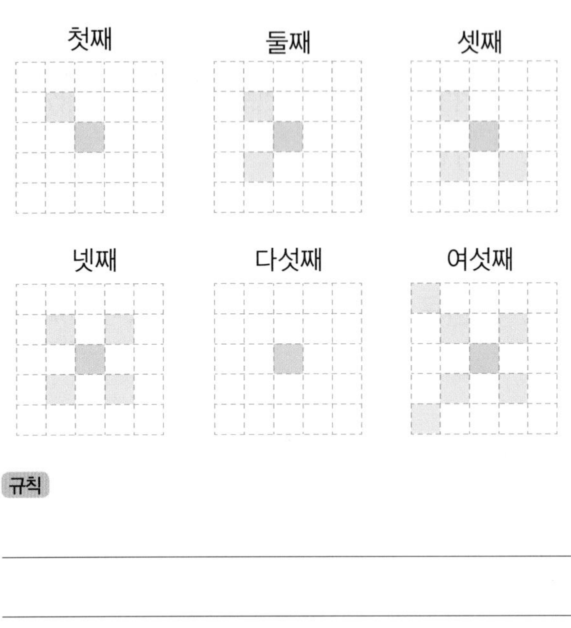

규칙

08 규칙에 따라 다섯째에 알맞은 도형의 모양은 어떠할지 도형의 배열에서 규칙을 찾아 설명해 보세요.

첫째 둘째 셋째 넷째

설명

09 영화관의 좌석 번호에서 규칙을 찾아보세요.

E1	E2	E3	E4	E5	E6	E7	E8	E9
D1	D2	D3	D4	D5	D6	D7	D8	D9
C1	C2	C3	C4	C5	C6	C7	C8	C9
B1	B2	B3	B4	B5	B6	B7	B8	B9
A1	A2	A3	A4	A5	A6	A7	A8	A9

규칙

10 계산식에서 규칙을 찾아 8을 10번 곱했을 때의 일의 자리 숫자를 구하려고 합니다. 규칙을 설명하여 풀이 과정을 쓰고 답을 구해 보세요.

$$8$$
$$8\times8=64$$
$$8\times8\times8=512$$
$$8\times8\times8\times8=4096$$
$$8\times8\times8\times8\times8=32768$$

풀이

답

정답과 풀이 70쪽

[01~02] 수 배열표를 보고 물음에 답하세요.

17562	17662	17762	17862	17962
16562	16662	16762	16862	16962
15562	15662	15762	15862	15962
14562	14662	14762	14862	14962

01 □ 부분에 나타난 규칙을 찾아 알맞은 말에 ○표 하세요.

17962부터 아래쪽으로 (100 , 1000)씩 (작아집니다 , 커집니다).

02 색칠된 부분에서 규칙을 찾아보세요.

17562부터 ↘ 방향으로 [　　] 씩 작아집니다.

[03~04] 수 배열표를 보고 물음에 답하세요.

3751	3752	3753	3754	3755	■
4751	4752	4753	4754	4755	
5751	5752	5753	5754	5755	
6751	6752	6753	6754	6755	
7751	7752	7753	7754	7755	

03 조건을 만족하는 규칙적인 수의 배열을 찾아 색칠해 보세요.

- 가장 큰 수는 7751입니다.
- ↗ 방향으로 다음 수는 앞의 수보다 999씩 작아집니다.

04 수 배열의 규칙에 따라 ■에 알맞은 수를 구해 보세요.

( )

05 수 배열의 규칙에 따라 빈칸에 알맞은 수를 써넣으세요.

(1) 150 — 300 — 450 — [　　] — 750

(2) 10 — 20 — 40 — 70 — [　　]

[06~07] 수 배열표를 보고 물음에 답하세요.

	12	22	32	42	52
35	4	5	6	7	㉠
45	5	6	7	8	9
55	6	7	8	9	0
65	7	8	9	㉡	1

06 서술형 수 배열표에서 규칙을 찾아보세요.

규칙 ______________________

07 규칙적인 수의 배열에서 ㉠, ㉡에 알맞은 수를 구해 보세요.

㉠ ( )

㉡ ( )

08 도형의 배열에서 규칙에 따라 다섯째에 올 모형을 그려 보세요.

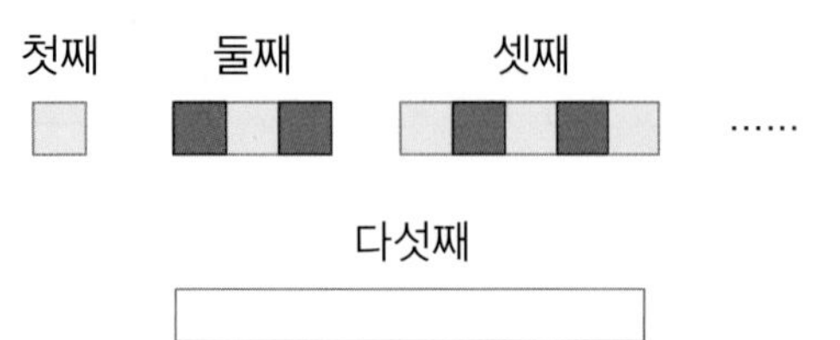

[09~10] 바둑돌의 배열을 보고 물음에 답하세요.

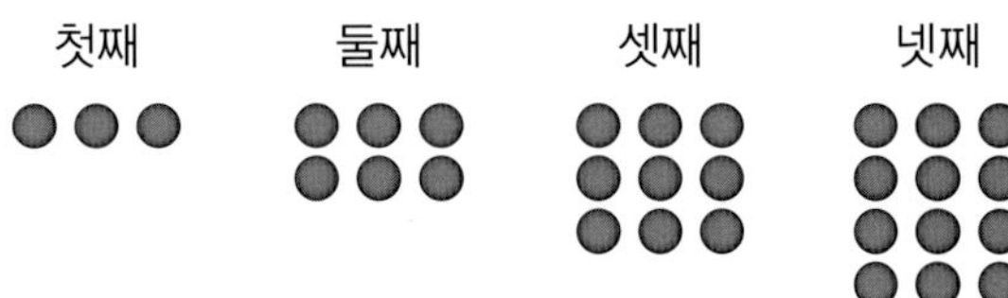

09 일곱째에 알맞은 바둑돌의 수를 구해 보세요.

(　　　　　　　　)

10 바둑돌을 27개 사용했을 때는 몇째인지 구해 보세요.

(　　　　　　　　)

11 사각형 모양의 배열을 보고 다섯째에 알맞은 모양에서 모형의 수를 구해 보세요.

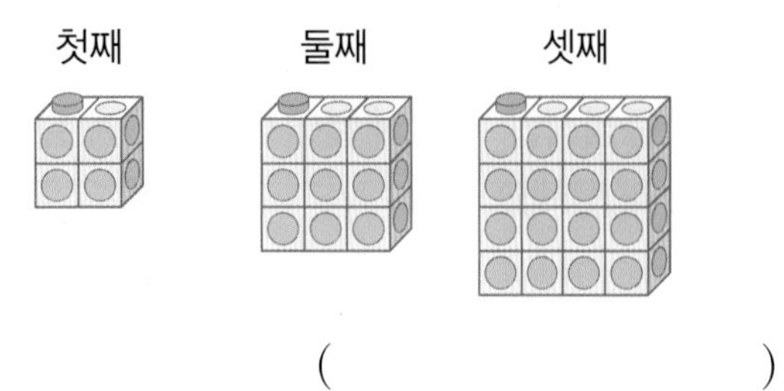

(　　　　　　　　)

[12~13] 계산식을 보고 물음에 답하세요.

$312+113=425$
$412+213=625$
$512+313=825$
$612+413=1025$

12 계산식의 규칙을 찾아 □ 안에 알맞은 수를 써넣으세요.

백의 자리 숫자가 각각 □ 씩 커지는 두 수의 합은 □ 씩 커집니다.

13 다음에 올 계산식을 써 보세요.

계산식 ____________________

14 계산식의 규칙에 따라 빈칸에 알맞은 계산식을 써넣으세요.

$9\times9=81$
$99\times99=9801$
$999\times999=998001$
□
$99999\times99999=9999800001$

15 나눗셈식의 규칙을 이용하여 곱셈식을 만들어 보세요.

$1111 \div 11 = 101$
$2222 \div 22 = 101$
$3333 \div 33 = 101$
$4444 \div 44 = 101$

➡ $101 \times 11 = 1111$

16 규칙에 맞게 다음에 올 계산식을 차례로 2개 써 보세요.

$1320 \div 60 = 22$
$1100 \div 50 = 22$
$880 \div 40 = 22$

계산식 ____________

계산식 ____________

17 달력에서 색칠된 부분에서 규칙을 찾아 계산식을 만들어 보세요.

일	월	화	수	목	금	토
			1	2	3	4
5	6	7	8	9	10	11
12	13	14	15	16	17	18
19	20	21	22	23	24	25
26	27	28	29	30		

$6 + 14 + 22 = 14 \times 3$
$7 + 15 + 23 = 15 \times 3$

[18~19] 승강기 버튼의 수 배열을 보고 물음에 답하세요.

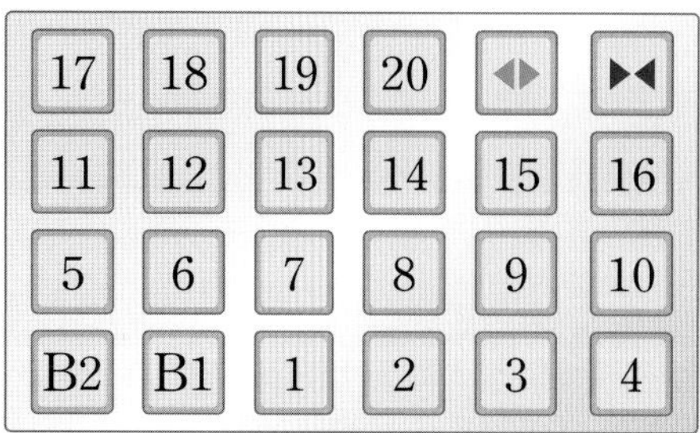

18 승강기 버튼의 수 배열에서 규칙적인 계산식을 찾은 것입니다. 빈칸에 알맞은 수를 써넣으세요.

$12 + 7 = \square + 6$
$\square + 14 = 20 + \square$

19 승강기 버튼의 수를 이용하여 빈칸에 알맞은 계산식을 써넣으세요.

$5 + 6 = 11 + 12 - 12$
$7 + 8 = 13 + 14 - 12$

20 서술형 달력의 ↘ 방향에서 규칙적인 계산식을 1개 더 쓰고 규칙을 찾아보세요.

일	월	화	수	목	금	토
			1	2	3	4
5	6	7	8	9	10	11
12	13	14	15	16	17	18
19	20	21	22	23	24	25
26	27	28	29	30	31	

$5 + 21 = 13 \times 2$, $6 + 22 = 14 \times 2$,

규칙 ____________

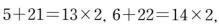

MEMO

EBS

만점왕
수학 플러스
4-1

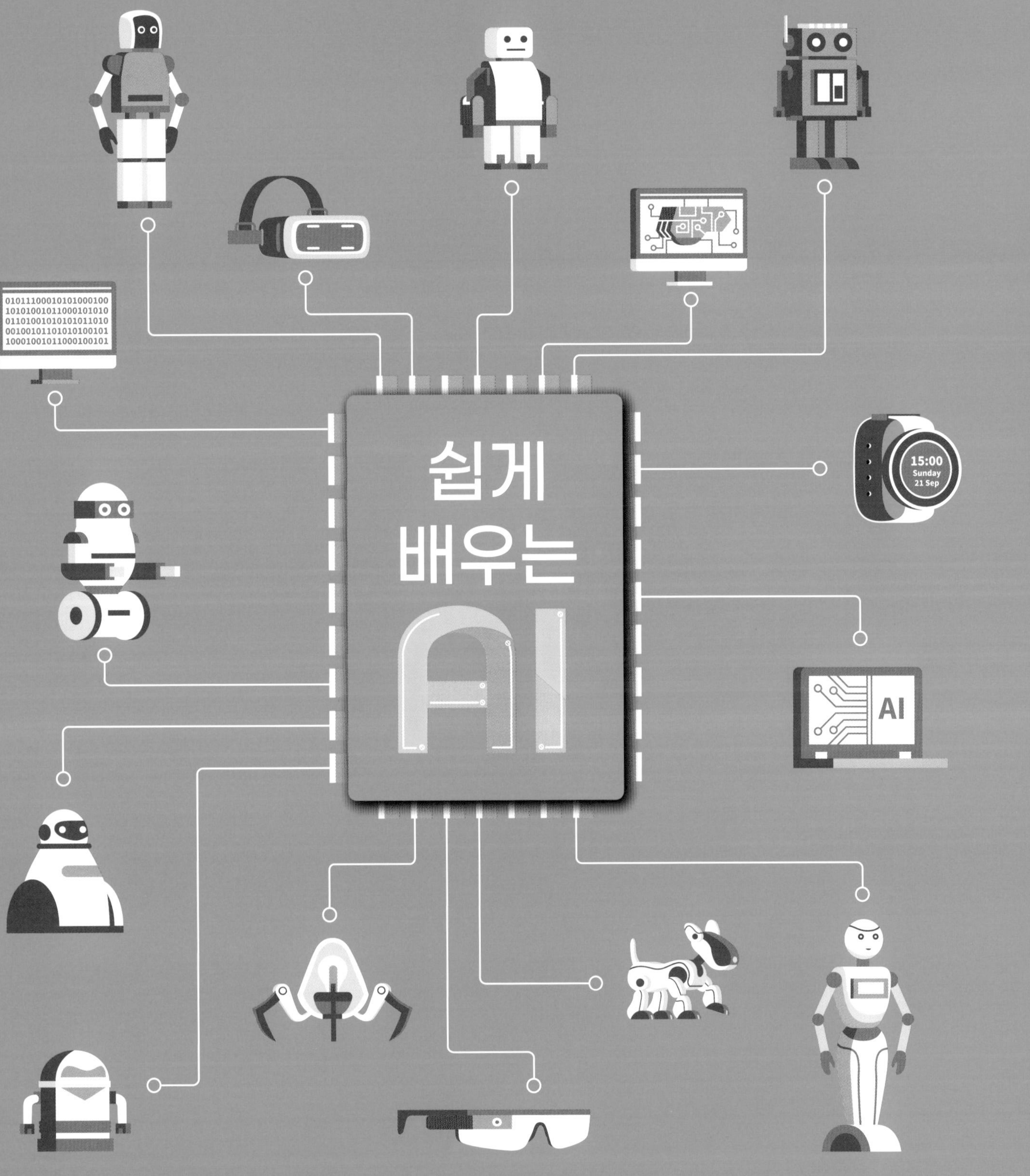

쉽게 배우는 AI

BOOK 3
풀이책

BOOK 3 풀이책으로 채점해 보고,
틀린 문제의 해설도 확인해 보세요.

초|등|부|터
EBS

교과서 기본과 응용 문제를
한 번에 잡는 **교과서 기본+응용**

BOOK 3
풀이책

4-1

교과서 기본과 응용 문제를
한 번에 잡는 **교과서 기본+응용**

BOOK 3

풀이책

4-1

1 단원 큰 수

교과서 개념 다지기 8~10쪽

01 10000　02 2000원

03 5, 오만　04 (1) 1000 (2) 9999

05 79382

06 (1) 사만 (2) 이만 구천구백육

07 50000, 600, 3　08 20000, 700, 1

09 (1) 100000 (2) 1000000

10 (선 잇기)

11

	숫자	수
천만의 자리	5	50000000
백만의 자리	3	3000000
십만의 자리	7	700000
만의 자리	1	10000

12 30000000, 200000

교과서 넘어 보기 11~14쪽

01 (1) 10 (2) 100　02 (1) 9990 (2) 9996, 10000

03 50　04 40000

05 (1) 60 (2) 40　06 100

07 3000　08 5, 9, 3

09 74693, 삼만 오백사십칠, 29035

10 60000, 8000, 200, 70, 4

11 (1) 2000 (2) 70000　12 38900원

13 쓰기 20347 / 읽기 이만 삼백사십칠

14 (선 잇기)

15 9, 3 / 40000000, 800000

16 500000, 50000000

17 5402, 7749

18 ( ) (○) ( )　19 62490000

20 97654310 / 구천칠백육십오만 사천삼백십

교과서 속 응용 문제

21 45570원　22 77440원

23 54340장　24 796521

25 103269　26 1305869

01 (1) 1000이 10개이면 10000입니다. 천 원짜리 지폐가 10장이 있어야 10000원이 됩니다.
(2) 100이 100개이면 10000입니다. 백 원짜리 동전이 100개가 있어야 10000원이 됩니다.

02 (1) 9980보다 10만큼 더 큰 수는 9990, 9990보다 10만큼 더 큰 수는 10000입니다.
(2) 9994보다 2만큼 더 큰 수는 9996, 9996보다 2만큼 더 큰 수는 9998, 9998보다 2 큰 수는 10000입니다.

03 수직선의 한 칸은 10을 나타내고 9950에서 10000까지 5칸 뛰어 세면 50입니다.
10000은 9950보다 50만큼 더 큰 수입니다.

04 10000원짜리 지폐가 4장이면 40000원입니다.

05 (1) 9940에서 20씩 3번 커지면 10000이 되므로 9940보다 60만큼 더 큰 수는 10000입니다.
(2) 9960에서 20씩 2번 커지면 10000이 되므로 9960은 10000보다 40만큼 더 작은 수입니다.

06 10000은 100이 100개인 수입니다. 따라서 방울토마토 10000개를 100개씩 담으면 100상자가 됩니다.

07 가은이와 서준이가 가지고 있는 돈은 모두 7000원입니다. 7000보다 3000만큼 더 큰 수가 10000이므로 준우가 3000원을 가지고 있으면 세 사람이 가지고 있는 돈은 모두 10000원이 됩니다.

08 10000이 5개, 1000이 9개, 100이 4개, 10이 3개, 1이 8개인 수는 59438이고, 59438은 만의 자리 숫자가 5, 천의 자리 숫자가 9, 백의 자리 숫자가 4, 십의 자리 숫자가 3, 일의 자리 숫자가 8입니다.

09 • 칠만 사천육백구십삼 → 7만 4693 → 74693
• 30547 → 3만 547 → 삼만 오백사십칠
• 이만 구천삼십오 → 2만 9035 → 29035

10 6 | 8274 ➡ 68274=60000+8000
만 | 일 +200+70+4

11 72835는 10000이 7개, 1000이 2개, 100이 8개, 10이 3개, 1이 5개인 수이므로 숫자 2가 나타내는 값은 2000, 숫자 7이 나타내는 값은 70000입니다.

12 10000원이 3장이므로 30000원, 1000원이 8장이므로 8000원, 100원이 9개이므로 900원입니다.
그러므로 지호가 모은 돈은 모두
30000+8000+900=38900(원)입니다.

13 0은 만의 자리에 올 수 없으므로 0을 제외한 가장 작은 수 2를 만의 자리에 쓰고 0을 천의 자리에 씁니다.
작은 수부터 나열하면 2, 0, 3, 4, 7이므로 만들 수 있는 가장 작은 수는 20347입니다.

14 • 1만의 10배는 10만입니다.
• 10000이 100개인 수는 100만입니다.
• 100만의 10배인 수는 1000만입니다.

15 49830000
=40000000+9000000+800000+30000

16 • ㉠은 십만의 자리 숫자이므로 나타내는 값은 500000입니다.
• ㉡은 천만의 자리 숫자이므로 나타내는 값은 50000000입니다.

17 54027749는 만이 5402개, 일이 7749개인 수입니다.

18 • 2637901에서 6은 십만의 자리 숫자입니다.
• 46005298에서 6은 백만의 자리 숫자입니다.
• 61107234에서 6은 천만의 자리 숫자입니다.

19 100만이 12개이면 1000만이 1개, 100만이 2개인 수와 같으므로 1000만은 모두 6개가 됩니다.
1000만이 6개, 100만이 2개, 10만이 4개, 만이 9개인 수는 62490000입니다.

20 큰 수부터 높은 자리에 차례로 쓰면 가장 큰 수는 97654310입니다.
97654310은 구천칠백육십오만 사천삼백십이라고 읽습니다.

21 10000원짜리 지폐 3장은 30000원, 1000원짜리 지폐 14장은 14000원, 100원짜리 동전 15개는 1500원, 10원짜리 동전 7개는 70원입니다. 따라서 지윤이가 가지고 있는 돈은 모두 45570원입니다.

22 10000원짜리 지폐 7장은 70000원, 1000원짜리 지폐 6장은 6000원, 100원짜리 동전 13개는 1300원, 10원짜리 동전 14개는 140원입니다. 따라서 성민이가 가지고 있는 돈은 모두 77440원입니다.

23 10000장짜리 2상자: 20000장
1000장짜리 28상자: 28000장
500장짜리 5묶음: 2500장 → 54340장
100장짜리 36묶음: 3600장
10장짜리 24묶음: 240장

24 만의 자리 숫자가 9인 여섯 자리 수는 □9□□□□로 나타낼 수 있습니다. 가장 큰 수를 만들려면 가장 높은 자리부터 큰 수를 차례로 놓으면 됩니다.
7>6>5>2>1이므로 만의 자리 숫자가 9인 가장 큰 수는 796521입니다.

25 천의 자리 숫자가 3인 여섯 자리 수는 □□3□□□로 나타낼 수 있습니다. 가장 작은 수를 만들려면 가장 높은 자리부터 작은 수를 차례로 놓으면 됩니다.
0<1<2<6<9이고 0은 맨 앞자리에 놓을 수 없으므로 천의 자리 숫자가 3인 가장 작은 수는 103269입니다.

26 백의 자리 숫자가 8이고 십만의 자리가 3인 일곱 자리 수는 □3□□8□□로 나타낼 수 있습니다. 가장 작은 수를 만들려면 가장 높은 자리부터 작은 수를 차례로 놓으면 됩니다.
0<1<5<6<9이고 0은 맨 앞자리에 놓을 수 없으므로 가장 작은 수는 1305869입니다.

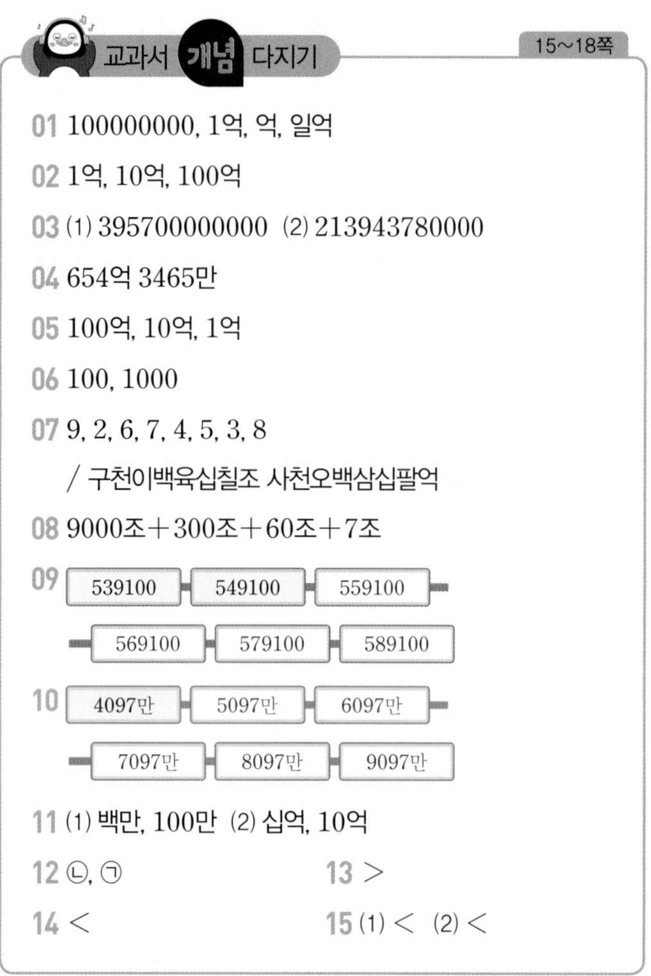

교과서 개념 다지기

15~18쪽

01 100000000, 1억, 억, 일억

02 1억, 10억, 100억

03 (1) 395700000000 (2) 213943780000

04 654억 3465만

05 100억, 10억, 1억

06 100, 1000

07 9, 2, 6, 7, 4, 5, 3, 8
/ 구천이백육십칠조 사천오백삼십팔억

08 9000조+300조+60조+7조

09 539100 – 549100 – 559100 – 569100 – 579100 – 589100

10 4097만 – 5097만 – 6097만 – 7097만 – 8097만 – 9097만

11 (1) 백만, 100만 (2) 십억, 10억

12 ㉡, ㉠

13 >

14 <

15 (1) < (2) <

교과서 넘어 보기

19~22쪽

27 (1) 100000000 또는 1억 (2) 100000000 또는 1억

28 2594억 3769만 2651
/ 이천오백구십사억 삼천칠백육십구만 이천육백오십일

29 1270000000 / 2004000000, 이십억 사백만

30 35609000000

31 ㉢

32 1000억, 1조, 100조

33 쓰기 901080900000000 / 읽기 구백일조 팔백구억

34 12765434650000

35 ㉣

36 쓰기 1023456789
읽기 십억 이천삼백사십오만 육천칠백팔십구

37 67550000, 67750000

38 7조 800억, 7조 1000억

39 100조씩

40 (위에서부터) 4억 3657만 / 5억 3557만 / 7억 3557만,
7억 3657만

41 1조 530억 원

42 

/ 예 56760 (㉠), 56730 (㉡), 큽니다에 ○표

43 ( ) (○)

44 <

45 ㉢

46 목성, 토성, 금성

47 대한민국, 이탈리아, 독일

교과서 속 응용 문제

48 1444216102

49 21427700000000

50 753434000 / 553557000000

51 ( )
(△)
(○)

52 ㉢, ㉡, ㉠

53 ㉢, ㉠, ㉡

27 (1) 100만이 100개이면 1억이므로 100만 원짜리 수표가 100장이면 100000000원입니다.
(2) 1000만이 10개이면 1억이므로 1000만 원짜리 수표가 10장이면 100000000원입니다.

28 일의 자리부터 네 자리씩 끊어 단위를 붙여 높은 자리부터 차례로 읽습니다.

29 12억 7000만 → 1270000000 → 십이억 칠천만
20억 400만 → 2004000000 → 이십억 사백만

30 356ˇ0900ˇ0000 ➡ 35609000000

31 1억은 10만이 1000개인 수입니다.

32 100억을 10배 하면 1000억, 1000억를 10배 하면 1조, 1조를 10배 하면 10조입니다.

33 조가 901개이고 억이 809개인 수는 901조 809억이므로 901ˇ0809ˇ0000ˇ0000입니다.
➡ 901080900000000이고 구백일조 팔백구억이라고 읽습니다.

34 만의 자리 아래 수는 읽지 않았으므로 숫자 0을 써넣습니다.

35 ㉠ 579523674001 ➡ 5795∨2367∨4001이므로 9는 십억의 자리 숫자이고 90억을 나타냅니다.

㉡ 29522054678 ➡ 295∨2205∨4678이므로 9는 십억의 자리 숫자이고 90억을 나타냅니다.

㉢ 12349657857651 ➡ 12∨3496∨5785∨7651이므로 9는 십억의 자리 숫자이고 90억을 나타냅니다.

㉣ 5461790045123467

➡ 5461∨7900∨4512∨3467이므로 9는 백억의 자리 숫자이고 900억을 나타냅니다.

36 수 카드를 모두 사용해서 열 자리의 수를 만듭니다. 십억의 자리에는 0이 올 수 없으므로 십억의 자리에 1을 놓고 억의 자리부터 남은 수 중 작은 수부터 차례로 놓습니다.

만들 수 있는 가장 작은 수는 1023456789입니다.

37 100000(10만)씩 뛰어 세면 십만의 자리 수가 1씩 커집니다.

38 백억의 자리 수가 1씩 커지므로 100억씩 뛰어 센 것입니다.

39 백조의 자리 수가 1씩 커지므로 100조씩 뛰어 세었습니다.

40 앞과 뒤, 왼쪽과 오른쪽의 수의 관계를 살펴보고 뛰어 세는 규칙을 찾아 문제를 해결합니다.

가로는 100만씩 뛰어 세고, 세로는 1억씩 뛰어 센 것입니다.

41 7530억 (올해) − 8530억 (1년 후) − 9530억 (2년 후) − 1조 530억 (3년 후)

3년 후 매출액은 1조 530억이 됩니다.

42 ㉠ 50000+6000+700+60=56760

㉡ 50000+6000+700+30=56730

수직선에서 눈금 한 칸의 크기가 10이므로

㉠은 56750에서 눈금 한 칸을, ㉡은 56710에서 눈금 2칸을 더 간 곳에 표시합니다.

수직선의 오른쪽에 있을수록 더 큰 수이므로 ㉠은 ㉡보다 크고, ㉡은 ㉠보다 작습니다.

43 658912530065 ➡ 6589∨1253∨0065: 12자리 수

1010012151980 ➡ 1∨0100∨1215∨1980: 13자리 수

따라서 1010012151980이 더 큽니다.

44 43981276390000 ➡ 43∨9812∨7639∨0000이므로 43조 9812억 7639만입니다.

43조 9812억 7643만과 비교하면 십만의 자리 수가 3<4이므로 43조 9812억 7643만이 더 큽니다.

45 ㉠ 40913768000000 ➡ 40∨9137∨6800∨0000,

㉢ 40913786000000 ➡ 40∨9137∨8600∨0000

이므로 ㉡ 4조 913억 7680만보다 큰 수입니다.

㉠과 ㉢을 비교하면 40∨9137∨6800∨0000과 40∨9137∨8600∨0000에서 천만의 자리 수가 6<8이므로 ㉢이 더 큰 수입니다.

46 142984와 120536은 여섯 자리 수이고, 12103은 다섯 자리 수이므로 12103이 가장 작습니다. 142984와 120536의 만의 자리 수를 비교하면 4>2이므로 142984>120536입니다.

따라서 큰 행성부터 차례로 쓰면 목성, 토성, 금성입니다.

47 이탈리아: 5929만 1000

독일: 8356만 7000

대한민국: 5118만

모두 여덟 자리 수이므로 천만의 자리 수부터 비교해 보면 5118만<5929만 1000<8356만 7000입니다.

48 십사억 (14억) 사천사백이십일만 (4421만) 육천백이 (6102)

➡ 1444216102

49 이십일조 (21조) 사천이백칠십칠억 (4277억)

➡ 21427700000000

50 칠억 (7억) 오천삼백사십삼만 (5343만) 사천 (4000) → 753434000

오천오백삼십오억 (5535억) 오천칠백만 (5700만) → 553557000000

51 세 수는 모두 14자리 수로 자릿수가 같습니다. 자릿수가 같으면 높은 자리 수부터 차례로 비교합니다.

71701468010009와 71010989899009를 비교하면 천억의 자리 수가 더 큰 71701468010009가 더 큽니다. 71701468010009와 71701468100009를 비교하면 십만의 자리 수가 더 큰 71701468100009가 더 큽니다.

그러므로 가장 큰 수는 71701468100009이고 가장 작은 수는 71010989899009입니다.

52 ㉠ 85527340 ➡ 8552만 7340

㉡ 815329026 ➡ 8억 1532만 9026

㉢ 8억 3000만

따라서 ㉢ 8억 3000만>㉡ 8억 1532만 9026 >㉠ 8552만 7340입니다.

53 ㉡ 1181320000 ➡ 11억 8132만

㉢ 구억 팔천오백이십삼만 ➡ 9억 8523만

따라서 ㉢ 9억 8523만<㉠ 11억 7000만<㉡ 11억 8132만입니다.

23~27쪽

대표 응용 1 백만, 2000000, 만, 20000, 100

1-1 500000000, 50000, 10000

1-2 ㉣

대표 응용 2 64270

2-1 93765

2-2 0

대표 응용 3 5, 2, 34125

3-1 67358

3-2 오만 삼천이백육십구

대표 응용 4 10만, 10만, 5510만, 5520만, 5530만, 5530만

4-1 5억 5600만

4-2 35억 2000만

대표 응용 5 5, 0, 1, 2, 3, 4

5-1 7, 8, 9

5-2 6, 7, 8, 9

1-1 ㉠은 억의 자리 숫자이므로 500000000을 나타내고 ㉡은 만의 자리 숫자이므로 50000을 나타냅니다. 500000000은 50000보다 0이 4개 더 많으므로 ㉠이 나타내는 수는 ㉡이 나타내는 수의 10000배입니다.

1-2 800의 100000000배는 80000000000(800억)입니다. 나타내는 값이 800억인 숫자의 기호는 ㉣입니다.

2-1 천의 자리 숫자가 3인 다섯 자리 수는 □3□□□로 나타낼 수 있습니다. 가장 큰 수를 만들려면 가장 높은 자리부터 큰 숫자를 차례로 놓으면 됩니다.

9>7>6>5이므로 가장 큰 수는 93765입니다.

2-2 천만의 자리 숫자가 1, 만의 자리 숫자가 7인 열 자리 수는 □□1□□7□□□□로 나타낼 수 있습니다. 가장 작은 수를 만들려면 가장 높은 자리부터 작은 숫자를 차례로 놓으면 됩니다.

0<2<3<4<5<6<8<9이고 0은 가장 높은 자리에 올 수 없으므로 만들 수 있는 수는 2013475689입니다. 따라서 만든 수의 억의 자리 숫자는 0입니다.

3-1 67000보다 크고 67500보다 작은 다섯 자리 수이므로 백의 자리 숫자는 3입니다. ➡ 673□□

673□□에서 일의 자리 수가 짝수이므로 673□8이 되고 십의 자리에 들어갈 숫자는 5가 되어 67358이 됩니다.

3-2 53000보다 크고 53600보다 작은 다섯 자리 수이므로 백의 자리 숫자는 2입니다. ➡ 532□□

532□□에서 일의 자리 수가 홀수이므로 9이고, 십의 자리 숫자는 6이 됩니다. 따라서 설명에 알맞은 수는 53269이고 오만 삼천이백육십구라고 읽습니다.

4-1 눈금 5칸이 1000만을 나타내므로 눈금 한 칸은 200만을 나타냅니다. ㉠에 알맞은 수는 5억 5000만에서 200만씩 3번 뛰어 센 수입니다.

➡ 5억 5000만—5억 5200만—5억 5400만 —5억 5600만

따라서 ㉠에 알맞은 수는 5억 5600만입니다.

4-2 눈금 6칸이 1800만을 나타내므로 눈금 한 칸은 300만을 나타냅니다. ㉠에 알맞은 수는 35억 800만에서 300만씩 4번 뛰어 센 수입니다.

➡ 35억 800만－35억 1100만－35억 1400만
－35억 1700만－35억 2000만

따라서 ㉠에 알맞은 수는 35억 2000만입니다.

5-1 백만의 자리 수가 같으므로 만의 자리 수를 비교하면 5＜8이므로 □ 안에는 7과 같거나 7보다 큰 수가 들어갈 수 있습니다.

따라서 □ 안에 들어갈 수 있는 수는 7, 8, 9입니다.

5-2 두 수 모두 12자리 수이므로 가장 높은 자리부터 차례로 비교합니다. 천억의 자리 수부터 천만의 자리 수까지 모두 같으므로 □ 아래 자리의 수를 비교합니다.

십만의 자리 수부터 백의 자리 수까지는 같고 십의 자리 수가 5＞4로 95679□271450이 더 크므로 □ 안에는 6 또는 6보다 큰 수인 6, 7, 8, 9가 들어갈 수 있습니다.

단원 평가 LEVEL ❶

28~30쪽

01 10000 또는 1만	02 4000, 7000
03 8000, 600, 9	
04 (1) 육만 오백칠십구 (2) 84005	
05 29361 / 이만 구천삼백육십일	
06 45200원	
07 9023만 7629 / 구천이십삼만 칠천육백이십구	
08 40320000	09 6
10 쓰기 608000590000 또는 6080억 59만 읽기 육천팔십억 오십구만	
11 ㉢	12 50조, 500조, 5000조
13 10억씩	
14 405000000 또는 4억 500만	
15 ＞	16 4285976300000000
17 6, 7, 8, 9	18 40265789
19 풀이 참조, 10000배	20 풀이 참조, 52360500

01 1000이 10개이면 10000(1만)입니다.

02 10000은 6000보다 4000만큼 더 큰 수이고,
3000보다 7000만큼 더 큰 수입니다.

03 3(만) 8629(일) ➡ 38629＝30000＋8000＋600＋20＋9

04 (1) 60579 → 6ˇ0579 ➡ 육만 오백칠십구
(2) 팔만 사천오 ➡ 84005

05 10000이 2개이면 20000, 1000이 9개이면 9000, 100이 3개이면 300, 10이 6개이면 60, 1이 1개이면 1이므로 이 수는 29361이고, 이만 구천삼백육십일이라고 읽습니다.

06 10000원짜리 지폐 2장이면 20000원, 1000원짜리 지폐 20장이면 20000원, 100원짜리 동전 52개이면 5200원입니다. 따라서 저금한 돈은 모두
20000＋20000＋5200＝45200(원)입니다.

07 90237629는 9023만 7629이고,
구천이십삼만 칠천육백이십구라고 읽습니다.

08 10000000이 4개이면 40000000,
10000이 30개이면 300000,
1000이 20개이면 20000이므로
40000000＋300000＋20000＝40320000
입니다.

09 567340의 100배는 56734000입니다.
5673ˇ4000의 백만의 자리 숫자는 6입니다.

10 억이 6080개, 만이 59개인 수는 6080억 59만이므로 수로 나타내면 608000590000이고 육천팔십억 오십구만이라고 읽습니다.

11 ㉠ 5145ˇ1219ˇ2187에서 억의 자리 숫자는 5입니다.
㉡ 억이 564개, 만이 5907개인 수는
564ˇ5907ˇ0000이고 억의 자리 숫자는 4입니다.
㉢ 157ˇ8130ˇ9348에서 억의 자리 숫자는 7입니다.
따라서 억의 자리 수가 가장 큰 수는 ㉢입니다.

12 5조를 10배 하면 50조, 50조를 10배 하면 500조, 500조를 10배 하면 5000조입니다.

13 십억의 자리 수가 1씩 커지므로 10억씩 뛰어 센 것입니다.

14 4억 8000만에서 1500만씩 거꾸로 뛰어 세기를 5번 하면 처음 수를 구할 수 있습니다.
4억 8000만－4억 6500만－4억 5000만－
4억 3500만－4억 2000만－4억 500만
따라서 처음 수는 4억 500만입니다.

15 두 수 모두 여섯 자리 수이므로 가장 높은 자리 수부터 수를 비교해 봅니다. ➡ 294280＞294195
└2＞1┘

16 ㉠ 4285976300000000(16자리 수)
㉡ 4030650000000000(16자리 수)
두 수의 자리 수가 같으므로 가장 높은 자리 수부터 차례로 비교하면 천조의 자리 숫자가 같습니다.
따라서 백조의 자리 수가 2＞0이므로 ㉠＞㉡입니다.

17 6284억 580만은 628405800000이므로
62840□470000＞628405800000에서 십만의 자리 수를 비교하면 4＜8이므로 □ 안에는 5보다 큰 수가 들어갈 수 있습니다.
따라서 □ 안에 들어갈 수 있는 수는 6, 7, 8, 9입니다.

18 천의 자리 숫자가 5이고 십만의 자리 숫자가 2인 여덟 자리 수는 □□2□5□□□로 나타낼 수 있습니다.
가장 작은 수를 만들려면 가장 높은 자리부터 작은 수를 차례로 놓으면 됩니다.
0＜4＜6＜7＜8＜9이고 0은 맨 앞자리에 놓을 수 없으므로 가장 작은 수는 40265789입니다.

19 ㉮ ㉠은 천억의 자리 숫자이므로 200000000000을 나타내고, … 30 %
㉡은 천만의 자리 숫자이므로 20000000을 나타냅니다. … 30 %
따라서 ㉠이 나타내는 값은 ㉡이 나타내는 값의 10000배입니다. … 40 %

20 ㉮ 백만의 자리 수가 1씩 커지므로 100만씩 뛰어 센 것입니다. … 40 %
49360500에서 100만씩 3번 뛰어 세면
49360500－50360500－51360500－52360500입니다.
따라서 ㉠에 알맞은 수는 52360500입니다. … 60 %

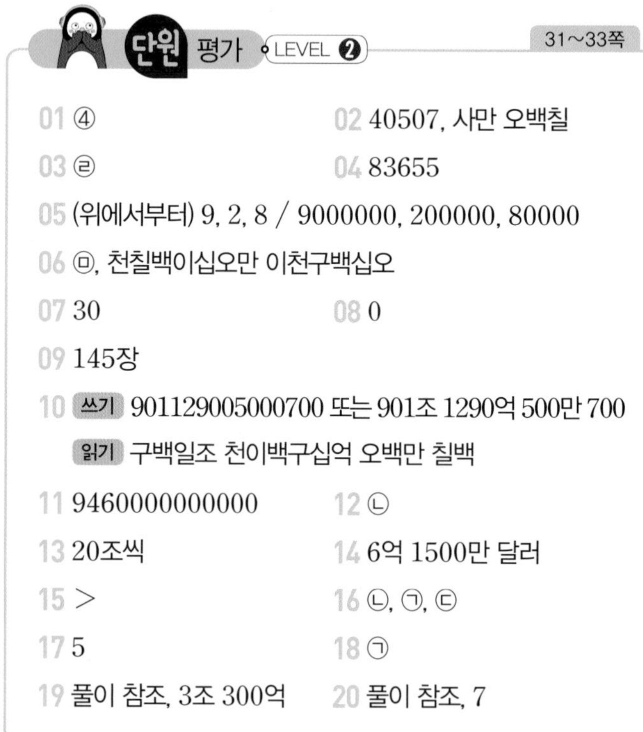

단원 평가 LEVEL ❷ 31~33쪽

01 ④
02 40507, 사만 오백칠
03 ㉣
04 83655
05 (위에서부터) 9, 2, 8 / 9000000, 200000, 80000
06 ㉤, 천칠백이십오만 이천구백십오
07 30
08 0
09 145장
10 쓰기 901129005000700 또는 901조 1290억 500만 700
읽기 구백일조 천이백구십억 오백만 칠백
11 9460000000000
12 ㉡
13 20조씩
14 6억 1500만 달러
15 ＞
16 ㉡, ㉠, ㉢
17 5
18 ㉠
19 풀이 참조, 3조 300억
20 풀이 참조, 7

01 □ 안에 들어갈 수를 구하면
① 9900, ② 9990, ③ 1000, ④ 9999, ⑤ 100입니다.
따라서 □ 안에 들어갈 수가 가장 큰 것은 ④입니다.

02 10000이 4개이면 40000, 100이 5개이면 500, 1이 7개이면 7이므로 40507이라 쓰고, 사만 오백칠이라고 읽습니다.

03 ㉠ 5∨7960 → 7000 ㉡ 9∨1758 → 700
㉢ 3∨6075 → 70 ㉣ 7∨6092 → 70000
따라서 7이 70000을 나타내는 수는 ㉣입니다.

04 10000이 7개이면 70000, 1000이 12개이면 12000, 100이 15개이면 1500, 10이 13개이면 130, 1이 25개이면 25이므로 83655입니다.

05 49280000

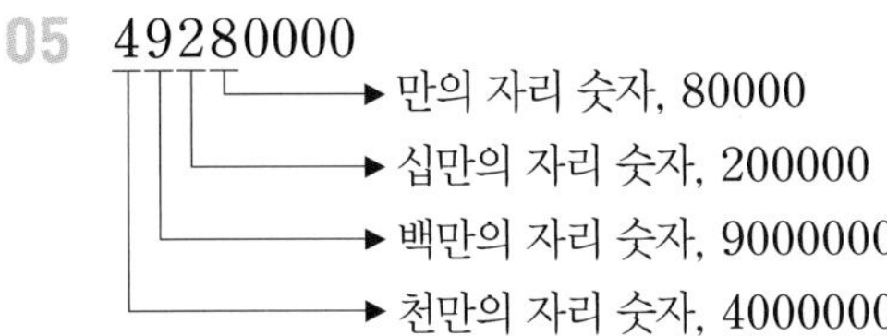

06 ㉠ 453792 → 700

㉡ 85675312 → 70000

㉢ 80741206 → 700000

㉣ 720635 → 700000

㉤ 1725만 2915 → 7000000

따라서 숫자 7이 나타내는 값이 가장 큰 수는

㉤ 1725만 2915이고

천칠백이십오만 이천구백십오라고 읽습니다.

07 50000원짜리 지폐 1장이면 50000원, 10000원짜리 지폐 11장이면 110000원, 100원짜리 동전 74개이면 7400원입니다.

➡ 50000＋110000＋7400＝167400(원)

197400원을 찾으려면 30000원이 더 필요합니다.

그러므로 1000원짜리 지폐는 30장입니다.

➡ □＝30

08 870391의 100만 배인 수

→ 870391000000

8703억 9100만이므로 십억의 자리 숫자는 0입니다.

09 1억은 100만이 100개인 수이고, 4500만은 100만이 45개인 수이므로 1억 4500만은 100만이 145개인 수입니다.

따라서 100만 원짜리 수표는 모두 145장이 됩니다.

10 조가 9개, 억이 112개, 만이 9005개, 일이 7개인 수는 9011290050007이고

이 수를 100배 한 수를 쓰면 901129005000700

또는 901조 1290억 500만 700입니다.

이 수를 읽으면 구백일조 천이백구십억 오백만 칠백입니다.

11 구조 사천육백억 → 9조 4600억

→ 9460000000000

12 ㉠ 삼천구백칠억 오천오백만의 10배인 수

→ 390755000000의 10배

→ 3907550000000

➡ 0의 개수는 8개입니다.

㉡ 이십오억 구십의 100배인 수

→ 2500000090의 100배

→ 250000009000

➡ 0의 개수는 9개입니다.

㉢ 오천사십조 삼천육백오억 육만 구백이

→ 5040360500060902 ➡ 0의 개수는 8개입니다.

따라서 0의 개수가 가장 많은 것은 ㉡입니다.

13 십조의 자리 수가 2씩 커졌으므로 20조씩 뛰어 센 것입니다.

14 장난감 수출액은 2013년에서 2018년까지 5년 동안 2억 1500만 달러에서 4억 1500만 달러로 2억 달러가 늘어났습니다.

1년 동안 늘어난 수출액은 4000만 달러이므로 2018년 4억 1500만에서 4000만씩 뛰어 세기 하면

4억 1500만(2018년)－4억 5500만(2019년)－4억 9500만(2020년)

－5억 3500만(2021년)－5억 7500만(2022년)－6억 1500만(2023년)

입니다.

따라서 2023년의 수출액은 6억 1500만 달러입니다.

15 2109조 10억 9만은 2109001000090000으로 16자리 수이고 779599897869988은 15자리 수이므로

2109조 10억 9만＞779599897869988입니다.

16 ㉠ 850071240066 ➡ 8500억 7124만 66

㉡ 7조 3000억

㉢ 799064871200 ➡ 7990억 6487만 1200

7조 3000억＞8500억 7124만 66

＞7990억 6487만 1200

이므로 큰 수부터 기호를 쓰면 ㉡, ㉠, ㉢입니다.

17 천만의 자리 숫자가 7인 열네 자리 수는
□□□□□□7□□□□□□□로 나타낼 수 있습니다.
가장 큰 수를 만들려면 가장 높은 자리부터 큰 수를 차례로 놓으면 됩니다.
9>7>6>5>3>2>0이고 7은 천만의 자리 외에 한 번만 쓸 수 있으므로 가장 큰 수는 99766575332200입니다.
만든 수 99∨7665∨7533∨2200의 백만의 자리 숫자는 5입니다.

18 ㉠과 ㉡은 모두 13자리 수이므로 가장 높은 자리 수부터 비교합니다.
㉠에 가장 작은 수인 0을 넣고 ㉡에 가장 큰 수인 9를 넣어도
9783509730701>9783509629889이므로
㉠이 ㉡보다 더 큽니다.

19 예 천억의 자리 수가 1씩 커지므로 1000억씩 뛰어 센 것입니다. … 40 %
3조 3300억에서 1000억씩 거꾸로 3번 뛰어 세면
3조 3300억－3조 2300억－3조 1300억
－3조 300억입니다.
따라서 ㉠에 알맞은 수는 3조 300억입니다. … 60 %

20 예 ㉠은 542조 1305억 674만이고
㉡은 545조 860억 3246만입니다. … 30 %
따라서 더 작은 수는 ㉠이므로 … 30 %
㉠의 십만의 자리 숫자는 7입니다. … 40 %

2 단원 각도

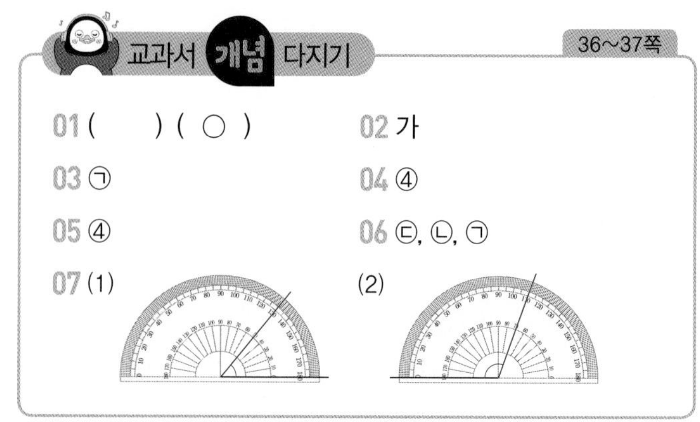

교과서 개념 다지기 36~37쪽

01 (　　) (○)
02 가
03 ㉠
04 ④
05 ④
06 ㉢, ㉡, ㉠
07 (1) (2)

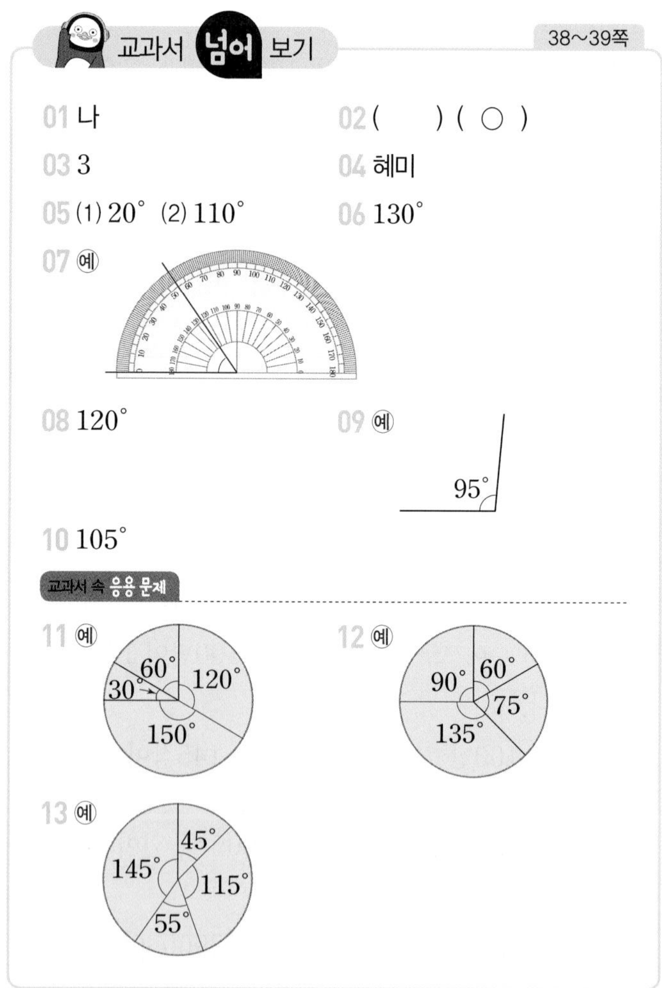

교과서 넘어 보기 38~39쪽

01 나
02 (　　) (○)
03 3
04 혜미
05 (1) 20° (2) 110°
06 130°
07 예
08 120°
09 예 95°
10 105°

교과서 속 응용 문제

11 예 60°, 120°, 30°, 150°
12 예 90°, 60°, 75°, 135°
13 예 45°, 145°, 115°, 55°

01 두 변이 벌어진 정도가 가장 큰 각은 나입니다.

02 두 시곗바늘이 더 많이 벌어진 각이 더 큰 각입니다.

03 가의 각은 나의 각에 3번 들어갑니다.

04 각도는 변의 길이와 관계없이 두 변의 벌어진 정도가 클수록 큽니다.

05 (1) 각의 한 변이 바깥쪽 눈금 0에 맞추어져 있으므로 바깥쪽 눈금을 읽으면 20°입니다.
(2) 각의 한 변이 안쪽 눈금 0에 맞추어져 있으므로 안쪽 눈금을 읽으면 110°입니다.

06 각도기의 바깥쪽 눈금을 읽으면 130°입니다.

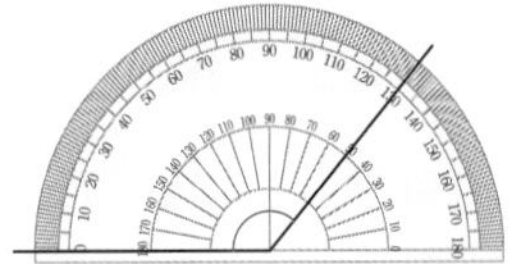

07 또는

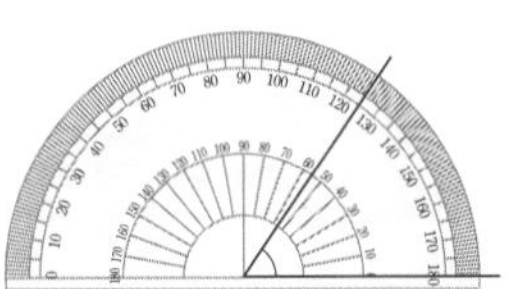

08 도형의 한 각의 크기를 각도기로 재어 보면 120°입니다.

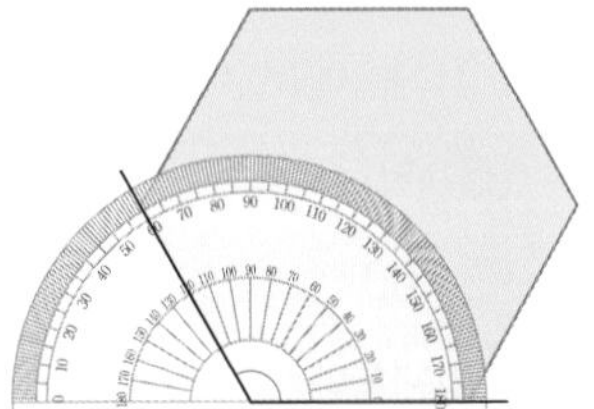

09

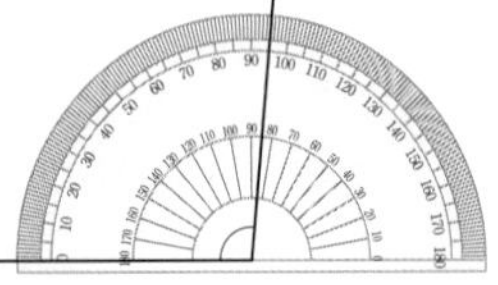

10 각도기의 바깥쪽 눈금을 읽으면 105°입니다.

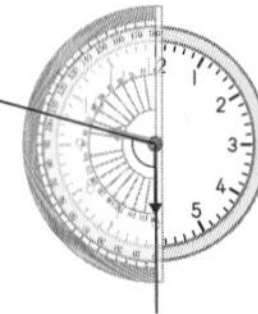

11 그림의 30°, 60°인 각과 같이 돌림판 위에 120°, 150°인 각을 겹치지 않게 모두 그립니다. 이때 그리는 각의 순서는 상관없습니다.

12 그림의 60°, 75°인 각과 같이 돌림판 위에 135°, 90°인 각을 겹치지 않게 모두 그립니다. 이때 그리는 각의 순서는 상관없습니다.

13 돌림판 위에 45°, 115°, 55°, 145°인 각을 겹치지 않게 모두 그립니다. 이때 그리는 각의 순서는 상관없습니다.

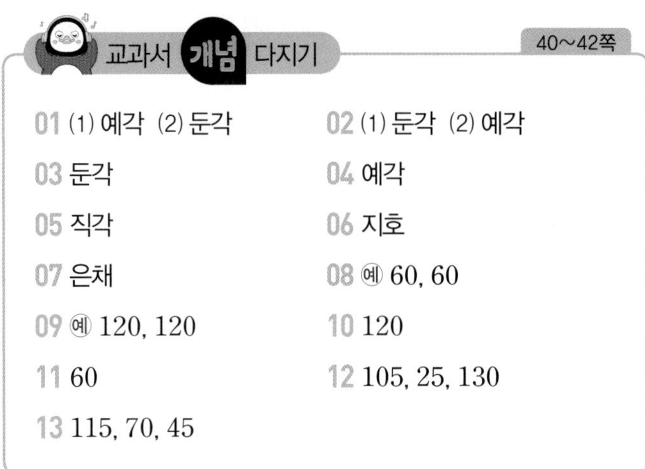
교과서 개념 다지기 40~42쪽

01 (1) 예각 (2) 둔각
02 (1) 둔각 (2) 예각
03 둔각
04 예각
05 직각
06 지호
07 은채
08 예 60, 60
09 예 120, 120
10 120
11 60
12 105, 25, 130
13 115, 70, 45

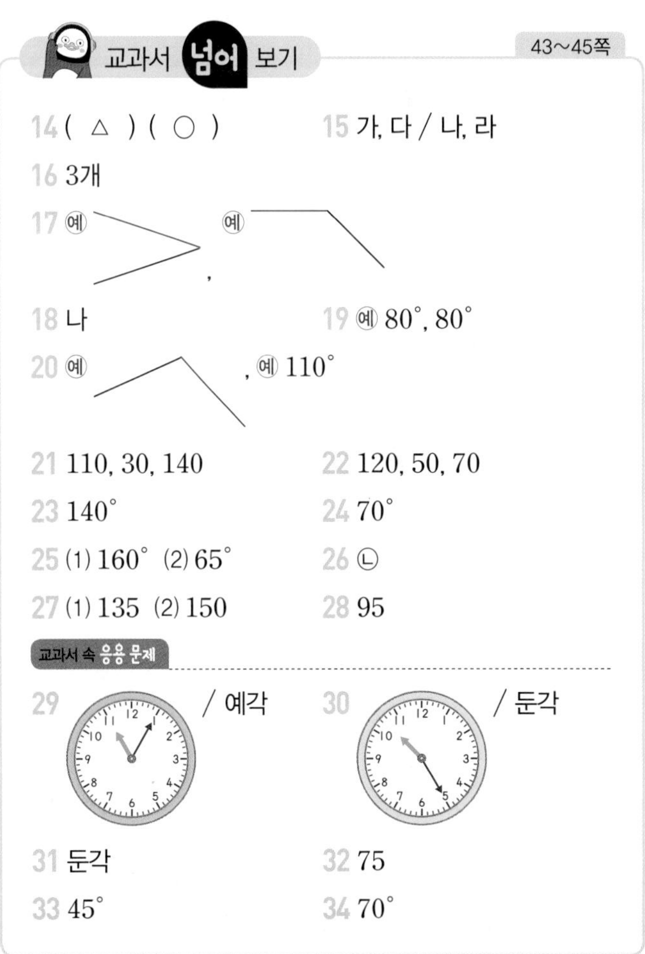
교과서 넘어 보기 43~45쪽

14 (△) (○)
15 가, 다 / 나, 라
16 3개
17 예 , 예
18 나
19 예 80°, 80°
20 예 , 예 110°
21 110, 30, 140
22 120, 50, 70
23 140°
24 70°
25 (1) 160° (2) 65°
26 ㉡
27 (1) 135 (2) 150
28 95

교과서 속 응용 문제

29 / 예각
30 / 둔각
31 둔각
32 75
33 45°
34 70°

14 각도가 직각보다 크고 180°보다 작은 각은 둔각입니다. 각도가 0°보다 크고 직각보다 작은 각은 예각입니다.

15 0°보다 크고 직각보다 작은 각 가, 다는 예각이고, 직각보다 크고 180°보다 작은 각 나, 라는 둔각입니다.

16 예각은 각도가 0°보다 크고 직각보다 작은 각으로 3개 있습니다.

참고 둔각은 각도가 직각보다 크고 180°보다 작은 각으로 2개 있습니다.

직각은 90°입니다. 직각은 1개 있습니다.

17 예각은 0°보다 크고 직각보다 작게 그립니다.
둔각은 직각보다 크고 180°보다 작게 그립니다.

18 가는 예각, 나는 둔각, 다는 직각입니다.

19 주어진 각도는 90°보다 작으므로 약 80°라고 할 수 있습니다.

20 110°는 90°보다 크게 어림하여 그립니다.

21 가의 각도는 110°이고, 나의 각도는 30°이므로
두 각도의 합은 110°+30°=140°입니다.

22 가의 각도는 120°이고, 나의 각도는 50°이므로
두 각도의 차는 120°−50°=70°입니다.

23 직각은 90°입니다. 두 각도의 합은 자연수의 덧셈과 같은 방법으로 계산합니다. ➡ 90°+50°=140°

24 두 각도의 차는 자연수의 뺄셈과 같은 방법으로 계산합니다. ➡ 105°−35°=70°

25 (1) 115+45=160이므로 115°+45°=160°입니다.
(2) 95−30=65이므로 95°−30°=65°입니다.

26 ㉠ 40°+25°=65°, ㉡ 125°−55°=70°이므로
㉡이 더 큽니다.

27 (1) □+70°=205° ➡ □=205°−70°=135°
(2) □−105°=45° ➡ □=105°+45°=150°

28 65°+□+20°=180°,
85°+□=180°, □=180°−85°=95°

29 시계의 긴바늘과 짧은바늘이 이루는 작은 쪽의 각의 크기가 0°보다 크고 직각보다 작으므로 예각입니다.

30 시계의 긴바늘과 짧은바늘이 이루는 작은 쪽의 각의 크기가 직각보다 크고 180°보다 작으므로 둔각입니다.

31 시계가 나타내는 시각은
4시 30분이고, 1시간 40분 전의 시각은 4시 30분−1시간 40분=2시 50분입니다. 2시 50분의 긴바늘과 짧은바늘이 이루는 작은 쪽의 각은 크기가 직각보다 크고 180°보다 작으므로 둔각입니다.

32 직선이 이루는 각의 크기는 180°입니다.
따라서 □=180°−80°−25°=75°입니다.

33 직선이 이루는 각의 크기는 180°입니다.
따라서 ㉠=180°−70°−65°=45°입니다.

34 직선이 이루는 각의 크기는 180°입니다.
따라서 ㉠=180°−25°−50°−35°=70°입니다.

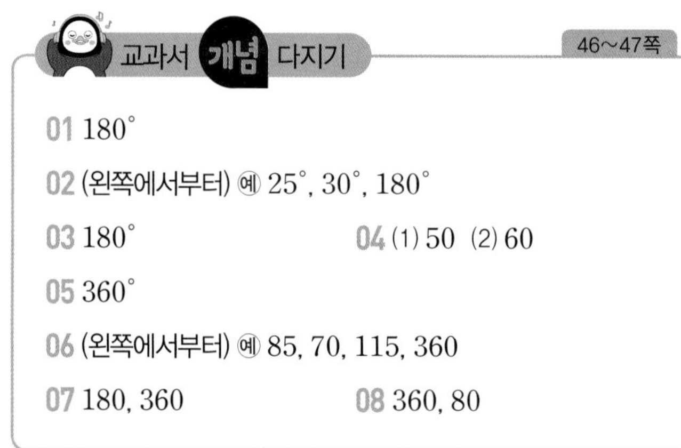
교과서 개념 다지기 46~47쪽

01 180°
02 (왼쪽에서부터) 예 25°, 30°, 180°
03 180°
04 (1) 50 (2) 60
05 360°
06 (왼쪽에서부터) 예 85, 70, 115, 360
07 180, 360
08 360, 80

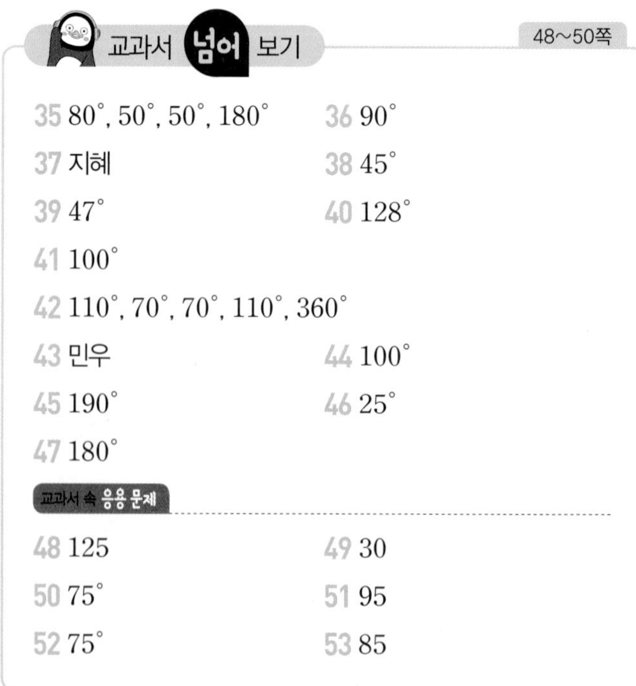
교과서 넘어 보기 48~50쪽

35 80°, 50°, 50°, 180°
36 90°
37 지혜
38 45°
39 47°
40 128°
41 100°
42 110°, 70°, 70°, 110°, 360°
43 민우
44 100°
45 190°
46 25°
47 180°

교과서 속 응용 문제

48 125
49 30
50 75°
51 95
52 75°
53 85

35 삼각형의 세 각의 크기의 합은 180°입니다.

36 삼각형을 세 조각으로 잘라 세 꼭짓점이 한 점에 모이도록 이어 붙여 보면 180°가 됩니다.
따라서 ㉠$=180^\circ-35^\circ-55^\circ=90^\circ$입니다.

37 삼각형의 세 각의 크기의 합이 180°인지 알아봅니다.
소현: $70^\circ+60^\circ+50^\circ=180^\circ$
지혜: $75^\circ+75^\circ+40^\circ=190^\circ$
따라서 각도를 잘못 잰 사람은 지혜입니다.

38 삼각형의 세 각의 크기의 합은 180°이므로
$45^\circ+90^\circ+$㉠$=180^\circ$, $135^\circ+$㉠$=180^\circ$,
㉠$=180^\circ-135^\circ=45^\circ$입니다.

39 삼각형의 세 각의 크기의 합은 180°이므로
$58^\circ+75^\circ+$(나머지 한 각의 크기)$=180^\circ$
(나머지 한 각의 크기)$=180^\circ-58^\circ-75^\circ=47^\circ$입니다.

40 삼각형의 세 각의 크기의 합은 180°입니다.
따라서 ㉠+㉡$+52^\circ=180^\circ$이므로
㉠+㉡$=180^\circ-52^\circ=128^\circ$입니다.

41 삼각형의 세 각의 크기의 합은 180°입니다.
㉠$=180^\circ-65^\circ-50^\circ=65^\circ$
㉡$=180^\circ-70^\circ-75^\circ=35^\circ$
→ ㉠+㉡$=65^\circ+35^\circ=100^\circ$

42 사각형의 네 각의 크기의 합은 360°입니다.

43 사각형의 네 각의 크기의 합이 360°인지 알아봅니다.
효진: $85^\circ+75^\circ+130^\circ+70^\circ=360^\circ$
민우: $75^\circ+95^\circ+100^\circ+95^\circ=365^\circ$
따라서 각도를 잘못 잰 사람은 민우입니다.

44 사각형의 네 각의 크기의 합은 360°이므로
$73^\circ+117^\circ+70^\circ+$㉠$=360^\circ$,
$260^\circ+$㉠$=360^\circ$, ㉠$=360^\circ-260^\circ=100^\circ$입니다.

45 사각형의 네 각의 크기의 합은 360°입니다.
따라서 ㉠+㉡$+112^\circ+58^\circ=360^\circ$이므로
㉠+㉡$+170^\circ=360^\circ$,
㉠+㉡$=360^\circ-170^\circ=190^\circ$입니다.

46 사각형의 네 각의 크기의 합은 360°입니다.
㉠$=360^\circ-75^\circ-60^\circ-120^\circ=105^\circ$
㉡$=360^\circ-70^\circ-85^\circ-75^\circ=130^\circ$
→ ㉡−㉠$=130^\circ-105^\circ=25^\circ$

47 삼각형에서 세 각의 크기의 합은 180°이므로
㉠$=180^\circ-37^\circ-23^\circ=120^\circ$입니다.
사각형에서 네 각의 크기의 합은 360°이므로
(나머지 한 각의 크기)$=360^\circ-94^\circ-56^\circ-90^\circ$
$=120^\circ$
→ ㉡$=180^\circ-120^\circ=60^\circ$
따라서 ㉠+㉡$=120^\circ+60^\circ=180^\circ$입니다.

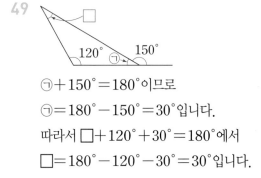

48 ㉠$+60^\circ+65^\circ=180^\circ$이므로
㉠$=180^\circ-60^\circ-65^\circ=55^\circ$입니다.
따라서 □$+55^\circ=180^\circ$에서
□$=180^\circ-55^\circ=125^\circ$입니다.

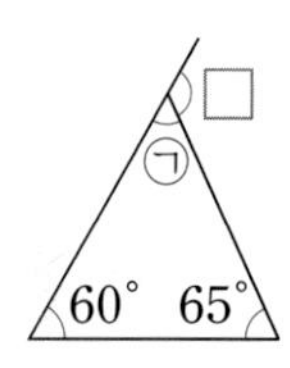

49

㉠$+150^\circ=180^\circ$이므로
㉠$=180^\circ-150^\circ=30^\circ$입니다.
따라서 □$+120^\circ+30^\circ=180^\circ$에서
□$=180^\circ-120^\circ-30^\circ=30^\circ$입니다.

50 ㉡$+40^\circ+35^\circ=180^\circ$이므로
㉡$=180^\circ-40^\circ-35^\circ=105^\circ$입니다.
따라서 ㉠$+105^\circ=180^\circ$에서
㉠$=180^\circ-105^\circ=75^\circ$입니다.

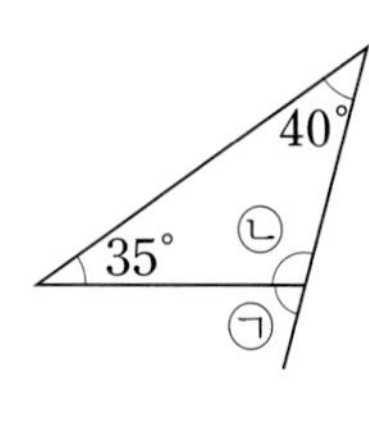

51

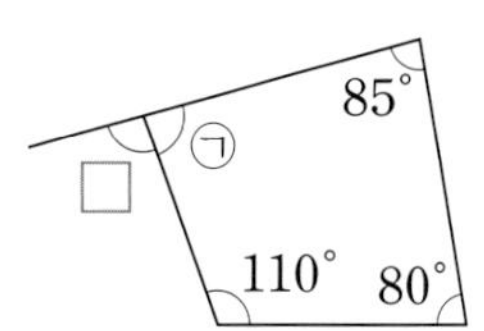

$110^\circ+80^\circ+85^\circ+$㉠$=360^\circ$이므로
$275^\circ+$㉠$=360^\circ$
㉠$=360^\circ-275^\circ=85^\circ$
□$=180^\circ-85^\circ=95^\circ$

52 ㉡$=180°-85°=95°$

$125°+95°+65°+$㉠$=360°$

이므로 $285°+$㉠$=360°$

㉠$=360°-285°=75°$

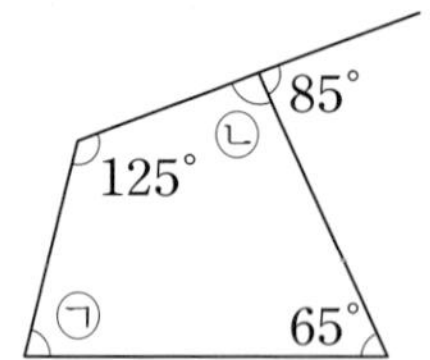

53 ㉠$=180°-65°=115°$, ㉡$=180°-110°=70°$

따라서 사각형의 네 각의 크기의 합은 360°이므로

□$=360°-115°-70°-90°=85°$입니다.

응용력 높이기 51~55쪽

대표 응용 1 ㉠, ㉣, 2 / ㉡, ㉢, ㉤, ㉥, 4

1-1 4개, 6개

1-2 2개

대표 응용 2 180, 180, 3, 60, 2, 60, 2, 120

2-1 120°

2-2 108°

대표 응용 3 30, 90, 30, 60

3-1 15

3-2 120

대표 응용 4 360, 360, 135

4-1 50°

4-2 65°

대표 응용 5 180, 360, 180, 360, 540

5-1 900°

5-2 135°

1-1

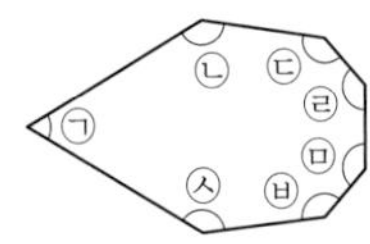

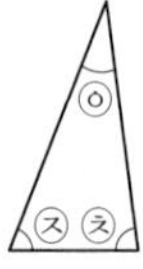

예각은 0°보다 크고 직각보다 작은 각입니다.

➡ 예각은 ㉠, ㉧, ㉨, ㉩으로 모두 4개입니다.

둔각은 직각보다 크고 180°보다 작은 각입니다.

➡ 둔각은 ㉡, ㉢, ㉣, ㉤, ㉥, ㉦으로 모두 6개입니다.

1-2

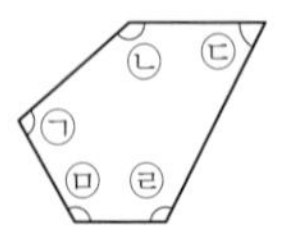

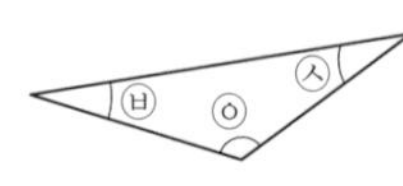

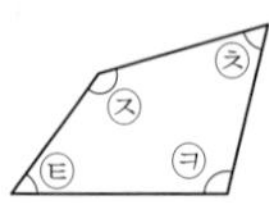

예각은 0°보다 크고 직각보다 작은 각입니다.

→ 예각은 ㉢, ㉥, ㉦, ㉩, ㉫으로 모두 5개입니다.

둔각은 직각보다 크고 180°보다 작은 각입니다.

→ 둔각은 ㉠, ㉡, ㉣, ㉤, ㉧, ㉨, ㉪으로 모두 7개입니다.

➡ (예각과 둔각의 개수의 차)$=7-5=2$(개)

2-1 직선이 이루는 각의 크기는 180°입니다.

직선을 크기가 같은 각 6개로 나누었으므로

작은 각 ㄱㅇㄴ의 크기는 $180°\div6=30°$입니다.

각 ㄱㅇㅁ의 크기는 각 ㄱㅇㄴ의 크기의 4배이므로

(각 ㄱㅇㅁ의 크기)$=30°\times4=120°$입니다.

2-2 직선이 이루는 각의 크기는 180°입니다.

직선을 크기가 같은 각 10개로 나누었으므로

작은 각 ㄱㅇㄴ의 크기는 $180°\div10=18°$입니다.

각 ㄷㅇㅊ의 크기는 각 ㄱㅇㄴ의 크기의 6배이므로

(각 ㄷㅇㅊ의 크기)$=18°\times6=108°$입니다.

3-1 □는 60°와 45°가 겹쳐서 생기는 두 각도의 차입니다.

따라서 □$=60°-45°=15°$입니다.

3-2 □는 90°와 30°의 합과 같습니다.

따라서 □$=90°+30°=120°$입니다.

4-1 직선이 이루는 각의 크기는 180°이므로

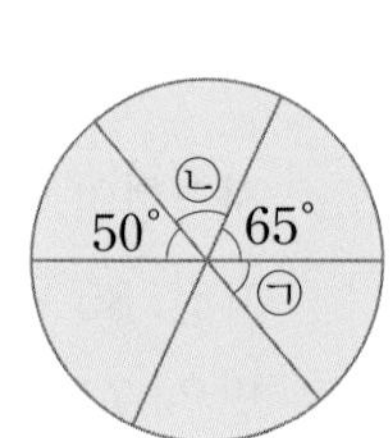

㉡$=180°-50°-65°=65°$입니다.

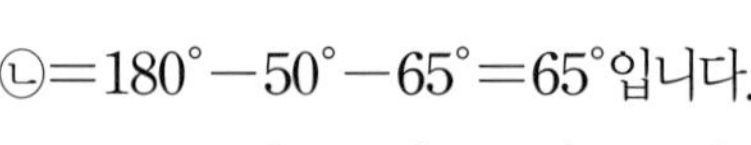

➡ ㉠$=180°-65°-65°=50°$

4-2 돌림판 전체 각도의 합은 360°이므로

㉠$+60°+90°+$㉡$+145°=360°$입니다.

따라서 ㉠$+$㉡$=360°-60°-90°-145°=65°$입니다.

다른 풀이 직선이 이루는 각의 크기는 180°이므로

㉠$=180°-145°=35°$,

㉡$=180°-60°-90°=30°$입니다.

➡ ㉠$+$㉡$=35°+30°=65°$

5-1 오른쪽 그림과 같이 도형은 사각형 2개와 삼각형 1개로 나눌 수 있습니다.
(도형의 일곱 각의 크기의 합)
=(사각형의 네 각의 크기의 합)×2
+(삼각형의 세 각의 크기의 합)입니다.
사각형의 네 각의 크기의 합은 360°이므로
(사각형의 네 각의 크기의 합)×2=360°×2=720°
삼각형의 세 각의 크기의 합은 180°이므로
(도형의 일곱 각의 크기의 합)=720°+180°=900°

5-2 오른쪽 그림과 같이 도형은 사각형 3개로 나눌 수 있습니다.
(도형의 여덟 각의 크기의 합)
=(사각형의 네 각의 크기의 합)×3
=360°×3=1080°
여덟 각의 크기가 모두 같으므로
(한 각의 크기)=1080°÷8=135°입니다.

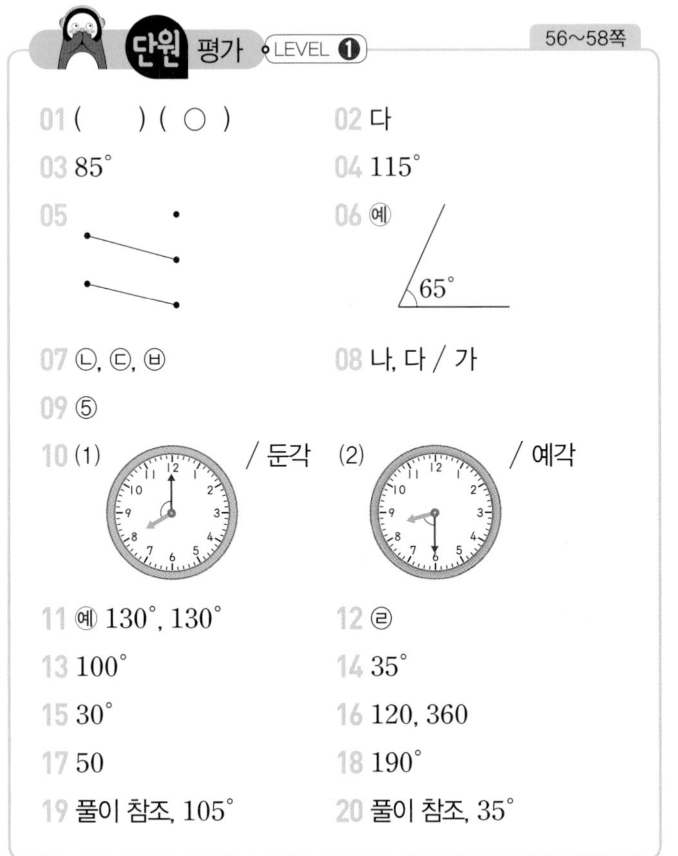

단원 평가 LEVEL ❶ 56~58쪽

01 ( ) (○)
02 다
03 85°
04 115°
05
06 예 65°
07 ㉡, ㉢, ㉥
08 나, 다 / 가
09 ⑤
10 (1) / 둔각 (2) / 예각
11 예 130°, 130°
12 ㉣
13 100°
14 35°
15 30°
16 120, 360
17 50
18 190°
19 풀이 참조, 105°
20 풀이 참조, 35°

01 부채의 양 끝이 가장 많이 벌어진 부채가 가장 넓게 펼친 것입니다.

02 가장 많이 벌어진 각이 가장 큰 각입니다.

03 각도기의 바깥쪽 눈금을 읽으면 85°입니다.

04 각도기의 중심과 밑금을 맞추고 각도기의 눈금을 읽으면 115°입니다.

05

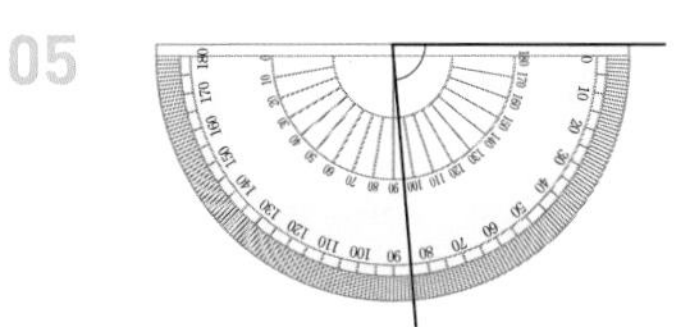

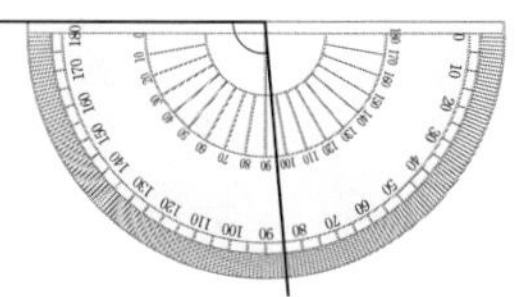

06 각의 한 변 그리기
→ 각도기의 중심과 각의 꼭짓점을 맞추기
→ 각도기의 밑금과 각의 한 변을 맞추기
→ 주어진 각도가 되는 눈금에 점 표시하기
→ 표시한 점과 각의 꼭짓점 잇기

07 직각보다 크고 180°보다 작은 각은 둔각입니다.
둔각은 ㉡, ㉢, ㉥입니다.

08 예각은 0°보다 크고 직각보다 작은 각이므로 나와 다입니다. 둔각은 직각보다 크고 180°보다 작은 각이므로 가입니다.

09 예각은 각도가 0°보다 크고 90°보다 작은 각이므로 점 ㄱ과 점 ⑤를 선분으로 이어야 합니다.

10 (1) 긴바늘과 짧은바늘이 이루는 작은 쪽의 각이 90°보다 크고 180°보다 작으므로 둔각입니다.
(2) 긴바늘과 짧은바늘이 이루는 작은 쪽의 각이 0°보다 크고 90°보다 작으므로 예각입니다.

11 90°보다 45° 정도 큰 각을 생각하며 어림하여 봅니다.
참고 실제 각도와의 차가 작을수록 더 정확히 어림한 것입니다.

12 ㉠ 155°−95°=60°
㉡ 20°+35°=55°
㉢ 15°+55°=70°
㉣ 110°−65°=45°
따라서 각도가 가장 작은 것은 ㉣입니다.

13 직선이 이루는 각의 크기는 180°이므로
(각 ㄱㅇㄴ)=180°−(각 ㄴㅇㄹ)
=180°−145°=35°
(각 ㄴㅇㄷ)=(각 ㄱㅇㄷ)−35°
=135°−35°=100°

14 직선이 이루는 각의 크기는 180°입니다.
따라서 ㉠=180°−45°−100°=35°입니다.

15 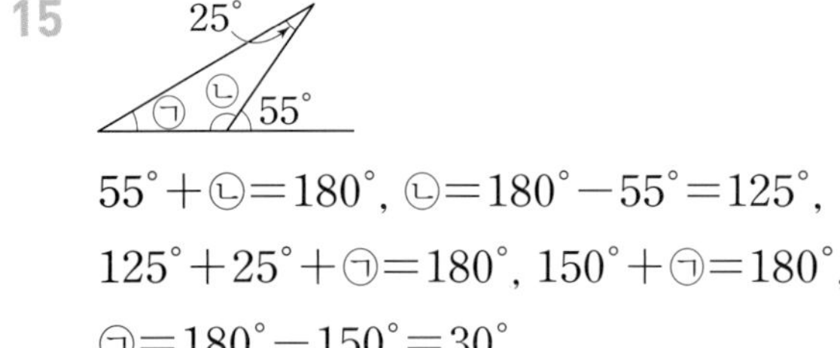

55°+㉡=180°, ㉡=180°−55°=125°,
125°+25°+㉠=180°, 150°+㉠=180°,
㉠=180°−150°=30°

16 사각형의 네 각의 크기의 합은 360°입니다.
110°+70°+60°+□=360°이므로
□=360°−110°−70°−60°=120°입니다.

17 사각형의 네 각의 크기의 합은 360°이므로
□=360°−130°−50°−130°=50°입니다.

18 사각형의 네 각의 크기의 합은 360°입니다.
따라서 ㉠+㉡+80°+90°=360°이므로
㉠+㉡=360°−90°−80°=190°입니다.

19 예 삼각형의 세 각의 크기의 합은 180°입니다.
㉠+55°+50°=180°이므로
㉠=180°−55°−50°=75°입니다. … 60 %

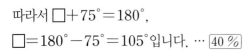

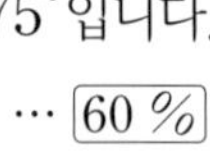

따라서 □+75°=180°,
□=180°−75°=105°입니다. … 40 %

20 예 직선이 이루는 각의 크기는 180°이므로
㉡=180°−65°=115°입니다. … 40 %
사각형의 네 각의 크기의 합은 360°이므로
㉠=360°−115°−45°−120°=80°입니다. … 40 %
따라서 ㉡−㉠=115°−80°=35°입니다. … 20 %

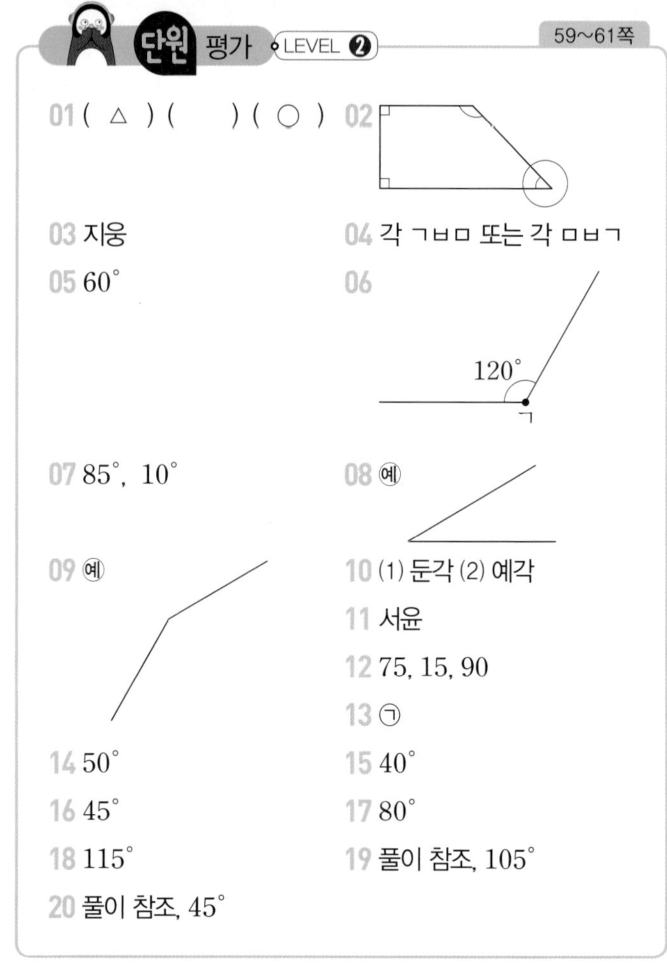

단원 평가 LEVEL 2 59~61쪽

01 (△) ( ) (○)
02
03 지웅
04 각 ㄱㅂㅁ 또는 각 ㅁㅂㄱ
05 60°
06

07 85°, 10°
08 예
09 예
10 (1) 둔각 (2) 예각
11 서윤
12 75, 15, 90
13 ㉠
14 50°
15 40°
16 45°
17 80°
18 115°
19 풀이 참조, 105°
20 풀이 참조, 45°

01 응원봉의 양 끝이 가장 많이 벌어진 것이 가장 넓게 벌어진 것입니다.

02 두 변이 가장 좁게 벌어진 각을 찾습니다.

03 세 사람이 그린 지붕의 위쪽 각의 크기를 큰 순서대로 쓰면 지웅, 세은, 채연이므로 바르게 말한 사람은 지웅입니다.

04 가장 많이 벌어진 각은 네 개의 작은 각으로 이루어진 각이므로 각 ㄱㅂㅁ 또는 각 ㅁㅂㄱ입니다.

05 각도기의 안쪽 눈금을 읽으면 60°입니다.

06 각도기의 중심을 점 ㄱ에 맞추고 각도기의 밑금을 각의 한 변에 맞추어 각을 그립니다.

07 예각은 0°보다 크고 90°보다 작은 각입니다.
예각은 85°와 10°입니다.

08 0°보다 크고 90°보다 작은 각을 그립니다.

09 직각보다 크고 180°보다 작은 각을 그립니다.

10 (1)

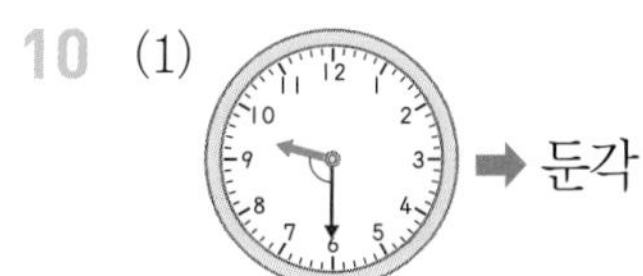

➡ 둔각

(2)

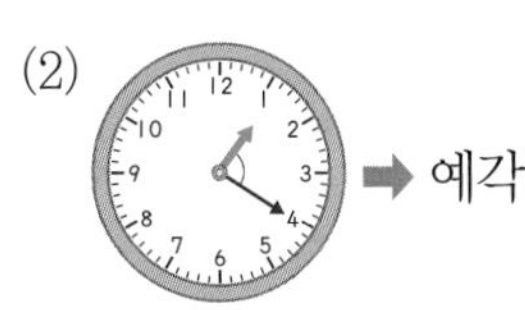

➡ 예각

11 각도기로 각의 크기를 재어 보면 40°입니다.
40°와 더 가까운 각은 35°이므로 서윤이가 더 정확하게 어림했습니다.

12 각도기로 두 각의 크기를 재면 왼쪽 각의 크기는 75°이고 오른쪽 각의 크기는 15°입니다.
두 각의 크기의 합은 75°+15°=90°입니다.

13 ㉠ 195°−□=85°, □=195°−85°=110°
㉡ 75°+□=180°, □=180°−75°=105°
㉢ □+45°=145°, □=145°−45°=100°
㉣ □−15°=80°, □=80°+15°=95°
따라서 □ 안에 들어갈 각도가 가장 큰 것은 ㉠입니다.

14 (각 ㄱㅇㄴ)+(각 ㄴㅇㄷ)=90°,
(각 ㄴㅇㄷ)=90°−(각 ㄱㅇㄴ)
=90°−50°=40°
(각 ㄴㅇㄷ)+(각 ㄷㅇㄹ)=90°,
(각 ㄷㅇㄹ)=90°−(각 ㄴㅇㄷ)
=90°−40°=50°

15

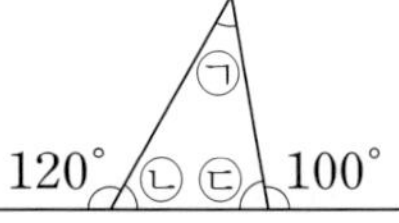

㉡=180°−120°=60°,
㉢=180°−100°=80°,
㉠=180°−60°−80°=40°

16 ㉠은 90°와 45°가 겹쳐서 생기는 두 각도의 차입니다.
따라서 ㉠=90°−45°=45°입니다.

17

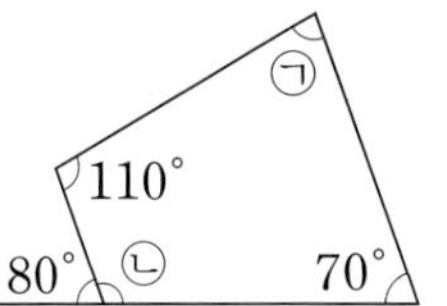

㉡=180°−80°=100°,
사각형의 네 각의 크기의 합은 360°이므로
㉠=360°−70°−110°−100°=80°

18

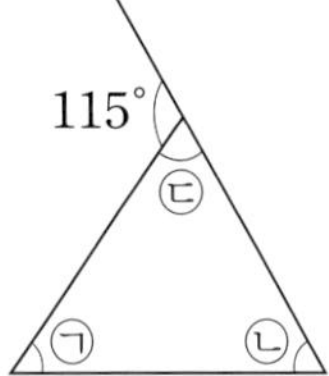

직선이 이루는 각의 크기는 180°이므로
㉢=180°−115°=65°입니다.
➡ ㉠+㉡=180°−㉢
=180°−65°=115°

19 예 삼각형의 세 각의 크기의 합은 180°이므로
㉠=180°−75°−40°=65°입니다. … 60 %
사각형의 네 각의 크기의 합은 360°이므로
㉡=360°−65°−75°−115°=105°입니다.
… 40 %

20 예 사각형의 네 각의 크기의 합은 360°이므로 나머지 한 각의 크기는 360°−65°−105°−80°=110°입니다. … 50 %
따라서 가장 큰 각도는 110°이고, 가장 작은 각도는 65°이므로 두 각도의 차는 110°−65°=45°입니다.
… 50 %

3 단원 곱셈과 나눗셈

64~67쪽

01 (1) 9, 3, 6, 936 / 9, 3, 6, 0, 9360
(2) 372 / 3, 7, 2, 0, 3720

02 (1) 8 / 8 (2) 15 / 15 (3) 30 / 30

03 (1) 2360, 472, 2832 (2) 10920, 1365, 12285

04 (1) 452, 5876 (2) 2292, 24448

05 (1) 200, 30, 6000 (2) 6000개

06 (1) $250 \times 2 = 500$, 500 / $188 \times 12 = 2256$, 2256
(2) 2756 L

07 (1) 519, 31, 16089 (2) 16089 km

08 (1) 650, 28, 18200 (2) 870, 36, 31320
(3) 18200, 31320, 49520

68~70쪽

01 1675, 16750

02 1620, 16200

03 ㉡

04 10, 1000, 24000

05 (1) 18400 (2) 45000 (3) 18810 (4) 42000

06 (○) (　　)

07 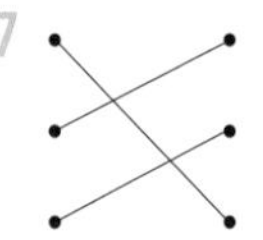

08 8720, 3924 / 3924, 8720, 12644

09 20580

10 지원

11
$$\begin{array}{r} 7\,0\,9 \\ \times \quad 6\,3 \\ \hline 2\,1\,2\,7 \\ 4\,2\,5\,4 \\ \hline 4\,4\,6\,6\,7 \end{array}$$

12 760, 28880

13 8382

14 976, 24, 23424 / 23424

교과서 속 응용 문제

15 10

16 42

17 5, 6, 7, 8, 9

18 16110

19 8671

20 36608

01 (세 자리 수)×(몇십)은 (세 자리 수)×(몇)의 계산 결과의 10배입니다. 335×50의 계산 결과는 335×5의 계산 결과의 10배입니다.

02 (세 자리 수)×(몇십)은 (세 자리 수)×(몇)의 계산 결과의 10배입니다. 540×30의 계산 결과는 540×3의 계산 결과의 10배입니다.

03 $624 \times 6 = 3744$이므로 $624 \times 60 = 37440$입니다.
따라서 숫자 7은 ㉡의 자리에 써야 합니다.

04 800×30은 8×3을 계산한 다음 그 값에 곱하는 두 수의 0의 개수만큼 0을 씁니다.
$800 \times 30 = 8 \times 100 \times 3 \times 10$
$= 24 \times 1000 = 24000$

05 (1) $460 \times 4 = 1840$ ➡ $460 \times 40 = 18400$
(2) 900×50은 9×5를 계산한 다음 곱하는 두 수의 0의 개수인 3개만큼 0을 붙입니다.
➡ $900 \times 50 = 45000$
(3) $627 \times 3 = 1881$ ➡ $627 \times 30 = 18810$
(4) 70×600은 7×6을 계산한 다음 곱하는 두 수의 0의 개수인 3개만큼 0을 붙입니다.
➡ $70 \times 600 = 42000$

06 $654 \times 20 = 13080$, $419 \times 30 = 12570$이므로 $13080 > 12570$입니다.
따라서 왼쪽 식의 계산 결과가 더 큽니다.

07 $700 \times 80 = 56000$,
$300 \times 90 = 27000$,
$60 \times 700 = 42000$

08 $436 \times 29 = \underbrace{436 \times 20}_{8720} + \underbrace{436 \times 9}_{3924} = 12644$

09 ㉠은 294와 70의 곱을 나타내므로 ㉠이 실제 나타내는 값은 $294 \times 70 = 20580$입니다.

10 진호: (공책 값)$= 485 \times 20 = 9700$(원)
지원: (놀이공원에 있는 사람 수)$= 485 + 20 = 505$(명)
민수: (구슬 수)$= 485 \times 20 = 9700$(개)

11 709 × 6 = 4254에서 곱하는 수 6은 십의 자리 숫자이므로 곱 4254는 42540을 나타냅니다.
따라서 4254를 십의 자리에 맞추어 써야 합니다.

12 38 × 20 = 760 ➡ 760 × 38 = 28880

13 254 × 33은 254 × 3과 254 × 30의 합입니다.
254 × 3 = 762이므로 254 × 30 = 7620입니다.
따라서 254 × 33 = 7620 + 762 = 8382입니다.

14 2, 4, 6, 7, 9로 만들 수 있는 가장 큰 세 자리 수는 976이고 가장 작은 두 자리 수는 24입니다.
두 수의 곱은 976 × 24 = 23424입니다.

15 463 × 10 = 4630, 463 × 11 = 5093이므로
□ 안에는 11보다 작은 수가 들어갈 수 있습니다.
따라서 □ 안에 들어갈 수 있는 가장 큰 수는 10입니다.

16 615 × 40 = 24600, 615 × 41 = 25215,
615 × 42 = 25830이므로 □ 안에는 41보다 큰 수가 들어갈 수 있습니다. 따라서 □ 안에 들어갈 수 있는 가장 작은 수는 42입니다.

17 375 × 22 = 8250, 375 × 23 = 8625,
375 × 24 = 9000이므로 □ 안에 들어갈 수 있는 수는 4보다 큰 수입니다.
따라서 □ 안에 들어갈 수 있는 수는 5, 6, 7, 8, 9입니다.

18 어떤 수를 □라고 하면
□ + 30 = 567 → □ = 567 − 30 = 537입니다.
따라서 바르게 계산하면 537 × 30 = 16110입니다.

19 어떤 수를 □라고 하면
□ − 23 = 354 → □ = 354 + 23 = 377입니다.
따라서 바르게 계산하면 377 × 23 = 8671입니다.

20 어떤 수를 □라고 하면
416 + □ = 504 → □ = 504 − 416 = 88입니다.
따라서 바르게 계산하면 416 × 88 = 36608입니다.

71~72쪽

01 (1) (위에서부터) 150, 180, 210 / 6
(2) (위에서부터) 200, 240, 280 / 7
02 (1) 6, 6 (2) 8, 8
03 (1) (위에서부터) 9, 450, 0
(2) (위에서부터) 3, 240, 13
04 (1) (위에서부터) 5, 65, 0
(2) (위에서부터) 3, 84, 0
05 (위에서부터) 6, 204
06 (1) (위에서부터) 3, 75 / 3, 75, 75
(2) (위에서부터) 7, 301, 9 / 7, 301, 301, 9

73~75쪽

21 7, 7
22 (1) 9 (2) 9
23 ㉠
24 ㉢
25 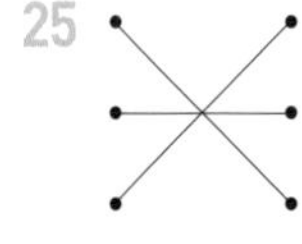
26 $\begin{array}{r} 5 \\ 60\overline{)326} \\ 300 \\ \hline 26 \end{array}$ / 5, 26
27 ( ) (○) ( )
28 (1) 4…5 (2) 7…22
29 (1) 3, 23 / 계산 결과 확인 24, 3, 72 / 72, 23, 95
(2) 8, 7 / 계산 결과 확인 18, 8, 144 / 144, 7, 151
30 ㉢, 7
31 ㉣
32 2, 1, 3
33 3개
34 188

교과서 속 응용 문제

35 15, 17
36 26
37 94
38 3개, 3 cm
39 6일
40 5개

21 560 ÷ 80 = 7
56 ÷ 8 = 7

22 (1) $\begin{array}{r} 9 \\ 60\overline{)540} \\ 540 \\ \hline 0 \end{array}$ (2) $\begin{array}{r} 9 \\ 70\overline{)630} \\ 630 \\ \hline 0 \end{array}$

23 810÷90=9, 160÷20=8이므로 ㉠의 몫이 더 큽니다.

24 35÷7와 350÷70의 몫은 같습니다.

25 320÷80=4, 400÷80=5
420÷70=6, 360÷70=6
450÷90=5, 240÷90=4

26 나머지가 나누는 수보다 작아야 하는데 나머지가 나누는 수보다 더 크므로 몫을 1 크게 하여 바르게 계산합니다.

$\begin{array}{r} 5 \\ 60\overline{)326} \\ 300 \\ \hline 26 \end{array}$

바르게 계산했을 때의 몫은 5, 나머지는 26입니다.

27 289÷40=7…9,
431÷70=6…11,
548÷60=9…8
나눗셈의 몫이 가장 작은 것은 431÷70입니다.

28 (1) $\begin{array}{r} 4 \\ 19\overline{)81} \\ 76 \\ \hline 5 \end{array}$ (2) $\begin{array}{r} 7 \\ 38\overline{)288} \\ 266 \\ \hline 22 \end{array}$

29 (1) $\begin{array}{r} 3 \\ 24\overline{)95} \\ 72 \\ \hline 23 \end{array}$ ➡ 95÷24=3…23
→ 24×3=72, 72+23=95

(2) $\begin{array}{r} 8 \\ 18\overline{)151} \\ 144 \\ \hline 7 \end{array}$ ➡ 151÷18=8…7
→ 18×8=144, 144+7=151

30 ㉠ 748÷75=9…73
㉡ 246÷49=5…1
㉢ 217÷31=7
나누어떨어지는 나눗셈식은 ㉢이고 몫은 7입니다.

31 ㉠ 471÷92=5…11, ㉡ 95÷12=7…11
㉢ 85÷37=2…11, ㉣ 575÷82－7…1
따라서 나머지가 다른 것은 ㉣입니다.

32 618÷81=7…51, 441÷53=8…17,
349÷63=5…34
➡ 8>7>5

33 84÷25=3…9이므로 25개씩 담은 사탕 봉지의 개수는 3개이므로 판매할 수 있는 사탕 봉지는 3개입니다.

34 계산 결과가 맞는지 확인하면
30×6=180, 180+8=□, □=188입니다.

35 나머지는 나누는 수보다 작아야 하므로 나누는 수와 같은 15와 나누는 수보다 큰 17은 나머지가 될 수 없습니다.

36 27로 나누었을 때 나올 수 있는 나머지는 27보다 작은 0, 1, 2……25, 26입니다.
따라서 가장 큰 수는 26입니다.

37 몫이 4일 때: 17×4=68, 68+9=77,
몫이 5일 때: 17×5=85, 85+9=94,
몫이 6일 때: 17×6=102, 102+9=111이므로
17로 나누었을 때 나머지가 9가 되는 가장 큰 두 자리 수는 94입니다.

38 99÷32=3…3이므로 상자를 3개 포장할 수 있고 남는 포장끈은 3 cm입니다.

39 92÷16=5…12이므로 16쪽씩 5일 읽으면 12쪽이 남으므로 모두 읽으려면 적어도 6일이 걸립니다.

40 143÷34=4…7이므로 탁구공을 34개씩 바구니 4개에 담으면 7개가 남으므로 모두 담으려면 적어도 5개의 바구니가 필요합니다.

교과서 개념 다지기

76~77쪽

01 (위에서부터) 17, 19, 133, 133, 0

02 (1) (위에서부터) 15, 23, 115, 115, 0

(2) (위에서부터) 21, 72, 36, 36, 0

03 (1) (위에서부터) 17, 37, 271, 259, 12

(2) (위에서부터) 18, 46, 379, 368, 11

04 (위에서부터) 11, 51, 63, 51, 12 / $51\times11=561$, $561+12=573$

교과서 넘어 보기

78~80쪽

41 640, 960, 1280 / 20, 30

42 10에 ○표

43 (1) 17 (2) 31

44 $>$

45 13척

46 16 / 커야에 ○표

47 (위에서부터) ㉡, ㉣, ㉠

48 (1) 13…33 (2) 14…44

49 ②, ⑤

50
$$\begin{array}{r} 56 \\ 17\overline{)965} \\ \underline{85} \\ 115 \\ \underline{102} \\ 13 \end{array}$$

51 (1) 12, 5 (2) 63, 3

52 26

53 12대

54 42

교과서 속 응용 문제

55 521

56 545

57 4

58 11, 27

59 3420

60 22834

41 $32\times20=640$이고 $32\times30=960$이므로 $768\div32$의 몫은 20보다 크고 30보다 작습니다.

42 나누는 수 12는 약 10이므로 $10\times10=100$, $10\times20=200$이므로 몫은 10 정도 될 것입니다.

43 (1)
$$\begin{array}{r} 17 \\ 16\overline{)272} \\ \underline{16} \\ 112 \\ \underline{112} \\ 0 \end{array}$$
(2)
$$\begin{array}{r} 31 \\ 27\overline{)837} \\ \underline{81} \\ 27 \\ \underline{27} \\ 0 \end{array}$$

44 $800\div32=25$, $609\div29=21$

45 $455\div35=13$이므로 학생이 모두 한 번에 타려면 유람선은 13척이 있어야 합니다.

46 나머지는 나누는 수보다 작아야 합니다.

47
- 51은 실제로 17×30의 곱입니다. → ㉡
- 69는 $579-510$의 차입니다. → ㉣
- 68은 17×4의 곱입니다. → ㉠

48 (1)
$$\begin{array}{r} 13 \\ 45\overline{)618} \\ \underline{45} \\ 168 \\ \underline{135} \\ 33 \end{array}$$
(2)
$$\begin{array}{r} 14 \\ 57\overline{)842} \\ \underline{57} \\ 272 \\ \underline{228} \\ 44 \end{array}$$

49 나누어지는 수의 왼쪽 두 자리 수와 나누는 수의 크기를 비교합니다.
나누는 수가 나누어지는 수의 왼쪽 두 자리 수보다 크면 몫이 한 자리 수입니다.
① $429\div39=11$ ② $216\div24=9$
③ $712\div68=10\cdots32$ ④ $892\div88=10\cdots12$
⑤ $502\div72=6\cdots70$

50 나머지가 나누는 수보다 크므로 몫이 55보다 더 커야 합니다.

51 (1) $45\times12=540$, $540+5=545$
45: (나누는 수), 12: (몫), 5: (나머지), 545: (나누어지는 수)
➡ $545\div45=12\cdots5$

(2) $63\times15=945$, $945+3=948$
63: (나누는 수), 15: (몫), 3: (나머지), 948: (나누어지는 수)
➡ $948\div63=15\cdots3$

52 $910\div39=23\cdots13$이므로 ㉠$=23$입니다.
$868\div63=13\cdots49$이므로 ㉡$=49$입니다.
(㉠과 ㉡의 차)$=49-23=26$입니다.

53 $265\div23=11\cdots12$이므로 23명씩 태우고 남은 12명을 태울 버스가 더 필요하므로 버스는 모두 12대가 필요합니다.

54 (어떤 수)÷19=32⋯9

➡ 19×32=608, (어떤 수)=608+9=617

617을 26으로 나누면 617÷26=23⋯19이므로 몫은 23, 나머지는 19입니다.

➡ (몫과 나머지의 합)=23+19=42

55 □가 가장 크려면 나머지가 나누는 수보다 1 작을 때이므로 ★=18−1=17입니다.

따라서 □÷18=28⋯17이므로

18×28=504, 504+17=521에서

□=521입니다.

56 □가 가장 작으려면 나머지가 가장 작아야 하므로 ♥=1입니다.

따라서 □÷32=17⋯1이므로

32×17=544, 544+1=545에서 □=545입니다.

57 36×15=540, 36×16=576이므로

540<5□4<576입니다.

따라서 □ 안에 들어갈 수 있는 수는 4, 5, 6, 7이고, 나머지가 한 자리 수이므로 □ 안에 공통으로 들어갈 수 있는 수는 4입니다.

58 어떤 수를 □라 하면 □÷23=16⋯11입니다.

23×16=368, 368+11=379이므로

□=379입니다.

따라서 바르게 계산하면 379÷32=11⋯27이므로 몫은 11, 나머지는 27입니다.

59 어떤 수를 □라 하면 285÷□=23⋯9입니다.

□×23의 곱에 9를 더하면 285이므로

285−9=276에서 □×23=276입니다.

□=276÷23=12이므로 어떤 수는 12입니다.

따라서 바르게 계산하면 285×12=3420입니다.

60 어떤 수를 □라 하면 466÷□=9⋯25입니다.

□×9의 곱에 25를 더하면 466이므로

466−25=441에서 □×9=441입니다.

□=441÷9=49이므로 어떤 수는 49입니다.

따라서 바르게 계산하면 466×49=22834입니다.

81~85쪽

대표 응용 1 24, 24, 3216

1-1 54948

1-2 23030

대표 응용 2 20, 20, 21, 10, 21

2-1 14, 41

2-2 39

대표 응용 3 12, 26, 12, 13

3-1 26

3-2 25

대표 응용 4 1500, 11, 11, 165, 1500, 165, 1335

4-1 4820 mm

4-2 6402 cm

대표 응용 5 37, 25, 25

5-1 11개

5-2 59개

1-1 곱이 가장 크려면 가장 큰 세 자리 수를 곱해야 합니다.

9>6>4>3>2이므로 가장 큰 세 자리 수는 964입니다.

따라서 곱이 가장 큰 곱셈식은 964×57=54948입니다.

1-2 우선 7장의 수 카드 중 가장 작은 세 자리 수를 만들기 위해서는 2<3<5<6<7<8<9이므로 작은 수부터 2, 3, 5를 사용합니다. 2, 3, 5를 사용하여 만들 수 있는 가장 작은 세 자리 수는 235입니다.

가장 큰 두 자리 수를 만들기 위해서는 큰 수부터 9, 8을 사용하여 98을 만듭니다.

따라서 만든 두 수의 곱은 235×98=23030입니다.

2-1 □□□÷43에서 몫과 나머지가 가장 크려면 가장 큰 세 자리 수를 43으로 나누어야 합니다.

6>4>3>2>0이므로 가장 큰 세 자리 수는 643입니다.

따라서 몫과 나머지가 가장 큰 나눗셈식은

643÷43=14⋯41이고 몫은 14, 나머지는 41입니다.

2-2 몫이 가장 크려면 나누어지는 수는 가장 크고 나누는 수는 가장 작아야 합니다.
$8>7>5>3>2$이므로 가장 큰 세 자리 수는 875, 가장 작은 두 자리 수는 23입니다.
$875 \div 23 = 38 \cdots 1$이므로 몫은 38, 나머지는 1입니다.
➡ (몫과 나머지의 합)$=38+1=39$

3-1 $32 \times \square = 845$라고 하면 $845 \div 32 = \square$에서
$845 \div 32 = 26 \cdots 13$입니다.
$32 \times \square < 845$이므로 $\square$ 안에 들어갈 수 있는 가장 큰 수는 26입니다.

3-2 $47 \times 15 = 705$이므로 $705 < 29 \times \square$입니다.
$29 \times \square = 705$라고 하면 $705 \div 29 = \square$에서
$705 \div 29 = 24 \cdots 9$입니다.
$29 \times \square > 705$이므로 $\square > 24$입니다.
따라서 $\square$ 안에 들어갈 수 있는 가장 작은 수는 25입니다.

4-1 (도화지 15장의 길이의 합)$=340 \times 15 = 5100$ (mm),
(겹쳐진 부분의 길이의 합)$=20 \times 14 = 280$ (mm)
➡ (이어 붙인 도화지 전체의 길이)
$=$(도화지 15장의 길이의 합)
$-$(겹쳐진 부분의 길이의 합)
$=5100-280=4820$ (mm)

4-2 처음과 마지막에도 깃발을 꽂았으므로 깃발 사이의 간격은 $34-1=33$(군데)입니다.
따라서 처음 깃발과 마지막 깃발까지의 길이는
$194 \times 33 = 6402$ (cm)입니다.

5-1 (간격 수)$=$(둘레길의 둘레)$\div$(음수대 간격의 길이)
$=935 \div 85 = 11$(군데)
따라서 (필요한 음수대의 개수)$=$(간격 수)이므로
필요한 음수대는 모두 11개입니다.

5-2 (간격 수)$=$(트랙의 둘레)$\div$(콘 간격의 길이)
$=885 \div 15 = 59$(군데)
따라서 (필요한 콘의 개수)$=$(간격 수)이므로
필요한 콘의 개수는 모두 59개입니다.

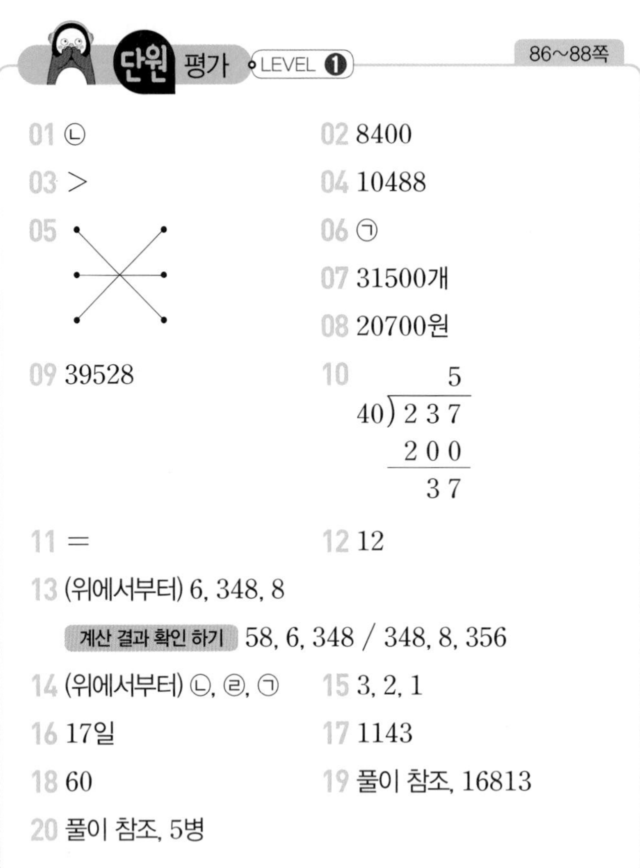

단원 평가 LEVEL ❶

86~88쪽

01 ㉡
02 8400
03 $>$
04 10488
05 (선 잇기 그림)
06 ㉠
07 31500개
08 20700원
09 39528
10
$$\begin{array}{r} 5 \\ 40\overline{)237} \\ 200 \\ \hline 37 \end{array}$$
11 $=$
12 12
13 (위에서부터) 6, 348, 8
계산 결과 확인 하기 58, 6, 348 / 348, 8, 356
14 (위에서부터) ㉡, ㉣, ㉠
15 3, 2, 1
16 17일
17 1143
18 60
19 풀이 참조, 16813
20 풀이 참조, 5병

01 $478 \times 4 = 1912$이므로 $478 \times 40 = 19120$입니다.
따라서 숫자 9는 ㉡의 자리에 써야 합니다.

02 $140 \times 60 = 8400$

03 $282 \times 40 = 11280$, $367 \times 30 = 11010$
➡ $11280 > 11010$

04
$$\begin{array}{r} 456 \\ \times \quad 23 \\ \hline 1368 \\ 912 \\ \hline 10488 \end{array}$$

05 $310 \times 70 = 21700$
$288 \times 71 = 20448$
$700 \times 30 = 21000$

06 ㉠ $59 \times 729 = 43011$
㉡ $70 \times 589 = 41230$
$43011 > 41230$이므로 ㉠이 더 큽니다.

07 (전체 바둑돌의 개수)=(한 상자에 담긴 바둑돌의 개수)

×(바둑돌이 담긴 상자의 개수)

=350×90=31500(개)

08 (한 사람의 왕복 버스 요금)=450×2=900(원)

➡ (23명이 박물관에 갈 때 필요한 왕복 버스 요금)

=900×23=20700(원)

09 곱이 가장 크려면 가장 큰 수를 곱해야 합니다.

따라서 가장 큰 곱은 648×61=39528입니다.

10 237은 200보다 크고 240보다 작으므로 몫은 5입니다.

11 630÷90과 63÷9의 계산 결과는 같습니다.

12 97÷18=5…7 ➡ (몫과 나머지의 합)=5+7=12

13 356÷58=6…8 → 58×6=348, 348+8=356

14
- 76은 실제로 19×40의 곱입니다. → ㉡
- 79는 839−760의 차입니다. → ㉣
- 76은 19×4의 곱입니다. → ㉠

15 614÷73=8…30, 317÷22=14…9,

538÷35=15…13

16 동화책의 전체 쪽수를 구하면

15×20=300, 300+45=345(쪽)입니다.

345÷21=16…9이므로 16일 동안 읽고 9쪽이 남습니다. 따라서 전체 동화책을 모두 읽는 데 걸리는 날수는 16+1=17(일)입니다.

17 나누는 수가 52이므로

나머지가 52−1=51일 때 ■가 가장 큽니다.

■÷52=21…51에서 52×21=1092,

1092+51=1143이므로 ■=1143입니다.

18 몫이 가장 크려면 나누어지는 수는 가장 크고 나누는 수는 가장 작아야 합니다. 수 카드로 만들 수 있는 가장 큰 세 자리 수는 863이고, 가장 작은 두 자리 수는 12입니다. ➡ 863÷12=71…11

따라서 몫과 나머지의 차는 71−11=60입니다.

19 예 어떤 수를 □라고 하면 □−43=348,

□=348+43=391입니다. … 60 %

따라서 바르게 계산하면 391×43=16813입니다.

… 40 %

20 예 주스 317병을 한 상자에 24병씩 담는 나눗셈식은 317÷24입니다. … 50 %

317÷24=13…5이므로 24병씩 13상자에 담고 남는 주스는 5병입니다. … 50 %

단원 평가 LEVEL ❷

89~91쪽

01 25800　02 ㉢

03 1630, 6520, 8150　04 4

05
$$\begin{array}{r} 2\ 7\ 3 \\ \times\quad 5\ 3 \\ \hline 8\ 1\ 9 \\ 1\ 3\ 6\ 5\ \ \\ \hline 1\ 4\ 4\ 6\ 9 \end{array}$$

06 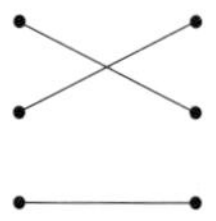

07 >

08 4875 mL　09 99900 mL

10 (○) (　)　11 19

12 77　13 21개

14 18, 26, 468 / 468, 14, 482

15 ①, ③　16 169

17 5개　18 93

19 풀이 참조, 11개, 34 cm　20 풀이 참조, 4개

01 645×40=25800

02 ㉠ 300×90=27000, ㉡ 600×50=30000

㉢ 800×40=32000, ㉣ 400×70=28000

따라서 계산 결과가 가장 큰 것은 ㉢입니다.

03 25는 20과 5의 합이므로 326×25는

326×20+326×5로 계산합니다.

04 $54\times\square=216$에서 곱의 일의 자리 숫자가 6이므로 □는 4 또는 9가 될 수 있습니다. 이때 곱이 216이 되려면 □ 안에 알맞은 수는 4가 되어야 합니다.

05 273×5의 곱에서 5는 십의 자리 숫자이므로 곱을 십의 자리에 맞추어 써야 합니다.

06 $600\times30=18000$, $500\times32=16000$,
$625\times24=15000$

07 $126\times51=6426$, $235\times23=5405$
➡ 126×51의 계산 결과가 더 큽니다.

08 (15일 동안 마신 우유의 양)
$=325\times15=4875$(mL)

09 (월요일에 판매한 참기름의 양)
$=450\times56=25200$(mL)
(화요일에 판매한 참기름의 양)
$=450\times87=39150$(mL)
(수요일에 판매한 참기름의 양)
$=450\times79=35550$(mL)
➡ (3일 동안 판매한 참기름의 양)
$=25200+39150+35550=99900$(mL)

10 $290\div40=7\cdots10$, $560\div90=6\cdots20$
따라서 나머지가 더 작은 나눗셈식은 $290\div40$입니다.

11 $\square\div20$의 나머지가 될 수 있는 수는 0에서부터 20보다 작은 자연수입니다. 이중 가장 큰 수는 나누는 수보다 1 작은 19입니다.

12 ■●▲÷★♥에서 ■●<★♥인 경우 몫이 한 자리 수입니다. 따라서 □>76이므로 □ 안에 들어갈 수 있는 가장 작은 수는 77입니다.

13 $378\div57=6\cdots36$이므로 한 학생에게 6개씩 나누어 주면 36개의 초콜릿이 남습니다. 초콜릿을 남김없이 똑같이 나누어 주려면 적어도 $57-36=21$(개) 더 필요합니다.

14 (나누어지는 수)÷(나누는 수)=(몫) … (나머지)
→ 계산 결과 확인하기
: (나누는 수)×(몫)에 나머지를 더하면 나누어지는 수가 됩니다.

15 나누어지는 수의 왼쪽 두 자리 수와 나누는 수의 크기를 비교하여 나누는 수가 더 작으면 몫이 두 자리 수입니다. 따라서 몫이 두 자리 수인 것은 ①, ③입니다.

16 어떤 수를 17로 나누었을 때, 몫이 한 자리 수이면서 가장 클 경우는 몫이 9이고, 나머지는 16일 때입니다.
어떤 수를 □라 하면 $\square\div17=9\cdots16$입니다.
$17\times9=153$, $153+16=169$이므로 어떤 수 중에서 가장 큰 수는 169입니다.

17 만든 세 자리 수를 □라 하고 30으로 나눌 때 나머지를 △라 하면, $\square\div30=25\cdots\triangle$입니다.
□는 $30\times25=750$보다 크고 $30\times26=780$보다 작아야 합니다. 따라서 주어진 수 카드로 만들 수 있는 750보다 크고 780보다 작은 세 자리 수는 752, 756, 760, 762, 765로 모두 5개입니다.

18 • $548\div17=32\cdots4$이므로 □ 안에는 33보다 작은 자연수가 들어갈 수 있습니다.
• $446\div15=29\cdots11$이므로 □ 안에는 29보다 큰 자연수가 들어갈 수 있습니다.
따라서 □ 안에 공통으로 들어갈 수 있는 자연수는 29보다 크고 33보다 작은 자연수이므로 30, 31, 32이고 합은 $30+31+32=93$입니다.

19 예 1 m=100 cm이므로
4 m 52 cm=400 cm+52 cm=452 cm입니다. … 40 %
$452\div38=11\cdots34$이므로 통나무 의자를 11개까지 만들고, 34 cm가 남습니다. … 60 %

20 예 $232\times33=7656<7800$,
$232\times34=7888>7800$이므로 □ 안에는 3과 같거나 3보다 작은 수가 들어갈 수 있습니다. … 60 %
따라서 □ 안에 들어갈 수 있는 수는 3, 2, 1, 0으로 모두 4개입니다. … 40 %

4 단원

평면도형의 이동

교과서 개념 다지기

94~96쪽

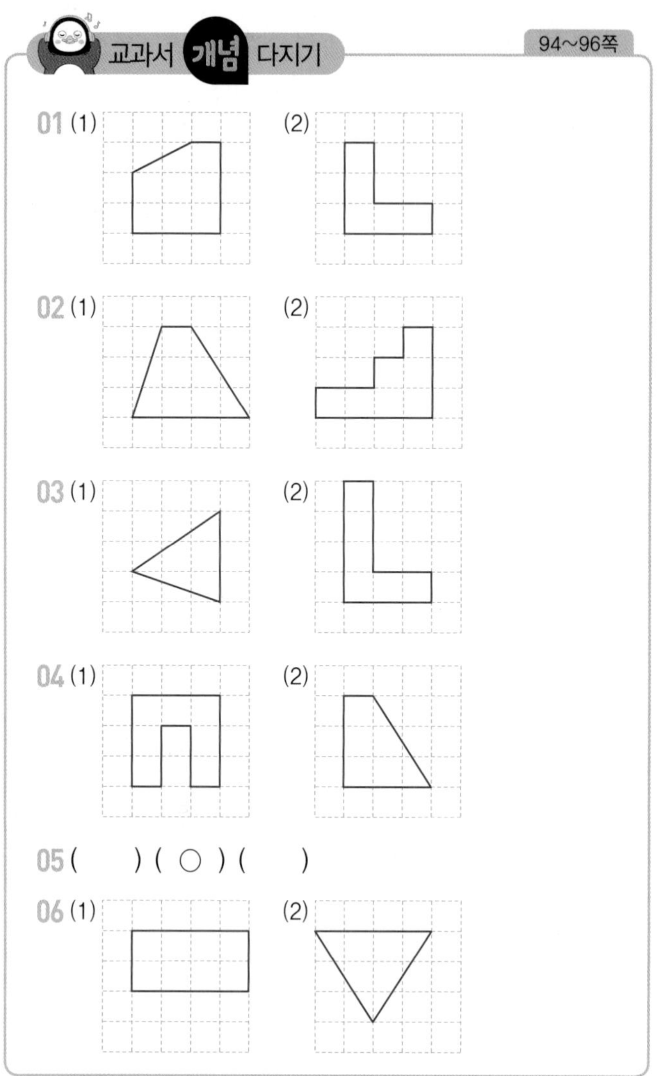

교과서 넘어 보기

97~99쪽

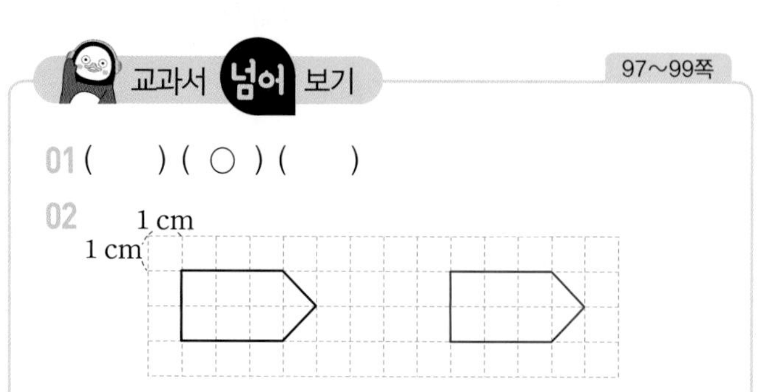

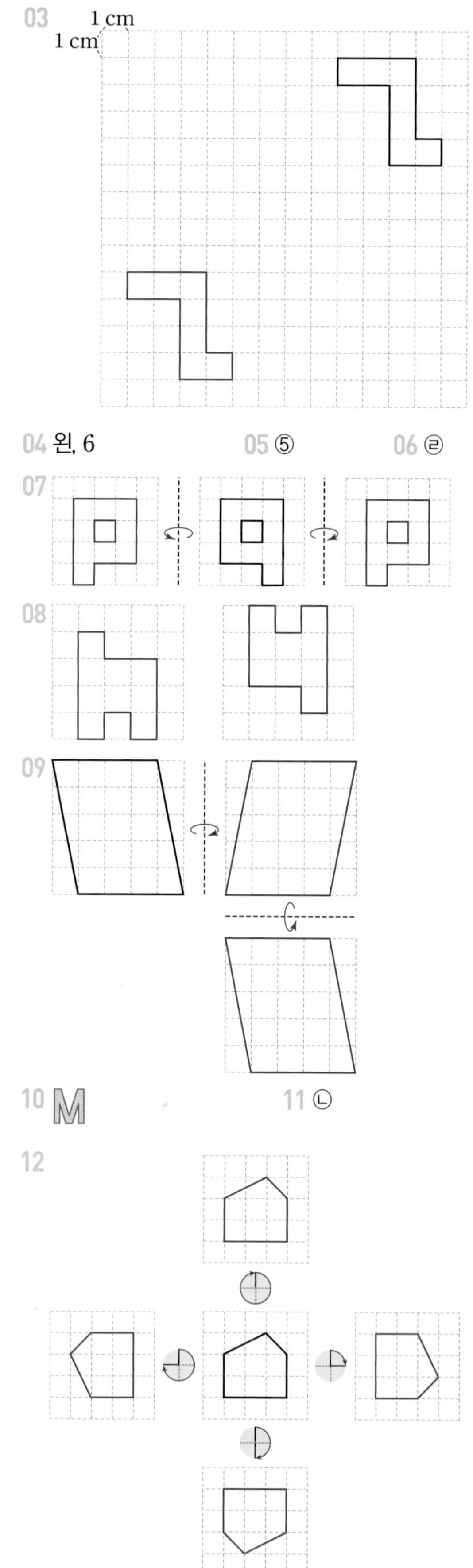

13 시계 반대에 ○표, 270°에 ○표

14 (1) ㉰ (2) ㉯, ㉰ 또는 ㉰, ㉯

15

교과서 속 응용 문제

16 H

17 5

18 99

01 도형을 밀면 위치만 바뀌고 모양은 변하지 않습니다. 따라서 아래쪽으로 밀어도 모양이 바뀌지 않습니다.

02 오른쪽으로 8칸 밀어서 이동합니다.

03 왼쪽으로 8칸 밀고 아래쪽으로 8칸 밀어서 이동합니다.

04 ㉮ 도형은 ㉯ 도형을 왼쪽으로 6칸 이동한 도형입니다.

05 도형을 밀면 위치만 바뀌고 모양은 변하지 않습니다. 따라서 오른쪽으로 밀었을 때 모양이 바뀌는 도형은 없습니다.

06 모양 조각을 오른쪽으로 뒤집으면 왼쪽에 있던 초록색 조각이 오른쪽으로 이동합니다.

07 도형을 왼쪽으로 뒤집었을 때의 도형과 오른쪽으로 뒤집었을 때의 도형은 같습니다.

08 도형을 왼쪽으로 뒤집으면 도형의 왼쪽과 오른쪽이 서로 바뀝니다.
도형을 위쪽으로 뒤집으면 도형의 위쪽과 아래쪽이 서로 바뀝니다.

09 도형을 오른쪽으로 뒤집으면 도형의 오른쪽과 왼쪽이 서로 바뀝니다.
도형을 아래쪽으로 뒤집으면 도형의 위쪽과 아래쪽이 서로 바뀝니다.

10 왼쪽으로 뒤집어도 모양이 변하지 않는 문자는 문자의 가운데를 지나는 세로줄을 중심으로 접었을 때 완전히 겹쳐집니다. 따라서 왼쪽으로 뒤집었을 때 모양이 변하지 않는 문자는 M입니다.

11 도형을 같은 방향으로 짝수 번 뒤집은 모양은 뒤집기 전 모양과 같습니다.

12 도형을 시계 방향으로 90°씩 돌린 모양을 차례로 그립니다.

13 ㉮ 도형을 시계 방향으로 90°만큼 돌리면 ㉯ 도형이 됩니다.
㉮ 도형을 시계 반대 방향으로 270°만큼 돌리면 ㉯ 도형이 됩니다.

14 (1) ㉮ 도형을 시계 방향으로 90°만큼 돌리면 위쪽이 오른쪽으로 바뀌므로 ㉰ 도형이 됩니다.
(2) 도형을 시계 반대 방향으로 180°만큼 돌리면 위쪽과 아래쪽이 서로 바뀌므로 ㉯ 도형을 돌리면 ㉰ 도형이 되고, ㉰ 도형을 돌리면 ㉯ 도형이 됩니다.

15 도형을 시계 방향으로 90°만큼 2번 돌리는 것은 시계 방향으로 180°만큼 돌리는 것과 같습니다.

16 문자를 시계 방향으로 180°만큼 돌리면
∀ Ɔ Ǝ H 모양이 됩니다.
따라서 모양이 변하지 않는 문자는 H입니다.

17 숫자를 시계 반대 방향으로 180°만큼 돌리면
E 5 L 6 모양이 됩니다.
따라서 모양이 변하지 않는 숫자는 5입니다.

18 주어진 수를 시계 방향으로 180°만큼 돌리면
182 모양이 되므로 182입니다.
처음 수 281과 182의 차는 $281-182=99$입니다.

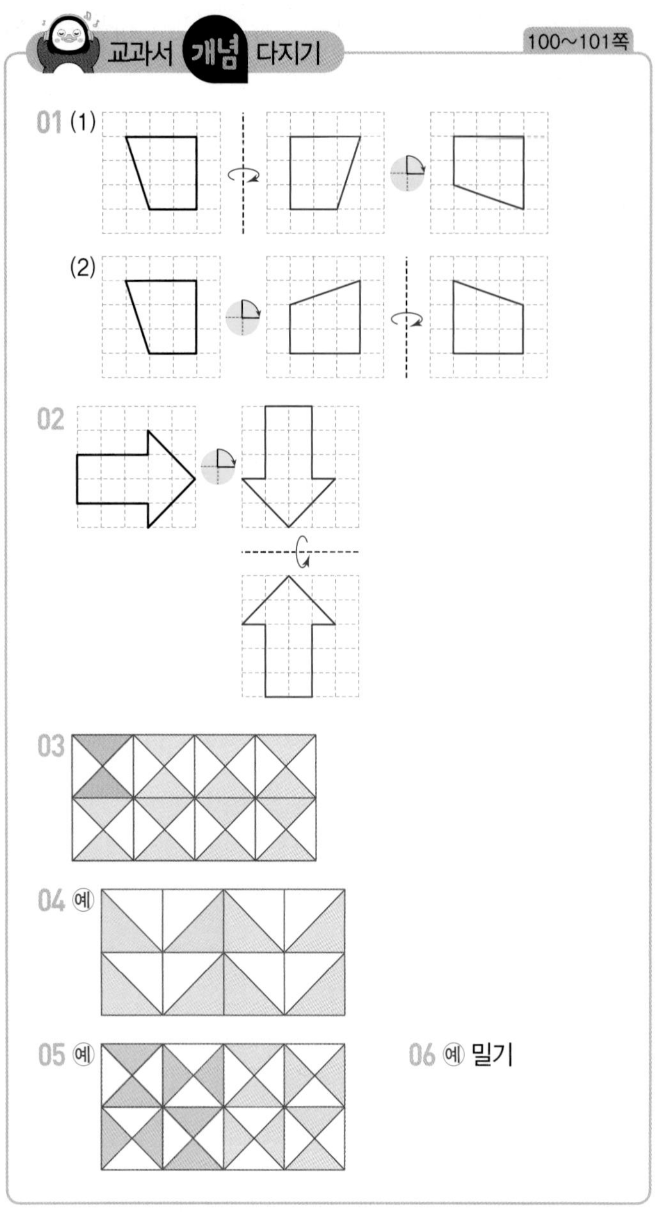

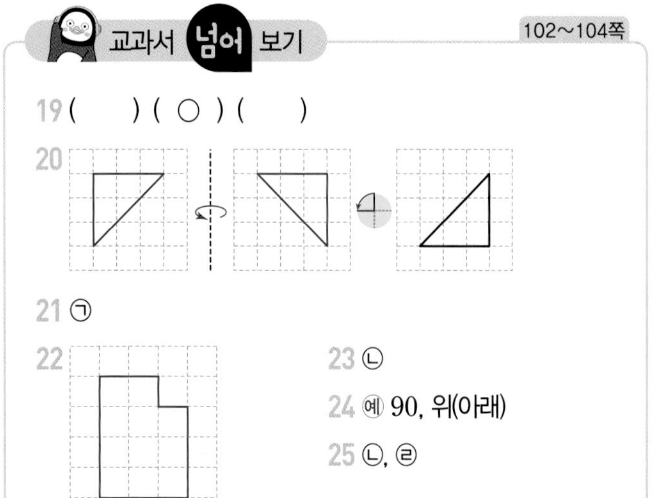

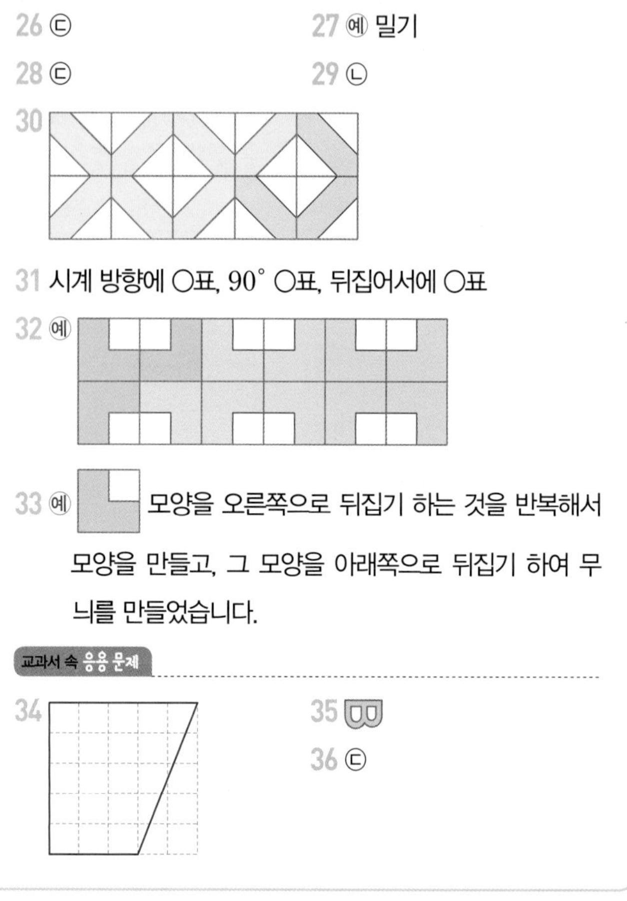

26 ㉢
27 예 밀기
28 ㉢
29 ㉡
30
31 시계 방향에 ○표, 90° ○표, 뒤집어서에 ○표
32 예
33 예 모양을 오른쪽으로 뒤집기 하는 것을 반복해서 모양을 만들고, 그 모양을 아래쪽으로 뒤집기 하여 무늬를 만들었습니다.
교과서 속 응용 문제
34
35
36 ㉢

19

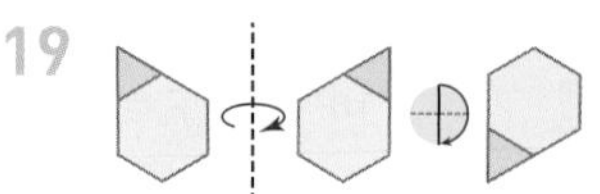

20 도형의 이동 방법에 따라 순서대로 움직여 봅니다.

21

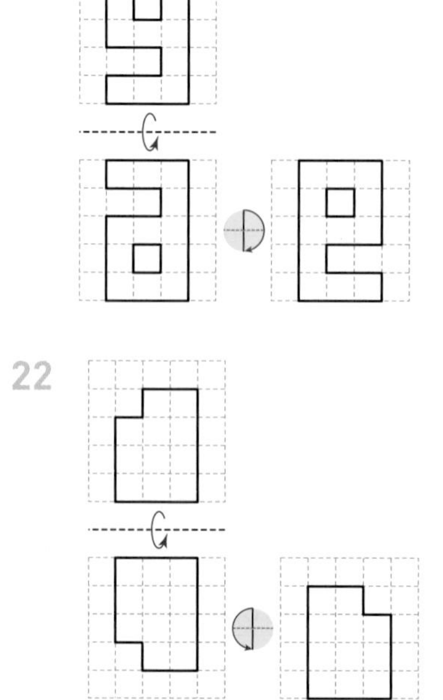

22

23 주어진 방법에 따라 움직인 도형은 각각 다음과 같습니다.

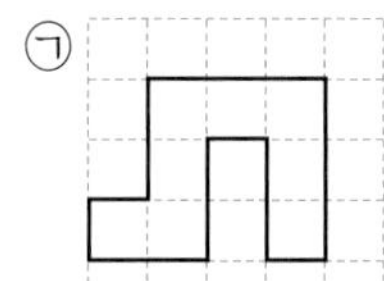
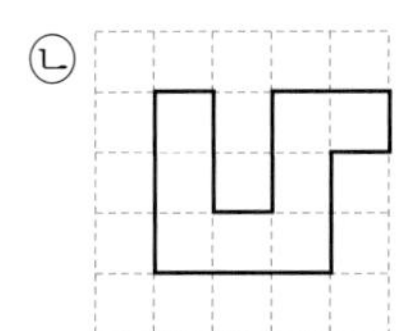

24 시계 방향으로 90°만큼 돌리고 위쪽으로 뒤집습니다.

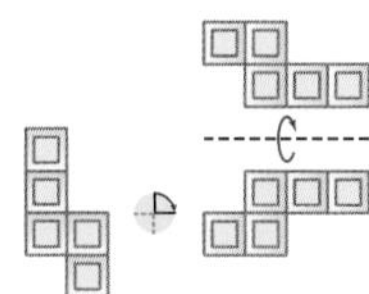

25

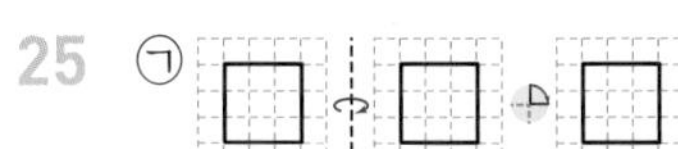
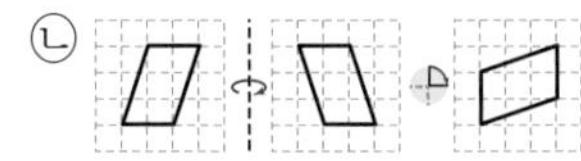
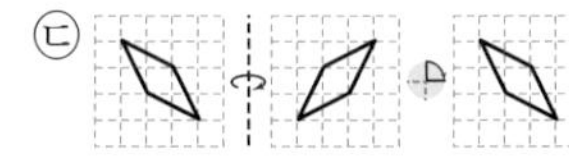
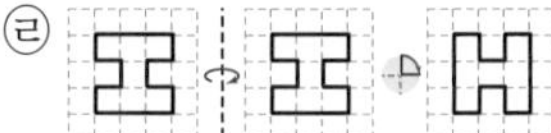

따라서 오른쪽으로 뒤집고 시계 방향으로 90°만큼 돌린 도형이 처음 도형과 같지 않은 것은 ㉡, ㉣입니다.

26

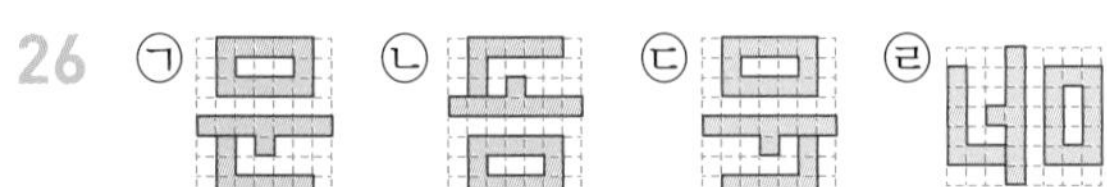

27 모양으로 밀기를 하여 무늬를 만들었습니다.

28 ㉢ 돌리기를 이용하여 무늬를 만들었습니다.

29 ㉠ 밀기 ㉡ 돌리기 ㉢ 뒤집기

30 모양을 시계 방향으로 90°만큼 돌리는 것을 반복하여 무늬를 만들었습니다.

31 모양을 시계 방향으로 90°만큼 돌리는 것을 반복해서 모양을 만들고 그 모양을 아래쪽으로 뒤집어서 무늬를 만들었습니다.

32 모양을 뒤집기를 이용하여 규칙적인 무늬를 완성합니다.

33 32에서 만든 방법을 이동 방법과 방향을 사용하여 설명합니다.

34 도형을 시계 방향으로 90°만큼 4번 돌리면 처음 도형과 같습니다.
도형을 위쪽으로 3번 뒤집으면 위쪽으로 1번 뒤집는 것과 같습니다.

35 문자를 아래쪽으로 2번 뒤집으면 처음 모양과 같습니다.
시계 반대 방향으로 90°만큼 3번 돌리면 시계 반대 방향으로 270°만큼 돌리는 것과 같으므로 모양이 됩니다.

36 ㉠ 시계 방향으로 90°만큼 3번 돌리기:

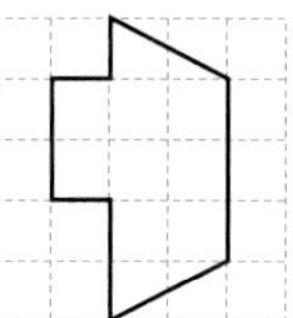

➡ 오른쪽으로 2번 뒤집기:

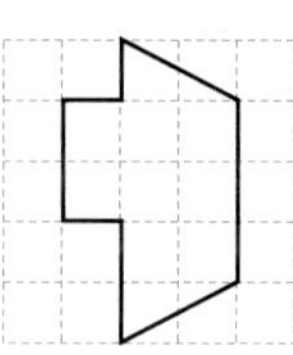

㉡ 위쪽으로 뒤집기:

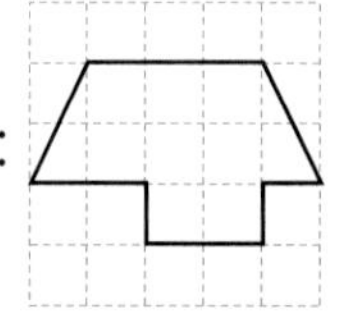

➡ 시계 방향으로 90°만큼 2번 돌리기:

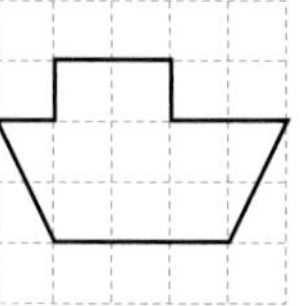

㉢ 아래쪽으로 2번 뒤집기:

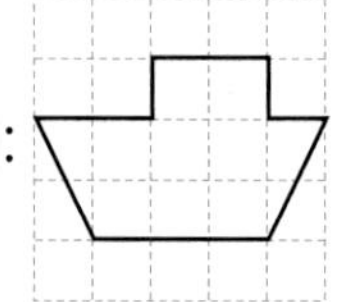

➡ 시계 방향으로 90°만큼 4번 돌리기:

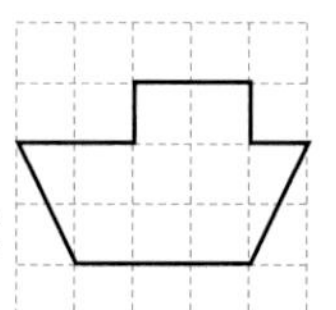

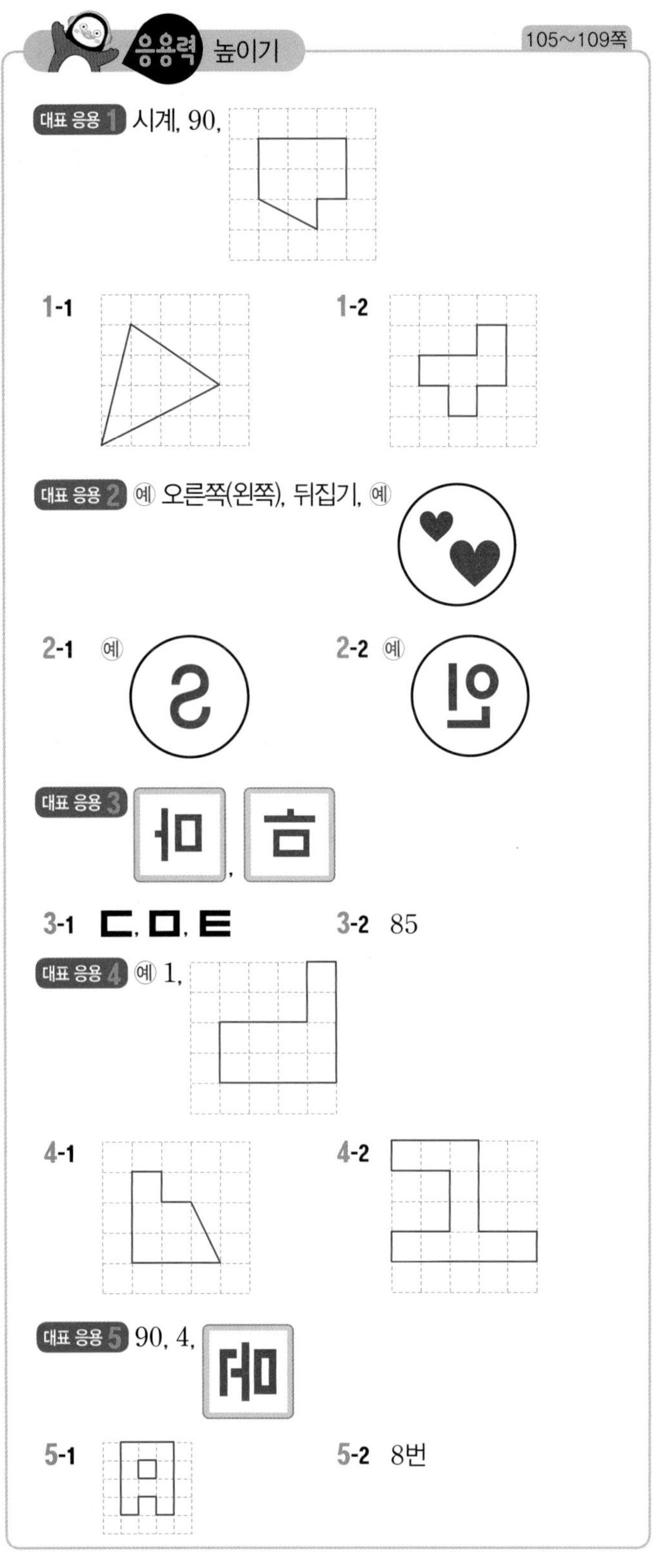

1-1 움직인 도형을 시계 반대 방향으로 270°만큼 돌리면 처음 도형이 됩니다.

1-2 도형을 시계 방향으로 360°만큼 돌리면 돌리기 전 도형과 같으므로 움직인 도형을 위쪽으로 뒤집으면 처음 도형이 됩니다.

2-1 종이에 찍은 모양은 도장에 새긴 모양을 오른쪽(왼쪽) 또는 위쪽(아래쪽)으로 뒤집은 모양입니다.

2-2 도장에 새긴 모양은 종이에 찍은 모양을 오른쪽(왼쪽) 또는 위쪽(아래쪽)으로 뒤집은 모양입니다.

3-1 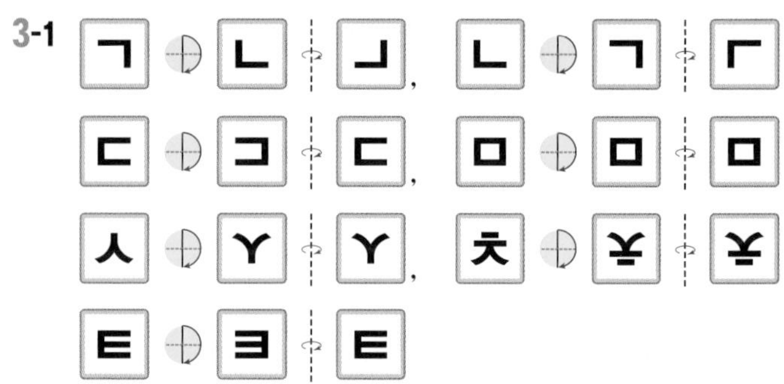

3-2 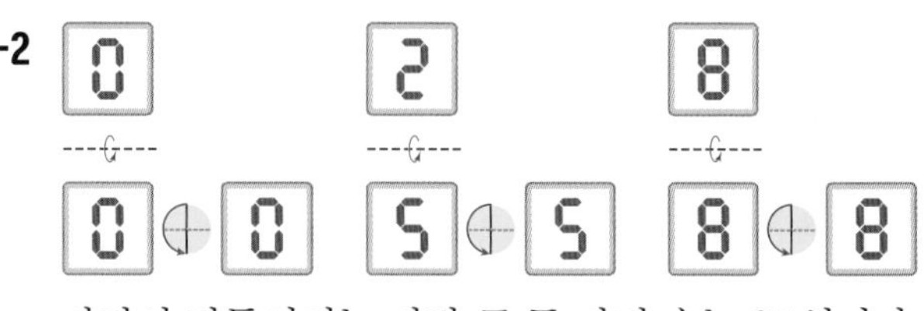

따라서 만들어지는 가장 큰 두 자리 수는 85입니다.

4-1 도형을 위쪽으로 3번 뒤집은 도형은 위쪽으로 1번 뒤집은 도형과 같습니다.
이 도형을 아래쪽으로 4번 뒤집은 도형은 뒤집기 전 도형과 같아집니다.
다른 풀이 도형을 위쪽으로 3번 뒤집고 아래쪽으로 4번 뒤집은 모양은 아래쪽으로 1번 뒤집은 모양과 같습니다.

4-2 도형을 오른쪽으로 2번 뒤집은 도형은 처음 도형과 같습니다. 시계 방향으로 90°만큼 5번 돌린 도형은 시계 방향으로 90°만큼 1번 돌린 도형과 같습니다.

5-1 시계 반대 방향으로 90°만큼씩 돌리는 규칙이므로 도형이 4개씩 반복됩니다. 따라서 11째에 알맞은 도형은 셋째 도형과 같습니다.

5-2 카드를 오른쪽으로 뒤집는 규칙입니다. 카드의 모양이 2개씩 반복되고 15째는 K 모양입니다.
따라서 첫째 모양과 같은 모양은 8번 나옵니다.

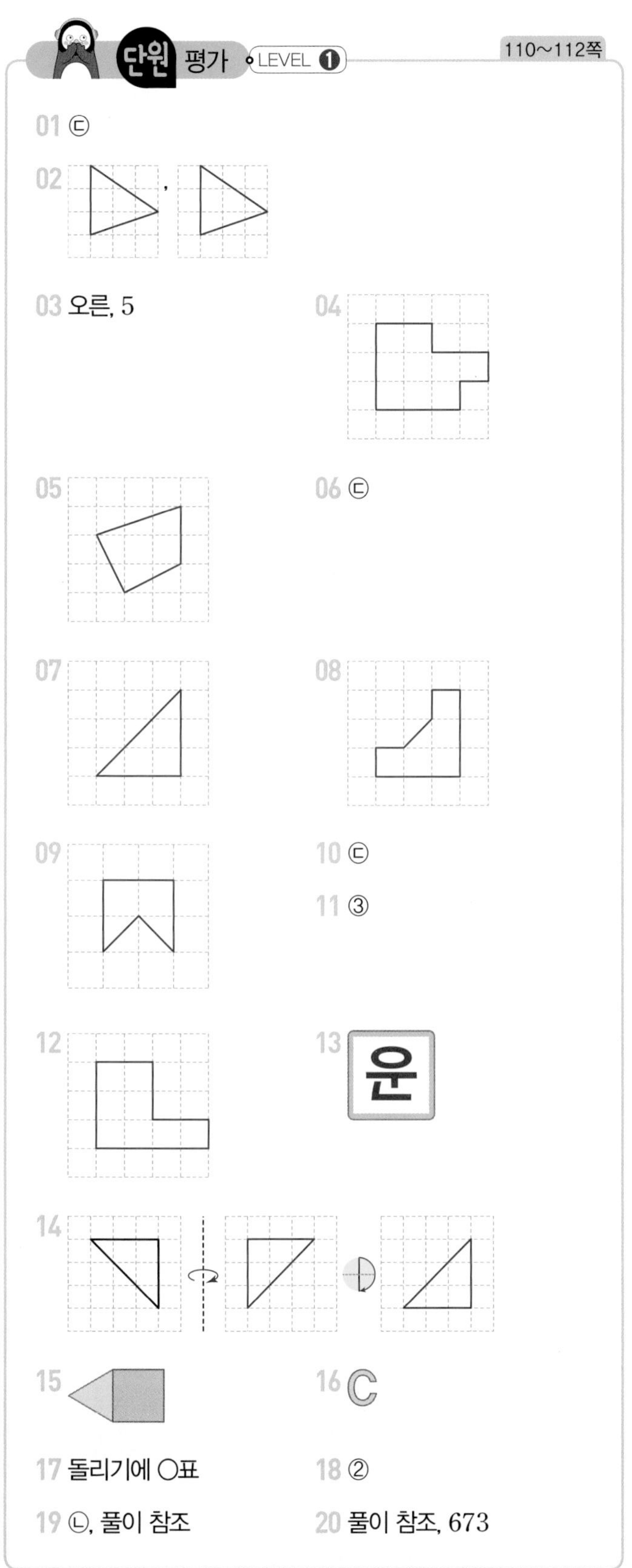

01 도형을 밀면 모양이 변하지 않습니다.

02 도형을 밀면 모양이 변하지 않습니다.

03 ㉯ 도형은 ㉮ 도형을 오른쪽으로 5칸 밀어서 이동한 도형입니다.

04 도형을 어느 방향으로 밀어도 모양은 그대로입니다.

05 도형을 오른쪽으로 뒤집으면 도형의 오른쪽과 왼쪽이 서로 바뀝니다.

06 ㉠ 오른쪽으로 뒤집은 모양
㉡ 아래쪽으로 뒤집은 모양
㉢ 시계 방향으로 90°만큼 돌린 모양

07 도형을 왼쪽에서 거울로 비추었을 때 생기는 도형은 왼쪽으로 뒤집은 도형과 같습니다.

08 도형을 왼쪽으로 2번 뒤집었을 때의 도형은 처음 도형과 같습니다.

09 도형을 시계 방향으로 180°만큼 돌리면 위쪽 부분이 아래쪽으로 이동합니다.

10 ㉠ 시계 반대 방향으로 90°만큼 돌린 모양
㉡ 시계 방향으로 180°만큼 돌린 모양
㉢ 오른쪽으로 뒤집은 모양

11 화살표 끝이 가리키는 위치가 같은 방향으로 도형을 돌리면 모양이 같습니다.

12 움직인 도형을 시계 방향으로 90°만큼 돌리면 처음 도형이 됩니다.

13 '공' 글자를 시계 방향으로 90°만큼씩 돌리는 규칙입니다.

14 도형을 오른쪽으로 뒤집었을 때의 도형을 가운데에 그리고, 가운데 도형을 시계 방향으로 180°만큼 돌렸을 때의 도형을 오른쪽에 그립니다.

15 모양 조각을 시계 반대 방향으로 90°만큼 돌리면 아래쪽에 있던 삼각형이 오른쪽으로 바뀌고, 다시 왼쪽으로 뒤집으면 오른쪽에 있던 삼각형이 왼쪽으로 변합니다.

16 A → A → ∀ J → Ⴑ → ᒉ
N → И → И C → Ɔ → C

17 왼쪽 모양을 시계 방향으로 90°만큼씩 돌리면 무늬를 만들 수 있습니다.

18 ① 시계 방향으로 180°만큼 돌리기
② 왼쪽으로 뒤집기
③ 시계 방향으로 270°만큼 돌리기
④ 시계 방향으로 360°만큼 돌리기
⑤ 시계 방향으로 90°만큼 돌리기

19 예 ㉡ 조각을 아래쪽으로 뒤집은 뒤 밀어서 넣습니다. … 100 %

20 예 152가 적힌 카드를 오른쪽으로 뒤집으면 521이 만들어집니다. … 50 %
따라서 두 수의 합을 구하면 521＋152＝673입니다. … 50 %

단원 평가 LEVEL ❷

113~115쪽

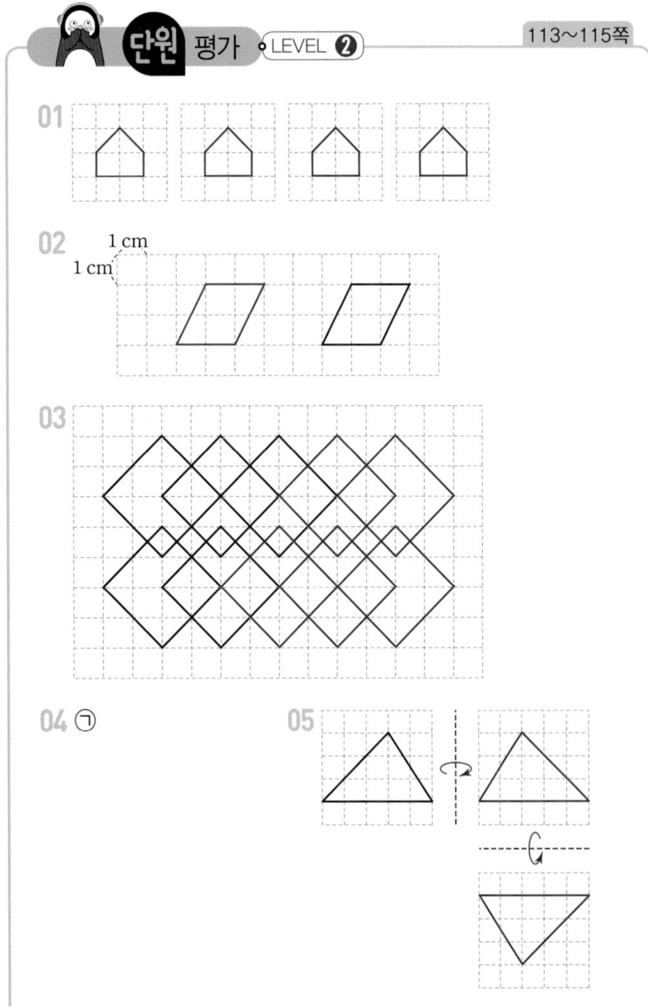

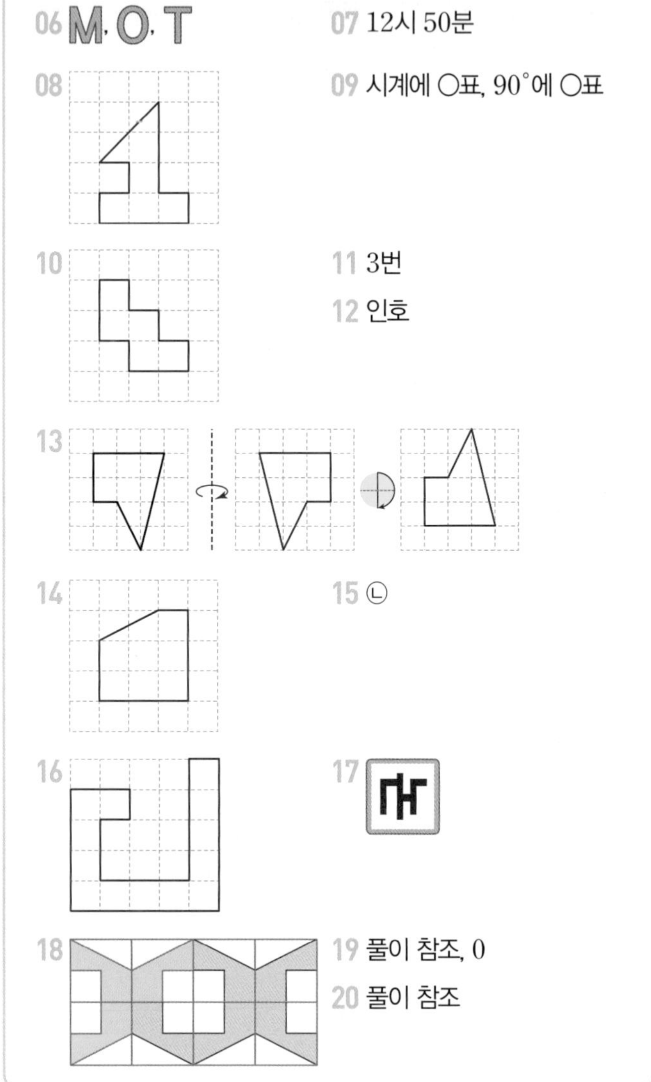

01 도형을 밀면 모양은 변하지 않습니다.

02 왼쪽으로 5칸 밀어서 그립니다.

03 오른쪽으로 2칸만큼씩 밀어서 무늬를 만들었습니다.

04 도장에 새겨진 모양은 종이에 찍은 모양을 오른쪽(왼쪽) 또는 위쪽(아래쪽)으로 뒤집은 모양입니다.

05 도형을 오른쪽으로 뒤집었을 때의 도형을 오른쪽에 그리고, 그 도형을 아래쪽으로 뒤집었을 때의 도형을 아래쪽에 그립니다.

06 알파벳의 가운데를 지나는 세로줄을 중심으로 접었을 때 완전히 겹쳐지면 왼쪽으로 뒤집어도 처음 모양과 같습니다. 따라서 모양이 변하지 않는 알파벳은 M, O, T입니다.

07 거울로 비추면 왼쪽은 오른쪽으로, 오른쪽으로 왼쪽으로 뒤집어진 것으로 보이므로 현재 시각은 12시 50분입니다.

08 도형을 왼쪽으로 6번 뒤집은 도형은 처음 도형과 같고, 오른쪽으로 5번 뒤집은 도형은 오른쪽으로 1번 뒤집은 도형과 같습니다.

09 ㉮ 도형에서 위쪽 부분이 오른쪽으로 이동하면 ㉯ 도형이 됩니다.

10 (도형을 시계 방향으로 90°만큼 4번 돌리기)
=(도형을 시계 방향으로 360°만큼 돌리기)
➡ 처음 도형과 같습니다.

11 주황색 모양 조각이 아래쪽에서 왼쪽으로 이동하려면 도형을 시계 반대 방향으로 90°만큼 적어도 3번 돌려야 합니다.

12 지수: 86 카드를 오른쪽으로 뒤집으면 a8 이 되어 수가 만들어지지 않습니다.
인호: 12 카드를 시계 방향으로 (180°) 만큼 돌리기 하면 21 (21)이 됩니다.

13 도형을 오른쪽으로 뒤집었을 때의 도형을 가운데에 그리고, 그 도형을 시계 방향으로 180°만큼 돌려서 오른쪽에 그립니다.

14 도형을 위쪽으로 뒤집고 시계 방향으로 90°만큼 돌리면 처음 도형과 같습니다.

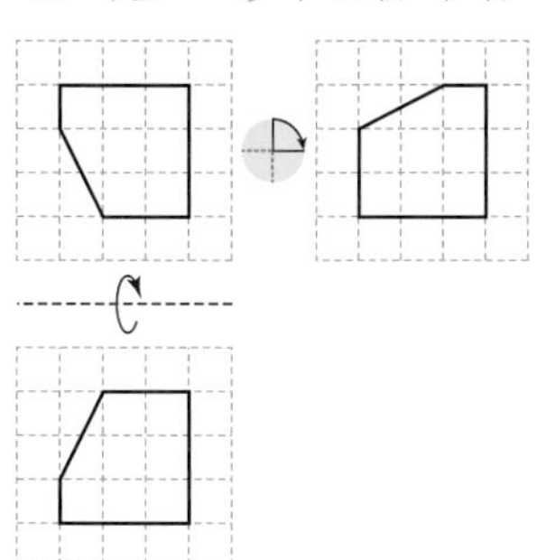

15 주어진 방법으로 움직인 도형은 다음과 같습니다.

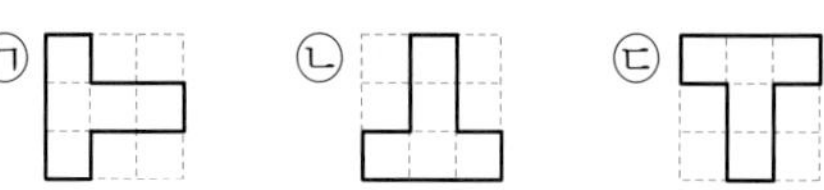

따라서 처음 도형과 같은 것은 ㉡입니다.

16 도형을 오른쪽으로 밀면 모양은 변하지 않습니다.
시계 방향으로 90°만큼 5번 돌린 모양은 시계 방향으로 90°만큼 1번 돌린 모양과 같으므로

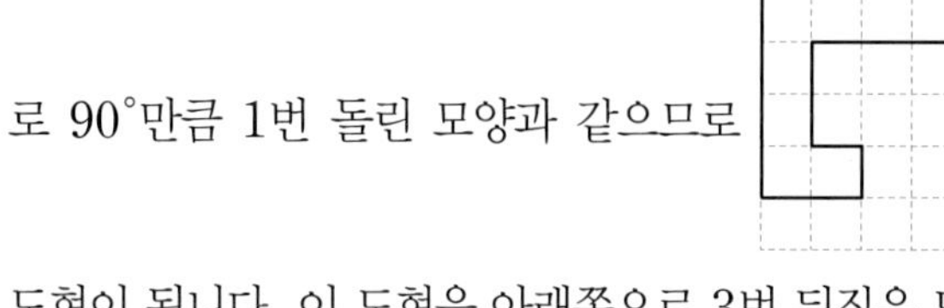

도형이 됩니다. 이 도형을 아래쪽으로 3번 뒤집은 도형은 아래쪽으로 1번 뒤집은 것과 같으므로

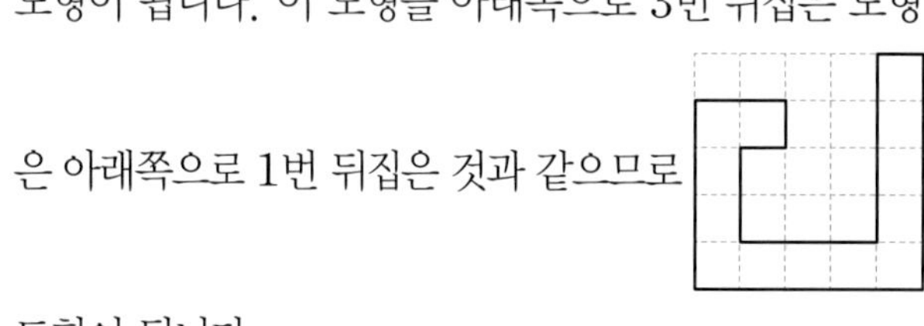

도형이 됩니다.

17 시계 방향으로 90°만큼씩 돌리는 규칙입니다. 모양이 4개씩 반복됩니다. 따라서 12째에 알맞은 모양은 넷째 모양과 같습니다.

18 모양을 뒤집기를 반복해서 무늬를 만듭니다.

19 예 시계 방향으로 180°만큼 돌리면 위쪽 부분은 아래쪽으로, 왼쪽 부분은 오른쪽으로 이동합니다. 69를 시계 방향으로 180°만큼 돌리면 69가 됩니다. … 50 %
따라서 두 수의 차는 69−69=0입니다. … 50 %

20 예 모양을 시계 방향으로 90°만큼 돌리는 것을 반복해서 을 만들고, 그 모양을 오른쪽과 아래쪽으로 밀어서 무늬를 만들었습니다. … 100 %

5 단원 막대그래프

교과서 개념 다지기

118~119쪽

01 막대그래프 02 색깔, 학생 수
03 좋아하는 학생 수에 ○표 04 1명
05 4반 06 2반
07 8명 08 2반

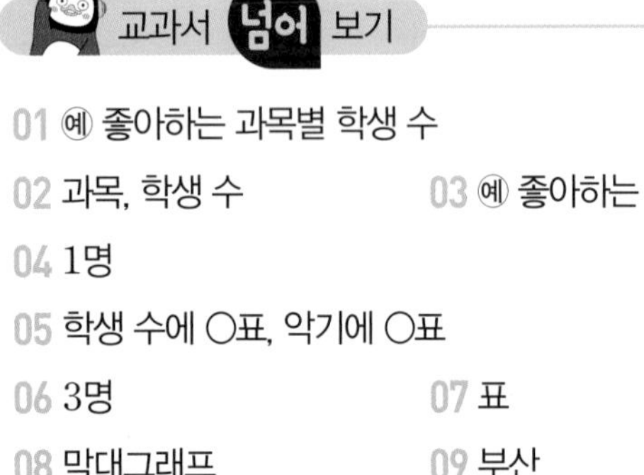

교과서 넘어 보기

120~122쪽

01 예 좋아하는 과목별 학생 수
02 과목, 학생 수 03 예 좋아하는 학생 수
04 1명
05 학생 수에 ○표, 악기에 ○표
06 3명 07 표
08 막대그래프 09 부산
10 광주 11 광주
12 6 mm 13 8명
14 보드게임 15 (위에서부터) ○, ×, ○
16 2 17 7명
18 86명

교과서 속 응용 문제

19 30개 20 24000원
21 1000원

01 민수네 반 학생들이 좋아하는 과목별 학생 수를 조사하였습니다.

02 막대그래프에서 가로는 과목을 나타내고, 세로는 학생 수를 나타냅니다.

03 막대의 길이는 좋아하는 과목별 학생 수를 나타냅니다.

04 막대그래프에서 세로 눈금 5칸이 5명을 나타내므로 (세로 눈금 한 칸의 크기)$=5\div5=1$(명)을 나타냅니다.

05 막대그래프에서 가로는 학생 수를 나타내고, 세로는 악기를 나타냅니다.

06 표를 보면 기타를 배우고 싶어하는 학생은 3명입니다.

07 표의 합계를 보면 조사한 학생이 모두 몇 명인지 알아보기에 편리합니다.

08 막대그래프는 항목별 수량의 많고 적음의 크기 비교를 쉽게 할 수 있습니다.

09 막대의 길이가 길수록 강수량이 많은 지역이므로 강수량이 가장 많은 지역은 부산입니다.

10 막대가 두 번째로 긴 지역은 광주입니다.
따라서 강수량이 두 번째로 많은 지역은 광주입니다.

11 세로 눈금 한 칸이 1 mm이므로 서울의 강수량은 4 mm이고, 광주의 강수량은 8 mm입니다.
따라서 강수량이 서울의 2배인 지역은 광주입니다.

12 강수량이 가장 많은 지역은 부산으로 10 mm이고, 강수량이 가장 적은 지역은 서울로 4 mm입니다.
따라서 두 지역의 강수량의 차는
$10-4=6$(mm)입니다.

13 세로 눈금 한 칸의 크기는 $5\div5=1$(명)입니다.
음악 감상의 막대는 8칸이므로 좋아하는 여가 활동이 음악 감상인 학생은 8명입니다.

14 막대의 길이가 길수록 학생 수가 많고, 길이가 짧을수록 학생 수가 적으므로 가장 적은 학생이 좋아하는 여가 활동은 보드게임입니다.

15 • 보드게임을 좋아하는 학생 수는 4명입니다.
• 음악 감상을 좋아하는 학생은 8명, 독서를 좋아하는 학생은 5명이므로 음악 감상을 좋아하는 학생은 독서를 좋아하는 학생보다 $8-5=3$(명) 더 많습니다.
• 보드게임을 좋아하는 학생은 4명, 음악 감상을 좋아하는 학생은 8명이므로 4명보다 많고 8명보다 적은 여가 활동은 5명인 독서입니다

16 (세로 눈금 한 칸의 크기)$=10\div5=2$(명)입니다.

17 봄을 좋아하는 학생 수는 20명, 봄을 좋아하는 여학생 수가 13명이므로 봄을 좋아하는 남학생 수는 $20-13=7$(명)입니다.

18 좋아하는 계절별 학생 수를 보면
봄 20명, 여름 26명, 가을 18명, 겨울 22명이므로
(조사한 전체 학생 수)$=20+26+18+22=86$(명)입니다.

19 가로 눈금 한 칸은 1개를 나타내므로 삼각김밥별 판매량을 알아보면
불고기 5개, 참치마요 8개, 돈가스 10개,
볶음김치 7개입니다.
(어제 판매한 삼각김밥의 수)
$=5+8+10+7=30$(개)

20 (어제 삼각김밥을 판매한 금액)
=(삼각김밥 한 개의 가격)×(어제 판매한 삼감김밥의 수)
$=800\times30=24000$(원)

21 막대그래프에서 세로 눈금 5칸이 10자루를 나타내므로 (세로 눈금 한 칸의 크기)$=10\div5=2$(자루)를 나타냅니다.
검은색 8자루, 파란색 4자루, 빨간색 6자루, 초록색 10자루이므로
(구입한 볼펜 수)$=8+4+6+10=28$(자루)입니다.
(전체 볼펜값)$=500\times28=14000$(원)이므로
(거스름돈)$=15000-14000=1000$(원)입니다.

123~125쪽

01 학생 수

02 ㉠ 좋아하는 우유별 학생 수

03 6

04

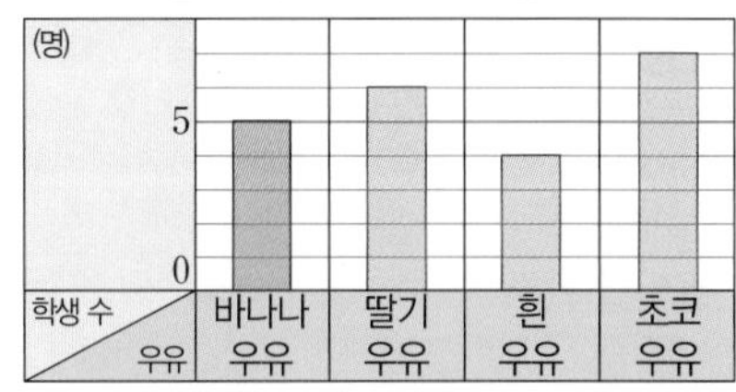

05 6, 3, 7, 20

06 과일

07

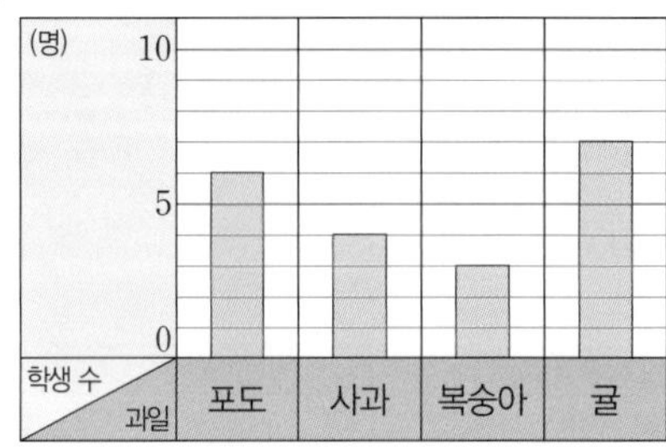

08 찬호

09 24명

10 진수, 9, 예지

126~128쪽

22 9 kg

23 무게

24

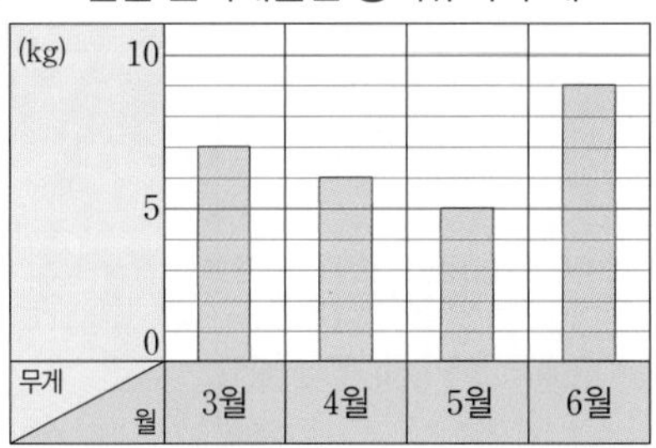

25 6칸

26 가고 싶은 나라별 학생 수

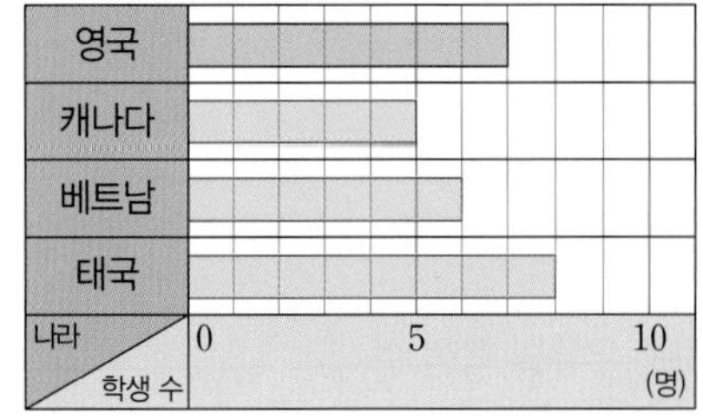

27 10칸

28 5, 4, 2, 3, 14

29 날씨별 날수

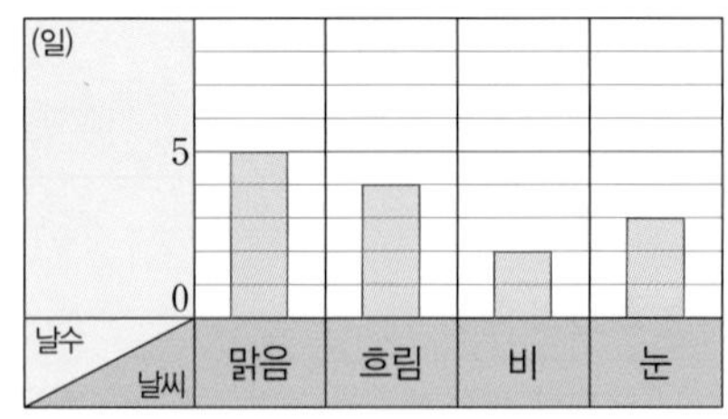

30 주사의 눈의 수별 나온 횟수

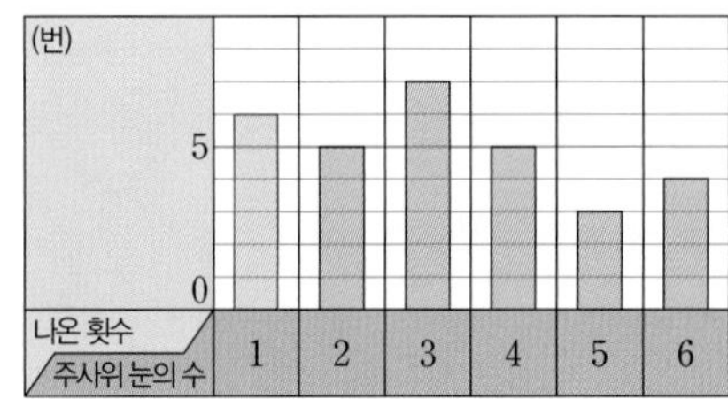

31 10에 ○표

32 장소별 학교 정문까지의 거리

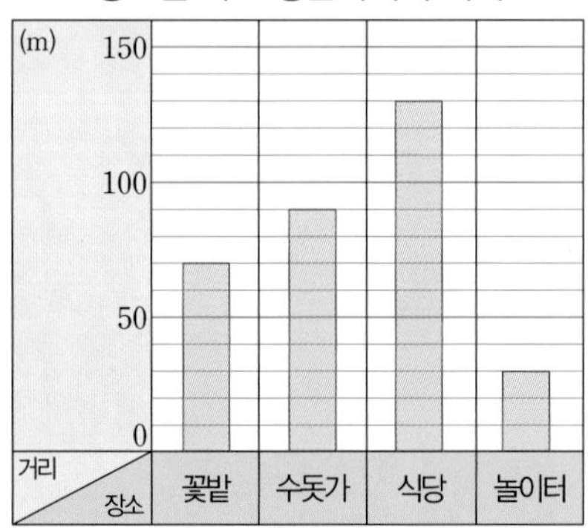

33 장소별 학교 정문까지의 거리

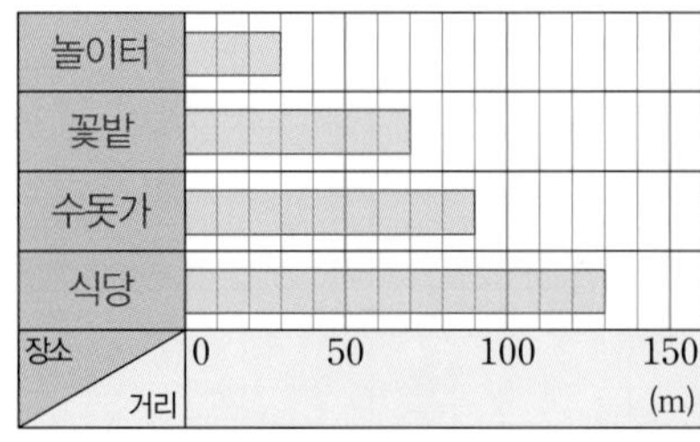

34 7권

35 월별 독서량

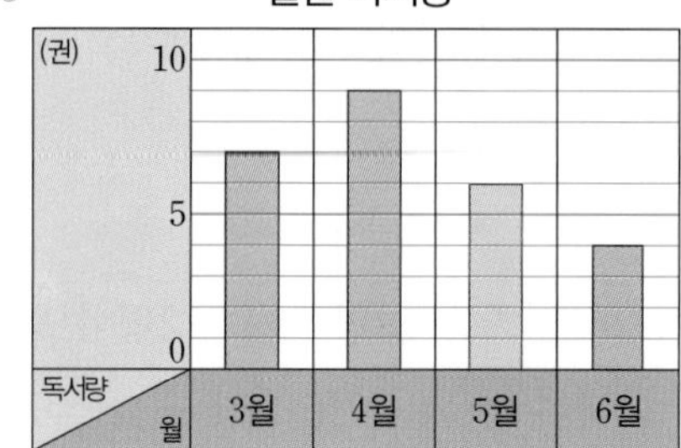

36 4, 6

교과서 속 응용 문제

37 80회

38 60회

39 예 줄넘기 기록이 4주 때보다 더 많아질 것입니다.

22 (6월에 분리배출한 종이류의 무게)
$=27-7-6-5=9$(kg)

23 막대그래프에서 가로는 월을 나타내고, 세로는 무게를 나타냅니다.

24 막대그래프에서 세로 눈금 5칸이 5 kg을 나타내므로 (세로 눈금 한 칸의 크기)$=5\div5=1$(kg)을 나타냅니다.

25 표에서 베트남에 가고 싶어 하는 학생이 6명이므로 6칸으로 나타내어야 합니다.

26 (가로 눈금 한 칸의 크기)$=1$명

27 표에서 가장 많은 학생들이 좋아하는 계절은 여름으로 10명입니다. 따라서 눈금은 적어도 10칸이 필요합니다.

28 맑음, 흐림, 비, 눈이 온 날을 세어 표에 정리합니다.

29 (세로 눈금 한 칸의 크기)$=1$일

30 주사위 눈의 수 2는 5번, 눈의 수 3은 7번, 눈의 수 4는 5번, 눈의 수 5는 3번, 눈의 수 6은 4번입니다.
➡ (주사위 눈의 수 1이 나온 횟수)
$=30-5-7-5-3-4=6$(번)

31 거리가 70 m, 90 m, 130 m, 30 m로 모두 ■0 m입니다. 따라서 눈금 한 칸의 크기를 10 m로 정하면 좋습니다.

참고 눈금 한 칸의 크기를 1 m로 하면 눈금을 130칸까지 그려야 하므로 10 m로 하는 것이 좋습니다.

32 (세로 눈금 한 칸의 크기)=10 m

33 (가로 눈금 한 칸의 크기)=10 m
30 m<70 m<90 m<130 m이므로 놀이터, 꽃밭, 수돗가, 식당의 순서대로 나타냅니다.

34 (세로 눈금 한 칸의 크기)=5÷5=1(권)이고 3월의 막대는 7칸이므로 3월의 독서량은 7권입니다.

35 4월의 독서량은 9권이고 5월에 4월보다 책을 3권 더 적게 읽었으므로
(5월의 독서량)=9−3=6(권)입니다.
따라서 5월에는 6칸 막대를 그리면 됩니다.

36 4월의 독서량이 가장 많았고, 6월의 독서량이 가장 적었습니다.

37 막대그래프에서
(세로 눈금 한 칸의 크기)=100÷5=20(회)입니다.
1주의 줄넘기 기록이 60회이고 2주는 1주 때보다 20회 더 많으므로
(2주 때 줄넘기 기록)=60+20=80(회)입니다.

38 3주 때 줄넘기 기록은 120회이고, 4주 때 줄넘기 기록은 180회입니다. 따라서 4주 때 줄넘기 기록은 3주 때보다 180−120=60(회) 더 많습니다.

39 줄넘기 기록은 1주 60회, 2주 80회, 3주 120회, 4주 180회로 점점 많아지고 있습니다. 따라서 5주 때 줄넘기 기록은 4주 때보다 더 많아질 것입니다.

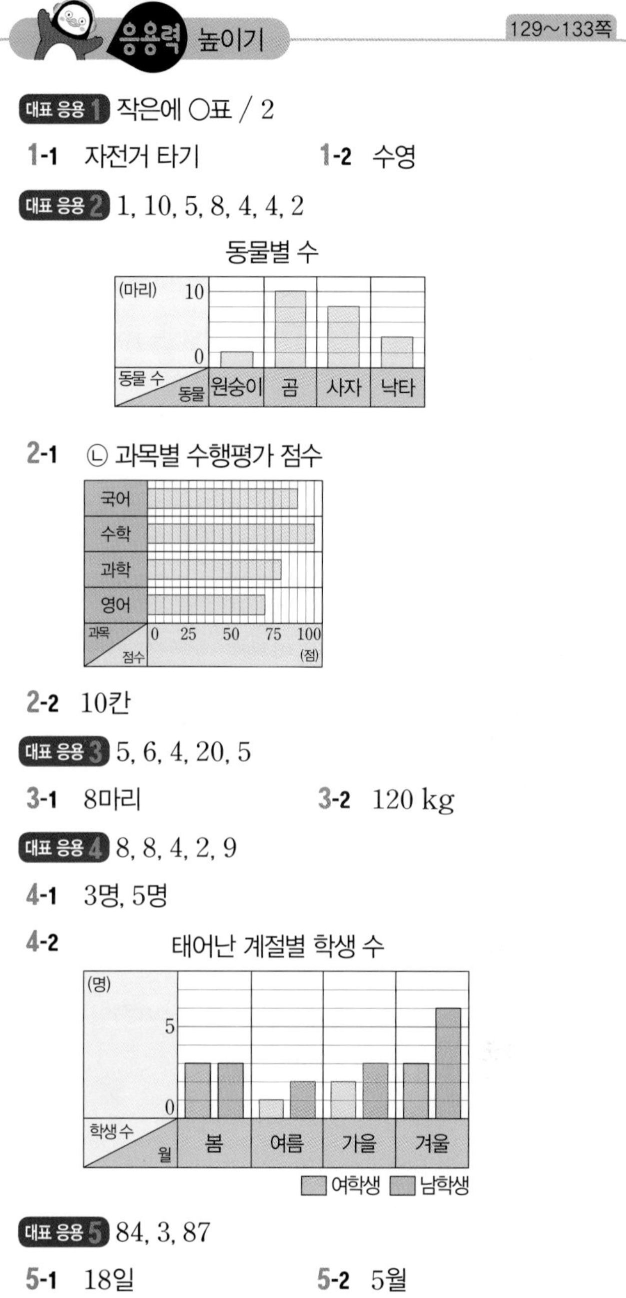

1-1 여학생 수와 남학생 수의 차가 가장 큰 운동은 여학생과 남학생을 나타내는 막대의 길이의 차가 가장 큰 자전거 타기입니다.

1-2 여학생 수와 남학생 수가 같은 운동은 여학생과 남학생을 나타내는 막대의 길이가 같은 수영입니다.

2-1 가로 눈금 한 칸의 크기를 5점으로 하면
국어: 90÷5=18(칸), 수학: 100÷5=20(칸),
과학: 80÷5=16(칸), 영어: 70÷5=14(칸)입니다.

2-2 가로 눈금 한 칸의 크기를 10점으로 하면 수학 점수는 $100 \div 10 = 10$(칸)으로 그리면 됩니다.

3-1 농장에서 기르고 있는 동물은 40마리이고,
닭은 12마리, 오리는 13마리, 돼지는 7마리이므로
(소의 수)$=40-12-13-7=8$(마리)입니다.

3-2 전체 감자 수확량이 530 kg이고 가 마을의 감자 수확량은 130 kg, 다 마을의 감자 수확량은 160 kg이므로
(나 마을과 라 마을의 감자 수확량의 합)
$=530-130-160=240$(kg)입니다.
나 마을과 라 마을의 감자 수확량은 같으므로
$\square+\square=240$ ➡ $\square=120$입니다.
따라서 나 마을의 감자 수확량은 120 kg입니다.

4-1 겨울에 태어난 학생은 9명이므로
(여름에 태어난 학생 수)$=9 \div 3=3$(명)이고,
봄에 태어난 학생은 6명이므로
(가을에 태어난 학생 수)$=6-1=5$(명)입니다.

4-2 겨울에 태어난 여학생은 3명이므로
(여름에 태어난 여학생 수)$=3-2=1$(명)이고,
여름에 태어난 학생은 3명이므로
(여름에 태어난 남학생 수)$=3-1=2$(명)입니다.
봄에 태어난 남학생은 3명이므로
(가을에 태어난 남학생 수)$=3$명이고,
가을에 태어난 학생은 5명이므로
(가을에 태어난 여학생 수)$=5-3=2$(명)입니다.

5-1 4월은 30일까지 있고 비가 온 날이 12일이므로
(4월에 비가 오지 않은 날)$=30-12=18$(일)입니다.

5-2 4월에 비가 오지 않은 날은 18일입니다.
5월에 비가 온 날은 8일이므로
(5월에 비가 오지 않은 날)$=31-8=23$(일)입니다.
6월에 비가 온 날은 18일이므로
(6월에 비가 오지 않은 날)$=30-18=12$(일)입니다.
7월에 비가 온 날은 14일이므로
(7월에 비가 오지 않은 날)$=31-14=17$(일)입니다.
따라서 비가 오지 않은 날이 가장 많은 달은 5월입니다.

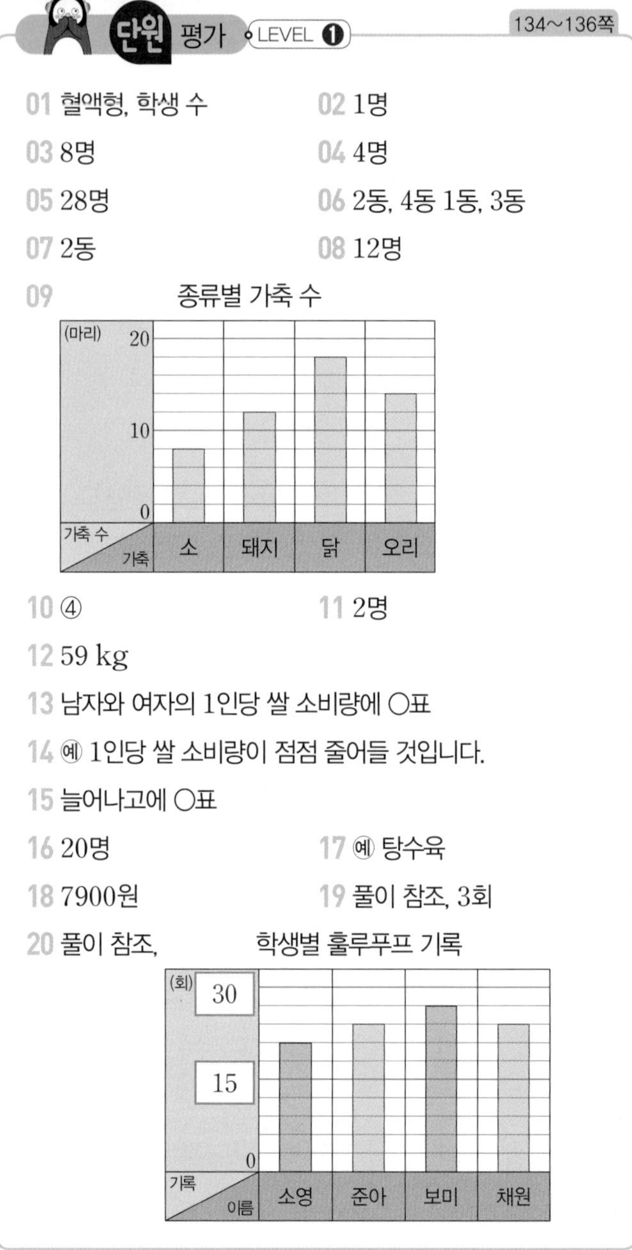
단원 평가 LEVEL ❶ 134~136쪽

01 혈액형, 학생 수
02 1명
03 8명
04 4명
05 28명
06 2동, 4동 1동, 3동
07 2동
08 12명
09 종류별 가축 수

10 ④
11 2명
12 59 kg
13 남자와 여자의 1인당 쌀 소비량에 ○표
14 예 1인당 쌀 소비량이 점점 줄어들 것입니다.
15 늘어나고에 ○표
16 20명
17 예 탕수육
18 7900원
19 풀이 참조, 3회
20 풀이 참조, 학생별 훌루푸프 기록

01 막대그래프에서 가로는 혈액형을 나타내고, 세로는 학생 수를 나타냅니다.

02 막대그래프에서 세로 눈금 5칸이 5명을 나타내므로 (세로 눈금 한 칸의 크기)$=5 \div 5=1$(명)을 나타냅니다.

03 세로 눈금 한 칸은 1명을 나타내고, O형은 막대 8칸이므로 O형인 학생은 모두 8명입니다.

04 A형인 학생은 10명, B형인 학생은 6명이므로 A형인 학생은 B형인 학생보다 $10-6=4$(명) 더 많습니다.

05 A형인 학생 10명, B형인 학생 6명, O형인 학생 8명, AB형인 학생 4명이므로
(하늘이네 반 전체 학생 수)
$=10+6+8+4=28$(명)입니다.

06 막대의 길이가 긴 동부터 차례대로 쓰면 2동, 4동, 1동, 3동입니다.

07 막대그래프에서 가로 눈금 5칸이 5명을 나타내므로 (가로 눈금 한 칸의 크기)$=5\div5=1$(명)을 나타냅니다. 따라서 막대가 1동보다 가로 눈금 2칸만큼 더 긴 동은 2동입니다.

08 막대그래프에서
(세로 눈금 한 칸의 크기)$=10\div5=2$(명)을 나타냅니다. 축구를 좋아하는 학생은 20명, 야구를 좋아하는 학생은 18명, 피구를 좋아하는 학생은 8명입니다.
➡ (농구를 좋아하는 학생)
$=58-20-18-8=12$(명)

09 세로 눈금 한 칸은 2마리를 나타냅니다.

10 ④ 세로 눈금 5칸이 10마리를 나타내므로 (세로 눈금 한 칸의 크기)$=10\div5=2$(마리)를 나타냅니다.

11 강아지를 좋아하는 학생은 8명이고 토끼를 좋아하는 학생 수의 4배이므로
(토끼를 좋아하는 학생 수)$=8\div4=2$(명)입니다.

12 막대그래프의 2019년 막대를 보면 59 kg입니다.

13 막대그래프에서 남자와 여자의 1인당 쌀 소비량은 알 수 없습니다.

14 연도별 1인당 쌀 소비량이 점점 줄어들고 있으므로 2020년 이후로도 계속 줄어들 것이라고 예측할 수 있습니다.

15 1978년에서 2018년까지 연도별 폭염 일수를 나타낸 막대의 길이가 점점 길어지므로 폭염 일수가 점점 늘어나고 있습니다.

16 (전체 남학생 수)$=16+12+18=46$(명)이므로 전체 여학생도 46명입니다.
➡ (탕수육을 좋아하는 여학생 수)
$=46-12-14=20$(명)

17 음식별 좋아하는 여학생 수와 남학생 수의 합을 알아보면
짜장면: $12+16=28$(명),
짬뽕: $14+12=26$(명),
탕수육: $20+18=38$(명)입니다.
가장 많은 학생이 좋아하는 음식은 탕수육이므로 탕수육을 준비하는 것이 가장 좋습니다.

18 500원짜리 동전이 12개이므로
$500\times12=6000$(원),
100원짜리 동전이 14개이므로
$100\times14=1400$(원),
50원짜리 동전이 10개이므로
$50\times10=500$(원)입니다.
➡ (현아네 반 학생들이 모은 돈)
$=6000+1400+500=7900$(원)

19 예 소영이의 훌라후프 기록은 세로 눈금 7칸입니다. … 30 %
따라서 (세로 눈금 한 칸의 크기)$=21\div7=3$(회)를 나타냅니다. … 70 %

20 예 소영이의 훌라후프 기록은 21회, 보미의 훌라후프 기록은 27회이므로
(준아와 채원이의 훌라후프 기록의 합)
$=96-21-27=48$(회)입니다. … 30 %
준아와 채원이의 훌라후프 기록이 같으므로 준아와 채원이의 훌라후프 기록은 각각 $48\div2=24$(회)입니다. … 30 %

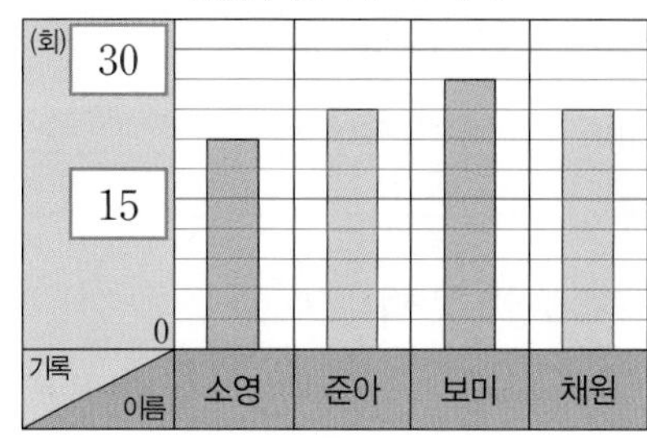

… 40 %

137~139쪽

01 1명
02 막대 모양
03 6명
04 26명
05 막대그래프
06 9명

07 좋아하는 놀이기구별 학생 수

놀이 기구	그네	미끄럼틀	시소	철봉	합계
학생 수 (명)	8	9	6	2	25

좋아하는 놀이기구별 학생 수

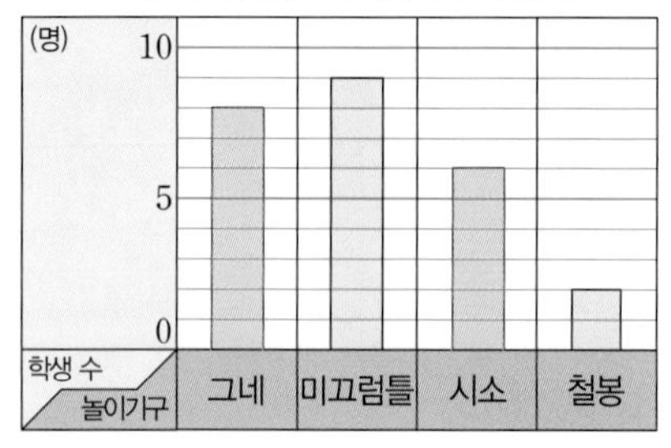

08 4배
09 12명
10 5, 3, 4, 4, 2, 18
11 모

12 장소별 가고 싶은 학생 수

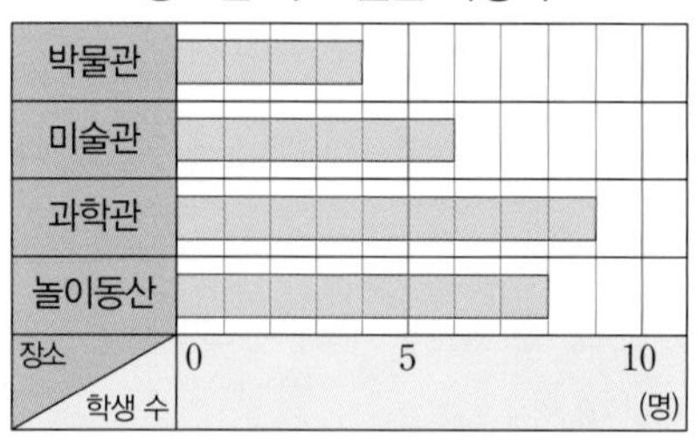

13 13칸, 14칸

14 양궁 경기 기록

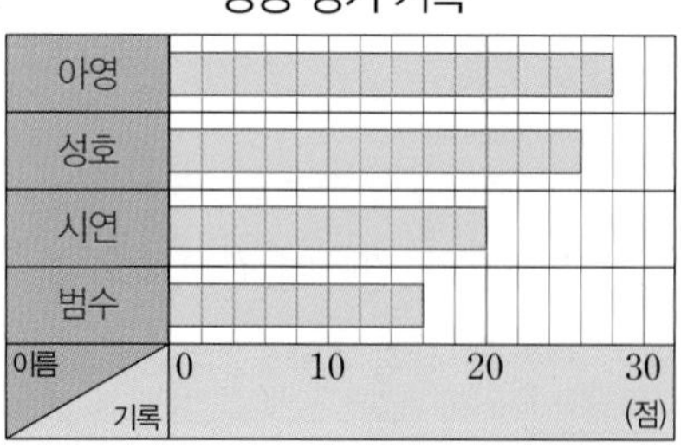

15 8명
16 24명
17 20개
18 가 편의점
19 풀이 참조, 25000원
20 풀이 참조

01 세로 눈금 5칸이 5명을 나타내므로 (세로 눈금 한 칸의 크기)$=5\div5=1$(명)입니다.

02 조사한 자료를 막대 모양으로 나타낸 그래프를 막대그래프라고 합니다.

03 세로 눈금 한 칸의 크기는 1명을 나타냅니다. 발명 동아리 학생 수는 세로 눈금 6칸이므로 6명입니다.

04 독서 동아리 학생은 7명, 발명 동아리 학생은 6명, 줄넘기 동아리 학생은 10명, 미술 동아리 학생은 3명이므로 (조사한 학생 수)$=7+6+10+3=26$(명)입니다.

05 막대의 길이를 비교하여 항목별 많고 적음을 한눈에 알 수 있습니다.

06 미끄럼틀을 좋아하는 학생은 세로 눈금 9칸이므로 9명입니다.

07 그네를 좋아하는 학생은 세로 눈금 8칸, 시소를 좋아하는 학생은 세로 눈금 6칸으로 막대그래프를 완성합니다.

08 그네를 좋아하는 학생은 8명, 철봉을 좋아하는 학생은 2명이므로 그네를 좋아하는 학생 수는 철봉을 좋아하는 학생 수의 $8\div2=4$(배)입니다.

09 가장 많은 학생이 좋아하는 꽃은 무궁화, 가장 적은 학생들이 좋아하는 꽃은 백합입니다.
(세로 눈금 한 칸의 크기)$=10\div5=2$(명)
➡ 백합: 18명, 무궁화: 30명
따라서 가장 많은 학생들이 좋아하는 꽃과 가장 적은 학생들이 좋아하는 꽃의 학생 수의 차는
$30-18=12$(명)입니다.

10 도는 5번, 개는 3번, 걸은 4번, 윷은 4번, 모는 2번으로 모두 $5+3+4+4+2=18$(번) 던졌습니다.

11 10의 표에서 횟수가 가장 적은 것은 모입니다.

12 가로 눈금 한 칸의 크기는 1명을 나타냅니다.

13 눈금 한 칸이 2점을 나타내므로 성호는 $26\div2=13$(칸), 아영이는 $28\div2=14$(칸)으로 나타내어야 합니다.

14 범수는 $16\div2=8$(칸), 시연이는 $20\div2=10$(칸)인 막대그래프로 나타냅니다.

15 (세로 눈금 한 칸의 크기)$=10\div5=2$(명)을 나타내므로 야구를 하고 있는 학생은 18명, 농구를 하고 있는 학생은 10명, 축구를 하고 있는 학생은 16명입니다.

(피구를 하고 있는 학생 수)

$=50-18-10-16=6$(명)

이므로 2명이 더 와서 피구를 한다면 피구를 하는 학생은 $6+2=8$(명)이 됩니다.

16 생수를 좋아하는 학생이 4명이므로

(사이다를 좋아하는 학생 수)$=4\times2=8$(명)입니다.

콜라는 좋아하는 학생은 5명이므로

(주스를 좋아하는 학생 수)$=5+2=7$(명)입니다.

➡ (나윤이네 반 학생 수)

$=5+8+7+4=24$(명)

17 바나나우유의 판매량이 가장 적은 편의점은 바나나우유 막대의 길이가 가장 짧은 나 편의점입니다.

따라서 나 편의점에서 판매한 초코우유는 20개입니다.

18 바나나우유와 초코우유의 판매량의 합이

가 편의점은 $22+24=46$(개),

나 편의점은 $14+20=34$(개),

다 편의점은 $18+14=32$(개),

라 편의점은 $18+26=44$(개)입니다.

따라서 판매량의 합이 가장 많은 편의점은 가 편의점입니다.

19 예 구입한 종류별 아이스크림 수를 알아보면 딸기맛은 7개, 초코맛은 5개, 바닐라맛은 7개, 우유맛은 6개이므로

(구입한 아이스크림 수)$=7+5+7+6=25$(개)입니다. … 50 %

아이스크림 가격이 1000원이므로

$25\times1000=25000$(원)을 내야 합니다. … 50 %

20 예 과학체험관과 수학체험관에 갑니다. … 30 %

왜냐하면 가장 많은 학생이 가고 싶어 하는 체험관이 과학체험관, 둘째로 많은 학생이 가고 싶어 하는 체험관이 수학체험관이기 때문입니다. … 70 %

6단원 규칙 찾기

교과서 개념 다지기

142~144쪽

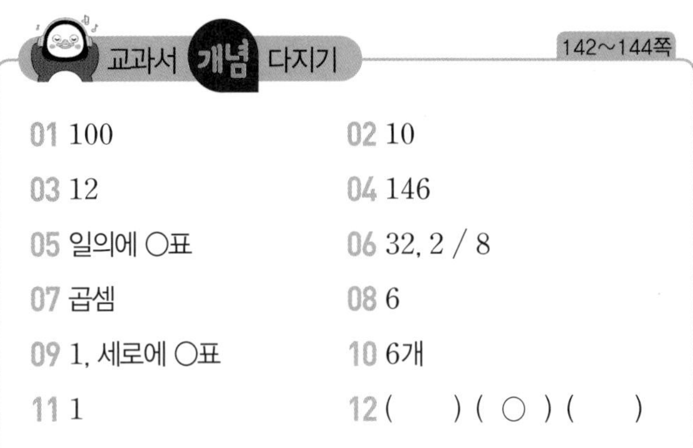

01 100 | 02 10

03 12 | 04 146

05 일의에 ○표 | 06 32, 2 / 8

07 곱셈 | 08 6

09 1, 세로에 ○표 | 10 6개

11 1 | 12 ( ) (○) ( )

교과서 넘어 보기

145~147쪽

01

518	528	538	548
418	428	438	448
318	328	338	348
218	228	238	248

02 ㉢ | 03 85

04 114

05 예 417부터 ↘ 방향으로 101씩 작아집니다.

06 D4 | 07 C7

08 예 두 수의 덧셈의 결과에서 십의 자리 숫자를 씁니다.

09 7, 9 | 10 619, 1013

11 예 19부터 아래쪽으로 100, 200, 300……씩 커집니다.

12 예 두 수의 곱셈의 결과에서 일의 자리 숫자를 씁니다.

13

	101	102	103	104
24	4	8	2	6
25	5	0	5	0
26	6	2	8	4

14 (1) 655 (2) 189

15

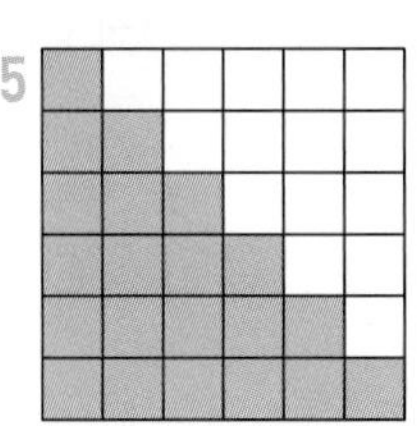

16 예 사각형의 수가 1개에서 시작하여 2개씩 늘어납니다.

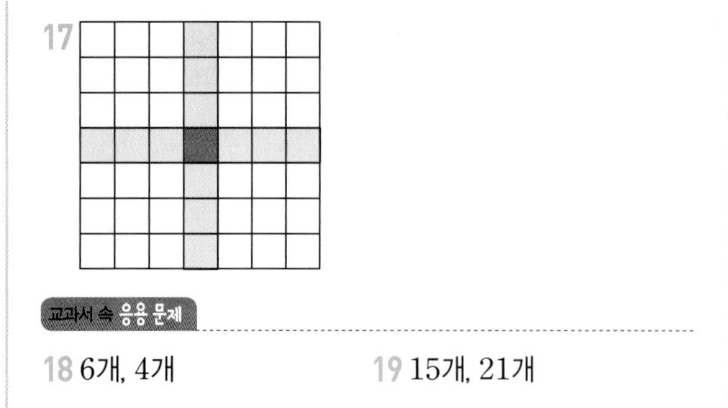

교과서 속 응용 문제

18 6개, 4개 19 15개, 21개

01 518부터 오른쪽으로 10씩 커지고, 아래쪽으로 100씩 작아집니다.

02 ⓒ 83부터 ↗ 방향으로 8씩 작아집니다.

03 55부터 아래쪽으로 10씩 커지므로 ▲에 알맞은 수는 75보다 10 큰 수인 85입니다.

04 117부터 아래쪽으로 1씩 작아지므로 ㉠에 알맞은 수는 115보다 1 작은 수인 114입니다.

05 417부터 ↘ 방향으로 몇 씩 작아지는지 알아봅니다.

06 A4부터 아래쪽으로 알파벳 순서대로 바뀌고 수 4는 그대로이므로 ㉠은 D4입니다.

07 가로는 C3부터 시작하여 알파벳은 그대로 C입니다. 수만 1씩 커지므로 ㉡은 C7입니다.

08 두 수의 덧셈 결과에서 어느 자리 숫자를 나타냈는지 알아봅니다.

09 ㉠ 154+25=179에서 십의 자리 숫자인 7입니다.
㉡ 156+35=191에서 십의 자리 숫자인 9입니다.

10 가로는 오른쪽으로 2씩 커집니다.

11 19부터 아래쪽으로 어떻게 변하는지 알아봅니다.

12 두 수의 곱셈 결과에서 어느 자리 숫자를 나타냈는지 알아봅니다.

13 두 수의 곱셈 결과에서 일의 자리 숫자를 씁니다.

14 (1) 652부터 시작하여 1씩 더한 수가 오른쪽에 있습니다.
(2) 567부터 시작하여 3씩 나눈 수가 오른쪽에 있습니다.

15 색칠한 사각형의 수가 1개에서 시작하여 2개, 3개, 4개⋯⋯ 씩 더 늘어납니다. 따라서 다섯째에는 넷째보다 사각형이 5개 더 늘어나고, 여섯째에는 다섯째보다 사각형이 6개 더 늘어납니다.

16 사각형의 수가 몇 개씩 늘어나는지 알아봅니다.

17 사각형이 2개씩 늘어납니다.

18 다섯째 19 여섯째

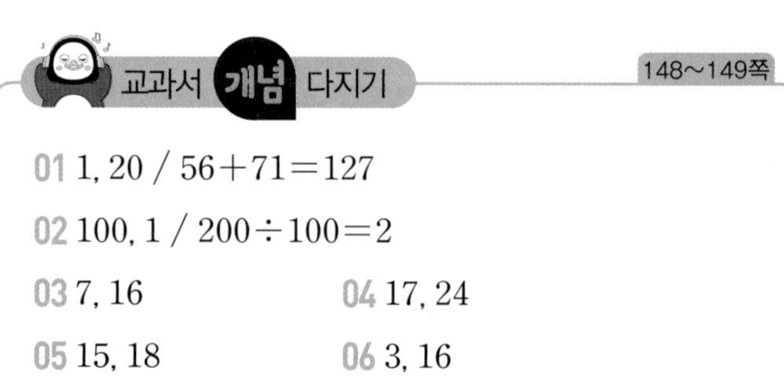

148~149쪽

01 1, 20 / 56+71=127

02 100, 1 / 200÷100=2

03 7, 16 04 17, 24

05 15, 18 06 3, 16

150~152쪽

20 1+2+3+4+5+6=21

21 7, 28 22 ㉢

23 3400+800=4200

24 1100+800−500=1400

25 1400+1100−800=1700

26 11, 5500, 예 곱해지는 수가 100씩 커지고 곱하는 수가 11로 일정하면 계산 결과는 1100씩 커집니다.

27 123454321

28 예 125÷5÷5÷5=1 / 예 625÷5÷5÷5÷5=1

29 99999×11111=1111088889

30 여섯째

31 예 10+18+26=12+18+24

32 예 연속하는 세 수의 합은 가운데 있는 수의 3배와 같습니다.

33 21　　34 예 $14+15+16=15\times3$

교과서 속 응용 문제

35 예 400, 200, 200 / 600, 300, 300 / 800, 400, 400

36 예 1208, 302, 4 / 12008, 3002, 4
120008, 30002, 4

20 1+2부터 더하는 수가 차례로 하나씩 더 늘어나는 규칙입니다. 따라서 다섯째에 알맞은 덧셈식은 $1+2+3+4+5+6=21$입니다.

21 1+2부터 더하는 수가 차례로 하나씩 늘어나고 계산 결과는 3, 6, 10, 15……로 3, 4, 5……씩 더 커지고 있습니다. 따라서 다섯째 계산식의 결과는 넷째 계산식의 결과보다 6 더 큰 수인 21이고, 여섯째 계산식의 결과는 다섯째 계산식의 결과보다 7 더 큰 수인 28입니다.

22 빼지는 수가 100씩 커지고 빼는 수가 10씩 작아지며 계산 결과는 110씩 커지는 계산식을 찾아봅니다.

23 1000씩 커지는 수에서 800을 더하면 계산 결과는 1000씩 커집니다.

24 더하는 두 수의 빼는 수가 각각 100씩 커지고, 계산 결과도 100씩 커집니다.

25 계산 결과가 1000부터 시작하여 100씩 커지므로 여덟째 계산식입니다.
따라서 여덟째에 알맞은 계산식을 구합니다.

26 곱해지는 수, 곱하는 수, 계산 결과가 어떻게 변하는지 알아봅니다.

27 가운데에 5를 쓰고 앞에 1234를, 뒤에 4321을 씁니다.

28 보기 는 2로 1번, 2번, 3번, 4번…… 나누었을 때 몫이 1로 나누어떨어지는 나눗셈을 쓴 것입니다.
따라서 5로 3번, 4번…… 나누었을 때 몫이 1로 나누어떨어지는 나눗셈을 쓰면 됩니다.

29 곱해지는 수는 9가 1개씩, 곱하는 수는 1이 1개씩 늘어납니다. 계산 결과의 자릿수는 둘째 계산식부터 곱하는 수와 곱해지는 수의 자릿수의 합과 같으므로 다섯째 계산 결과는 넷째 계산 결과보다 1과 8이 하나씩 더 많아집니다.

30 계산 결과가 12자리 수이므로 여섯째 계산식입니다.

31 가운데 수를 중심으로 ↘ 방향의 세 수의 합은 ↙ 방향의 세 수의 합과 같습니다.

32 일정하게 연속해서 커지는 세 수의 합은 가운데 있는 수의 3배입니다.

33 $14+20+21+22+28=\square\times5$이므로 $\square=21$입니다. 따라서 21은 가운데 있는 수입니다.

34 연속하는 세 수의 합은 가운데 있는 수의 3배와 같습니다.

35 덧셈식의 합이 빼지는 수인 뺄셈식을 써 봅니다.

36 몫이 4인 나눗셈식을 써 봅니다.

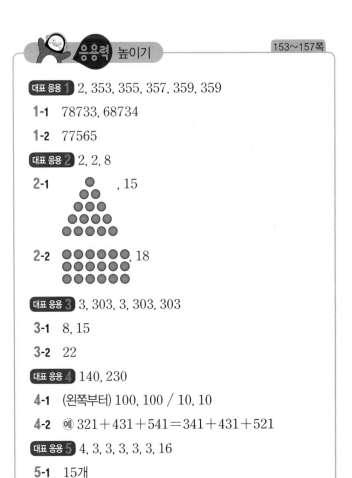

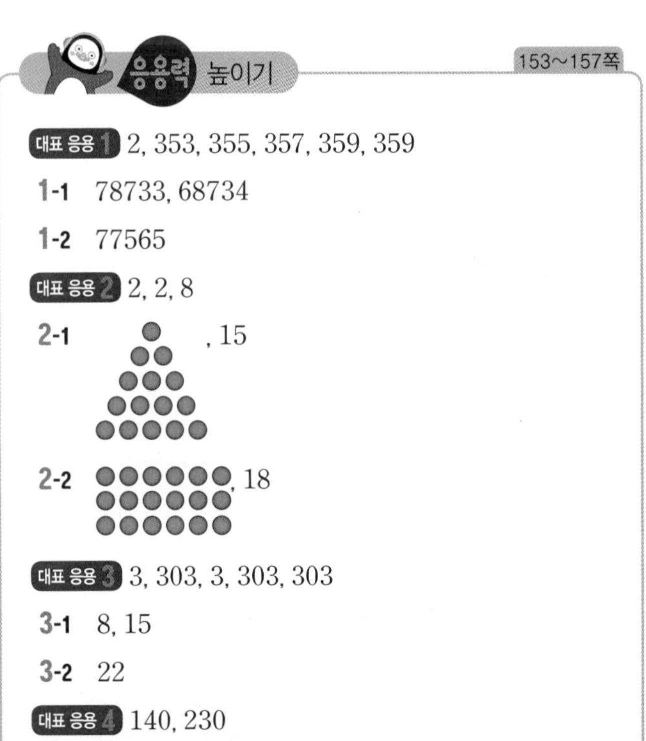

응용력 높이기
153~157쪽
대표 응용 1 2, 353, 355, 357, 359, 359
1-1 78733, 68734
1-2 77565
대표 응용 2 2, 2, 8
2-1 , 15
2-2 , 18
대표 응용 3 3, 303, 3, 303, 303
3-1 8, 15
3-2 22
대표 응용 4 140, 230
4-1 (왼쪽부터) 100, 100 / 10, 10
4-2 예 321+431+541=341+431+521
대표 응용 5 4, 3, 3, 3, 3, 3, 16
5-1 15개
5-2 12개

1-1 오른쪽으로 1씩 커지므로 ▲에 알맞은 수는 78732보다 1 더 큰 수인 78733입니다.
아래쪽으로 10000씩 작아지므로 ♥에 알맞은 수는 98734－88734－78734－68734에서 68734입니다.

1-2 37165에서 ↘ 방향으로 10100씩 커지므로 ★에 알맞은 수는 67465보다 10100 더 큰 수인 77565입니다.

2-1 아래줄에 윗줄보다 바둑돌의 수가 1개씩 더 늘어납니다. 따라서 다섯째는 바둑돌이 1개 더 늘어난 5개를 아랫줄에 그려 줍니다.

2-2 오른쪽으로 바둑돌이 3개씩 늘어나고 있습니다.
따라서 여섯째에 알맞은 도형의 바둑돌의 수는 18개입니다.

3-1 연속하는 세 수의 합은 가운데 있는 수의 3배와 같습니다. 연속하는 다섯 수의 합은 가운데 있는 수의 5배와 같습니다.

3-2 □에 있는 9개 수의 합은 가운데에 있는 수의 9배입니다.

4-1 ↓ 방향으로 100씩 커지고, → 방향으로 10씩 커집니다.

4-2 ↘ 방향의 세 수의 합과 ↙ 방향의 세 수의 합은 같습니다.

5-1 정삼각형 1개를 만드는 데 필요한 성냥개비는 3개입니다. 정삼각형 한 개를 더 만들 때마다 성냥개비는 2개씩 더 필요합니다.
따라서 정삼각형 7개를 만드는 데 필요한 성냥개비는 3＋2＋2＋2＋2＋2＋2＝15(개)입니다.

5-2 3＋2＋2＋2＋2＋2＋2＋2＋2＋2＋2＋2＝25이므로 성냥개비 25개로 만들 수 있는 삼각형은 12개입니다.

단원 평가 LEVEL ❶ 158~160쪽

01 (위에서부터) 2398, 3398, 4398, 5398
02 예 2318, 1020
03 565
04 (1) 1843 (2) 75
05 (위에서부터) 8, 1, 1
06 곱셈, 일
07 6
08 8
09 다섯째
10 17개
11 일곱째
12 3, 6, 1
13 37037 × 15＝555555
14 37037 × 21＝777777
15 440
16 1, ↙(또는 ↗)
17 4배
18 19개
19 풀이 참조, 63 × 12345679＝777777777
20 풀이 참조

01 2318부터 오른쪽으로 20씩 커지므로 첫 번째 줄의 빈칸은 2398입니다. 아래쪽으로 1000씩 커지므로 위에서부터 2398, 3398, 4398, 5398입니다.

02 2318부터 ↘ 방향으로 얼마씩 변하는지 알아봅니다.

03 첫째 줄부터 아래쪽으로 100, 200, 300씩 작아지므로 ◆에 알맞은 수는 765보다 200 더 작은 수인 565입니다.

04 (1) 1035부터 시작하여 202씩 커지는 수가 오른쪽에 있습니다.
(2) 9375부터 시작하여 5씩 나눈 몫이 오른쪽에 있습니다.

05 두 수의 덧셈의 결과에서 일의 자리 숫자를 쓰는 규칙입니다.

06 두 수의 곱셈의 결과에서 일의 자리 숫자를 쓰는 규칙입니다.

07 32 × 13＝416에서 일의 자리 숫자인 6입니다.

08 34×12=408에서 일의 자리 숫자인 8입니다.

09 ↘ 방향으로 사각형이 1개씩 늘어나고 있습니다.

10 ●의 수는 첫째 1개, 둘째 5개, 셋째 9개로 4개씩 많아집니다. 따라서 넷째에 13개, 다섯째에 17개입니다.

11 ●의 수는 첫째부터 1개, 5개, 9개……로 4개씩 늘어나고 있습니다. 따라서 25개인 도형은 1개에서 4개씩 6번 많아지는 것이므로 일곱째에 놓입니다.

12 곱해지는 수와 곱하는 수, 곱한 결과의 변화에서 규칙을 알아봅니다.

13 다섯째 계산식의 곱해지는 수는 37037, 곱하는 수는 3의 5배인 15입니다.

14 계산 결과가 777777인 곱셈식은 일곱째 계산식입니다. 일곱째 계산식의 곱해지는 수는 37037, 곱하는 수는 3의 7배인 21입니다.

15 수 배열표에서 가로는 오른쪽으로 20씩 커지므로 ㉠은 290보다 20 더 큰 수인 310입니다.
↘ 방향의 두 수의 합은 ↙ 방향의 두 수의 합과 같으므로 ㉡은 130입니다.
따라서 ㉠과 ㉡의 합은 310+130=440입니다.

16 5, 6, 7, 8, 9이므로 5부터 오른쪽으로 1씩 커집니다.
16+12=17+11이므로 ↘ 방향의 두 수의 합은 ↙ 방향의 두 수의 합과 같습니다.

17 ㉠ 2, ㉡ 4, ㉢ 8, ㉣ 16, ㉤ 32입니다.
4×4=16이므로 ㉣은 ㉡의 4배입니다.

18 정사각형 1개를 만드는 데 필요한 성냥개비는 4개,
정사각형 2개를 만드는 데 필요한 성냥개비는
4+3=7(개),
정사각형 3개를 만드는 데 필요한 성냥개비는
4+3+3=10(개)입니다.
따라서 정사각형 6개를 만드는 데 필요한 성냥개비는
4+3+3+3+3+3=19(개)입니다.

19 예 9의 □배인 수와 12345679를 곱한 계산 결과는 □□□□□□□□□입니다. … 50 %
9의 7배는 63이므로
63×12345679=777777777입니다. … 50 %

20 예 연속된 세 수의 합은 가운데 수의 3배입니다. … 100 %

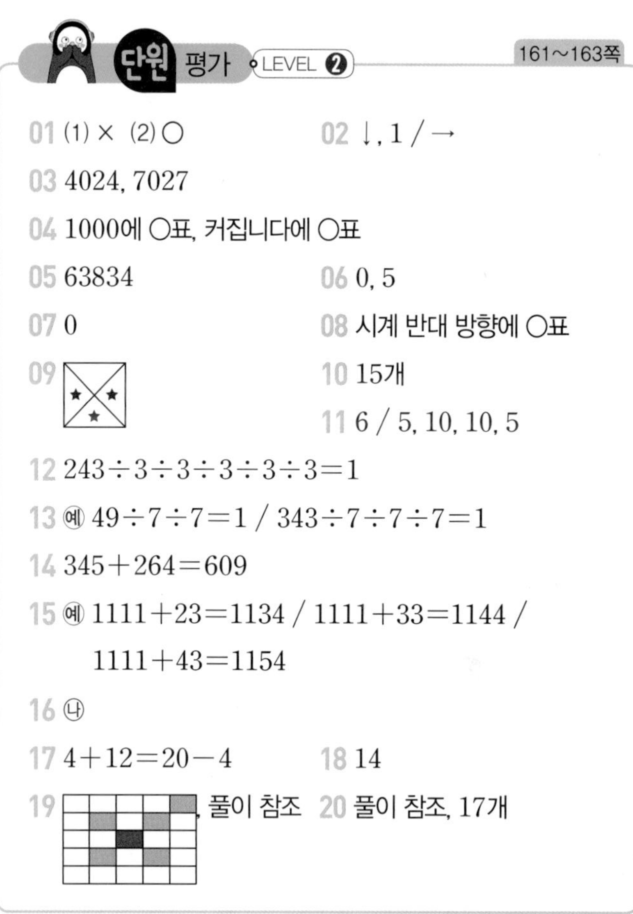
단원 평가 LEVEL ❷ 161~163쪽

01 (1) × (2) ○ 02 ↓, 1 / →
03 4024, 7027
04 1000에 ○표, 커집니다에 ○표
05 63834 06 0, 5
07 0 08 시계 반대 방향에 ○표
09 10 15개
11 6 / 5, 10, 10, 5
12 243÷3÷3÷3÷3÷3=1
13 예 49÷7÷7=1 / 343÷7÷7÷7=1
14 345+264=609
15 예 1111+23=1134 / 1111+33=1144 / 1111+43=1154
16 ㉯
17 4+12=20−4 18 14
19 풀이 참조 20 풀이 참조, 17개

01 (1) 3656−3646−3636−3626으로 10씩 작아집니다.
(2) 3426−3536−3646−3756으로 110씩 커집니다.

02 알파벳과 숫자가 어떻게 변하는지 알아봅니다.

03 2022부터 시작하여 1001씩 더한 수가 오른쪽에 있습니다.

04 60823−61823−62823−63823으로 1000씩 커집니다.

05 오른쪽으로 11씩 커지는 규칙이 있습니다.
◆에 알맞은 수는 63823보다 11 더 큰 63834입니다.

06 두 수의 곱의 일의 자리 숫자를 씁니다.

07 $5\times36=180$이므로 빈칸에 알맞은 수는 0입니다.

08 ★이 어느 방향으로 몇 개씩 늘어나는지 알아봅니다.

09 5개의 도형이 반복되므로 아홉째 도형은 넷째 도형과 같습니다.

10 모형이 계단 모양이고 아래쪽으로 1줄씩 더 늘어납니다.

11 ● 안의 수는 위에 있는 두 수를 더한 값입니다.

12 3으로 5번 나누어 몫이 1이 되는 계산식을 만듭니다.

13 7로 2번 나누어 몫이 1이 되는 계산식과 7로 3번 나누어 몫이 1이 되는 계산식을 만듭니다.

14 더해지는 수는 10씩 커지고 더하는 수는 10, 20, 30……씩 커집니다. 계산 결과는 20, 30, 40……씩 커집니다.

15 빼지는 수가 계산 결과가 되는 덧셈식을 만듭니다.

16 나누어지는 수와 몫의 변화를 알아봅니다.

17 승강기 첫째 줄부터 앞의 두 수의 합은 나머지 수에서 7, 6, 5……씩 빼면 됩니다.

18 $15+6+14+22+13=\square\div5$입니다.
□는 가운데 수인 14입니다.

19 … 50 %

㉮ 사각형은 시계 방향으로 1개씩 늘어나고 있습니다.
… 50 %

20 색칠된 사각형은 빨간색 사각형 1개부터 시작하여 2개, 3개, 4개, 5개……로 1개씩 늘어나고 있습니다.
… 30 %

따라서 여덟째에 색칠된 사각형은 8개입니다. … 30 %
사각형이 25개이므로 색칠되지 않은 사각형은 $25-8=17$(개)입니다. … 40 %

1 단원 큰 수

1 단원 기본 문제 복습 2~3쪽

01 (위에서부터) 100, 10, 1
02 7000, 2000
03 71086 / 칠만 천팔십육
04 (왼쪽부터) 5, 7, 9 / 7000, 200, 3
05 10만, 100만, 1000만
06 73500264
07 (1) 100000000 또는 1억
(2) 1000000000000 또는 1조
08 710, 5892, 칠백십억 오천팔백구십이만
09 26조 5294억 7381만
/ 이십육조 오천이백구십사억 칠천삼백팔십일만
10 587조 3200억, 587320000000000
11 4조 8800억, 5조 800억
12 (1) > (2) <
13 다

01 10000은 9900보다 100만큼 더 큰 수입니다.
10000은 9990보다 10만큼 더 큰 수입니다.
10000은 9999보다 1만큼 더 큰 수입니다.

02 10000은 1000이 10개인 수입니다.
3000은 1000이 3개인 수이므로
10000은 3000보다 7000만큼 더 큰 수입니다.
8000은 1000이 8개인 수이므로
10000은 8000보다 2000만큼 더 큰 수입니다.

03 10000이 7개, 1000이 1개, 100이 0개, 10이 8개, 1이 6개인 수는 71086이고, 칠만 천팔십육이라고 읽습니다.

04

	숫자	나타내는 값
만의 자리	5	50000
천의 자리	7	7000
백의 자리	2	200
십의 자리	9	90
일의 자리	3	3

05 1만이 10개이면 10만, 10만이 10개이면 100만, 100만이 10개이면 1000만입니다.

06 칠천삼백오십만 이백육십사 ➡ 7350만 264
➡ 73500264

07 (1) 9000만보다 1000만만큼 더 큰 수는 1억(100000000)입니다.
(2) 9000억보다 1000억만큼 더 큰 수는 1조(1000000000000)입니다.

08 710∨5892∨0000
710억 5892만
➡ 칠백십억 오천팔백구십이만

09 26∨5294∨7381∨0000
➡ 26조 5294억 7381만
➡ 이십육조 오천이백구십사억 칠천삼백팔십일만

10 오백팔십칠조 삼천이백억
➡ 587조 3200억
➡ 587320000000000

11 1000억씩 뛰어 세면 천억의 자리 수가 1씩 커집니다.

12 (1) 654762 > 89016
(6자리 수) (5자리 수)
(2) 21378450 < 21378500
4 < 5

13 세 수의 자리 수가 모두 같으므로 높은 자리부터 차례로 비교합니다.
745000 > 718000 > 687000
따라서 가장 비싼 세탁기는 다입니다.

1 단원 응용 문제 복습 4~5쪽

01 (1) 30 (2) 20　02 (1) 40 (2) 80
03 1000　04 73264708
05 99990000 또는 9999만
06 43300　07 1000000(100만)씩
08 500　09 10조 5000억씩
10 3045679
11 983652 / 구십팔만 삼천육백오십이
12 655446332211

01 (1) 10000은 9970보다 30만큼 더 큰 수입니다.
(2) 10000보다 20만큼 더 작은 수는 9980입니다.

02 (1) 9960에서 20씩 2번 커지면 10000이 되므로 9960보다 40만큼 더 큰 수는 10000입니다.
(2) 9920에서 80만큼 커지면 10000이 되므로 9920은 10000보다 80만큼 더 작은 수입니다.

03 100의 ㉠배인 수: 100의 100배가 10000입니다.
9000보다 ㉡만큼 더 큰 수: 9000보다 1000만큼 더 큰 수가 10000입니다.
1000의 ㉢배인 수: 1000의 10배인 수가 10000입니다.
따라서 ㉠=100, ㉡=1000, ㉢=10입니다.

04 각 수의 백만의 자리 숫자를 알아보면
62506341 ➡ 2, 40635940 ➡ 0
73264708 ➡ 3, 81304675 ➡ 1
따라서 백만의 자리 숫자가 3인 수는 73264708입니다.

05 1ˇ2541ˇ7803에서 1이 나타내는 수는 1억과 1만입니다. 따라서 두 수의 차는
100000000−10000=99990000입니다.

06 숫자 4가 40000을 나타내므로 만의 자리 숫자는 4, 천의 자리와 백의 자리 숫자는 3, 십의 자리와 일의 자리 숫자는 0이므로 43300입니다.

07 백만의 자리 수가 1씩 커지므로 1000000(100만)씩 뛰어 세었습니다.

08 5만을 100배 하면 500만이 됩니다.
거꾸로 뛰어 세기하면 500만−5만−500입니다.
따라서 ㉠=500입니다.

09 19조 500억에서 두 번 뛰어 세기한 값이 40조 500억이므로 21조 커졌습니다.
따라서 10조 5000억씩 뛰어서 센 것입니다.

10 높은 자리부터 작은 수를 차례로 놓습니다.
0은 가장 높은 자리에 올 수 없으므로 가장 작은 수는 3045679입니다.

11 □□3□□□의 □ 안에 큰 수부터 차례로 놓으면 983652입니다.
983652는 구십팔만 삼천육백오십이라고 읽습니다.

12 열두 자리 수이고, 백만 자리 숫자가 6이므로
□□□□□6□□□□□□로 나타낼 수 있습니다.
1부터 6까지의 숫자를 두 번씩 사용하여 가장 큰 수를 만들면 655446332211입니다.

1 단원 서술형 수행 평가 6~7쪽

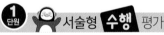

01 풀이 참조, 2700개　02 풀이 참조, 156380원
03 풀이 참조, 27002557
04 풀이 참조, 58470240036
05 풀이 참조, 10개　06 풀이 참조, 5770300
07 풀이 참조, 1570000000000000(1570조)마리
08 풀이 참조, 34억 3000만
09 풀이 참조, 4조 7000억
10 풀이 참조, 958710, 105978

01 예 1000개씩 10상자를 만들려면 10000개 접어야 합니다. … 40 %
10000은 7300보다 2700만큼 더 큰 수이므로 종이학을 2700개 더 접어야 합니다. … 60 %

02 ⓔ 10000원짜리 지폐 13장은 130000원,
1000원짜리 지폐 22장은 22000원,
100원짜리 동전 43개는 4300원,
10원짜리 동전 8개는 80원입니다. … 60 %
따라서 주혁이가 1년 동안 모은 돈은 모두
130000＋22000＋4300＋80＝156380(원)입니다. … 40 %

03 ⓔ 백만의 자리 숫자가 7인 여덟 자리 수는
□7□□□□□□입니다. … 50 %
0＜2＜5＜7이고, 가장 높은 자리부터 작은 수를 차례로 놓을 때 0은 맨 앞자리에 놓을 수 없으므로 백만의 자리 숫자가 7인 가장 작은 수는 27002557입니다.
… 50 %

04 ⓔ 억이 584개이면 584억, 만이 7024개이면 7024만, 일이 36개이면 36이므로 584억 7024만 36입니다.
… 70 %
따라서 수로 나타내면 58470240036입니다. … 30 %

05 ⓔ 오십조 이천칠만 삼천 ➡ 50조 2007만 3000
➡ 50000020073000 … 60 %
따라서 0을 10개 써야 합니다. … 40 %

06 ⓔ 십만의 자리 수가 1씩 커지므로 100000(10만)씩 뛰어 센 것입니다. … 60 %
따라서 빈칸에 알맞은 수는 5670300보다 100000만큼 더 큰 수인 5770300입니다. … 40 %

07 ⓔ 오전 10시부터 오후 1시까지는 3시간이므로
10000배씩 3번 뛰어서 세면
1570 → 15700000 → 157000000000
→ 1570000000000000 … 60 %
따라서 오후 1시에 바이러스는
1570000000000000(1570조)마리가 됩니다.
… 40 %

08 ⓔ 눈금 5칸이 1억을 나타내므로 눈금 한 칸은 2000만을 나타냅니다. … 40 %
따라서 ㉠이 나타내는 수는 33억 5000만에서 2000만씩 4번 뛰어 센 수이므로 34억 3000만입니다. … 60 %

09 ⓔ 100억씩 50번 뛰어서 센 것은
1000억씩 5번 뛰어서 센 것과 같습니다. … 40 %
5조 2000억에서 1000억씩 거꾸로 5번 뛰어서 세면
5조 2000억 → 5조 1000억 → 5조
→ 4조 9000억 → 4조 8000억 → 4조 7000억
따라서 어떤 수는 4조 7000억입니다. … 60 %

10 ⓔ • 서원: 만의 자리 숫자가 5이므로 □5□□□□라 놓고 5를 제외한 큰 수부터 차례로 쓰면 958710입니다. … 50 %
• 영우: 백의 자리 숫자가 9이므로 □□□9□□라 놓고 9를 제외한 작은 수부터 차례로 씁니다. 이때 0은 맨 앞에 올 수 없으므로 두 번째로 작은 1을 십만의 자리에 쓰면 105978입니다. … 50 %

1단원 단원 평가 8~10쪽

01 10000	02 300
03 5, 8, 6, 7, 2	04 27600
05 30000, 1000, 400, 70, 6	
06 천, 3000	07 5924, 7238
08 ②	09 ㉢
10 87653210 / 팔천칠백육십오만 삼천이백십	
11 84, 2790, 5624, 100	12 5030020000
13 60000000000000(60조)	
14 ㉡	
15 69억 3만, 79억 3만, 99억 3만	
16 625억	17 풀이 참조, 4860억
18 ＞	19 ㉠
20 풀이 참조, 0, 1, 2, 3	

01 1000이 10개인 수는 10000입니다.

02 10000은 100이 100개인 수이고 9700은 100이 97개인 수이므로 10000은 9700보다 100이 3개인 수, 즉 300만큼 더 큰 수입니다.

03 58672는 10000이 5개, 1000이 8개, 100이 6개, 10이 7개, 1이 2개인 수입니다.

04 이만 칠천육백 → 2만 7600 → 27600

05 31476=30000+1000+400+70+6

06 73581에서 숫자 3은 천의 자리 숫자이고, 3000을 나타냅니다.

07 59247238은 5924만 7238이므로 만이 5924개, 일이 7238개인 수입니다.

08 각 수의 숫자 4가 나타내는 값을 알아보면
① 47082536 ➡ 40000000(천만의 자리)
② 94103265 ➡ 4000000(백만의 자리)
③ 15409278 ➡ 400000(십만의 자리)
④ 26954301 ➡ 4000(천의 자리)
⑤ 73045108 ➡ 40000(만의 자리)
따라서 백만의 자리 숫자가 4인 수는
② 94103265입니다.

09 9900만보다 10만만큼 더 큰 수는 9910만입니다.
→ 1억은 9900만보다 100만만큼 더 큰 수입니다.

10 주어진 수 카드를 사용하여 만들 수 있는 가장 큰 수는 높은 자리부터 큰 수를 놓으면 87653210입니다.
87653210은 팔천칠백육십오만 삼천이백십이라고 읽습니다.

11 84 | 2790 | 5624 | 0100
조 | 억 | 만 | 일
➡ 84조 2790억 5624만 100이므로 조가 84개, 억이 2790개, 만이 5624개, 일이 100개인 수입니다.

12 억이 50개인 수는 50억입니다.
50억보다 크고 60억보다 작은 수이므로 가장 높은 자리는 십억의 자리이고 숫자는 5입니다.
십억의 자리 숫자가 5, 천만의 자리 숫자가 3, 만의 자리 숫자가 2입니다.
각 자리의 숫자의 합이 10이므로 나머지 자리 숫자가 모두 0이 되어야 합니다.
따라서 조건을 모두 만족하는 수는 5030020000입니다.

13 7262839500000000에서 ㉠은 십조의 자리 숫자이므로 60000000000000(60조)를 나타냅니다.

14 각 수의 소의 자리 숫자를 알아보면
㉠ 3725ˇ8954ˇ1234ˇ5649 → 5
㉡ 297ˇ0516ˇ3346ˇ1475 → 7
㉢ 71ˇ6483ˇ7862ˇ6900 → 1
따라서 조의 자리 숫자가 7인 수는 ㉡입니다.

15 59억 3만에서 3번 뛰어서 센 수가 89억 3만이므로 10억씩 뛰어서 센 것입니다.

16 675억−575억=100억을 똑같이 10칸으로 나누었으므로 눈금 한 칸은 10억입니다.
575억에서 10억씩 5번 뛰어서 세면 625억입니다.
따라서 ㉠에 알맞은 수는 625억입니다.

17 예 어떤 수를 구하려면 5260억에서 100억씩 거꾸로 4번 뛰어 셉니다. … 20 %
따라서 어떤 수는 5260억−5160억−5060억−4960억−4860억에서 4860억입니다. … 80 %

18 천사백육십오만 → 14650000
두 수의 자릿수가 같으므로 가장 높은 자리 숫자부터 차례로 비교합니다.
14724931 > 14650000
7 > 6

19 ㉠ 46ˇ2157ˇ8731ˇ5315
→ 46조 2157억 8731만 5315
㉡ 46조 2139억 900만
십조, 조, 천억, 백억의 자리 수가 모두 같으므로 십억의 자리 수를 비교하면 ㉠이 더 큽니다.

20 예 두 수 모두 일곱 자리 수입니다. 백만의 자리 숫자가 8로 같고 만의 자리 숫자를 비교해 보면 0<1이므로 십만의 자리 숫자 □는 3과 같거나 3보다 작아야 합니다. … 60 %
따라서 □ 안에 들어갈 수 있는 수는 0, 1, 2, 3입니다.
… 40 %

2 단원 각도

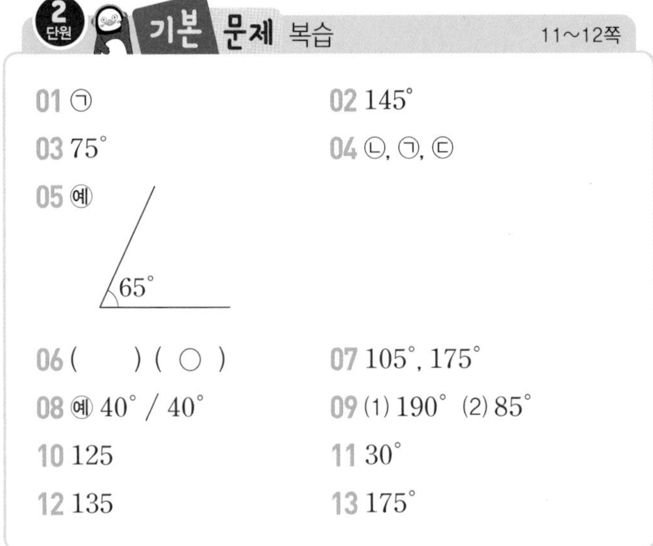

2 단원 기본 문제 복습 11~12쪽

01 ㉠	02 145°
03 75°	04 ㉡, ㉠, ㉢
05 예 (65° 각 그림)	
06 ( ) (○)	07 105°, 175°
08 예 40° / 40°	09 (1) 190° (2) 85°
10 125	11 30°
12 135	13 175°

01 각의 두 변이 더 많이 벌어진 것은 ㉠입니다.

02 각도기의 바깥쪽 눈금을 읽으면 145°입니다.

03 짧은 변의 길이를 늘여서 그린 후 각도를 재면 75°입니다.

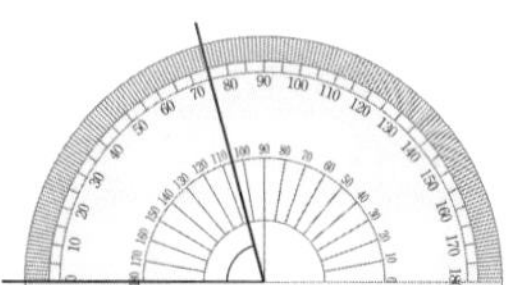

04 각을 그리는 순서
① 각의 한 변인 변 ㄱㄴ을 긋습니다.
② 각도기의 중심과 점 ㄱ을 맞추고, 각도기의 밑금을 변 ㄱㄴ에 맞춥니다.
③ 각도기에서 50°가 되는 눈금 위에 점 ㄷ을 찍습니다.
④ 점 ㄱ과 점 ㄷ을 잇습니다.

05

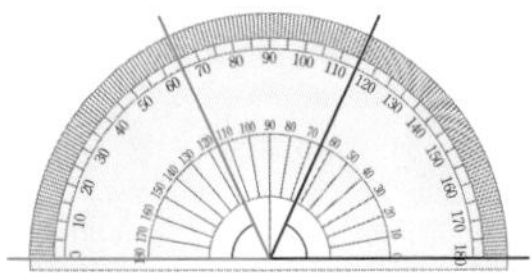

각의 한 변을 그린 다음 각도기의 중심과 각의 꼭짓점이 될 점을 맞추고, 각도기의 밑금과 각의 한 변을 맞춘 후 각도가 65°가 되는 눈금에 점을 표시하고 꼭짓점이 될 점과 잇습니다. 분홍색 선의 각 또는 파란색 선의 각을 그릴 수 있습니다.

06 0°보다 크고 90°보다 작은 각을 예각이라고 합니다.

07 둔각은 90°보다 크고 180°보다 작은 각입니다.
따라서 둔각은 105°, 175°입니다.

08 45°, 90°등을 생각하며 각의 크기를 어림하여 봅니다.
참고 실제 각도와의 차가 작을수록 더 정확히 어림한 것입니다.

09 (1) $125+65=190$
$\rightarrow 125°+65°=190°$
(2) $235-150=85$
$\rightarrow 235°-150°=85°$

10 삼각형의 세 각의 크기의 합은 180°이므로
$25°+30°+\square=180°$
➡ $\square=180°-25°-30°=125°$

11 삼각형의 세 각의 크기의 합은 180°이므로
왼쪽 삼각형에서
㉠$+50°+45°=180°$, ㉠$+95°=180°$
㉠$=180°-95°=85°$
오른쪽 삼각형에서
$65°+60°+$㉡$=180°$, $125°+$㉡$=180°$
㉡$=180°-125°=55°$
➡ (㉠과 ㉡의 각도의 차)
$=85°-55°=30°$

12 사각형의 네 각의 크기의 합은 360°이므로
$\square+70°+95°+60°=360°$
➡ $\square=360°-70°-95°-60°=135°$

13 사각형의 네 각의 크기의 합은 360°이므로
㉠+㉡$+90°+95°=360°$
㉠+㉡$+185°=360°$
㉠+㉡$=360°-185°=175°$

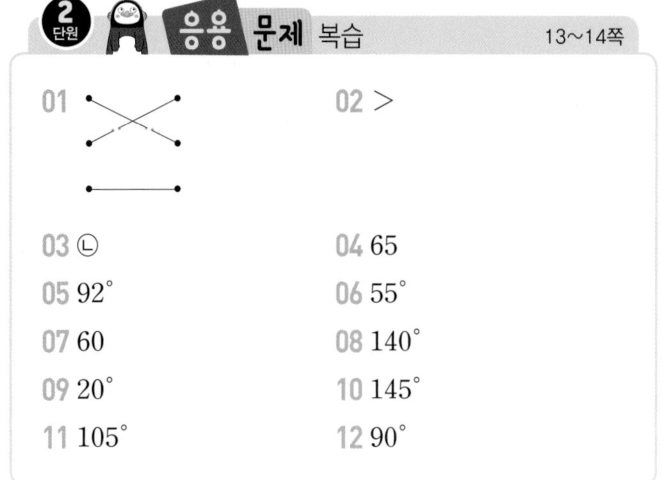

2단원 응용 문제 복습 13~14쪽

01 (선 잇기)
02 >
03 ㉡
04 65
05 92°
06 55°
07 60
08 140°
09 20°
10 145°
11 105°
12 90°

01 • $75° + 25° = 100°$
• $80° + 15° = 95°$
• $150° - 65° = 85°$

02 $145 - 60 = 85$ ➡ $145° - 60° = 85°$
$30 + 45 = 75$ ➡ $30° + 45° = 75°$
$85° > 75°$이므로
$145° - 60° > 30° + 45°$

03 ㉠ $45° + 35° = 80°$
㉡ $110° - 40° = 70°$
㉢ $120° - 50° + 25° = 70° + 25° = 95°$
➡ $95° > 80° > 70°$

04 직선이 이루는 각의 크기는 180°이므로
$90° + 25° + □ = 180°$입니다.
➡ $□ = 180° - 90° - 25° = 65°$
다른 풀이 $25° + □ = 90°$이므로
$□ = 90° - 25° = 65°$

05 삼각형의 세 각의 크기 합은 180°이므로
(각 ㄱㄷㄴ)=(각 ㅁㄷㄹ)$= 180° - 90° - 46° = 44°$
입니다.
직선을 이루는 각의 크기는 180°이므로
(각 ㄱㄷㅁ)$= 180° - 44° - 44° = 180° - 88° = 92°$
입니다.

06 직선이 이루는 각의 크기는
180°이므로

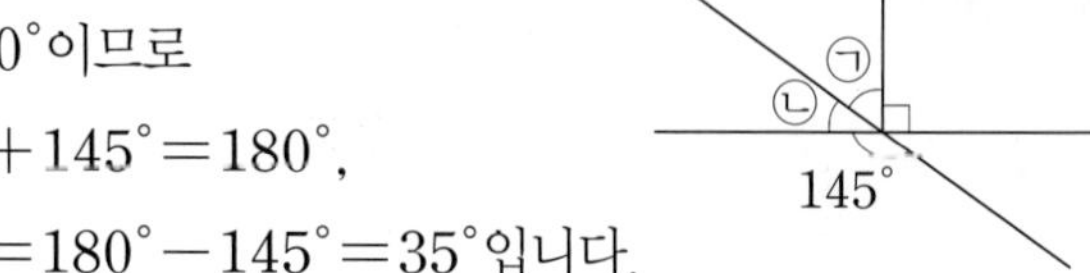

㉡$+ 145° = 180°$,
㉡$= 180° - 145° = 35°$입니다.
㉡+㉠$+ 90° = 180°$, $35° +$㉠$+ 90° = 180°$
➡ ㉠$= 180° - 90° - 35° = 55°$

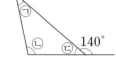

07 (각 ㄱㄷㄴ)$= 180° - 30° - 30° = 120°$
➡ $□ = 180° - 120° = 60°$

08 직선이 이루는 각의 크기는
180°이므로
㉢$= 180° - 140° = 40°$입니다.
삼각형의 세 각의 크기의 합은 180°이므로
㉠+㉡$+ 40° = 180°$
㉠+㉡$= 180° - 40° = 140°$입니다.

09 직선이 이루는 각의 크기는 180°이므로
㉡$= 180° - 105° = 75°$입니다.
삼각형의 세 각의 크기의 합은 180°이므로
㉠$+ 50° + 75° = 180°$
㉠$= 180° - 50° - 75° = 55°$입니다.
➡ ㉡−㉠$= 75° - 55° = 20°$

10 사각형의 네 각의 크기의 합은 360°이므로 나머지 한 각의 크기는 $360° - 45° - 75° - 95° = 145°$입니다.

11 사각형에서 네 각의 크기의 합은 360°이므로 나머지 한 각 ㉠의 크기는
$360° - 65° - 90° - 100° = 105°$입니다.

12

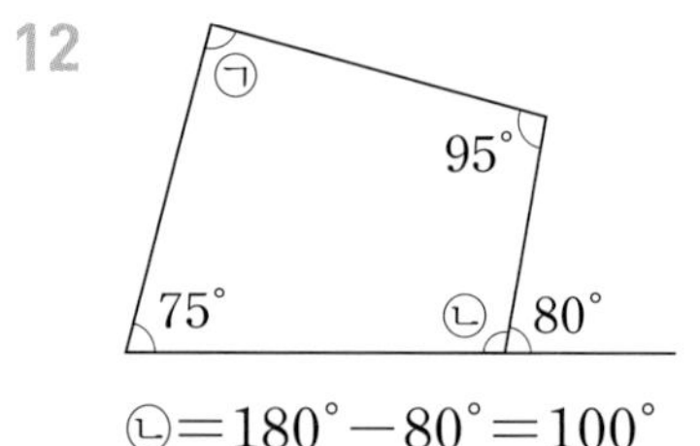

㉡$= 180° - 80° = 100°$
사각형의 네 각의 크기의 합은 360°이므로
㉠$= 360° - 75° - 100° - 95° = 90°$

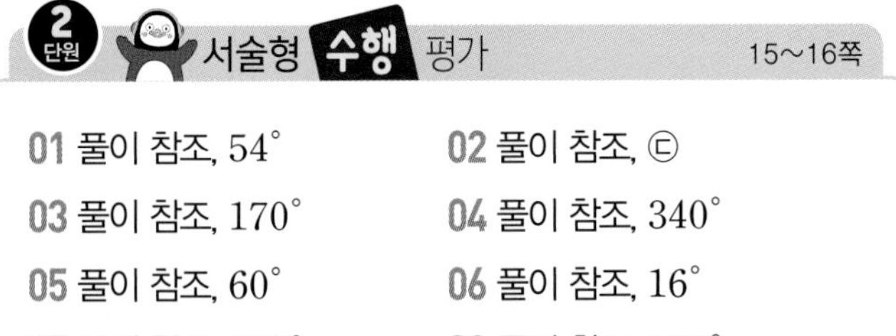

2 단원 서술형 수행 평가 15~16쪽

01 풀이 참조, 54°	02 풀이 참조, ㉢
03 풀이 참조, 170°	04 풀이 참조, 340°
05 풀이 참조, 60°	06 풀이 참조, 16°
07 풀이 참조, 360°	08 풀이 참조, 120°
09 풀이 참조, 65°	10 풀이 참조, 88°

01 예 5개로 나누어진 각 중 한 각의 크기는
90°÷5=18°입니다. … [40 %]
따라서 (각 ㄷㅇㅂ)=18°×3=54°입니다. … [60 %]

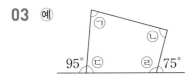

02 예 ㉠ 예각, ㉡ 예각,
㉢ 둔각, ㉣ 예각 … [70 %]

따라서 긴바늘과 짧은바늘이 이루는 작은 쪽의 각이 다른 하나는 ㉢입니다. … [30 %]

03 예

직선이 이루는 각의 크기는 180°이므로
㉢=180°−95°=85°,
㉣=180°−75°=105°입니다. … [40 %]
사각형의 네 각의 크기의 합은 360°이므로
㉠+㉡+85°+105°=360°입니다. … [30 %]
➡ ㉠+㉡=360°−85°−105°=170° … [30 %]

04 예 오각형은 삼각형 3개로 나눌 수 있습니다. 오각형의 모든 각의 크기의 합은 180°×3=540°입니다. … [60 %]
따라서 ㉠, ㉡, ㉢의 각도의 합은
540°−115°−85°=340°입니다. … [40 %]

05 예

50°+90°+㉡=180°이므로
㉡=180°−50°−90°=40°입니다. … [30 %]
90°+㉢+65°+125°=360°이므로
㉢=360°−90°−65°−125°=80°입니다. … [30 %]
따라서 직선이 이루는 각의 크기는 180°이므로
㉠=180°−40°−80°=60°입니다. … [40 %]

06 예 (각 ㄷㅁㄱ)=180°−60°=120° … [40 %]
(각 ㄱㄷㅁ)=90°−46°=44°
삼각형 ㄱㄷㅁ에서
(각 ㄷㄱㅁ)=180°−120°−44°=16° … [60 %]

07 예 (㉠+㉡+㉢)+(삼각형의 세 각의 크기의 합)
=(한 직선이 이루는 각의 크기)×3 … [40 %]
(한 직선이 이루는 각의 크기)×3=180°×3=540°
➡ ㉠+㉡+㉢=540°−(삼각형의 세 각의 크기의 합)
=540°−180°=360° … [60 %]

08 예 1시일 때 긴바늘과 짧은바늘이 이루는 각도는 30°입니다. 5시일 때 긴바늘과 짧은바늘이 이루는 각도는
30°×5=150°입니다. … [60 %]
두 시계의 바늘이 이루고 있는 각도의 차는
150°−30°=120°입니다. … [40 %]

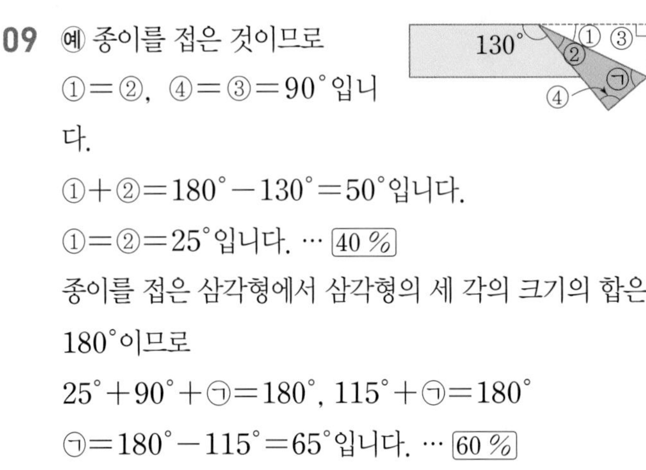

09 예 종이를 접은 것이므로
①=②, ④=③=90°입니다.
①+②=180°−130°=50°입니다.
①=②=25°입니다. … [40 %]
종이를 접은 삼각형에서 삼각형의 세 각의 크기의 합은 180°이므로
25°+90°+㉠=180°, 115°+㉠=180°
㉠=180°−115°=65°입니다. … [60 %]

10 예 사각형 ㄱㄴㄷㄹ의 네 각의 크기의 합이 360°이므로
(각 ㄴㄷㄹ)=360°−110°−88°−22°=140°이고
(각 ㄹㄷㅁ)=(각 ㄴㄷㅁ)이므로
(각 ㄹㄷㅁ)=140°÷2=70°입니다. … [60 %]
삼각형의 세 각의 크기의 합은 180°이므로
㉠=180°−22°−70°=88°입니다. … [40 %]

2단원 단원 평가 17~19쪽

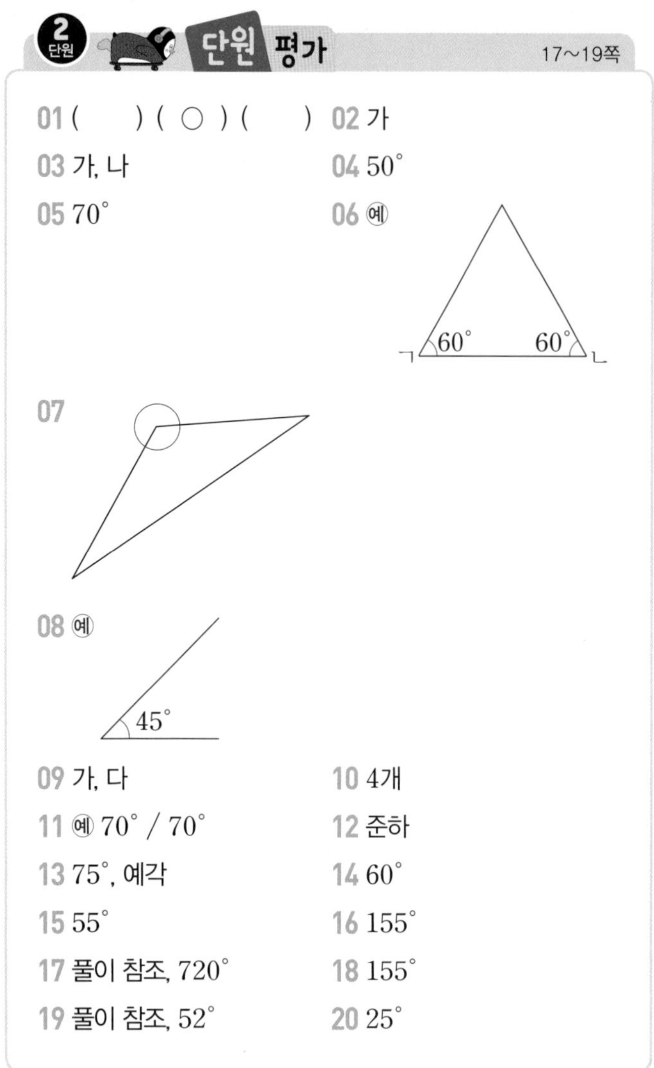

01 ( ) (○) ( )
02 가
03 가, 나
04 50°
05 70°
06 예
60°
60°
ㄱ
ㄴ
07
08 예
45°

09 가, 다 / 10 4개
11 예 70° / 70° / 12 준하
13 75°, 예각 / 14 60°
15 55° / 16 155°
17 풀이 참조, 720° / 18 155°
19 풀이 참조, 52° / 20 25°

01 두 변이 가장 많이 벌어진 가위를 찾습니다.

02 두 변이 더 많이 벌어진 것은 가입니다.

03 두 변의 벌어진 정도가 클수록 큰 각이므로 각의 크기는 가>다>나입니다. 따라서 가장 큰 각은 가이고 가장 작은 각은 나입니다.

04 각의 한 변이 각도기의 안쪽 눈금 0에 맞춰져 있으므로 나머지 변이 만나는 안쪽 눈금을 읽습니다. ➡ 50°

05

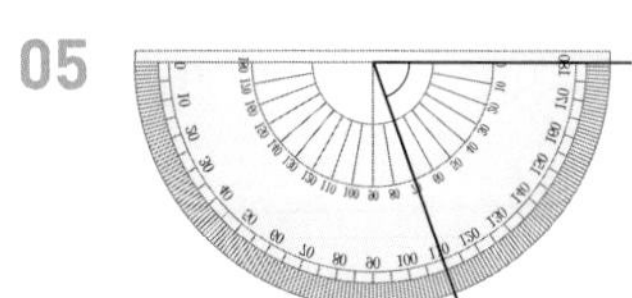

그림과 같이 각도를 재고 눈금을 읽으니 70°임을 알 수 있습니다.

06 점 ㄱ 과 ㄴ을 꼭짓점으로 하는 주어진 각도의 각을 그리면 삼각형 모양이 됩니다.

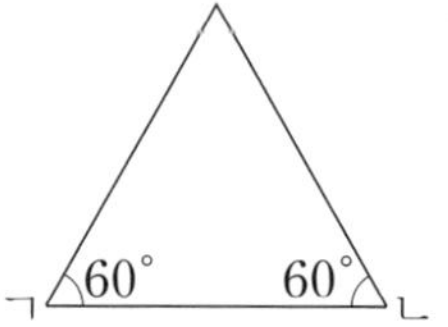

07 90°<(둔각)<180°이므로 삼각형에서 직각보다 큰 각을 찾아봅니다.

08 색종이를 한 번 접어서 만들어진 각은 직각을 둘로 똑같이 나눈 것이므로 45°입니다.
각도기와 자를 이용하여 각도가 45°인 각을 그립니다.

09 예각은 0°보다 크고 90°보다 작은 각이므로 시계의 긴 바늘과 짧은 바늘이 이루는 작은 쪽의 각이 예각인 것은 가와 다입니다.

10 둔각을 찾아 표시하면 다음과 같습니다.

따라서 둔각의 개수는 모두 4개입니다.

11 주어진 각은 90°보다 작으므로 약 70°라고 어림할 수 있습니다.

12 주어진 각도는 125°입니다. 어림한 각도와의 차가 더 작은 사람이 더 정확하게 어림한 것이므로 준하입니다.

13 145°−70°=75°입니다.
0°보다 크고 90°보다 작은 각을 예각이라고 하므로 75°는 예각입니다.

14 ㉡=90°−60°=30°입니다.
㉠은 직선이 이루는 각도 180°에서 나머지 모든 각을 뺀 각과 같으므로 180°−90°−30°=60°입니다.

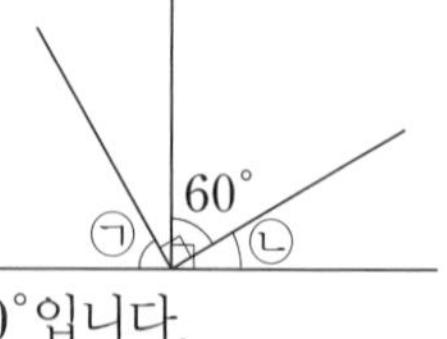

15 삼각형의 세 각의 크기의 합은 180°입니다.
따라서 가려진 각의 크기를 □라고 할 때,
□=180°−45°−80°=55°입니다.

16 삼각형의 세 각의 크기의 합은 180°이므로
25°+㉠+㉡=180°입니다.
따라서 ㉠+㉡=180°−25°=155°입니다.

17 예

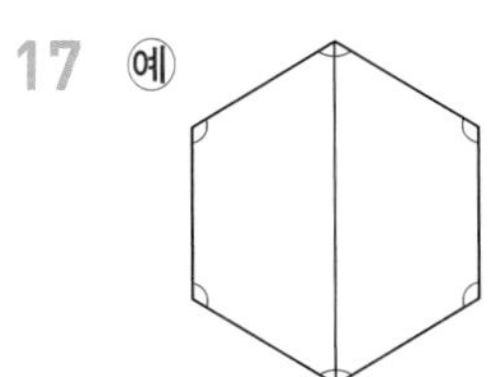

도형은 사각형 2개로 나눌 수 있습니다. … 30 %
따라서 (도형의 모든 각도의 합)
=(사각형의 네 각의 크기의 합)×2이므로
360°×2=720°입니다. … 70 %

18 사각형의 네 각의 크기의 합은 360°이므로
㉠+90°+㉡+115°=360°입니다.
따라서 ㉠+㉡=360°−90°−115°=155°입니다.

19 예

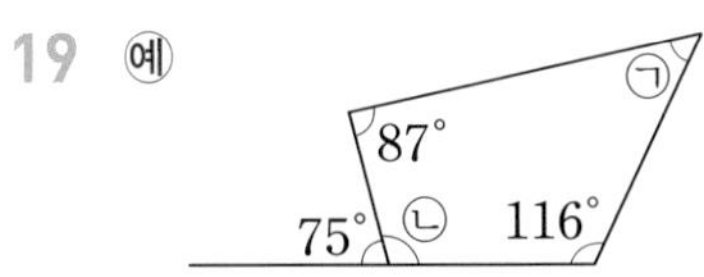

직선이 이루는 각의 크기는 180°이므로
㉡=180°−75°=105°입니다. … 50 %
㉠+87°+105°+116°=360°이므로
㉠=360°−87°−105°−116°=52°입니다.
… 50 %

20

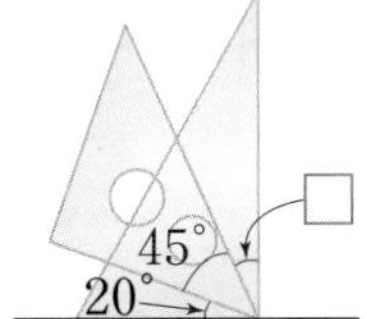

90°인 각과 45°인 각이 겹쳐져 있습니다.
20°+45°+□=90°이므로
□=90°−20°−45°=25°입니다.

3 단원 곱셈과 나눗셈

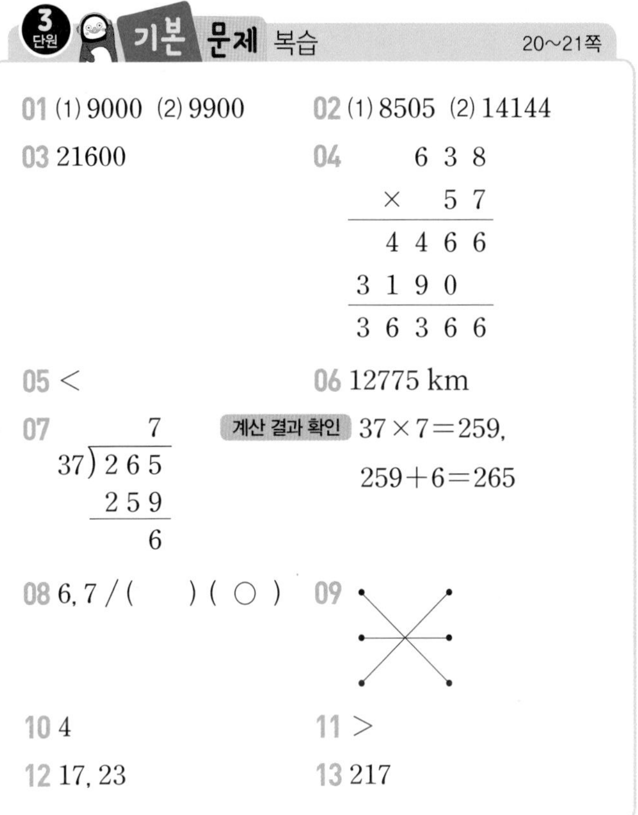

3단원 기본 문제 복습 20~21쪽

01 (1) 9000 (2) 9900 **02** (1) 8505 (2) 14144

03 21600

04

$$\begin{array}{r} 6\,3\,8 \\ \times \quad 5\,7 \\ \hline 4\,4\,6\,6 \\ 3\,1\,9\,0 \\ \hline 3\,6\,3\,6\,6 \end{array}$$

05 < **06** 12775 km

07

$$\begin{array}{r} 7 \\ 37\overline{)2\,6\,5} \\ 2\,5\,9 \\ \hline 6 \end{array}$$

계산 결과 확인 37×7=259, 259+6=265

08 6, 7 / ( ) (○) **09** (그림)

10 4 **11** >

12 17, 23 **13** 217

01 300×30=9000, 330×30=9900

02 (1)
$$\begin{array}{r} 3\,1\,5 \\ \times \quad 2\,7 \\ \hline 2\,2\,0\,5 \\ 6\,3\,0 \\ \hline 8\,5\,0\,5 \end{array}$$
(2)
$$\begin{array}{r} 4\,1\,6 \\ \times \quad 3\,4 \\ \hline 1\,6\,6\,4 \\ 1\,2\,4\,8 \\ \hline 1\,4\,1\,4\,4 \end{array}$$

03 ㉠은 432와 50의 곱을 나타내므로 ㉠이 실제로 나타내는 값은 432×50=21600입니다.

04 곱하는 수 57에서 5는 십의 자리 숫자이므로
638×5=3190은 31900을 나타냅니다.

05 712×17=12104<429×31=13299

06 35×365=12775(km)

07 37×7=259, 259+6=265

08
$$\begin{array}{r} 6 \\ 60\overline{)3\,6\,0} \\ 3\,6\,0 \\ \hline 0 \end{array} \qquad \begin{array}{r} 7 \\ 70\overline{)4\,9\,0} \\ 4\,9\,0 \\ \hline 0 \end{array}$$

09 • $254 \div 60 = 4 \cdots 14$ • $400 \div 80 = 5$
• $498 \div 70 = 7 \cdots 8$ • $350 \div 50 = 7$
• $163 \div 30 = 5 \cdots 13$ • $280 \div 70 = 4$

10 어떤 자연수를 17로 나눌 때 나올 수 있는 나머지는 0, 1, 2, 3 …… 14, 15, 16입니다. 이중에서 가장 큰 수는 16이므로 $16 \div 4 = 4$입니다.

11 $812 \div 32 = \underline{25} \cdots 12$, $619 \div 29 = \underline{21} \cdots 10$

12 100이 5개, 10이 15개, 1이 2개인 수:
$500 + 150 + 2 = 652$
➡ $652 \div 37 = 17 \cdots 23$

13 어떤 수를 □라고 하면 □$\div 30 = 7 \cdots 7$입니다.
따라서 $7 \times 30 = 210$, $210 + 7 = 217$이므로
□$= 217$입니다.

3단원 응용 문제 복습 22~23쪽

01 3427	02 19440
03 6670	04 14795
05 6604	06 5012
07 13	08 24
09 996	10 4시간 35분
11 34팩	12 640원

01 (어떤 수)$\div 23 = 6 \cdots 11$이므로
어떤 수는 $23 \times 6 = 138$, $138 + 11 = 149$입니다.
따라서 바르게 계산하면 $149 \times 23 = 3427$입니다.

02 어떤 수를 □라고 하면
$648 +$□$= 678$, □$= 678 - 648 = 30$
따라서 바르게 계산한 값은
$648 \times$□$= 648 \times 30 = 19440$입니다.

03 어떤 수를 □라고 하면
□$- 23 = 267$, □$= 267 + 23 = 290$
따라서 바르게 계산한 값은
□$\times 23 = 290 \times 23 = 6670$입니다.

04 곱이 가장 크려면 가장 큰 수를 곱해야 합니다.
따라서 곱이 가장 큰 곱셈식은
$269 \times 55 = 14795$입니다.

05 곱이 가장 작으려면 가장 작은 수를 곱해야 합니다.
따라서 곱이 가장 작은 곱셈식은 $127 \times 52 = 6604$입니다.

06 세 자리 수의 백의 자리 수와 두 자리 수의 십의 자리 수가 작아야 합니다.
$148 \times 35 = 5180$, $158 \times 34 = 5372$,
$348 \times 15 = 5220$, $358 \times 14 = 5012$
따라서 곱이 가장 작은 곱셈식은 $358 \times 14 = 5012$입니다.

07 □□□$\div 48$에서 몫이 가장 크려면 가장 큰 세 자리 수를 48로 나누어야 합니다.
따라서 몫이 가장 큰 나눗셈식은
$653 \div 48 = 13 \cdots 29$입니다. ➡ 몫: 13

08 가장 큰 수를 나눌 때 몫이 가장 크게 됩니다.
5부터 8까지의 숫자를 한 번씩만 사용하여 만들 수 있는 가장 큰 세 자리 수는 876입니다.
따라서 $876 \div 36 = 24 \cdots 12$이므로 몫은 24입니다.

09 세 자리 수 중에서 가장 큰 수는 999이고
$999 \div 32 = 31 \cdots 7$이므로 세 자리 수를 32로 나누었을 때 가장 큰 몫은 31입니다.
구하는 세 자리 수를 □라고 하면
□$\div 32 = 31 \cdots 4$, $32 \times 31 = 992$, $992 + 4 = 996$이므로 □$= 996$입니다.
따라서 조건에 맞는 세 자리 수는 996입니다.

10 $275 \div 60 = 4 \cdots 35$이므로 지수가 할머니 댁에 가는 데 걸린 시간은 4시간 35분입니다.

11 $417 \div 12 = 34 \cdots 9$ ➡ 몫: 34, 나머지: 9
따라서 34팩까지 팔 수 있습니다.

12 (공책 13권의 가격)$= 450 \times 13 = 5850$(원)
(연필 13자루의 가격)$= 270 \times 13 = 3510$(원)
(거스름돈)
$=$(지후가 낸 돈)$-$(공책의 가격)$-$(연필의 가격)
$= 10000 - 5850 - 3510 = 640$(원)

01 풀이 참조, 5735개
02 풀이 참조, 37640원
03 풀이 참조, 9
04 풀이 참조, 39그루
05 풀이 참조, 836
06 풀이 참조, 9개
07 풀이 참조, 47432원
08 풀이 참조, 27300원
09 풀이 참조, 19개, 25 cm
10 풀이 참조, 19개

01 예 3월의 날수는 31일입니다. … 30 %
따라서 3월 한 달 동안 만든 가방은 모두
$185 \times 31 = 5735$(개)입니다. … 70 %

02 예 (볼펜 26자루의 값)
$= 780 \times 26 = 20280$(원) … 30 %
(지우개 31개의 값)
$= 560 \times 31 = 17360$(원) … 30 %
따라서 볼펜 26자루와 지우개 31개를 사려면 모두
$20280 + 17360 = 37640$(원)이 필요합니다. … 40 %

03 예 나눗셈식으로 나타내면
(어떤 수)$\div 42 = 5 \cdots 10$입니다. … 30 %
어떤 수는 $42 \times 5 = 210$, $210 + 10 = 220$입니다.
… 30 %
따라서 바르게 계산하면 $220 \div 24 = 9 \cdots 4$이므로
몫은 9입니다. … 40 %

04 예 나무 사이의 간격 수는 $532 \div 14 = 38$(군데)입니다. … 60 %
따라서 심어져 있는 나무 수는 (간격 수)$+1$이므로
$38 + 1 = 39$(그루)입니다. … 40 %

05 예 나누어지는 수가 가장 큰 자연수가 되려면 나머지가 가장 큰 수여야 합니다. … 30 %
나머지가 될 수 있는 수 중에서 가장 큰 수는 26이므로
●$= 26$입니다. … 30 %
따라서 $\square \div 27 = 30 \cdots 26$에서
$\square$는 $27 \times 30 = 810$,
$810 + 26 = 836$이므로
$\square = 836$입니다. … 40 %

06 예 $171 \div 45 = 3 \cdots 36$이므로 한 명에게 3개씩 나누어 주면 36개가 남습니다. … 70 %
따라서 사탕이 남지 않게 똑같이 나누어 주려면 적어도
$45 - 36 = 9$(개)의 사탕이 더 필요합니다. … 30 %

07 예 한 세대가 하루에 77원을 절약할 수 있으므로 일주일 동안 절약할 수 있는 전기 요금은 $77 \times 7 = 539$(원)입니다. … 40 %
따라서 88세대가 일주일 동안 절약할 수 있는 전기 요금은 $539 \times 88 = 47432$(원)입니다. … 60 %

08 예 (당근, 감자, 고구마의 100 g당 가격의 합)
$= 280 + 260 + 370 = 910$(원) … 40 %
3 kg$=$3000 g이고 3000 g은 100 g의 30배입니다.
따라서 당근, 감자, 고구마를 사는 데 필요한 돈은
$910 \times 30 = 27300$(원)입니다. … 60 %

09 예 6 m 90 cm$=$690 cm이므로
$690 \div 35 = 19 \cdots 25$입니다. … 60 %
따라서 선물 상자는 19개 포장할 수 있고 남은 리본의 길이는 25 cm입니다. … 40 %

10 예 24개씩 들어가는 상자 18개에 포장한 복숭아의 개수는 $24 \times 18 = 432$(개)입니다. … 40 %
복숭아가 1000개 있으므로 24개씩 들어가는 상자에 포장하고 남는 복숭아의 개수는
$1000 - 432 = 568$(개)입니다.
$568 \div 30 = 18 \cdots 28$이므로 30개씩 상자 18개에 담고 남는 복숭아 28개도 담아야 하므로 30개씩 들어가는 상자는 적어도 $18 + 1 = 19$(개) 필요합니다. … 60 %

3 단원 단원 평가 26~28쪽

01 25000	02 22420
03 ②	04 <
05 44046	06 (위에서부터) 6, 2, 5, 8
07 25650개	08 6560원
09 5700원	10 131400원
11 몫: 6, 나머지 : 42	12 8, 536, 19
13 1, 3, 2	14 6팀, 5명
15 329	16 (위에서부터) ㉡, ㉣, ㉠
17 풀이 참조, 4480 mL	18 807
19 풀이 참조, 16425분	20 15개

02
$$\begin{array}{r} 5\,9\,0 \\ \times \quad 3\,8 \\ \hline 4\,7\,2\,0 \\ 1\,7\,7\,0 \\ \hline 2\,2\,4\,2\,0 \end{array}$$

03 700×30=21000

04 760×28=21280, 610×37=22570
➡ 21280<22570

05 ㉠ 24354 ㉡ 23403 ㉢ 19692
➡ 24354+19692=44046

06
$$\begin{array}{r} ㉠\;4\;㉡ \\ \times \quad ㉢\;2 \\ \hline 1\;2\;㉣\;4 \\ 3\;2\;1\;0 \\ \hline 3\;3\;3\;8\;4 \end{array}$$

• ㉣+0=8 ➡ ㉣=8
• 4×2=8이므로 ㉡×2=4
➡ ㉡=2
• ㉠×2=12이므로 ㉠=6
• 642×㉢=3210이므로 ㉢=5

07 (하루 동안 만드는 물건의 개수)
=(한 사람이 만드는 물건의 개수)×(만드는 사람의 수)
=450×57=25650(개)

08 (사탕의 값)=(한 개의 값)×(사탕의 수)
=80×37=2960(원)
(과자의 값)=(한 개의 값)×(과자의 수)
=300×12=3600(원)
(물건값)=2960+3600=6560(원)

09 (공책의 값)=(한 권의 값)×(공책의 수)
=550×20=11000(원)
(색연필의 값)=(한 자루의 값)×(색연필 수)
=380×35=13300(원)
(거스름돈)=30000−(공책의 값)−(색연필의 값)
=30000−11000−13300=5700(원)

10 (사과의 수)=16×5=80(개)
➡ (사과를 판 금액)=900×80=72000(원)
(배의 수)=5×12=60(개)
➡ (배를 판 금액)=990×60=59400(원)
따라서 사과와 배를 판 금액은 모두
72000+59400=131400(원)입니다.

11 402÷60=6···42 ➡ 몫: 6, 나머지: 42

12 555÷67=8···19
➡ ㉠=8, ㉡=536, ㉢=555−536=19

13 395÷90=4···35, 89÷23=3···20,
310÷48=6···22

14 101÷16=6···5
짝을 지은 팀은 6팀이고, 남는 학생은 5명입니다.

15 □÷44=7···21
➡ 44×7=308, 308+21=329 ➡ □=329

17 예 일주일은 7일입니다.
(물을 마신 날수)=7×4=28(일) ··· 40 %
따라서 준호가 4주 동안 아침에 마신 물의 양은 모두
160×28=4480(mL)입니다. ··· 60 %

18 어떤 수를 □라 하면 □÷72=11···15입니다.
➡ 72×11=792, 792+15=807 ➡ □=807
따라서 어떤 수는 807입니다.

19 예 (걷기 운동 시간)=365×30=10950(분)···30 %
(달리기 운동 시간)=365×15=5475(분) ··· 30 %
(1년 동안 운동한 시간)
=10950+5475=16425(분) ··· 40 %

20 1 m=100 cm ➡ 5 m 48 cm=548 cm
548÷35=15···23 ➡ 만들 수 있는 나무 의자: 15개

4 단원 평면도형의 이동

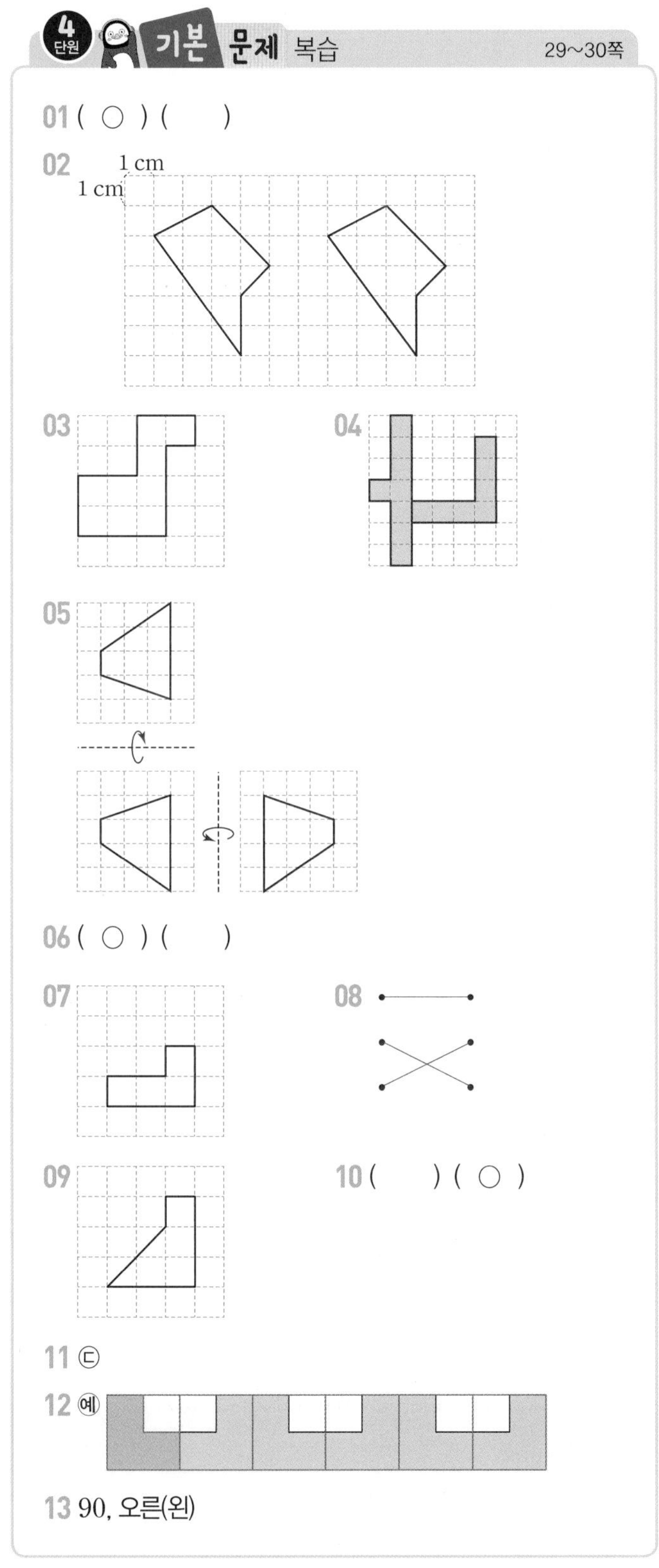

01 도형을 밀면 모양은 변하지 않습니다.

02 도형을 왼쪽으로 6칸 밀어 이동합니다.

03 도형을 어느 방향으로 몇 번 밀어도 모양과 크기는 변하지 않습니다.

04 글자를 왼쪽으로 뒤집으면 글자의 오른쪽과 왼쪽이 서로 바뀝니다.

05 도형을 왼쪽으로 뒤집었을 때의 도형을 왼쪽에 그리고, 그 도형을 위쪽으로 뒤집었을 때의 도형을 위쪽에 그립니다.

06 오른쪽으로 뒤집어도 모양이 변하지 않는 모양은 그 모양의 가운데를 지나는 세로줄을 중심으로 접었을 때 완전히 겹쳐집니다.

07 도형을 시계 방향으로 270°만큼 돌리면 위쪽 부분은 왼쪽으로, 아래쪽 부분은 오른쪽으로 이동합니다.

08 도형을 시계 방향으로 90°, 시계 방향으로 180°, 시계 반대 방향으로 90°만큼 돌린 도형을 각각 알아봅니다.

09 도형을 시계 반대 방향으로 90°만큼 돌리면 왼쪽 부분은 아래쪽으로, 오른쪽 부분은 위쪽으로 이동합니다.

10 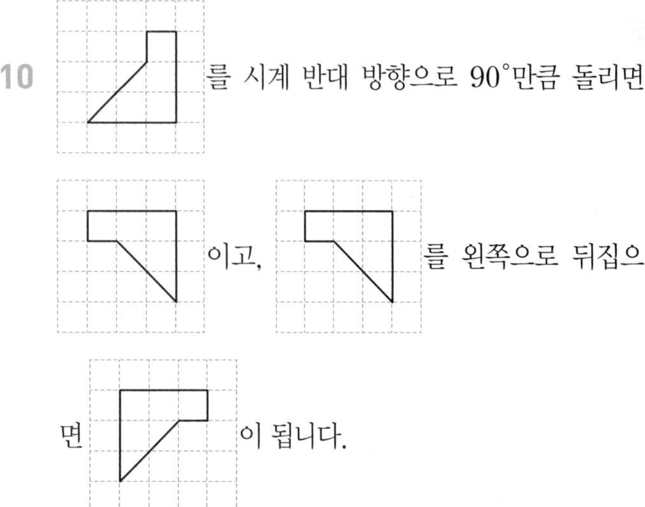
를 시계 반대 방향으로 90°만큼 돌리면 이고, 를 왼쪽으로 뒤집으면 이 됩니다.

11 을 위쪽으로 뒤집은 도형:
을 시계 방향으로 180°만큼 돌린 도형:

12 주어진 모양을 오른쪽으로 뒤집어 가며 무늬를 만들 수 있습니다.

13 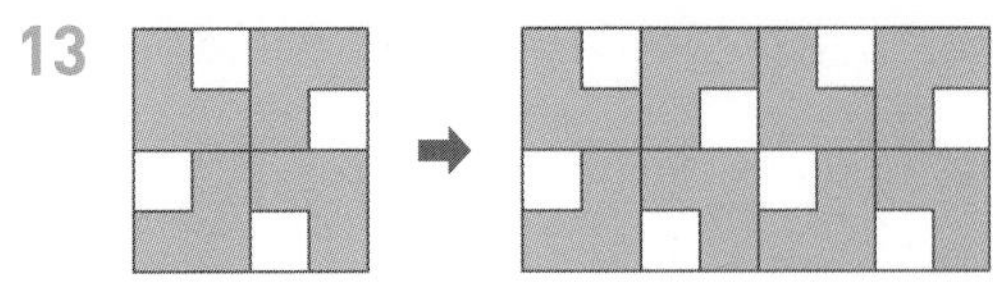

모양을 시계 방향으로 90°만큼 돌리는 것을 반복해서 모양을 만들고, 그 모양을 오른쪽이나 왼쪽으로 밀어서 무늬를 만들었습니다.

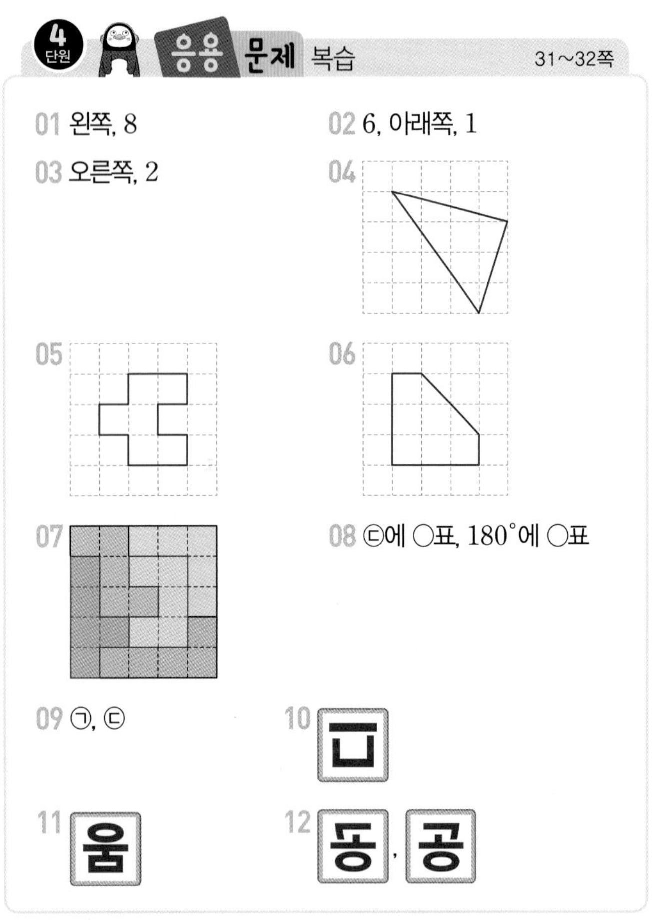

4 단원 응용 문제 복습 31~32쪽

01 왼쪽, 8
02 6, 아래쪽, 1
03 오른쪽, 2
04
05
06
07
08 ㉢에 ○표, 180°에 ○표
09 ㉠, ㉢
10
11 움
12 동, 공

01 ㉮ 도형은 ㉯ 도형을 왼쪽으로 8칸 밀어서 이동한 도형입니다.

02 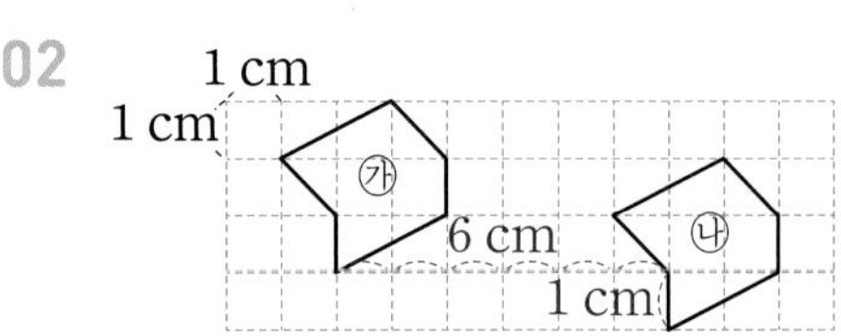

03 도형을 밀면 크기와 모양은 그대로이고 위치만 바뀝니다.

04 움직인 도형을 시계 반대 방향으로 90°만큼 돌리면 처음 도형이 됩니다.

05 움직인 도형을 아래쪽으로 뒤집고 왼쪽으로 뒤집으면 처음 도형이 됩니다.

06 움직인 도형을 시계 반대 방향으로 90°만큼 돌리고 왼쪽으로 뒤집으면 처음 도형이 됩니다.

07 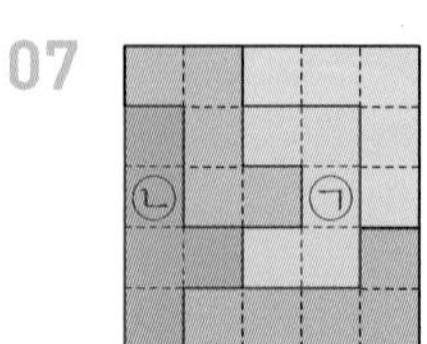

08 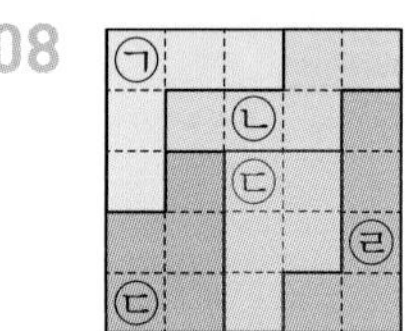

09 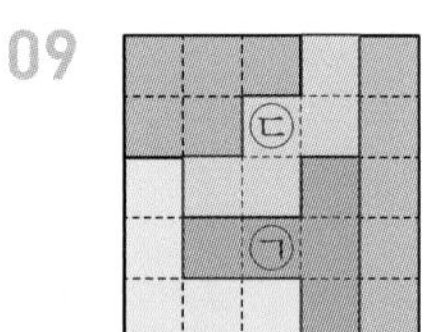

10 셋째 모양을 시계 방향으로 90°만큼 돌리면 입니다.

11 아래쪽으로 뒤집은 규칙입니다.
글자 카드가 2개씩 반복됩니다.
따라서 여덟째에 알맞은 도형은 둘째 모양과 같습니다.

12 오른쪽으로 뒤집은 규칙입니다.
공 을 오른쪽으로 뒤집어 가며 완성합니다.

4 단원 서술형 수행 평가 33~34쪽

01 풀이 참조 02 풀이 참조
03 풀이 참조 04 풀이 참조
05 풀이 참조
06 풀이 참조,
07 풀이 참조, 883 08 풀이 참조, 296
09 풀이 참조, ㉡ 10 풀이 참조

01 예 오른쪽 도형은 왼쪽 도형을 오른쪽으로 7 cm만큼 밀어서 이동한 도형입니다. … 100 %

02 예 오른쪽 도형은 왼쪽 도형을 오른쪽으로 뒤집어서 이동한 도형입니다. … 100 %

03 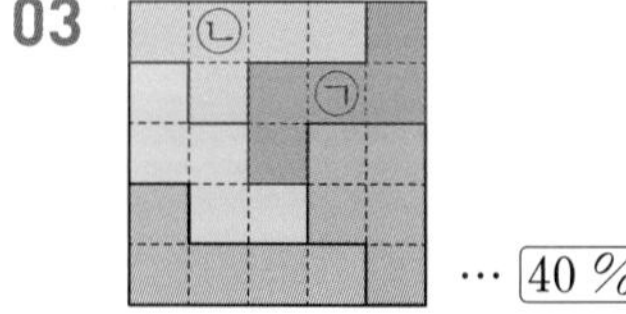 … 40 %

예 ㉠ 조각을 밀어서 움직입니다. … 30 %

㉡ 조각을 아래쪽으로 뒤집습니다. … 30 %

04 방법 1 예 오른쪽 도형은 왼쪽 도형을 시계 방향으로 90°만큼 돌려서 이동한 도형입니다. … 50 %

방법 2 예 오른쪽 도형은 왼쪽 도형을 시계 반대 방향으로 270°만큼 돌려서 이동한 도형입니다. … 50 %

05 예 오른쪽 도형을 시계 반대 방향으로 270°만큼 돌립니다.… 100 %

06 예 시계 반대 방향으로 270°만큼 돌리는 것은 시계 방향으로 90°만큼 돌리는 것과 같습니다. … 50 %

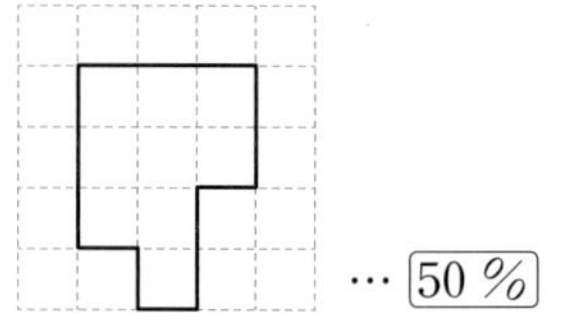 … 50 %

07 예 계산식을 오른쪽으로 뒤집으면 82+801이 됩니다. … 50 %

따라서 82+801=883입니다. … 50 %

08 예 9>6>2>0이므로 만들 수 있는 가장 큰 세 자리 수는 962입니다. … 50 %

만든 세 자리 수를 한 번에 시계 방향으로 180°만큼 돌리면 296이 됩니다.

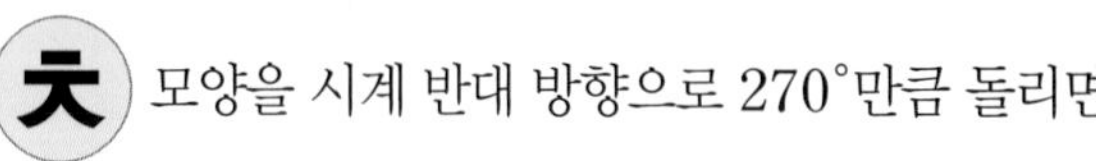 … 50 %

09 예 ㅊ 모양을 위쪽으로 4번 뒤집으면 처음 모양과 같으므로 ㅊ 모양입니다. … 50 %

ㅊ 모양을 시계 반대 방향으로 270°만큼 돌리면

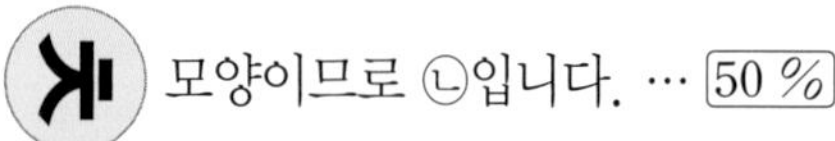 모양이므로 ㉡입니다. … 50 %

참고 시계 반대 방향으로 270°만큼 돌린 도형은 시계 방향으로 90°만큼 돌린 도형과 같습니다.

10 예 모양을 시계 방향으로 90°만큼 돌리기를 반복해서 모양을 만들고, 그 모양을 아래쪽으로 밀기를 하여 무늬를 만들었습니다. … 100 %

4 단원 **단원 평가** 35~37쪽

01 (1) (2)

02

03

04 05 ㉢

06 예

07 ㉡

08 풀이 참조

09

10 ②

11 시계 반대에 ○표, 90°에 ○표

12 풀이 참조,

13 492

14 (   ) (○)

15 3개

16

17

18 ㉡

19

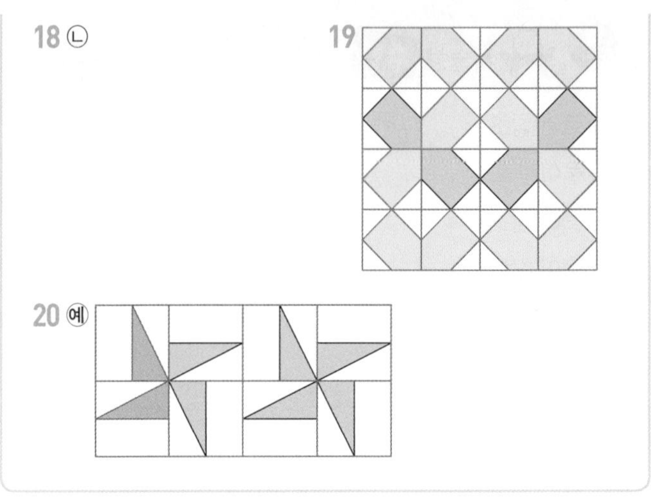

20 예

01 도형을 밀면 모양은 변하지 않습니다.

02

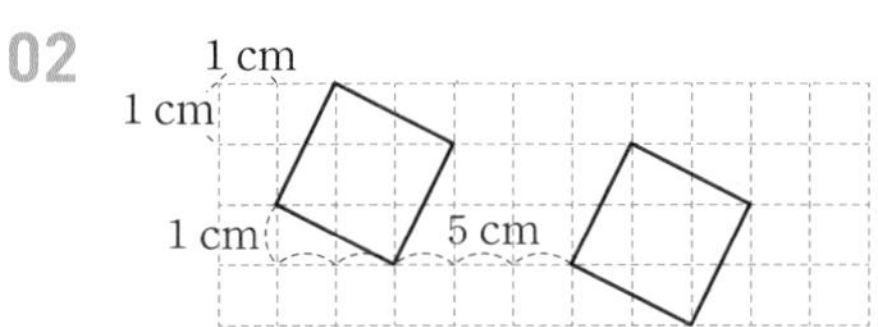

03 정사각형을 규칙적으로 밀어서 무늬를 완성합니다.

04 도형을 오른쪽으로 뒤집으면 도형의 오른쪽과 왼쪽이 서로 바뀝니다.

05 주어진 도형을 오른쪽으로 뒤집으면 다음과 같습니다.

㉠ ㉡ ㉢

06 도장에 새긴 모양은 종이에 찍은 모양을 왼쪽(오른쪽) 또는 위쪽(아래쪽)으로 뒤집은 모양입니다.

07

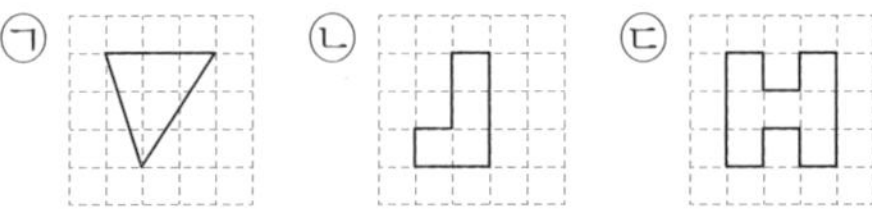

08 예 왼쪽 도형을 오른쪽으로 뒤집고 위쪽으로 뒤집어 오른쪽 도형을 만들었습니다. … 100 %

09 도형을 시계 방향으로 90°만큼씩 돌려 가며 그립니다.

10 ①, ③, ④, ⑤

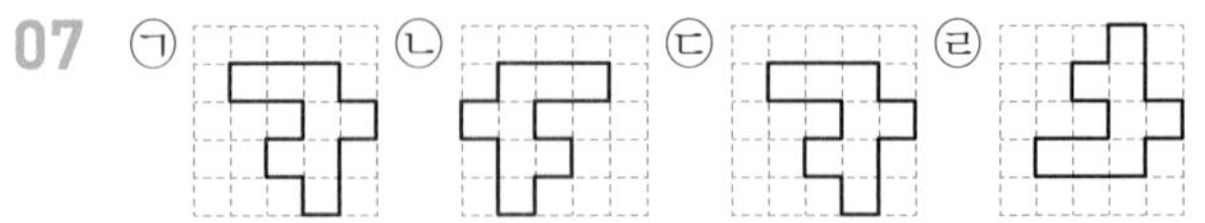

②

11 ㉯ 도형은 ㉮ 도형을 어떻게 돌린 것인지 봅니다.

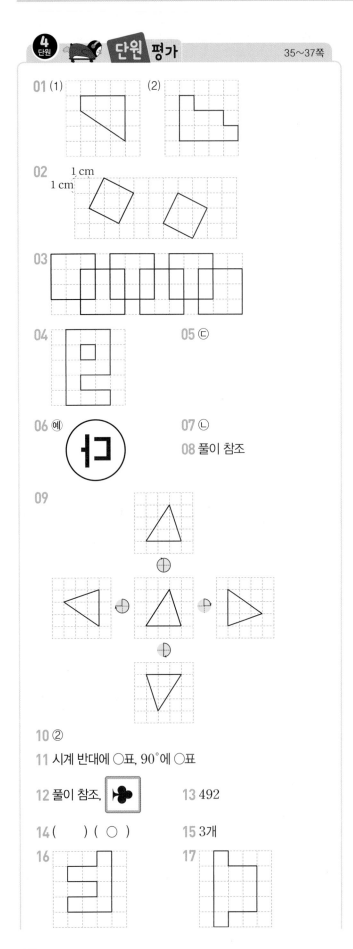

12 ㉠ 카드를 시계 방향으로 90°만큼씩 돌리는 규칙입니다. … 40 %

모양이 4개씩 반복됩니다. 따라서 열째에 알맞은 모양은 둘째 모양과 같은 ♣ 입니다. … 60 %

13 601을 시계 방향으로 180°만큼 돌리면 109가 만들어집니다. 따라서 돌렸을 때 만들어지는 수와 처음 수의 차는 $601-109=492$입니다.

14

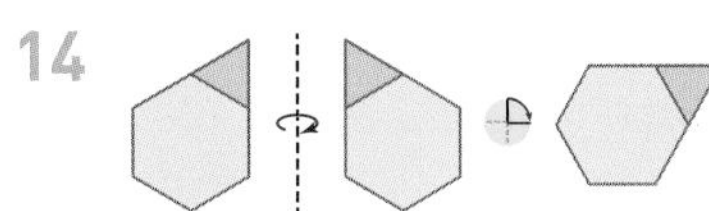

15 문자를 이동했을 때 처음과 같은 것은 C, D, E입니다.

A ⊕ ∀ ↷ ∀ E ⊕ Ǝ ↷ E

C ⊕ Ɔ ↷ C F ⊕ Ⅎ ↷ Ꞁ

D ⊕ ᗡ ↷ D

16 도형을 오른쪽으로 4번 뒤집은 도형은 처음 도형과 같습니다. 따라서 주어진 도형을 시계 방향으로 90°만큼 2번 돌려 그립니다.

17 도형을 시계 반대 방향으로 90°만큼 돌리고 오른쪽으로 3번 뒤집으면 처음 도형이 됩니다.

18 ㉠ 밀기, ㉡ 뒤집기, ㉡ 돌리기

19 모양을 시계 반대 방향으로 90°만큼 돌려

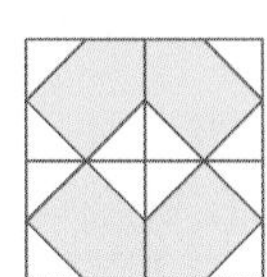

모양을 만들고, 그 모양을 밀어서 무늬를 만들었습니다.

20 돌리는 것을 반복해서 모양을 만들고, 그 모양을 밀어서 무늬를 만듭니다.

5 단원 막대그래프

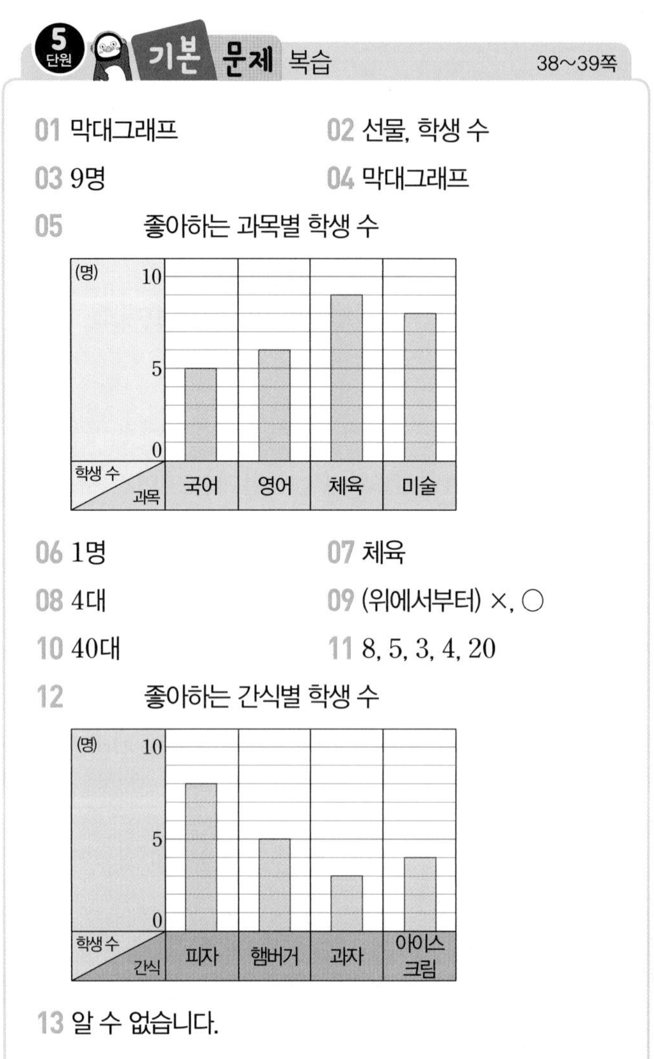

5 단원 기본 문제 복습 38~39쪽

01 막대그래프 02 선물, 학생 수

03 9명 04 막대그래프

05 좋아하는 과목별 학생 수

06 1명 07 체육

08 4대 09 (위에서부터) ×, ○

10 40대 11 8, 5, 3, 4, 20

12 좋아하는 간식별 학생 수

13 알 수 없습니다.

01 조사한 수를 막대 모양으로 나타낸 그래프를 막대그래프라고 합니다.

02 막대그래프에서 가로는 선물, 세로는 학생 수를 나타냅니다.

03 세로 눈금 한 칸은 1명을 나타냅니다.
학용품은 세로 눈금이 9칸이므로 학용품을 받고 싶은 학생은 9명입니다.

04 막대그래프는 각 항목별 조사한 수의 많고 적음의 크기 비교를 한눈에 쉽게 할 수 있습니다.

05 세로 눈금 한 칸의 크기는 1명을 나타냅니다.

06 막대그래프에서 막대의 길이를 비교하면 영어는 국어보다 세로 눈금 1칸 더 깁니다. 따라서 영어를 좋아하는 학생은 국어를 좋아하는 학생보다 1명 더 많습니다.

07 막대그래프에서 막대의 길이가 가장 긴 과목은 체육입니다. 따라서 가장 많은 학생들이 좋아하는 과목은 체육입니다.

08 세로 눈금 5칸이 20대를 나타내므로
(세로 눈금 한 칸의 크기)$=20\div5=4$(대)를 나타냅니다.

09 • 4월에 판매한 에어컨 수는 48대, 5월에 판매한 에어컨 수는 24대이므로 4월에 판매한 에어컨 수는 5월에 판매한 에어컨 수의 2배입니다.
• 6월에 판매한 에어컨은 56대입니다.

10 에어컨을 가장 많이 판매한 달은 막대의 길이가 가장 긴 7월로 64대입니다.
에어컨을 가장 적게 판매한 달은 막대의 길이가 가장 짧은 5월로 24대입니다.
따라서 (판매량의 차)$=64-24=40$(대)입니다.

11 각 간식별 그림의 수를 세어 봅니다.

12 세로 눈금 한 칸은 1명을 나타냅니다.

13 막대그래프는 남학생과 여학생으로 구분되지 않았기 때문에 알 수 없습니다.

5단원 응용 문제 복습 40~41쪽

01 9칸, 11칸	02 5칸, 4칸
03 16칸	04 9명
05 9명, 8명	06 71일
07 25명	08 90점
09 4명	10 22개

01 눈금 한 칸이 2초를 나타내므로 지후는 $18\div2=9$(칸), 민수는 $22\div2=11$(칸)으로 나타내어야 합니다.

02 오이를 좋아하는 학생은 15명이고, 상추를 좋아하는 학생은 12명입니다.
세로 눈금 한 칸이 3명을 나타내도록 다시 그린다면 오이를 좋아하는 학생은 $15\div3=5$(칸), 상추를 좋아하는 학생은 $12\div3=4$(칸)으로 나타내어야 합니다.

03 눈금 한 칸이 5번을 나타내므로 가장 많이 줄넘기를 한 동혁이는 $80\div5=16$(칸)으로 나타내어야 합니다.
따라서 눈금은 적어도 16칸 필요합니다.

04 좋아하는 운동별 학생 수를 알아보면 농구는 7명, 배구는 5명, 야구는 6명이므로
(축구를 좋아하는 학생 수)$=27-7-5-6=9$(명)입니다.

05 주스를 좋아하는 학생은 3명이므로
(탄산 음료를 좋아하는 학생 수)$=3\times3=9$(명)입니다.
물을 좋아하는 학생은 4명이므로
(우유를 좋아하는 학생 수)$=4\times2=8$(명)입니다.

06 3월은 31일, 4월은 30일, 5월은 31일까지 있으므로
(3월부터 5월까지의 날수)$=31+30+31=92$(일)입니다.
비가 온 날은 3월은 7일, 4월은 9일, 5월은 5일이므로
(3개월 동안 비가 온 날 날수)$=7+9+5=21$(일)입니다.
➡ (비가 오지 않은 날수)$=92-21=71$(일)

07 반별 남학생 수는 1반 6명, 2반 8명, 3반 7명, 4반 9명이므로
(4학년 남학생 수)$=6+8+7+9=30$(명)입니다.
4학생 학생이 모두 55명이므로
(4학년 여학생 수)$=55-30=25$(명)입니다.

08 10점 과녁을 3번 맞혔으므로 $10\times3=30$(점)입니다.
8점 과녁을 5번 맞혔으므로 $8\times5=40$(점)입니다.
5점 과녁을 4번 맞혔으므로 $5\times4=20$(점)입니다.
0점 과녁을 3번 맞혔으므로 $0\times3=0$(점)입니다.
➡ (과녁 맞히기 점수)$=30+40+20+0=90$(점)

09 (합창 대회에 참가한 여학생 수)$=4+6+5=15$(명)
(합창대회에 참가한 1반과 2반 남학생 수)$=5+6$
$=11$(명)
합창 대회에 참가한 4학년 남학생 수와 여학생 수가 같으므로
(합창 대회에 참가한 3반 남학생 수)$=15-11=4$(명)
입니다.

10 (판매한 호박 수의 합)$=18+14+20=52$(개)
(다 가게에서 판매한 당근 수)
$=52-16-14=22$(개)

5단원 서술형 수행 평가 42~43쪽

01 풀이 참조
02 풀이 참조, 4배
03 풀이 참조, 6회
04 풀이 참조, 예 공기놀이
05 풀이 참조, 11칸
06 풀이 참조, 16명
07 풀이 참조, 58권
08 풀이 참조, 3자루

01 예 ① 한 달 동안 책을 가장 많이 읽은 사람은 서준이입니다. ··· 50 %
② 한 달 동안 책을 가장 적게 읽은 사람은 은진이입니다. ··· 50 %
참고 막대그래프를 보고 알맞은 내용을 썼으면 정답으로 합니다.

02 예 가지고 있는 구슬 수가 가장 많은 학생은 막대의 길이가 가장 긴 영하이고 8개입니다. ··· 30 %
가지고 있는 구슬 수가 가장 적은 학생은 막대의 길이가 가장 짧은 수민이고 2개입니다. ··· 30 %
따라서 $8\div2=4$(배)입니다. ··· 40 %

03 예 가로 눈금 한 칸은 2회를 나타내고 6월의 막대는 3월의 막대보다 가로 눈금 3칸 더 깁니다. ··· 50 %
따라서 6월의 턱걸이 기록은 3월의 턱걸이 기록보다 $2\times3=6$(회) 더 많습니다. ··· 50 %

04 예 막대의 길이가 가장 긴 놀이 활동은 공기놀이입니다. ··· 50 %
따라서 가장 많이 하고 싶은 놀이 활동인 공기놀이를 하는 것이 좋습니다. ··· 50 %

05 예 표에서 가장 많은 학생들이 좋아하는 체육 활동은 피구로 22명입니다. ··· 50 %
$22\div2=11$(칸)이므로 세로 눈금은 적어도 11칸이 있어야 합니다. ··· 50 %

06 예 (가로 눈금 한 칸의 크기)$=10\div5=2$(명)을 나타냅니다. ··· 20 %
탁구를 체험해 보고 싶은 학생 수는 10명이므로
(양궁을 체험해 보고 싶은 학생 수)$=10\times2=20$(명)
입니다. ··· 40 %
체험해 보고 싶은 경기 종목별 학생 수는 수영 14명, 양궁 20명, 탁구 10명이므로
(태권도를 체험해 보고 싶은 학생 수)
$=60-14-20-10=16$(명)입니다. ··· 40 %

07 예 (세로 눈금 한 칸의 크기)$=10\div5=2$(권)을 나타냅니다. ··· 20 %
반별 동화책 수는 1반 16권, 2반 14권, 3반 18권, 4반 10권입니다. ··· 40 %
따라서 동화책은 모두 $16+14+18+10=58$(권)입니다. ··· 40 %

08 예 검은색 볼펜은 $44-14-12=18$(자루)입니다. ··· 30 %
색깔별 볼펜 수가 가장 많은 18자루까지 나타낼 수 있어야 합니다. ··· 30 %
눈금 6칸이 18자루를 나타내므로 눈금 한 칸은
$18\div6=3$(자루)를 나타냅니다. ··· 40 %

5단원 단원 평가 44~46쪽

01 계절, 학생 수　　02 봄

03 여름, 겨울, 봄, 가을　　04 2배

05 20명　　06 표

07 막대그래프　　08 11권

09 45일　　10 10분

11 풀이 참조, 27300원

12 공원에 심은 종류별 나무 수

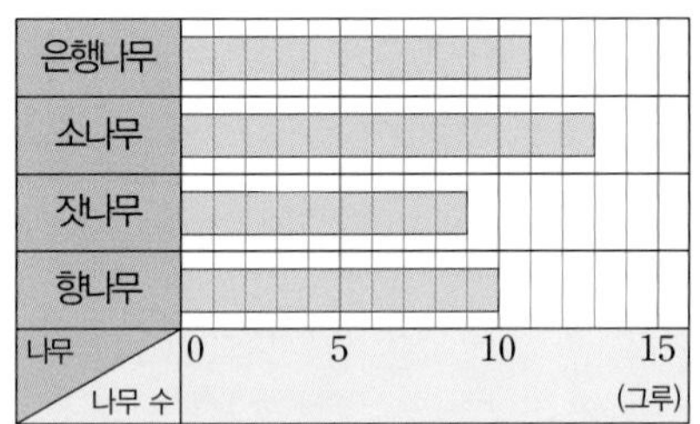

13 8, 10, 6, 8, 32

14 반별 그리기 대회 참가 학생 수

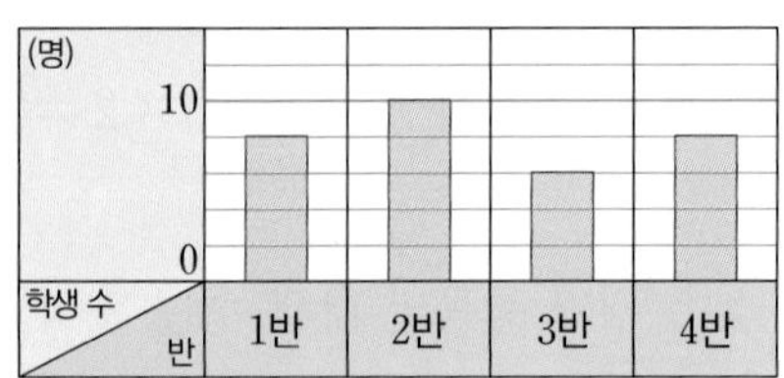

15 16, 6, 10, 14, 46　　16 7칸

17 일주일 동안 버려진 종류별 쓰레기 양

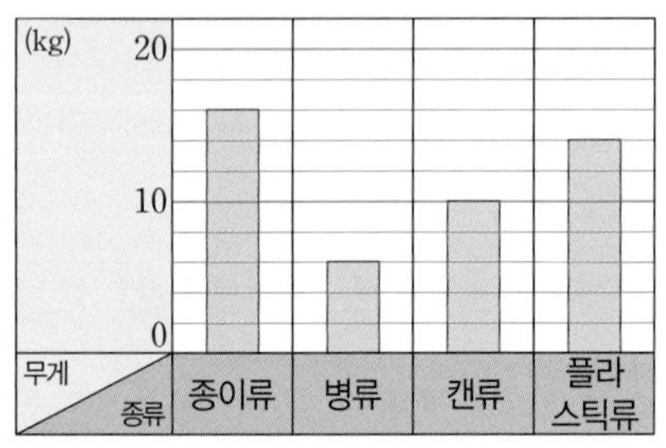

18 8명

19 태권도

20 풀이 참조, 수영

01 막대그래프에서 가로는 계절, 세로는 학생 수를 나타냅니다.

02 막대의 길이가 가을보다 길고 겨울보다 짧은 계절을 찾으면 봄입니다.

03 막대의 길이가 긴 순서대로 여름, 겨울, 봄, 가을입니다.

04 겨울 6명, 가을 3명이므로 $6 \div 3 = 2$(배)입니다.

05 좋아하는 계절별 학생 수는 봄 4명, 여름 7명, 가을 3명, 겨울 6명이므로
(조사한 학생 수)$=4+7+3+6=20$(명)입니다.

06 표의 합계를 보면 학생들이 읽은 전체 책이 모두 몇 권인지 알아보기에 편리합니다.

07 막대그래프는 조사한 자료의 항목별 수의 많고 적음을 한눈에 알기에 편리합니다.

08 유진이의 가로 눈금은 11칸이므로 한 달 동안 읽은 책은 11권입니다.

09 12월과 1월은 각각 31일까지 있습니다.
12월에 눈이 온 날은 8일이므로
(12월에 눈이 오지 않은 날수)$=31-8=23$(일)입니다.
1월에 눈이 온 날은 9일이므로
(1월에 눈이 오지 않은 날수)$=31-9=22$(일)입니다.
➡ (12월과 1월에 눈이 오지 않은 날수)
$=23+22=45$(일)

10 요일별 리코더 연습 시간은 월요일 20분, 화요일 24분, 수요일 30분, 목요일 16분이므로
(금요일에 연습한 시간)
$=100-20-24-30-16=10$(분)입니다.

11 예 아이스크림 맛별 판매 수는 사과 맛 10개, 배 맛 10개, 수박 맛 8개, 오렌지 맛 11개이므로
(판매한 아이스크림 수의 합)
$=10+10+8+11=39$(개)입니다. … 50 %
아이스크림 한 개당 700원이므로
(판매 금액)$=700\times39=27300$(원)입니다. … 50 %

12 가로 눈금 한 칸은 1그루를 나타냅니다.

13 4반이 8명이므로 3반은 4반보다 2명 더 적은 8−2=6(명)입니다.
1반은 4반과 같은 8명이고, 2반은 3반보다 4명 더 많은 6+4=10(명)입니다.

14 1반은 세로 눈금 4칸, 2반은 세로 눈금 5칸, 3반은 세로 눈금 3칸, 4반은 세로 눈금 4칸인 막대를 그립니다.

15 글을 보고 표로 정리합니다.

16 버려진 플라스틱류는 14 kg이므로 14÷2=7(칸)으로 나타내어야 합니다.

17 종이류 8칸, 병류 3칸, 캔류 5칸, 플라스틱류 7칸인 막대그래프를 그립니다.

18 수영에서 여학생 막대를 살펴보면 8명입니다.

19 여학생 막대의 길이와 남학생 막대의 길이의 차이가 가장 큰 운동은 태권도입니다. 따라서 배우고 싶어 하는 여학생 수와 남학생 수의 차가 가장 큰 운동은 태권도입니다.

20 예 수영은 여학생 8명, 남학생 8명이므로
(수영을 배우고 싶어 하는 학생 수)=8+8=16(명)입니다. … 20 %
태권도는 여학생 6명, 남학생 9명이므로
(태권도를 배우고 싶어 하는 학생 수)=6+9=15(명)입니다. … 20 %
테니스는 여학생 7명, 남학생 6명이므로
(테니스를 배우고 싶어 하는 학생 수)=7+6=13(명)입니다. … 20 %
따라서 가장 많은 학생들이 배우고 싶어 하는 운동은 학생 수가 가장 많은 수영입니다. … 40 %

6 단원 규칙 찾기

6 단원 기본 문제 복습 47~48쪽

01 (위에서부터) 1274, 1374, 1474, 1574
02 ↘, 110
03 743, 954
04 예 두 수의 덧셈의 결과에서 일의 자리 숫자를 씁니다.
05 8
06 예 사각형의 수가 1개에서 시작하여 아래쪽으로 2개, 3개, 4개……씩 더 늘어납니다.
07 15개
08 ㉢
09 1+3+5+7+9+11=36
10 1+3+5+7+9+11+13+15+17=81
11 2+4+6+8+10=30
12 21
13 16, 24
14 3, 3

01 가로는 오른쪽으로 10씩 커집니다.
세로는 아래쪽으로 100씩 커집니다.

02 ↘ 방향으로 변하는 수를 알아봅니다.

03 오른쪽으로 100씩 커집니다.
㉠ 643보다 100 더 큰 수인 743입니다.
㉡ 854보다 100 더 큰 수인 954입니다.

04 다른 답 ↗ 방향에는 모두 같은 수가 있습니다.

05 ㉠에 알맞은 수는 33+15=48의 일의 자리 숫자인 8입니다.

06 사각형의 수가 몇 개씩 늘어나는지 알아봅니다.

07 넷째 도형에서 사각형이 10개이므로 다섯째에 알맞은 도형에서 사각형은 10+5=15(개)입니다.

08 ㉢ 계산 결과는 더한 홀수의 개수를 두 번 곱한 것과 같습니다.

09 다섯째는 1부터 연속한 홀수 6개의 합입니다.

10 $81=9\times9$이므로 계산한 결과가 81이 되는 계산식은 1부터 연속한 홀수 9개의 합인 계산식입니다.

➡ $1+3+5+7+9+11+13+15+17=81$

11 2부터 연속된 짝수를 더한 계산 결과는 6부터 6, 8, 10……씩 늘어나고 있습니다.

따라서 빈칸에 알맞은 식은

$2+4+6+8+10=30$입니다.

12 $20+17+21+25+22=\square\times5$입니다.

□는 가운데 수인 21입니다.

참고 $20+17+21+25+22=105$

$105\div5=21$ ➡ $\square=21$

13 ↘ 방향의 두 수의 합은 ↙ 방향의 두 수의 합과 같습니다.

14 연속된 세 수의 합은 가운데 있는 수의 3배와 같습니다.

6단원 응용 문제 복습 49~50쪽

01 5156, 5436	02 1449
03 9167, 4167	04 $400\times30=12000$
05 $8\times10006=80048$	06 $5291\times63=333333$
07 ㉮	08 ㉰
09 $11\times14=154$	10 15개
11 10개	12 일곱째

01 오른쪽으로 10씩 커지므로 ■에 알맞은 수는 5136보다 20 더 큰 수인 5156입니다.

아래쪽으로 100씩 커지므로 ★에 알맞은 수는 5336보다 100 더 큰 수인 5436입니다.

02 왼쪽으로 200씩 작아지므로 ★에 알맞은 수는 1649보다 200 더 작은 수인 1449입니다.

03 오른쪽으로 1000씩 작아지고 아래쪽으로 100씩 작아지는 규칙입니다.

5567부터 ↙ 방향으로 900씩 커지므로 ▲에 알맞은 수는 8267보다 900 더 큰 수인 9167입니다.

8567부터 ↘ 방향으로 1100씩 작아지므로 ◆에 알맞은 수는 5267보다 1100 더 작은 수인 4167입니다.

04 100부터 100씩 커지는 수에 30을 곱한 계산 결과는 3000부터 3000씩 커집니다.

05 곱해지는 수는 8로 같고 곱하는 수는 1과 6 사이에 0이 1개부터 하나씩 늘어나고 계산 결과는 8과 48 사이에 0이 0개부터 하나씩 늘어납니다.

따라서 빈칸에 알맞은 계산식은

$8\times10006=80048$입니다.

06 곱해지는 수는 5291로 같고 곱하는 수는 21부터 21씩 커지는 수이고 계산 결과는 111111부터 111111씩 커집니다. 따라서 빈칸에 알맞은 계산식은

$5291\times63=333333$입니다.

07 더해지는 수와 더하는 수, 계산 결과의 변화를 알아봅니다.

08 곱해지는 수와 곱하는 수, 계산 결과의 변화를 알아봅니다.

09 11에 11부터 1씩 커지는 수를 곱한 계산 결과는 121부터 11씩 커집니다.

따라서 다음에 올 계산식은

$11\times14=154$입니다.

10 ●의 수가 1개에서 시작하여 아래쪽으로 2개, 3개, 4개……씩 더 늘어나는 규칙입니다.

따라서 다섯째에 알맞은 도형에서 ●은

$10+5=15$(개)입니다.

11 □의 수가 0개에서 시작하여 위쪽으로 1개, 2개, 3개……씩 더 늘어나는 규칙입니다.

따라서 다섯째에 알맞은 도형에서 □은

$6+4=10$(개)입니다.

12 $0+1+2+3+4+5+6=21$이므로 □이 21개인 도형은 일곱째에 알맞은 도형입니다.

01 풀이 참조, 7

02 풀이 참조, 88889 × 99999 = 8888811111

03 풀이 참조,
8888889 × 9999999 = 88888881111111

04 풀이 참조

05 풀이 참조

06 풀이 참조, 588

07 , 풀이 참조

08 풀이 참조

09 풀이 참조

10 풀이 참조, 4

01 예 두 수의 덧셈의 결과에서 일의 자리 숫자를 씁니다. … 50 %

2024 + 13 = 2037이므로 일의 자리 숫자인 7을 씁니다. … 50 %

02 88889 × 99999 = 8888811111 … 50 %

예 곱해지는 수는 89에서 시작하여 앞의 자리 수에 8이 하나씩 늘어납니다. 곱하는 수는 9의 개수가 2개에서 시작하여 하나씩 늘어납니다. 계산 결과는 8811에서 시작하여 8과 1이 하나씩 늘어납니다. … 50 %

03 예 계산 결과에 8과 1이 7개이므로 곱하는 수에서 8은 6개인 일곱 자리 수이고 곱하는 수는 9가 7개인 일곱 자리 수인 곱셈식입니다. … 100 %

04 예 222부터 오른쪽으로 11씩 커집니다. … 100 %

05 예 233부터 아래쪽으로 111씩 커집니다. … 100 %

06 예 566 바로 오른쪽의 수는 566 + 11 = 577입니다. … 50 %

따라서 599 바로 왼쪽의 수는 577 바로 오른쪽의 수인 577 + 11 = 588입니다. … 50 %

07 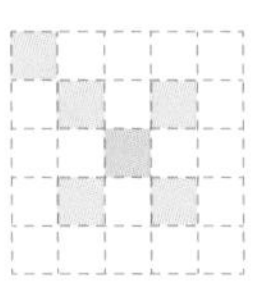

… 50 %

규칙 예 연두색 사각형을 중심으로 시계 반대 방향으로 노란색 사각형이 1개씩 늘어납니다. … 50 %

08 예 사각형의 수가 2개, 4개, 6개, 8개……로 2개씩 늘어나고 가로, 세로 모양을 반복합니다. … 50 %

따라서 다섯째 도형은 사각형이 10개이고, 가로 모양입니다. … 50 %

09 예 알파벳이 A부터 시작하여 위쪽으로 순서대로 변하고 숫자는 1부터 시작하여 오른쪽으로 1씩 커집니다. … 100 %

10 예 8을 1번, 2번, 3번……곱하여 계산한 결과의 일의 자리 숫자는 8, 4, 2, 6으로 4개씩 반복합니다. … 50 %

따라서 8을 10번 곱했을 때 일의 자리 숫자는 2번 곱했을 때와 같은 4입니다. … 50 %

6단원 단원 평가 53~55쪽

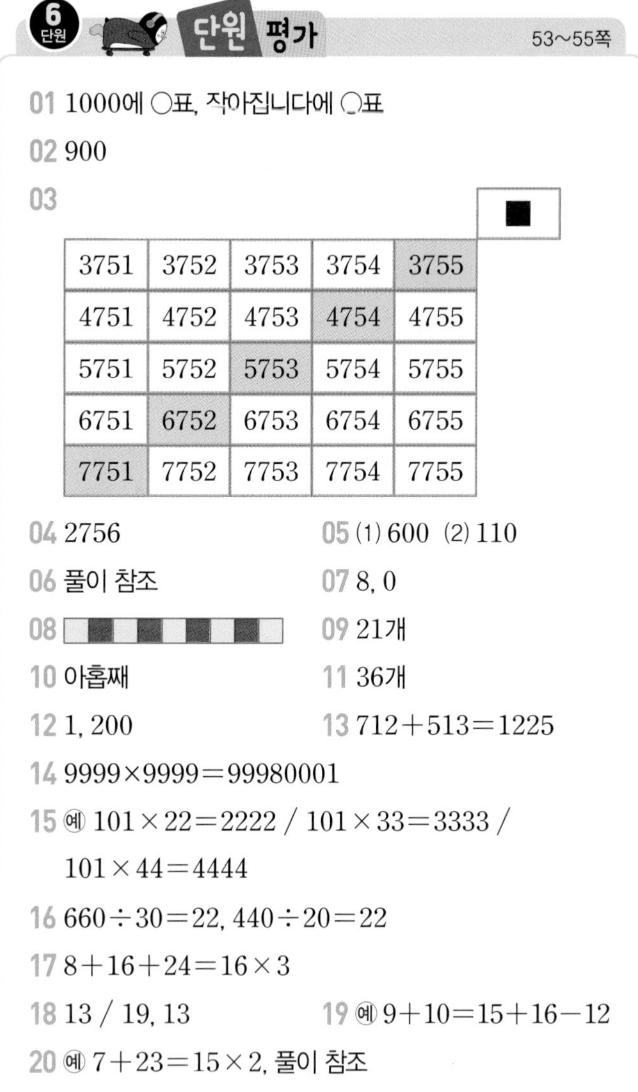

01 1000에 ○표, 작아집니다에 ○표

02 900

03

3751	3752	3753	3754	3755
4751	4752	4753	4754	4755
5751	5752	5753	5754	5755
6751	6752	6753	6754	6755
7751	7752	7753	7754	7755

04 2756

05 (1) 600 (2) 110

06 풀이 참조

07 8, 0

08

09 21개

10 아홉째

11 36개

12 1, 200

13 712+513=1225

14 9999×9999=99980001

15 예 101×22=2222 / 101×33=3333 / 101×44=4444

16 660÷30=22, 440÷20=22

17 8+16+24=16×3

18 13 / 19, 13

19 예 9+10=15+16−12

20 예 7+23=15×2, 풀이 참조

01 17962−16962−15962−14962이므로 1000씩 작아집니다.

02 17562−16662=900, 16662−15762=900……이므로 ↘ 방향으로 900씩 작아집니다.

03 7751부터 ↗ 방향으로 5개의 수를 모두 색칠합니다.

04 7751부터 ↗ 방향으로 999씩 작아지는 규칙이므로 3755보다 999 더 작은 수인 2756입니다.

05 (1) 150부터 시작하여 150씩 더한 수가 오른쪽에 있으므로 450+150=600입니다.

(2) 10부터 10, 20, 30씩……커지는 수가 오른쪽에 있으므로 70+40=110입니다.

06 예 두 수의 덧셈의 결과에서 십의 자리 숫자를 씁니다. (또는 ↗ 방향에는 모두 같은 수가 있습니다.) … 100 %

07 ㉠ 52+35=87에서 십의 자리 숫자인 8입니다.
㉡ 42+65=107에서 십의 자리 숫자인 0입니다.

08 □를 중심으로 왼쪽과 오른쪽에 ■와 □이 번갈아 가며 각각 하나씩 늘어나고 있습니다.

09 바둑돌이 3개씩 많아지므로 다섯째는 12+3=15(개), 여섯째는 15+3=18(개), 일곱째는 18+3=21(개)입니다.

10 3×9=27이므로 아홉째에 바둑돌을 27개 사용합니다.

11 다섯째 모양은 모형이 가로 6개, 세로 6개로 이루어진 정사각형 모양이므로 모형의 수는 6×6=36(개)입니다.

12 백의 자리 수가 1씩 커지고 있습니다.

13 더하는 두 수는 612, 413보다 100 더 큰 수인 712, 513입니다. 따라서 계산 결과는 1025보다 200 더 큰 수인 1225입니다.

14 9부터 시작하여 9가 하나씩 늘어나는 수를 두 번 곱한 계산 결과는 81부터 시작하여 앞 자리 수에 9가 하나씩 늘어나고 8과 1 사이에 0이 하나씩 늘어납니다.

15 몫에 나누는 수를 곱하면 나누어지는 수입니다.

16 계산 결과가 22로 같고 나누어지는 수가 220씩, 나누는 수가 10씩 작아지는 나눗셈식을 씁니다.

17 ↘ 방향인 세 수의 합은 가운데 수의 3배와 같습니다.

18 ↘ 방향인 두 수의 합은 ↙ 방향인 두 수의 합과 같습니다.

19 연속된 두 수의 합은 바로 윗줄에 있는 연속된 두 수의 합에서 12를 뺀 것과 같습니다.

20 예 7+23=15×2 … 50 %
규칙 예 ↘ 방향에서 세 수 중 양 끝에 있는 두 수의 합은 가운데 있는 수의 2배입니다. … 50 %

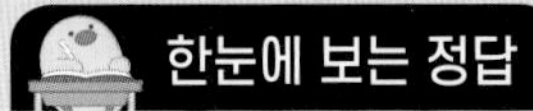

Book 1 개념책

1 단원 큰 수

교과서 개념 다지기 8~10쪽

01 10000
02 2000원
03 5, 오만
04 (1) 1000 (2) 9999
05 79382
06 (1) 사만 (2) 이만 구천구백육
07 50000, 600, 3
08 20000, 700, 1
09 (1) 100000 (2) 1000000
10

11

	숫자	수
천만의 자리	5	50000000
백만의 자리	3	3000000
십만의 자리	7	700000
만의 자리	1	10000

12 30000000, 200000

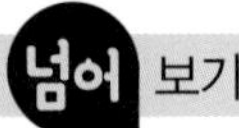

교과서 넘어 보기 11~14쪽

01 (1) 10 (2) 100
02 (1) 9990 (2) 9996, 10000
03 50
04 40000
05 (1) 60 (2) 40
06 100
07 3000
08 5, 9, 3
09 74693, 삼만 오백사십칠, 29035
10 60000, 8000, 200, 70, 4
11 (1) 2000 (2) 70000
12 38900원
13 쓰기 20347 / 읽기 이만 삼백사십칠
14
15 9, 3 / 40000000, 800000
16 500000, 50000000
17 5402, 7749
18 ( ) (○) ( )
19 62490000
20 97654310 / 구천칠백육십오만 사천삼백십

교과서 속 응용 문제

21 45570원
22 77440원
23 54340장
24 796521
25 103269
26 1305869

교과서 개념 다지기 15~18쪽

01 100000000, 1억, 억, 일억
02 1억, 10억, 100억
03 (1) 395700000000 (2) 213943780000
04 654억 3465만
05 100억, 10억, 1억
06 100, 1000
07 9, 2, 6, 7, 4, 5, 3, 8 / 구천이백육십칠조 사천오백삼십팔억
08 9000조+300조+60조+7조
09
10

11 (1) 백만, 100만 (2) 십억, 10억
12 ㉡, ㉠
13 >
14 <
15 (1) < (2) <

교과서 넘어 보기 19~22쪽

27 (1) 100000000 또는 1억 (2) 100000000 또는 1억
28 2594억 3769만 2651 / 이천오백구십사억 삼천칠백육십구만 이천육백오십일
29 1270000000 / 2004000000, 이십억 사백만
30 35609000000
31 ㉢
32 1000억, 1조, 100조
33 쓰기 901080900000000 / 읽기 구백일조 팔백구억
34 12765434650000
35 ㉣

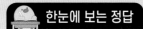

36 쓰기 1023456789
읽기 십억 이천삼백사십오만 육천칠백팔십구
37 67550000, 67750000 38 7조 800억, 7조 1000억
39 100조씩
40 (위에서부터) 4억 3657만 / 5억 3557만 / 7억 3557만, 7억 3657만
41 1조 530억 원
42 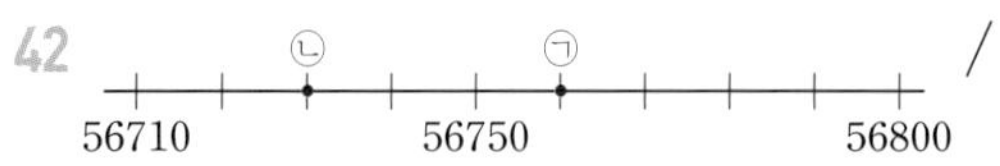 /

예 56760 (㉠), 56730 (㉡), 큽니다에 ○표
43 (   ) (○) 44 <
45 ㉢ 46 목성, 토성, 금성
47 대한민국, 이탈리아, 독일

교과서 속 응용 문제

48 1444216102 49 21427700000000
50 753434000 / 553557000000
51 (   )
(△)
(○)
52 ㉢, ㉡, ㉠
53 ㉢, ㉠, ㉡

응용력 높이기

23~27쪽

대표 응용 1 백만, 2000000, 만, 20000, 100
1-1 500000000, 50000, 10000
1-2 ㉣
대표 응용 2 64270
2-1 93765
2-2 0
대표 응용 3 5, 2, 34125
3-1 67358
3-2 오만 삼천이백육십구
대표 응용 4 10만, 10만, 5510만, 5520만, 5530만, 5530만
4-1 5억 5600만
4-2 35억 2000만
대표 응용 5 5, 0, 1, 2, 3, 4
5-1 7, 8, 9
5-2 6, 7, 8, 9

단원 평가 LEVEL ❶

28~30쪽

01 10000 또는 1만 02 4000, 7000
03 8000, 600, 9
04 (1) 육만 오백칠십구 (2) 84005
05 29361 / 이만 구천삼백육십일
06 45200원
07 9023만 7629 / 구천이십삼만 칠천육백이십구
08 40320000 09 6
10 쓰기 608000590000 또는 6080억 59만
읽기 육천팔십억 오십구만
11 ㉢ 12 50조, 500조, 5000조
13 10억씩
14 405000000 또는 4억 500만
15 > 16 4285976300000000
17 6, 7, 8, 9 18 40265789
19 10000배 20 52360500

단원 평가 LEVEL ❷

31~33쪽

01 ④ 02 40507, 사만 오백칠
03 ㉣ 04 83655
05 (위에서부터) 9, 2, 8 / 9000000, 200000, 80000
06 ㉤, 천칠백이십오만 이천구백십오
07 30 08 0
09 145장
10 쓰기 901129005000700 또는 901조 1290억 500만 700
읽기 구백일조 천이백구십억 오백만 칠백
11 9460000000000 12 ㉡
13 20조씩 14 6억 1500만 달러
15 > 16 ㉡, ㉠, ㉢
17 5 18 ㉠
19 3조 300억 20 7

2 단원 각도

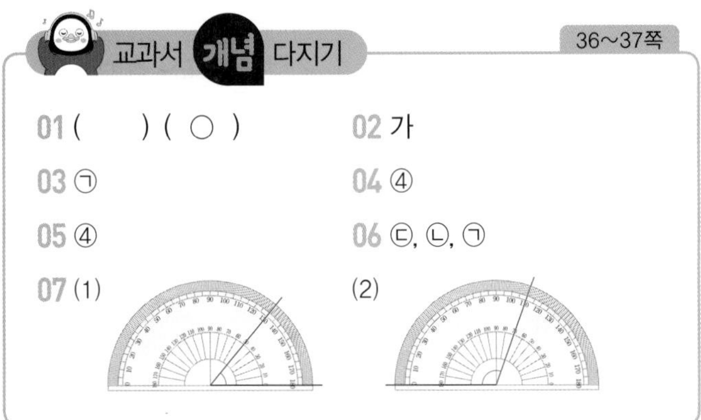

교과서 개념 다지기 36~37쪽

01 (　　) (○)　　02 가

03 ㉠　　04 ④

05 ④　　06 ㉢, ㉡, ㉠

07 (1)　　(2)

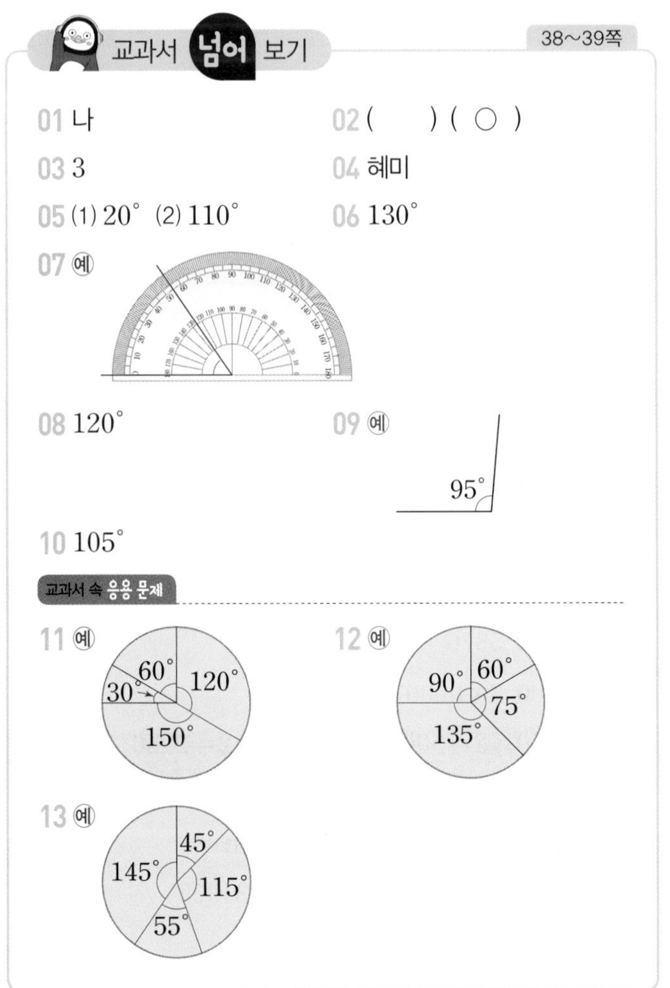

교과서 넘어 보기 38~39쪽

01 나　　02 (　　) (○)

03 3　　04 혜미

05 (1) 20°　(2) 110°　　06 130°

07 예

08 120°　　09 예 95°

10 105°

교과서 속 응용 문제

11 예 30°, 60°, 120°, 150°　　12 예 90°, 60°, 75°, 135°

13 예 45°, 145°, 115°, 55°

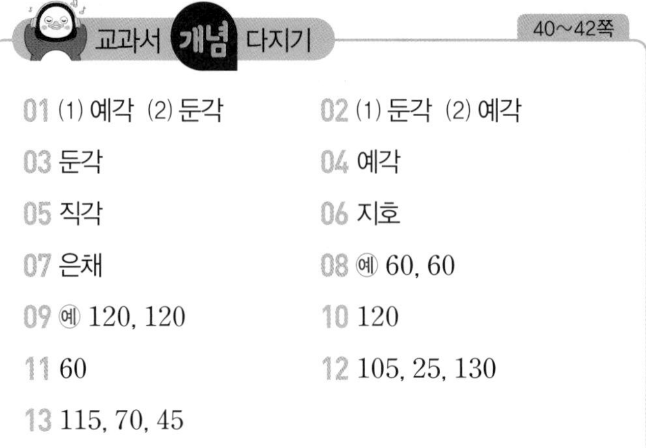

교과서 개념 다지기 40~42쪽

01 (1) 예각 (2) 둔각　　02 (1) 둔각 (2) 예각

03 둔각　　04 예각

05 직각　　06 지호

07 은채　　08 예 60, 60

09 예 120, 120　　10 120

11 60　　12 105, 25, 130

13 115, 70, 45

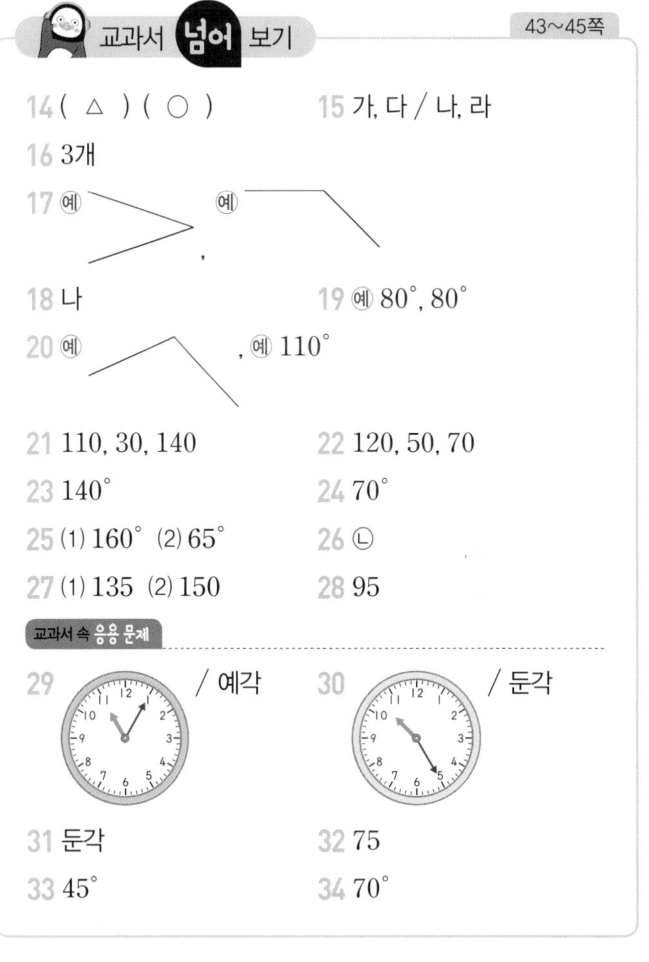

교과서 넘어 보기 43~45쪽

14 (△) (○)　　15 가, 다 / 나, 라

16 3개

17 예　　, 예

18 나　　19 예 80°, 80°

20 예　　, 예 110°

21 110, 30, 140　　22 120, 50, 70

23 140°　　24 70°

25 (1) 160°　(2) 65°　　26 ㉡

27 (1) 135　(2) 150　　28 95

교과서 속 응용 문제

29 / 예각　　30 / 둔각

31 둔각　　32 75

33 45°　　34 70°

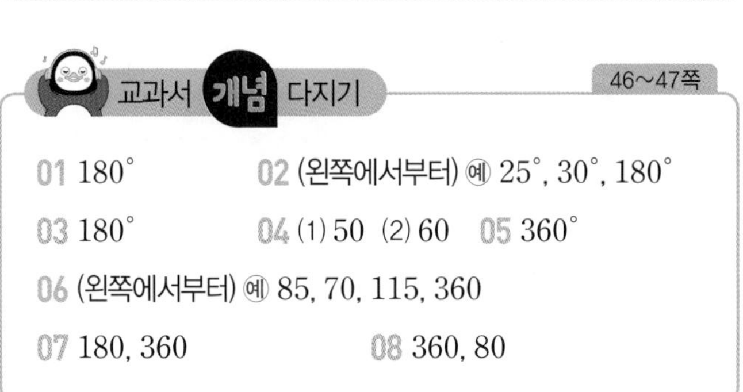

교과서 개념 다지기 46~47쪽

01 180°　　02 (왼쪽에서부터) 예 25°, 30°, 180°

03 180°　　04 (1) 50　(2) 60　　05 360°

06 (왼쪽에서부터) 예 85, 70, 115, 360

07 180, 360　　08 360, 80

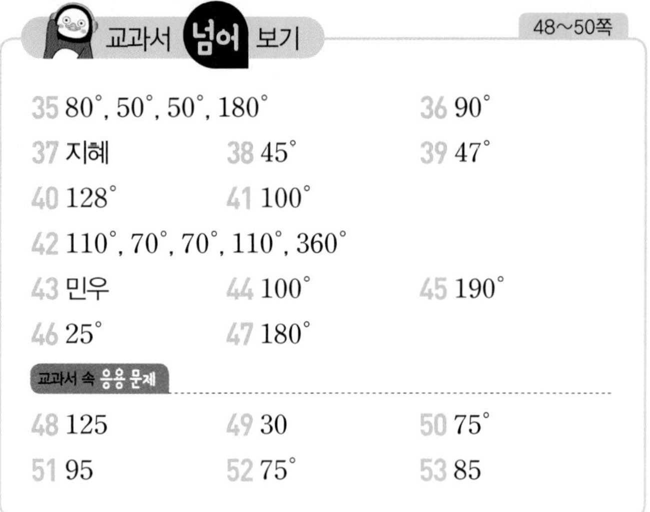

교과서 넘어 보기 48~50쪽

35 80°, 50°, 50°, 180° 36 90°
37 지혜 38 45° 39 47°
40 128° 41 100°
42 110°, 70°, 70°, 110°, 360°
43 민우 44 100° 45 190°
46 25° 47 180°

교과서 속 응용 문제

48 125 49 30 50 75°
51 95 52 75° 53 85

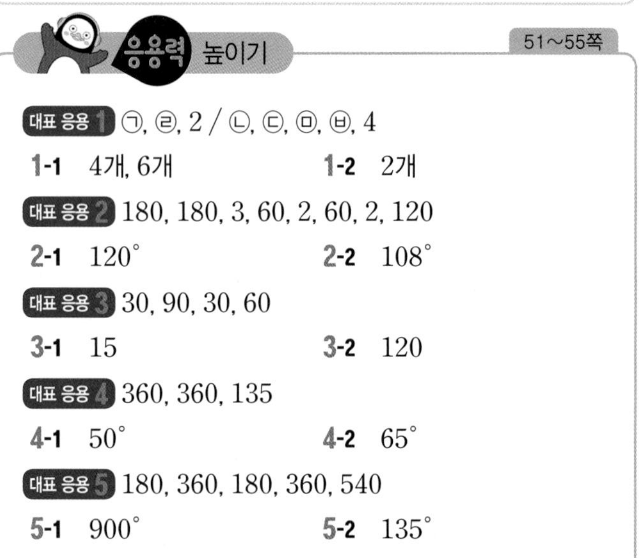

응용력 높이기 51~55쪽

대표 응용 1 ㉠, ㉣, 2 / ㉡, ㉢, ㉤, ㉥, 4
1-1 4개, 6개 1-2 2개
대표 응용 2 180, 180, 3, 60, 2, 60, 2, 120
2-1 120° 2-2 108°
대표 응용 3 30, 90, 30, 60
3-1 15 3-2 120
대표 응용 4 360, 360, 135
4-1 50° 4-2 65°
대표 응용 5 180, 360, 180, 360, 540
5-1 900° 5-2 135°

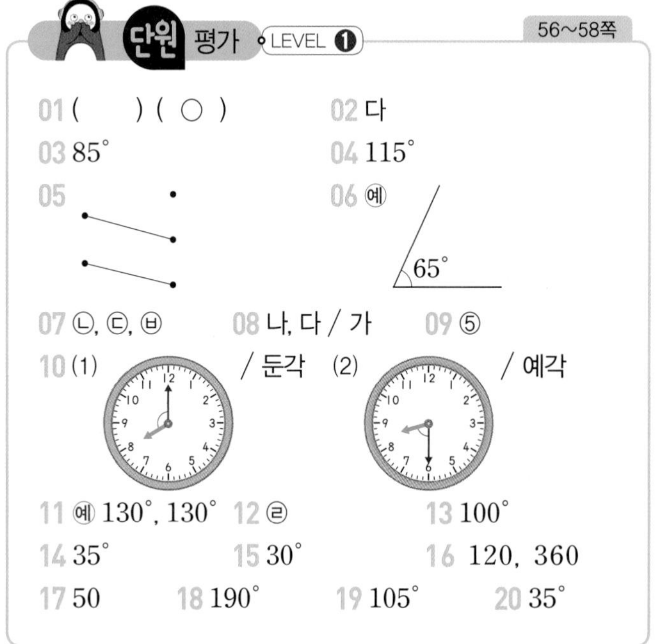

단원 평가 LEVEL 1 56~58쪽

01 ( ) (○) 02 다
03 85° 04 115°
05 06 예 65°
07 ㉡, ㉢, ㉥ 08 나, 다 / 가 09 ⑤
10 (1) / 둔각 (2) / 예각
11 예 130°, 130° 12 ㉣ 13 100°
14 35° 15 30° 16 120, 360
17 50 18 190° 19 105° 20 35°

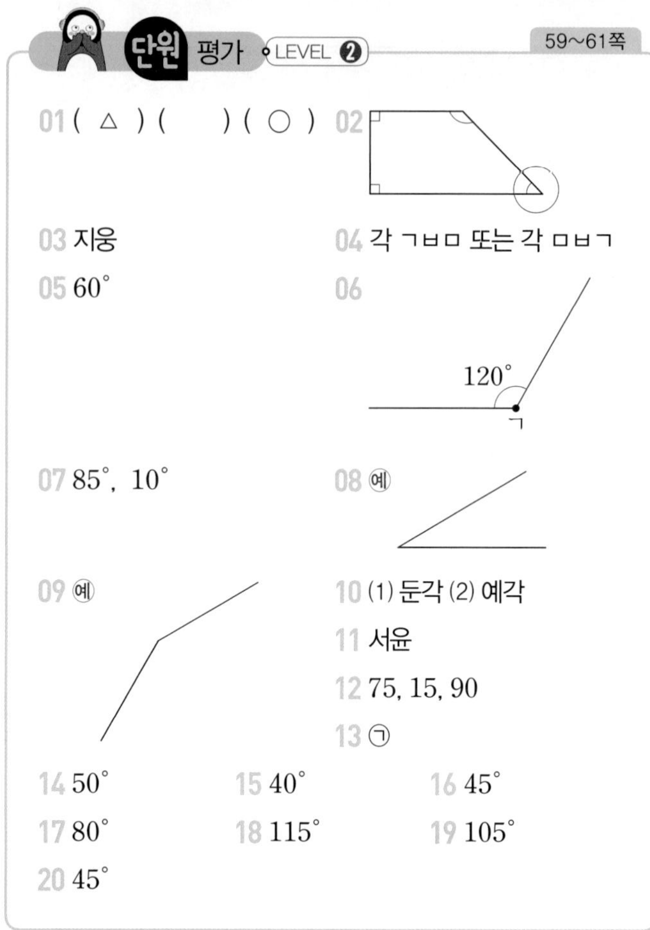

단원 평가 LEVEL 2 59~61쪽

01 (△) ( ) (○) 02
03 지웅 04 각 ㄱㅂㅁ 또는 각 ㅁㅂㄱ
05 60° 06 120° ㄱ
07 85°, 10° 08 예
09 예 10 (1) 둔각 (2) 예각
11 서윤
12 75, 15, 90
13 ㉠
14 50° 15 40° 16 45°
17 80° 18 115° 19 105°
20 45°

3단원 곱셈과 나눗셈

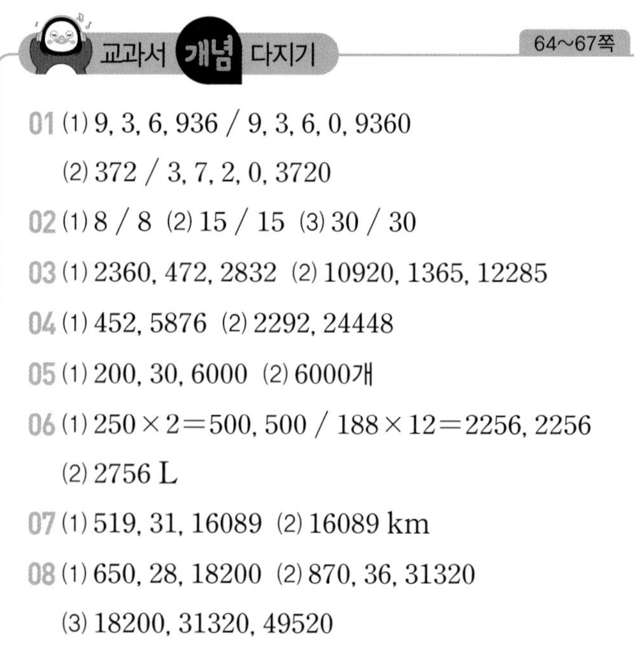

교과서 개념 다지기 64~67쪽

01 (1) 9, 3, 6, 936 / 9, 3, 6, 0, 9360
(2) 372 / 3, 7, 2, 0, 3720
02 (1) 8 / 8 (2) 15 / 15 (3) 30 / 30
03 (1) 2360, 472, 2832 (2) 10920, 1365, 12285
04 (1) 452, 5876 (2) 2292, 24448
05 (1) 200, 30, 6000 (2) 6000개
06 (1) $250 \times 2 = 500$, 500 / $188 \times 12 = 2256$, 2256
(2) 2756 L
07 (1) 519, 31, 16089 (2) 16089 km
08 (1) 650, 28, 18200 (2) 870, 36, 31320
(3) 18200, 31320, 49520

68~70쪽

01 1675, 16750
02 1620, 16200
03 ㉡
04 10, 1000, 24000
05 (1) 18400 (2) 45000 (3) 18810 (4) 42000
06 (○) ( )
07 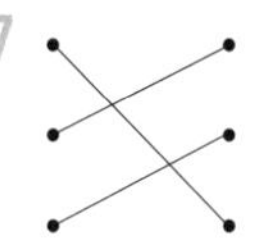
08 8720, 3924 / 3924, 8720, 12644
09 20580
10 지원
11

```
      7 0 9
  ×     6 3
  ---------
    2 1 2 7
  4 2 5 4
  ---------
  4 4 6 6 7
```

12 760, 28880
13 8382
14 976, 24, 23424 / 23424

교과서 속 응용 문제

15 10
16 42
17 5, 6, 7, 8, 9
18 16110
19 8671
20 36608

71~72쪽

01 (1) (위에서부터) 150, 180, 210 / 6
(2) (위에서부터) 200, 240, 280 / 7
02 (1) 6, 6 (2) 8, 8
03 (1) (위에서부터) 9, 450, 0 (2) (위에서부터) 3, 240, 13
04 (1) (위에서부터) 5, 65, 0 (2) (위에서부터) 3, 84, 0
05 (위에서부터) 6, 204
06 (1) (위에서부터) 3, 75 / 3, 75, 75
(2) (위에서부터) 7, 301, 9 / 7, 301, 301, 9

73~75쪽

21 7, 7
22 (1) 9 (2) 9
23 ㉠
24 ㉢
25
26

```
        5
60 ) 3 2 6
     3 0 0
     -----
       2 6
```

/ 5, 26

27 ( ) (○) ( )
28 (1) 4…5 (2) 7…22
29 (1) 3, 23 / 계산 결과 확인 24, 3, 72 / 72, 23, 95
(2) 8, 7 / 계산 결과 확인 18, 8, 144 / 144, 7, 151
30 ㉢, 7
31 ㉣
32 2, 1, 3
33 3개
34 188

교과서 속 응용 문제

35 15, 17
36 26
37 94
38 3개, 3 cm
39 6일
40 5개

76~77쪽

01 (위에서부터) 17, 19, 133, 133, 0
02 (1) (위에서부터) 15, 23, 115, 115, 0
(2) (위에서부터) 21, 72, 36, 36, 0
03 (1) (위에서부터) 17, 37, 271, 259, 12
(2) (위에서부터) 18, 46, 379, 368, 11
04 (위에서부터) 11, 51, 63, 51, 12 /
$51 \times 11 = 561$, $561 + 12 = 573$

78~80쪽

41 640, 960, 1280 / 20, 30
42 10에 ○표
43 (1) 17 (2) 31
44 >
45 13척
46 16 / 커야에 ○표
47 (위에서부터) ㉡, ㉣, ㉠
48 (1) 13…33 (2) 14…44
49 ②, ⑤
50

```
        5 6
17 ) 9 6 5
     8 5
     -----
     1 1 5
     1 0 2
     -----
       1 3
```

51 (1) 12, 5 (2) 63, 3
52 26
53 12대
54 42

교과서 속 응용 문제

55 521
56 545
57 4
58 11, 27
59 3420
60 22834

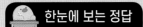

응용력 높이기

81~85쪽

대표 응용 1 24, 24, 3216

1-1 54948　　1-2 23030

대표 응용 2 20, 20, 21, 10, 21

2-1 14, 41　　2-2 39

대표 응용 3 12, 26, 12, 13

3-1 26　　3-2 25

대표 응용 4 1500, 11, 11, 165, 1500, 165, 1335

4-1 4820 mm　　4-2 6402 cm

대표 응용 5 37, 25, 25

5-1 11개　　5-2 59개

단원 평가 LEVEL ❶

86~88쪽

01 ㉡　　02 8400

03 >　　04 10488

05 (선 잇기)　　06 ㉠

07 31500개

08 20700원

09 39528

10
```
      5
40)2 3 7
   2 0 0
     3 7
```

11 =　　12 12

13 (위에서부터) 6, 348, 8

계산 결과 확인 하기 58, 6, 348 / 348, 8, 356

14 (위에서부터) ㉡, ㉣, ㉠　　15 3, 2, 1

16 17일　　17 1143

18 60　　19 16813　　20 5병

단원 평가 LEVEL ❷

89~91쪽

01 25800　　02 ㉢

03 1630, 6520, 8150　　04 4

05
```
    2 7 3
  ×   5 3
    8 1 9
  1 3 6 5
  1 4 4 6 9
```

06 (선 잇기)

07 >

08 4875 mL　　09 99900 mL

10 (○) (　)　　11 19

12 77　　13 21개

14 18, 26, 468 / 468, 14, 482

15 ①, ③　　16 169

17 5개　　18 93

19 11개, 34 cm　　20 4개

4 단원 평면도형의 이동

교과서 개념 다지기

94~96쪽

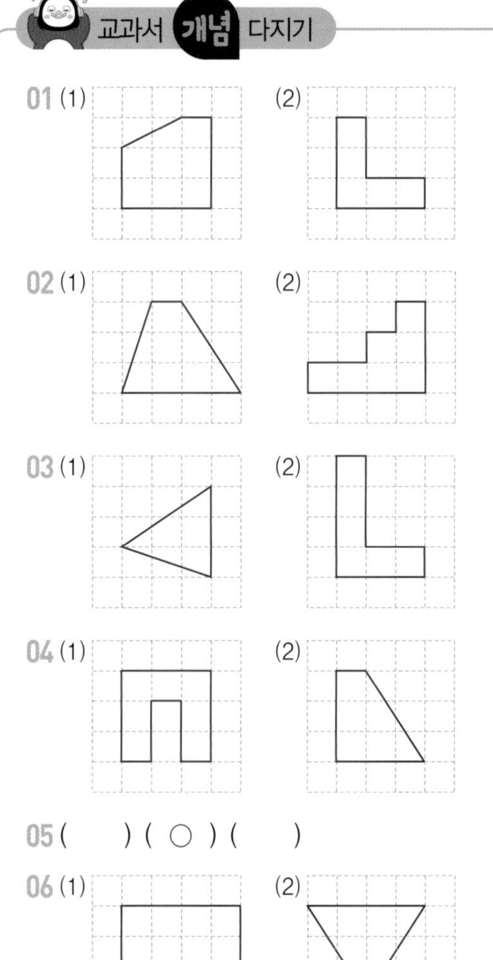

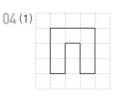

교과서 넘어 보기

97~99쪽

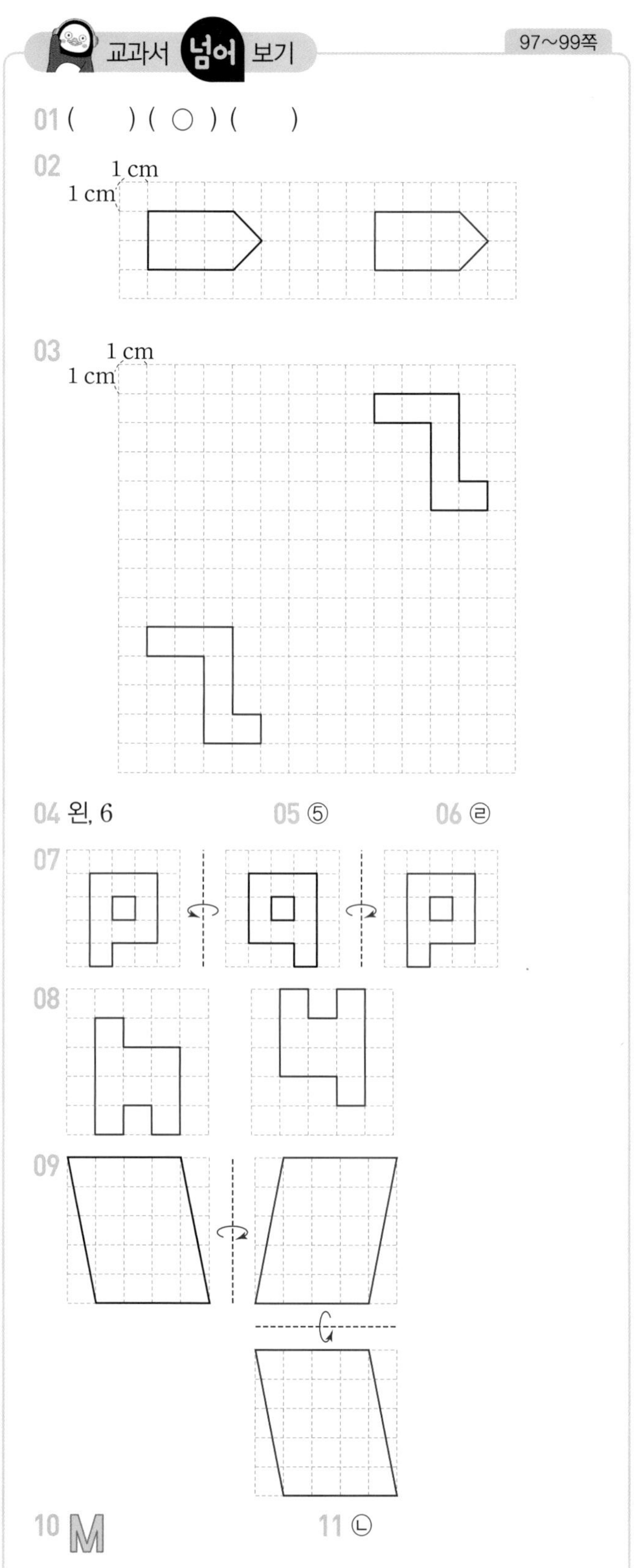

01 (   ) (○) (   )

02

03

04 왼, 6

05 ⑤

06 ㉣

07

08

09

10

11 ㉡

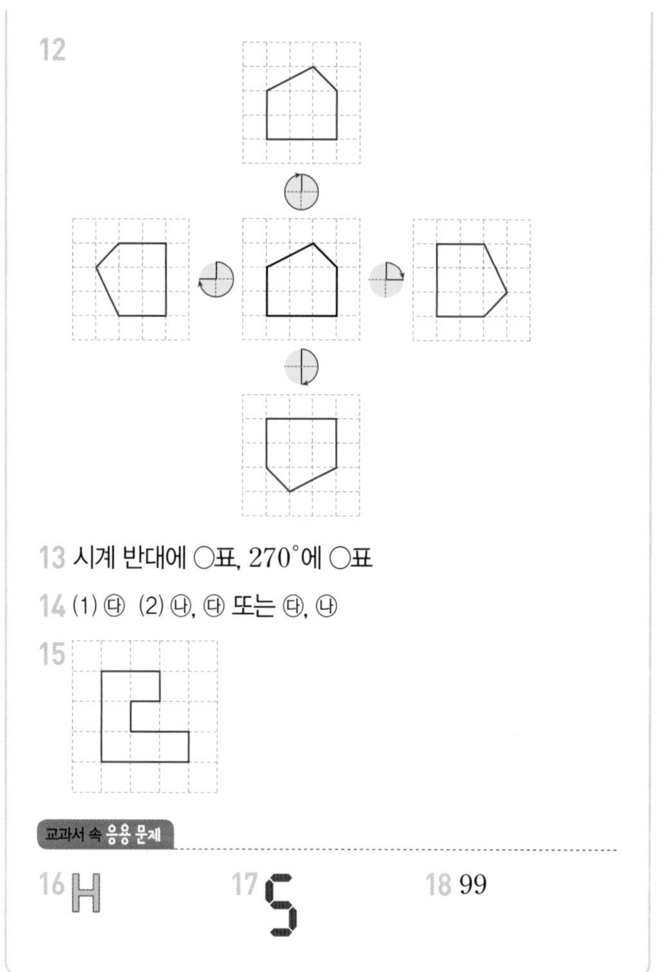

12

13 시계 반대에 ○표, 270°에 ○표

14 (1) ㉰ (2) ㉯, ㉰ 또는 ㉰, ㉯

15

교과서 속 응용 문제

16

17

18 99

교과서 개념 다지기

100~101쪽

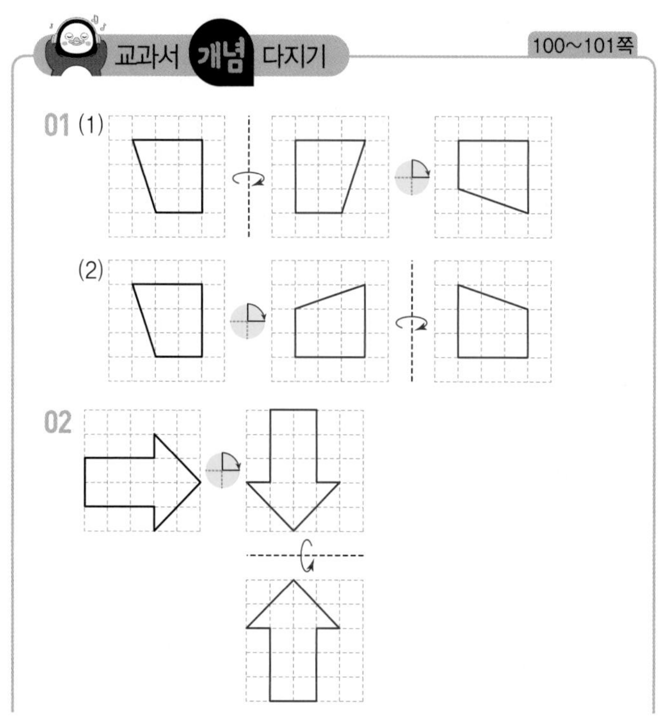

01 (1)

(2)

02

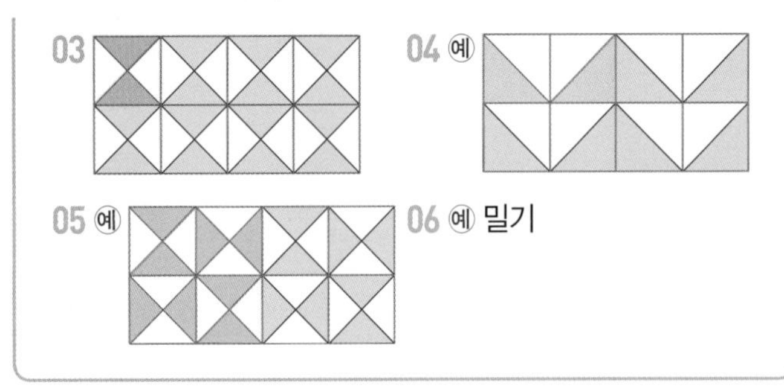

03

04 예

05 예

06 예 밀기

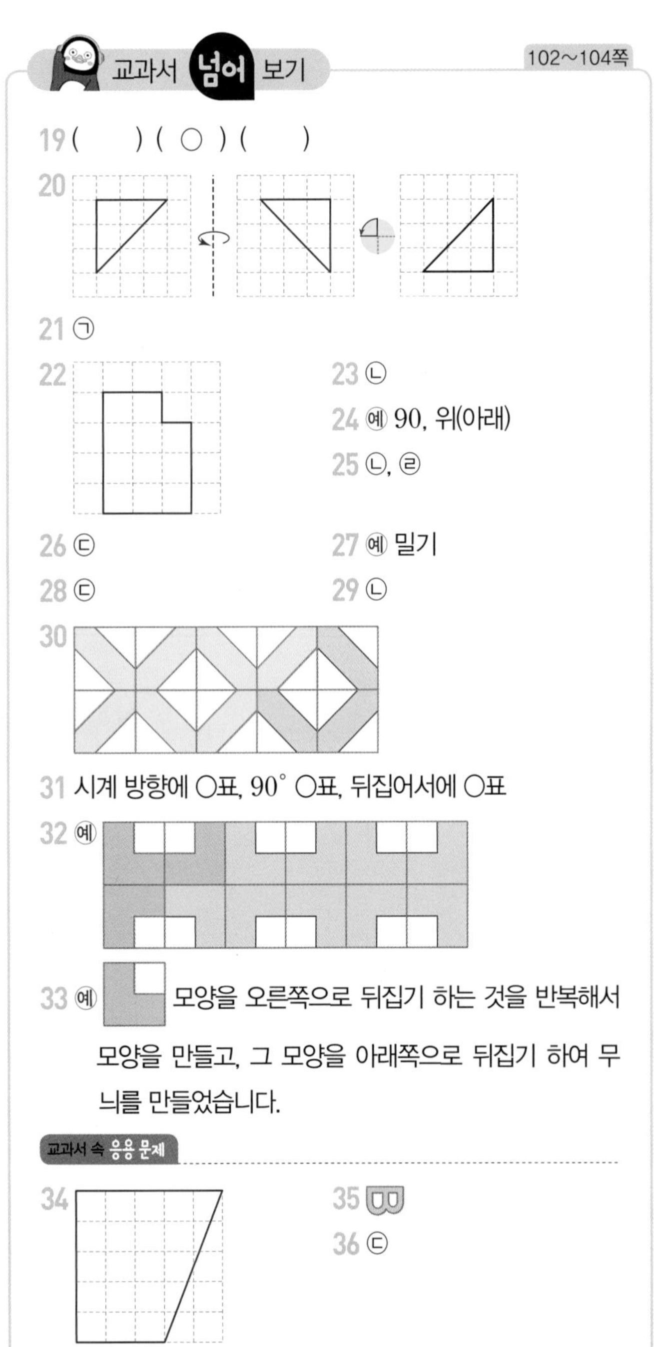

교과서 넘어 보기

102~104쪽

19 (　) (○) (　)

20

21 ㉠

22

23 ㉡

24 예 90, 위(아래)

25 ㉡, ㉣

26 ㉢

27 예 밀기

28 ㉢

29 ㉡

30

31 시계 방향에 ○표, 90° ○표, 뒤집어서에 ○표

32 예

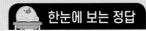

33 예 모양을 오른쪽으로 뒤집기 하는 것을 반복해서 모양을 만들고, 그 모양을 아래쪽으로 뒤집기 하여 무늬를 만들었습니다.

교과서 속 응용 문제

34

35

36 ㉢

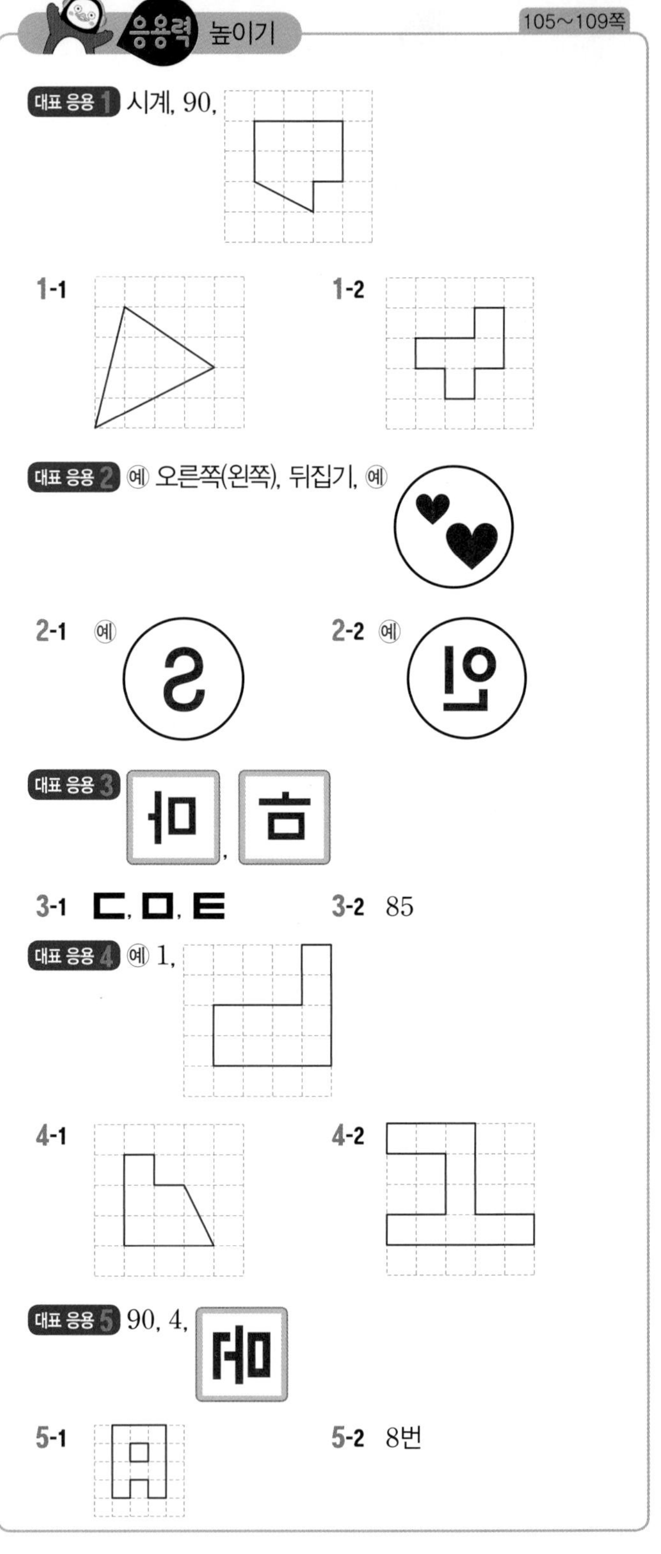

응용력 높이기

105~109쪽

대표 응용 1 시계, 90,

1-1

1-2

대표 응용 2 예 오른쪽(왼쪽), 뒤집기, 예

2-1 예

2-2 예

대표 응용 3

3-1

3-2 85

대표 응용 4 예 1,

4-1

4-2

대표 응용 5 90, 4,

5-1

5-2 8번

단원 평가 LEVEL ❶

110~112쪽

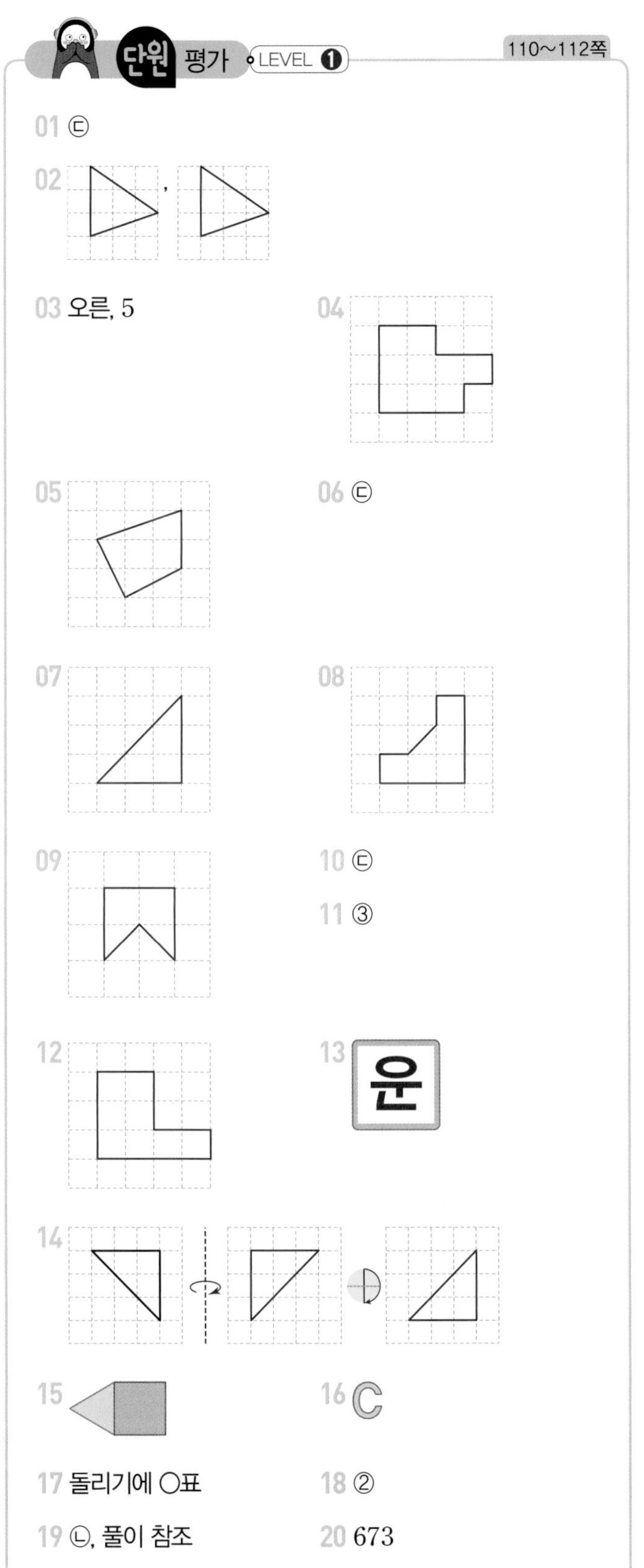

01 ㉢

02

03 오른, 5

04

05

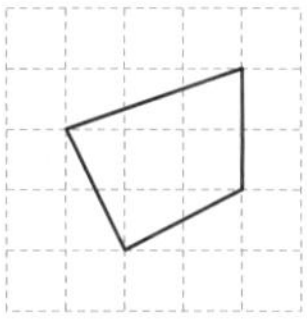

06 ㉢

07

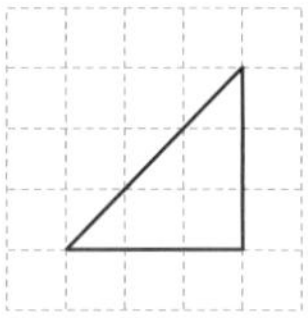

08

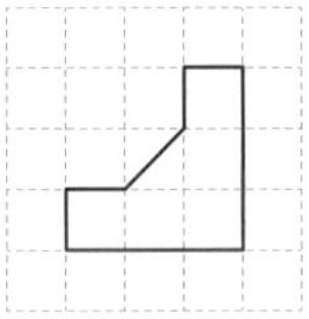

09

10 ㉢

11 ③

12

13 운

14

15

16 C

17 돌리기에 ○표

18 ②

19 ㉡, 풀이 참조

20 673

단원 평가 LEVEL ❷

113~115쪽

01

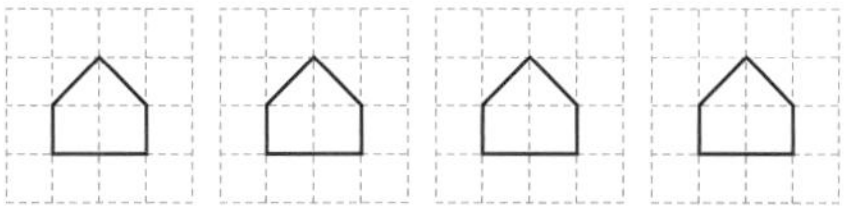

02 1 cm 1 cm

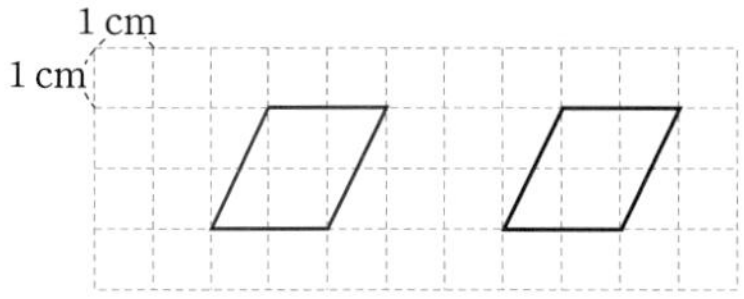

03

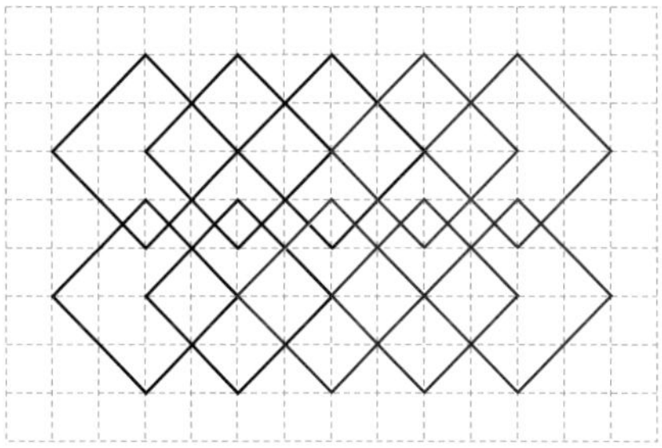

04 ㉠

05

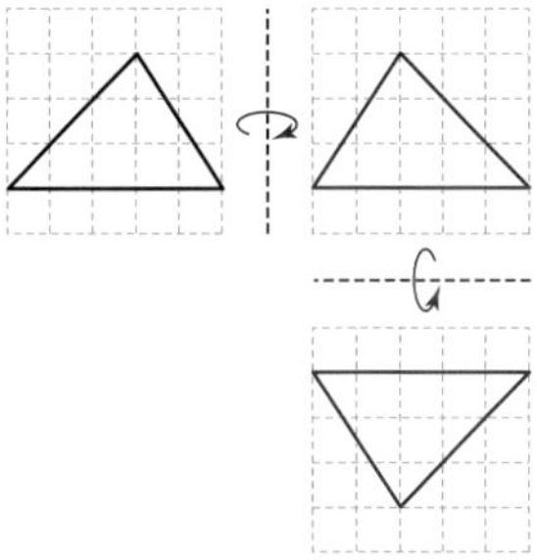

06 M, O, T

07 12시 50분

08

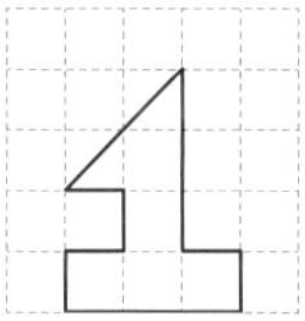

09 시계에 ○표, 90°에 ○표

10

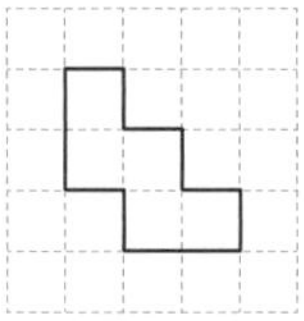

11 3번

12 인호

13

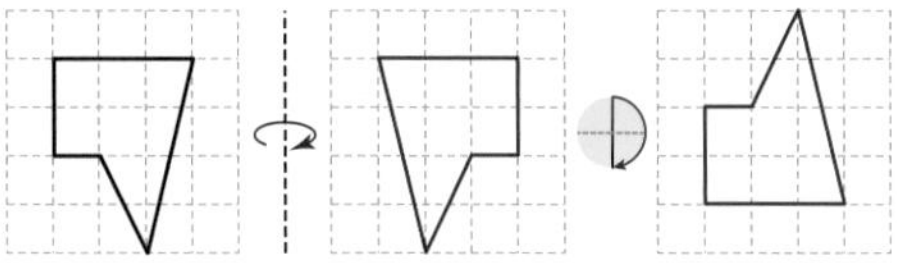

14

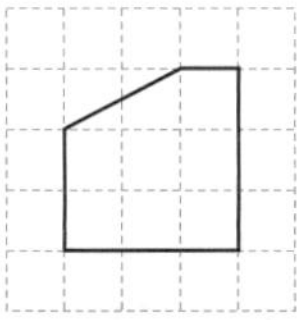

15 ㉡

16

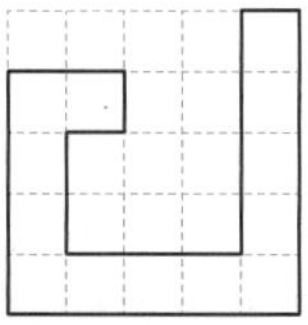

17

18

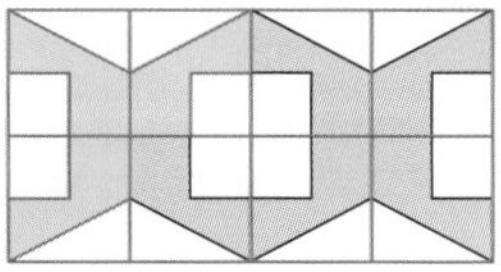

19 0

20 풀이 참조

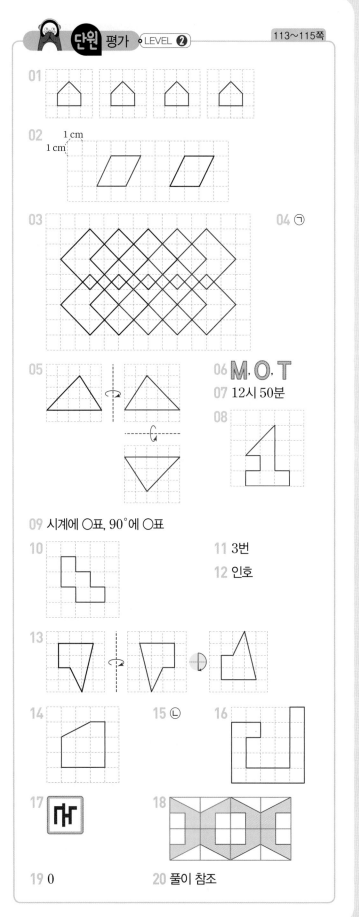

5 단원 막대그래프

교과서 개념 다지기 118~119쪽

01 막대그래프　02 색깔, 학생 수
03 좋아하는 학생 수에 ○표　04 1명
05 4반　06 2반
07 8명　08 2반

교과서 넘어 보기 120~122쪽

01 예 좋아하는 과목별 학생 수
02 과목, 학생 수　03 예 좋아하는 학생 수
04 1명　05 학생 수에 ○표, 악기에 ○표
06 3명　07 표　08 막대그래프
09 부산　10 광주　11 광주
12 6 mm　13 8명　14 보드게임
15 (위에서부터) ○, ×, ○　16 2
17 7명　18 86명

교과서 속 응용 문제

19 30개　20 24000원　21 1000원

교과서 개념 다지기 123~125쪽

01 학생 수　02 예 좋아하는 우유별 학생 수
03 6
04 좋아하는 우유별 학생 수

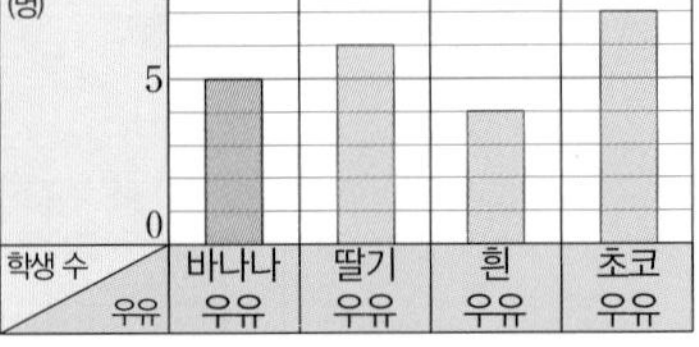

05 6, 3, 7, 20
06 과일
07 좋아하는 과일별 학생 수

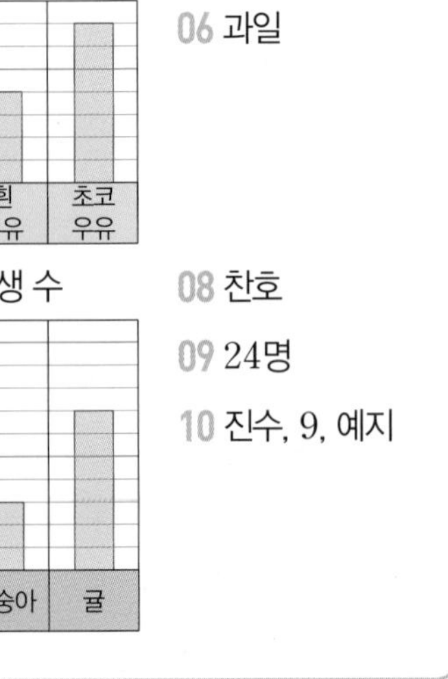

08 찬호
09 24명
10 진수, 9, 예지

교과서 넘어 보기 126~128쪽

22 9 kg　23 무게
24 월별 분리배출한 종이류의 무게

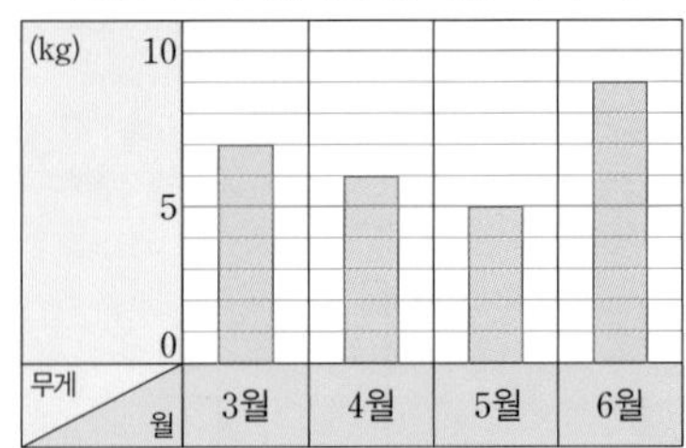

25 6칸
26 가고 싶은 나라별 학생 수

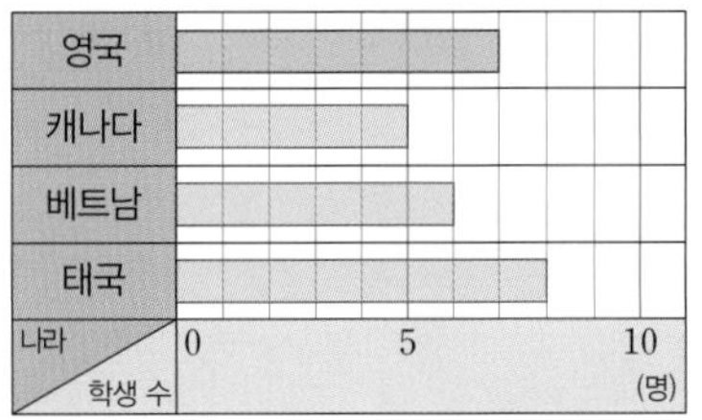

27 10칸　28 5, 4, 2, 3, 14
29 날씨별 날수

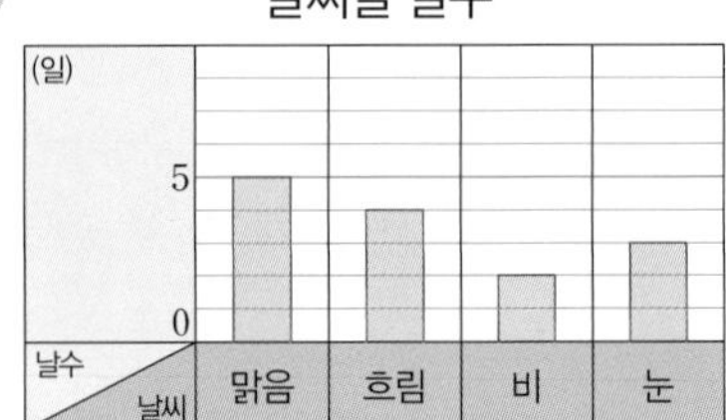

30 주사의 눈의 수별 나온 횟수

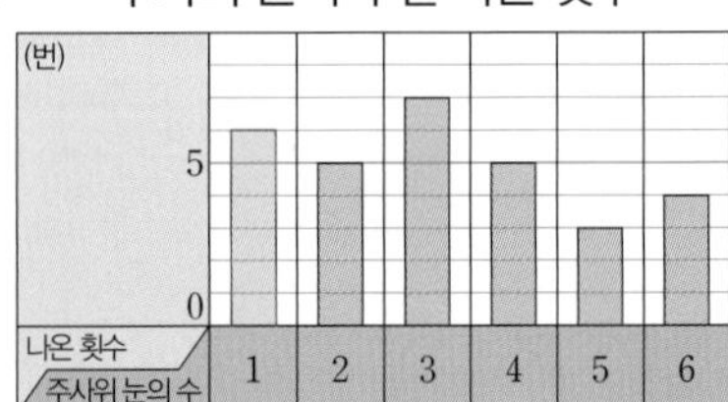

31 10에 ○표
32 장소별 학교 정문까지의 거리

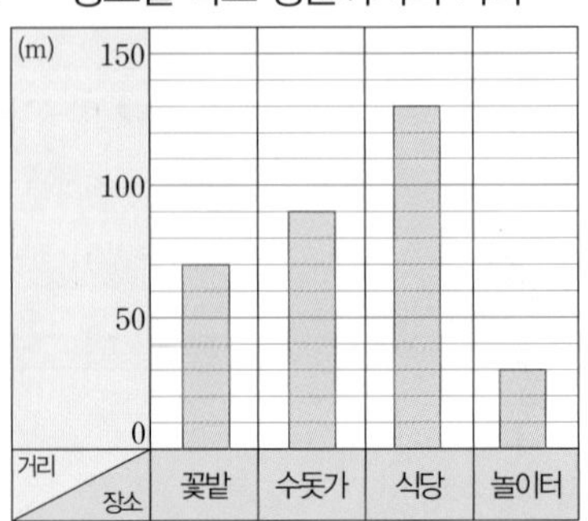

33 장소별 학교 정문까지의 거리

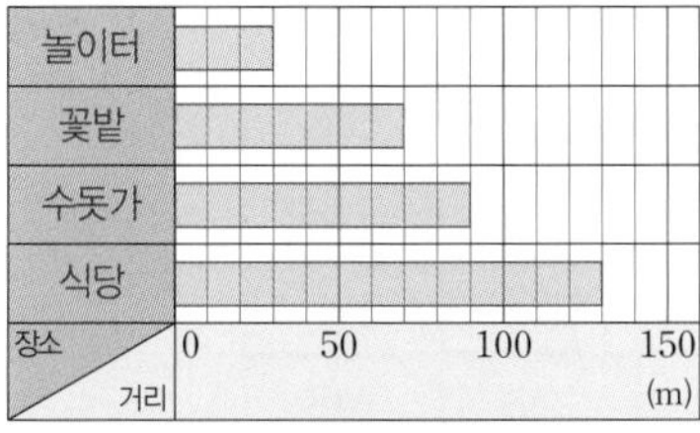

34 7권

35 월별 독서량

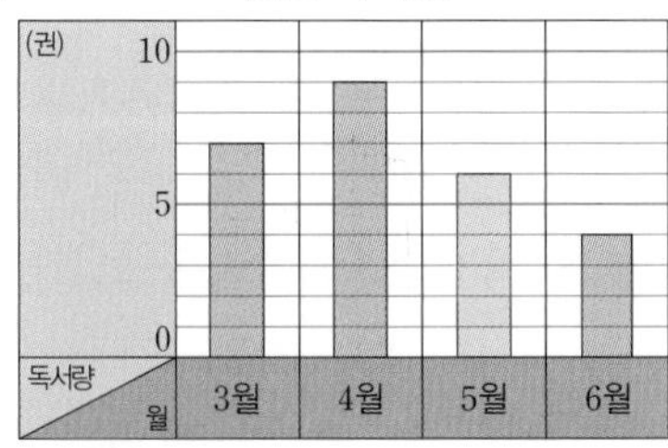

36 4, 6

37 80회　　38 60회

39 예 줄넘기 기록이 4주 때보다 더 많아질 것입니다.

응용력 높이기 129~133쪽

대표 응용 1 작은에 ○표 / 2

1-1 자전거 타기　　1-2 수영

대표 응용 2 1, 10, 5, 8, 4, 4, 2/ 동물별 수

2-1 ㉡ 과목별 수행평가 점수　　2-2 10칸

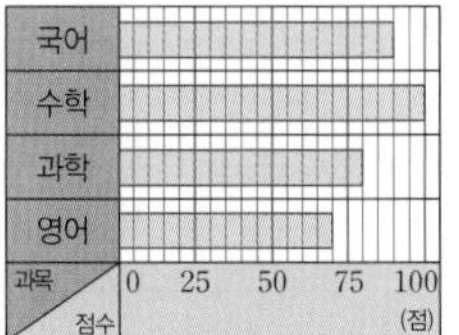

대표 응용 3 5, 6, 4, 20, 5

3-1 8마리　　3-2 120 kg

대표 응용 4 8, 8, 4, 2, 9

4-1 3명, 5명　　4-2 태어난 계절별 학생 수

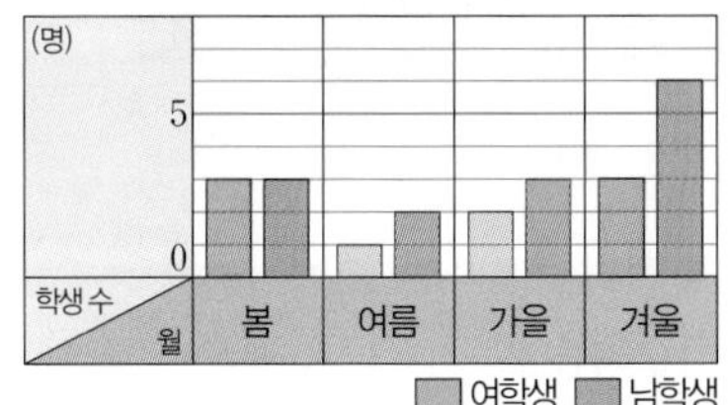

대표 응용 5 84, 3, 87　　5-1 18일　　5-2 5월

134~136쪽

01 혈액형, 학생 수　　02 1명

03 8명　　04 4명

05 28명　　06 2동, 4동 1동, 3동

07 2동　　08 12명

09 종류별 가축 수

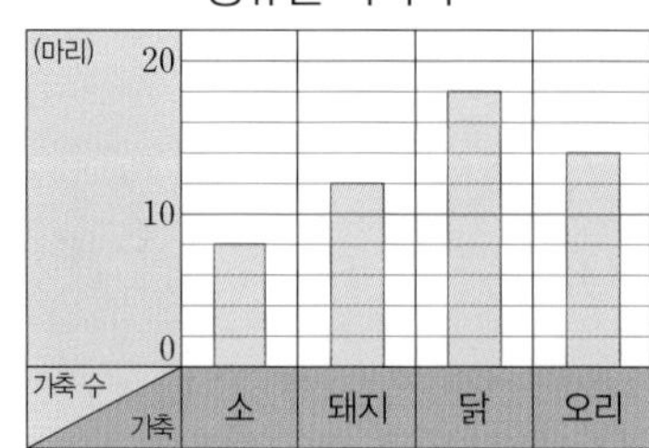

10 ④　　11 2명　　12 59 kg

13 남자와 여자의 1인당 쌀 소비량에 ○표

14 예 1인당 쌀 소비량이 점점 줄어들 것입니다.

15 늘어나고에 ○표

16 20명　　17 예 탕수육

18 7900원　　19 3회

20 학생별 훌루푸프 기록

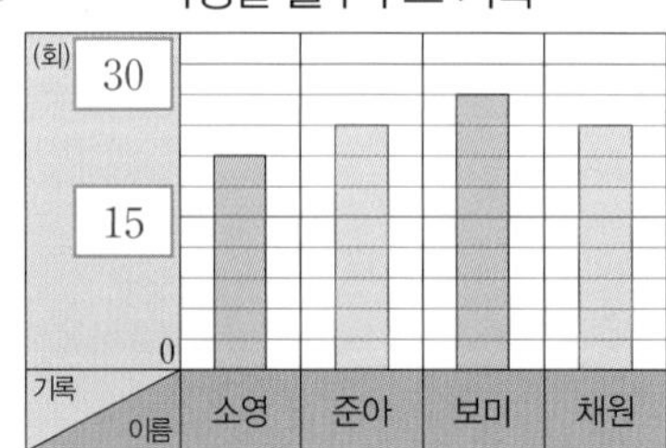

137~139쪽

01 1명　　02 막대 모양　　03 6명

04 26명　　05 막대그래프　　06 9명

07 좋아하는 놀이기구별 학생 수

놀이 기구	그네	미끄럼틀	시소	철봉	합계
학생 수 (명)	8	9	6	2	25

좋아하는 놀이기구별 학생 수

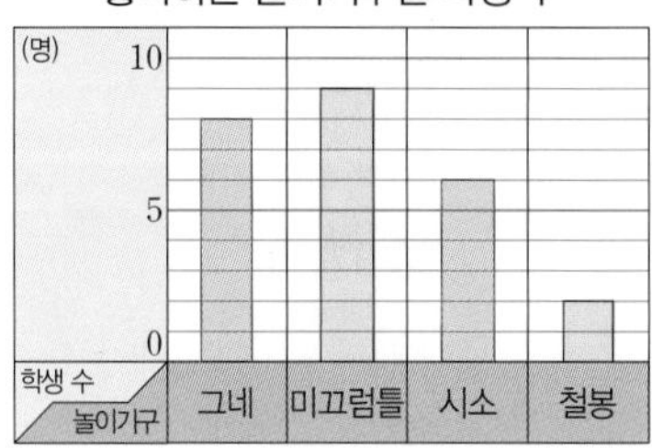

08 4배

09 12명

10 5, 3, 4, 4, 2, 18

11 모

12 장소별 가고 싶은 학생 수

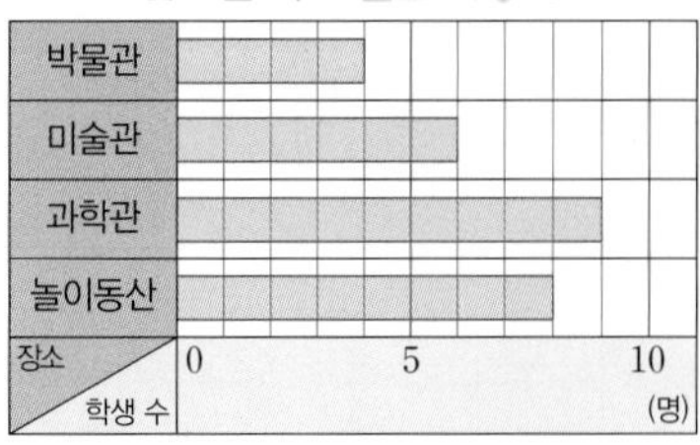

13 13칸, 14칸

14 양궁 경기 기록

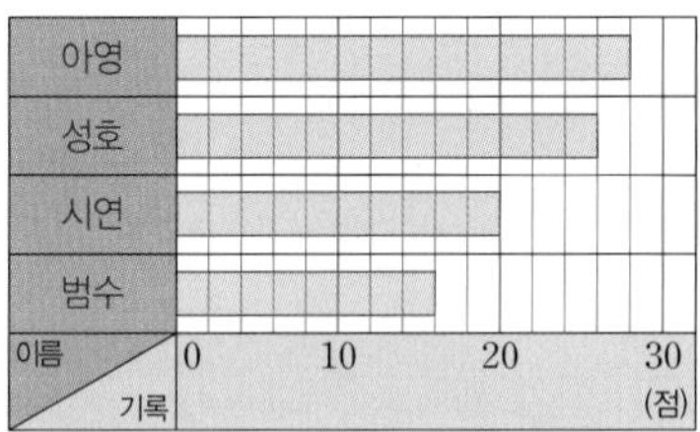

15 8명

16 24명

17 20개

18 가 편의점

19 25000원

20 풀이 참조

6단원 규칙 찾기

142~144쪽

01 100

02 10

03 12

04 146

05 일의에 ○표

06 32, 2 / 8

07 곱셈

08 6

09 1, 세로에 ○표

10 6개

11 1

12 ( ) (○) ( )

145~147쪽

01

518	528	538	548
418	428	438	448
318	328	338	348
218	228	238	248

02 ㉢

03 85

04 114

05 예 417부터 ↘ 방향으로 101씩 작아집니다.

06 D4

07 C7

08 예 두 수의 덧셈의 결과에서 십의 자리 숫자를 씁니다.

09 7, 9

10 619, 1013

11 예 19부터 아래쪽으로 100, 200, 300……씩 커집니다.

12 예 두 수의 곱셈의 결과에서 일의 자리 숫자를 씁니다.

13

	101	102	103	104
24	4	8	2	6
25	5	0	5	0
26	6	2	8	4

14 (1) 655 (2) 189

15

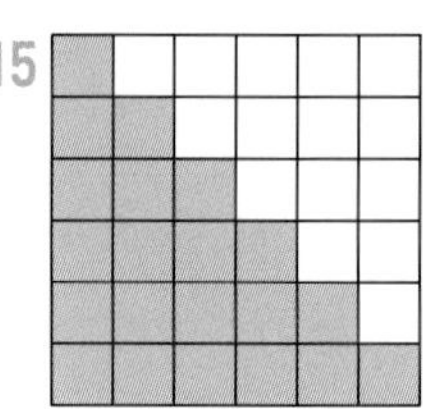

16 예 사각형의 수가 1개에서 시작하여 2개씩 늘어납니다.

17

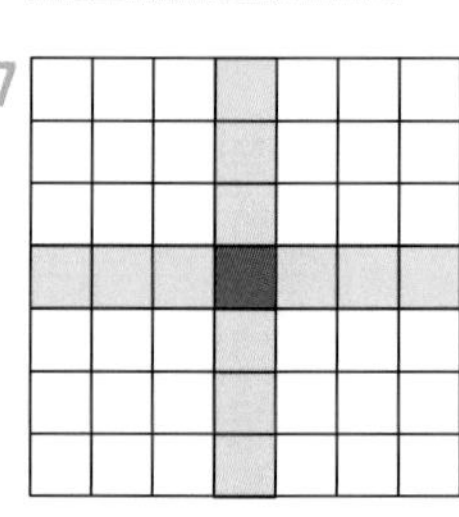

교과서 속 응용 문제

18 6개, 4개

19 15개, 21개

148~149쪽

01 1, 20 / 56+71=127

02 100, 1 / 200÷100=2

03 7, 16

04 17, 24

05 15, 18

06 3, 16

150~152쪽

20 1+2+3+4+5+6=21

21 7, 28

22 ㉰

23 3400+800=4200

24 1100+800−500=1400

25 1400+1100−800=1700

26 11, 5500, 예 곱해지는 수가 100씩 커지고 곱하는 수가 11로 일정하면 계산 결과는 1100씩 커집니다.

27 123454321

28 예 125÷5÷5÷5=1 / 예 625÷5÷5÷5÷5=1

29 99999×11111=1111088889

30 여섯째

31 예 10+18+26=12+18+24

32 예 연속하는 세 수의 합은 가운데 있는 수의 3배와 같습니다.

33 21

34 예 14+15+16=15×3

교과서 속 응용 문제

35 예 400, 200, 200 / 600, 300, 300 / 800, 400, 400

36 예 1208, 302, 4 / 12008, 3002, 4
120008, 30002, 4

153~157쪽

대표 응용 1 2, 353, 355, 357, 359, 359

1-1 78733, 68734

1-2 77565

대표 응용 2 2, 2, 8

2-1 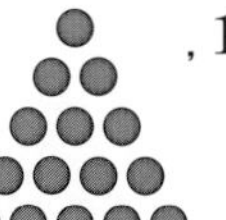, 15

2-2 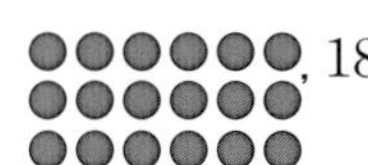, 18

대표 응용 3 3, 303, 3, 303, 303

3-1 8, 15

3-2 22

대표 응용 4 140, 230

4-1 (왼쪽부터) 100, 100 / 10, 10

4-2 예 321+431+541=341+431+521

대표 응용 5 4, 3, 3, 3, 3, 3, 16

5-1 15개

5-2 12개

158~160쪽

01 (위에서부터) 2398, 3398, 4398, 5398

02 예 2318, 1020

03 565

04 (1) 1843 (2) 75

05 (위에서부터) 8, 1, 1

06 곱셈, 일

07 6

08 8

09 다섯째

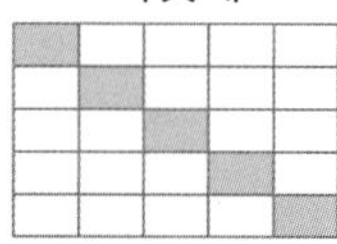

10 17개

11 일곱째

12 3, 6, 1

13 37037×15=555555

14 37037×21=777777

15 440

16 1, ↙(또는 ↗)

17 4배

18 19개

19 63×12345679=777777777

20 풀이 참조

161~163쪽

01 (1) × (2) ○

02 ↓, 1 / →

03 4024, 7027

04 1000에 ○표, 커집니다에 ○표

05 63834

06 0, 5

07 0

08 시계 반대 방향에 ○표

09 (그림)

10 15개

11 6 / 5, 10, 10, 5

12 243÷3÷3÷3÷3÷3=1

13 예 49÷7÷7=1 / 343÷7÷7÷7=1

14 345+264=609

15 예 1111+23=1134 / 1111+33=1144 / 1111+43=1154

16 ㉯

17 4+12=20−4

18 14

19 (그림), 풀이 참조

20 17개

Book 2 실전책

1 단원 큰 수

1 단원 기본 문제 복습 2~3쪽

01 (위에서부터) 100, 10, 1　02 7000, 2000
03 71086 / 칠만 천팔십육
04 (왼쪽부터) 5, 7, 9 / 7000, 200, 3
05 10만, 100만, 1000만　06 73500264
07 (1) 100000000 또는 1억
(2) 1000000000000 또는 1조
08 710, 5892, 칠백십억 오천팔백구십이만
09 26조 5294억 7381만
/ 이십육조 오천이백구십사억 칠천삼백팔십일만
10 587조 3200억, 587320000000000
11 4조 8800억, 5조 800억
12 (1) > (2) <　13 다

1 단원 응용 문제 복습 4~5쪽

01 (1) 30 (2) 20　02 (1) 40 (2) 80
03 1000　04 73264708
05 99990000 또는 9999만
06 43300　07 1000000(100만)씩
08 500　09 10조 5000억씩
10 3045679
11 983652 / 구십팔만 삼천육백오십이
12 655446332211

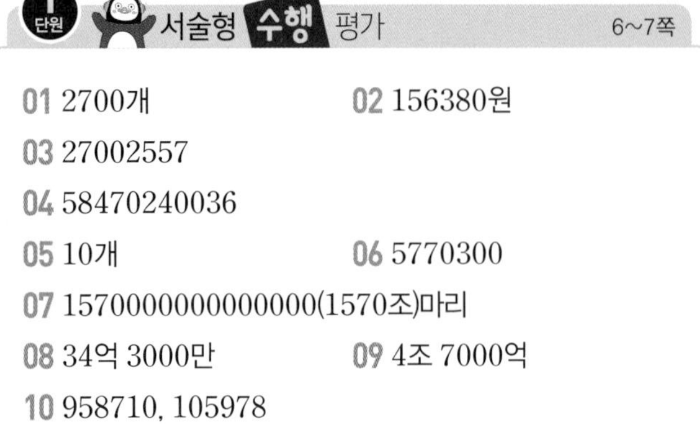

1 단원 서술형 수행 평가 6~7쪽

01 2700개　02 156380원
03 27002557
04 58470240036
05 10개　06 5770300
07 1570000000000000(1570조)마리
08 34억 3000만　09 4조 7000억
10 958710, 105978

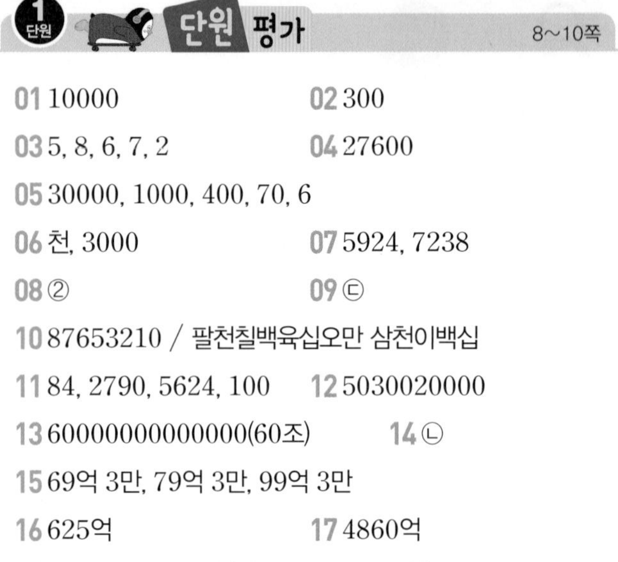

1 단원 평가 8~10쪽

01 10000　02 300
03 5, 8, 6, 7, 2　04 27600
05 30000, 1000, 400, 70, 6
06 천, 3000　07 5924, 7238
08 ②　09 ㉢
10 87653210 / 팔천칠백육십오만 삼천이백십
11 84, 2790, 5624, 100　12 5030020000
13 60000000000000(60조)　14 ㉡
15 69억 3만, 79억 3만, 99억 3만
16 625억　17 4860억
18 >　19 ㉠　20 0, 1, 2, 3

2 단원 각도

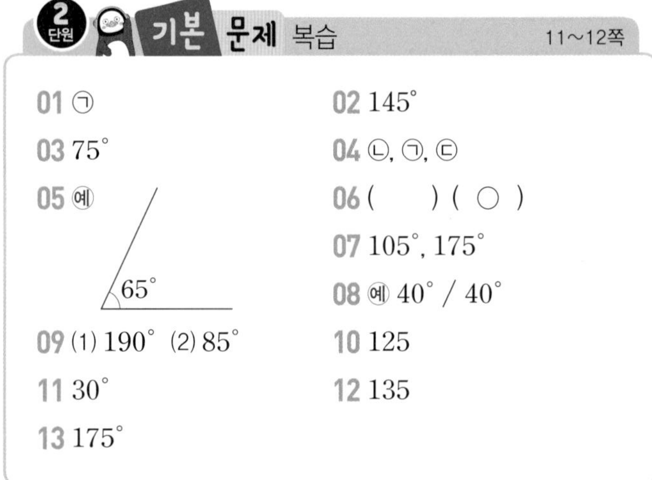

2 단원 기본 문제 복습 11~12쪽

01 ㉠　02 145°
03 75°　04 ㉡, ㉠, ㉢
05 예 (그림)　06 ( ) (○)
07 105°, 175°
08 예 40° / 40°
09 (1) 190° (2) 85°　10 125
11 30°　12 135
13 175°

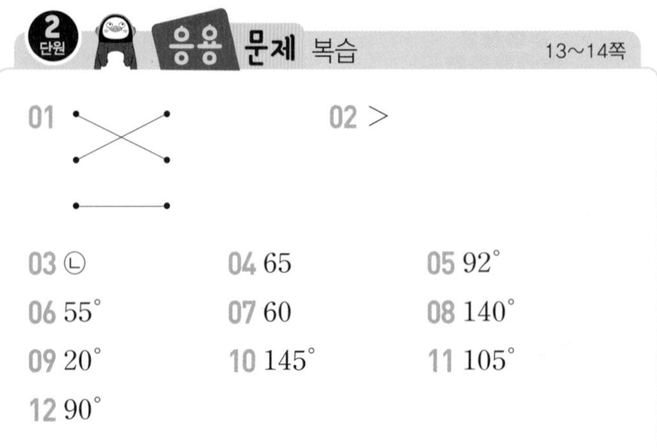

2 단원 응용 문제 복습 13~14쪽

01 (그림)　02 >
03 ㉡　04 65　05 92°
06 55°　07 60　08 140°
09 20°　10 145°　11 105°
12 90°

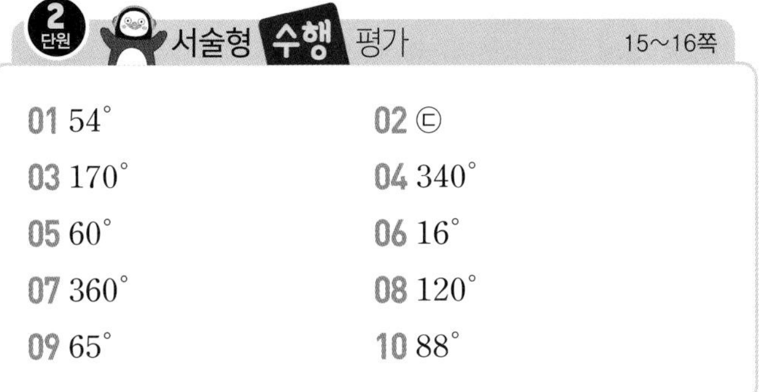

2단원 서술형 수행 평가 15~16쪽

01 54°　　02 ㉢
03 170°　　04 340°
05 60°　　06 16°
07 360°　　08 120°
09 65°　　10 88°

2단원 단원 평가 17~19쪽

01 (　　) (○) (　　)　　02 가
03 가, 나　　04 50°
05 70°　　06 예 (ㄱ 60°, 60° ㄴ)
07　　08 예 (45°)
09 가, 다　　10 4개　　11 예 70° / 70°
12 준하　　13 75°, 예각　　14 60°
15 55°　　16 155°　　17 720°
18 155°　　19 52°　　20 25°

3단원 곱셈과 나눗셈

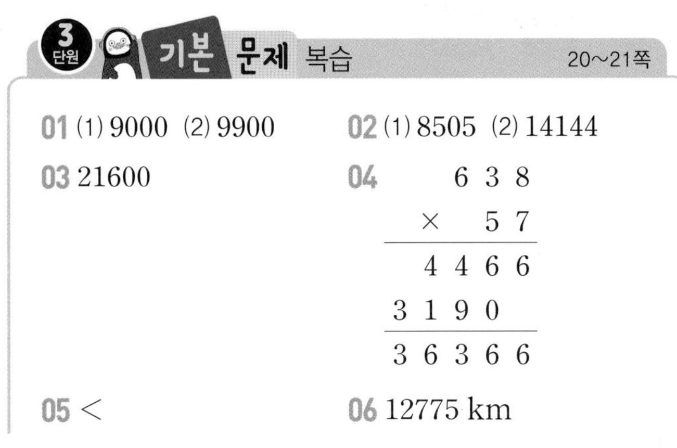

3단원 기본 문제 복습 20~21쪽

01 (1) 9000 (2) 9900　　02 (1) 8505 (2) 14144
03 21600

04
$$\begin{array}{r} 6\ 3\ 8 \\ \times\ \ 5\ 7 \\ \hline 4\ 4\ 6\ 6 \\ 3\ 1\ 9\ 0\ \ \\ \hline 3\ 6\ 3\ 6\ 6 \end{array}$$

05 <　　06 12775 km

07
$$\begin{array}{r} 7 \\ 37\overline{)\,2\ 6\ 5} \\ 2\ 5\ 9 \\ \hline 6 \end{array}$$
계산 결과 확인 $37\times7=259$, $259+6=265$

08 6, 7 / (　　) (○)　　09

10 4　　11 >
12 17, 23　　13 217

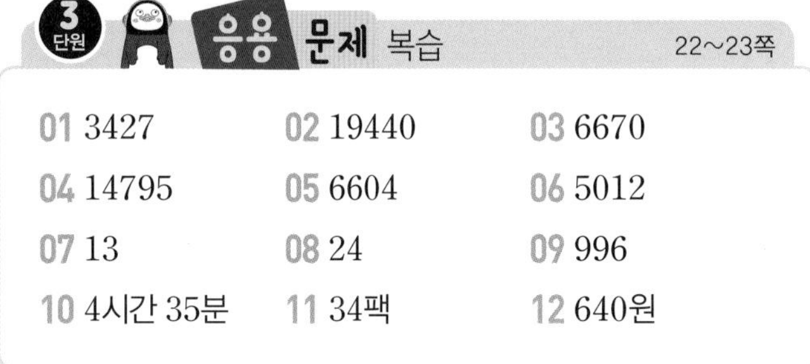

3단원 응용 문제 복습 22~23쪽

01 3427　　02 19440　　03 6670
04 14795　　05 6604　　06 5012
07 13　　08 24　　09 996
10 4시간 35분　　11 34팩　　12 640원

3단원 서술형 수행 평가 24~25쪽

01 5735개　　02 37640원
03 9　　04 39그루
05 836　　06 9개
07 47432원　　08 27300원
09 19개, 25 cm　　10 19개

3단원 단원 평가 26~28쪽

01 25000　　02 22420
03 ②　　04 <
05 44046　　06 (위에서부터) 6, 2, 5, 8
07 25650개　　08 6560원
09 5700원　　10 131400원
11 몫: 6, 나머지 : 42　　12 8, 536, 19
13 1, 3, 2　　14 6팀, 5명
15 329　　16 (위에서부터) ㉡, ㉣, ㉠
17 4480 mL　　18 807
19 16425분　　20 15개

4 단원 평면도형의 이동

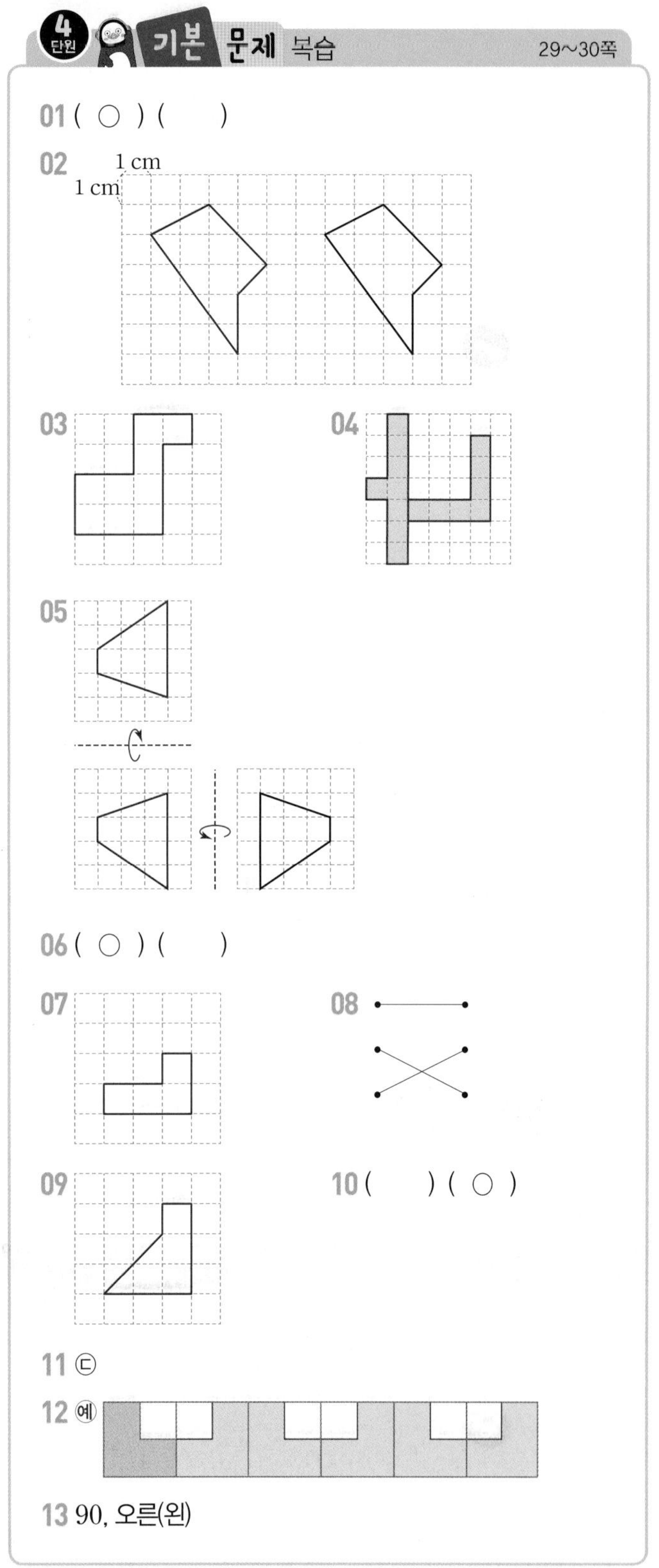

4 단원 기본 문제 복습 29~30쪽
01 (○) ( )
02
1 cm
1 cm
03
04
05
06 (○) ( )
07
08
09
10 ( ) (○)
11 ㉢
12 예
13 90, 오른(왼)

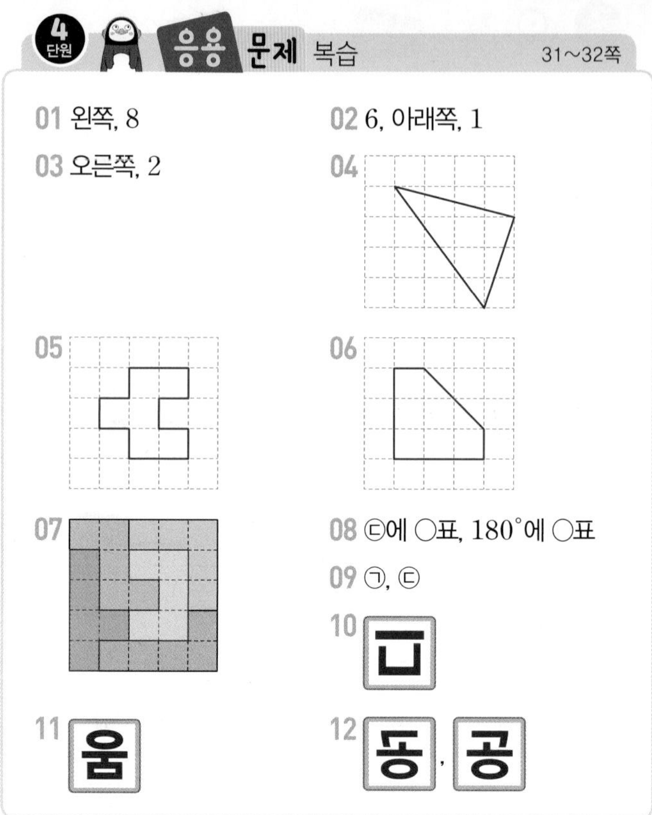

4 단원 응용 문제 복습 31~32쪽
01 왼쪽, 8
02 6, 아래쪽, 1
03 오른쪽, 2
04
05
06
07
08 ㉢에 ○표, 180°에 ○표
09 ㉠, ㉢
10
11 움
12 동, 공

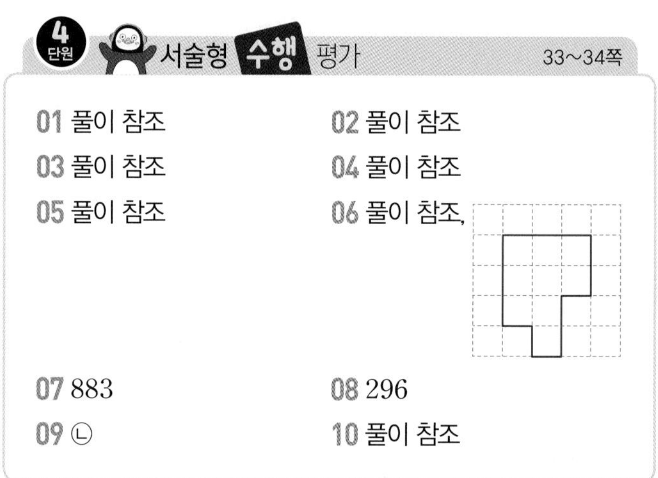

4 단원 서술형 수행 평가 33~34쪽
01 풀이 참조
02 풀이 참조
03 풀이 참조
04 풀이 참조
05 풀이 참조
06 풀이 참조,
07 883
08 296
09 ㉡
10 풀이 참조

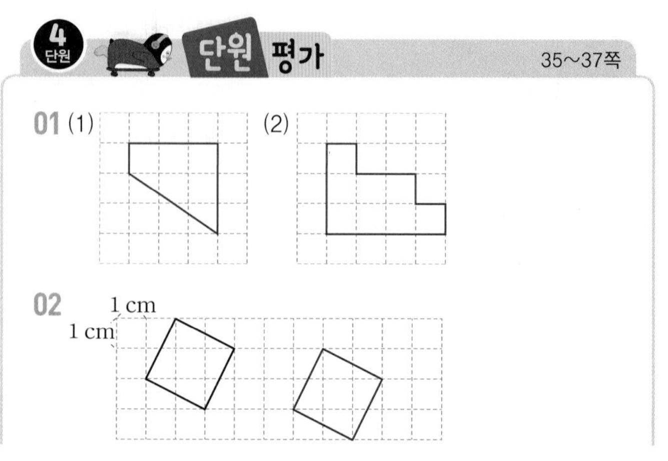

4 단원 평가 35~37쪽
01 (1)
(2)
02
1 cm
1 cm

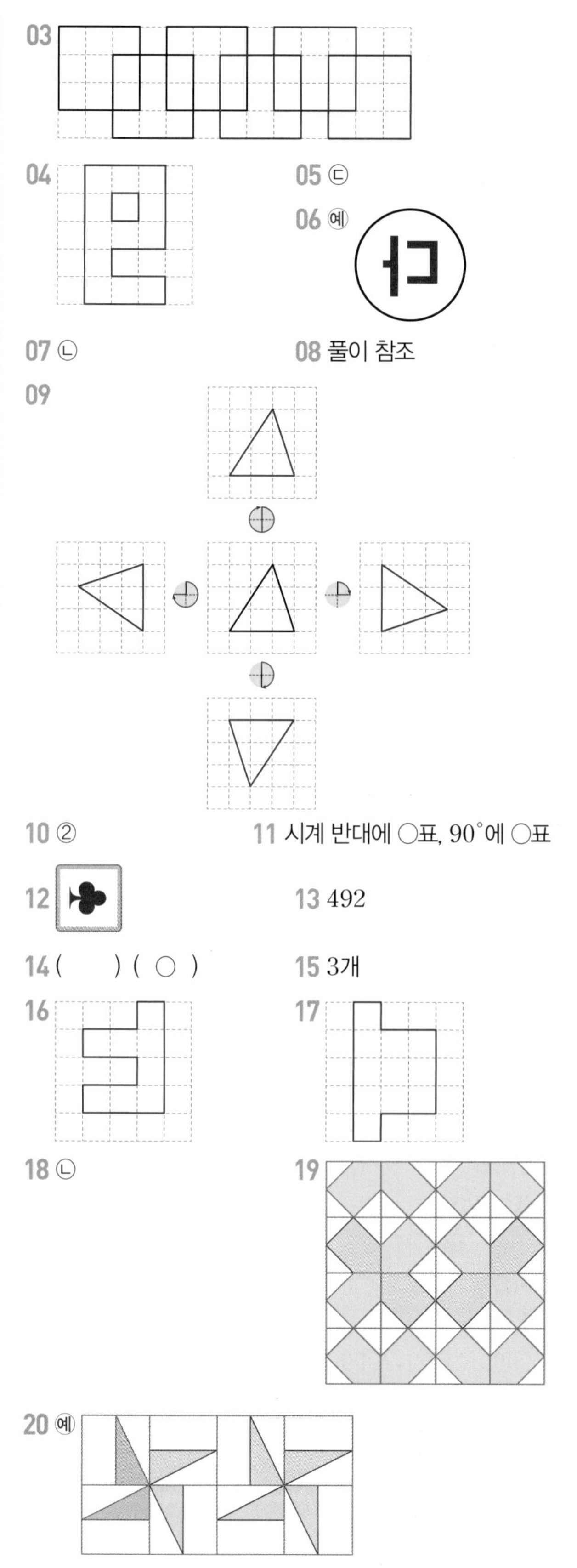

5 단원 막대그래프

5 단원 기본 문제 복습 38~39쪽

01 막대그래프
02 선물, 학생 수
03 9명
04 막대그래프
05

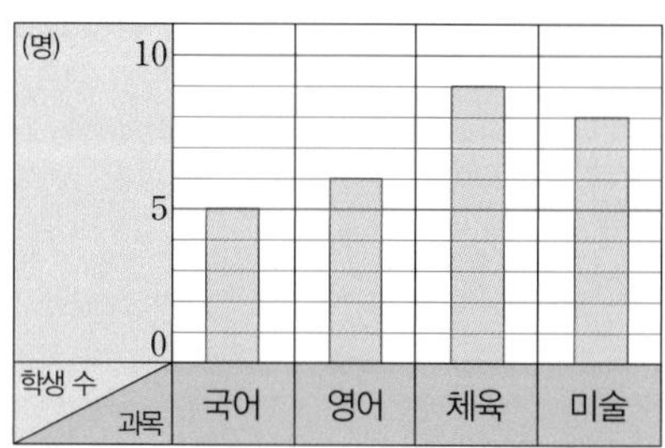

06 1명
07 체육
08 4대
09 (위에서부터) ×, ○
10 40대
11 8, 5, 3, 4, 20
12

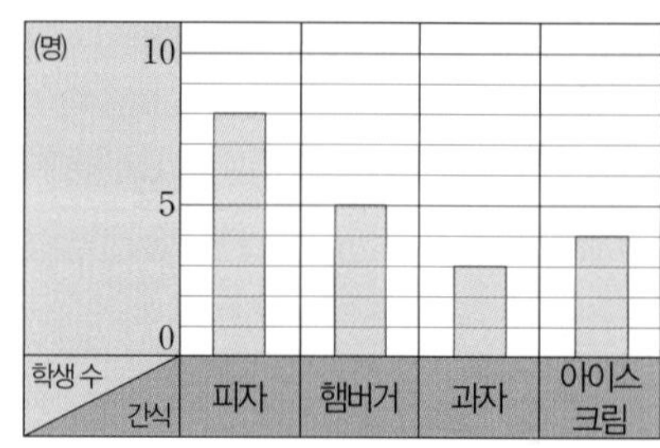

13 알 수 없습니다.

5 단원 응용 문제 복습 40~41쪽

01 9칸, 11칸
02 5칸, 4칸
03 16칸
04 9명
05 9명, 8명
06 71일
07 25명
08 90점
09 4명
10 22개

5 단원 서술형 수행 평가 42~43쪽

01 풀이 참조
02 4배
03 6회
04 ㉠ 공기놀이
05 11칸
06 16명
07 58권
08 3자루

5 단원 단원 평가 44~46쪽

01 계절, 학생 수 02 봄 03 여름, 겨울, 봄, 가을
04 2배 05 20명 06 표
07 막대그래프 08 11권 09 45일
10 10분 11 27300원
12 공원에 심은 종류별 나무 수 13 8, 10, 6, 8, 32

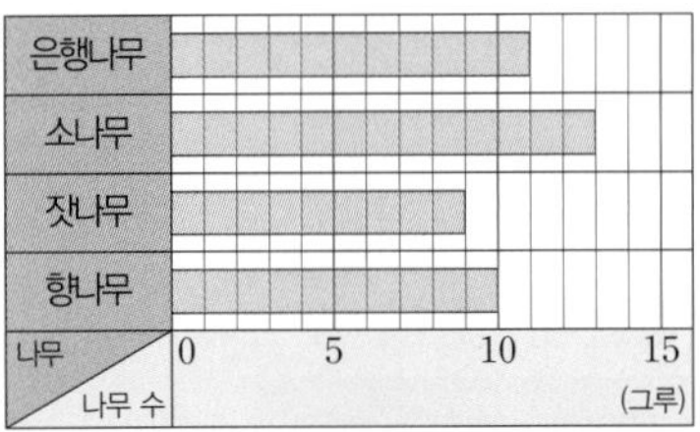

14 반별 그리기 대회 참가 학생 수 15 16, 6, 10, 14, 46

(명) 10 0 학생 수 반 1반 2반 3반 4반

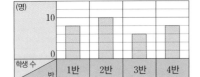

16 7칸

17 일주일 동안 버려진 종류별 쓰레기 양 18 8명

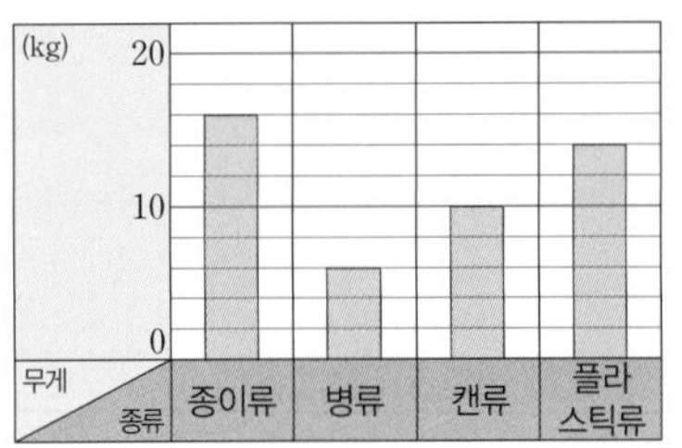

19 태권도
20 수영

6 단원 규칙 찾기

6 단원 기본 문제 복습 47~48쪽

01 (위에서부터) 1274, 1374, 1474, 1574
02 ↘, 110 03 743, 954
04 예 두 수의 덧셈의 결과에서 일의 자리 숫자를 씁니다.
05 8
06 예 사각형의 수가 1개에서 시작하여 아래쪽으로 2개, 3개, 4개……씩 더 늘어납니다.
07 15개 08 ㉢
09 $1+3+5+7+9+11=36$
10 $1+3+5+7+9+11+13+15+17=81$
11 $2+4+6+8+10=30$
12 21 13 16, 24 14 3, 3

6 단원 응용 문제 복습 49~50쪽

01 5156, 5436 02 1449
03 9167, 4167 04 $400\times30=12000$
05 $8\times10006=80048$ 06 $5291\times63=333333$
07 ㉮ 08 ㉰ 09 $11\times14=154$
10 15개 11 10개 12 일곱째

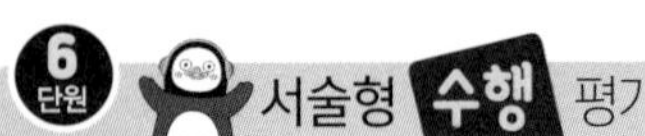

6 단원 서술형 수행 평가 51~52쪽

01 7
02 풀이 참조, $88889\times99999=8888811111$
03 $8888889\times9999999=88888881111111$
04 풀이 참조 05 풀이 참조
06 588 07 (그림), 풀이 참조
08 풀이 참조 09 풀이 참조 10 4

6 단원 단원 평가 53~55쪽

01 1000에 ○표, 작아집니다에 ○표
02 900 03

3751	3752	3753	3754	3755
4751	4752	4753	4754	4755
5751	5752	5753	5754	5755
6751	6752	6753	6754	6755
7751	7752	7753	7754	7755

04 2756 05 (1) 600 (2) 110
06 풀이 참조 07 8, 0
08 (그림) 09 21개
10 아홉째 11 36개
12 1, 200 13 $712+513=1225$
14 $9999\times9999=99980001$
15 예 $101\times22=2222$ / $101\times33=3333$ / $101\times44=4444$
16 $660\div30=22$, $440\div20=22$
17 $8+16+24=16\times3$
18 13 / 19, 13 19 예 $9+10=15+16-12$
20 예 $7+23=15\times2$, 풀이 참조

EBS

만점왕
수학 플러스
4-1

EBS와 함께하는 자기주도 학습 초등 · 중학 교재 로드맵

예비 초등 | 1학년 | 2학년 | 3학년 | 4학년 | 5학년 | 6학년

전과목 기본서/평가

- BEST 만점왕 국어/수학/사회/과학 – 교과서 중심 초등 기본서
- 만점왕 통합본 학기별(8책) – 바쁜 초등학생을 위한 국어·사회·과학 압축본
- 만점왕 단원평가 학기별(8책) BEST – 한 권으로 학교 단원평가 대비
- NEW 기초학력 진단평가 초2~중2 – 초2부터 중2까지 기초학력 진단평가 대비

국어

독해
- 4주 완성 독해력 1~6단계 단계별 – 학년별 교과서 연계 단기 독해 학습
- 독해가 OO을 만날 때 수학/사회1~2/과학1~2 주제별 – 수학·사회·과학 주제별 국어 독해

문학

문법

어휘
- 어휘가 독해다! 초등 국어 어휘 입문 – 한글과 기초 단어로 시작하는 낱말 공부
- 어휘가 독해다! 초등 국어 어휘 기본 – 3, 4학년 교과서 필수 낱말 + 읽기 학습
- 어휘가 독해다! 초등 국어 어휘 실력 – 5, 6학년 교과서 필수 낱말 + 읽기 학습

쓰기
- 참 쉬운 글쓰기 1-따라 쓰는 글쓰기 – 맞춤법·받아쓰기로 시작하는 기초 글쓰기 연습
- 참 쉬운 글쓰기 2-문법에 맞는 글쓰기/3-목적에 맞는 글쓰기 – 초등학생에게 꼭 필요한 기초 글쓰기 연습

한자
- 참 쉬운 급수 한자 8급/7급 II/7급 – 한자능력검정시험 대비 급수별 학습

문해력
- 어휘/쓰기/ERI 독해/배경지식/디지털독해가 문해력이다 학기별 단계별 – 평생을 살아가는 힘, 문해력을 키우는 학기별 • 단계별 종합 학습

영어

독해
- EBS ELT EBS ELT 시리즈 • 권장 학년 : 유아~중1
- EBS랑 홈스쿨 초등 영독해 LEVEL 1~3 – 다양한 부가 자료가 있는 단계별 영독해 학습
- EBS 기초 영독해 – 중학 영어 내신 만점을 위한 첫 영독해

문법
- EBS Big Cat – Collins BIG CAT – 다양한 스토리를 통한 영어 리딩 실력 향상
- EBS랑 홈스쿨 초등 영문법 LEVEL 1~2 – 다양한 부가 자료가 있는 단계별 영문법 학습
- EBS 기초 영문법 1~2 – 중학 영어 내신 만점을 위한 첫 영문법

어휘 / 쓰기 / 듣기
- EBS Big Cat – Shinoy and the Chaos Crew – 흥미롭고 몰입감 있는 스토리를 통한 풍부한 영어 독서
- EBS Easy learning – easy learning – 저연령 학습자를 위한 기초 영어 프로그램
- EBS Phonics/Grammar/Readi – 쉽고 재미있는 영어 활동을 통한 필수 Skill 습

수학

연산
- 만점왕 연산 Pre1~2, 1~12단계 – 과학적 연산 방법을 통한 계산력 훈련

개념

응용
- 만점왕 수학 플러스 학기별(12책) – 교과서 중심 기본 + 응용 문제

심화
- 만점왕 수학 고난도 학기별(6책) – 상위권 학생을 위한 초등 고난도 문제집

특화

사회

사회/역사
- 초등학생을 위한 多담은 한국사 연표 – 연표로 흐름을 잡는 한국사 학습
- 매일 쉬운 스토리 한국사 1~2 /스토리 한국사 1~2 – 하루 한 주제를 이야기로 배우는 한국사 / 고학년 사회 학습 입문서

과학

과학

기타

창체
- 창의체험 탐구생활 1~12권 – 창의력을 키우는 창의체험활동·탐구

AI
- 쉽게 배우는 초등 AI 1(1~2학년) – 초등 교과와 융합한 초등 1~2학년 인공지능 입문서
- 쉽게 배우는 초등 AI 2(3~4학년) – 초등 교과와 융합한 초등 3~4학년 인공지능 입문서
- 쉽게 배우는 초등 AI 3(5~6학년) – 초등 교과와 융합한 초등 5~6학년 인공지능 입문서